康复机器人概论

喻洪流　孟巧玲　著

东南大学出版社
SOUTHEAST UNIVERSITY PRESS
·南京·

图书在版编目(CIP)数据

康复机器人概论 / 喻洪流，孟巧玲著. — 南京：
东南大学出版社，2024.1（2025.2重印）
（康复工程系列精品丛书）
ISBN 978-7-5766-1191-5

Ⅰ. ①康… Ⅱ. ①喻… ②孟… Ⅲ. ①康复训练—专用
机器人 Ⅳ. ①TP242.3

中国国家版本馆 CIP 数据核字（2023）第 253317 号

责任编辑：丁志星　　　责任校对：韩小亮　　　封面设计：余武莉　　　责任印刷：周荣虎

康复机器人概论

著　　者：喻洪流　孟巧玲
出版发行：东南大学出版社
出 版 人：白云飞
社　　址：南京四牌楼 2 号　　邮　编：210096　　电　话：025 - 83790585
网　　址：http://www.seupress.com
电子邮件：press@seupress.com
经　　销：全国各地新华书店
印　　刷：广东虎彩云印刷有限公司
开　　本：787 mm×1092 mm　1/16
印　　张：35
字　　数：800 千
版　　次：2024 年 1 月第 1 版
印　　次：2025 年 2 月第 2 次印刷
书　　号：ISBN 978-7-5766-1191-5
定　　价：98.00 元

前　言

中国乃至全球范围内,人口老龄化已成为各国面临的难题。2021年中国60岁及以上人口为26 736万人,占全国人口的18.9%;65岁及以上人口突破2亿人,达到20 056万人,占全国人口的14.2%。可见,2021年我国已经进入深度老龄化社会。此外,因其他神经损伤所引起的功能障碍患者更是数量巨大,如2017年我国有脊髓损伤及脊柱裂患者约530万,这些患者长期瘫痪需要照顾;又如,目前我国因脑卒中引起的偏瘫患者数量高达1 300多万,每年新增脑卒中患者约250万。世界上的许多国家,尤其是发达国家纷纷进入老龄化及深度老龄化社会,沉重的老龄化与少子化并存压力正给社会、经济及家庭带来愈来愈无法承受的负担。因此,无论是面向康复医疗还是助老助残,康复机器人都将在未来面临巨大的社会群体需求。

康复机器人是康复医学和机器人技术的完美结合,主要用于功能障碍者的功能辅助与康复治疗。广义上的康复机器人分为功能辅助、康复治疗与复合(辅助/治疗)功能三大类,而功能辅助机器人又可以分为功能增强机器人与功能代偿机器人两个次类,康复治疗机器人也可以分为康复理疗机器人与康复训练机器人两个次类。

康复机器人可以帮助患者完成各种物理治疗,并能增强或替代患者功能,减轻康复治疗及康复护理人员的劳动强度。与传统康复治疗手段相比,康复训练机器人更平稳可控,可以保证训练的效率和强度,并可以实时记录数据用于康复评估,因此近年来康复机器人已成为国内外的研究热点。随着5G技术、大数据、新型材料、3D打印、传感与控制、柔性可穿戴设备及仿生技术等技术的快速发展,以人机融合为特征的新一代智能康复机器人将进一步加速发展,康复智能化将成为未来发展的主旋律。正是由于上述原因,康复机器人学(Rehabilitation Robotics)在国际上已经成为一门新的学科,康复机器人产业也呈现快速发展的态势。

在国际上,早在1989年电气与电子工程师协会(Institute of Electrical and Electronics Engineers,IEEE)就召开了第一届国际康复机器人会议(ICORR),此后每两年举办一届。我国的康复机器人学科发展起步相对较晚。2014年,国内首个康复机器人学术组织"上海电生理与康复技术创新战略联盟康复机器人专委会"挂靠上海理工大学成立。2018年7月,中国康复医学会康复工程与产业促进专委会康复机器人联盟也挂靠在上海理工大学正式成立,这标志着第一个全国性的康复机器人学术组织的诞生,国内60多家从事康复机器人研究、生产及临床应用的主要行业单位基本都成了理事会成员,包括当时全国几乎所有的规模以上康复机器人企业及全国从事康复机器人研究的主要高校及科研机构。2018年,由中国康复医学会康复工程与产业促进专委会主办、康复机器人联盟及上海康复器械工程技术研究中心承办的第一次全国"康复机器人论坛"在北京国家会议中心召开。2020 年由中国康复医学会主办,中国生物医学工程学会、中国康复辅助器具协会与中国医学装备协会联合协办,康复机器人联盟及上海康复器械工程技术研究中心承办的首届"中国康复机器人论坛"在北京国家会议中心成功举办。

然而,尽管国内外康复机器人学术与产业迅猛发展,但此领域的书籍极少,国外的少部分相关书籍基本是论文集式的,国内此类书籍几乎是空白。2020 年上海理工大学设立了国内第一个康复工程本科专业,并在培养教学计划中设置了"康复机器人概论"这一课程。为了适应新专业建设的教材需要,更是为行业发展提供相关参考资料,作者基于多年开展国家重点研发计划、国家自然科学基金项目及上海市科委项目等 20 多个康复机器人相关科研课题的研究资料,撰写了这本旨在用作教材的专著。为了培养用此书作为教材的学生的创新意识与创新能力,本书各章节设计的典型康复机器人工作原理大多采用了创新设计案例进行阐述。

本书由喻洪流、孟巧玲负责主要内容的撰写及全书统稿。全书共分为八章,其中第一、二、三、四、五、八章由喻洪流撰写,第六章由喻洪流、孟巧玲撰写,第七章由孟巧玲撰写。在本书撰写过程中,项目课题组杨建涛老师、石萍老师、胡冰山老师、李素姣老师,博士研究生吴伟铭、罗胜利、许朋、谢巧莲、李伟、唐心意、胡杰、汪晓铭、李慧、李平,硕士研究生戴玥、周琦、张鑫、何秉泽、朱玉迪、费翠芝、刘晓瑾、许蓉娜、吴志宇、岳一鸣、孔博磊、曾庆鑫、徐天宇、黄荣杰、储伟等同学参与了相关资料整理工作,在此对他们的辛勤付出表示感谢。

由于作者水平有限,加之参考资料较少,本书难免存在不足甚至错误之处,恳请读者批评指正。

著　者
2024 年 1 月于上海

目　录

第一章 绪 论

第一节 功能障碍与康复

一、功能障碍的基本概念

2001 年 5 月 22 日举行的第 54 届世界卫生大会正式通过《国际功能、残疾和健康分类》(International Classification of Functioning, Disability and Health, ICF),对个人"功能、残疾和健康"进行了定义,该类定义在国际上已获广泛应用,已经成为有关残疾、健康和功能分类的国际标准。

传统医学模式认为残疾是个人问题,并将它视为由疾病、创伤或健康状态所导致,从而以个人治疗的形式提供医疗保健。而 ICF 则基于"生物—心理—社会"(biopsychosocial model)理论模式(见图 1-1-1),从残疾人融入社会的角度出发,将残疾视为社会性问题,不再仅仅是个人特性,而是由社会环境形成的一种复合状态。

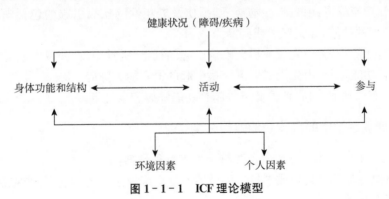

图 1-1-1 ICF 理论模型

ICF 的功能和残疾标准用于评估身体功能(body functions)、身体结构(body structures)、活动(activities)和参与(participation)。其中身体功能指身体各系统的生理或心理功能,包括:① 精神功能;② 感觉功能;③ 发声、发音及言语的功能;④ 循环、血液、免疫和呼吸系统功能;⑤ 消化、代谢和内分泌系统功能;⑥ 泌尿和生殖功能;⑦ 神经肌肉骨骼和运动有关的功能;⑧ 皮肤和有关结构的功能。身体结构指身体的解剖部位,如器官、肢体及其组成部分,包括:① 神经系统的结构;② 眼、耳和有关结构;③ 涉及发声和言语的结构;④ 心血管、免疫和呼吸系统的结构;⑤ 与消化、代谢和内分泌系统有关的结构;⑥ 与泌尿和生殖系统有关的结构;⑦ 与运动有关的结构;⑧ 皮肤和有关结构。身体功能和身体结构是两个不同且平行的部分,它们各自的特征不能相互取代。活动是由个体执行一项任务或行动。活动受限指个体在完成活动时可能遇到的困难,这里指的是个体整体水平的功能障碍(如学习和应用知识的能力、完成一般任务和要求的能力、交流的能力、个体的活动能力、生活自理能力等)。参与是个体参与他人相关的社会活动(家庭生活、人际交往和联系、接受教育和工作就业等主要生活领域,参与社会、社区和公民生活的能力等)。活动和参与包括:① 学习和应用知识;② 一般任务和要求;③ 交流;④ 活动;⑤ 自理;⑥ 家庭生活;⑦ 人际交往和人际关系;⑧ 主要生活领域;⑨ 社区、社会和公民生活。

二、功能障碍的分类

(一) 一般分类

上述人体的八大身体功能都可能出现障碍,因此人体功能障碍可以分为相应的八类。尽管现代康复医学正越来越多地向所有功能障碍的康复领域渗透,但传统上的康复医学主要是针对如下四大类型的人体功能障碍:

1) 运动功能障碍:截肢(amputation)、脑瘫(cerebral palsy)、偏瘫(hemiplegia)、截瘫(paraplegia)、脑外伤(traumatic brain injuries)、多发性硬化症(multiple sclerosis)、肌肉萎缩(muscular dystrophy)引起的肢体活动功能障碍。在临床上常表现为耐受力低、共济失调、胳膊和腿肌力减弱、运动范围减小。

2) 认知功能障碍:由先天性脑疾、脑损伤及老年性脑疾病引起的包括学习能力、记忆能力等方面的缺陷,如记忆力或判断力减弱。

3) 感官功能障碍:由先天或后天疾病引起的视觉、听觉障碍,如视力或听力减弱。

4) 语言功能障碍:由先天或后天疾病引起的语言能力障碍。

另外还有孤独症、自我评价低下等精神功能障碍和紊乱等。

(二) 康复医学中的具体功能障碍分类

康复医学中的具体功能障碍主要分为如下九种类型:

1) 肢体功能障碍:某处或连带性的肢体不受思维控制运动,或受思维控制但不能完全按照思维控制去行动。

2) 视觉功能障碍:先天或后天原因导致视觉器官(眼球视觉神经、大脑视觉中心)的构造或机能发生部分或全部障碍。

3) 听觉功能障碍:听觉系统中的传音、感音以及对声音的综合分析的各级神经中枢发生器质性或功能性异常,而导致听力出现不同程度的减退。

4) 心理功能障碍:一个人由生理、心理或社会原因而导致的各种异常心理过程、异常人格特征的异常行为方式。

5）认知功能障碍：与学习记忆以及思维判断有关的大脑高级智能加工过程出现异常，从而引起严重的学习、记忆障碍，同时伴有失语、失用、失认或失行等。

6）言语功能障碍：对口语、文字或手势的应用或理解的各种异常。

7）吞咽功能障碍：由多种原因引起的、发生于不同部位的吞咽困难。

8）感觉功能障碍：在反映刺激物个别属性的过程中出现困难和异常。

9）盆底功能障碍：盆底支持结构缺陷、损伤及功能障碍造成的疾患，主要是尿失禁、盆腔器官脱垂、性功能障碍和慢性疼痛等。

三、康复的基本概念与范畴

（一）康复的定义

世界卫生组织（WHO）曾对康复（rehabilitation）做过多次定义，最早的一次定义是："康复是指综合地、协调地应用医学的、教育的、社会的、职业的各种方法，使病、伤、残者（包括先天性残疾）已经丧失的功能尽快地、最大可能地得到恢复和重建，使他们在体格上、精神上、社会上和经济上的能力得到尽可能的恢复，重新走向生活、工作、社会。康复不仅针对疾病而且着眼于整个人，从生理上、心理上、社会上及经济能力进行全面康复。"WHO 最新对康复的定义是："康复是旨在针对出现健康状况的个体，优化其在与环境相互作用过程中的功能发挥并减少其功能障碍的一系列干预措施（a set of interventions designed to optimize functioning and reduce disability in individuals with health conditions in interaction with their environment）。"显然，康复工程是此定义中"优化其在与环境相互作用过程中的功能发挥"的重要措施，甚至是最重要的措施。

传统上，医学康复包括康复评定和康复治疗两大部分，康复工程被作为康复治疗的手段之一。实际上，康复评定在很大程度上也依赖于康复工程产品（康复评定设备）。

1. 康复评定

1）运动功能评定：肌力评定［包括徒手肌力检查（MMT）、器械肌力测定］、肌张力评定、关节活动度（ROM）检查、平衡与协调能力评定、步态分析（GA）、日常生活能力测定（ADL）等。

2）精神心理功能评定：智力测验、情绪评定、心理状态评定、疼痛的评定、失用症和失认症的评定、痴呆评定、认知评定、人格评定等。

3）语言与吞咽功能评定：失语症评定、构音障碍评定、语言失用评定、语言错乱评定、痴呆性言语评定、言语发育迟缓评定、吞咽功能评定、听力测定和发音功能的仪器评定等。

4）神经肌肉功能电生理评定：肌电图检查、神经传导速度测定、诱发电位测试等。

5）心肺功能及体能评定：心电运动试验、有氧运动能力评定等。

6）职业评定：测定功能障碍者的作业水平和适应职业的潜在性。

7）社会生活能力评定：人际交往能力、适应能力、个人社会角色的实现。

2. 康复治疗

1) 物理治疗(PT)：主要包括物理因子疗法和运动疗法。

2) 作业治疗(OT)：应用有目的的、经过选择的作业活动,对因身体、精神及发育功能障碍导致丧失生活自理和劳动能力的患者进行评价、治疗和训练的过程,包括功能训练、心理治疗、职业训练及日常生活训练,目的是使患者能适应个人、家庭及社会生活环境。

3) 语言治疗(ST)：对失语、构音障碍及听觉障碍的患者进行训练。

4) 心理治疗：对心理、精神、情绪和行为有异常的患者进行个别或集体心理调整或治疗。

5) 康复护理：体位处理、心理支持、膀胱护理、肠道护理、辅助器具的使用指导等,有利于促进患者康复,并预防继发性残疾。

6) 职业疗法：就业前职业咨询,就业前训练。

7) 传统康复疗法：利用传统中医针灸、按摩、推拿等疗法,促进康复。

8) 假肢矫形器或康复工程治疗：国际上的假肢矫形器(P&O)治疗,是应用现代工程学的原理和方法,补偿、矫正或增强残疾人已缺失的、畸形的或功能减弱的身体部分或器官,使残疾人在可能的范围内最大限度地恢复功能或代偿功能并独立生活的应用性技术。

随着假肢矫形器学向着康复工程学发展,实际上范围更广的康复工程已经替代传统的假肢矫形器治疗。如物理因子疗法实际上是用康复工程产品(各种理疗设备)进行治疗,传统的运动疗法包括治疗师的徒手治疗和患者自主进行治疗性运动,而现代运动疗法越来越多地用到康复器械或康复机器人。康复评定、作业治疗、言语治疗等也都是以康复工程产品作为重要手段。对于很多永久性功能障碍者,如截肢、完全性脊髓损伤等,康复工程甚至是康复的唯一手段,具有康复医学不可替代的重要作用。

(二) 康复的对象

康复的主要对象是功能障碍者,包括永久性功能障碍者(残疾人、患有慢性病及体弱的功能障碍老年人)和临时性功能障碍者。

功能障碍者在国际上的英文名称为 person with disabilities(失能者),指上述功能障碍基本概念中提到的人体结构及功能的丧失或者不正常,造成全部或者部分丧失正常活动能力的人。在我国学术界,功能障碍者正在逐渐用于替代"残疾人"或"康复病人"等概念。功能障碍一般可以分为运动、认知、感官及语言四种类型。此外,我国《残疾人残疾分类和分级》(GB/T 26341—2010)将残疾划分为七种类型：视力残疾、听力残疾、言语残疾、肢体残疾、智力残疾、精神残疾及多重残疾。

(三) 康复的范畴

早期康复是狭义康复的概念,主要指医疗康复,但随着现代康复理念的发展,康复逐渐发展为全面康复的概念,在《老年人、残疾人康复服务信息规范》(GB/T 24433—2009)中,康复手段在原全面康复概念的四大康复手段的基础上扩展为五大康复手段,包括医学康复、教育康复、职业康复、社会康复和工程康复。

1) 医学康复:根据功能障碍者的运动状况、康复需求及家庭条件,在康复机构、基层康复站或采取家庭病床、上门服务等形式为功能障碍者提供的诊断、功能评定、康复治疗、康复护理、家庭康复病床和转诊等服务。医学康复的内容和手段包括物理治疗、作业治疗、言语治疗、辅助器具、康复护理等。

2) 教育康复:通过教育与训练手段,提高功能障碍者的素质和能力。这些能力包括智力、日常生活能力、职业技能以及适应社会的心理能力等方面。通过学前教育、初等教育、中等教育、高等教育,功能障碍者身心功能得到改善,素质和各方面能力得到提高,获得最大程度的独立和生活能力。可见,教育的过程就是康复的过程。

3) 职业康复:通过咨询、评估、辅导、训练及转介等一系列服务,协助身体有伤残或精神有缺陷的人,发挥其就业潜力。职业康复包括职业咨询、职业评估、职业培训、职业辅导、就业辅导以及其他支持服务。

4) 社会康复:消除社会对功能障碍者的偏见,消除影响功能障碍者日常生活工作的物理障碍(无障碍设施),改善功能障碍者的法律环境,维护功能障碍者的合法权益,创造全社会都来关心功能障碍者、支持功能障碍者事业的良好社会环境。

5) 工程康复:应用工程技术的手段帮助功能障碍者增强或补偿功能,如应用康复辅助器具对永久性功能障碍者进行辅助,帮助其走向生活与社会。在《老年人、残疾人康复服务信息规范》(GB/T 24433—2009)中第一次把工程康复从医学康复中独立出来,作为单独的一种康复手段。实际上,康复工程技术几乎渗透到了现代康复医学的各个方面,是康复医学的重要支撑。

《世界残疾报告》曾指出,"康复一词涵盖了这两类干预",即个体干预和环境干预。康复器械对这两类干预具有重要意义:① 对于个人干预,可通过康复治疗与辅助技术支持两个方面来实现,而这两方面的干预都需要康复器械。如对脑卒中引起的肢体障碍,一方面可以通过康复治疗进行功能恢复或部分恢复,这需要用到物理因子疗法、康复训练等康复器械;另一方面,对于无法恢复的肢体功能障碍后遗症或永久性功能障碍,可以通过配置轮椅、助行器、护理床等辅助器具来代偿或增强其功能。② 对于环境干预,可采用公共环境及居家环境改造的辅助器具来实现。如除了建筑、道路无障碍设计之外,还需要诸如公共无障碍电梯、居家无障碍环境改造辅助器具、工作与就业辅助器具、公共场所的休闲与娱乐辅助器具等来进行物理与社会环境的干预。

可见,对于功能障碍者的康复,无论是个体因素(活动和参与因素)的干预还是环境因素(背景因素)的干预,工程康复都是不可或缺的手段。

(四) 康复的途径

1) 机构康复:在综合医院的康复科或专门康复机构(康复医院或康复中心),利用先进的设备和专业技术,对功能障碍者开展康复评估、功能训练、心理疏导、辅助器具服务、职业和社会适应等多方面的康复。

2) 社区康复:社区建设的重要组成部分,旨在通过政府领导,相关部门密切配合,社会力量广泛支持,功能障碍者及其亲友积极参与,采取社会化方式,依托机构和社区的人力、知识和技术等康复资源,使广大功能障碍者在社区得到全面康复服务,以实现充分参与社会生活的目标。

3)家庭康复:功能障碍者按照康复医师与康复治疗师的指导在家中进行的康复。家庭康复具有便利性、低成本等优势。随着康复信息化、网络化的发展,远程康复将越来越普及,家庭康复将成为康复的一种重要途径。

第二节　康复机器人基础知识

一、康复机器人基本概念与定义

康复机器人作为满足老龄化社会对康复服务需求的重要支撑,近年来已经成为康复设备产品的主要发展方向和康复工程研究的热点之一。康复机器人的研究贯穿了康复医学、生物力学、机械学、电子学、材料学、计算机科学、机器人学及人工智能等诸多领域,是典型的医工结合的多学科交叉领域。在国际上康复机器人技术已经形成一门新型交叉学科——康复机器人学(rehabilitation robotics),也是国际机器人领域的一个研究热点。21世纪以来,随着计算机、物联网、虚拟现实与机器人等技术的发展,基于康复工程技术开发的康复设备逐渐进入康复机器人时代。

康复机器人已经广泛地应用到康复治疗、康复护理与截肢康复等方面,不仅促进了康复医学的发展,也带动了相关领域的新技术和新理论的发展。目前国内外还没有康复机器人的严格定义,因此,为明确康复机器人的定义,我们有必要先明确相关的两个关键词"康复"与"机器人"的定义,其中康复的定义我们已经在本章第一节做了阐述。

(一)康复工程的定义

目前国际上对康复工程还没有统一的定义,美国《1973年康复法案》的定义是:"康复工程(rehabilitation engineering,RE)是工程科学的系统应用,以设计、开发、适应、测试、评估、应用和适配技术解决方案来解决残疾人所面临的问题。"

综合国内外对康复工程的相关论述及最新的技术发展,这里把康复工程定义为:"应用工程技术并结合康复医学理论,设计、研发相关的康复器械(康复辅助器具),用于预防、评估、改善、增强或替代功能障碍者功能,以提升或恢复其生活、工作和回归社会能力的一门医工融合、多学科交叉的学科。"

康复工程是康复医学与工程技术的交叉学科,通过其产品(康复器械)对功能障碍者进行功能辅助与康复治疗。康复机器人学是以康复工程学为基础的,属于康复工程学的范畴。

(二) 机器人的定义

国际机器人联合会(IFR)对机器人的定义为:一种能够通过编程和自动控制来执行诸如作业或移动等任务的机器。而联合国标准化组织采纳了美国机器人协会给机器人下的定义:"一种可编程和多功能的操作机;或是为了执行不同的任务而具有可用电脑改变和可编程动作的专门系统。"从不同应用环境出发,机器人可以分为工业机器人和服务机器人两大类。

(三) 康复机器人的定义

明确了上述康复、康复工程与机器人的定义后,我们可以对康复机器人进行如下定义:

康复机器人是一种能够通过编程和自动控制来执行功能辅助或康复治疗的机器。或者简单地定义:康复机器人是用于康复的机器人。

一般只要具备以下 2 个特征就可称为广义的康复机器人:

1) 具有计算机控制系统,可以通过人工或自动进行编程或设置来改变执行功能;

2) 具有输出执行机构,可以用于功能辅助或康复治疗。

从上述特征可以看出,广义的康复机器人可以包括所有由计算机(或微处理器)控制的、具有康复辅助或治疗执行功能的所有康复设备,例如连续被动训练仪(Continuous Passive Motion,CPM)也可以是广义上的康复训练机器人。

然而,康复医学领域一般认为 CPM 设备并不是一种严格意义上的康复机器人或狭义上的康复机器人。为了对康复机器人有一个更具体的概念界定,我们将在后面对康复机器人作进一步概念阐述与界定。

二、康复机器人的临床作用

康复机器人在临床中的作用非常广泛,可以说只要有康复设备应用的领域,康复机器人就有应用的价值。因此,康复机器人主要在临床上具有如下作用:

(一) 功能辅助

1) 增强日常生活能力,包括智能助行器、移动穿戴式下肢外骨骼机器人、上肢外骨骼机器人、物品操作机器人手臂、助餐机器人等。

2) 减轻护理人员劳动,包括移位机器人、二便护理机器人、洗浴机器人等。

3) 精神陪护,包括情感陪护机器人等。

(二) 康复治疗

1) 运动康复训练,包括神经康复机器人、骨科康复机器人等。

2) 物理因子治疗机器人,包括推拿按摩机器人、脊柱牵引机器人、艾灸机器人等。

3) 康复评估,在所有康复机器人系统中,一般都继承了康复评估功能,因此康复机器人利用本身的运动辅助机构所带的传感器,可以实时检测患者的肌力、关节活动度及综合运动功能,并且可以进行患者的认知功能评估。

传统的康复治疗师帮助下的运动康复训练存在很多缺点:治疗师体力要求高;需要治疗师一对一训练,人力成本高;治疗师只能提供有限的持续时间、强度和反馈;步态不可重复及大多呈现非生理性步态的训练等。运动康复训练机器人可以基于神经可塑性原理,通过大量重复的高强度的主动参与的训练,并提供运动与生理信号检测及生物信号反馈,可以提高训练效果。此外,治疗师可以一对多操作康复机器人对患者进行康复训练,提高了治疗训练效率,减轻了治疗师工作量。因此,康复机器人具有重要的临床应用价值。

(三)复合功能

无论是功能辅助的康复机器人还是康复训练机器人,对患者的功能改善往往是综合性的。例如,下肢辅助行走外骨骼机器人在辅助行走的同时,对改善患者下肢支撑能力、人体平衡能力、肌肉驱动能力、关节稳定性、感知认知能力、有氧运动能力等方面都有作用,具有行走辅助与康复训练的复合功能。

康复机器人发展的影响因素很多,包括技术与非技术的因素,例如患者的转移及上机的方便快捷性、设备的可用性、人机交互性(包括人机协作的运动柔顺交互性、人机对话的自然交互性以及医—患—机远程交互性等)以及成本控制等方面都会影响康复机器人的实际应用推广。

第三节　康复机器人分类

一、机器人分类及特点

机器人的研究已日趋成熟,其应用已逐步渗透到各行各业。国际机器人联合会(International Federation of Robotics,IFR)把机器人分为工业机器人和服务机器人两大类。

工业机器人就是面向工业领域的多关节机械手或多自由度机器人,靠自身动力和控制能力来实现各种功能,是自动执行动作的机器装置。

服务机器人适用于与人类共处的人类生活环境,环境是动态和变化的,服务机器人具有环境识别与适应、交互、安全等特点,在生活辅助、医疗、助老助残等领域广泛应用。

二、服务机器人定义与分类

(一) 服务机器人定义

服务机器人是机器人家族中的一个年轻成员,到目前为止尚没有一个严格的定义。不同国家对服务机器人的认识不同。国际机器人联合会采用了国际标准 ISO 8373—2012《机器人与机器人设备词汇表》(robots and robotic devices-Vocabulary)的定义:"服务机器人是一种为人类或设备(包括工业自动化应用)完成有用任务的机器人。"

(二) 服务机器人分类

国际机器人联合会对服务机器人按照用途进行分类,分为专业服务机器人和个人/家庭服务机器人两类:

专业服务机器人:如特殊用途机器人、国防用途机器人、农业用途机器人、医疗用途机器人(包括机器人电动代步车、康复训练机器人、激光治疗机器人、外科手术辅助机器人)、工业服务机器人等。

个人/家庭服务机器人:如家务机器人、娱乐机器人等。

个人/家庭服务以及专业服务可分别包含多种类型的机器人,见表1-3-1。

表1-3-1　国际机器人联合会对服务机器人的分类

个人/家庭服务机器人	家务机器人	机器人管家、伴侣、助理机器人
		吸尘器机器人、地板清洁机器人
		修剪草坪机器人
		水池清理机器人
		泳池清理机器人
		窗户清洁机器人
	娱乐机器人	玩具机器人
		娱乐用机器人
		教育训练机器人
	助老助残机器人	智能轮椅
		个人康复机器人
		其他辅助功能机器人
	个人运输机器人	
	家居安防机器人	

专业服务机器人	现场操控机器人	农业机器人
		挤奶机器人
		林业机器人
		采矿业机器人
		太空机器人
	专业清洁机器人	地板清洁机器人
		窗户和外墙清洁机器人
		管道清洁机器人
		飞机、车辆清洁机器人
	建筑及拆卸机器人	拆迁及拆除机器人
		建筑支持和维护机器人
		建筑用机器人
		其他
	检查和维护机器人	设施装置机器人
		蓄水池、下水道、管道用机器人
		其他
	医疗机器人	诊断用机器人
		辅助外科手术或治疗的机器人
		康复机器人(康复训练机器人)
		其他
	防御、救援及安全机器人	排雷机器人
		火灾和爆炸用机器人
		监控和安全机器人
		无人机
		无人地面车辆
	水下机器人	基于移动平台的机器人
		基于机械手臂的机器人
	公共服务机器人	酒店和餐厅用机器人
		移动导向机器人、咨询机器人
		其他
	特殊用途机器人	加油机器人
		其他

专业服务机器人	工业服务机器人
	定制的机器人
	人型机器人

由表 1-3-1 可知,与康复有关的服务机器人包括"助老助残机器人"与"医疗机器人"中的康复机器人(即医疗用康复训练机器人)。

三、康复机器人分类及特点

康复机器人作为医疗机器人的一个重要分支,它的研究涉及康复医学、生物力学、机械学、机械力学、电子学、材料学、计算机科学以及机器人学等诸多领域,已经成为国际机器人领域的一个研究热点。

康复机器人是康复医学和机器人技术的完美结合,不仅把机器人当作辅助患者的工具,而且把机器人和计算机当作提高临床康复效果的新型治疗手段。这是一个囊括了生物力学或生物物理化学、运动控制理论、训练技术和人机接口等诸多方面的复杂问题。目前,康复机器人已经广泛地应用到康复护理、假肢和康复治疗等方面,这不仅促进了康复医学的发展,也带动了相关领域的新技术和新理论的发展。

许多学者对康复机器人的分类有不同的论述,如 H. F. Machiel Van der Loos 和 David J. Reinkensmeyer 把康复机器人主要分为治疗机器人和辅助机器人,此外,还包括康复机器人方面的智能假肢、矫形器、功能神经电刺激(FNS)和 ADLs 诊断与监测技术等。美国著名物理治疗与康复专家 Delisa 等在其论著《康复医学——理论与实践》中认为,康复机器人可以分为如下四大类:① 辅助机器人 ;② 假肢(智能假肢);③ 矫形器(智能矫形器);④ 治疗机器人。

一般来说,康复机器人可以按照如下几种方式来分类:

1. 按照功能

按照功能,康复机器人可以分为:功能代偿机器人(如智能假肢、智能轮椅等)、功能辅助机器人(如智能助行器、助食机器人、洗浴机器人、二便护理机器人等)和康复治疗机器人(如康复训练机器人、物理因子治疗机器人)等。

2. 按照人体作用部位

按照人体作用部位,康复机器人可以分为:上肢康复机器人、下肢康复机器人、颈椎康复机器人、腰椎康复机器人、腹部康复机器人等。

3. 按照力作用于人体的方式

按照力作用于人体的方式,康复机器人可以分为:外骨骼驱动式、悬吊式、末端驱动式等。

4. 按照机器人结构材料特性

按照机器人结构材料特性,康复机器人可以分为:软体、柔性和刚性。

5. 按照动力传送方式

按照动力传送方式,康复机器人可以分为中央驱动式和关节直接驱动式两种。

6. 按照使用方式

按照使用方式,康复机器人可以分为固定式和移动式两种。

综上所述,康复机器人种类繁多,目前国际上还没有统一的分类方法。尽管国际机器人联合会(IFR)及很多书把智能假肢与矫形器(智能矫形器即动力外骨骼康复机器人,简称康复外骨骼)也归入日常生活辅助机器人(助老助残机器人),但在国际上,康复医学界大多认同把智能假肢与智能矫形器分别作为一类康复机器人,例如在 Delisa 等美国著名物理医学与康复专家所编写的《物理医学——理论与实践》一书中,将康复机器人分为四类:辅助机器人(assistive robots)、康复治疗机器人(rehabilitation robots)、智能假肢(intelligent prostheses)与智能矫形器(intelligent orthoses)。

(一) 辅助机器人

辅助机器人在国际机器人联合会(IFR)的机器人分类中也称为助老助残机器人,国内也称为康复护理机器人或日常生活辅助机器人,一般包含如下七大类:

1) 移动辅助机器人:帮助功能障碍者身体移动的机器人,如移位机器人、智能助行器、智能轮椅等。

2) 护理床机器人:由微电脑控制、可以辅助长期卧床功能障碍者进行自动姿势改变、翻身或康复训练等功能的电动护理床。有的护理床机器人还具有床椅全自动分离与对接功能、健康检测等功能。

3) 助餐机器人:辅助功能障碍者进食的机器人。

4) 洗浴辅助机器人:帮助功能障碍者洗澡、洗头等个人身体清洁卫生的机器人。

5) 二便护理机器人:帮助卧床的功能障碍者自动处理大小便的机器人。

6) 情感陪护机器人:陪伴老人或需要者进行聊天及情感交流的智能机器人。

7) 健康与安全监测机器人:对居家老人或功能障碍者进行健康及行为安全监测的机器人。

上述七类功能辅助机器人又可以根据对使用对象的功能分为功能辅助型(补偿性)、护理型(代偿型)。

(二) 康复治疗机器人

康复治疗机器人包括两大类:运动康复训练机器人与物理因子治疗机器人。运动康复机器人主要是指步态与关节训练机器人,物理因子治疗机器人主要是用于物理因子治疗的具有基于机器人机械臂自动操作功能的理疗机器人、脊椎牵引机器人等。由于目前这类康复机器人应用不多或尚不成熟,这里不做详细分类介绍。

运动康复训练机器人(见图 1-3-1)又可以按照应用对象分为:骨科康复训练机器人与神经康复训练机器人。

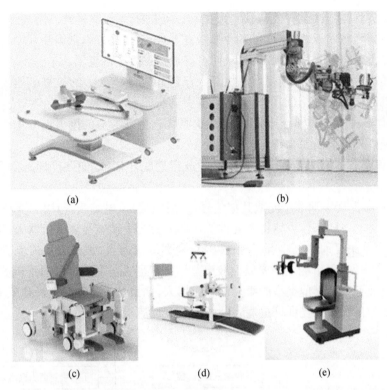

（a）ArmGuider 末端引导式上肢康复训练机器人；（b）ARMin 外骨骼式上肢康复训练机器人；（c）坐卧式下肢康复训练系统；（d）Lokomat 下肢康复训练机器人；（e）iDraw 外骨骼式上肢康复训练机器人

图 1-3-1　运动康复训练机器人

1. 骨科康复训练机器人

骨科康复训练机器人主要指用于肌肉、骨骼及外周神经损伤引起的关节功能障碍康复训练的机器人，一般具备被动训练与阻抗训练功能，但可以不需要助力训练功能（可以作为可选项），也可以不需要训练的生物反馈功能，如 CPM 就是一个典型的骨科训练机器人。因此骨科康复训练机器人是一种广义上的康复训练机器人。

骨科康复训练机器人包括上肢、下肢及脊柱康复训练机器人三类，并可以按照训练关节或部位进一步细分，如脊柱康复训练机器人又可以分为颈椎及腰椎训练机器人等。

2. 神经康复训练机器人

神经康复训练机器人主要指用于脑卒中、脑瘫、脊髓损伤等中枢神经功能障碍患者的康复训练机器人，主要具备被动、助力、主动以及抗阻等训练功能或训练模式。由于神经康复的特点，主动参与具有反馈的训练（虚拟现实与肌电等生物反馈等）是神经康复训练机器人的主要特征。因此，严格意义上说，狭义上的康复训练机器人一般是指神经康复训练机器人。

对于神经康复训练机器人，基于脑部运动神经可塑性原理，一般根据患者主动参与训练能力从弱到强依次设置被动、助力、主动以及抗阻等训练模式。游戏互动能够调动患者主动参与训练的积极性,这对患者的恢复十分有利。同时,随着物联网技术的发展,康复训练设备也将纳入物联网工程,从而更好地走进人类的生活。

由上述描述可知,神经康复训练机器人已经超越了广义上的康复机器人特性,除了一般康复机器人的两个特征之外,其还应至少具有如下 3 个特征:

1)具有多种模式的训练功能,其中至少需要有主动参与的助力训练功能,这也是现代中枢神经康复训练的主要特点;

2)具有评估系统用于对患者训练前后进行功能评估,以便评价训练效果及制定训练方案;

3)具有虚拟现实训练功能或其他信号(如肌电信号、电刺激等)用于神经反馈训练。

根据针对的不同部位可以将康复训练机器人分为上肢康复训练机器人、下肢康复训练机器人、脊椎康复训练机器人(包括腰椎康复训练机器人、颈椎康复训练机器人)等类型(见图 1-3-2),但市场上主要以上肢康复训练机器人与下肢康复训练机器人为主,然而近年来出现了很多其他类型的康复训练机器人,如自 2017 年起,上海理工大学陆续研发了国内第一台腰椎康复训练机器人及颈椎康复训练机器人。

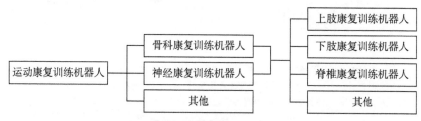

图 1-3-2 康复训练机器人分类

1)上肢康复训练机器人

上肢康复训练机器人又可以按照不同的方法进行分类,如果按照是否可移动可以分为固定式上肢康复训练机器人和移动式上肢康复训练机器人两大类(见图 1-3-3)。

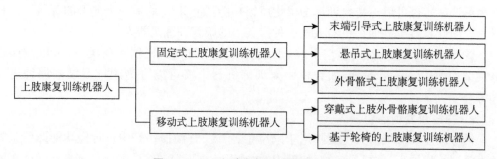

图 1-3-3 上肢康复训练机器人分类

2)下肢康复训练机器人

下肢康复训练机器人也可以分为固定式和移动式两大类(见图 1-3-4):

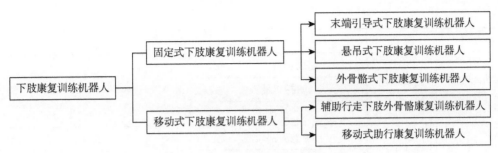

图 1 - 3 - 4 下肢康复训练机器人分类

（三）智能假肢

智能假肢通过仿生设计与微处理器控制使假肢能够最大限度地模拟人体肢体的运动功能，是一种典型的康复机器人，对截肢者的康复具有重要代偿作用，也是未来假肢技术的发展方向。

（四）智能矫形器

智能矫形器（穿戴式外骨骼康复机器人）按照作用人体部位可以分为三类：上肢智能矫形器（外骨骼）、下肢智能矫形器（外骨骼）、脊柱智能矫形器（外骨骼）。见表 1 - 3 - 2。

表 1 - 3 - 2 康复机器人分类表

大 类	次 类	子 类	备 注
运动康复训练机器人	骨科康复训练机器人	上肢康复训练机器人	又可以进一步分为两个次子类：固定式与移动式
		下肢康复训练机器人	
	神经康复训练机器人	脊椎康复训练机器人	
功能辅助机器人	功能辅助（补偿型）	助行机器人	供有一定相关功能或需要自己操作的使用者使用（这里的外骨骼辅助机器人仅作为肢体辅助用）
		外骨骼辅助机器人	
		导盲机器人	
		娱乐辅助机器人	
		其他	
	生活护理（代偿型）	智能护理床	供需要替代相关功能的使用者使用
		移位机器人	
		个人卫生护理机器人	
		洗浴辅助机器人	
		智能轮椅	
		助餐机器人	

大　类	次　类	子　类	备注
功能辅助机器人	生活护理（代偿型）	辅助机器人手臂	
		陪护机器人	
		其他	
智能假肢	智能上肢假肢	智能肩部假肢	"一体假肢"特指作为一个部件进行机电一体化设计的假肢
		智能上臂假肢	
		智能前臂假肢	
	智能下肢假肢	智能髋部假肢	
		智能髋膝一体假肢	
		智能大腿（膝部）假肢	
		智能小腿（踝部）假肢	
		智能膝踝一体假肢	
智能矫形器（康复外骨骼）	上肢康复外骨骼	肩部外骨骼	这里的外骨骼主要是指康复外骨骼，以康复训练为主，兼具功能辅助的作用，具有训练/辅助复合功能
		肘部外骨骼	
		手部外骨骼	
		腕部外骨骼	
		肩肘外骨骼	
		肘腕外骨骼	
		腕手外骨骼	
		肩肘腕外骨骼	
		肘腕手外骨骼	
		肩肘腕手外骨骼	
	下肢康复外骨骼	髋部外骨骼	
		膝部外骨骼	
		踝部外骨骼	
		足部外骨骼	
		髋膝外骨骼	
		髋膝踝外骨骼	
		膝踝外骨骼	
		踝足外骨骼	
		髋膝踝足外骨骼	

大 类	次 类	子 类	备 注
智能矫形器 （康复外骨骼）	脊柱康复 外骨骼	颈椎外骨骼	
		腰椎外骨骼	

注：对无机械执行机构的智能康复系统，这里均不作为康复机器人范畴讨论，如人工耳蜗、人工眼、功能电刺激等电刺激器康复系统。

第四节　康复机器人的发展历史

与其他机器人相比，康复机器人有其不同特点和控制要求。康复机器人的服务对象是人，其性能必须满足对个体差异和环境变化的适应性、人机交互的柔顺性、面对异常情况的安全性以及对人体生理心理的适应性等要求，从而对控制系统的准确性、可靠性、智能化水平等都具有更高要求。20 世纪 80 年代是康复机器人研究的起步阶段，美国、英国等国家在康复机器人方面的研究处于世界领先地位，1990 年以后康复机器人的研究进入全面发展时期。1989 年 IEEE（国际电气与电子工程师协会）第一次设立并召开国际康复机器人会议（International Conference on Rehabilitation Robotics，ICORR），此后每两年举办一届，拉开了国际康复机器人研究的热潮。

一、康复机器人技术发展概况

自 20 世纪 90 年代 MIT-MANUS 问世以来，康复机器人不断改进并蓬勃发展，结构和功能渐趋复杂，呈现从刚性关节向柔性关节、从固定式康复机器人向便携式、从传统训练向新型沉浸式训练、从传统控制向智能控制以及人机交互方式不断优化的发展趋势。根据相关文献统计，目前处于研究阶段的各类康复机器人已经超过 100 种。本节将总结国内外康复机器人主要研究成果，包括上肢康复训练机器人、下肢外骨骼康复机器人、智能假肢和日常生活辅助机器人，分别如表 1－4－1～表 1－4－4 所示，并根据时间顺序介绍一些典型的康复机器人。

表 1-4-1　典型上肢康复训练机器人举例

国外典型上肢康复训练机器人举例			
国家/研究机构/ 上肢康复训练 机器人名称	上肢康复训练机器人示意图	国家/研究机构/ 上肢康复训练 机器人名称	上肢康复训练机器人示意图
美国/华盛顿大 学/CADEN-7		瑞士/苏黎世联邦 理工学院/ ARMIN 5.0	
意大利/比萨圣安 娜高等研究院/ ALEx		美国/得克萨斯大 学/Harmony	
美国/马里兰大 学/MGA		瑞士/苏黎世联邦 理工学院/ANYexo	
意大利/帕多瓦大 学/NeReBot		瑞士/HOCOMA/ ArmeoBoom	
瑞士/HOCOMA/ ArmeoPower		瑞士/HOCOMA/ ArmeoSpring	
意大利/Idrogenet/ Gloreha 康复手套		美国/CyberGlove/ 康复手套	

国家/研究机构/上肢康复训练机器人名称	上肢康复训练机器人示意图	国家/研究机构/上肢康复训练机器人名称	上肢康复训练机器人示意图
德国/柏林工业大学/外骨骼手部机器人		美国/宾夕法尼亚大学/TitanArm机器人	
美国/Myomo公司/MPower1000		美国/加利福尼亚大学/柔性外骨骼服	
美国/哈佛大学/柔性外骨骼手		瑞士/苏黎世联邦理工学院/柔性外骨骼手	
中国/上海司羿智能有限公司/羿生手功能康复训练仪		韩国/首尔大学/柔性外骨骼手	

国内典型上肢康复训练机器人举例

研究机构/上肢康复机器人名称	上肢康复机器人示意图	研究机构/上肢康复机器人名称	上肢康复机器人示意图
上海卓道医疗科技有限公司/ArmGuider		上海卓道医疗科技有限公司/NimBot外骨骼式上肢康复机器人	

研究机构/ 上肢康复训练 机器人名称	上肢康复训练机器人示意图	研究机构/ 上肢康复训练 机器人名称	上肢康复训练机器人示意图
上海电气智能康复医疗科技有限公司/上肢康复训练系统 FLEXO-Arm1		上海理工大学/基于轮椅式上肢康复机器人	
广州一康医疗设备实业有限公司/A6-2S		上海电气集团股份有限公司和上海理工大学/FLEXOArm	
安阳神方机器人有限公司/上肢康复机器人		上海理工大学/轻量化外骨骼手	
上海傅利叶智能科技有限公司/ArmMotus M2 Pro 上肢康复机器人		上海傅利叶智能科技有限公司/HandyRehab 手功能康复机器人	
河南翔宇医疗设备股份有限公司/上肢反馈康复训练系统 XYKSZFK-1		广州一康医疗设备实业有限公司/手功能被动训练系统 A5	

表 1 - 4 - 2 典型下肢外骨骼康复机器人举例

国外典型下肢外骨骼康复机器人举例			
国家/研究机构/下肢外骨骼康复机器人名称	下肢外骨骼康复机器人示意图	国家/研究机构/下肢外骨骼康复机器人名称	下肢外骨骼康复机器人示意图
新西兰/Rex Bionics limited/REX(现属无锡美安雷克斯医疗机器人有限公司)		加拿大/Bionik Laboratories/ARKE	
以色列/ReWalk Robotics/ReWalk		韩国/现代集团/H-Mex	
瑞士/Hocoma/Lokomat		瑞士/Swortec/MotionMaker	
日本/筑波大学/HAL		日本/Panasonic/Powerloader Light	
日本/本田技术研究所/行走辅助机器人		日本/Tmsuk/下肢外骨骼机器人	
加拿大/Bionik Laboratories/ARKE		德国/Woodway/LokoHelp	

续表

国家/研究机构/下肢外骨骼康复机器人名称	下肢外骨骼康复机器人示意图	国家/研究机构/下肢外骨骼康复机器人名称	下肢外骨骼康复机器人示意图
美国/Ekso Bionics/Ekso		美国/Parker Hannifin/Indego	
美国/哈佛大学/exosuit 柔性下肢外骨骼		美国/哈佛大学/气动下肢外骨骼	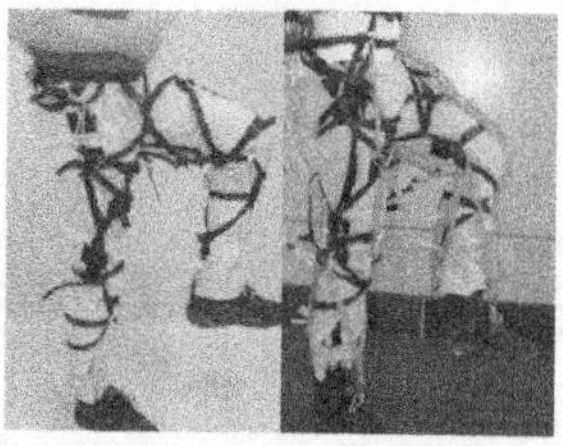

国内典型下肢外骨骼康复机器人举例

研究机构/下肢康复外骨骼机器人名称	下肢外骨骼康复机器人示意图	研究机构/下肢外骨骼康复机器人名称	下肢外骨骼康复机器人示意图
上海璟和技创机器人有限公司/Flexbot，Prodrobot	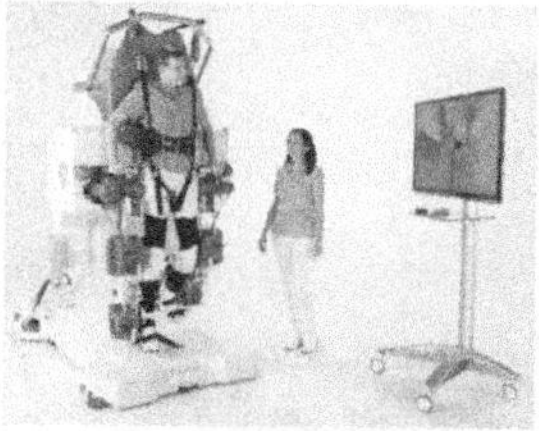	广州一康医疗设备实业有限公司/A3	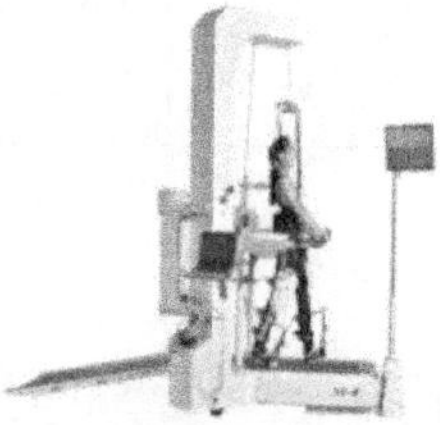
苏州好博医疗器械股份有限公司/下肢康复训练机器人	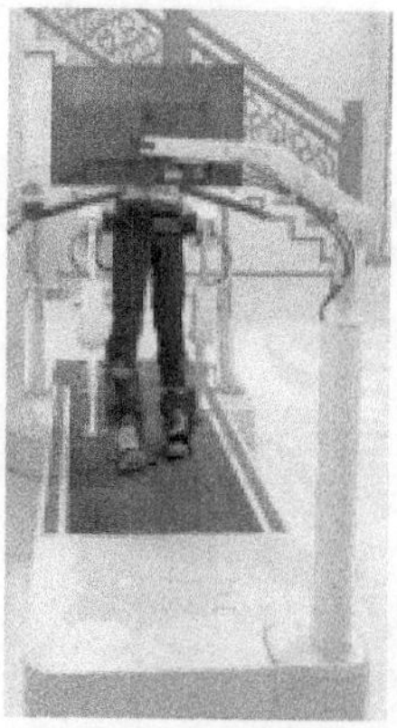	北京大艾机器人科技有限公司/AiLegs、AiWalker	 

研究机构/下肢康复外骨骼机器人名称	下肢外骨骼康复机器人示意图	研究机构/下肢外骨骼康复机器人名称	下肢外骨骼康复机器人示意图
上海傅利叶智能科技有限公司/ExoMotus		杭州程天科技发展有限公司/下肢外骨骼机器人	
深圳市迈步机器人科技有限公司/下肢外骨骼机器人		布法罗机器人科技(成都)有限公司/下肢康复外骨骼	
中国科学院深圳先进技术研究院/下肢外骨骼		哈尔滨工业大学/HIT-LEX	
上海理工大学/i-Leg		纬创医疗/keeogo外骨骼机器人	

表 1-4-3 典型智能假肢举例

国家/研究机构/智能假肢名称	智能假肢示意图	国家/研究机构/智能假肢名称	智能假肢示意图
德国/Ottobock/米开朗基罗之手		德国/Schunk/仿人型机械手 SVH	

国家/研究机构/智能假肢名称	智能假肢示意图	国家/研究机构/智能假肢名称	智能假肢示意图
德国/Ottobock/bebionic 智能仿生手		英国/Touch Bionics/i-Limb	
英国/Shadow Robot Company/Tactile Telerobot		意大利/qbrobotics/QB SoftHand	
德国/Ottobock/Genium 智能仿生膝关节		德国/Ottobock/Helix3D 高性能液压髋关节系统	
冰岛/OSSUR/锐欧磁控膝关节		冰岛/OSSUR/倍速膝关节	
冰岛/OSSUR/拓托七轴几何锁膝关节 2100 型		英国/BLATCHFORD/Linx	
英国/BLATCHFORD/欧伦 3 代全智能仿生腿		英国/BLATCHFORD/全智能膝关节	

续表

国家/研究机构/智能假肢名称	智能假肢示意图	国家/研究机构/智能假肢名称	智能假肢示意图
中国/浙江强脑科技有限公司/BrainRobotics智能仿生手	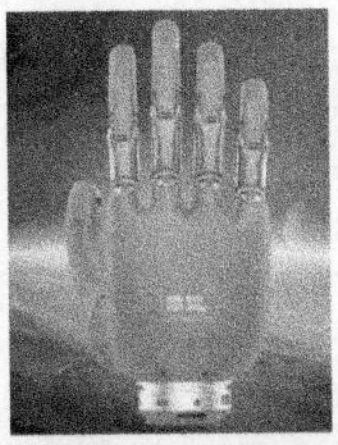	中国/上海傲意信息科技有限公司/OHand智能仿生手	
中国与美国/上海交通大学与麻省理工学院/新型智能假手		中国/上海理工大学/智能膝上假肢	
中国/台湾德林股份有限公司/V One智能膝关节	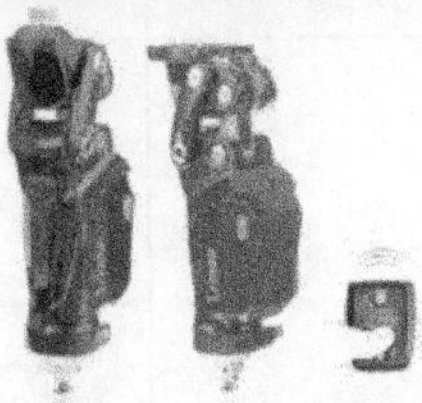	中国/深圳市健行仿生科技有限公司/动力式智能膝关节	
中国/深圳市健行仿生科技有限公司/动力式智能踝关节		中国/瑞哈国际假肢矫形器有限公司/智能假肢	

表 1-4-4 日常生活辅助机器人举例

国家/研究机构/日常生活辅助机器人名称	日常生活辅助机器人示意图	国家/研究机构/日常生活辅助机器人名称	日常生活辅助机器人示意图
中国/上海理工大学/助餐机器人	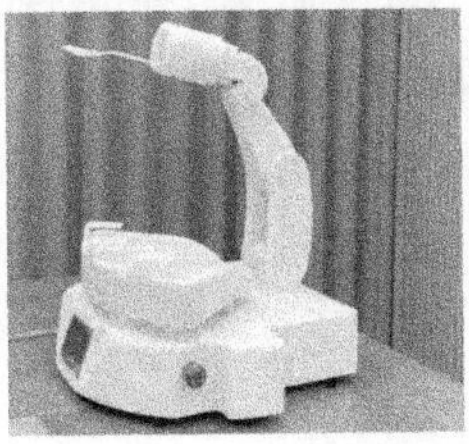	中国/深圳作为科技有限公司/喂饭机器人	

续表

国家/研究机构/日常生活辅助机器人名称	日常生活辅助机器人示意图	国家/研究机构/日常生活辅助机器人名称	日常生活辅助机器人示意图
日本/SECOM/My Spoon 助餐机器人		日本/松下/护理床	
日本/富士电机集团/移位机器人		日本/丰田汽车集团（机器人）/移位机器人	
日本/产业技术综合研究所/辅助机器人臂 RAPUDA		日本/松下/机器人床	
美国/麻省理工学院/Wheelesley 智能轮椅		美国/Sammons Preston/助餐机器人 Winsford Self-Feeder	

二、康复机器人技术发展历程

世界康复机器人的研究可以追溯到 20 世纪 60 年代末，在此后的半个多世纪中得到迅速发展，下面以重要事件的时间节点来讲述国内外康复机器人的主要发展历程。

1. 1969 年 Rancho 动力外骨骼机器人由美国洛杉矶吾友医院研制

美国洛杉矶吾友医院于 1969 年研制了一款名为 Rancho 的动力外骨骼机器人。此动力外骨骼机器人具有 7 个运动自由度，通过 7 个由舌尖控制的双向开关进行控制。机械臂可以安装在患者的轮椅上，并且可以对机械手臂进行遥控控制。这款机器人也是最早的康复机器人之一。

2. 1984 年 MANUS 机械臂由荷兰康复研究协会研制

MANUS 机械臂由荷兰康复研究协会于 1984 年研制(见图 1-4-1)。此机械臂具有 5 个运动自由度,配备可伸缩基座。整套装置可装载在各种电动轮椅上,可帮助不能移动的病人抬起最多 1.5 kg 的物体。

3. 1986 年英国设计制造出 RTX 机械臂

RTX 机械臂于 1986 年设计制造(见图 1-4-2)。1989 年的一次调查显示,全世界 38% 的工作站式康复机器人都使用了 RTX 机械臂。RTX 机械臂具有肩、肘、腕三个关节,可在 Z 轴范围内抓取物体和旋转并承受较大的重量。RTX 机器臂的同系列产品,被广泛应用在 TIDE-RAID 和 EPI-RAID 项目中,用于患者办公环境中的功能辅助。

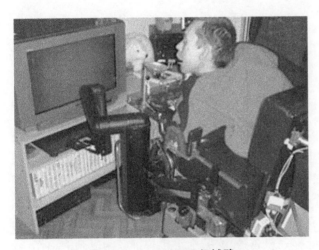

图 1-4-1 MANUS 机械臂

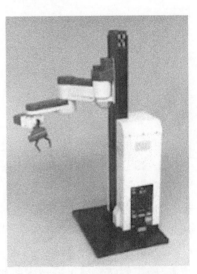

图 1-4-2 RTX 机械臂

4. 1987 年 Handy1 助餐机器人由英国基尔大学研制

Handy1 助餐机器人的初代产品由英国基尔大学于 1987 设计开发,可以帮助脑瘫的孩子独立进食。机器手由一个按键面板控制,具有一个五自由度机械臂和一个安装在轮式平台上的可拆卸食品托盘,来满足使用者的不同使用需求。Handy1 包含一个激光扫描系统,食物安放在若干个餐盘中,助餐开始时会有 7 束光线在餐盘后面从左至右扫描,等到光线扫到患者想要的食物时,患者只需按下开关,机械臂就会盛取该食物并送至患者嘴边,当食物盘空了之后,扫描系统就会自动越过空的地方。Handy1 已经商业化,它被誉为"世界上最成功的康复机器人"。

5. 1991 年 MIT-MANUS 上肢康复机器人由美国麻省理工学院研制

1991 年,美国麻省理工学院成功研制了一种帮助脑卒中患者进行康复治疗的上肢康复机器人 MIT-MANUS(见图 1-4-3),它可以帮助病人的肩、肘和手在水平和竖直平面内运动。整个机器人可扩展至 6 个自由度,主/被动/混合运动三个可选训练模块分别为:平面模块、手腕模块和手部模块。平面模块负责牵引肘和前臂在水平面上做平移运动(2个自由度);手腕模块提供了3个自由度,可以辅助患者的前臂和手腕关节进行活动;手部模块则用来辅助手掌部分关节进行活动,训练抓握功能(1个自由度)。MIT-MANUS可以采集位置、速度、力等信息以供分析,并将运动状态信息显示到电脑屏幕上为患者提供视觉反馈。目前,该产品已进行产品化并投入市场。

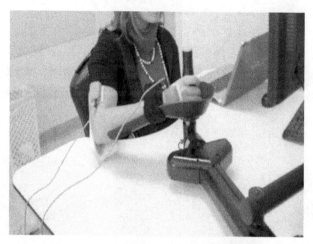

图1-4-3　MIT-MANUS上肢康复机器人

6. 1997年OttoBock研制出智能假肢C-Leg

1997年,OttoBock研发了世界上首款仿生智能假肢C-Leg,其集成了控制器、电源模块、传感器、无线收发装置等,能根据力矩传感器信息识别步态的支撑期与摆动期,再通过控制器调节膝关节液压缸阻尼来保证行走的稳定与步态对称。之后OttoBock在C-Leg基础上推出了智能仿生膝关节Genium,增加了更加智能的控制进行动力力矩输出,突破了假肢领域里的技术瓶颈,能够完成越障、交替上下楼梯等较为复杂的动作,行走步态也更为自然。

7. 1998年Wheelesley智能轮椅由美国麻省理工学院研制

美国麻省理工学院于1998年研制了Wheelesley智能轮椅(见图1-4-4)。该智能轮椅不仅可以通过点击界面按钮实现各个方向的移动,还可以利用计算机结合虹膜扫描识别技术来检测使用者眼球移动方向和轨迹,以对使用者的行为做出预判,并融合里程计、红外和超声波传感器进行环境感知和构建环境模型,以实现室内的自主导航。

8. 2000年仿人型机械手SVH在德国诞生

仿人型机械手SVH是世界上第一个受国家社保认证的人机协作工业机械手,其集成有9个电机用于控制20个关节的活动(见图1-4-5)。

9. 2000年MIME上肢康复机器人由弗吉尼亚州联邦大学与美国斯坦福大学合作研发

MIME是弗吉尼亚州联邦大学与美国斯坦福大学合作研发的一款末端牵引式上肢康复机器人。该机器人有6个自由度,使用时将患者腕和手固定在机器人前臂夹板上,通过工业机器PUMA500带动患肢在三维空间范围内运动,运动过程中可通过6轴传感器检测机器人与患肢之间的力和力矩,该装置可以提供被动、助力、阻抗及镜像四种训练模式,其中镜像运动是其主要特色,可通过光电编码器采集患者健侧肢的运动,通过计算机将采集数据传递给 PUMA500,控制 PUMA500 驱动对侧机械臂带动患侧肢做镜像运动。

图 1-4-4 Wheelesley 智能轮椅

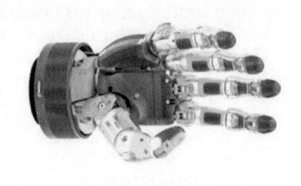

图 1-4-5 仿人型机械手 SVH

10. 2001 年 HAL 外骨骼由日本筑波大学研制

2001 年,日本筑波大学正式推出 HAL 外骨骼机械助力系统(见图 1-4-6),是截至目前为止发展最成功的民用穿戴式下肢外骨骼康复机器人之一。HAL 外骨骼穿戴设备能够为穿戴者提供步态训练和下肢质量支撑,辅助使用者户外行走,完成简单的日常活动。经过五代的技术更迭,在增加上肢机械外骨骼助力部分的基础上,其结构更加精简,质量由原来的 25 kg 缩减至 10 kg,续航时长近 160 min。

11. 2003 年 LOKOMAT 下肢康复训练系统在瑞士诞生

LOKOMAT 是瑞士 HOCOMA 公司推出的一款减重步行训练设备(见图 1-4-7),

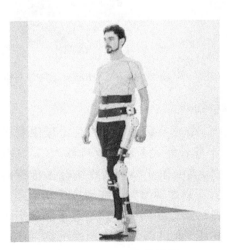

图 1-4-6 HAL 外骨骼

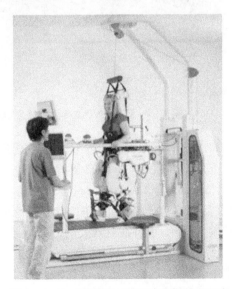

图 1-4-7 LOKOMAT 下肢康复训练系统

该设备主要由下肢外骨骼腿部驱动装置、减重支撑系统和跑步台组成。下肢外骨骼通过平行四边形结构固定在刚性机架上,两侧髋关节和膝关节处均装有线性驱动器,线性驱动器中集成了力矩传感器和角度传感器,且减重系统可根据患者的实际情况调节减重效果,提供正常生理模式的步态训练。

12. 2003 年 GENTLE/s 上肢康复机器人系统由英国雷丁大学研制

英国雷丁大学于 2003 年研制了 GENTLE/s 上肢康复机器人系统(见图 1－4－8)。GENTLE/s 是一个基于触觉和 VR 可视化技术构建的康复训练系统。触觉和虚拟现实技术可以增加患者进行康复训练的积极性,该装置具有六个自由度,其腕关节放置在腕关节矫形器中,通过磁性安全接头连接到触觉界面,以防止对手臂施力过大,产生安全隐患。患者的上肢通过吊索连接到 HapticMASTER 工业机器人上,通过该系统进行重力补偿和驱动,其主要功能是实现肩关节和肘关节的康复训练,并且可实现上肢的空间运动。

13. 2003 年 NeReBot 上肢康复机器人由意大利帕多瓦大学研制

意大利帕多瓦大学于 2003 年研制了末端牵引式上肢康复机器人 NeReBot(见图 1－4－9)。该机器人是一个三自由度的线驱动机器人,机器人框架主要包括 C 型底座、脚轮、尼龙线和方形柱等,尼龙线一端连接在电机上,另一端通过矫形器固定到患者的手臂上,便于适应不同姿态患者的康复训练,该种设计方式可以实现患者坐位、卧位两种姿态下的康复训练。

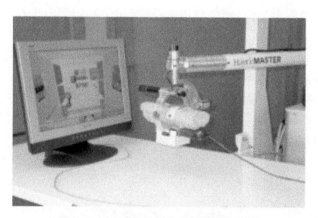 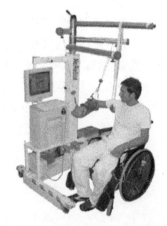

图 1－4－8　GENTLE/s 上肢康复机器人　　　图 1－4－9　NeReBot 上肢康复机器人

14. 2005 年 ARMin 由苏黎世联邦理工学院研制

苏黎世联邦理工学院感觉运动系统实验室于 2005 年研制了第一代上肢康复机器人 ARMin,该机器人是一种具有 7 个自由度的半外骨骼式上肢康复机器人,其具有被动训练、游戏治疗和作业导向治疗三种训练模式,其中作业导向治疗结合了传感器和虚拟现实技术,患者在机器人的协助下进行运动,一只虚拟手臂会在虚拟环境中还原患者动作,完成拿取/放置物体等一系列的日常作业活动。此训练模式增强了康复训练与日常生活的联系,帮助患者更快恢复日常生活能力。此机器人已成功推出第三代产品 ARMin III。

15. 2006 年 OSSUR 研制出世界上第一款主动型智能假肢 POWER KNEE

2006 年,世界上第一款主动型人工智能假肢 POWER KNEE 在冰岛研制成功(见图 1-4-10)。该假肢采用电机驱动,代替原有的腿部肌肉实现假肢的主动弯曲伸展功能,克服了阻尼式假肢无法主动做功的缺陷,能更好地实现上楼梯等需要主动做功的步态。

16. 2006 年 iPAM 由英国利兹大学研制

iPAM 是由英国利兹大学研发的一种上肢康复机器人(见图 1-4-11),整个机构分两个支撑模块(上臂模块和腕手模块),每个模块各 3 个自由度,可通过双模块联动辅助患者进行主动/被动训练,结合虚拟现实技术引导患者完成各种简单的训练任务,增强训练融入性和趣味性,并对相关训练数据进行记录和分析。

图 1-4-10 世界上第一款主动型智能假肢 POWER KNEE

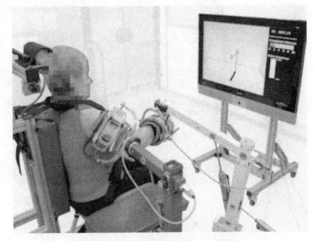

图 1-4-11 iPAM 上肢康复机器人

17. 2006 年 Touch Bionics 研制出 i-LIMB 仿生手

i-LIMB 仿生手是一款肌电控制假手(见图 1-4-12),该仿生手拥有 5 个独立控制的手指,共有 16 个自由度,具有较高的灵活性和仿生性。

18. 2007 年 CADEN-7 外骨骼动力臂由美国华盛顿大学研制

美国华盛顿大学于 2007 年研发的 CADEN-7 是一种具有 7 个自由度的外骨骼动力臂。该机器人采用绳索传动方式以减少运动时的转动惯量,并可以实现机械结构肩、肘、腕多个关节的复合运动。整个机械结构为可逆驱动设计,可以辅助患者进行自主意志的主动训练,并对整个训练过程进行监控和诊断。此

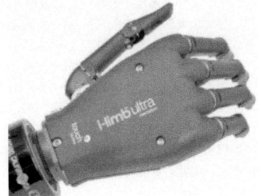

图 1-4-12 i-LIMB 仿生手

外,该系统还配有整合了 19 种日常生活上肢运动的训练运动数据库,具有丰富的训练模式。目前该机器人正在进行虚拟现实系统和日常生产助力方面应用的设计。

19. 2010 年 Rex 下肢外骨骼康复机器人在新西兰诞生

Rex 是由新西兰公司研发的一款下肢外骨骼康复机器人(见图 1-4-13)。该外骨骼康复机器人的特点在于不需要用拐杖来保持平衡和稳定,可以适用于四肢均有运动功能障碍的患者,装置由 10 个定制的线性驱动器带动,能让体重为 100 公斤的患者走动。其采用定制的高频采样传感器,能够准确地测量四肢和关节的位置,同时内置 27 个微处理器,管理驱动系统,确保 Rex 的安全与平衡。

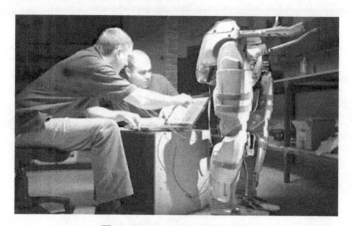

图 1-4-13　Rex 下肢外骨骼

20. 2011 年以色列公司 Rewalk Robotics 研制出 ReWalk 下肢康复外骨骼机器人

以色列公司 Rewalk Robotics 历经 10 年研究的 ReWalk 下肢外骨骼机器人于 2011年在欧美市场发布(ReWalk R/Rehabilitation),是最早进入欧洲市场的机器人外骨骼产品。个人用机器人外骨骼(ReWalk P/Personal)定制系统先后于 2012 年底和 2014 年中获得 CE 标识和 FDA 批准,ReWalk P 成为 FDA 批准的第一个个人用外骨骼系统,也是在欧洲市场最早获得保险覆盖的个人用机器人外骨骼产品。

21. 2012 年上海理工大学研制的轻型化外骨骼式手

上海理工大学康复工程与技术研究所推出了一种能在日常生活辅助使用的轻型化穿戴式外骨骼式手功能康复机器人(见图 1-4-14),该外骨骼式手仅重 450 g。

22. 2012 年 Myomo 研制出 MPower1000 外骨骼

美国 Myomo 公司推出的 MPower1000 是一款可家用的外骨骼(见图 1-4-15)。此产品提供肘关节 1 个自由度的康复训练,具有轻巧便携的特点,重量只有 846 g。在MPower1000 肘部支撑角靠近皮肤一侧有肌电传感器,通过采集的肌电信号可控制机器人协助患者完成肘关节内收/外展等训练动作,还可通过协助患者完成一些简单的日常活动来使其手臂运动能力逐渐得到恢复。

图 1-4-14 上海理工大学研制的轻型化外骨骼式手

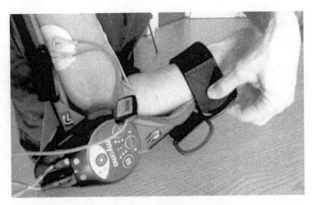

图 1-4-15 MPower1000

23. 2012 年气动下肢外骨骼系统原理样机由哈佛大学研制

哈佛大学 Wyss 实验室在 2012 年便提出了气动下肢外骨骼系统原理样机(见图 1-4-16),设计了驱动效率可达 65%~75%的柔性气动执行器,并将其作为下肢外骨骼系统的驱动单元。该系统质量为 1.06 kg,可对踝关节提供跖背屈助力。

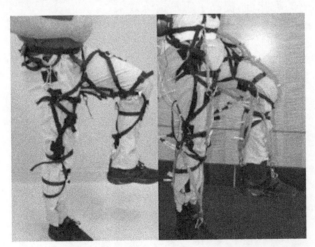

图 1-4-16 哈佛大学研制的气动下肢外骨骼系统原理样机

24. 2012 年世界上第一款商用的上肢外骨骼康复机器人 Armeo Power 由 Hocoma 推出

Armeo Power 是由瑞士 Hocoma 公司推出的一款多自由度上肢动力外骨骼康复机器人,也是世界上第一款商用的动力外骨骼上肢康复机器人(见图 1-4-17)。该机器人具有 7 个自由度,对人体关节还原度较高,结构上可实现左右手互换,可以帮助上肢功能障碍患者进行主/被动康复训练。

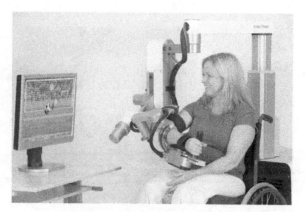

图 1 - 4 - 17 Armeo Power 上肢康复机器人

25.2013 年"灵动"上肢康复机器人由安阳神方研制

安阳神方机器人有限公司研制的"灵动"上肢康复机器人(见图 1 - 4 - 18),是国内第一个获得医疗器械Ⅱ类注册证的上肢康复治疗设备,填补了国内相关领域的空白。"灵动"上肢康复机器人可为患者提供单关节运动和多关节复合运动的主/被动康复训练模式,具有安全控制机制,为痉挛提供识别与安全处理方案。该机器人设计了多款虚拟现实游戏,增加了训练的趣味性,提高了康复训练效果。

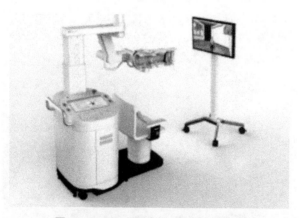

图 1 - 4 - 18 "灵动"上肢康复机器人

26. 2013 年 exosuit 柔性下肢外骨骼机器人由哈佛大学研制

2013 年,哈佛大学 Wyss 实验室研发了基于鲍登线的多关节柔性下肢外骨骼机器人原型样机 exosuit(见图 1 - 4 - 19)。该样机采用柔性织物来代替传统的刚性结构,且利用了下肢关节协同增强效应,能在对踝关节进行主动助力的同时,使髋关节也通过柔性带传力实现被动助力。该系统总质量为 10.1 kg,其中腿部质量为 2.0 kg,续航时间 4 h,可对髋关节提供相当于人体自然力矩 30% 的屈曲助力,以及对踝关节提供 18% 的跖屈助力。

图 1-4-19 exosuit 柔性下肢外骨骼

27. 2013 年气动柔性外骨骼手由新加坡国立大学研制

新加坡国立大学于 2013 年研制了一种用于手功能障碍患者康复训练和生活辅助的气动柔性外骨骼手(见图 1-4-20),其柔性驱动器采用铂金硬化硅胶材料,在驱动器的底面附有一层应变限制织物,这一织物抑制了执行器底部的伸长,通过上层的延伸实现驱动器的弯曲。

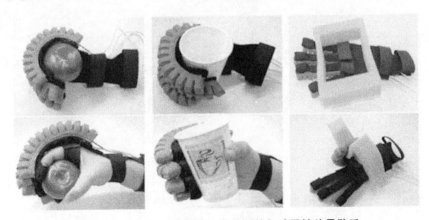

图 1-4-20 新加坡国立大学研制的气动柔性外骨骼手

28. 2013 年智能仿生手"米开朗基罗之手"由 OttoBock 研制

美国和德国科学家联合研制的"米开朗基罗之手"(见图 1-4-21)采用电子手指,具有传感肌肉运动的肌电电极,能通过手臂肌肉的运动肌电信息控制义肢,握住及抓紧不同大小的物体,完成一些基本的任务。

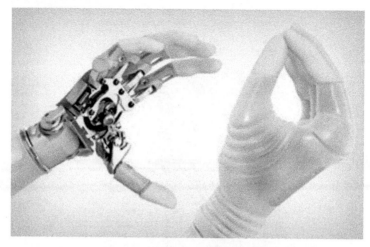

图 1 - 4 - 21　"米开朗基罗之手"

29. 2014 年日本松下机器人床通过了 ISO13482 质量认证

日本已经开发了新一代智能护理机器人,一部分已经服务于临床,例如日本的松下机器人床在 2014 年 3 月通过了 ISO13482 质量认证,其可以帮助患者从床上起来,防止患者产生褥疮,同时它还包含一个先进的家电控制器和屏幕以及第三方监护取景器,可以大大减少护工的工作压力(见图 1 - 4 - 22)。

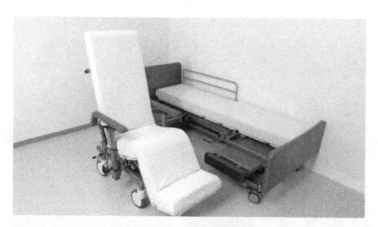

图 1 - 4 - 22　松下机器人床

30. 2015 年璟和研制出 Flexbot 多体位智能康复机器人系统

上海璟和技创机器人有限公司研制了 Flexbot 多体位智能康复机器人系统(见图 1 - 4 - 23),该机器人打破了以往的训练方式,采用 0°～90°电动起立设计,使早期卧床的患者可以进行步态训练,同时,可电动升降的转移设计,使得转移患者更加简单省力。其利用三维计算机图形技术打造 3D 虚拟生活场景,以及多功能传感器交互式技术,将使用者带入 3D 虚拟环境中,用户与环境直接进行自然交互,提高患者主动参与康复的程度。

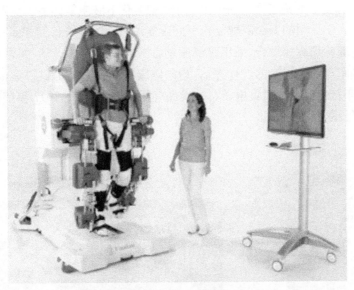

图 1-4-23　Flexbot 多体位智能康复机器人系统

31. 2015 年 HARMONIC BIONICS 研制出上肢双侧康复训练机器人 Harmony

美国 HARMONIC BIONICS 公司研制出上肢双侧康复训练机器人 Harmony（见图 1-4-24），该外骨骼机器人设计有 5 个自由度的肩膀机构、1 个自由度的肘关节和手腕机构驱动的系列弹性驱动器。基于复杂的肩关节解剖运动，设计了一种结合转动关节和平行四边形机构来支持束腰运动的机构。

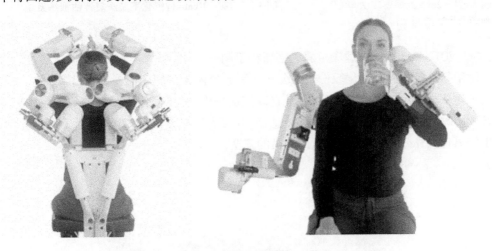

图 1-4-24　上肢双侧康复训练机器人 Harmony

32. 2016 年液压智能膝上假肢由上海理工大学研制

2006 年上海理工大学研究了一种基于小脑模型神经网络控制器的步态跟随式智能膝上假肢，并在 2016 年研制了国内首个液压智能膝上假肢实验样机（见图 1-4-25）。

33. 2017 年由上海理工大学研制的 Remo 智能化下肢康复评估训练系统正式上市

上海理工大学研制的 Remo 智能化下肢康复评估训练系统首创背部支撑减重技术，将康复训练与趣味训练相结合，采用足底驱动方式来模拟人体运动，并对测试者交替屈伸的静态姿势图和动态姿势图进行评估，为制定康复治疗方案提供科学依据，此项技术专利于 2012 年转让给上海西贝电子科技发展有限公司生产，于 2017 年获得产品注册证并正式上市(见图 1 - 4 - 26)。

图 1 - 4 - 25 上海理工大学研制的液压智能膝上假肢

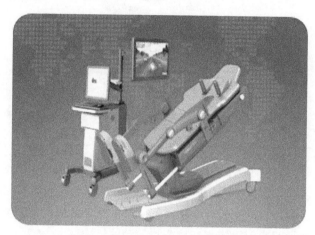

图 1 - 4 - 26 Remo 智能化下肢康复评估训练系统

34. 2017 年分体式护理床机器人由新松研制

沈阳新松机器人自动化股份有限公司研制的分体式护理床机器人(见图 1 - 4 - 27)可实现轮椅与床对接、分离过程的一键自动完成操作，并可确保平稳和准确地实现床椅对接。同时，采用激光雷达作为导航传感器，并带有对接锁定装置，对接后不会因晃动、撞击等出现意外分离，可以保证使用人员的安全。

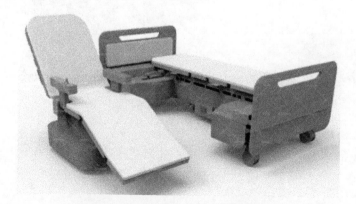

图 1 - 4 - 27 新松分体式护理床机器人

35. 2018 年 ArmGuider 上肢康复训练系统由卓道研制

上海卓道医疗科技有限公司研制的 ArmGuider 上肢康复训练系统(见图 1 - 4 - 28)于 2018 年获得医疗器械 II 类注册证。该系统是专为上肢功能障碍人群设计的智能康复训练系统,目的是提高患者上肢的控制能力、协调性、力量、肩肘关节活动度等运动功能。ArmGuider 采用悬浮式五连杆并联机械臂设计,并应用了反向驱动力机构。灵活的机械臂使其在二维平面内能够实现任意轨迹训练;通过准确感知患者的运动意图及控制算法,使人机力交互更为柔顺。此外,结合虚拟现实技术,为康复训练提供了有趣生动的游戏功能。

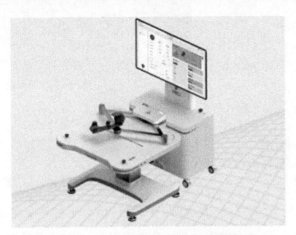

图 1 - 4 - 28 ArmGuider 上肢康复训练系统

36. 2018 年大艾研制的下肢外骨骼艾康、艾动获得医疗器械 II 类注册证

北京大艾机器人科技有限公司研制的下肢外骨骼机器人艾康、艾动(见图 1 - 4 - 29)于 2018 年获得医疗器械 II 类注册证,成为中国首个通过医疗器械 II 类注册证认证的下肢外骨骼机器人。艾康是通过将辅助行走型外骨骼机器人艾动固定在一套四轮式安全平衡移动台架上,从腰部实现对患者的稳定固定、平衡控制和移动支撑、早期的悬吊支撑减重,不仅能够保障穿戴者训练时的安全,还无需上肢配合,为穿戴者提供基于真实地面的行走康复训练,非常适用于偏瘫、四肢瘫等上肢功能缺失的患者以及病程早期主动运动功能减弱的患者进行康复训练,且患者不需要进行适应训练即可使用,学习成本低。

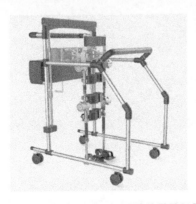

图 1 - 4 - 29 下肢外骨骼机器人艾康与艾动

37. 2018 年上海电气智能康复医疗推出两款康复机器人

2018 年上海电气智能康复医疗研制了减重步态训练系统 NaturaGait1 和上肢康复训练系统 Flexo-Arm1(见图 1-4-30)。它们具有智能数据康复评估功能,可分析患者长期康复治疗数据,为康复治疗师提供智能化评估结果,实现训练全程数据化。两款产品于 2021 年先后获得了上海市药品监督管理局颁发的国家医疗器械Ⅱ类注册证。

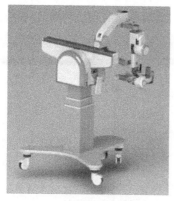

Flexo-Arm1

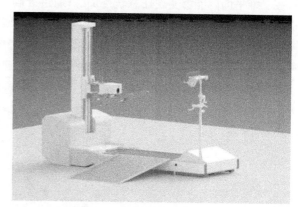
NaturaGait1

图 1-4-30　上、下肢康复训练系统 Flexo-Arm1 和 NaturaGait1

38. 2019 年 ANYexo 上肢康复机器人由苏黎世联邦理工学院研制

ANYexo 上肢康复机器人是苏黎世联邦理工学院提出的一种基于低阻抗转矩可控串联弹性驱动器的多功能上肢外骨骼(见图 1-4-31)。该机器人能实现日常生活活动所需的对应关节的运动角度范围,特别是在接近躯干、头部和背部的位姿。该外骨骼具备优化的可操作性、高额定功率重力比、精准的转矩控制等优点。

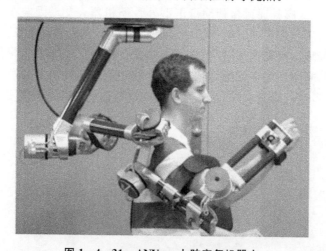

图 1-4-31　ANYexo 上肢康复机器人

39. 2019 年 NimBot 外骨骼式上肢康复机器人由卓道和上海理工大学合作研制

上海卓道医疗科技有限公司与上海理工大学合作于 2019 年研制了 NimBot 外骨骼

式上肢康复机器人(见图1-4-32)。它是全球首个实现肩部复合体6自由度上肢康复机器人,可以实现肩关节屈/伸、内/外旋、收/展以及肩胛部上提/下降、前伸/后缩以及上旋/下旋的训练动作,使得机器人的运动与人体上肢的运动更加贴合、流畅,更好地模拟了人体肩部运动生物力学特性,能够解决现有康复机器人人机关节失配导致患者易受伤或训练效果不佳的问题。

40. 2020年上海理工大学研制的智能穿戴式颈椎外骨骼

上海理工大学康复工程与技术研究所于2020年研制了一种基于中医推拿手法的智能穿戴式颈椎外骨骼,具有结构简单、轻便、携带方便等优点(见图1-4-33)。该外骨骼可以帮助颈椎病患者恢复部分或全部颈部运动功能,对患者的日常生活起到一定的辅助作用,可供患者自主在社区或家中进行康复训练。

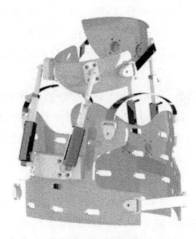

图1-4-32 NimBot外骨骼式
上肢康复机器人

图1-4-33 上海理工大学研制的智能
穿戴式颈椎外骨骼

我国在康复机器人领域的研究起步较晚,但随着我国经济和社会的发展,对医疗健康和老龄化社会康复的需求越来越强烈,并在国家及地方政府的大力支持下,近十年来我国在康复机器人技术及系统研究上取得了一系列令人瞩目的成果。未来基于在康复机器人领域已经取得的技术基础,我国将进一步大力开展康复辅助机器人技术及系统的研发,推动康复机器人战略性新兴产业的发展。为了提高康复机器人系统的性能,需要重点突破一批核心关键技术,特别是在机器人新型仿生学设计、动力学、环境适应技术等方面的研究,开发一批新型感知觉传感、电机、减速器等关键核心部件;在脑/肌电信号运动意图识别、多自由度灵巧/柔性操作、基于多模态信息的人机交互系统、感知觉神经反馈、非结构环境认知与导航规划等关键技术方面实现突破,为智能康复机器人系统的人机自然、精准交互提供共性支撑技术。另外,由于康复机器人的应用环境是医院、社区或家庭,因此机器人研发科学家和工程师应积极与康复医师合作与配合,研发实用、可靠、安全的智能康复机器人系统。

第五节　康复机器人技术进展

一、康复机器人驱动与结构

骨骼肌是人体的动力源,从生理学角度骨骼肌可视为包括了串联弹性元和并联弹性元等结构。在人体关节运动过程中,人体通过调节关节肌肉群中不同肌肉的收缩力实现关节刚度的调节,以适应不同任务的需求、条件和约束,由此可见,人体关节可视为一个典型的变阻抗系统。因此,学术界及工程界通过将弹性元件(弹簧、弹性杆、硅橡胶等)串行、并行或同时串并行连接到驱动和负载之间,得到串联弹性驱动器(series elastic actuator,SEA)、并联弹性驱动器(parallel elastic actuator,PEA)和串并联弹性驱动器(包括 SEA 和 PEA 两种形式)。弹簧的加入可以被动协调人机运动的偏差或起到缓冲作用,提高康复机器人的安全性和舒适性。然而,不同人的运动能力和肌肉强度等差异很大,并且不同应用场景需要不同的弹簧刚度,造成弹簧只能采用个性化定制的方式选取,极大地限制了其应用范围。为弥补 SEA 不足,一些学者提出变刚度驱动关节(variable stiffness actuator,VSA)。VSA 通过刚度调节装置(杠杆机构、凸轮机构、连杆机构等)调节弹性元件的有效长度或通过一对拮抗结构的 SEA 实现变刚度的目的,并解耦输出端运动控制和设备刚度控制。传统机器人系统一般希望具有高刚度,以保证运动精度。而康复机器人的特殊用途使其首先需要满足安全性、舒适性、灵活性等要求,不同于传统工业机器人的"刚度越高越好"。变刚度关节提供了一种同时具备高刚性和低刚性优势的可能性,具有如下优点:① 弹性元件的存在使系统能承受一定程度的冲击,具有较强安全性;② 能量存储和较高的驱动链优化效率;③ 刚度可调整以匹配不同任务需求,实现类似人体肌肉或关节的变刚度特性;④ 高刚度和低刚度之间的连续变化可适配不同场景下不同类型的控制方法。因此,变刚度关节可兼顾高刚度和低刚度的功能。其设计原理遵循"仿生设计"的理念,设计目标为通过刚度的实时调整,达到外骨骼关节刚度和人体关节刚度的匹配,从而为寻找一种理想的人机交互(human-machine interaction,HMI)方法提供了一个可探索的方向。VSA 一般由位置控制电机、变刚度机构、刚度调节电机、输出连杆组成(变刚度驱动关节原理见图 1-5-1)。关节位置由位置控制电机输出确定,刚度调节电机作为变刚度机构的输入,变刚度机构通过调节弹性元件有效长度实现关节刚度变化,最后由输出连杆传递转矩,上述设计将刚度调节和位置调节解耦,能够最大限度地减少控制上的复杂性。

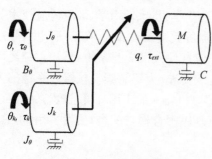

图 1-5-1　变刚度原理

现有变刚度驱动关节设计形式多种多样,但大多通过调节弹性元件有效长度实现刚度调节。例如通过凸轮机构改变硅橡胶弹性体压缩量实现刚度变化;MACCEPA通过皮带张力改变弹簧预紧力实现驱动关节的刚度调节;另有通过滑块调节驱动力臂大小改变弹簧受力从而调节驱动关节等效刚度的AwAS、ARES和MeRIA等结构。除此之外,通过一对拮抗结构模拟人体关节主动肌和拮抗肌调节关节刚度也是常用的方法。一般而言,调节刚度需要额外的驱动单元,不可避免地会增加系统的成本和复杂性,这与外骨骼轻量化目标相违背;更为重要的是,即使通过巧妙的结构实现刚度可调,但调节范围仍然有限,且系统频响也不能满足人体运动的瞬态变化。

随着机器人技术的发展,许多学者试图通过柔性材料提高外骨骼柔顺性。标志性成果如哈佛大学Walsh团队的Soft Exosuit。Soft Exosuit的主要材料为纺织物,驱动单元通过拉伸鲍登绳对下肢关节提供一定助力,电池与驱动系统通过腰带固定在腰部,惯性测量元件(inertial measurement units,IMU)用于步态检测,力传感器用于测量鲍登绳拉力。Walsh团队相继设计研发出踝关节和髋关节等单自由度或多自由度柔性外骨骼,以及多关节柔性外骨骼系统。研究发现,已知的单关节柔性下肢外骨骼助力效率最高仅约14.9%。Soft Exosuit属于柔性康复机器人范畴,是近年来新兴的研究热点,对于无负载或小负载场合具有一定前景,但柔性材料一般不具备高负载能力,难以胜任脑卒中病人的康复训练及日常辅助等需要负重的场合。实际上,康复机器人需要具有一定的结构刚性以提高负载能力和运动精度;更准确地说,康复机器人需要在承受负载方向或助力方向具有高结构刚性,而刚性结构的高阻抗必然导致人机运动难以协调,康复机器人想真正广泛应用必须克服这一尖锐矛盾。

二、康复机器人控制技术

阻抗控制理论自1985年由Hogan提出以来,已经广泛应用于机器人柔顺控制。以实现方式来看,阻抗控制分为基于位置的阻抗控制和基于力的阻抗控制,又分别称为阻抗模型和导纳模型。阻抗模型作为机器人与外界交互的经典模型,经久不衰,目前国际上经典的外骨骼系统控制策略大多基于阻抗模型而设计。早期的Lokomat外骨骼式下肢康复机器人就曾采用阻抗控制,康复效果令人满意。LOPES下肢外骨骼机器人也采用了阻抗控制模式,通过对肌电图分析发现,穿戴该外骨骼行走与自由行走步态特征非常相似。除此之外,自适应阻抗控制也常用于外骨骼柔顺控制,一般需要设计自适应率,通过交互力、sEMG信号或关节刚度等在线调整人机交互阻抗参数。实际上阻抗控制的本质是通过建立人机交互力与机器人位置的关系,通过位置控制实现力控制的目的,所以外骨骼机器人位置控制的精度和带宽至关重要。

力/位控制也常用于康复机器人柔顺性的实现。经典的Lokomat外骨骼式下肢康复机器人即在支撑相采用位置控制,而在摆动相采用力控制。Kao等针对预先定义运动轨迹的下肢外骨骼机器人,在工作空间内沿外骨骼轨迹法向进行力控制。同样是预先定义运动轨迹,Ju等将力/位控制用于上肢康复外骨骼,在法向设计位置控制器,而切向则设计交互力控制器,目的是将运动限制在设定轨迹方向上并保持运动方向的恒定助力。

上述控制方法大多用于肢体功能不全患者的康复运动,可以辅助患者完成运动,控制策略只能保证切向或者法向单方向柔顺性。

综上可以看出,无论是阻抗控制还是力/位控制,一般都用于运动轨迹预先设定的场合。即使是在此情形下,外骨骼柔顺性也不尽如人意,阻抗控制受限于人体阻抗特性难以确定,而力/位控制又高度依赖动力学模型,这些缺点使得研究人员不得不寻找新的突破方向。

按需控制(assist-as-needed control,AAN)旨在实现柔顺辅助控制,是目前康复机器人控制最活跃的领域之一。按需控制,即当使用者自身能力不足,需要辅助的时候,机器人给予完成目标的助力,而当使用者可以完成设定运动目标时,机器人不提供任何助力。AAN 大多基于机器人轨迹跟踪误差,在轨迹周围设置柔顺性区域,或设计衰减率、遗忘因子等参数调整机器人助力的大小;通常情况下,若轨迹误差较大,则说明使用者自身力量不足以完成设定任务,机器人需增加助力,反之,则表明使用者在当前助力情况下有能力完成目标任务,这时可通过衰减率或遗忘因子减小助力。相关学者研究了一种典型的 AAN 控制方法,通过鲁棒自适应控制用于补偿人机交互作用和康复机器人动力学,与常规神经网络不同的是,神经网络的自适应率除参数自适应项之外还增加了一项遗忘因子,以削弱机器人作用。这实际上属于自适应助力的柔顺性力控制,直观的解释就是,如果跟踪误差很小,则控制器会削弱机器人的辅助作用,让使用者自主完成运动动作;反之,则增加机器人辅助作用,辅助使用者完成运动目标。实验研究发现,当脑卒中患者进行康复训练时,遗忘因子可以使机器人具有一定柔顺性,通过误差学习患者运动能力,提高患者参与程度,此时机器人的驱动力矩明显减小。通过力场和速度场控制也是常用的方法。Priyanshu 将神经网络中的遗忘因子与力场思想结合,提出一种自学习力场控制用于指关节外骨骼机器人的控制。Shraddha 同样通过力场控制提高下肢康复机器人的柔顺性,不同的是,此时的力场包含法向力和切向力,脑卒中患者训练过程法向力逐渐减少,力减小过程通过降低刚度或增加力场区域完成。这种方法虽然实现简单,但由于刚度或力场区域由治疗师设定,具体效果很大程度取决于治疗师水平,机器人本身的柔顺性并不令人满意。有学者在力场控制中叠加最大最小速度限制,当人体速度过小或过大时,机器人会给人助力或阻力,人机交互则采用传统的阻抗模型。本质上,AAN 是一种控制目标而非控制方法,由于这正是康复机器人控制的最终目标,这里将用于实现该控制目的的方法均归为 AAN 法。从上面分析容易看出,AAN 虽然提高了人机交互程度和机器人柔顺性,但需要预先知道机器人的参考轨迹,一般也只适用于肢体功能不全的患者。对于能够进行肢体自主运动的患者,机器人柔顺控制使用 ANN 就显得力不从心。

通常情况下,通过高精度意图预测,预知人体运动趋势,以此作为高层控制器,规划康复机器人理想轨迹,是实现康复机器人柔顺性控制的理想方法。对于穿戴式康复机器人,可以通过骨骼肌生物力学模型预测关节力矩或运动进而控制机器人。如 Ao 等建立了一种 EMG-driven Hill-type 踝关节模型,经标定后通过胫前肌和腓肠肌 sEMG 估计踝关节屈伸力矩,以此作为参考力矩比例控制踝关节外骨骼。相关实验验证了方法的可行性,但对人体无规则运动并未进行验证,且这种没有位置反馈和力反馈的控制方法高度依赖预测模型,实践中很难实现。因此一些学者在意图预测的同时增加力控制器以降低控制效果对预测模型的依赖,Amir 等为了降低人-外骨骼交互力,将 Hill 模型简化,采用遗传算法进行标定,通过 sEMG 预测关节力矩,将此估计力矩比例缩放作为外骨骼电机输出力矩,人体膝关节逆动力学用于计算参考力矩,力控制采用传统 PID 方法;膝关节实验表明,基于 Hill 模型意图预测控制,人机交互力降低了约 25%,同时使用者膝关节主动力矩也明显减小。上述基于骨骼肌生物力学模型预测人体运动意图的方法的最大缺点是模型需要烦琐的标定过程,且人体生物力学时变特性及生理信号的非平稳性造成标定后的模型长时间预测精度总体不高,使得柔顺性控制在理论上可行,但是在机器人上实现较为困难。

随着机器学习与人工智能的发展,通过智能算法学习人体骨肌系统动力学越来越受到学者的关注。有文献研究中提取肩和肘部五块肌肉的 sEMG 特征,通过神经网络预测肩、肘关节轨迹,以此作为参考轨迹控制上肢康复机器人。类似的工作还有一些,不同的是 sEMG 用于估计关节力矩。一些学者也将机器学习用于软体康复机器人助力,通过采集上臂二头肌和三头肌 sEMG 信号,并将卡尔曼滤波用于估计肘关节力矩,再对神经网络多源信息进行融合实现肘关节角度预测。其中,神经网络输入为 sEMG 信号、估计的力矩、肘关节角度和角速度,与以往研究不同的是,神经网络输出为关节力矩与角度预测值非线性映射模型的系数,最后位置/力矩混合反馈 PID 控制实现位置跟踪与助力控制。五名健康受试者在不同频率下提举不同重量哑铃,结果显示,该控制策略与 sEMG 比例控制和 sEMG 辅助控制相比,助力效率提升明显。上述机器学习的方法简化了建模过程,无须获知人体精确动力学即可预测人体意图。但人体生物力学时变特性仍然是最大挑战,想要预测模型能够长时间稳定预测及适用广泛人群,惊人的数据量必不可少,但是会降低模型效率,控制实时性难以保证。因此一个在线演进的自学习过程必不可少。

人机系统互感互知和互适应是一个动态演变的过程,人体神经系统的认识过程不仅需要缓慢适应,而且与过去人体状态之间具有强依赖关系。这就是造成人机阻抗匹配难以准确实现的根本原因。人体这种动态演进及自主学习过程启发学者设计学习控制策略,通过在线学习实现最优柔顺控制。学习控制一般需要建立目标函数,通过最优化目标函数在线学习控制器参数。如 Jeffrey 等通过人呼吸耗氧量估计人体代谢,以此作为优化目标,采用常规梯度下降法优化该目标函数,进而在线学习控制器参数,并通过实验验证提出控制的有效性。由于梯度下降法易受噪声影响,且计算效率不高,Zhang 等提出了一种控制参数的学习方法,称之为演进协方差法,该方法并不需要直接采用目标函数值或其导数进行学习,所以具有高效、高信噪比的优点。这种方法首先通过拟合一阶系统模型估计人体代谢,建立人体代谢目标函数,演进协方差用于在线确定最优控制率,进而控制踝关节外骨骼。在此基础上,Ding 等同样建立人体代谢目标函数一阶模型,通过贝叶斯最优化方法识别二维空间全局最优解,使代谢目标函数取值最小,从而获取人机闭环导纳力控制参数控制髋关节外骨骼。近年来,强化学习也常用于人机系统学习控制,Huang 等针对下肢外骨骼提出高-低两层结构自学习柔顺控制策略,高层控制采用动态基本基元(DMP)描述外骨骼运动轨迹,采集外骨骼运动轨迹信息,通过局部加权回归对 DMP 进行训练,当人体运动发生变化时,新的外骨骼轨迹数据更新 DMP 模型,重塑外骨骼运动轨迹;底层控制为灵敏度放大控制,引入强化学习,以减小交互力为目标,在线学习灵敏度因子。相关实验表明,采用此学习控制方法,人和外骨骼轨迹误差较之经典的灵敏度方法显著减小,尤其在人高速步态下,学习控制优势更为明显。康复机器人控制方法及特点对比见表 1-5-1。

表 1-5-1 康复机器人控制方法及其特点

控制方法	实现途径	特点	存在问题	柔顺程度
力控制	阻抗控制	位置控制实现力控制目的	外骨骼机器人位置精度和带宽要求高	差
	力/位混合控制	运动轨迹切向和法向分别采用力控制和位置控制	高度依赖动力学模型	差
	主动阻抗控制	通过正反馈降低人机交互阻抗	系统稳定性不容易保证	差
ANN	衰减率、遗忘因子等	最大化患者参与	一般只适用于肢体功能不全患者	中
基于运动意图理解	骨骼-肌肉模型	生物力学模型预测人体运动意图	建模复杂,模型精度不高	良
	机器学习	融合多源信息预测人体运动意图	需要数据量大	良
学习控制	优化目标函数	通过目标函数在线学习系统结构、参数等	弱化了意图理解的作用	优

三、康复机器人虚拟现实技术

虚拟现实技术(virtual reality,VR)是利用仿真技术、计算机图形学、人机接口技术和多媒体技术等多种技术建立一个三维的虚拟世界,使参与者沉浸其中,通过外界媒介或自身动作等方式与虚拟信息进行交互,从而产生"身临其境"的感觉。VR 具有沉浸、交互和想象的特征,并在交互过程中具有安全性和趣味性,近年来已成为康复领域研究的热点,特别是虚拟现实游戏与康复机器人相结合进行的运动功能康复。依据康复中的运动学习理论、任务导向、强化(即更多剂量和运动)和重复训练理念,促进神经可塑性,从而促进运动恢复的理论,VR 通过提供更密集、重复和参与性的训练来增强神经可塑性和恢复能力,具有以下优势:① 具有不同难度的康复任务;② 增强的实时反馈;③ 更沉浸和参与的体验;④ 更标准化的康复;⑤ 真实生活活动的安全模拟。目前 VR 技术较多地应用于改善上肢功能、下肢步态步行能力、平衡功能、日常生活活动能力等。

康复机器人 VR 训练是一种通过实现训练内容可视化或提供运动指南的游戏化康复方法,可为患者提供三种不同类型的信息:运动可视化、绩效反馈和上下文信息。在运动任务期间,患者的运动被捕捉并在虚拟环境中呈现(运动可视化),根据任务完成情况,对已完成的目标进行奖励或对任务信息的调整会通过一种或几种感官模式(绩效反馈)进行传递。最后,利用特定的故事情节或任务将训练信息与反馈融合到一个虚拟世界(上下文信息)中,这个虚拟世界可以是一个非常现实的,或者抽象的、简化的技术环境。其中,运动可视化依赖于动作捕捉技术、三维建模技术、数据通信技术及显示技术,以下将对涉及的技术和内容进行概述。

1. 动作捕捉技术

在康复机器人 VR 系统中,通常使用多种传感设备进行动作捕捉。常用的传感设备包括基于机器人本身的控制器和传感器、摄像机、数据手套以及其他商用传感系统等,它们将被用于获取患者的关节位置、旋转角度、运动速度、加速度、交互力等信息。由于康复机器人的功能需求、机构及控制系统特性的不同,通常配置不同类型的传感器,主要包括扭矩传感器、力传感器、角度传感器、电位计、光编码器、霍尔传感器、陀螺仪、角速度计、加速度计、重力感应器、位置跟踪与旋转电磁传感器,以及关节惯性测量单元(inertial measurement unit, IMU)等,VR 系统可根据运动可视化的内容选择适合的传感器。主流的摄像机技术包括光学标记跟踪技术、图像标记跟踪技术和深度感应技术等。目前,一些商用摄像机被应用于康复领域,例如微软的 Kinect、索尼的 Eye Toy 和 Play Station 以及任天堂的 Wii 等,这些产品内置多种运动交互游戏,这也是其被广泛用于康复训练系统的原因之一。此外,数据手套通常配置手指弯曲或光学传感器,以及用于手部运动的 IMU 等,其多用于手部精细动作的康复训练系统。常用的商业传感系统除了上述的摄像机,还包括 Leap Motion 手势传感器以及全身可穿戴的传感设备等,头戴显示器(head-mounted display,HMD)内置的惯性传感器也被用于动作捕捉。以上传感技术主要获取运动相关信息,目前有一些虚拟现实康复训练系统还融合了眼动信号、肌电信号、脑电信号等来表征患者的状态,用于多模态信息融合交互。因此广义上的传感设备还应包括眼动仪、肌电测试系统、脑电测试系统,以及近红外光谱测试系统等。

2. 三维建模技术

三维建模技术是虚拟现实技术的核心,主要包括几何建模、物理建模以及行为建模三种类型。在康复机器人的 VR 系统中,三维建模技术具体过程包括数据采集、数据预处理、结构优化、模型创建、模型优化、场景优化、场景继承和调度管理等步骤,具体体现在对虚拟现实环境(virtual environment,VE)、虚拟形象、动画、粒子特效等进行建模。为了提升使用者的沉浸感,进行康复机器人虚拟现实系统三维建模时还会参考康复机器人本身的结构以及人体结构参数,从而对模型的大小、位置以及运动模式进行模型设计。目前,已有一些成熟的开源软件开发平台,例如 Autodesk 公司开发的 3ds Max 软件以及 MAYA 软件用于创建人物以及虚拟现实场景中各类实体的 3D 模型,以及虚拟人物的骨骼匹配和动画制作;Unity 作为实时 3D 互动内容创作与运营平台,可以帮助开发者方便地实现虚拟地形与场景的搭建,并可以通过使用粒子特效,将若干虚拟粒子无规则地组合在一起,来模拟火焰、爆炸、水滴、雾气等效果。在使用软件对三维模型进行搭建的同时,OpenGL、DirectX 等应用程序接口(API)可以加强 3D 图形和声音效果,使虚拟现实系统获得更高的执行效率。除此以外,还有如虚拟现实建模语言 VRML(virtual reality modeling language)这类描述性语言,以代码的形式对三维虚拟场景进行建模,实现了多媒体、虚拟现实和 Internet 的融合。

3. 数据通信技术

康复机器人 VR 系统中的数据通信通常包括两个方面:一方面是将传感器数据传输至虚拟现实环境;另一方面是将虚拟环境的实时状态信息传输至机器人系统,以便协调机器人控制系统对训练内容做出调整。目前,康复机器人虚拟现实系统的数据传输方式主要包括串口通信、蓝牙(bluetooth)传输以及 Wi-Fi 传输。串口通信是将 CPU 与串行设备通过串口数据线进行连接,相比无线连接的蓝牙和 Wi-Fi 而言,有着最好的数据传输稳定性,但传输距离较近,通常适用于康复治疗中心的大型康复机器人设备。蓝牙传输与 Wi-Fi 传输同属无线传输,蓝牙通信使用蓝牙模块,在 1~100 m 的距离内进行中程数据传输,通常适用于便携式康复机器人与虚拟现实的数据传输。Wi-Fi 通信则通过 Internet 中的 TCP/IP 协议或 UDP 协议,可以通过 Socket 套接字在任意两台接入互联网的设备之间进行远程数据传递,传输距离最长,常在康复机器人虚拟现实训练配合远程康复医疗系统时使用。根据康复机器人虚拟现实系统训练目的、场景和数据传输距离需求的不同,可以选择不同的数据传输方式,使患者获得更好的训练体验。

4. 显示技术

VR 系统的显示技术多种多样,根据沉浸水平可分为沉浸式、非沉浸式和半沉浸式三类,根据规模可分为桌面型、头盔型、洞穴型、扩张型及遥现型等,其中桌面型和头盔型在康复机器人中的应用较为广泛。桌面型 VR 系统使用普通显示器或立体显示器作为显示设备,特点是缺乏真实的现实体验,不完全的沉浸感使患者易受到周围现实环境的干扰,但其技术要求和成本较低,是目前康复机器人虚拟现实较为常用的显示方式。例如美国麻省理工学院的 MIT-MANUS、苏黎世联邦理工学院研制的 ARMin 系列上肢骨骼康复机器人和 Lokomat 的步行康复训练机器人、Hocoma AG 公司的 Armeo Power 和 Armeo Spring 等经典康复机器人均采用桌面型 VR 系统。头盔型 VR 系统主要利用 HMD 作为显示设备,将用户的视觉、听觉等感官通道封闭起来,提供完全沉浸的体验。常用的 HMD 有 HTC VIVE、Oculus Rift、微软 HoloLens 等。美国的 Neuro Rehab VR 康复训练系统结合 HMD 提供了一个完整的虚拟现实应用程序和训练库,能够实现多种情境下的康复训练。此外,也有一些研究采用洞穴型(cave automatic virtual environment,CAVE)显示技术,CAVE 使用六面巨幕来显示场景,参与者置身其中,能够以大视野体验周围的虚拟环境。

5. 绩效反馈

绩效反馈主要依据运动学原理,对于维持患者学习动机和兴趣十分重要,有助于提高康复训练效率和积极性。依据反馈形式主要分为视觉、听觉、力/触觉反馈。视觉反馈依靠的是三维建模技术和显示技术,通过多样的虚拟元素、配色、布局、视角、动画的设计,和实时交互数据的显示、任务引导提示,以及任务完成时的激励动画或粒子特效等多种形式维持患者的训练动机。听觉反馈包括背景音乐、音效以及语音提示等,根据患者训练表现调整声音的响度、音调和音色以及音乐的节奏来增强沉浸体验感是目前的研究方向之一。此外,多模态信息融合反馈是目前的重点研究方向,一些研究在视、听觉反馈的基础上融合了力/触觉反馈,力/触觉反馈能够提供虚拟对象的接触性感知信息,能够更直接地增强用户的真实感、沉浸感。触觉反馈主要通过振动或微小的交互力等向用户提供对材质、纹理等物理形态的触感;力反馈使用机动运动或阻力而不是精细触摸来模拟真实世界的物理触摸。绩效反馈的动机维持效果取决于反馈的时机是否合适,正反馈和负反馈的适用情景是否合理以及反馈的强度大小是否适宜,因此对于绩效反馈的激活时刻、形式、剂量也是需要深入研究的内容。

6. 上下文信息

上下文信息是指 VR 系统的交互内容,需要设定合理的虚拟场景和故事情节,对患者运动状态信息和反馈信息进行合理的解释与串联。目前康复机器人 VR 系统中多以游戏的形式展现训练任务,主要应用于商业游戏和定制游戏两类。商业游戏是指如 Xbox 和 Wii 等体感游戏设备中内置的游戏,或者将热门游戏直接迁移至机器人交互系统中,如球类、滑雪、骑车、划船、冒险等游戏内容。商业游戏的特点是应用便捷,但存在适配性和个性化弱的缺点。因此许多研究根据机器人机构及控制性能定制训练游戏的内容,可将机器人的训练模式、训练速度、交互力变化规律以及训练轨迹等因素考虑在内,同时也可以考虑特殊临床症状,如针对单侧空间忽略患者,对虚拟环境和任务做相应的空间调整,以增强系统的适应性。另外,由于康复训练的目的是回归正常生活,因此,应用 VR 技术模拟日常生活活动(activity of daily living,ADL)是最容易联想也是目前较热门的研究内容,在虚拟环境中,通过模拟家务、烹饪、购物等任务,来训练和提升患者的 ADL 能力。此外,为较好地维持患者训练动机,一些研究将养成类游戏理念融入 VR 康复系统中,例如《模拟人生》,利用叙事元素围绕训练任务建立一系列有趣的故事情节,增加患者的参与度,促进对培训目标的理解,并提供清晰的进步感,在完成不同的任务难度、挑战或习得技能的同时达成康复训练目标。另外,融合人工智能技术,在训练过程中实时调整训练任务难度和内容也是目前的重点研究方向。

以上对康复机器人 VR 系统涉及的技术和相关内容进行了概述,目前的研究中,除了对单独的 VR 交互系统开展研究外,部分学者开始探索将 VR 与其他新兴的神经康复治疗技术相结合,如脑机接口、重复经颅磁刺激(repetitive transcranial magnetic stimulation,rTMS)、镜像治疗等,由此,更加多样的信息捕获、反馈形式以及训练内容将极大地丰富 VR 康复训练方法,从而提升康复训练效果。

参考文献

［1］喻洪流. 康复工程学概论［M］. 南京:东南大学出版社,2022.

［2］喻洪流. 康复器械临床应用指南［M］. 北京:人民卫生出版社,2020.

［3］喻洪流,石萍. 康复器械技术及路线图规划［M］. 南京:东南大学出版社,2014.

［4］喻洪流. 康复机器人:未来十大远景展望［J］. 中国康复医学杂志,2020,35(8):900－902.

［5］Driessen B J, Evers H G, van Woerden J A. MANUS：A wheelchair-mounted rehabilitation robot［J］. Proceedings of the Institution of Mechanical Engineers, Part H：Journal of Engineering in Medicine, 2001, 215(3)：285 - 290.

［6］Topping M. An overview of the development of Handy 1, a rehabilitation robot to assist the severely disabled［J］. Artificial Life and Robotics, 2000, 4(4)：188 - 192.

［7］Krebs H I, Hogan N, Volpe B T, et al. Overview of clinical trials with MIT-MANUS：A robot-aided neuro-rehabilitation facility［J］. Technology and Health Care：Official Journal of the European Society for Engineering and Medicine, 1999, 7(6)：419 - 423.

［8］顾洪,李伟达,李娟. 智能膝关节假肢研究现状及发展趋势［J］. 中国康复理论与实践,2016,22(9):1080 - 1085.

［9］Lum Ps, Burgar Ca, Van deer Loos M, et al. MIME robotic device for upper-limb neurorehabilitation in subacute stroke subjects：A follow-up study［J］. The Journal of rehabilitation research and development,2006, 43(5)：631 - 642.

［10］Suzuki K, Mito G, Kawamoto H, et al. Intention-based walking support forparaplegia patients with Robot Suit HAL［J］. Advanced Robotics, 2007, 21(12)：1441 - 1469.

［11］Nef T, Riener R. ARMin-design of a novel arm rehabilitation robot［C］//9th International Conference on Rehabilitation Robotics, 2005. ICORR. June 28-July 1, 2005, Chicago, IL, USA, IEEE, 2005：57 - 60.

［12］Culmer P R, Jackson A E, Makower S, et al. A Control Strategy for Upper Limb Robotic Rehabilitation With a Dual Robot System［J］. IEEE/ASME Transactions on Mechatronics, 2010, 15(4)：575 - 585.

［13］李素蕊,李振新,于毅. 智能仿生手的研究现状与发展展望［J］. 新乡医学院学报,2015,32(11):1045 - 1047.

［14］Perry J C, Rosen J, Burns S. Upper-Limb Powered Exoskeleton Design［J］. IEEE/ASME Transactions on Mechatronics, 2007, 12(4)：408 - 417.

［15］Zeilig G, Weingarden H, Zwecker M, et al. Safety and tolerance of the ReWalk™ exoskeleton suit for ambulation by people with complete spinal cord injury：a pilot study［J］. The Journal of Spinal Cord Medicine, 2012, 35(2)：96 - 101.

［16］Gopura R A R C, Bandara D S V, Kiguchi K, et al. Developments in hardware systems of active upper-limb exoskeleton robots：A review［J］. Robotics and Autonomous Systems, 2016, 75：203 - 220.

［17］赵新刚,谈晓伟,张弼. 柔性下肢外骨骼机器人研究进展及关键技术分析［J］. 机器人,2020,42(3):365 - 384.

［18］Kim B, Deshpande A D. An upper-body rehabilitation exoskeleton Harmony with an anatomical shoulder mechanism：Design, modeling, control, and performance evaluation[J]. The International Journal of Robotics Research, 2017, 36（4）: 414-435.

[19] Zimmermann Y, Forino A, Riener R, et al. ANYexo: A Versatile and Dynamic Upper-Limb Rehabilitation Robot[J]. IEEE Robotics and Automation Letters, 2019, 4(4): 3649-3656.

[20] Kajikawa S, Akasaka T, Igarashi K. A new VSJ mechanism for multi-directional passivity and quick response[C]//2016 IEEE/RSJ International Conference on Intelligent Robots and Systems (IROS). October 9-14, 2016, Daejeon, Korea (South), IEEE, 2016:246-251.

[21] Van Ham R, Vanderborght B, Van Damme M, et al. MACCEPA, the mechanically adjustable compliance and controllable equilibrium position actuator: Design and implementation in a biped robot[J]. Robotics and Autonomous Systems, 2007, 55(10): 761-768.

[22] Jafari A, Tsagarakis N G, Caldwell D G. A Novel Intrinsically Energy Efficient Actuator With Adjustable Stiffness (AwAS)[J]. IEEE/ASME Transactions on Mechatronics, 2013, 18(1): 355-365.

[23] Schiavi R, Grioli G, Sen S, et al. VSA-II: a Novel Prototype of Variable Stiffness Actuator for Safe and Performing Robots Interacting with Humans[C]//2008 IEEE International Conference on Robotics and Automation. May 19-23, 2008, Pasadena, CA, USA. IEEE, 2008: 2171-2176.

[24] Wang R J, Huang H P. AVSER-Active variable stiffness exoskeleton robot system: Design and application for safe active-passive elbow rehabilitation[C]//2012 IEEE/ASME International Conference on Advanced Intelligent Mechatronics (AIM). July 11-14, 2012, Kaosiung, Taiwan, China. IEEE, 2012: 220-225.

[25] Hogan N. Impedance Control: An Approach to Manipulation[C]//1984 American Control Conference. June 6-8, 1984, San Dcego, CA, USA. IEEE, 2009: 304-313.

[26] Achour Z, Hamerlain M. Hybrid Position/Force Controller Applied to Exoskeleton[J]. International Journal of Materials, Mechanics and Manufacturing, 2019, 7 (1): 42-45.

[27] Kao P C, Srivastava S, Agrawal S K, et al. Effect of robotic performance-based error-augmentation versus error-reduction training on the gait of healthy individuals[J]. Gait & Posture, 2013, 37(1): 113-120.

[28] Ju M S, Lin C C K, Lin D H, et al. A rehabilitation robot with force-position hybridfuzzy controller: hybrid fuzzy control of rehabilitation robot[J]. IEEE Transactions on Neural Systems and Rehabilitation Engineering: A Publication of the IEEE Engineering in Medicine and Biology Society, 2005, 13(3): 349-358.

[29] Wolbrecht E T, Chan V, Reinkensmeyer D J, et al. Optimizing Compliant,

Model-Based Robotic Assistance to Promote Neurorehabilitation［J］. IEEE Transactions on Neural Systems & Rehabilitation Engineering in Medicine and Biology Society，2008，16(3)：286-297.

［30］Agarwal P, Fernandez B R, Deshpande A D. Assist-as-Needed Controllers for Index Finger Module of a Hand Exoskeleton for Rehabilitation［C］//Proceedings of ASME 2015 Dynamic Systems and Control Conference, October 28 - 30, 2015, Colunbus, Ohio, USA. 2016.

［31］余灵,喻洪流.上肢康复机器人研究进展［J］.生物医学工程学进展,2020,41(3):134-138.

［32］杜妍辰,张鑫,喻洪流.下肢康复机器人研究现状［J］.生物医学工程学进展,2022,43(2):88-91.

第二章 康复机器人基础知识

第一节 康复机器人设计的基本要求

一、康复机器人的特点

康复机器人涉及机械、电子、计算机、材料、人工智能、机器人学以及生物力学、康复医学、医学基础等学科,作为一类特殊的服务机器人,其包括的助老助残服务机器人(功能辅助机器人)及康复治疗机器人(康复训练机器人为主)都跟人体之间存在密切交互性,因此,康复机器人与一般服务机器人相比具有以下八大特点:

(一) 医工融合性

医工融合性是指康复机器人的设计需要以康复医学或康复需求为基础,这也是康复机器人区别于其他机器人的重要特点之一。一方面功能辅助机器人的设计需要分析各类功能障碍的特性与功能辅助要求。例如,对于脊髓损伤患者,我们需要预先了解各种损伤平面与损伤等级患者的运动、感觉功能障碍情况及康复需求,然后才能确定针对哪一类损伤平面及功能障碍的患者进行辅助外骨骼机器人设计,明确需要什么人机交互及控制功能等。如果对使用对象和康复医学没有了解,则很难设计出合适的康复机器人。另一方面康复机器人的设计需要基于康复医学及康复治疗学的康复理论。例如,上肢康复训练机器人设计时需要明确是针对什么类型的患者,如脑卒中、脊髓损伤或骨关节功能障碍者等。如果是脑神经损伤的患者,则需要了解康复训练的神经重塑及运动控制理论,以达到设计出的康复机器人适应神经康复的特点与要求。

(二) 个性化适应性

康复器械与医疗器械的主要区别之一是康复器械需要针对用户的功能障碍、经济及环境等因素进行个性化适配。大多数康复器械,特别是功能辅助类康复器械是用户长期使用并密切交互的产品,需要适应人因工程学要求,保证其使用的舒适、安全与效能。因此,康复机器人作为康复器械的特殊类型,具有个性化的特点。例如,康复训练机器人需要具有肢体部分的可调功能,以适应不同用户的不同肢体长度,而助餐机器人需要根据用户功能障碍的不同,采用不同的人机无障碍交互方式等。

(三)生物力学特性

康复机器人中的康复训练机器人、功能辅助机器人等很多都采用了外骨骼结构设计(包括固定式和移动式),这需要在设计康复机器人时研究人体及人机耦合的运动学与动力学、生物力学模型,以设计其相关机械结构及控制模型。

(四)结构轻便性

无论是在康复机构还是居家或穿戴使用,康复机器人一般都要求结构小巧、轻便。居家及穿戴使用对这一要求是显而易见的,而康复机构也有这种要求是因为康复设备是现代康复治疗的重要手段与支撑,设备轻巧可以最大限度地保证康复机构治疗场地利用率的最大化。

(五)无障碍人机交互性

这里的无障碍人机交互主要是指人体与设备之间的直接或间接人机交互。康复机器人面向功能障碍者,特别是运动功能障碍者,其操作与使用需要特别的人机交互方式,这种交互可以利用人体残余的微弱信息(包括力、运动、语音等)来与机器人进行交互,即无障碍的人机交互,这也是康复机器人区别于其他服务机器人或工业机器人的主要特点之一。目前,应用较多的无障碍人机交互技术包括作为直接交互方式的高灵敏力交互及按键交互等,作为间接(非接触)交互方式的语音交互、视觉交互、姿势交互、吹吸气交互、肌电信号交互以及脑电信号交互等。这些交互方式可以实现人机之间的自然或接近自然的无障碍交互,非常适用于各种严重功能障碍的患者。

(六)控制的人机协同性

无论是康复训练机器人还是功能辅助机器人,都需要具备良好的人机协同性。例如,神经康复机器人要求能根据患者的运动意图实现"按需助力",从而最大限度地激发患者主动参与训练,从而提高神经康复训练效果;助餐、洗浴等功能辅助机器人或护理机器人,需要高灵敏的人机协作,以保证机器人的实时性和柔顺性从而实现"按需辅助"。实际上这也是一种基于力的物理性直接进行人机柔顺交互的特点。

(七)使用的高安全性

由于康复机器人是人机密切交互使用的产品,特别是用于功能障碍者,这需要康复机器人在使用过程中具有高安全性,一般需要采取多重保护方式,包括机械限位、行程开关限位、力控保护、过流保护等。此外,很多患者在使用康复机器人的过程中存在突然出现的关节痉挛现象,如果没有保护功能,则会对患者造成二次伤害。为避免这一现象,需要基于传感信息在控制算法上进行专门设计。

(八) 医疗器械监管符合性

康复机器人主要用于人体功能障碍的辅助及康复治疗,因此,康复机器人的设计需要符合医疗器械监管要求。之所以康复机器人属于医疗器械,是由其使用的预期目的所决定的。

这里,我们先了解一下我国医疗器械的定义:医疗器械是指单独或者组合使用于人体的仪器、设备、器具、材料或者其他物品,包括所需要的软件。其用于人体体表及体内的作用不是用药理学、免疫学或者代谢的手段获得,但是可能有这些手段参与并起一定的辅助作用;其使用旨在达到下列预期目的:① 对疾病的预防、诊断、治疗、监护、缓解;② 对损伤或者残疾的诊断、治疗、监护、缓解、补偿;③ 对解剖或者生理过程的研究、替代、调节;④ 生命的支持或者维持;⑤ 妊娠控制;⑥ 通过对来自人体的样本进行检查,为医疗或者诊断目的提供信息。

由此可见,康复机器人使用的预期目的完全符合上述医疗器械使用预期目的前两条。因此,我国大部分康复机器人(如智能轮椅、智能助行器、护理床机器人、康复训练机器人等)均可以归入医用康复器械的相应目录范围。这就要求康复机器人设计时需要符合医疗器械产品的注册标准,包括产品的国家标准、行业标准、企业制定的注册产品标准以及强制性国家通用标准,特别是电磁兼容性(EMC)与医用电气安全相关标准等。

二、康复机器人共性关键技术

根据上述康复机器人的特点,康复机器人的共性关键技术可以归纳如下:

(一) 人体仿生学设计技术

人体仿生学设计技术主要是指能够适应人体多自由度及关节仿生运动的机械结构设计技术,通过该结构可以模拟人体肌肉作用、关节转动瞬心、运动自由度等。

(二) 人机耦合动力学建模技术

人机耦合动力学建模技术主要是指人体与康复机器人的人机耦合动力学建模技术,该人机耦合模型用于研究康复机器人工作的动力学特性及控制方法。

(三) 多模态感知及无障碍交互技术

多模态感知及无障碍交互技术包括基于视觉、触觉、语音、运动及电生理等多模态信号的传感、信号处理、信息融合及基于这些感知信息的人机交互控制技术。

(四) 智能运动控制技术

智能运动控制技术主要是指康复机器人基于人工智能技术的控制技术,以自适应不同用户的动力学特性、控制目标及人机交互作用等。

（五）虚拟现实技术

虚拟现实技术主要是指康复训练机器人基于闭环运动控制模型的神经反馈训练原理设计的、用于康复训练人机交互的虚拟现实系统技术，其可以促使患者主动参与训练并实现实时视觉反馈。

三、康复机器人基本设计原则

根据上述的康复机器人特点及关键技术，康复机器人的设计一般需要遵循如下原则：

（一）系统性原则

康复机器人实际上是一个系统，应根据康复机器人的特点设计完整的技术模块。例如，护理机器人需要包括机械、控制及人机交互等系统模块，神经康复机器人还需要在此基础上集成虚拟现实、触觉反馈等模块，以便形成符合神经运动控制理论的康复功能。

（二）安全性原则

考虑到康复机器人人机密切交互的特点，设计应该把安全放在第一位，通常需要设计机械、电气及软件等多重保护功能。

（三）有效性原则

由于康复机器人属于医疗器械，需要符合康复医学的循证医学原则，因此设计相关功能应符合神经重塑康复理论。例如，神经康复机器人需要有主动、助力、阻抗、被动等训练模式，特别是需要设计助力模式，以便激发患者的主动参与训练，增加神经康复的有效性。

（四）个性化原则

由于康复机器人是典型的人机密切交互的设备，需要长期伴随人体使用，因此，设计时需要考虑对不同用户的个性化适应。例如，智能膝上假肢的仿生膝关节需要自动适应不同患者的个性化动力学及步速的变化；所有康复训练机器人的结构应该在高度或外骨骼机构的长度上设计成可调，以适应不同的患者等。

（五）可用性原则

根据 ISO 9241 - 11 定义，"可用性"指的是产品能够在特定用途的情境下，被特定用户使用，以高效和令人满意的方式达到特定目标的程度。由于康复机器人具有康复器械的患者长期使用及人机密切交互的特点，其设计更应该重视产品的可用性。康复机器人的设计应该使用户操作简便、维护与使用方便且体验舒适。为达到这一目的，现代康复机器人大多引入"工业设计"及"人因工程"的理念作为可用性设计的重要部分。

（六）无障碍原则

康复机器人的应用对象是功能障碍者，需要考虑患者无法正常操作设备的情况，因此在设计时应考虑采用无障碍人机交互技术。

（七）经济性原则

针对适合居家使用的功能辅助机器人和康复训练机器人，设计者需要尽量控制机器人产品的成本，以保证其经济性。

第二节　康复机器人运动学与动力学基础

康复机器人是机器人技术与康复工程结合的产物。康复机器人一般通过驱动关节运动带动执行机构的相对运动来实现康复机器人的运动轨迹，以完成既定的康复任务。因此，对于康复机器人的功能实现，首先需要通过机器人学的理论和方法研究其运动学、动力学及其控制。本节给出机器人运动学分析及动力学分析的一般方法。机器人运动学描述了机器人连杆间的几何关系，包括位置分析、速度分析和加速度分析。运动分析又包括两类问题，即运动学正解和运动学逆解。已知关节运动求末端执行器运动是运动学正解，反之是运动学逆解。机器人动力学是研究机器人运动与其受力之间的关系，机器人受力包括内力（关节驱动力/力矩、关节摩擦力等）和外力（人机交互力、重力等）。与运动学分析类似，动力学分析也涉及动力学正解问题和动力学逆解问题。实际应用中，人们最关心的是在给定康复机器人运动的情况下，机器人关节运动和驱动力/力矩。因此，运动学与动力学逆解问题是本节的重点。

由于康复机器人主要包括治疗用康复训练机器人及功能辅助康复机器人，种类繁多，其结构与原理相差较大。但总体而言，其运动学与动力学设计具有如下特点：

1）康复训练机器人主要是辅助人体上肢及下肢进行运动训练，且大多被设计成与人体肢体相匹配的外骨骼式，其运动与动力学特性可以类似人体肢体运动的简化模型——多刚体模型；

2）功能辅助机器人尽管与人体肢体匹配的外骨骼不同，但其中的大多数护理机器人都采用多刚体机构设计，如分体式多姿态智能护理床、多姿态智能轮椅、生活辅助用机械臂、智能假肢等。

由上可知，康复机器人的运动学与动力学研究主要是基于多刚体模型进行的。因此，这里主要介绍基于多刚体模型的机器人运动学与动力学基础知识。

一、刚体位姿描述

作为研究康复机器人运动及康复操作的第一步，需要明确机器人各个构件的相对位姿(位置和姿态)关系,我们通过在机器人各个构件上固连坐标系,将各构件位置和姿态统一于 4×4 的齐次变换矩阵。设固定于地面的坐标系$\{A\}$为$\{O:x_A,y_A,z_A,\boldsymbol{i}_A,\boldsymbol{j}_A,\boldsymbol{k}_A\}$,固连在刚体上的坐标系$\{B\}$为$\{P:x_B,y_B,z_B,\boldsymbol{i}_B,\boldsymbol{j}_B,\boldsymbol{k}_B\}$,对于刚体的位置,可以通过刚体坐标系$\{B\}$的坐标原点的位置来描述,即$\{B\}$的坐标原点的位置矢量(见图2-2-1)。我们知道空间任意一点P的位置可用3×1的列向量$^A\boldsymbol{P}$表示,即用位置矢量表示为:

$$^A\boldsymbol{P}=\begin{pmatrix}P_x\\P_y\\P_z\end{pmatrix}\qquad\text{式}(2-2-1)$$

其中P_x、P_y和P_z是点P在坐标系$\{A\}$中的三个坐标分量。$^A\boldsymbol{P}$的上标A表示选定的参考坐标系$\{A\}$。刚体的空间姿态可以用刚体坐标系$\{B\}$三个坐标轴上的单位矢量$\boldsymbol{i}_B$、$\boldsymbol{j}_B$、$\boldsymbol{k}_B$的方向来描述,也就是$\boldsymbol{i}_B$、$\boldsymbol{j}_B$、$\boldsymbol{k}_B$相对于大地坐标系$\{A\}$的方向余弦。

$$^A_B\boldsymbol{R}=\begin{bmatrix}^A\boldsymbol{i}_B & ^A\boldsymbol{j}_B & ^A\boldsymbol{k}_B\end{bmatrix}\qquad\text{式}(2-2-2)$$

用矩阵形式表示为:

$$^A_B\boldsymbol{R}=\begin{bmatrix}r_{11} & r_{12} & r_{13}\\r_{21} & r_{22} & r_{23}\\r_{31} & r_{32} & r_{33}\end{bmatrix}\qquad\text{式}(2-2-3)$$

其中矩阵$^A_B\boldsymbol{R}$称为旋转矩阵,上标A表示参考坐标系$\{A\}$,下标B表示被描述的坐标系$\{B\}$。$^A_B\boldsymbol{R}$有9个元素,其中只有3个是独立的。因为$^A_B\boldsymbol{R}$的三个列矢量都是单位主矢量,且两两互相垂直,所以矩阵$^A_B\boldsymbol{R}$的9个元素满足6个约束条件,这些约束条件可以写为:

$$^A_B\boldsymbol{R}{^A_B\boldsymbol{R}}^{\mathrm{T}}={^A_B\boldsymbol{R}}^{\mathrm{T}}{^A_B\boldsymbol{R}}=\boldsymbol{I}\quad\left|{^A_B\boldsymbol{R}}\right|=1\qquad\text{式}(2-2-4)$$

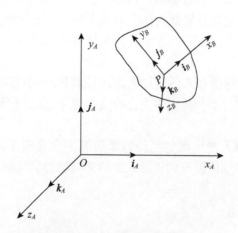

图 2 - 2 - 1 刚体位姿描述

实际中,常用到绕单轴的旋转变换矩阵,绕 X 轴、绕 Y 轴和绕 Z 轴旋转某一角度 θ 的旋转矩阵为:

$$R(X,\theta) = \begin{bmatrix} 1 & 0 & 0 \\ 0 & \cos\theta & -\sin\theta \\ 0 & \sin\theta & \cos\theta \end{bmatrix} \qquad \text{式}(2-2-5)$$

$$R(Y,\theta) = \begin{bmatrix} \cos\theta & 0 & \sin\theta \\ 0 & 1 & 0 \\ -\sin\theta & 0 & \cos\theta \end{bmatrix} \qquad \text{式}(2-2-6)$$

$$R(Z,\theta) = \begin{bmatrix} \cos\theta & -\sin\theta & 0 \\ \sin\theta & \cos\theta & 0 \\ 0 & 0 & 1 \end{bmatrix} \qquad \text{式}(2-2-7)$$

对于最一般的情形,刚体坐标系 $\{B\}$ 的原点与坐标系 $\{A\}$ 的原点不重合,$\{B\}$ 的方位与 $\{A\}$ 的方位也不相同。我们用位置矢量 ^AP_B 描述刚体坐标系 $\{B\}$ 的原点相对于坐标系 $\{A\}$ 的位置,用旋转矩阵 ^A_BR 描述刚体坐标系 $\{B\}$ 相对于坐标系 $\{A\}$ 的方位,那么任意一点 P 在两坐标系 $\{A\}$ 和 $\{B\}$ 中的描述 ^AP 和 ^BP 具有如下映射关系:

$$^AP = {}^A_BR{}^BP + {}^AP_B \qquad \text{式}(2-2-8)$$

式$(2-2-8)$对于 ^BP 而言是非齐次的,可以将其表示为齐次变换的形式:

$$\begin{bmatrix} ^AP \\ 1 \end{bmatrix} = \begin{bmatrix} ^A_BR & ^AP_B \\ 0\ \ 0\ \ 0 & 1 \end{bmatrix} \begin{bmatrix} ^BP \\ 1 \end{bmatrix} \qquad \text{式}(2-2-9)$$

写成矩阵形式为:

$$^AP = {}^A_BT{}^BP \qquad \text{式}(2-2-10)$$

式$(2-2-10)$中,^AP 和 ^BP 写成 4×1 列矢量,称为 P 点的齐次坐标。而式$(2-2-8)$中 ^AP 和 ^BP 写成 3×1 列矢量。对于位置矢量 ^AP 和 ^BP 是写成 3×1 列矢量还是 4×1 列矢量,需要根据它所相乘的矩阵是 3×3 的还是 4×4 的来判断。

下面分析变换矩阵运算,考虑坐标系 $\{A\}$、$\{B\}$、$\{C\}$。已知 $\{B\}$ 相对于 $\{A\}$ 的描述为 ^A_BT,$\{C\}$ 相对于 $\{B\}$ 的描述为 ^B_CT。变换矩阵 ^B_CT 将 ^CP 映射为 ^BP,即

$$^BP = {}^B_CT{}^CP \qquad \text{式}(2-2-11)$$

变换矩阵 ^A_BT 将 ^BP 映射为 ^AP,即:

$$^AP = {}^A_BT{}^BP \qquad \text{式}(2-2-12)$$

由上面两次映射可知:

$$^AP = {}^A_BT{}^B_CT{}^CP \qquad \text{式}(2-2-13)$$

因此,我们规定复合变换:

$$_C^A\boldsymbol{T} = {}_B^A\boldsymbol{T}{}_C^B\boldsymbol{T} \qquad\qquad 式(2-2-14)$$

将 $^C\boldsymbol{P}$ 映射为 $^A\boldsymbol{P}$。

二、连杆坐标系及连杆变换

从机构学角度,康复机器人由连杆和运动副组成,可以认为是一系列连杆通过关节运动副顺次连接的运动链,这里假设所有的连杆都是刚性的。为了表示各杆件之间的相对位置和姿势,通常采用 Denavit-Hartenberg 方法(D-H 方法),该方法由 Denavit 和 Hartenberg 在 1955 年提出,是规定各连杆坐标系和确定连杆参数最常用的方法。典型的两个空间连杆在相邻两连杆之间有一个共同的关节轴线(见图 2-2-2),同时每一连杆连接空间两个关节轴线,一般来说,这两条轴线空间相错,不平行也不相交。对于连杆 $i-1$,它连接的两轴线的单位矢量分别是 $\boldsymbol{S}_{i-1}$ 和 $\boldsymbol{S}_i$。杆件的一个重要的参数是杆长 $\boldsymbol{a}_{i-1,i}$,这里杆长是由被连接两轴线间沿公法线 $\boldsymbol{a}_{i-1,i}$ 的垂直距离决定的;另一参数是两轴间的扭角 $\boldsymbol{\alpha}_{i-1,i}$,表示两轴线的旋转角度,其转向是轴线 $\boldsymbol{S}_{i-1}$ 绕公法线转至轴线 $\boldsymbol{S}_i$,并遵循右手螺旋法则。不论实际构件的具体形状尺寸及结构多么复杂,只有这两个参数反映杆件的运动学本质,它们才是杆件的运动学尺寸。对于每条关节轴线,均有两条公法线与其垂直,这两条公法线之间的距离称为连杆的偏置,记为 $\boldsymbol{S}_i$,它代表杆 $i-1$ 相对于杆 i 的偏置,其方向从 $\boldsymbol{a}_{i-1,i}$ 和轴线 $\boldsymbol{S}_i$ 的交点指向 $\boldsymbol{a}_{i,i+1}$ 和轴线 $\boldsymbol{S}_i$ 的交点;而两公法线之间的夹角 $\boldsymbol{\theta}_i$ 则称为连杆的转角,它表示连杆 i 相对连杆 $i-1$ 绕轴线 $\boldsymbol{S}_i$ 转过的角度,其转向可由绕轴线 $\boldsymbol{S}_i$ 转动的右手螺旋法则来确定。这样在运动副 i 处两杆之间的相对位姿可以由偏置 $\boldsymbol{S}_i$ 和转角 $\boldsymbol{\theta}_i$ 来确定。所以杆系需要用这样的 4 种参数来描绘,其中杆长和扭角两个参数描述连杆本身,它们是固定不变的。而偏置和转角两参数描述相邻连杆的连接关系。

D-H 在每一杆上固连一坐标系,规定如下:① Z_i 坐标轴沿 i 关节的轴线方向;② X_i 坐标轴沿 $\boldsymbol{S}_i$ 和 $\boldsymbol{S}_{i+1}$ 的公垂线,指向从 $\boldsymbol{S}_i$ 到 $\boldsymbol{S}_{i+1}$;③ Y_i 由右手法则确定。

那么相邻两杆之间的相对位姿关系可以用坐标旋转和平移的方法来建立起联系,例如坐标系 $O_{i-1}-X_{i-1}Y_{i-1}Z_{i-1}$ 与 $O_i-X_iY_iZ_i$ 之间可以通过下列的变换来建立起两系之间的变换矩阵:① 绕 X_{i-1} 轴转角 $\boldsymbol{\alpha}_{i-1,i}$;② 沿 X_{i-1} 轴移动 $\boldsymbol{a}_{i-1,i}$;③ 绕 Z_i 轴转角 $\boldsymbol{\theta}_i$;④ 沿 Z_i 轴移动 $\boldsymbol{S}_i$。则有变换矩阵 $_i^{i-1}\boldsymbol{T}$ 为:

$$_i^{i-1}\boldsymbol{T} = \begin{bmatrix} c\boldsymbol{\theta}_i & -s\boldsymbol{\theta}_i & 0 & \boldsymbol{a}_{i-1,i} \\ s\boldsymbol{\theta}_i c\boldsymbol{\alpha}_{i-1,i} & c\boldsymbol{\theta}_i c\boldsymbol{\alpha}_{i-1,i} & -s\boldsymbol{\alpha}_{i-1,i} & -\boldsymbol{S}_i s\boldsymbol{\alpha}_{i-1,i} \\ s\boldsymbol{\theta}_i s\boldsymbol{\alpha}_{i-1,i} & c\boldsymbol{\theta}_i s\boldsymbol{\alpha}_{i-1,i} & c\boldsymbol{\alpha}_{i-1,i} & \boldsymbol{S}_i c\boldsymbol{\alpha}_{i-1,i} \\ 0 & 0 & 0 & 1 \end{bmatrix} \qquad 式(2-2-15)$$

其中 $c\boldsymbol{\theta}_i,s\boldsymbol{\theta}_i$ 分别表示 $\cos\boldsymbol{\theta}_i,\sin\boldsymbol{\theta}_i$。$_i^{i-1}\boldsymbol{T}$ 只依赖于四个参数 $\boldsymbol{\alpha}_{i-1,i}$、$\boldsymbol{a}_{i-1,i}$、$\boldsymbol{\theta}_i$ 和 $\boldsymbol{S}_i$,若去掉第四行,则矩阵的前三列分别表示坐标系 $O_i-X_iY_iZ_i$ 的 X_i、Y_i、Z_i 轴在坐标系 $O_{i-1}-X_{i-1}Y_{i-1}Z_{i-1}$ 中方向余弦,而第四列表示坐标原点 O_{i-1} 在坐标系 $O_{i-1}-X_{i-1}Y_{i-1}Z_{i-1}$ 中的位置。

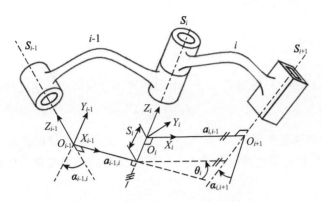

图 2 - 2 - 2　连杆参数的 D-H 表示法

需要指出的是,上述建立固结于杆 i 的坐标系 O_i—$X_iY_iZ_i$ 称为前置坐标系,另外还可以建立后置坐标系,此时选 O_{i+1} 为坐标原点,X_i 轴与公垂线 $a_{i,i+1}$ 重合,Z_i 轴与关节轴线 S_{i+1} 重合,而 Y_i 轴则可以用右手螺旋法则来确定。在具体应用中可以根据需要确定选用前置坐标系还是后置坐标系。

三、位置分析

将康复机器人各连杆变换矩阵 ${}_i^{i-1}T, i=1,2,\cdots,n-1$,顺序相乘,便得到末端连杆坐标系 $\{n\}$ 相对于基坐标系 $\{0\}$ 的变换矩阵:

$$ {}_n^0T = {}_1^0T(q_1) \, {}_2^1T(q_2) \cdots {}_n^{n-1}T(q_n) \qquad 式(2 - 2 - 16)$$

通常我们把 ${}_n^0T$ 称为操作臂变换矩阵,显然它是关节变量 $q_i, i=1,2\cdots,n$ 的函数。若用位置矢量 P 表示末端连杆的位置,用旋转矩阵 R 代表末端连杆的方位,式(2 - 2 - 16)可以写为:

$$\begin{bmatrix} {}_n^0R & {}_n^0P \\ 0 & 1 \end{bmatrix} = \begin{bmatrix} n_x & o_x & a_x & p_x \\ n_y & o_y & a_y & p_y \\ n_z & o_z & a_z & p_z \\ 0 & 0 & 0 & 1 \end{bmatrix} = {}_1^0T(q_1) \, {}_2^1T(q_2) \cdots {}_n^{n-1}T(q_n)$$

$$式(2 - 2 - 17)$$

式(2 - 2 - 17)称为机器人运动学方程,用以描述末端连杆的位姿与关节变量之间的联系。如果测得这 n 个关节变量的具体值,则可以解算出末端连杆相对基坐标系的位姿,称为运动学正解。反之,给定末端连杆的位姿计算相应的关节变量,称为运动学反解,从工程应用角度出发,运动学反解往往更能引起我们的兴趣,它是康复机器人运动规划与轨迹控制的基础。对于串联机械臂,运动学正解是唯一确定的;然而运动学反解一般具有多重解,也可能不存在解析解或者无解。

四、速度分析

机器人雅克比矩阵 J，通常是指从关节空间向操作空间运动速度传递的广义比，即：

$$V = J(q)\dot{q} \qquad 式(2-2-18)$$

其中，$\dot{q}$ 是关节速度矢量，V 是操作速度矢量。由于速度可以看成单位时间内的微分运动，因此，雅克比矩阵也可以看成关节空间的微分运动向操作空间的微分运动之间的转换矩阵，即：

$$D = J(q)\mathrm{d}q \qquad 式(2-2-19)$$

其中，D 是指末端微分运动矢量，$\mathrm{d}q$ 是关节微分运动矢量。选取平面 3 自由度机构，当给定 3 个输入 q_1、q_2 和 q_3 时（见图 2-2-3），机构的所有构件获得确定的运动。构件位姿可以用其上一点位置坐标及一条线的角位置表示，有：

$$\begin{cases} \Phi_i = f_1(q_1 \quad q_2 \quad q_3) \\ X_i = f_2(q_1 \quad q_2 \quad q_3) \\ Y_i = f_3(q_1 \quad q_2 \quad q_3) \end{cases} \qquad 式(2-2-20)$$

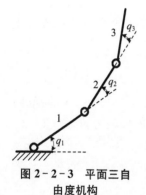

图 2-2-3　平面三自由度机构

式(2-2-20)中，Φ_i、X_i 和 Y_i 表示为确定第 i 个构件的位置所选用的参考线的角位置及参考点的 X、Y 坐标。需要指出的是，式(2-2-20)是构件位姿的最一般表达式，实际上对于开式运动链，某个关节运动只对该关节后面的杆件运动产生影响，而对该关节前的构件不产生影响。比如，关节 q_1 运动会使后续连接的杆件 1、2 和 3 都产生相应运动，而关节 q_2 运动只会造成杆件 2 和 3 产生运动，并不会对杆件 1 的运动产生影响。

由于输入运动参数 q_1、q_2 和 q_3 随时间变化，其时间导数分别为：

$$\dot{\Phi}_i = \sum_{n=1}^{3} \frac{\partial f_1}{\partial q_n} \dot{q}_n \qquad 式(2-2-21)$$

$$\dot{X}_i = \sum_{n=1}^{3} \frac{\partial f_2}{\partial q_n} \dot{q}_n \qquad 式(2-2-22)$$

$$\dot{Y}_i = \sum_{n=1}^{3} \frac{\partial f_3}{\partial q_n} \dot{q}_n \qquad 式(2-2-23)$$

若以 $U_i\{\Phi_i, X_i, Y_i\}^{\mathrm{T}}$ 表示机构上某杆的位置坐标，则式(2-2-20)可写为：

$$U = f(q_1 \quad q_2 \quad q_3) \qquad 式(2-2-24)$$

式(2-2-21)~式(2-2-23)可统一写为：

$$V = \dot{U} = \sum_{n=1}^{3} \frac{\partial U}{\partial q_n} \dot{q}_n \qquad \text{式}(2-2-25)$$

一般来说,式(2-2-25)为非线性方程,但式(2-2-25)对于$\dot{q}_i$是线性方程。由机构学知偏导数$\frac{\partial U}{\partial q_1}$、$\frac{\partial U}{\partial q_2}$、$\frac{\partial U}{\partial q_3}$仅与机构的运动学尺寸(铰链方向、位置及移动副方向及位置),及原动件的角位置(q_1、q_2和q_3)有关,而与原动件的运动无关。若以矩阵形式表示,式(2-2-25)可写为:

$$V = \begin{bmatrix} \frac{\partial f_1}{\partial q_1} & \frac{\partial f_1}{\partial q_2} & \frac{\partial f_1}{\partial q_3} \\ \frac{\partial f_2}{\partial q_1} & \frac{\partial f_2}{\partial q_2} & \frac{\partial f_2}{\partial q_3} \\ \frac{\partial f_3}{\partial q_1} & \frac{\partial f_3}{\partial q_2} & \frac{\partial f_3}{\partial q_3} \end{bmatrix} \begin{bmatrix} q_1 \\ q_2 \\ q_3 \end{bmatrix} = J(q)\dot{q} \qquad \text{式}(2-2-26)$$

可见,雅克比矩阵$J(q)$是依赖于机器人位形的线性变换矩阵,对于满自由度机器人、欠自由度机器人和冗余自由度机器人,相应的雅克比矩阵分别为方阵、高矩阵和长矩阵。

式(2-2-26)为将关节速度映射到操作速度的表达式,是速度正解问题。对于将操作速度映射到关节速度的速度反解问题,可以表示为:

$$J^{-1}(q)V = \dot{q} \qquad \text{式}(2-2-27)$$

那么一个十分自然的问题是,对于任意q,雅克比矩阵$J(q)$的逆$J^{-1}(q)$是否一直存在。对于满自由度机器人,雅克比矩阵为方阵,那么有以下两种情况:

1)雅克比行列式$|J(q)| \neq 0$,$J^{-1}(q)$存在,此时速度反解存在且唯一。

2)雅克比行列式$|J(q)| = 0$,$J^{-1}(q)$不存在,机器人处于奇异位形,此时速度反解不存在。

当雅克比行列式$|J(q)| = 0$,机器人处于奇异位形时,雅克比矩阵的列向量线性相关,不能张成整个操作空间。此时,末端执行器至少失去一个方向的运动能力,成为欠自由度机器人。

对于冗余自由度机器人,当$J(q)$满秩时,令$\dot{q}_s$为式(2-2-26)的一个特解,$\dot{q}_0$是$J(q)$零空间的任意矢量,则:

$$\dot{q} = \dot{q}_s + \kappa \dot{q}_0 \qquad \text{式}(2-2-28)$$

式(2-2-28)也是式(2-2-26)的解,其中κ是任意常数。可见,冗余自由度机器人的运动反解有无限多个。这对于避免碰撞、增加执行器灵活性带来好处。

雅克比矩阵的构造方法众多,常用的包括求导数法、矢量积法、微分变换法等。下面着重介绍矢量积法。该方法由 Whitney 在 1972 年提出。设末端执行器的微分移动和微分转动分别用d和δ表示;线速度和角速度分别用v和ω表示。对于第i个转动的关节,关节轴线为S_i,关节转动速度$\dot{q}_i$在末端执行器产生的角速度为:

$$\boldsymbol{\omega}_i = \boldsymbol{S}_i \boldsymbol{q}_i \qquad\qquad \text{式}(2-2-29)$$

同时在末端执行器产生的线速度为：

$$v_i = (\boldsymbol{S}_i \times {}^i\boldsymbol{P}_o)\, q_i \qquad\qquad \text{式}(2-2-30)$$

因此,雅克比矩阵第 i 列为：

$$\boldsymbol{J}_i = \begin{bmatrix} \boldsymbol{S}_i \\ \boldsymbol{S}_i \times {}^i\boldsymbol{P} \end{bmatrix} \qquad\qquad \text{式}(2-2-31)$$

其中,$\times$ 为矢量积符号,${}^i\boldsymbol{P}$ 为末端执行器坐标系原点相对于坐标系 $\{i\}$ 的位置矢量在基坐标系 $\{0\}$ 的表示。对于关节轴线为 $\boldsymbol{S}_j$ 的移动关节 j,它在末端执行器产生与 $\boldsymbol{S}_j$ 同方向的线速度,且不产生角速度。因此,雅克比矩阵的第 j 列为：

$$\boldsymbol{J}_j = \begin{bmatrix} \boldsymbol{0} \\ \boldsymbol{S}_j \end{bmatrix} \qquad\qquad \text{式}(2-2-32)$$

$$\begin{pmatrix} \boldsymbol{\omega} \\ \boldsymbol{v} \end{pmatrix} = \boldsymbol{J}(\boldsymbol{q})\dot{\boldsymbol{q}} = \begin{bmatrix} \boldsymbol{G}_\varphi \\ \boldsymbol{G}_P \end{bmatrix} \dot{\boldsymbol{q}} \qquad\qquad \text{式}(2-2-33)$$

其中,$\boldsymbol{G}_\varphi$ 称为转动雅克比,$\boldsymbol{G}_P$ 称为移动雅克比。

五、加速度分析

同样以图 2-2-3 的平面机构为例,我们希望获得各个构件的加速度,即角加速度 ε_i 和构件上选定点的线加速度 a_x 与 a_y,为此将式(2-2-25)对时间求导数：

$$\ddot{\boldsymbol{U}} = \sum_{m=1}^{3}\sum_{n=1}^{3} \frac{\partial^2 \boldsymbol{U}}{\partial q_m q_n}\dot{q}_m\dot{q}_n + \sum_{n=1}^{3} \frac{\partial \boldsymbol{U}}{\partial q_n}\ddot{q}_n \qquad\qquad \text{式}(2-2-34)$$

我们将式(2-2-34)中的二阶导数 $\dfrac{\partial^2 \boldsymbol{U}}{\partial q_m q_n}$ 称为二阶运动影响系数,简称二阶影响系数。将其写为矩阵形式如下：

$$\ddot{\boldsymbol{U}} = \dot{\boldsymbol{q}}^{\mathrm{T}}\boldsymbol{H}\dot{\boldsymbol{q}} + \boldsymbol{J}\ddot{\boldsymbol{q}} \qquad\qquad \text{式}(2-2-35)$$

其中,$\ddot{\boldsymbol{U}} = \{\dot{\boldsymbol{U}}_1, \dot{\boldsymbol{U}}_2, \dot{\boldsymbol{U}}_3\}^{\mathrm{T}}, \ddot{\boldsymbol{q}} = [\ddot{q}_1, \ddot{q}_2, \ddot{q}_3]^{\mathrm{T}}$

$$\boldsymbol{H} = \begin{bmatrix} \dfrac{\partial^2 \boldsymbol{U}}{\partial q_1 q_1} & \dfrac{\partial^2 \boldsymbol{U}}{\partial q_1 q_2} & \dfrac{\partial^2 \boldsymbol{U}}{\partial q_1 q_3} \\[2mm] \dfrac{\partial^2 \boldsymbol{U}}{\partial q_2 q_1} & \dfrac{\partial^2 \boldsymbol{U}}{\partial q_2 q_2} & \dfrac{\partial^2 \boldsymbol{U}}{\partial q_2 q_3} \\[2mm] \dfrac{\partial^2 \boldsymbol{U}}{\partial q_3 q_1} & \dfrac{\partial^2 \boldsymbol{U}}{\partial q_3 q_2} & \dfrac{\partial^2 \boldsymbol{U}}{\partial q_3 q_3} \end{bmatrix}^{\mathrm{T}} \in \mathbf{R}^{3\times3\times3} \qquad \text{式}(2-2-36)$$

由此可见,二阶影响系数矩阵的每一个元素为一个矢量,所以可以将其看成一个三维立体矩阵,除行、列之外又多了一个维度层,每一层都是一个二维矩阵,如第一层由 U_1 对各个坐标的二阶偏导数组成,第二、三层分别由 U_2 和 U_3 对各个坐标的二阶偏导数组成。

同机构的雅克比矩阵(又称一阶影响系数),二阶影响系数矩阵本身也与机构运动分离,只与机构运行学尺寸相关,可见机构影响系数矩阵反映机构的运动学本质,当机构位形发生变化时,雅克比矩阵与二阶影响系数矩阵均发生变化。获知机构的雅克比矩阵与二阶影响系数矩阵可以方便、显式地求出各个构件的速度和加速度。

为确定机构的二阶影响系数及机构加速度,可以通过式(2-2-29)~式(2-2-33)得到。由式(2-2-33)可得:

$$\boldsymbol{\omega} = \boldsymbol{G}_{\varphi}\dot{\boldsymbol{q}} \qquad\qquad 式(2-2-37)$$

上式对时间微分可得:

$$\boldsymbol{\varepsilon} = \frac{\mathrm{d}}{\mathrm{d}t}\boldsymbol{G}_{\varphi}\dot{\boldsymbol{q}} + \boldsymbol{G}_{\varphi}\ddot{\boldsymbol{q}} \qquad\qquad 式(2-2-38)$$

n 表示矩阵第 n 列,对 $\boldsymbol{G}_{\varphi}$ 的第 n 列微分,有:

$$\frac{\mathrm{d}}{\mathrm{d}t}\left[\boldsymbol{G}_{\varphi}\right]_{:n} = \begin{cases} \dot{\boldsymbol{S}}_n, & n \text{ 为转动副} \\ 0, & \text{其他} \end{cases} \qquad\qquad 式(2-2-39)$$

转动的二阶影响系数可以定义为:

$$\left[\boldsymbol{H}_{\varphi}\right]_{m:n} = \frac{\partial}{\partial \dot{q}_m}\left\{\frac{\mathrm{d}}{\mathrm{d}t}\left[\boldsymbol{G}_{\varphi}\right]_{:n}\right\} \qquad\qquad 式(2-2-40)$$

式(2-2-40)等价于:

$$\left[\boldsymbol{H}_{\varphi}\right]_{m:n} = \frac{\partial}{\partial q_m}\left[\boldsymbol{G}_{\varphi}\right]_{:n} \qquad\qquad 式(2-2-41)$$

由式(2-2-39)和式(2-2-41)可知:

$$\left[\boldsymbol{H}_{\varphi}\right]_{m:n} = \begin{cases} \boldsymbol{S}_m \times \boldsymbol{S}_n, & m < n \quad m,n \text{ 为转动副} \\ 0, & \text{其他} \end{cases} \qquad\qquad 式(2-2-42)$$

可见,转动的二阶影响系数具有极其简单的形式,且与铰链的连接顺序有关,只需要知道运动副轴线方向即可构造。对于移动二阶影响系数,也可同样求得,为了方便,将转动和移动的二阶影响系数具体形式列于表(2-2-1)、表(2-2-2):

表 2-2-1　转动二阶影响系数

符号	运动副类型		联接顺序	影响系数
	m	n		
$\left[\boldsymbol{H}_{\varphi}\right]_{m:n}$	R	R	$m < n$	$\boldsymbol{S}_m \times \boldsymbol{S}_n$
	R	R	$m \geqslant n$	0

续表

符号	运动副类型		联接顺序	影响系数
	m	n		
$[H_\varphi]_{m,n}$	P	P	任意m,n	0
	R	P	任意m,n	0

表 2-2-2 移动二阶影响系数

符号	运动副类型		联接顺序	影响系数
	m	n		
$[H_P]_{m,n}$	R	R	$m \leqslant n$	$S_m \times [S_n \times (P - R_n)]$
	R	R	$n < m$	$S_n \times [S_m \times (P - R_m)]$
	P	R	$m < n$	$S_n \times S_m$
	P	R	$n < m$	$S_m \times S_n$
	R	P	$m < n$	0
	R	P	$n < m$	0
	P	P	任意m,n	0

注:P 为构件上选定的参考点,R_j 为坐标系$\{j\}$与固定坐标系原点之间的距离矢量。

六、动力学

建立机械系统的动力学方程有许多方法,如拉格朗日方法、牛顿—欧拉方法、凯恩方法、旋量方法等。但各种方法所建立的方程都是等价的,只是方程形式不同。由于拉格朗日方法表达形式简洁且具有显式结构,本节采用拉格朗日方法来推导动力学方程。

以质量为 m 的质点为例,其受到垂直向下的重力 mg,g 为重力加速度,同时受到垂直向上的外力 f(见图 2-2-4)。根据牛顿第二定律,该质点满足

$$m\ddot{y} = f - mg \qquad\qquad 式(2-2-43)$$

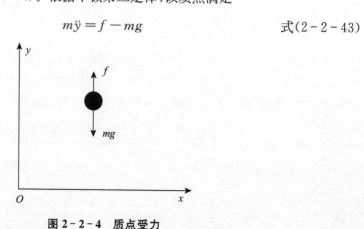

图 2-2-4 质点受力

式(2-2-43)左侧可以写为：

$$m\ddot{y} = \frac{\mathrm{d}}{\mathrm{d}t}(m\dot{y}) = \frac{\mathrm{d}}{\mathrm{d}t}\frac{\partial}{\partial \dot{y}}\left(\frac{1}{2}m\dot{y}^2\right) = \frac{\mathrm{d}}{\mathrm{d}t}\frac{\partial K}{\partial \dot{y}} \qquad 式(2-2-44)$$

不难看出 $K = \frac{1}{2}m\dot{y}^2$ 是质点动能。这里需要说明，采用偏导符号是为了保持全文一致，后续可以看到，系统的动能一般会是多个变量的函数。同理质点的重力可以写为：

$$mg = \frac{\partial}{\partial y}(mgy) = \frac{\partial P}{\partial y} \qquad 式(2-2-45)$$

不难看出 $P = mgy$ 是质点的重力势能。如果定义：

$$L = K - P = \frac{1}{2}m\dot{y}^2 - mgy \qquad 式(2-2-46)$$

我们有：

$$\begin{cases} \dfrac{\partial L}{\partial \dot{y}} = \dfrac{\partial K}{\partial \dot{y}} \\ \dfrac{\partial L}{\partial y} = -\dfrac{\partial P}{\partial y} \end{cases} \qquad 式(2-2-47)$$

那么，式(2-2-43)等价于：

$$\frac{\mathrm{d}}{\mathrm{d}t}\left(\frac{\partial L}{\partial \dot{y}}\right) - \frac{\partial L}{\partial y} = f \qquad 式(2-2-48)$$

函数 L 是系统的动能和势能之差，称为拉格朗日函数。

实际上，对于任何机械系统，都可以将拉格朗日函数 L 定义为系统总动能 E_k 与总势能 E_p 之差，即：

$$L = E_k - E_p \qquad 式(2-2-49)$$

对于广义坐标为 $q \in \mathbb{R}^m$，拉格朗日函数为 L 的机械系统，其运动方程为：

$$\frac{\mathrm{d}}{\mathrm{d}t}\frac{\partial L}{\partial \dot{q}_i} - \frac{\partial L}{\partial q_i} = F_i \quad i = 1,2,\cdots,m \qquad 式(2-2-50)$$

其中，F_i 为作用在第 i 个广义坐标的广义力。写成矢量形式为：

$$\frac{\mathrm{d}}{\mathrm{d}t}\frac{\partial L}{\partial \dot{\boldsymbol{q}}} - \frac{\partial L}{\partial \boldsymbol{q}_i} = \boldsymbol{F} \qquad 式(2-2-51)$$

$\frac{\partial L}{\partial \dot{\boldsymbol{q}}_i}$、$\frac{\partial L}{\partial \boldsymbol{q}}$ 和 $\boldsymbol{F}$ 通常为行矢量。拉格朗日方程式是机械系统动力学研究的一个极好的公式。

以开链机器人为例，设 $\boldsymbol{\theta} \in \mathfrak{R}^n$ 为开链机器人的关节转角，则拉格朗日函数具有下列形式：

$$L = E_k - E_p = \frac{1}{2} \sum_{i,j=1}^{n} M_{ij} \dot{\boldsymbol{\theta}}_i \dot{\boldsymbol{\theta}}_j - P(\boldsymbol{\theta}) \qquad 式(2-2-52)$$

其中，M_{ij} 为操作器的惯性矩阵 $\boldsymbol{M}(\boldsymbol{\theta})$ 中元素，$P(\boldsymbol{\theta})$ 为重力所对应的势能。将式 (2-2-52)代入拉格朗日方程，得运动方程：

$$\frac{\mathrm{d}}{\mathrm{d}t} \frac{\partial L}{\partial \dot{\boldsymbol{\theta}}_i} - \frac{\partial L}{\partial \boldsymbol{\theta}_i} = \boldsymbol{Y}_i \qquad 式(2-2-53)$$

其中，$\boldsymbol{Y}_i$ 表示作用于第 i 关节的驱动力矩。利用式(2-2-53)有：

$$\frac{\mathrm{d}}{\mathrm{d}t} \frac{\partial L}{\partial \dot{\boldsymbol{\theta}}_i} = \frac{\mathrm{d}}{\mathrm{d}t} \Big(\sum_{j=1}^{n} M_{ij} \dot{\boldsymbol{\theta}}_j \Big) = \sum_{j=1}^{n} (M_{ij} \ddot{\boldsymbol{\theta}}_j + \dot{M}_{ij} \dot{\boldsymbol{\theta}}_j) \qquad 式(2-2-54)$$

$$\frac{\partial L}{\partial \boldsymbol{\theta}_i} = \frac{1}{2} \sum_{j,k=1}^{n} \frac{\partial M_{kj}}{\partial \boldsymbol{\theta}_i} \dot{\boldsymbol{\theta}}_k \dot{\boldsymbol{\theta}}_j - \frac{\partial P}{\partial \boldsymbol{\theta}_i} \qquad 式(2-2-55)$$

通过偏微分将 $\dot{M}_{ij}$ 展开得：

$$\sum_{j=1}^{n} M_{ij} \ddot{\boldsymbol{\theta}}_j + \sum_{j,k=1}^{n} \Big(\frac{\partial M_{ij}}{\partial \boldsymbol{\theta}_k} \dot{\boldsymbol{\theta}}_j \dot{\boldsymbol{\theta}}_k - \frac{1}{2} \frac{\partial M_{kj}}{\partial \boldsymbol{\theta}_i} \dot{\boldsymbol{\theta}}_k \dot{\boldsymbol{\theta}}_j \Big) + \frac{\partial P}{\partial \boldsymbol{\theta}_i}(\boldsymbol{\theta}) = \boldsymbol{Y}_i \quad i = 1, \cdots, n$$

$$式(2-2-56)$$

式(2-2-56)经整理得：

$$\sum_{j=1}^{n} M_{ij} \ddot{\boldsymbol{\theta}}_j + \sum_{j,k=1}^{n} \Gamma_{ijk} \dot{\boldsymbol{\theta}}_j \dot{\boldsymbol{\theta}}_k + \frac{\partial P}{\partial \boldsymbol{\theta}_i}(\boldsymbol{\theta}) = \boldsymbol{Y}_i \quad i = 1, \cdots, n \quad 式(2-2-57)$$

其中：

$$\Gamma_{ijk} = \frac{1}{2} \Big(\frac{\partial M_{ij}}{\partial \boldsymbol{\theta}_k} + \frac{\partial M_{ik}}{\partial \boldsymbol{\theta}_j} - \frac{\partial M_{kj}}{\partial \boldsymbol{\theta}_i} \Big) \qquad 式(2-2-58)$$

式(2-2-57)称为机器人的普遍动力学方程，左边第一项是惯性力项，是机器人关节加速度的函数；左边第二项是离心力和哥氏力项，是机器人关节速度的函数；左边第三项是重力项，右边则为机器人关节受到的广义力 $\boldsymbol{Y}_i$。函数 Γ_{ijk} 称为惯性矩阵 $\boldsymbol{M}(\boldsymbol{\theta})$ 所对应的 Christoffel 符号。关节受到的广义力包括所有外力的总和，例如，作用在机器人末端的力，可以通过力雅克比折算到关节上。

为将运动方程转换成矢量形式，定义矩阵 $\boldsymbol{C}(\boldsymbol{\theta}, \dot{\boldsymbol{\theta}}) \in \Re^{n \times n}$ 为：

$$C_{ij}(\boldsymbol{\theta}, \dot{\boldsymbol{\theta}}) = \sum_{k=1}^{n} \Gamma_{ijk} \dot{\boldsymbol{\theta}}_k = \frac{1}{2} \sum_{k=1}^{n} \Big(\frac{\partial M_{ij}}{\partial \boldsymbol{\theta}_k} + \frac{\partial M_{ik}}{\partial \boldsymbol{\theta}_j} - \frac{\partial M_{kj}}{\partial \boldsymbol{\theta}_i} \Big) \dot{\boldsymbol{\theta}}_k \quad 式(2-2-59)$$

其中，$C_{ij}(\boldsymbol{\theta}, \dot{\boldsymbol{\theta}})$ 是机器人哥氏矩阵 $\boldsymbol{C}$ 的元素。理性情况下，关节无摩擦，机器人不受其他外力，式(2-2-57)可以写成矩阵形式：

$$\boldsymbol{M}(\boldsymbol{\theta}) \ddot{\boldsymbol{\theta}} + \boldsymbol{C}(\boldsymbol{\theta}, \dot{\boldsymbol{\theta}}) \dot{\boldsymbol{\theta}} + \boldsymbol{G}(\boldsymbol{\theta}) = \boldsymbol{\tau} \qquad 式(2-2-60)$$

式中 $\boldsymbol{\tau}$ 为关节驱动力矩矢量，$\boldsymbol{G}(\boldsymbol{\theta})$ 为重力矢量。

第三节　康复机器人控制技术基础

　　根据患者的功能障碍情况来设计相应的控制策略是实现康复机器人有效康复训练或功能辅助的关键。由于患者功能障碍程度各不相同,因此康复机器人对应的控制策略也不同。例如,用于运动功能完全丧失患者的被动康复训练机器人,通过位置控制实现预定轨迹的跟踪;针对有一定运动能力但运动能力不足的患者,通常通过力控制辅以一定助力,并使患者最大化参与到康复训练中;针对恢复到一定程度并具有主动运动能力的患者,控制训练的机器阻抗力以实现阻抗训练是使患者肌肉增强的重要方法。另外,通过肌电或脑电等信号控制假肢或外骨骼实现功能重建或日常辅助也是功能辅助型康复机器人追求的目标。

　　本节首先介绍最常用的康复机器人反馈控制策略——位置控制,该策略通过对关节驱动力矩进行反馈矫正,以补偿康复机器人的期望轨迹偏差;之后简要介绍康复机器人的阻抗控制方法,最后给出康复机器人人机交互的智能感知与控制策略。

一、康复机器人独立关节控制

　　所谓独立关节控制,就是将康复机器人每个轴作为一个单输入/单输出系统来控制,而其他关节运动引起的耦合效应则作为扰动处理。单关节反馈控制系统在给定参考轨迹的情况下,被控对象的输出能够跟踪对应的参考轨迹(见图2-3-1)。外部干扰同样作为系统输入,它将对被控对象的输出产生影响,因此必须设计控制器来抑制扰动对被控对象的输出影响。

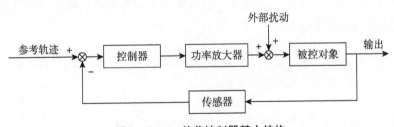

图2-3-1　关节控制器基本结构

　　永磁直流电机在机器人领域中经常用到,我们以永磁直流电机为例推导单关节系统传递函数。直流电机通过串联传动比为 $r:1$ 的减速器与机器人连杆连接。设驱动器和减速器的惯量总和为 $J_m = J_a + J_g$,电机转角为 θ_m,通过理论力学基础给出该单关节反馈控制系统的微分方程:

$$J_m \frac{\mathrm{d}^2 \theta_m}{\mathrm{d}t^2} + B_m \frac{\mathrm{d}\theta_m}{\mathrm{d}t} = \tau_m - \frac{\tau_l}{r} \qquad \text{式}(2-3-1)$$

直流电机力矩为：

$$\tau_m = K_m i_a \qquad 式(2-3-2)$$

其中，K_m 为扭矩常数，i_a 为电枢电流，其对应的微分方程为：

$$L\frac{\mathrm{d}i_a}{\mathrm{d}t} + Ri_a = V - V_b \qquad 式(2-3-3)$$

式(2-3-3)中，L 为电枢电感，R 为电枢电阻，V_b 是反电动势常数，可表示为：

$$V_b = K_b\frac{\mathrm{d}\theta_m}{\mathrm{d}t} \qquad 式(2-3-4)$$

结合式(2-3-1)～式(2-3-4)，并做拉氏变换有：

$$(Ls+R)I_a(s) = V(s) - K_b s\Theta_m(s) \qquad 式(2-3-5)$$

$$(J_m s^2 + B_m s)\Theta_m(s) = K_m I_a(s) - \tau_l(s)/r \qquad 式(2-3-6)$$

当忽略扰动力矩 τ_l，则从 $V(s)$ 到 $\Theta_m(s)$ 的传递函数为：

$$\frac{\Theta_m(s)}{V(s)} = \frac{K_m}{s\left[(Ls+R)(J_m s + B_m) + K_b K_m\right]} \qquad 式(2-3-7)$$

考虑最简单的补偿控制器(比例微分控制器见图2-3-2)，拉氏域内比例微分控制输入为：

$$U(s) = K_p\left[\Theta^d(s) - \Theta(s)\right] - K_p s\Theta(s) \qquad 式(2-3-8)$$

其中，K_p 和 K_d 分别为比例增益和微分增益。闭环系统可由下式给出：

$$\Theta(s) = \frac{K_p}{\Omega(s)}\Theta^d(s) - \frac{1}{\Omega(s)}D(s) \qquad 式(2-3-9)$$

其中，$\Omega(s) = Js^2 + (B+K_D s)s + K_p$ 为闭环系统特征多项式。当存在有界外部扰动且闭环系统稳定时，跟踪误差为：

$$E(s) = \Theta_d(s) - \Theta(s) = \frac{Js^2 + (B+K_D)s}{\Omega(s)}\Theta_d(s) + \frac{1}{\Omega(s)}D(s)$$

$$式(2-3-10)$$

对于阶跃输入和常值干扰，可由终值定理直接获得稳态误差：

$$e_{ss} = \lim_{s\to 0}E(s) = -\frac{D}{K_p} \qquad 式(2-3-11)$$

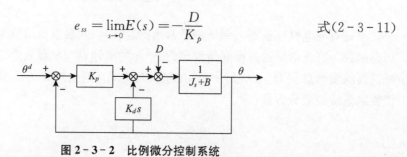

图2-3-2 比例微分控制系统

二、康复机器人轨迹跟踪控制

在给定期望运动轨迹的情况下，通过上一节介绍的机器人动力学模型，我们可以求出康复机器人关节驱动力矩。假设机器人期望关节运动 $\boldsymbol{\theta}_d$ 已知，且二阶可微，则根据式（2-2-60）有：

$$M(\boldsymbol{\theta})\ddot{\boldsymbol{\theta}}_d + C(\boldsymbol{\theta}_d,\dot{\boldsymbol{\theta}}_d)\dot{\boldsymbol{\theta}}_d + G(\boldsymbol{\theta}_d) = \boldsymbol{\tau} \qquad 式（2-3-12）$$

通过上式计算获得的关节驱动力矩作为康复机器人的输入属于典型的开环控制。然而，由于初始扰动、负载扰动、传感器噪声、关节摩擦等因素影响，开环控制下的机器人实际轨迹与期望轨迹必然存在偏差。针对上述开环控制，在给定机器人当前位置和速度情况下，消除系统非线性量，即：

$$\boldsymbol{\tau} = M(\boldsymbol{\theta})\ddot{\boldsymbol{\theta}}_d + C(\boldsymbol{\theta},\dot{\boldsymbol{\theta}})\dot{\boldsymbol{\theta}} + G(\boldsymbol{\theta}) \qquad 式（2-3-13）$$

代入式（2-3-12），有：

$$M(\boldsymbol{\theta})\ddot{\boldsymbol{\theta}} = M(\boldsymbol{\theta})\ddot{\boldsymbol{\theta}}_d \qquad 式（2-3-14）$$

由于 $M(\boldsymbol{\theta})$ 正定，有：

$$\ddot{\boldsymbol{\theta}} = \ddot{\boldsymbol{\theta}}_d \qquad 式（2-3-15）$$

因此，如果机器人初始位置和速度与期望位置和速度一致，则机器人可以跟踪期望轨迹，但该控制策略不能修正初始扰动与负载扰动等造成的误差，一个显而易见的选择是令：

$$a = \ddot{\boldsymbol{\theta}}_d - K_v\dot{e} - K_p e \qquad 式（2-3-16）$$

其中，$e = \boldsymbol{\theta} - \boldsymbol{\theta}_d$，$\boldsymbol{\theta}$ 为机器人关节运动，K_v 和 K_p 是定常增益矩阵。修正控制率如下：

$$\boldsymbol{\tau} = M(\boldsymbol{\theta})a + C(\boldsymbol{\theta},\dot{\boldsymbol{\theta}})\dot{\boldsymbol{\theta}} + G(\boldsymbol{\theta}) \qquad 式（2-3-17）$$

结合式（2-2-60），可得系统误差动力学如下：

$$M(\boldsymbol{\theta})(\ddot{e} + K_v\dot{e} + K_p e) = 0 \qquad 式（2-3-18）$$

所以有：

$$\ddot{e} + K_v\dot{e} + K_p e = 0 \qquad 式（2-3-19）$$

控制策略式（2-3-17）称为计算力矩控制，其由两部分组成，式（2-3-17）可以写为：

$$\boldsymbol{\tau} = \boldsymbol{\tau}_{ff} + \boldsymbol{\tau}_{fb} \qquad 式（2-3-20）$$

其中：

$$\boldsymbol{\tau}_{ff} = M(\boldsymbol{\theta})\ddot{\boldsymbol{\theta}}_d + C(\boldsymbol{\theta},\dot{\boldsymbol{\theta}})\dot{\boldsymbol{\theta}} + G(\boldsymbol{\theta}) \qquad 式（2-3-21）$$

$$\boldsymbol{\tau}_{fb} = \boldsymbol{M}(\boldsymbol{\theta})(-\boldsymbol{K}_v \dot{\boldsymbol{e}} - \boldsymbol{K}_p \boldsymbol{e}) \qquad \text{式}(2-3-22)$$

$\boldsymbol{\tau}_{ff}$ 称为前馈分量,是驱动机器人沿期望轨迹运动需要的力矩;$\boldsymbol{\tau}_{fb}$ 为反馈分量,是消除机器人轨迹误差的补偿力矩。

由于误差系统式(2-3-19)是线性的,因此容易选取增益矩阵 $\boldsymbol{K}_v$ 和 $\boldsymbol{K}_p$ 使得 $t \to \infty$ 时 $\boldsymbol{e} \to 0$。

计算力矩控制作为控制的基础非常重要,我们将从不同角度去审视它。再次考虑机器人动力学方程式(2-2-60),对于 $\boldsymbol{\theta} \in \Re^n$,矩阵 $\boldsymbol{M}(\boldsymbol{\theta})$ 可逆,则机器人关节加速度为:

$$\ddot{\boldsymbol{\theta}} = \boldsymbol{M}^{-1}(\boldsymbol{\theta})[\boldsymbol{\tau} - \boldsymbol{C}(\boldsymbol{\theta}, \dot{\boldsymbol{\theta}})\dot{\boldsymbol{\theta}} - \boldsymbol{G}(\boldsymbol{\theta})] \qquad \text{式}(2-3-23)$$

假设有一个"加速度驱动器",虽然实际中"加速度驱动器"并不存在,但我们仍然可以指定加速度作为系统输出,那么机器人动力学可以由下式给出:

$$\ddot{\boldsymbol{\theta}} = \boldsymbol{a}_\theta \qquad \text{式}(2-3-24)$$

其中,$\boldsymbol{a}_\theta$ 为加速度向量。式(2-3-24)是 n 个耦合的双积分,因此称为双积分系统。注意到式(2-3-24)不是任何意义上的近似,在加速度作为系统输入的情况下,该式实际代表了系统的开环动力学。由式(2-3-23)和式(2-3-24)可知机器人输入的关节驱动力矩 $\boldsymbol{\tau}$ 和输入加速度 $\boldsymbol{a}_\theta$ 有如下关系:

$$\boldsymbol{a}_\theta = \boldsymbol{M}^{-1}(\boldsymbol{\theta})[\boldsymbol{\tau} - \boldsymbol{C}(\boldsymbol{\theta}, \dot{\boldsymbol{\theta}})\dot{\boldsymbol{\theta}} - \boldsymbol{G}(\boldsymbol{\theta})] \qquad \text{式}(2-3-25)$$

式(2-3-25)可以改写为:

$$\boldsymbol{\tau} = \boldsymbol{M}(\boldsymbol{\theta})\boldsymbol{a}_\theta + \boldsymbol{C}(\boldsymbol{\theta}, \dot{\boldsymbol{\theta}})\dot{\boldsymbol{\theta}} + \boldsymbol{G}(\boldsymbol{\theta}) \qquad \text{式}(2-3-26)$$

这与前述式(2-3-17)具有相同的形式,所以可以认为计算力矩控制是一个输入变换,它将问题从选择驱动力矩变为选择输入加速度。

机器人控制是复杂的非线性控制,计算力矩控制还可以从反馈线性化的角度理解,即通过非线性变换和非线性反馈将非线性的机器人系统转换为一个线性系统。为了说明这一点,将机器人普遍动力学方程式(2-2-60)写为下述状态空间形式:

$$\begin{cases} \dot{\boldsymbol{x}}_1 = \boldsymbol{x}_2 \\ \dot{\boldsymbol{x}}_2 = -\boldsymbol{M}(\boldsymbol{x}_1)^{-1}[\boldsymbol{C}(\boldsymbol{x}_1, \boldsymbol{x}_2)\boldsymbol{x}_2 + \boldsymbol{G}(\boldsymbol{x}_1)] + \boldsymbol{M}(\boldsymbol{x}_1)^{-1}\boldsymbol{\tau} \end{cases} \qquad \text{式}(2-3-27)$$

其中,$\boldsymbol{x}_1 = \boldsymbol{\theta}_1, \boldsymbol{x}_2 = \dot{\boldsymbol{\theta}}_1$。针对式(2-3-27),希望求解反馈线性化控制,可以通过下式进行验证:

$$\boldsymbol{\tau} = \boldsymbol{M}(\boldsymbol{x}_1)\boldsymbol{v} + \boldsymbol{C}(\boldsymbol{x}_1, \boldsymbol{x}_2)\boldsymbol{x}_2 + \boldsymbol{G}(\boldsymbol{x}_1) \qquad \text{式}(2-3-28)$$

将式(2-3-28)代入式(2-3-27),可得:

$$\begin{cases} \dot{\boldsymbol{x}}_1 = \boldsymbol{x}_2 \\ \boldsymbol{x}_2 = \boldsymbol{v} \end{cases} \qquad \text{式}(2-3-29)$$

可见我们通过逆动力学将机器人非线性控制转换为线性形式。

三、康复机器人力控制

　　某些情况下，我们希望康复机器人具有一定柔顺性，这对于神经康复机器人的康复训练来说，可以有效提高患者主动参与程度；对功能增强或重建的康复机器人则可以确保使用者安全、舒适。这种使机器人产生顺应运动的控制称为柔顺控制，又叫力控制。阻抗控制是力控制领域最常用、最有效的方法，通过末端执行器的位置和接触力之间的动态关系实现顺应控制。

　　阻抗控制的概念是 N-Hogan 在 1985 年提出的，他利用 Norton 等效网络概念，把外部环境等效为导纳，而将机器人操作手等效为阻抗，这样机器人的力控制问题便变为阻抗调节问题。阻抗由惯量-弹簧-阻尼三项组成，期望力为：

$$F_d = K\Delta X + B\Delta \dot{X} + M\Delta \ddot{X} \qquad 式(2-3-30)$$

　　其中，$\Delta X = X_d - X$，X_d 为名义位置，X 为实际位置。它们的差 ΔX 为位置误差，K、B、M 为刚度、阻尼和惯性系数，一旦 K、B、M 确定，则可得到笛卡儿坐标的期望动态响应。可见，阻抗控制不直接控制机器人与外界的作用力，而是根据机器人执行端部的位置（或速度）和端部作用力之间的关系，来达到控制力的目的。阻抗控制根据实现方式不同可分为基于力的阻抗控制和基于位置的阻抗控制。

　　基于位置的阻抗控制由位置控制内环和阻抗控制外环两部分组成，如图 2-3-3 所示。阻抗控制外环基于机器人的导纳特性将机械臂末端与环境接触产生的接触力/力矩转化为位姿修正量，同时，将力信号转化为位置信号融入位置控制，这样就在控制机械臂末端位姿的同时也控制了末端接触力/力矩。

　　阻抗模型在频域表示为：

$$H(s) = \frac{E(s)}{F(s)} = \frac{1}{M_d s^2 + B_d s + K_d} \qquad 式(2-3-31)$$

$$E(s) = X(s) - X_d(s) \qquad 式(2-3-32)$$

　　通过式(2-3-31)，根据机器人末端与环境的接触力/力矩 F_e 和阻抗模型参数（M_d、B_d 和 K_d）系统的阻抗控制外环产生位姿修正量 e，与期望机器人末端位姿 X_d 比较得到参考末端位姿：

$$X_r = X_d - e \qquad 式(2-3-32)$$

　　当机器人没有与环境接触时，末端作用力 $F_e = 0$，对应的末端位姿修正量 $e = 0$，得 $X_r = X_d$，此时机器人的控制状态等效于一般的位置控制；当机器人末端与环境发生接触时，末端作用力 $F_e \neq 0$，同时对应的末端位姿修正量 $e \neq 0$，$X_r = X_d - e$，此时机器人处于阻抗控制状态。

　　将参考末端位姿 X_r 输入位置控制环中，通过运动学逆解出参考关节角度 θ_r 和参考关节角速度 $\dot{\theta}_r$，与当前关节角度 θ 和当前关节角速度 $\dot{\theta}$ 比较后，通过关节 PD 控制器产生关节控制力矩，对机器人进行位置控制，从而将力控制引入位置控制中形成了基于位置的阻抗控制(见图 2-3-3)。

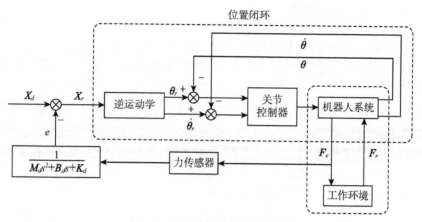

图 2-3-3　基于位置的阻抗控制

基于力的阻抗控制系统也分为两个部分(见图 2-3-4):力控制闭环(虚线框内)和外部的阻抗控制环。根据期望运动状态(X_d、$\dot{X}_d$ 和 $\ddot{X}_d$)、机械臂末端实际运动状态(X_r、$\dot{X}_r$ 和 $\ddot{X}_r$)和阻抗模型参数(M_d、B_d 和 K_d),阻抗控制外环可以计算出为实现期望阻抗模型所需要的机器人末端期望接触力/力矩 F_d。将期望接触力/力矩输入控制系统的力控制闭环中,使机械臂末端的接触力/力矩 F_e 跟踪期望力/力矩 F_d,实现了将期望位置控制融入力控制的控制系统。

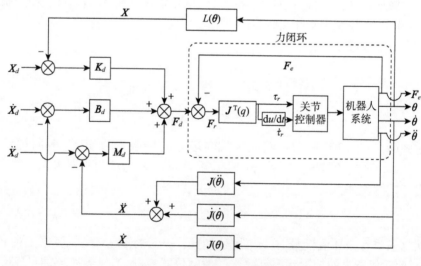

图 2-3-4　基于力的阻抗控制

康复机器人系统是典型的人机系统,上述提到的阻抗控制虽然在机器人领域应用最为广泛,但并未考虑人机耦合特征,因此单纯的阻抗控制并不一定适合康复机器人系统。人机系统涉及人体肌肉-骨骼动力学、外骨骼动力学及交互动力学,它们之间相互影响也相互适应,人机耦合特性主要体现在外骨骼控制策略上,不同的控制目标对人机系统动力学的处理方式并不一样,割裂控制去谈人机系统动力学实际意义并不大。人体和外骨骼是两个独立的控制系统,人体的闭环控制过程无法人为设计,外骨骼控制则需要根据控制目标考虑人机交互的耦合特性来设计控制率。例如,在康复机器人的被动康复训练中,虽然人机双向交互依然存在,但由于人体主动运动的生理反馈控制无法人为设计,康复机器人控制主要关注轨迹跟踪精度,此时将人体看成机器人的负载较为合适;又比如,康复机器人在某些场合需要辅以使用者一定的助力,人体在机器人辅助下完成期望运动,一般的做法是通过运动意图预测,预知人体运动趋势,进而规划机器人运动轨迹和助力大小。人机交互力会同时对人和康复机器人产生影响,因此机器人控制策略需要根据人机交互机理设计,同时将人体、机器人及人机交互阻抗考虑在内,此时机器人的驱动力矩描述了人机交互过程的耦合动力学关系。一些康复机器人的柔顺控制可以认为是以零交互力为目标的力控制,康复机器人助力实际是在上述控制率基础上叠加目标助力,若人机柔顺可以实现,则康复机器人助力目标可精准实现,因此可以将以上情况均纳入柔顺控制的范畴。下面以康复机器人柔顺控制为例说明人机交互的耦合关节与控制原理。

　　人体运动意图会激活相应的运动神经元,控制信号以动作电位的形式传播到神经肌肉接头,并在肌纤维膜上产生新的动作电位,肌纤维膜上的动作电位会导致肌质网内钙离子释放到胞浆,最终驱动分子马达做功,肌肉收缩;而 sEMG 实际是动作电位叠加的结果,其超前肌肉收缩 30～100 ms,sEMG 特征在很大程度上反映了肌肉运动趋势,同时交互力和关节运动也反映了人体运动的趋势,将上述人机系统状态变量作为意图理解模型的输入,模型输出即预测的关节运动或力矩(见图 2 - 3 - 5)。康复机器人根据人体运动意图规划运动轨迹,人机交互将导致交互力产生,此时意图预测模型需要在线调整模型结构和参数,使模型可以适应人机系统的动态变化,并提高意图理解精度,降低交互力。另外,机器人控制器以零交互力为目标,根据交互模型修正外机器人轨迹,使康复机器人柔顺地"跟随"人体运动。

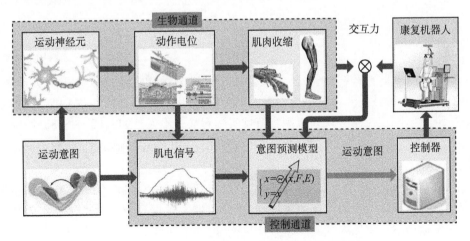

图 2 - 3 - 5　基于人体运动意图预测的柔顺控制

典型的人-康复机器人系统包括穿戴者、机器人及人机交互部分，一般人体肢体通过交互部分与机器人连接。交互部分由固定在机器人上的力传感器和附着在人体的气囊组成。机器人动力学方程如下：

$$M_x(X)\ddot{X} + C_x(X,\dot{X})\dot{X} + G_x(X) + f_d = u - f_{ext} \qquad 式(2-3-33)$$

其中，$M_x(X)$ 为机器人惯性矩阵，$C_x(X,\dot{X})$ 为机器人科氏力矩阵，$G_x(X)$ 为机器人重力项，f_d 为机器人系统扰动，u 为机器人驱动力矩。

设人体在笛卡儿空间的实际运动轨迹为 X_h，称为理想轨迹；X_d 是预测的人体运动意图，称为参考轨迹；理想情况下，理想轨迹与参考轨迹重合，若机器人精确跟随参考轨迹，此时人机交互力为 0。若参考轨迹偏离理想轨迹，人机交互力将产生，交互力由人机交互点处的力传感器测得。人机交互处气囊及人体软组织可以用刚度阻尼系统描述，如下：

$$f_{ext} = C\dot{\hat{X}} + K\hat{X} \qquad 式(2-3-34)$$

其中，$\hat{X} = X_h - X_d$ 是参考轨迹偏离理想轨迹的误差，C 和 K 分别为阻尼和刚度矩阵。定义辅助变量如下：

$$\dot{X}_r = \dot{X}_d + C^{-1}f_{ext} - C^{-1}K(X - X_d) \qquad 式(2-3-35)$$

机器人实际轨迹相对于 X_h 的误差为 $E = X - X_h$，同时，定义滑模面如下：

$$S = C\dot{E} + KE \qquad 式(2-3-36)$$

由式(2-3-34)可得：

$$S = -f_{ext} + C(\dot{X} - \dot{X}_d) + K(X - X_d) \qquad 式(2-3-37)$$

机器人控制率设计如下：

$$u = M_x\ddot{X}_r + C_x\dot{X}_r + G_x + f_{ext} - \Lambda S \qquad 式(2-3-38)$$

其在关节空间的驱动力矩为：

$$\tau = J^{\top}u \qquad 式(2-3-39)$$

人机交互的耦合特性分析涉及人体肌肉-骨骼动力学、外骨骼动力学及交互动力学，他们之间的耦合特性主要体现在机器人控制策略上，不同的控制目标对人机交互的处理方式并不一样，割裂控制去谈人机耦合特性实际意义并不大。如式(2-3-38)所示，$\dot{X}_d$ 体现人体骨骼肌肉动力学，$\dot{X}_r$ 表征交互动力学，M_x、C_x 和 G_x 则体现了机器人的动力学特性。

由人机交互耦合特性与交互力控制框图可知(见图2-3-6)，人体肌肉-骨骼系统输入为肌电信号特征，输出为人体关节运动，康复机器人根据预测的关节运动规划其参考轨迹，人机运动不一致导致气囊压缩并产生交互力，人机连接处气囊模型用于修正外骨骼参考轨迹，进而控制机器人运动。可见，对于人机交互控制，交互力是关键，人体和机器人通过交互力耦合在一起，它们相互影响也相互适应，形成"8"字型双向信息反馈通道与互适应交互通道。一方面交互力对于机器人来说可以看成外力,对机器人运动产生影响;另一方面交互力作用于人体,又影响人体生物力学特性,并造成人体运动改变。人体和机器人运动变化又反过来造成交互力的改变,如此反复不断相互影响与适应,形成人机闭环双向信息反馈通道与互适应交互通道。

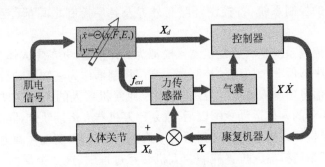

图 2-3-6　人机耦合控制框图

通过上述分析,我们可以设计仿人躯体的分层控制器。首先分析人体控制模式(人-机闭环控制机理见图2-3-7)。人体主动运动意图由大脑的意识产生,通过神经中枢系统控制,运动神经元将运动意图传输至肌肉,控制肌肉收缩实现关节运动。肌肉骨骼系统存在肌梭、高尔基腱器官等本体感知器,肌梭位于肌腹用于感知肌肉长度及速度变化,

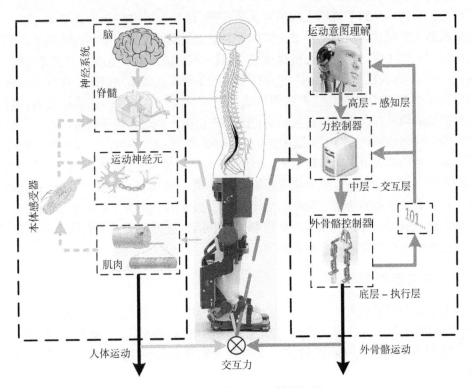

图 2-3-7　人-机闭环控制机理

高尔基腱器官分布于肌肉和肌腱连接处以感知骨骼肌张力变化。肌肉力、速度、位置等状态反馈给运动神经元形成局部闭环,相当于执行层控制;这些状态会反馈至中枢神经系统,调控人体运动,形成人体中层控制器;大脑作为高层控制器通过视觉、听觉、触觉等感官器感知外部环境,以进一步调整人体运动。可见,人体自主运动的闭环控制是一个典型的分层结构的控制系统,各控制环路与外界及各层控制之间都存在高效的信息交互,堪称完美。

仿人的躯体控制系统是将康复机器人模拟为人体模型,并参考人体自主运动的闭环控制设计了高—中—低3个层面的控制器。高层控制器作为感知层,通过人体生理信息和机器人非生理信息预测人体运动意图,相当于康复机器人的大脑;中层控制器作为交互层,其接收到预测的人体运动意图以后,规划康复机器人运动轨迹,同时设计力环控制器,对规划的康复机器人轨迹进行修正后传输给底层控制器,实现精确力控制;底层控制器是执行层,即高精度机器人位置控制。人机交互过程中,这3个层面控制器信息相互交融,分层控制。一方面机器人运动信息、人体生理信息以及交互力等信息会反馈给中层控制器;另一方面,这些信息也会反馈给高层控制器以用于进行实时、精确的运动意图预测,最终可以实现人机互感互知的交互控制。

四、康复机器人智能感知

前述三节内容介绍了机器人的独立关节控制、计算力矩控制和阻抗控制,这些方法是康复机器人实现预期功能的基础。实际上由于康复机器人是典型的人机系统,康复机器人的控制系统大多还包含了人机通信接口,通过肌电或脑电等生理信号实现人机交互控制。一般而言,人机交互控制中,生理信号常用于预测人体运动意图。在许多场合,意图可以用多个离散状态定义,这种意图形式一般作为康复机器人的运动触发器,通过脑电信号或肌电信号控制康复机器人的启停或动作切换。典型的例子就是假肢手,通过预先定义若干种运动模式,采用模式识别判定运动模式,使假肢手可以完成各种抓取任务。除了将离散运动模式定义为运动意图,运动意图也常用位移、速度等连续变量进行定义,即预测人体关节运动的路径或者速度。例如,我们可以将康复外骨骼穿戴者的意图定义为下一时刻关节运动的角度。现有的意图预测方法大多采用人工智能的方法并融合多源信息实现,主要包含信号采集、特征提取、数据融合,意图预测。下面给出肌电信号常用的特征提取方法与数据融合的机器学习方法。

(一) 肌电信号特征提取

由于人体骨骼肌收缩力、收缩速度等特性都会体现在肌电信号的强度和频率中,因此,传统的 sEMG 信号特征提取方法主要包括时域、频域和时-频域特征法。时域方法通常用表明肌电图时间序列的可见波瓣来描述,通过相应的数字运算获取所需信息。

1) 全波整流:获得肌电图信号之后,首先要进行全波整流,表达式如下:

$$sEMG_{rec}(n) = |sEMG_{rec}(n)| \qquad \text{式}(2-3-40)$$

2) 线性包络线：整流后，可以应用低通滤波器来确定激活波瓣的包络线，如 Butterworth 或 Bessel 滤波器。肌电图的包络线（EEMG），是一种表征肌肉收缩水平的方法。

3) 积分法：积分肌电图（IEMG）计算方法如下：

$$IEMG(n) = \sum_{i=n-N+1}^{n} |sEMG(i)| \qquad \text{式}(2-3-41)$$

4) 均方根（RMS）：均方根可以用来计算表明肌电图强度，可以作为肌肉力的指示器，表达式如下：

$$EMG_{RMS}(n) = \sqrt{\frac{1}{N}\sum_{i=n-N+1}^{n} sEMG(i)^2} \qquad \text{式}(2-3-42)$$

5) 平均矫正值（ARV）：肌电信号整流后计算一段时间窗内的平均值，表达式如下：

$$ARV(n) = \frac{1}{N}\sum_{i=n-N+1}^{n} sEMG(i) \qquad \text{式}(2-3-43)$$

6) 威尔逊幅值（WAMP）：威尔逊幅值信号中连续两个点的差值超过一定阈值的次数，表达式如下：

$$WAMP(n) = \sum_{i=n-N+1}^{n} f[sEMG(i) - sEMG(i+1)] \qquad \text{式}(2-3-44)$$

其中，

$$f[sEMG(i) - sEMG(i+1)] = \begin{cases} 1, sEMG(i) - sEMG(i+1) > Threshold \\ 0, \text{其他} \end{cases}$$
$$\text{式}(2-3-45)$$

通过对表面肌电信号做傅立叶变换可以得到信号的频率信息，并对这些频率信息进行分析就可以获得其他表面信号的特征信息。最常用的频率参数是平均功率频率（mean power frequency, MPF）和中位频率（median frequency, MDF）。

平均功率频率代表信号频率重心。计算方法为取一段信号，对其进行傅立叶变换即可得到对应频率范围的功率谱，该频率为所有频率成分功率的平均值对应的频率：

$$MPF = \frac{\int_{i=0}^{f_{s/2}} fS(f)\,\mathrm{d}f}{\int_{i=0}^{f_{s/2}} S(f)\,\mathrm{d}f} \qquad \text{式}(2-3-46)$$

中位频率代表了其小于 MDF 部分的总功率与大于 MDF 部分的总功率相等，计算方法为：

$$\int_{0}^{f_p} S(f)\,\mathrm{d}f = \frac{1}{2}\int_{0}^{f_{s/2}} S(f)\,\mathrm{d}f, MDF = f_p \qquad \text{式}(2-3-47)$$

在很多应用场合中,被测肌肉没有达到标准的等长和等速收缩的实验情况下,肌肉活动中可能存在运动、恢复的现象。在这种情况下分析肌肉疲劳或者激活等信息,所得时域和频域指标均会受到肌肉运动和恢复的影响,此时,则需要采用时频联合分析方法进行分析,如小波分析法。

(二) 学习策略

1. 支持向量机

支持向量机(support vector machine, SVM)是模式识别的一项重要突破,它根植于结构风险最小化原理,是定义在特征空间上的间隔最大线性分类器,如果一个函数类中的函数在来自某分布的训练数据上经验风险低,而且该函数类具有较低的复杂度,那么该函数类将倾向于在服从该分布的所有样本上具有低的期望风险。

以一个两类线性可分训练集为例,设其包含 N 个样本 (x_1, y_1), (x_2, y_2), $\cdots$, (x_N, y_N),令标签为 $y \in \{+1, -1\}$。我们希望通过学习获得一个分类超平面:

$$f(\boldsymbol{x}) = \boldsymbol{\omega}^{\mathrm{T}} \boldsymbol{x} + b \qquad \text{式(2-3-48)}$$

其中,$\boldsymbol{\omega}$ 为超平面法向量,b 为偏置。通过训练得到上式参数,则分类函数由下式给出:

$$h(\boldsymbol{\omega}) = \mathrm{sign}(\boldsymbol{\omega}^{\mathrm{T}} \boldsymbol{x} + b) \qquad \text{式(2-3-49)}$$

对于新样本点 $\boldsymbol{x}$,如果 $\boldsymbol{\omega}^{\mathrm{T}} \boldsymbol{x} + b \geqslant 0$,则属于 $+1$ 类,如果 $\boldsymbol{\omega}^{\mathrm{T}} \boldsymbol{x} + b < 0$,则分入 -1 类。

对于任意样本点 $\boldsymbol{x}$ 到式(2-3-48)表示的超平面的距离可以表示为:

$$d = \frac{|\boldsymbol{\omega}^{\mathrm{T}} \boldsymbol{x} + b|}{\|\boldsymbol{\omega}\|} = \frac{y(\boldsymbol{\omega}^{\mathrm{T}} \boldsymbol{x} + b)}{\|\boldsymbol{\omega}\|} \qquad \text{式(2-3-50)}$$

考虑到偏置参数 b 的灵活性,可以认为距离 d 与 $\boldsymbol{\omega}$ 的大小无关,只与其方向有关。因此,一般将 $\boldsymbol{\omega}$ 设为单位长度,即 $\|\boldsymbol{\omega}\| = 1$。

由于训练数据线性可分,那么我们总可以找到函数 $f(\boldsymbol{x})$,对所有样本满足 $y_i f(\boldsymbol{x}_i) > 0$。基于大间隔原理的分类模型优化描述如下:

$$
\begin{aligned}
\max_{\boldsymbol{\omega}, b} \quad & M \\
\text{s.t.} \quad & y_i(\boldsymbol{\omega}^{\mathrm{T}} \boldsymbol{x}_i + b) \geqslant M \qquad \text{式(2-3-51)} \\
& \|\boldsymbol{\omega}\| = 1
\end{aligned}
$$

式(2-3-51)中,两个超平面 $\boldsymbol{\omega}^{\mathrm{T}} \boldsymbol{x} + b = M$ 和 $\boldsymbol{\omega}^{\mathrm{T}} \boldsymbol{x} + b = -M$ 之间的距离(2M)称为间隔。每类数据到分界面的最短距离都是 M,如下:

$$\frac{y(\boldsymbol{\omega}^{\mathrm{T}} \boldsymbol{x} + b)}{\|\boldsymbol{\omega}\|} = M \qquad \text{式(2-3-52)}$$

考虑到 $\|\boldsymbol{\omega}\|$ 的大小并不对分类结果产生影响,进一步将式(2-3-51)两边同时除以 M,于是转换如下:

$$\max_{\boldsymbol{\omega},b} \quad \frac{2}{\parallel \boldsymbol{\omega} \parallel} \qquad\qquad \text{式}(2-3-53)$$
$$\text{s.t.} \qquad y_i(\boldsymbol{\omega}^{\mathrm{T}} \boldsymbol{x}_i + b) \geqslant 1$$

为了便于求解,再次将优化描述做等价变换,于是线性可分问题的优化问题可描述为:

$$\min_{\boldsymbol{\omega},b} \quad \frac{1}{2} \parallel \omega \parallel^2 \qquad\qquad \text{式}(2-3-54)$$
$$\text{s.t.} \qquad y_i(\boldsymbol{\omega}^{\mathrm{T}} \boldsymbol{x}_i + b) \geqslant 1$$

可见,支持向量机的学习算法是求解凸二次规划的最优化问题,具体可以参考相关文献。

2. 人工神经网络

人工神经网络,是受生物体神经系统启发,为模拟人脑神经网络而设计的一种计算模型,它使大量简单的计算节点"神经元"相互连接形成"网络",从结构、实现机理和功能上模拟人脑神经网络,可以对数据之间的复杂关系进行建模。不同节点之间的连接被赋予了不同的权重,每个权重代表了一个节点对另一个节点的影响大小。每个节点代表一种特定函数,来自其他节点的信息经过其相应的权重综合计算,输入到一个激活函数中并得到一个新的活性值(兴奋或抑制)。从系统观点看,人工神经元网络是由大量神经元通过极其丰富和完善的连接而构成的自适应非线性动态系统。

感知器(perceptron)由 Frank Roseblatt 于 1957 年提出,是一种广泛使用的线性分类器。感知器可谓最简单的人工神经网络,只有一个神经元,但它是构建复杂神经网络的基础。给定 N 个样本的训练集:$\{(x^{(n)}, y^{(n)})\}_{n=1}^{N}$,输入 $x \in \mathfrak{R}^D$,标签 $y \in \{+1, -1\}$,感知机要拟合的函数 f 满足:

$$f(\boldsymbol{x}) = \mathrm{sign}(\boldsymbol{\omega}^{\mathrm{T}} \boldsymbol{x} + b) = \begin{cases} +1, & \boldsymbol{\omega}^{\mathrm{T}} \boldsymbol{x} + b \geqslant 0 \\ -1, & \text{其他} \end{cases} \qquad \text{式}(2-3-55)$$

其中,$\boldsymbol{\omega} \in \mathfrak{R}^n$ 是实值权重向量,b 是偏置,$\mathrm{sign}(\cdot)$ 是符号函数。感知机将输入经过权重向量转化为输出,是最简单的前馈式人工神经网络(见图 $2-3-8$)。

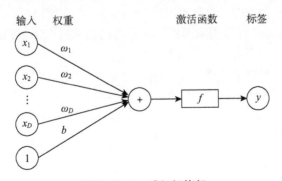

图 $2-3-8$　感知机构架

感知器的学习算法是一种错误驱动的在线学习算法,是 Rosenblatt 在 1958 年提出的。该算法先初始化一个权重向量 $\boldsymbol{\omega} \leftarrow 0$(通常是全零向量),然后每次分错一个样本($\boldsymbol{x}$,$y$),即 $y\boldsymbol{\omega}^{\mathrm{T}}\boldsymbol{x} < 0$,就用这个样本来更新权重:

$$\boldsymbol{\omega} \leftarrow \boldsymbol{\omega} + y\boldsymbol{x} \qquad \text{式}(2-3-56)$$

根据感知器的学习策略,可以反推出感知器的损失函数为:

$$L(\boldsymbol{\omega};\boldsymbol{x},y) = \max(0, -y\boldsymbol{\omega}^{\mathrm{T}}\boldsymbol{x}) \qquad \text{式}(2-3-57)$$

采用随机梯度下降,其每次更新的梯度为:

$$\frac{\partial L(\boldsymbol{\omega};\boldsymbol{x},y)}{\partial \boldsymbol{\omega}} = \begin{cases} 0, & \text{如果 } y\boldsymbol{\omega}^{\mathrm{T}}\boldsymbol{x} > 0 \\ -y\boldsymbol{x}, & \text{如果 } y\boldsymbol{\omega}^{\mathrm{T}}\boldsymbol{x} < 0 \end{cases} \qquad \text{式}(2-3-58)$$

BP 神经网络是一种多层前馈网络,该网络特点是信号前向传播,误差反向传播。在前向传递中,信号从输入层经隐含层逐层处理,直到输出层。每层神经元状态只影响下一层神经元。如果输出层得不到期望输出,则转入反向传播,根据预测误差调整网络权重和阈值,从而使 BP 网络输出不断逼近期望输出(BP 神经网络拓扑结构见图 2-3-9)。

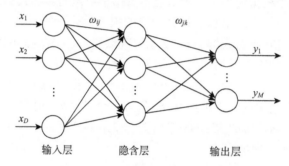

图 2-3-9 BP 神经网络拓扑结构图

图 2-3-9 中,$\boldsymbol{x} = [x_1, x_2, \cdots, x_D]$ 是 BP 网络输入,$\boldsymbol{y} = [y_1, y_2, \cdots, y_M]$ 是神经网络输出,ω_{ij} 和 ω_{jk} 为网络权重。从该图可以看出,BP 神经网络可以看成一个非线性函数,网络输入和输出分别为该函数的自变量和因变量。图 2-3-9 中网络输入节点为 D 个,输出节点为 M 个,则该 BP 神经网络表示从 D 个自变量到 M 个因变量的非线性函数映射关系。同样,BP 神经网络预测前需要对网络进行训练,通过训练使网络具有联想记忆和预测能力。BP 神经网络的训练包括以下两个步骤:

1)网络初始化。根据系统输入输出确定网络输入层节点数 D,隐含层节点数 l,输出层节点数 M,初始化输入层、隐含层和输出层神经元的连接权重 ω_{ij} 和 ω_{jk},初始化隐含层阈值 a 和输出层阈值 b,给定学习速率与神经元激励函数。

2)隐含层输出计算。根据输入变量 $\boldsymbol{x}$,输入层和隐含层连接 ω_{ij} 以及隐含层阈值 a,计算隐含层输出 H:

$$H_j = f\left(\sum_{i=1}^{D} \omega_{ij}x_i - a_j\right) \quad j = 1, 2, \cdots, l \qquad \text{式}(2-3-59)$$

其中,f 为隐含层激励函数。需要说明的是,激活函数在神经元中非常重要,为了增强网络的表示能力和学习能力，激活函数需要具备以下几点性质：

（1）连续并可导（允许少数点上不可导）的非线性函数。可导的激活函数可以直接利用数值优化的方法来学习网络参数。

（2）激活函数及其导函数要尽可能得简单，有利于提高网络计算效率。

（3）激活函数的导函数的值域要在一个合适的区间内，不能太大，也不能太小，否则会影响训练的效率和稳定性。

常用的激活函数包括：Sigmoid 型函数、Logistic 函数、Tanh 函数、Hard-Logistic 函数、ReLU 函数、ELU 函数、Softplus 函数等。本节选用的 Logistic 激活函数表达式如下：

$$f(x) = \frac{1}{1 + e^{-x}} \qquad\qquad 式(2-3-60)$$

神经网络的阈值更新步骤如下：

1）计算输出层。根据隐含层输出 $\boldsymbol{H}$，连接权重 ω_{jk} 和阈值 $\boldsymbol{b}$，计算神经网络输出 $\boldsymbol{O}$：

$$O_k = \sum_{j=1}^{l} H_j \omega_{jk} - b_k \quad k = 1, 2, \cdots, M \qquad 式(2-3-61)$$

2）误差计算。根据网络预测输出 $\boldsymbol{O}$ 和期望输出 $\boldsymbol{y}$，计算网络预测误差 $\boldsymbol{e}$：

$$e_k = y_k - O_k \quad k = 1, 2, \cdots, M \qquad 式(2-3-62)$$

3）权重更新。根据网络预测误差 $\boldsymbol{e}$，更新网络连接权重 ω_{ij} 和 ω_{jk}：

$$\omega_{ij} = \omega_{ij} + \eta H_j (1 - H_j) x_i \sum_{k=1}^{M} \omega_{jk} e_k \quad i = 1, 2, \cdots, D; j = 1, 2, \cdots, l$$
$$式(2-3-63)$$

$$\omega_{jk} = \omega_{jk} + \eta H_j e_k \quad j = 1, 2, \cdots, l; k = 1, 2, \cdots, M \qquad 式(2-3-64)$$

其中，η 为学习速率。

4）阈值更新。根据网络预测误差 $\boldsymbol{e}$，更新网络连接权重 $\boldsymbol{a}$ 和 $\boldsymbol{b}$：

$$a_j = a_j + \eta H_j (1 - H_j) \sum_{k=1}^{M} \omega_{jk} e_k \quad j = 1, 2, \cdots, l \qquad 式(2-3-65)$$

$$b_k = b_k + e_k \quad k = 1, 2, \cdots, M \qquad 式(2-3-66)$$

5）判断算法迭代是否结束，如没有结束转到步骤 2。

前述 BP 神经网络只包含一层隐含层，属于浅层神经网络。而深度神经网络通常指隐含层多于 1 层的神经网络。理论已经证明，对于任意连续函数 $f: \mathfrak{R}^n \to \mathfrak{R}^m$，只要神经元足够多，都可以由包含单层隐含层的神经网络拟合。即便如此，也有实验表明，使用多层隐含层来表示某些复杂非线性函数更为有效。因为在实现同样性能时，多层网络比单层网络的总参数更少，从而可以使用较少的数据训练。另一种解释是，深度神经网络便于将所学习的函数模块化，其中每一个模块的学习只需要少量数据。因此，虽然浅层神经网络可以刻画任意函数,但所需的训练数据集通常是惊人的,而相比宽浅的网络,窄的深度神经网络性能更好。深度神经网络本质上还是神经网络,同样可以采用反向传播算法进行优化。遗憾的是,隐含层并不是越多越好,随着层数的增加,深度神经网络的性能并没有像预想的一样越来越强,甚至出现性能下降的情况。其中,过拟合、局部最优、梯度消失或梯度爆炸等问题是深度神经网络面临的最主要挑战。过拟合的主要原因是模型过于复杂,或者训练数据集较少;神经网络训练一般需要求解一个高度非凸的优化问题,这种非凸优化问题的搜索域往往充斥大量局部极值,单纯的梯度下降效果难以保证,通常通过随机梯度下降、多次随机初始化等方法避免局部最优问题;通过反向传播求梯度时,随着网络层数的增加,从输出层到输入层的反向传播得到的梯度可能会急剧增加或减小,一般通过调整激活函数和设计特殊网络结构避免梯度消失和梯度爆炸。

3. 长短期记忆网络

长短期记忆网络(long short term memory,LSTM)属于循环神经网络(recurrent neural network,RNN)的范畴,常用于处理时序信号,可以建立人机系统长时间尺度和短时间尺度的输入输出关系,并解决了 RNN 梯度消失和梯度爆炸的不足。其多时间尺度的回归能力非常适合用于人体运动意图预测及康复机器人智能控制。一个典型的 LSTM 网络由一个输入层、一个或多个隐藏层和一个输出层组成。隐藏层的基本单元为记忆细胞(memory cell),记忆细胞反映了 LSTM 的回归特性,是 LSTM 的核心。记忆细胞结构由遗忘门(forget gate)、输入门(input gate)和输出门(output gate)组成(见图 2 - 3 - 10)。

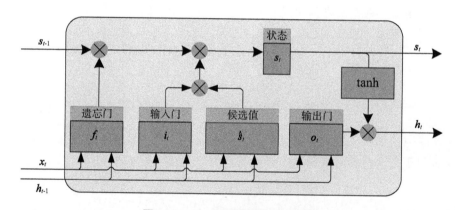

图 2 - 3 - 10　长短期记忆网络结构

遗忘门 f_t 用于确定从上一个记忆细胞输出中丢弃的信息。简单来说,遗忘门就是选择性地记忆上一个细胞的输出信息,对重要信息进行记忆,而不重要的信息则选择遗忘。遗忘门的输入为当前记忆细胞的输入和上一个记忆细胞的输出,通过 Sigmoid 函数将加权信息映射到 0 到 1 之间,"0"表示全部舍弃,"1"表示全部记忆。遗忘门表达式如下:

$$f_t = \sigma(\boldsymbol{W}_{f,x}\boldsymbol{x}_t + \boldsymbol{W}_{f,h}\boldsymbol{h}_{t-1} + \boldsymbol{b}_f) \qquad \text{式}(2 - 3 - 67)$$

其中,$\boldsymbol{x}_t$ 为当前记忆细胞的输入,$\boldsymbol{h}_{t-1}$ 为上一个记忆细胞的输出,σ 为 Sigmoid 函数,

$W_{f,x}$ 和 $W_{f,h}$ 为权重矩阵，b_f 表示偏置向量。

　　输入门 i_t 用于确定多少新信息需要加入当前细胞状态，也就是对当前细胞的输入进行选择性记忆。输入门的输入为前记忆细胞的输入 x_t 和上一个记忆细胞的输出 h_{t-1}，输入门的输出为：

$$i_t = \sigma(W_{i,x}x_t + W_{i,h}h_{t-1} + b_i) \qquad 式(2-3-68)$$

其中，$W_{i,x}$ 和 $W_{i,h}$ 为权重矩阵，b_i 表示偏置向量。

　　另外，候选值信息也将被加入当前细胞状态中，其表达式如下：

$$\hat{s}_t = \tanh(W_{\hat{s},x}x_t + W_{\hat{s},h}h_{t-1} + b_{\hat{s}}) \qquad 式(2-3-69)$$

其中，$W_{\hat{s},x}$ 和 $W_{\hat{s},h}$ 为权重矩阵，$b_{\hat{s}}$ 表示偏置向量，则当前细胞状态可以表示为：

$$s_t = f_t \cdot s_{t-1} + i_t \cdot \hat{s}_t \qquad 式(2-3-70)$$

　　最后，输出门用于将细胞状态映射为细胞输出，也就是说输出门用于确定输出何种记忆信息，具体如下：

$$o_t = \sigma(W_{o,x}x_t + W_{o,h}h_{t-1} + b_o) \qquad 式(2-3-71)$$

$$h_t = o_t \circ \tanh(s_t) \qquad 式(2-3-72)$$

其中，$W_{o,x}$ 和 $W_{o,h}$ 为权重矩阵，b_o 表示偏置向量。

参考文献

[1] 熊有伦. 机器人学[M]. 北京：机械工业出版社，1993.

[2] 胡志刚，张晓兰，杜喆. 护理机器人[M]. 北京：电子工业出版社，2015.

[3] 熊有伦. 机器人技术基础[M]. 武汉：华中理工大学出版社，1996.

[4] 黄真，赵永真，赵铁石. 高等空间机构学[M]. 北京：高等教育出版社，2006.

[5] 马克·W. 斯庞，赛斯·哈钦森，M. 维德雅萨加. 机器人建模和控制[M]. 贾振中，等译. 北京：机械工业出版社，2016.

[6] 理查德·摩雷，李泽湘，夏恩卡·萨思特里. 机器人操作的数学导论[M]. 徐卫良，钱瑞明，译. 北京：机械工业出版社，1998.

[7] 李航. 统计学习方法[M]. 北京：清华大学出版社，2019.

[8] 孙仕亮，赵静. 模式识别与机器学习[M]. 北京：清华大学出版社，2020.

[9] Shawe-Taylor J, Sun S L. A review of optimization methodologies in support vector machines[J]. Neurocomputing, 2011, 74(17)：3609-3618.

[10] Boyd S P, Vandenberghe L. Convex optimization[M]. Cambridge, UK：Cambridge University Press, 2004.

[11] 邱锡鹏. 神经网络与深度学习[M]. 北京：机械工业出版社，2020.

［12］王小川,史峰,郁磊. Matlab 神经网络 43 个案例分析［M］.北京:北京航空航天大学出版社,2013.

［13］Yang J T, Yin Y H. Novel Soft Smart Shoes for Motion Intent Learning of Lower Limbs Using LSTM With a Convolutional Autoencoder［J］. IEEE Sensors Journal, 2021, 21(2): 1906 - 1917.

［14］曾岩.基于高斯过程自回归学习的人体运动意图理解及下肢外骨骼主动柔顺性研究［D］.上海:上海交通大学,2019.

［15］Yang J T, Peng C. Adaptive motion intent understanding-based control of human-exoskeleton system［J］. Proceedings of the Institution of Mechanical Engineers, Part I: Journal of Systems and Control Engineering, 2021, 235(2): 180 - 189.

第三章　康复训练机器人

第一节　概　述

一、康复训练机器人基本概念

运动康复是物理治疗的重要组成部分,也是目前康复医学的重要内容。脑卒中、脑瘫、脊髓损伤等中枢神经功能障碍主要是通过科学的运动进行康复。运动康复主要有治疗师手法运动治疗、患者自主运动训练及设备辅助运动训练三种形式,其中设备辅助运动训练是现代临床康复医学中运用得越来越多的手段,而这种手段的基本支撑是康复训练机器人。

康复训练机器人是指用于帮助功能障碍者(神经、骨关节等障碍)进行训练的康复机器人,一般也可以简称为康复机器人。康复训练机器人是以康复医学为基础,通过工程技术方法设计用于替代或部分替代治疗师对患者进行运动康复训练的设备,一般包括机械结构、测量与控制模块及功能评估模块,很多康复训练机器人也包括虚拟现实以及物联网模块等。与传统的人工康复治疗相比,康复训练机器人的学习能力更强、训练模式更多、训练动作更精准、工作时间更持久,现已广泛应用于患者的康复治疗。

如果康复训练机器人用于脑卒中、脑瘫、脊髓损伤等中枢神经功能障碍患者,则也称为神经康复训练机器人,其主要具备被动、主动(包括助力、无助力)以及抗阻等训练功能或训练模式。由于神经康复的特点,主动参与以及具有反馈(包括虚拟现实、肌电等视觉及机械、电刺激等触觉反馈等)的训练是神经康复训练机器人的主要特征。严格意义上说,狭义上的康复训练机器人一般是指神经康复训练机器人或简称为神经康复机器人(neuro-rehabilitation robot)。

对于神经康复训练机器人,基于脑神经可塑性原理,一般根据患者主动参与训练的能力从弱到强依次设置了被动、主动以及抗阻等训练模式。加入游戏互动能够调动患者主动参与训练的积极性,对患者的恢复十分有利。此外,随着物联网技术的发展,康复训练设备越来越多地被接入康复物联网系统,从而实现远程康复。

由上述描述可知,神经康复训练机器人已经超越了广义上的康复机器人特性,除了在第一章关于康复机器人定义中论述的两个基本特征之外,其还应至少具有如下 3 个特征:

1）具有多种模式的训练功能，其中至少需要有助力训练功能，这也是现代中枢神经康复训练的主要特点；

2）具有评估系统用于对患者训练前后进行功能评估，以便制定训练方案及评价训练效果；

3）具有虚拟现实训练功能或其他反馈输入（如肌电信号的视觉反馈、电刺激等）用于神经反馈训练。

二、康复训练机器人主要应用

康复训练机器人的应用领域主要包括两方面：

1. 骨科损伤类功能障碍康复

至 2021 年底，中国 60 岁及以上人口为 26 736 万人，占全国人口的 18.9%；65 岁及以上人口突破 2 亿人，达到 20 056 万人，占全国人口的 14.2%。可见，我国已经进入深度老龄化社会。由于老年群体的特殊生理特点，骨外伤发生率高，且后果严重，费用负担巨大，已经成为一个威胁老年人健康和生命质量的重要因素。骨外伤是指各种外伤通过直接暴力或者间接暴力传导造成的骨折，严重影响到老年人的健康。骨折是老年人群骨外伤中最常见的类型，发病率较高。根据《中国伤害预防报告》结果显示，老年人的骨折首位原因是跌倒，发生率约为 20.7%，且女性多于男性。从骨折的另一外部原因看，机动车交通事故引发的骨折占 39%，这是造成老年人创伤性骨折的主要因素之一。

老年人跌倒容易造成包括以股骨颈骨折为代表的多种下肢骨折。骨外伤破坏了骨骼原本具有的保护功能和承重等功能，虽然患者通过骨科手术能够恢复骨骼原有的这些功能，但是由于手术具有较大创伤，术后病人自我康复速度缓慢。此外，骨科术后由于疼痛、肢体活动受限等往往容易导致下肢静脉血栓形成、关节僵硬、肌肉肌腱粘连、压疮等并发症，对病人进行术后康复不仅可以减少这些并发症的发生，还可以促进肢体、关节功能的恢复。但由于传统康复大都依赖患者自身或康复治疗师协助患者进行肢体运动，故康复过程中患者需要进行大量的重复性运动，患者主动康复积极性较低，康复治疗师无法对骨科术后患者训练度、训练进展、训练状态进行有效把握，从而无法进行康复效果的评定。同时，康复医师和康复设备资源匮乏、康复费用高昂，且康复时间、地点都受限制，缺乏适合家庭使用的便携式康复设备。

骨科康复机器人指用于因肌肉、骨骼及外周神经损伤引起的功能障碍康复的康复训练机器人，具备被动训练与抗阻训练功能，可以不需要助力训练功能与生物反馈功能，如CPM 机（连续被动训练器）就是一个典型的骨科训练机器人。因此骨科康复训练机器人是一种广义上的康复训练机器人。

对于骨科损伤患者，骨科康复机器人可通过早期慢速、有节律的康复训练保证关节活动度、有效地预防术后静脉血栓形成与骨粘连。

2. 神经损伤类功能障碍康复

由于事故和疾病，脊髓损伤（spinal cord injury, SCI）引起的行动障碍的患者数量也在增加，每年全世界有 25 万人至 50 万人脊髓损伤，其中大约 40% 会导致截瘫。由于人口老龄化,脑卒中等神经系统损伤引起的肢体功能缺失和瘫痪数量也正在增加,这也表明相当多的人将随着时间的推移面临移动障碍,这制约了患者的活动能力和工作能力。日常活动受限会导致肌肉质量和力量显著减少,更糟糕的情况是,患者可能会卧床不起或固定不动,这可能加速神经、肌肉、骨骼系统及其相互作用的恶化。同时,由于患者无法经常外出,长期缺乏社交娱乐容易导致心理健康问题,甚至引发抑郁症。此外,脑瘫导致的肢体功能障碍患者也数量巨大。

神经康复机器人主要指用于帮助因脑卒中、脑瘫、脊髓损伤等中枢神经功能损伤造成的肢体功能障碍患者进行康复训练的机器人,主要具备被动、助力、主动以及抗阻等训练功能或训练模式。针对神经康复的特点,患者使用神经康复机器人进行主动训练并通过这种具有反馈的训练(虚拟现实与肌电等生物反馈等)模式帮助患者更好地进行康复。

对于因长期卧床的神经系统损伤导致的下肢功能障碍患者,及时、准确的康复训练同样能够帮助患者进行神经重组与代偿,从而大大提高生存率和恢复运动机能的概率。

第二节 上肢康复训练机器人

一、上肢康复训练机器人基本概念

上肢康复训练机器人主要是指用于帮助上肢功能障碍者进行康复训练的康复机器人,一般也简称为上肢康复机器人。

20 世纪 80 年代是康复机器人研究的起步阶段,20 世纪 90 年代以后康复机器人的研究进入全面发展时期(国外上肢康复训练机器人发展进程见图 3-2-1)。

图 3-2-1 国外上肢康复训练机器人发展进程

20 世纪 90 年代初期,MIT-Manus 上肢康复训练机器人问世,该设备采用了五连杆机构,末端阻抗较小,利用阻抗控制实现训练的安全性和平顺性,用于辅助患者的肩、肘实现平面运动训练。1999 年,ARM-Guide 上肢康复机器人问世,该机器人可用于测定患者上肢的活动空间。一年后该装置进行了改良,改良后的机器人可用于辅助治疗和测量脑损伤患者上肢运动功能。

2009 年是上肢康复训练机器人快速发展的一年,荷兰、意大利、日本、瑞士、加拿大等国在上肢康复设备领域均有突破,成果颇丰。瑞士制造的 ARMin III 作为 ARMin 系列的第三代外骨骼式上肢康复训练机器人,它的安全性得到进一步的提升,机器人系统置入了电流、速度以及碰撞检测算法,当算法检测到异常事件发生时,会立即切断电机驱动器的电源,从而保护患者不受伤害。2013 年,瑞士 Keller 等人针对脑瘫儿童患者提出的 PASCAL 末端引导式上肢康复训练机器人,能够帮助治疗或改善患者手臂的运动功能。2019 年,瑞士 Zimmermann 等人提出了名为 ANYexo 的基于低阻抗转矩可控系列弹性执行器的多功能外骨骼式上肢康复机器人。ANYexo 基于力矩控制的高保真交互力跟踪新方法,实现了强大的相互作用力控制,可更好地模拟治疗师手法和进行准确的触觉交互。2020 年,德国提出了 ALEx-RS 双侧上肢康复训练机器人,这种机器人由两个镜像对称的 6 自由度上肢外骨骼组成,由低惯性传输系统驱动,其运动范围覆盖了92%的上肢工作空间。

国内上肢康复机器人的发展起步较晚。从近十年的发展情况(见图 3-2-2)来看,国内在上肢康复机器人方面的研究在 21 世纪初达到了空前的繁荣。2012 年,一款名为 A2-2 的上肢康复训练设备在广州发布,该设备运用计算机技术实时模拟人体上肢运动规律,使上肢在负重或减重的状态下进行训练,并提供高质量的运动学信息反馈,跟踪患者的康复进程。之后的两年时间里又推出了一款名为 A6-2 的外骨骼式上肢康复训练机

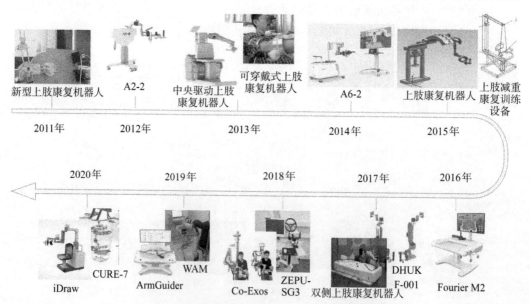

图 3-2-2　国内上肢康复训练机器人发展进程

器人,该设备能够在多个维度实现上肢的被动运动与主动运动,而且在结合情景互动、训练反馈信息和强大的评估系统后,患者可以在完全零肌力的情况下进行康复训练,加快了患者康复训练的进程。2012年,上海理工大学康复工程与技术研究所研发出末端引导式中央驱动上肢康复训练机器人,该设备通过齿轮传动实现了将驱动电机集中放置。在国内上肢康复机器人研究领域,上海理工大学是近十年来开展相关研究最多的高校,并通过产学研合作在国内将研发的系列产品推向市场,其中包括与企业合作研发的ArmGuider 平面式上肢康复机器人、FlexoArm 多自由度外骨骼上肢康复机器人以及iDraw 末端驱动式上肢康复机器人等。

二、上肢康复机器人主要类型

(一) 按训练方式分类

上肢康复训练机器人可以按照不同的方法进行分类,按照是否可移动分为固定式上肢康复训练机器人和移动式上肢康复训练机器人两大类(见图3-2-3)。

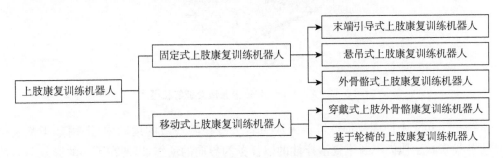

图3-2-3　上肢康复训练机器人分类

1. 固定式上肢康复训练机器人

固定式上肢康复训练机器人具有固定的或非移动的机械结构主体,引导及辅助具有功能障碍的患者进行上肢康复训练。由于一般固定式上肢康复训练机器人的体积较庞大且结构较复杂,一般使用者需在指定点使用。相对于移动穿戴式上肢康复训练机器人,固定式上肢康复训练机器人只具有功能改善的作用,而不具备生活辅助功能。

固定式上肢康复训练机器人是基于上肢各关节活动机制而设计、用于辅助上肢进行康复训练的康复设备,按其作用机制不同可分为末端引导式、悬吊式和外骨骼式上肢康复训练机器人。

1) 末端引导式上肢康复训练机器人是一种以普通连杆机构或串联机构为主体机构,通过对上肢功能障碍患者的上肢运动末端进行支撑,使上肢功能障碍患者可按预定轨迹进行被动训练或主动训练,从而达到康复训练目的的康复设备。

国产 ArmGuider 上肢康复训练机器人(见图3-2-4)拥有上肢力反馈运动控制训练系统。基于力反馈等核心技术,ArmGuider 可以精确模拟出各种实际生活中的力学场景,为使用者提供多样的目标导向性训练,通过最新的科学见解和最先进的技术,为康复和专业评估提供了一个先进的工具。该平台旨在增强上肢功能的神经可塑性,用于帮助中枢或外周神经系统疾病患者的康复,其对象包括脑卒中、创伤性脑损伤、多发性硬化和脊髓损伤患者,以及肌肉骨骼和心肺功能障碍患者。它促进康复过程的执行和管理,使患者参与康复,并使治疗更有效。

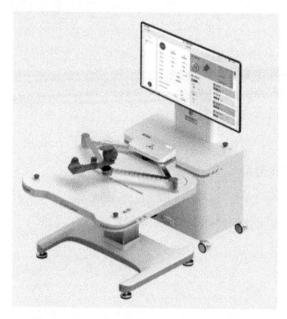

图 3-2-4　ArmGuider 上肢康复训练机器人

　　ArmGuider 上肢康复训练机器人让患者沉浸在游戏般的运动中,采用基于奖励的互动游戏来激励他们不断重复治疗性的以任务为导向的动作,以便在不同的康复阶段取得进展。该平台使用触觉技术来检测病人的动作,并提供辅助力量来帮助他们完成任务。该平台还为治疗师提供治疗练习的客观评估,以及患者康复进展的用户报告。这些报告在每次治疗后自动生成和存储,包括运动范围、肌肉强度、运动轨迹等患者训练数据。
　　iDraw 上肢康复机器人(见图 3-2-5)是中国第一台产品化的空间多自由度末端引

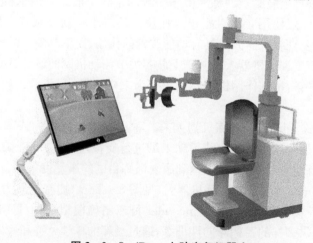

图 3-2-5　iDraw 上肢康复机器人

导式上肢康复机器人。机器人配置了三个驱动关节和两个欠驱动关节,实现了帮助患者完成单臂 6 个自由度的训练功能,其中腕部尺偏/桡偏和掌屈/背伸共用了机器人腕部机构的一个关节。为提高患者的康复效果,满足患者在主动康复训练中与机器人的力交互柔顺性需求,同时改善力交互过程中柔顺性差的问题,结合现代控制技术、伺服电机控制技术、意图识别技术和康复理论,设计了一种上肢康复机器人基于力交互的助力控制系统。通过多传感器意图检测方式及阈值法触发方案,实现交互过程对轻微的触发力矩的力补偿,满足患者在康复训练中的力交互柔顺性需求,提高患者参与度和康复质量。

2) 悬吊式上肢康复训练机器人是一种以普通连杆机构及绳索机构为主体机构,依靠电缆或电缆驱动的操纵臂来支持和操控患者的前臂,可使上肢功能障碍患者的上肢在减重的情况下实现空间任意角度位置的主、被动训练的康复设备。

意大利 NeReBot 悬吊式上肢康复训练机器人(见图 3-2-6)采用三根柔索带动包裹着患者上肢的上臂托进行平缓、舒适的三维空间的运动(具有肩关节内收/外展,肘关节屈曲两个自由度),从而辅助患者进行上肢被动训练。该机器人配有一个带轮的基座以便于移动,可根据不同患者调整不同的训练模式,以满足不同患者的使用需求。临床试验显示,NeReBot 对脑卒中后病人的康复有着良好的效果。

3) 外骨骼式上肢康复训练机器人是一种基于人体仿生学及人体上肢各关节运动机制而设计的用于辅助上肢功能障碍患者进行康复训练的康复辅助设备。这种机器人设计有特殊的机械结构,能够覆盖上肢功能障碍患者的上肢各部分,带动上肢功能障碍患者进行上肢各关节的主、被动训练。

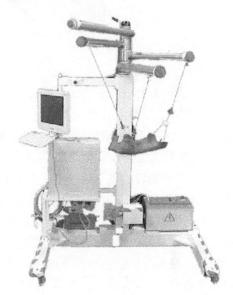

图 3-2-6　NeReBot 训练场景

瑞士 ARMin 上肢康复训练机器人(见图 3-2-7)具有低惯量、低摩擦及可反向驱动的特性。该设备具有 6 个自由度(4 个主动,2 个被动)及 4 种运动模式(预定轨迹模式、预定义治疗模式、点到达模式、患者引导力支持模式)。预定轨迹模式为医生指导患者手臂运动,并记录下轨迹,然后由机器人以不同速度对该轨迹进行重复;预定义治疗模式是在预定的几种标准治疗练习中进行选择训练;在点到达模式中,预定到达点通过图像显示给患者,由机器人对患者肢体进行支撑和引导完成训练;患者引导力支持模式中,运动轨迹由患者确定,利用测得的位置、速度信息通过系统的机械模型来预测所需力与力矩的大小,并通过一个可调辅助因子来提供一部分力和力矩。ARMin 康复训练机器人是专门为手臂神经康复训练而设计的。该机器人能够提供多种模式的上肢训练,并定量评估状态和监测训练期间的变化。

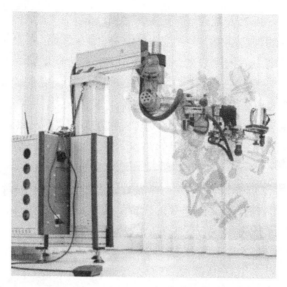

图 3 - 2 - 7　ARMin 上肢康复训练机器人

2. 移动式上肢康复训练机器人

移动式上肢康复训练机器人是一种穿戴于人体并随穿戴者移动的康复设备,通常是指穿戴式上肢外骨骼康复训练机器人,也有装在轮椅车上的上肢康复训练机器人等。

1) 穿戴式上肢外骨骼康复训练机器人:通常为外骨骼式结构设计,穿戴于人体上肢,可以为使用者提供生活辅助。上肢外骨骼机器人系统在辅助人的过程中,需要保证上肢运动的准确性与灵活性,这就要求安装大量的传感器、控制器以及驱动装置,并且要求上肢的驱动器体积小、动力大,测量元件灵敏性高,与人体双手的协同性好。穿戴式上肢外骨骼康复训练机器人引导上肢功能障碍患者的患肢关节做周期性运动,一方面有助于恢复上肢关节的运动功能并促进神经康复,另一方面可加速关节软骨及周围韧带和肌腱的愈合和再生,从而达到上肢的康复的目的。

美国 Myo ProMotion-G 上肢外骨骼(见图 3 - 2 - 8)使用了非侵入性传感器。传感器位于皮肤上,检测肌电信号(EMG),从而识别用户的上肢运动意图,辅助用户完成弯曲手臂、抓取物体等动作。

图 3 - 2 - 8　Myo ProMotion-G 上肢外骨骼

2）基于轮椅的上肢康复训练机器人是一种能够安装在轮椅上的可以为上肢功能障碍患者提供早期康复训练的轻便式上肢外骨骼康复训练机器人。主要为解决现有上肢康复机器人由于体积庞大、移动不便导致上肢功能障碍患者难以在最佳时期介入康复治疗的问题。

上海理工大学研发了国际上第一台轮椅式上肢康复训练机器人（见图3-2-9），该机器人具有康复训练与功能辅助复合功能，采用外骨骼仿生原理设计，以轮椅为受力平台，有效地克服了现有国内外上肢康复训练机器人体积庞大、不便移动、灵活性差以及可穿戴性差等问题。该机器人根据康复医学、机电一体化、传感器技术等相关理论基础设计了包括语音控制、肌电控制、远程控制等多种智能人机交互方式，以及主动训练、被动训练、助力训练及示教训练四种康复训练模式。该机器人也可帮助上肢功能障碍患者进行取物等日常生活功能辅助。

图3-2-9 基于轮椅的上肢康复训练机器人

（二）按驱动方式分类

上肢康复机器人的驱动方式有很多，分别适用于不同的训练场景。一般的按驱动方式分类可将上肢康复机器人分为电机直接关节驱动（简称"电机直驱"）、中央驱动（绳索中央驱动或齿轮中央传动）、气动驱动等。

1. 电机直驱

电机直驱作为最直接的驱动方式，在上肢康复机器人的设计过程中会被优先考虑，其安装方式是将电机通过减速器直接安装在被驱动关节处。这种驱动方式最大的特点就是电机直接驱动关节运动，不经传递可以将能量损失降到最低，同时不经过传动机构传动使得运动控制灵敏度及精确度高。然而，这种驱动方式会造成关节处结构复杂、体型庞大，在一定程度上限制了上肢康复机器人小型化、家庭化的推广和普及。

电机直驱的方式在上肢康复机器人的设计中非常常见，目前国际上对电机直驱式上肢康复机器人的研究超过了其他类型康复机器人数量总和。2019年，瑞士学者提出的

ANYexo上肢康复训练机器人是一款典型的电机直驱式、基于低阻抗转矩可控系列弹性执行器的外骨骼式上肢康复训练机器人(见图3-2-10)。该设备基于力矩控制的高保真交互力跟踪新方法,实现了包括靠近躯干、头部和背部姿势的大范围运动和强大的相互作用力控制,以更好地模拟治疗师的手法和准确的触觉交互。

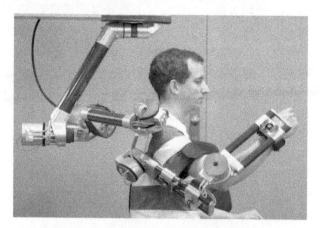

图3-2-10　ANYexo上肢康复训练机器人

2. 中央驱动

1) 绳索中央驱动

绳索中央驱动在上肢康复机器人中也是一种较为常见的驱动方式,它的电机不会直接安装在被驱动关节处,而是集中安放在机器人基座,通过钢丝绳或同步带的传动方式将电机输出的扭矩传递至被驱动关节处。这种驱动方式可以调整电机的相对位置,使电机远离患者手臂关节,降低了电机辐射风险。此外,也可以通过这种方式实现电机集中放置,远离患者听觉系统,消除电机噪声对训练的干扰。电机距离被驱动关节较远是绳索中央驱动的特点,这就为控制的灵敏度及精度带来了较大的挑战;此外,绳索松动、脱绳等也是绳索中央驱动方式中会面临的问题。

绳索中央驱动的案例非常多,颇具代表性的是美国的CADEN-7[见图3-2-11(a)]和我国上海理工大学研制的索控式中央驱动上肢康复机器人CABOT[见图3-2-11(b)]。

(a) CADEN-7　　　　　　　　　　　　(b) CABOT

图3-2-11　绳索中央驱动的上肢康复机器人

CADEN-7 是一款绳驱 7 自由度的上肢康复机器人,通过钢丝绳索将电机产生的动力传递到上肢各个关节以完成肩、肘、腕多个关节的复合运动。绳索中央驱动方式可以减少转动惯量,让机械臂更为小巧和简单。上海理工大学研制的 CABOT 是国内首款基于绳索中央驱动的空间 3 自由度末端引导式上肢康复机器人。它结合了现代控制技术、伺服电机控制技术、意图识别技术和康复理论,通过多传感器意图检测方式及阈值法触发方案,实现交互过程对轻微的触发力矩的力补偿,满足患者在康复训练中的力交互柔顺性需求。

2) 齿轮中央驱动

齿轮中央驱动是通过直齿、锥齿或蜗轮蜗杆的相互配合将集中安装的电机输出的扭矩传递至被驱动关节。这种设计方式可以将电机安置在远离患者手臂关节处,在简化机械臂结构的同时可有效降低电机辐射等风险。但较长距离的传输会影响到控制的灵敏度及精度,传递过程中的能量损耗也会升高。

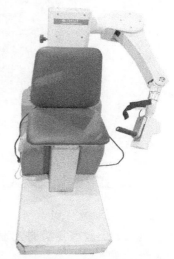

上海理工大学在 2013 年成功研发了一种齿轮中央驱动式上肢康复训练机器人(见图 3 - 2 - 12)。该设备将三个驱动肩、肘关节运动的电机布置于机器人的基座,通过同步带及传动轴组成的传动系统将三个电机的动力源互不干扰地平行传出,再通过主传动杆和弧齿锥齿轮等传动部件进行动力换向,最终将动力传输至肩、肘关节处,实现肩关节内收/外展及肩、肘关节屈曲/伸展功能。其主控制系统基于一主三从式的结构,此外,数据采集模块和姿态控制模块独立设计。在机器人辅助训练过程中,设备将自身状态信息和在患者训练过程中采集的数据经过一定的封装处理,通过内置无线模块与外界实现通信。

图 3 - 2 - 12 齿轮中央驱动式上肢康复训练机器人

3. 气动驱动

气动驱动是将压缩气体的压力能转换为机械能并产生旋转运动,即输出转矩以驱动机构作旋转运动。气动驱动的特点是工作安全,不受振动、高温、电磁、辐射等影响,即便在高温、振动、潮湿、粉尘等不利条件下均能正常工作。使用空气作为介质,无供应上的困难,可集中供应,远距离输送。在上肢康复机器人中曾作为动力源用于穿戴式外骨骼,但也存在气泵体积较大携带不方便、工作时噪声影响患者康复进度等问题。2008 年,美国曾提出一种以气动驱动为基础的穿戴式上肢康复机器人 RUPERT Ⅳ(见图 3 - 2 - 13),之后国内对气动驱动的方式也有研究,设计了以气动人工肌肉为动力源的穿戴式上肢康复机器人。

RUPERT Ⅳ旨在协助患者完成重复性动作的治疗任务,与日常生活活动有关,帮助患者有效地恢复功能。RUPERT Ⅳ有五个驱动关节,均由气动肌肉执行器组成,可协助肩关节屈曲/伸展、上臂内/外旋转、肘关节屈曲/伸展、前臂支撑和腕关节屈曲/伸展,并在没有重力补偿的 3D 空间中进行训练,还原练习日常活动的自然环境。该设备可穿戴、重量轻、易携带,且允许患者站立或坐位执行治疗任务,能更好地模仿日常生活活动。RUPERT Ⅳ基于PID的反馈控制器和迭代学习控制器(ILC)的反馈实现闭环控制,用于被动重复任务训练,这种控制方法有助于克服受控物的高度非线性,同时也能轻松适应不同的主体,来执行不同的任务。

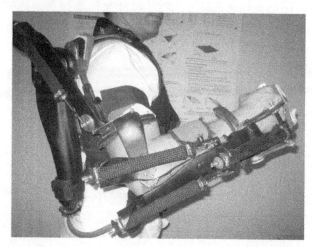

图3-2-13　RUPERT Ⅳ穿戴式上肢康复机器人

三、上肢康复机器人设计案例

(一)上肢康复机器人设计要求

绳索中央驱动式(或称为"索控式")上肢康复机器人主要是帮助由脑卒中导致的上肢功能障碍患者进行上肢的主、被动康复训练,因而在结构上除了设计多自由度的运动结构外,还需要有能进行主、被动训练的动力传输机构。同时,为了改善因电机放在关节处造成的机械臂体积庞大和电机产生的噪声及辐射给上肢功能障碍患者带来的影响,以及满足上肢功能障碍患者的上肢康复需求和提高机器人机械臂的使用率,上海理工大学在2018年成功研发了一种绳索中央驱动式上肢康复机器人[见图3-2-11(b)]。这里以此为例说明上肢康复机器人的设计要求。

上肢康复机器人的设计不仅要满足患者的功能训练需求,还要保证设备运行过程中的平稳性和安全性,以防对患者产生二次伤害。脑卒中偏瘫患者相对于正常人而言,患肢活动范围更小,活动速度和频率低,因而对于训练过程中的平稳性以及安全性有着更高的要求。综上,对于总体机械设计方案需要从尺寸设定、关节活动范围、关节运动速度等各个方面综合考虑,以确保患者在训练过程中的安全性。

1. 尺寸设定

由于上肢康复机器人是直接作用于人体手臂的设备,所以机械臂的舒适度与合理性是影响康复训练结果好坏的重要原因,机械臂的尺寸应严格根据人体上肢的参数进行设计。根据《中国成年人人体尺寸》(GB 10000—1988),人体尺寸如表3-2-1所示。

表3-2-1 中国成年人人体尺寸

年龄		18~60岁(男)						18~55岁(女)					
百分位数		1	5	10	50	90	95	99	1	5	10	50	90	95	99
测量项目	身高/mm	1 543	1 583	1 604	1 678	1 754	1 775	1 814	1 449	1 484	1 503	1 570	1 640	1 659	1 697
	体重/kg	44	48	50	59	71	75	83	39	42	44	52	63	66	74
	上臂长/mm	279	289	294	313	333	338	349	252	262	267	284	303	308	319
	前臂长/mm	206	216	220	237	253	258	268	185	193	198	213	229	234	242

相关研究表明,男性的发病率大于女性,参考表中男性上臂长和前臂长尺寸,本案例选取前臂长度为258 mm,且设置40 mm的可调余量;选取上臂长度为338 mm。

2. 关节活动范围确定

查阅解剖学及康复医学书籍,各上肢关节的活动度如表3-2-2所示。其中正常活动度是指解剖状态下所允许的活动度,功能活动度是日常生活动作所需关节活动度。

表3-2-2 肘关节和肩关节活动度

部位	自由度	参考基准	运动	正常活动度	功能活动度
肘关节	屈伸运动	矢状轴	前屈	0~150°	0~140°
			后伸	0~10°	0~5°
肩关节	屈伸运动	矢状轴	前屈	0~80°	0~140°
			后伸	0~150°	0~45°
	收展运动	矢状轴	内收	0~50°	0~45°
			外展	0~120°	0~105°

在了解机械结构设计要求、选取必要的自由度之后,根据表3-2-2中各关节活动度的范围,并结合康复训练要求,确定选取的运动自由度的活动范围,如表3-2-3所示。

表3-2-3 各运动自由度活动范围

部位	自由度	运动	功能活动度
肘关节	屈曲/伸展运动	屈曲	0~120°
		伸展	0°
肩关节	屈曲/伸展运动	屈曲	45°
		伸展	60°
	内收/外展运动	内收	45°
		外展	90°

3. 关节运动速度

上肢康复机器人运行时,为了确保安全性,需满足运转平稳、低速的要求。查阅《瘫瘫肢体肌力检查及康复指导》(纪树荣,人民军医出版社)可知,关节运动速度应满足表 3-2-4 中的限定。

表 3-2-4　上肢康复机器人各关节运动速度范围

活动关节	关节运动速度
肩关节内收/外展	$\leqslant 28°/s$
肩关节屈曲/伸展	$\leqslant 17°/s$
肘关节屈曲/伸展	$\leqslant 30°/s$

4. 训练模式

康复机器人一般需要具备三种训练模式,用户可根据需要选择主动训练(包括助力训练与抗阻训练)、被动训练和主-被动训练。主动训练模式下,针对 2 级及以上肌力患者,患者可以选择训练等级,上肢康复机器人根据所选训练等级大小提供不同程度的助力或阻力,帮助患者完成以目标为导向的动作训练;被动训练模式下,用户患肢被康复机器人牵引完成康复动作训练,主要针对 2 级肌力以下的患者;主-被动模式下,上肢康复机器人通过检测驱动关节的关节力矩变化自动切换训练模式,当关节处力矩高于设定力矩时以主动训练模式为主,当关节处力矩低于设定力矩时则切换回被动训练模式。

5. 安全性要求

一般情况下,患者的运动能力远逊于正常人,为确保其训练过程中的安全,通常要求在关节处设置限位,以免患者受到二次损伤。通常情况下,针对上肢康复机器人会对每个关节设置机械限位,将其最大活动范围限制在人体正常活动范围内。急停和软件限位在上肢康复机器人中通常也会被要求,软件限位作为保护患者训练过程中安全的第一道屏障通常具有一定的灵活性,可以根据不同的患者或不同的训练阶段调整各关节的有效活动范围。急停通常用于训练过程中的一些突发的紧急情况,可人为切断正在进行的训练,快速进入保护模式。

此外,因康复设备的组成大多为金属材质零件,设备整体需做接地保护处理。根据医用设备电气安全通用参数及要求,接地电阻不超过 $0.2\ \Omega$,以确保整个系统的安全。

(二)上肢康复机器人设计案例

常见的上肢康复机器人的具体训练部位包括肩关节(屈曲/伸展、内收/外展)和肘关节(屈曲/伸展),由训练方式的不同形成了各式各样的结构,但其基本的设计原理大致相同。这里以上述上海理工大学研发的绳索中央驱动式上肢康复机器人为例,详细介绍上肢康复机器人的设计方法。根据上肢康复机器人的设计要求,分别进行如下几个方面的设计。

1. 动力系统设计

1)驱动方式选择

上肢康复机器人的驱动方式,按动力源一般可分为液压、气动以及电机驱动三大类。

这三类驱动方式均有各自的特性和适用范围。

本案例选用电机驱动方式,不同于传统直驱式上肢康复机器人,本案例未将电机直接安置于各关节处,而是通过动力传输系统将电机处的动力传递至关节处,以有效减小机械臂的体积。

2)传动方式选择

机械传动在上肢康复机器人中应用非常广泛,其中主要应用于上肢康复机器人的传动方式有齿轮传动、带传动、链传动、钢丝绳传动等。

齿轮传动传动比准确且效率高,工作可靠性高、寿命长,可实现平行轴、任意角相交轴和任意角交错轴之间的传动,但制作成本高、价格高昂且安装精度要求高;带传动适用于中心距较大的动力传动,且结构简单、成本低廉,但长时间使用可能会出现同步带松动情况,需张紧装置,且易发生打滑现象;链传动制造和安装精度要求较低,传递中心距较大时传动结构简单,但是其传动平稳性较差,一般不适用于精密传动场所;钢丝绳传动是一种利用摩擦力来进行动力传输的传动方式,其抗拉强度高,能承受较大的拉力,柔性好且能受较大的载荷,高速运转中没有噪声,但绳传动易出现松动。

本案例旨在设计一款机械臂小巧、传动效率高、重量轻的上肢康复机器人。综合比较以上机械传动的优缺点,这里选用由适用于轴间距大且传动平稳的同步带传动、抗拉强度高的钢丝绳传动以及工作性能高的直齿轮传动组成的复合传动系统,实现机械臂关节驱动。

2. 机械臂结构设计

机械臂作为上肢康复机器人最重要的组成部分,其设计的合理性将直接影响康复训练的效果。为进一步缩小机械臂的体积,机械臂采用与人体上肢最接近且最简洁的连杆结构(整体机械臂结构见图3-2-14)。

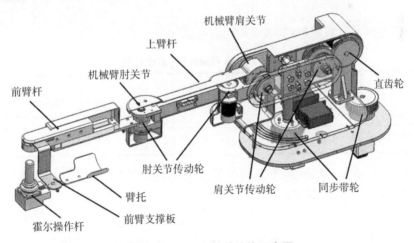

图3-2-14 机械臂结构示意图

根据尺寸设定要求,设定上臂杆长度为300 mm,前臂杆长度为300 mm。图3-2-14中前臂杆是一个尺寸可调机构,直线导轨的可调节范围为40 mm,可适用大多数臂长的患者使用,其前端处安装有臂托和霍尔操作杆,臂托配合绑带可固定患者的前臂,霍尔操作杆可供病人手掌抓握以及辅助人体前臂完成相应运动。

1) 转轴尺寸设计

上肢康复机器人的机械臂机械结构与连杆机构相类似,关节的转动主要是依靠电机带动关节处的转动轴运动,因此在设计时需对三个驱动关节的关节轴进行大致计算定型。该上肢康复机器人动力传输均由各电机经过各种不同传动方式带动相应的转动轴运动而完成的。

查阅机械设计手册,轴的强度条件为:

$$\tau = \frac{T}{W_T} = \frac{9.55 \times 10^6 \dfrac{P}{n}}{0.2d^3} \leqslant [\tau] \qquad \text{式}(3-2-1)$$

式中:τ——转矩 T 在轴上产生的切应力,MPa;

$[\tau]$——材料的许用切应力,MPa;

T——转矩,N·mm;

W_T——抗扭截面系数,mm³;

P——轴传递的功率,kW;

n——轴的转速,r/min;

d——计算截面处轴的直径,mm。

当转动轴既需要传递转矩又需要承受弯矩的时候,可采用式(3-2-1)对的轴的尺寸进行设计,但必须适当降低轴的许用切应力$[\tau]$(见表3-2-5),以此来补偿弯矩对轴产生的影响,将降低后的许用切应力代入式(3-2-1)并改写为设计公式:

$$d \geqslant \sqrt[3]{\frac{5 \times 9.55 \times 10^6 P}{[\tau_T]n}} = C\sqrt[3]{\frac{P}{n}} (\text{mm}) \qquad \text{式}(3-2-2)$$

式中,C 为轴的材料系数,如表3-2-5所示。

表3-2-5　常用材料$[\tau]$值和C值

轴的材料	Q235、20	Q275、35	45	40Cr、35SiMn
$[\tau]$/MPa	12~20	20~30	30~40	40~52
C	160~135	135~118	118~107	107~98

对于肩关节屈曲/伸展轴,考虑到能量损失与键槽的存在,取轴可传递转矩 T 为 30 N·m,代入式(3-2-2)中:

$$d \geqslant \sqrt[3]{\frac{5 \times 9.55 \times 10^6 P}{[\tau_T]n}} = C\sqrt[3]{\frac{P}{n}} = C\sqrt[3]{\frac{T}{9550}} = 16 \text{ mm}$$

同理,对于肩关节内收/外展轴,取轴可传递转矩 T 为 15 N·m,代入式(3-2-2)中:

$$d \geqslant \sqrt[3]{\frac{5 \times 9.55 \times 10^6 P}{[\tau_T]n}} = C\sqrt[3]{\frac{P}{n}} = C\sqrt[3]{\frac{T}{9\,550}} = 13 \text{ mm}$$

同理,对于肘关节屈曲/伸展轴,取轴可传递转矩 T 为 5 N·m,代入式(3-2-2)中:

$$d \geqslant \sqrt[3]{\frac{5 \times 9.55 \times 10^6 P}{[\tau_T] n}} = C\sqrt[3]{\frac{P}{n}} = C\sqrt[3]{\frac{T}{9\,550}} = 9 \text{ mm}$$

2) 前臂调节的结构设计

由于不同患者的上臂长度有差异,所以为了适应不同臂长,本案例所研究的索控式上肢康复机器人设计有前臂尺寸调节机构(见图3-2-15)。前臂杆的长度可通过直线导轨调节,待找到合适患者的最佳位置处,通过拧紧装置进行锁死,该调节机构简单且易于操作,便于患者在最短的时间内找寻最佳训练位置。

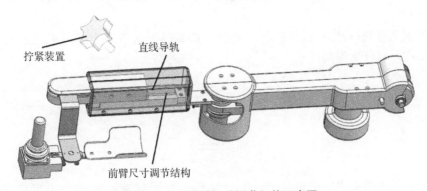

图3-2-15　前臂尺寸调节机构示意图

3) 减重装置设计

综合考虑到上肢功能障碍的患者在康复训练过程中不宜承受过多额外的重力及外骨骼机械臂自身的重量,故需要设计减重装置来抵消机械臂的自身重力与训练者前臂的部分重力,与此同时,减重装置的设计也能在一定程度上提高电机的使用效率,达到节约能源的目的。

本案例采用在肩关节屈曲/伸展转动轴处设置平面涡卷弹簧(见图3-2-16)的方式

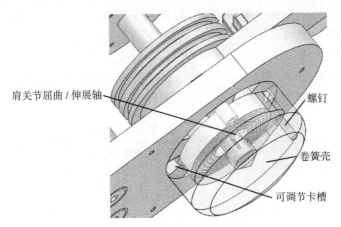

图3-2-16　平面涡卷弹簧的安装

实现机械臂重力平衡,以保证患者的训练效果。弹簧的外圈(设置有螺钉孔)通过螺钉固定于平面涡卷弹簧壳内,弹簧内钩则卡于肩关节屈曲/伸展转动轴内。在机械臂的重力作用下,使得弹簧产生弹性变形,产生反向扭转。当机械臂做肩关节伸展动作时,弹簧回缩积累能量;做屈曲动作时,弹簧收紧释放能量,达到平衡一部分机械臂重力的功效。除此之外,过渡板上设置有凹型卡槽,平面涡卷弹簧壳上设有凸型齿,凸型齿与凹型卡槽成对配合,根据不同程度康复的需求,可通过左右旋转卷簧壳来控制弹簧形变大小与产生扭力的大小,以此来平衡机械臂与患者手臂重力。

本案例所设计的索控式上肢康复机器人,当机械臂达到水平位置时产生的力矩最大,取机械臂的重量 3 kg,力臂长度设置为 35 cm,代入力矩公式 $T=F\times l$ 求得最大力矩为 10.5 N·m,即完全平衡机臂的重力,平面涡卷弹簧所需产生的扭矩至少达到 10.5 N·m。

对卷簧型号进行计算,设计过程主要包括卷簧厚度 h 以及长度 l,可通过式(3-2-3)、式(3-2-4)计算得到:

$$h=\sqrt{\frac{6k_2 T}{b[\sigma]}} \qquad\qquad 式(3-2-3)$$

$$l=\frac{Ebh^3\varphi}{12k_1 T} \qquad\qquad 式(3-2-4)$$

已知卷簧所需提供的扭矩为 $T=10.5$ N·m,变形角为 $\varphi=1.6$ rad,允许安装宽度为 $b=8$ mm,外端回旋式固定系数 $k_1=1.25$,$k_2=2$,选取材料为弹簧钢,其许用应力为 $[\sigma]=1\ 000$N/mm^2。代入上式进行计算:

$$h=\sqrt{\frac{6k_2 T}{b[\sigma]}}=\sqrt{\frac{6\times 2\times 10\ 500}{8\times 1\ 000}}\approx 3.9\ (\text{mm})$$

$$l=\frac{Ebh^3\varphi}{12k_1 T}=\frac{200\ 000\times 8\times 3.9^3\times 1.6}{12\times 1.25\times 10\ 500}\approx 1\ 000\ (\text{mm})$$

根据以上要求,取卷簧宽度为 6mm,材料为弹簧钢。

4) 同步带传动机构设计

肩关节内收/外展动力传输采用同步带传动方式。

对比不同类型的同步带(见图3-2-17),选用的同步带型号为 S5M-A 型(齿距:5.0 mm),表3-2-6 为不同同步带型号的齿数表。

表3-2-6 同步带型号齿数表

带轮转速 n/(r/min)	皮带型号及最小齿数			
	S2M	S3M	S5M	S8M
<900	14	14	14	22
900≤n<1200	14	14	16	24

续表

带轮转速 $n/(\mathrm{r/min})$	皮带型号及最小齿数			
	S2M	S3M	S5M	S8M
$1200{\leqslant}n{<}1800$	16	16	20	26
$1800{\leqslant}n{<}3600$	18	18	26	28
$3600{\leqslant}n{<}4800$	20	20	28	30
$4800{\leqslant}n$	20	20	30	—

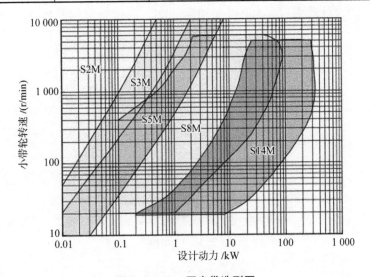

图 3 - 2 - 17 同步带选型图

由表 3 - 2 - 6 可知，当带轮转速低于 900 rpm 时，S5M 型同步带轮最小齿数为 14，结合最小齿数表及机械结构整体设计规划，取肩关节内收/外展的同步带传动机构齿数为 60，拟定各同步带传动机构的轴间距为 $C'=250$ mm。

在设计同步带的过程中，这里通过拟定轴间距 C' 和大带轮直径 D_p 以及小带轮直径 d_p 的方法，来估算皮带周长 L'，选出实际带长 L，从而计算出实际轴间距 C，下式为皮带周长计算公式：

$$L'=2C'+\frac{\pi(D_p+d_p)}{2}+\frac{(D_p-d_p)^2}{4C'} \qquad 式（3-2-5）$$

（1）确定传动轴间距

已知拟定轴间距 C' 为 250 mm，同步带传动机构中 $D_p=d_p=\dfrac{P_b\times z}{\pi}=95.49$ mm。

代入式（3 - 2 - 5）得 $L'=799.99$ mm，据常见同步带尺寸规格型号，选取同步带长度 $L_p=800$ mm。

在同步带选型设计中，可通过皮带周长计算轴间距，其计算公式如下所示：

$$C = \frac{b + \sqrt{b^2 - 8(D_p - d_p)^2}}{8} \quad [b = 2L_p - \pi(D_p + d_p)] \qquad 式(3-2-6)$$

经计算得同步带传动机构中轴间距 $C = 250$ mm。

(2) 确定同步带宽度

已知同步带宽度计算公式如下：

$$B\omega' = \frac{P_d}{P_s \cdot K_m} \cdot W_P \qquad 式(3-2-7)$$

其中 P_d 为设计动力，P_s 为基准传动容量，K_m 为啮合补偿系数，W_P 为基准皮带宽度。查表 3-2-6 得到 S5M 的基准带宽为 $W_P = 10$ mm，$P_s = 30$ W。

计算同步带轮之间相互啮合齿数如式(3-2-8)所示：

$$Z_m = \frac{Z_d \cdot \theta}{360°} \qquad 式(3-2-8)$$

$$\theta = 180° - \frac{57.3(D_p - d_p)}{C} \qquad 式(3-2-9)$$

根据式(3-2-8)、式(3-2-9)计算可得同步带传动机的啮合齿数 $Z_m = 30$，因为啮合齿数为 60 以上，查表 3-2-6 从而得出啮合补偿系数 $K_m = 1.0$。

肩关节进行内收/外展的驱动电机经过减速箱对扭矩进行放大，转速降低之后，得到的输出扭矩 $T_1 \leqslant 24.1$ N·m，转速 $n_1 = 10$ rad/min。

$$P = nT/9\,550 \qquad 式(3-2-10)$$

由式(3-2-10)中扭矩及转速的计算关系式可知：

$$P = \frac{nT}{9\,550} = \frac{10 \times 24.1}{9\,550} = 2.52 \times 10^{-2} (\text{kW})$$

$P_d = 25.2$ W，则有

$$B\omega' = \frac{P_d}{P_s \cdot K_m} \times W_P = \frac{25.2}{30 \times 1} \times 10 = 8.4 \ (\text{mm})$$

综合考虑工程余量、结构布局以及同步带使用寿命后取皮带宽度为 25 mm。根据图 3-2-19，最终确定肩关节同步带传动机构选择 S5M 带轮，小带轮齿数取 30，大带轮齿数则取为 60，同步带长度为 800 mm，轴间距为 250 mm。

(3) 运动学分析

① D-H 坐标系的建立

基于机器人三维模型，这里建立 D-H 坐标系(见图 3-2-18)。

依据建立的坐标系可列出 D-H 参数表，如表 3-2-7 所示。

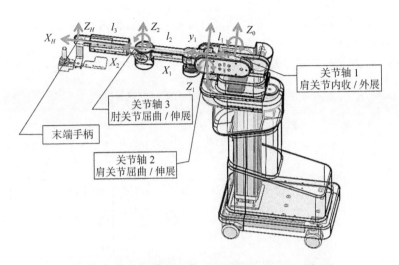

图 3 - 2 - 18　索控式上肢康复机器人的 D-H 坐标系

表 3 - 2 - 7　D-H 参数表

—	θ_i	d	a	α	关节运动范围 θ_i
0～1	θ_1	0	l_1	$-\dfrac{\pi}{2}$	$\theta_1 \subseteq \left[-\dfrac{\pi}{4}, \dfrac{\pi}{2}\right]$
1～2	θ_2	0	l_2	$\dfrac{\pi}{2}$	$\theta_2 \subseteq \left[-\dfrac{\pi}{2}, \dfrac{\pi}{4}\right]$
2～H	θ_3	0	l_3	0	$\theta_3 \subseteq \left[0, \dfrac{\pi}{2}\right]$

② 机器人模型的建立与验证

基于 D-H 参数表,通过 MATLAB 软件,对机器人模型进行验证(见图 3 - 2 - 19)。

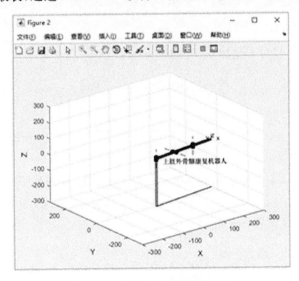

图 3 - 2 - 19　机器人模型的创建

三个驱动自由度均可以按照指定的转轴进行运动,表明机器人模型创建正确。

③ 正运动学方程

根据关节矩阵变换公式以及 D-H 建立的关节参数表,可求得各连杆变换矩阵如下:

$$
{}^{0}\boldsymbol{T}_{1} = \begin{bmatrix} C\theta_1 & 0 & -S\theta_1 & l_1 C\theta_1 \\ S\theta_1 & 0 & C\theta_1 & l_1 S\theta_1 \\ 0 & -1 & 0 & 0 \\ 0 & 0 & 0 & 1 \end{bmatrix}
$$

$$
{}^{1}\boldsymbol{T}_{2} = \begin{bmatrix} C\theta_2 & 0 & S\theta_2 & l_2 C\theta_2 \\ S\theta_2 & 0 & -C\theta_2 & l_2 S\theta_2 \\ 0 & 1 & 0 & 0 \\ 0 & 0 & 0 & 1 \end{bmatrix}
$$

$$
{}^{2}\boldsymbol{T}_{H} = \begin{bmatrix} C\theta_3 & -S\theta_3 & 0 & l_3 C\theta_3 \\ S\theta_3 & C\theta_3 & 0 & l_3 S\theta_3 \\ 0 & 0 & 1 & 0 \\ 0 & 0 & 0 & 1 \end{bmatrix}
$$

根据总变换公式有:

$$
{}^{0}\boldsymbol{T}_{H} = {}^{0}\boldsymbol{T}_{1}\,{}^{1}\boldsymbol{T}_{2}\,{}^{2}\boldsymbol{T}_{H}
$$

从而可以得到:

$$
{}^{0}\boldsymbol{T}_{H} = \begin{bmatrix} C_{123}-S_{13} & -C_3 S_1 - C_{12} S_3 & C_1 S_2 & l_1 C_1 + l_2 C_{12} - l_3 S_{13} + l_3 C_{123} \\ C_1 S_3 + C_{23} S_1 & C_{13} - C_2 S_{13} & S_{12} & l_1 S_1 + l_2 C_2 S_1 + l_3 C_1 S_3 + l_3 C_{23} S_1 \\ -C_3 S_2 & S_{23} & C_2 & -l_2 S_2 - l_3 C_3 S_2 \\ 0 & 0 & 0 & 1 \end{bmatrix}
$$

设定坐标系$\{H\}$相对于坐标系$\{0\}$的位姿用 $\boldsymbol{F}$ 表示,为:

$$
{}^{0}\boldsymbol{F}_{H} = \begin{bmatrix} n_x & o_x & a_x & p_x \\ n_y & o_y & a_y & p_y \\ n_z & o_z & a_z & p_z \\ 0 & 0 & 0 & 1 \end{bmatrix} \qquad \text{式}(3-2-11)
$$

其中,$\boldsymbol{n}$、$\boldsymbol{o}$、$\boldsymbol{a}$ 表示了坐标系相对于坐标系$\{0\}$的姿态,$\boldsymbol{p}$ 表示了坐标系$\{4\}$相对于坐标系$\{0\}$的位置。

综上,正运动学方程为:

$$\begin{cases} n_x = C_{123} - S_{13} \\ n_y = C_1 S_3 + C_{23} S_1 \\ n_z = -C_3 S_2 \\ o_x = -C_3 S_1 - C_{12} S_3 \\ o_y = C_{13} - C_2 S_{13} \\ o_z = S_{23} \\ a_x = C_1 S_2 \\ a_y = S_{12} \\ a_z = C_2 \\ p_x = l_1 C_1 + l_2 C_{12} - l_3 S_{13} + l_3 C_{123} \\ p_y = l_1 S_1 + l_2 C_2 S_1 + l_3 C_1 S_3 + l_3 C_{23} S_1 \\ p_z = -l_2 S_2 - l_3 C_3 S_2 \end{cases} \qquad \text{式}(3-2-12)$$

由以上公式可以在给定机器人关节变量的取值时,计算确定出末端执行器的位置和姿态。

④ 逆运动学方程

正运动学是通过各关节变量来确定机械臂末端的位置和姿态,而逆运动学求解过程即是正运动学的逆向求解问题。即通过末端的位置和姿态求解得到各关节变量。在此基础上,机器人可通过记录到的末端轨迹,得到各个关节的变量,从而更好地引导患者做指定示教被动训练。逆运动学求解过程如下:

a. 求解关节角 θ_1

由 $n_y = C_1 S_3 + C_{23} S_1$,$a_z = C_2$,$p_y = l_1 S_1 + l_2 C_2 S_1 + l_3 C_1 S_3 + l_3 C_{23} S_1$ 得:

$$\theta_1 = \arcsin\left(\frac{p_y - l_3 n_y}{l_2 a_z + l_1}\right) \qquad \text{式}(3-2-13)$$

因 $\theta_2 = -45° \sim 90°$,根据反正弦在 $-45° \sim 90°$ 区间的单调性可知,θ_1 的解有且只有一个。

b. 求解关节角 θ_2

由 $n_z = -C_3 S_2$,$p_z = -l_2 S_2 - l_3 C_3 S_2$ 得:

$$\theta_2 = \arcsin\left(\frac{l_3 n_z - p_z}{l_2}\right) \qquad \text{式}(3-2-14)$$

因 $\theta_2 = -90° \sim 45°$,根据反正弦在 $-90° \sim 45°$ 区间的单调性可知,θ_2 有且只有一个解。

c. 求解关节角 θ_3

由 $a_x = C_1 S_2$,$a_y = S_{12}$,$p_x = l_1 C_1 + l_2 C_{12} - l_3 S_{13} + l_3 C_{123}$,$p_y = l_1 S_1 + l_2 C_2 S_1 + l_3 C_1 S_3 + l_3 C_{23} S_1$ 得:

$$\theta_3 = \arcsin\left[\frac{S_2(p_y a_x - p_x a_y)}{l_3(a_x^2 + a_y S_{12})}\right]$$

因以上结果可得，$S_1 = \dfrac{p_y - l_3 n_y}{l_2 a_z + l_1}$，$S_2 = \dfrac{l_3 n_z - p_z}{l_2}$，所以

$$\theta_3 = \arcsin\left\{ \frac{(p_y a_x - p_x a_y) \cdot (l_2 a_z + l_1) \cdot (l_3 n_z - p_z)}{l_3 [l_2 a_x^2 (l_2 a_2 + l_1) + a_y (l_3 n_z - p_z)(p_y - l_3 n_y)]} \right\}$$

式(3-2-15)

因 $\theta_3 = 0° \sim 90°$，根据反正弦在 $0° \sim 90°$ 区间的单调性可知，θ_3 的解有且只有一个。综上，索控式上肢康复机器人的逆运动学解为：

$$\begin{cases} \theta_1 = \arcsin\left(\dfrac{p_y - l_3 n_y}{l_2 a_z + l_1}\right) \\ \theta_2 = \arcsin\left(\dfrac{l_3 n_z - p_z}{l_2}\right) \\ \theta_3 = \arcsin\left\{\dfrac{(p_y a_x - p_x a_y) \cdot (l_2 a_z + l_1) \cdot (l_3 n_z - p_z)}{l_3 [l_2 a_x^2 (l_2 a_2 + l_1) + a_y (l_3 n_z - p_z)(p_y - l_3 n_y)]}\right\} \end{cases}$$

式(3-2-16)

3. 控制系统设计方案

控制系统是上肢康复机器人研究的重要组成部分，是实现康复机器人各种训练功能以及多种运动模式的内在条件与基础。控制系统必须保证康复训练的活动范围在安全范围以内，康复训练过程平稳，患者体验良好，防止训练过程对患肢造成二次伤害。

1）下位机控制系统模块

控制系统硬件部分主要包括交流接触器、空气开关、开关电源、分别控制肩关节 2 个自由度的两个无刷直流电机、控制肘关节 1 个自由度的步进电机、三个电机控制器、三个编码器、一个 XY 二轴霍尔操纵杆以及一个主控制板。将各个器件按照功能分为供电模块、运动模块和控制模块（具体控制系统结构见图 3-2-20）。为了保证控制过程的准确性、实时性以及康复过程的舒适性，3 个驱动自由度处的动力驱动采用直流电机，且 3 个自由度都具有反向驱动能力。

控制模块和运动模块以 CAN 现场总线为基础实现通信。CAN 协议具有多主控制、系统的柔软性、通信速度较快、通信距离远和连接多节点的特点，具有错误检测、错误通知和错误恢复的功能。CAN 现场总线的这些特点使得控制模块中的主控制板与运动模块中的三个电机控制器进行主从通信的控制方案得以实现。主控制板与三个电机控制器通过双绞线连接，主控制板通过 CAN 现场总线向电机控制器发送控制指令，电机控制器经 CAN 现场总线向主控制板反馈应答信号。并且 CAN 报文的数据结构短，传输时间短，抗干扰能力强，检错效果好，保证了传输数据的准确性，这是保证康复训练安全进行的必备前提。

其中，供电模块包括交流接触器、空气开关以及开关电源。控制模块主要包括一个主控制板和三个编码器。运动模块包括三个电机以及三个电机控制器。

2）系统供电模块

供电模块的作用是将 220 V 三线工频交流电转换为下位机各个部件所需要的工作

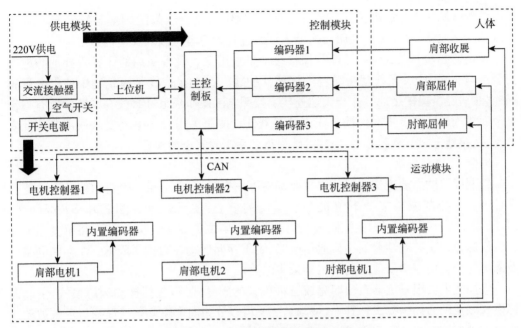

图 3-2-20 下位机控制系统结构图

电压(见图 3-2-21),整个系统的电源从 220 V 三线工频交流电引入,采用单相三线的输送形式。220 V 三线工频交流电接入后,首先经过两极空气开关,其主要作用是接通和断开前后级电路,并且能在电路系统发生短路、严重过载以及欠电压等情况时保护电路。后级电路中设置有用于短路保护的熔断器 FU1 和 FU2。交流接触器 KM 控制开

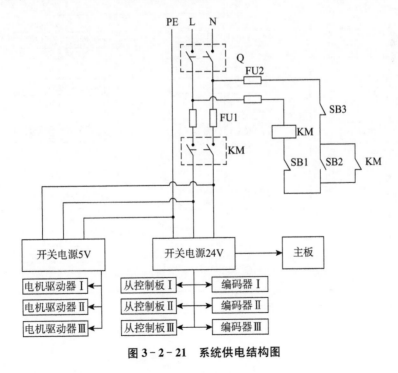

图 3-2-21 系统供电结构图

关电源的电源输入。启动按钮 SB2,停止按钮 SB1 以及急停按钮 SB3 与接触器 KM 组成点动控制线路,以确保上肢康复机器人训练过程中患者患肢的安全性。

系统还必须要做到保护接地。保护接地是医用电气设备采用的一种重要的防电击安全措施。图中的 PE 线就是系统的接地保护线。这根接地线与建筑物中的供电设施相连,然后经由保护接地导体与大地连接。按照电工操作规范,PE 线与系统中所有不带电金属相连的线路上不允许接入任何开关器件。按照医用设备电气安全通用参数及安全要求,接地电阻不宜超过 0.2 Ω,以确保整个系统的安全接地性。

3) 系统控制模块

控制模块的主要工作包括给电机驱动器下发指令、采集记录三个自由度的运动信息及计算。主控制板是整个下位机控制系统的核心,主要包括控制芯片 STM32F103 ZET6 及其最小系统、用于主控制板和驱动器通信需要的 CAN 通信电路、将康复训练和上位机虚拟现实游戏结合的串口通信电路、用于存储运动参数的 EEPROM 存储电路以及采集三个自由度运动信息的编码器采集电路。

索控式上肢康复机器人预期完成三种模式的康复训练,包括被动训练模式、主动训练模式以及助力训练模式。其中,被动训练又可以分为固定轨迹被动训练与示教被动训练。三种训练模式的实现方式可参考控制模块流程(见图 3-2-22),以下以介绍被动训练模式的具体实现方式为例。

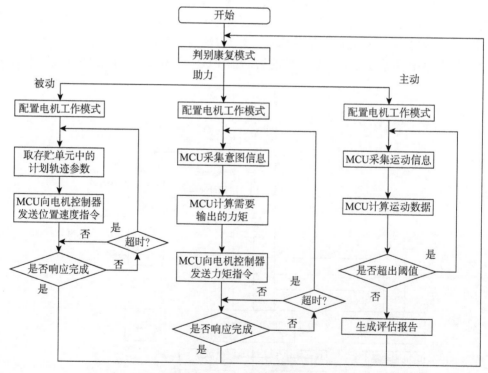

图 3-2-22　控制模块流程

进行固定轨迹被动训练时,主控制芯片在接收到上位机的训练模式指令后,即可控制上肢康复机器人进入固定轨迹被动训练模式。主控制芯片根据上位机选择设定好的康复轨迹,通过 CAN 总线发送至电机驱动器处,从而电机可按照所选定的康复训练轨迹带动患者患肢进行康复训练。同理,进行示教被动训练时,主控制芯片首先接收相应指令控制机器人进入示教被动训练模式。然后通过各关节处编码器采集运动轨迹信息并反馈到主控制芯片。最后,主控制芯片将采集得到的运动信息导入存储芯片中。主控制芯片从 EEPROM 中读取之前录入的轨迹信息,驱动上肢康复机器人辅助患者进行康复训练。

4．人机交互系统设计

人机交互系统总体框图包含了用户图形界面和虚拟现实游戏两个部分(见图 3-2-23)。用户图形界面由康复治疗师操作,辅助治疗师进行患者信息管理、患者上肢功能评估、制定康复训练计划等。在助力或主动训练模式下,患者将通过具有任务导向性的虚拟现实游戏完成相应训练。

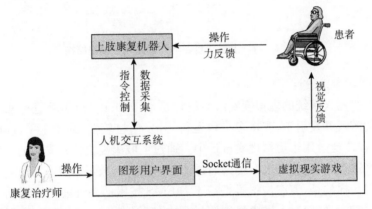

图 3-2-23　人机系统总体框图

基于上肢康复机器人的机械结构、控制系统设计和用户需求调查分析,要求人机交互软件系统需要具有以下功能:

1）有良好的图形用户界面,人性化设计,无需复杂流程,即可使用该系统;

2）对康复治疗师和患者两个用户群体分权限管理;

3）康复治疗师能对患者的资料信息进行全面管理,包含对基本信息、评定结果和治疗计划、训练结果的详细内容进行查看、增加、修改、删除等功能;

4）康复治疗师可以自主选择量表对患者进行康复评估;

5）患者可以进行具有目标导向性的趣味游戏训练;

6）数据处理和显示自动完成,无需人工干预;

7）康复报告生成功能;

8）保证系统数据的安全性,对部分隐私信息加密处理。

本案例是通过 Windows 平台设计一套应用于康复机器人康复评估和训练的人机交互系统,实现康复治疗师通过人机交互界面操作控制上肢康复机器人(见图 3-2-24)。它包含一套适用于上肢康复机器人的上肢康复评估方法,可以为康复计划的制定提供依据,并结合虚拟现实游戏为患者提供康复训练功能,同时可以实时监测并保存患者的康复数据,通过图表直观展示当前康复状态和阶段性康复成果。依据人机交互的图形用户界面(GUI)的设计原则,设计了登录页面、患者管理页面、选择页面、评估页面、康复计划制定页面、管理中心、设备管理等功能界面。

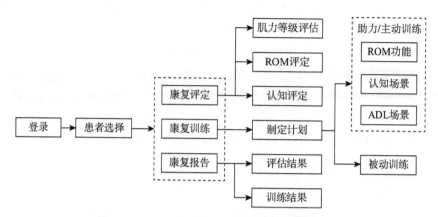

图 3-2-24　上肢康复评估和训练系统模块结构

5. 虚拟现实游戏设计

上肢康复机器人系统的虚拟现实游戏设计是基于 Unity3D 引擎进行架构,Unity3D 引擎是专业的游戏开发引擎,支持多平台运行,开发门槛较低,易于上手,同时具有良好的稳定性,目前广泛运用于虚拟现实设计中。通过上肢康复机器人安装的三轴姿态传感器对患者上肢进行定位,机器人系统则通过传感器捕捉上肢运动状态与康复游戏进行交互训练。值得一提的是,姿态传感器是基于 MEMS 技术的高性能三维运动姿态测量系统,该传感器能够很好地对上肢康复训练过程中的肢体形态进行捕捉,实现康复训练过程中患者与虚拟现实游戏的实时交互。

进行康复游戏是依靠患者自身带动机械臂的主动训练,上肢功能患者由于病损程度不同和自身康复的阶段具有不同的肌力等级,上肢所能自主进行的运动程度不同。国际上将肌力等级分为 6 级:0 级肌力完全麻痹,触诊肌肉完全无收缩力;I 级肌力肌肉有主动收缩力,但不能带动关节活动;II 级肌力可以带动关节水平活动,但不能对抗地心引力(即肢体可进行一定程度的水平方向移动);III 级肌力能对抗地心引力做主动关节活动,但不能对抗阻力,肢体可以克服地心吸收力,能抬离床面;IV 级肌力能对抗较大的阻力,但比正常者弱;V 级正常肌力,可实现全关节运动。本设计中的康复游戏选取 II、III、IV 级肌力患者为主要适用人群,并根据患者的肌力等级为他们设置了不同的游戏难易度。游戏难度越大,患者游戏时受到的阻力越大,关节需要活动的范围也就越大。患者可以根据自身情况或在医护人员的推荐下选择适合自己的难度进行康复训练,以保证康复强度的适宜性。

康复游戏的目的是减轻患者康复训练时的心理压力并吸引患者能自主长期地进行康复训练,从而恢复上肢的正常功能。因此,康复训练游戏一般具有一定的趣味性且内容丰富,可以避免患者产生枯燥感。本案例将游戏的背景设为卡通背景,选取欢快的音乐作为游戏的主旋律来降低患者内心的恐惧感,游戏内容为患者控制屏幕中的飞鱼,屏幕的右边飞来小鸟需要患者进行躲避,一旦鸟和鱼相碰则游戏结束,同时屏幕中会在随机地点出现宝石,患者控制飞鱼触碰宝石赚取积分,游戏具有积分系统,可通过冲击积分榜单来刺激患者的游戏欲,吸引患者进行游戏(见图 3 - 2 - 25),从而达到更好的康复效果。

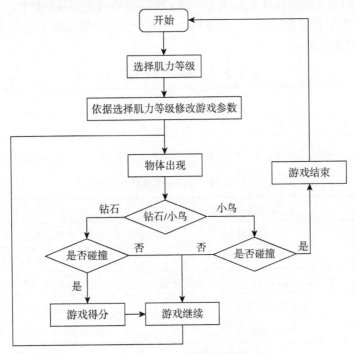

图 3 - 2 - 25　游戏流程图

6. 康复数据管理与通信

1) 数据存储设计

数据库设计一般从概念设计、逻辑设计及物理设计三个方面考虑。概念设计是设计数据库的基础,用 E-R 模型来表述数据类型;逻辑设计结合具体特征建立数据库的逻辑结构;物理设计主要包括索引的遍历、存取方法、数据项存储要求等设计模式的物理细节。本案例基于 MySQL 数据库实现数据存储。

根据上肢设备自身功能和训练过程中的参数及其他业务需求分析,数据库中有以下 7 张表,分别为:

(1) Hospital(医院信息表),包含医院名称、地址、等级、登录密码字段;

(2) Doctor(治疗师表),包含姓名、年龄、性别、职级、主治方向等字段;

(3) Patient(患者表),包含姓名、年龄、性别、身高、体重、病因、臂长、受损患侧等字段;

(4) Rehabplan(康复训练计划表),包含开始时间、结束时间等字段;

(5) Assessment(评估表),用来存放各关节活动度范围;

(6) Report(康复报告表),记录患者每次训练过程中的一些参数,例如关节最大角度以及达到最大角度的次数;

(7) Game（游戏表），包含游戏名称、时间、等级、得分等字段。

2）Socket 网络通信

本案例中客户端和游戏在运行时分属两个不同的进程，通过 Socket 方式进行通信，客户端作为 SocketServer，游戏作为 SocketClient。在 Qt 系统中集成了 QTcpSocket 类，提供一个 TCP 套接字，TCP 是属于 TCP/IP 四层中传输层使用的协议。

为了保证数据传输的可靠性，本案例定义了 PC 客户端和游戏之间的数据通信协议，通信协议格式见表 3-2-8。

表 3-2-8　Socket 通信协议格式

帧头	长度	指令	数据	……	帧尾
0x3F	0x00～00xff	0x00～0xff	0x00～0xff	……	0x3F

根据 PC 客户端和游戏之间的数据通信协议制定具体指令命令，详见表 3-2-9。

表 3-2-9　Socket 通信协议内容

Client/Server	指令表示意义	指令内容
Client	请求登录	0x3f0x010x010x3f
	请求设置数据包	0x3f0x010x030x3f
	客户端请求各关节角度信息数据包	0x3f0x020x050x000x3f
	端返回游戏训练结束指令	0x3f0x010x070x3f
	返回游戏得分结果	0x3f0x030x090x00～0xff…0x3f
	退出指令	0x3f0x010x0b0x3f
Server	响应登录结果	0x3f0x010x020x3f
	响应设置数据包	0x3f0x060x040x00～0xff…0x3f
	PC 服务器端响应各关节数据包	0x3f0x140x060x00～0xff…0x3f
	请求游戏得分结果	0x3f0x010x080x3f
	请求 Unity 客户端自行关闭进程	0x3f0x010x0a0x3f

第三节　下肢康复训练机器人

一、下肢康复训练机器人基本概念

下肢康复训练机器人是指用于帮助下肢功能障碍者进行运动康复训练的康复机器人，一般简称为下肢康复机器人。

现代科学技术的发展为下肢康复机器人提供了有效的多模式下肢康复训练,此外,下肢康复机器人还可通过结合传感系统、生物信息反馈系统、人机交互系统、物联网与大数据智能技术等进行康复方案个性化定制、康复过程监控、康复效果评价,以直观的量化手段协助患者进行下肢康复训练。

下肢康复机器人技术于 20 世纪 60 年代开始在康复产业应用。早期的下肢康复机器人在一定程度上借鉴了双足机器人技术,与可穿戴的外骨骼机器人不同,康复设备的质量通常更大、更重。康复设备通常需要更多的传感器来获取人体运动数据,并有专门的数据处理设备。由于下肢行走能力是人类日常生活中的基本要求,下肢康复机器人成为国内外康复工程研究的热点。

1. 国外发展历史

最早期的外骨骼机器人是应用于军事领域的,1965 年美国国防部提出"外骨骼机器人"概念,并资助研发增强型军用装甲,目的是提高美军在战场上的负重能力与单兵作战能力。其后,外骨骼机器人开始被医疗康复领域关注,但由于当时技术较为落后,并未能研发出可成功应用的外骨骼机器人。1999 年后,随着机器人技术的发展成熟,各种类型的外骨骼机器人不断涌现,并开始应用于康复领域,其中比较典型的有以色列的 ReWalk 下肢外骨骼机器人与日本的 HAL 系列全身助力外骨骼机器人。

1999 年,瑞士设计出了第一代 LOKOMAT 下肢机器人,随后进行了功能改善和控制策略的研发,至 2005 年 LOKOMAT 在日本世博会上展示。直到现在,LOKOMAT 都被人们认为是具有优秀康复性能的康复机器人典型代表。

荷兰经过多年的研究和探索开发出了 LOPES 康复机器人(lower extremity powered exoskeleton)。目前,LOPES 机器人实际用在患者身上的测试、研究、评估等一系列步骤都已经完成了,从最终的实验报告可以得出,受训患者在使用下肢外骨骼机器人进行康复训练的康复效果较好,对患者的步态矫正有较大的帮助。

德国率先研究开发了踏板式康复机器人。在后续的研究当中,他们在第一代活动踏板步行训练机器人的基础上研究出第二代 Haptic Walker 机器人。目前,由于该系统设备体积比较大,需要的安装空间也比较大,加上价格高昂,还处于实验室研究阶段。

2. 国内发展历程

国内研究学者对康复机器人的研究在时间上晚于国外学者。国内最早开始于 1998 年,这一年研究开发出了最早将自动化设备用于康复医疗上的虚拟现实康复车,该设备主要包括四大部分:支架部分、转动部分、阻尼模拟部分、虚拟现实产生器。通过下位机单片机对患者的踩车速度、踩车方向等信号数据进行采集,并将采集到的数据传送到上位机电脑,最终在电脑上进行图像显示。同时,将这些数据计算处理后输出一个路况阻力的大小,并在下位机中与其他的阻力进行合成,产生一个阻力模拟信号,而后将其送入阻力控制电路实现康复训练。

2003 年,国内学者研发出了一款踏板式下肢康复机器人,该设备主要由机座、减重机构、导轨、活动扶手、左脚与右脚驱动机构等组成。该康复训练机器人的工作原理主要是通过控制系统控制电机驱动的速度和位移,来使训练者的双脚步行轨迹和正常人步行的运动轨迹一致,以此来帮助患者下肢进行康复运动。该系统还具有重力减负功能,即可以用悬挂患者上部身体的方式来减轻下肢腿部的负荷,同时也有维持患者平衡和稳定重心的功能。此外,该机器人由一个电机实现了重力平衡和双脚的位置控制,结构简单,成本较低。且设计的脚部姿态伺服控制系统,可以使走步过程更接近于正常人,训练效果更佳。运动速度可以根据患者的需要通过计算机控制系统调节,可以适用于不同患病程度的训练对象。

2008年,上海理工大学与复旦大学附属华山医院合作,研发了一种下肢平衡与运动训练机器人系统,后在上海西贝医疗器械有限公司实现了产业化,是我国第一台商业化的下肢康复训练机器人产品。

2010年之后,燕山大学、上海理工大学分别研发了卧式下肢康复机器人。针对下肢受伤程度不同的患者,卧式下肢康复机器人在工作模式上分为被动、助力及抗阻等多种不同模式。另外,近五年来,国内还有多所高校和一些高等研究院也在开展下肢康复机器人的研究。

二、下肢康复训练机器人主要类型

下肢康复训练机器人的主要功能是对人体下肢进行康复训练,下肢行走能力是人类日常生活的基本要求,下肢康复机器人经常在使用过程中多以步态训练为目标进行设计,而对于康复早中期患者与部分卧床患者与神经康复患者,康复需求多为床旁或科室内的固定场所康复。因此,下肢康复训练机器人按照使用方式可分为固定式下肢康复机器人和移动式下肢康复训练机器人(见图3-3-1)。

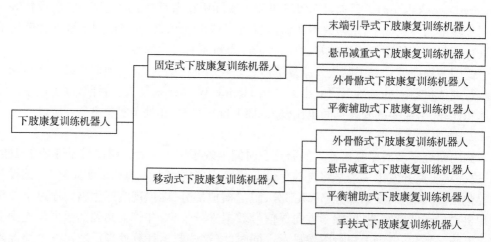

图3-3-1 下肢康复训练机器人分类

(一)固定式下肢康复训练机器人

固定式下肢康复训练机器人常用于康复训练室与社区活动室等固定场所的步态康复(以固定跑台的下肢康复机器人为主)或者床旁康复(以末端引导式为主)。固定式下肢康复训练机器人又可以分为末端引导式下肢康复训练机器人、悬吊减重式下肢康复训练机器人、外骨骼式下肢康复训练机器人、平衡辅助式下肢康复训练机器人。

1. 末端引导式下肢康复训练机器人

末端引导式下肢康复机器人是一种以普通连杆机构或串联机构为主体机构，通过对下肢功能障碍患者的下肢运动末端进行支撑，基于模拟步态，引导下肢功能障碍患者实现下肢各关节的主、被动协调训练，从而达到帮助患者进行下肢康复训练目的的康复设备。末端引导式下肢康复机器人作为康复领域的一个重要方向，一直以来都是相关从业者关注的重点。

目前，末端引导式下肢康复机器人已形成多种类型的产品（见图 3-3-2），一类是通过滑块机构带动足部运动进行康复训练的产品，如瑞士 REHA 公司研发的 First Mover 下肢康复机器人，可以利用滑块摇杆机构带动下肢髋膝踝关节做规律性的屈伸运动，训练机构在设计上通过底部升降机构调节高度，同时双侧训练机构也可通过互锁保持稳定，可适用于早期骨科患者进行床旁康复与科室内康复活动。另一类是通过机械臂控制人体下肢末端进行各类训练的产品，如 YASKAWA 的 LR2 机器人，可带动下肢三关节进行单侧多种模式的屈伸训练，不仅能够帮助卧床类骨科患者进行早期有效的被动训练，也可通过机器人力-位置控制算法协助神经康复类患者进行有效的助力训练与抗阻训练，类似产品还有 KUKA 公司研发的 LBR MED 机器人，它是 KUKA 公司工业机械臂 LBR 在康复工程领域的一种应用，延续了工业机器人的精准控制，工作空间较大，能够协调下肢进行髋关节内外旋与内收外展等多自由度的训练，并可根据治疗师手法示教进行轨迹跟踪。再者是通过类似脚踏车类圆周运动进行康复训练的产品，代表性的产品有 RECK 公司研发的用于床旁的 MOTOmed letto2 康复训练器和坐姿使用的 MOTOmed viva，均是通过曲柄机构完成围绕固定中心进行的圆周运动以进行下肢三关节的屈伸训练，多以等速圆周训练为主。

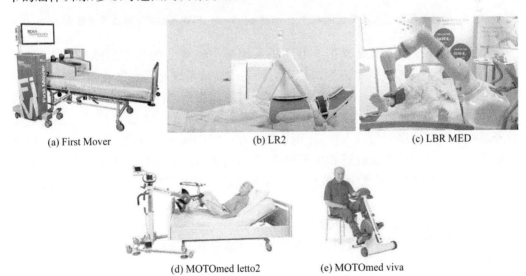

(a) First Mover　　　　　(b) LR2　　　　　(c) LBR MED

(d) MOTOmed letto2　　　(e) MOTOmed viva

图 3-3-2　末端引导式下肢康复训练机器人

2. 悬吊减重式下肢康复训练机器人

固定式悬吊减重式下肢康复机器人通常搭配固定式跑台或末端执行踏板,对于需要进行步态康复训练的早期康复训练患者,通过悬吊减重的方式可以为患者卸载一定比例的体重,减轻患者下肢在康复训练运动过程中所需要承担的负载。同时悬吊式安全绑带也能为患者提供一个相对安全的康复训练环境,防止患者发生跌倒、侧翻。因此,针对需要减重进行下肢康复训练的患者,在机器人设计中悬吊式的设计得到了广泛的应用(见图 3 - 3 - 3)。

最早的悬吊式下肢康复机器人样机是由德国柏林自由大学研制的 Gait Trainer 下肢康复机器人[见图 3 - 3 - 4(a)],该机器人结构较简单,步态训练多样性受限。在此基础上进一步研制开发的 Haptic Walker 康复机器人通过控制机械臂末端的两个脚踏板的位置来完成相应的康复训练动作[见图 3 - 3 - 4(b)]。

(a) Gait Trainer   (b) Haptic Walker

图 3 - 3 - 3 普通悬吊减重式康复训练系统　　**图 3 - 3 - 4 早期悬吊式下肢康复机器人**

瑞士 Harness 动态辅助减重下肢训练系统是一种典型的减重训练机器人(见图 3 - 3 - 5),属于悬吊减重式室内自由行走训练系统。该系统允许全部或部分承重,而不会影响适当的步态运动学。系统采用深度学习神经网络算法,可以从人的体重以及 120 个肢体动作中"学习"人在向前走和向后走所需要力的大小。不仅可以根据患者的步行姿态动态调整辅助力量的大小,还能让患者在一定空间内自由进行行走训练。这种动态单点悬架可容纳骨盆旋转和垂直位移,允许行走、侧步、逆向行走和转弯时功能性骨盆旋转,患者可以在不重新定位整个支持系统的情况下进行反应性姿势控制练习或改变方向。

3. 外骨骼式下肢康复训练机器人

固定式外骨骼式下肢康复机器人通常也包含减重系统与固定跑台,最早应用于临床的外骨骼式下肢康复机器人是由瑞士 Hocoma 公司研发的 Lokomat,它也是第一台基于跑步机的外骨骼式下肢步态矫正驱动装置,针对有步行障碍的神经科患者进行辅助步态康复训练。Lokomat 系统通过一套在跑台上全自动运行的外骨骼式下肢步态矫正驱动装置,实现了机器人辅助的全自动步态训练,可以有效地提升神经功能障碍患者的行走功能。Lokomat 全自动机器人步态训练评估系统由"外骨骼式下肢步态矫正驱动装置""智能减重系统"和"医用跑台"组成(见图3-3-6)。

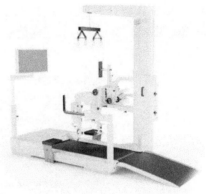

图 3-3-5　Harness 动态辅助减重下肢训练系统　图 3-3-6　Lokomat 全自动机器人步态训练系统

外骨骼系统能够有效地保证患者在训练过程中的运动轨迹受控程度,以此为基础的部分产品采用下肢外骨骼系统与站立床结合的康复策略,实现患者不同倾斜平台减重下的步态训练。同类衍生产品还有利用末端踏板与站立床结合使用的康复机器人(见图3-3-7)。瑞士的 Hocoma 公司研制的机器人 Erigo 可应用于脊椎损伤和脑损伤患者早期的康复训练,患者在康复训练过程中,被安全绑带保持在床体上,床体的倾斜角度可实时调节,电机通过驱动连杆机构带动髋关节的屈伸,在患者起立的同时,足底踏板进行踏步运动,达到了既能减少痉挛又可以提高患者的心血管稳定性的效果。上海西贝电子科技公司研发的 Remo 下肢评估训练康复系统是通过足底踏板进行末端驱动的机器人。上海璟和技创公司研制的智能化多体位下肢康复机器人 Flexbot 是多体式与外骨骼机器人的结合,能够实现多体位的步态训练。利用虚拟现实和多传感器系统,利用实时反馈的不同程度患者信息,安排合适的康复训练模式,对于重塑患者神经系统和步态再学习有着显著的疗效。

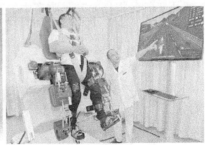

(a) Erigo　　　　　　　　(b) Remo　　　　　　　　(c) Flexbot

图 3-3-7　多体位式下肢康复机器人

多体位下肢康复训练机器人还包括通过减重座椅对下肢训练卸载的坐卧式下肢康复机器人,此类机器人经常通过坐卧平台与外骨骼系统的一体化设计来达到患者在不同坐卧体位进行下肢康复训练的目标。目前已经投入临床应用的是瑞士 SWORTEC 公司研发推广的 Motion Maker 坐卧式下肢康复机器人[见图 3-3-8(a)],通过采用外骨骼式的机械腿结构带动患者进行康复训练,同时配合仰角可调的座椅机构实现坐姿与卧姿下的训练,临床数据表明效果良好、舒适安全。国内燕山大学研发的下肢康复机器人 LLR-Ro[见图 3-3-8(b)],同样能够实现患者在坐卧姿态下的髋、膝、踝协调训练。

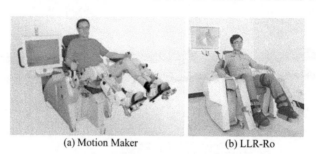

(a) Motion Maker　　　　　(b) LLR-Ro

图 3-3-8　外骨骼坐卧式下肢康复机器人

4. 平衡辅助式下肢康复训练机器人

悬吊减重式下肢康复机器人的工作原理是通过把减重绑带安装在人体的胯下及腋下进行减重,在一定程度上还是会束缚患者的自由行走运动。而平衡辅助式下肢重复机器人则是在患者的胯部进行减重悬吊并用具有多自由度活动功能的机械臂来支撑患者的髋部(重心附近部位),在保持患者行走过程中动态平衡的同时,最大限度地减少减重装置对身体行走的干扰,以便辅助患者以自由步态进行行走训练。

NaturaGait 下肢训练机器人是一种典型的平衡辅助式下肢康复训练机器人(见图 3-3-9)。该系统能为患者提供自由行走训练的安全辅助与安全保护,运动自适应机械臂在患者髋部进行支撑并在胯下进行悬吊减重。该设备具有主动步行、抗阻步行等多种训练模式,通过设置骨盆运动自由度、步行速度和减重量,可动态调整康复训练强度和难度,同时结合虚拟现实辅助训练,在一定程度上增加了训练的趣味性。此外,该系统还能为临床医师和治疗师提供采集和分析骨盆运动轨迹的方法,满足不同阶段患者的康复需求,适用于神经损伤尤其是脑卒中等引起下肢功能障碍的患者进行中后期运动康复。

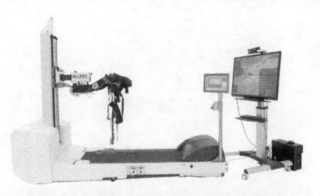

图 3-3-9　NaturaGait 平衡辅助式下肢训练机器人

（二）移动式下肢康复训练机器人

移动式下肢康复训练机器人的应用场景主要为开放式训练场所或室外训练场所,可分为外骨骼式下肢康复训练机器人、悬吊减重式下肢康复训练机器人、平衡辅助式下肢康复训练机器人、手扶式下肢康复训练机器人、跟随辅助式训练机器人。

1. 外骨骼式下肢康复训练机器人

外骨骼式下肢康复机器人通常为移动穿戴式,是一种不仅可以帮助患者进行康复训练以恢复肢体功能,而且具有步行功能辅助作用的复合型康复训练机器人。这类机器人体积与结构较为轻巧,多为可移动式。根据工作方式及工作部位的不同,移动式下肢康复训练机器人可分为移动式助行康复设备、穿戴式下肢外骨骼康复设备。

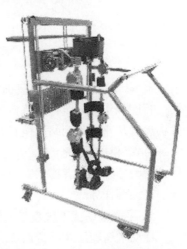

下肢步行机器辅助训练机器人是一种新型的基于AI控制技术的智能化康复设备(见图 3-3-10),依托步态检测分析系统和动态足底压力检测分析系统,以多关节、多自由度、多速度的模式为下肢运动功能障碍患者提供主被动结合的康复训练,加速其康复。其适用于患者患病早期与中期的康复训练,对脊髓损伤、脑损伤、神经系统疾病、肌无力、骨关节术后等因素导致的下肢运动功能障碍有着显著治疗作用,为失能人群的站立行走提供安全可靠的恢复训练。

穿戴式下肢康复机器人属于穿戴式下肢外骨骼,最初的开发是出于军事目的,之后逐步应用到了医疗康复领域。具有代表性是以色列的 ReWalk 外骨骼[见图 3-3-11(a)],可为髋关节和膝关节的运动提供动力,通过覆盖的传感器检测到重心的前移量,结果反馈

图 3-3-10　下肢步行机器辅助训练机器人

到控制系统,以模拟人体的正常步态。日本筑波大学推出的 HAL 系列全身外骨骼助力机器人是当今市场上唯一利用表面肌电信号的下肢外骨骼[见图 3-3-11(b)]。其余同类产品还有新西兰研发的 REX[见图 3-3-11(c)],美国伯克利公司研制的 Elegs 等[见图 3-3-11(d)]。

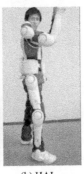

(a) ReWalk　　　(b) HAL　　　(c) REX　　　(d) Elegs

图 3-3-11　站立式外骨骼机器人

国内的外骨骼机器人产品有深圳迈步研发的 Bear H1、上海傅里叶研发的 Fourier X1、北京大艾研发的 Ailegs 机器人等（见图 3-3-12）。

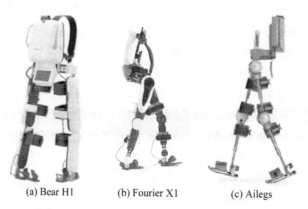

(a) Bear H1　　　　(b) Fourier X1　　　　(c) Ailegs

图 3-3-12　国产外骨骼机器人

2. 悬吊减重式下肢康复训练机器人

智能减重辅助步行训练机器人（见图 3-3-13）是一种电动支架辅助康复训练设备，可将患者从座椅带到站立位置，并提供保护安全带。当患者使用该设备进行站立或行走训练时，提供的保护会使其重心仍在设备的支撑范围内。这种智能减重辅助步行训练机器人为治疗师和患者提供安全的环境，减少患者对跌倒的恐惧，患者可以更专注于步态和平衡训练任务。

3. 平衡辅助式下肢康复训练机器人

移动平衡辅助式行走训练的原理与上面介绍的固定式类似。例如，国产 iReGo 智能减重训练机器人就是一种典型的移动平衡辅助式训练机器人（见图 3-3-14），同样适用于脑卒中患者恢复期的训练，iReGo 平衡辅助式训练机器人的核心是设计机械臂膀帮助患者在髋部进行支撑（包括减重）和平衡保护。患者可以解放双手行走，机器人可以保证

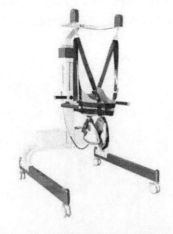

图 3-3-13　智能减重辅助步行训练机器人　　　　图 3-3-14　iReGo 平衡辅助式训练机器人

行走的安全性,以防突然跌倒。这种机器人还集成有游戏训练系统,可以提高患者的参与度,满足中后期脑卒中患者的康复需求。

4. 手扶式下肢康复训练机器人

除上述介绍的类型之外,下肢移动式康复训练机器人还包括手扶式智能助行训练机器人、自由行走辅助训练机器人等。

轮式电动助行架实际上也是一种手扶式智能助行训练机器人(图3-3-15),其由运动机构、传感器系统、微型计算机和机械结构构成,可以帮助患者进行起坐和行走训练。通过传感器收集人的行走状态数据来进行分析判断,从而获取人的运动意图。当机器人通过力/力矩传感器感知到人体施加的外部作用力时,可以根据受力大小和方向自动调整自身加速度和速度。

5. 跟随辅助式训练机器人

行走跟随训练机器人是一种具有跟随保护功能的、辅助患者自由行走的训练机器人(见图3-3-16)。机器人设计有激光雷达传感系统,可以控制机器人跟随人的步伐行走及转向,从而实时跟随人体移动,以便为患者提供行走保护。在患者摔跤时,绑在人体上的吊索会悬吊住身体以防跌倒。

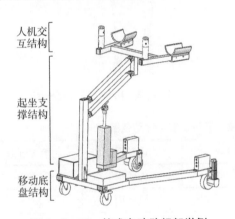

图3-3-15 轮式电动助行架举例

图3-3-16 行走跟随训练机器人

三、下肢康复训练机器人设计方法

(一) 下肢康复训练机器人设计要求

这里以上海理工大学康复工程与技术研究所研究开发的一款坐卧式下肢康复训练机器人为例,说明其设计要求。

1. 人体下肢模型

参照人体基准(见图3-3-17)与下肢骨骼模型(见图3-3-18)进行下肢关节运动的分析。人体下肢由髋、膝、踝三个关节连接组成。下肢康复训练机器人在设计过程中要充分考虑人体的运动形式。对于人体下肢的主要运动关节,通常考虑髋关节、膝关节与踝关节,其中,髋关节属于球窝关节,能够在矢状面、冠状面和水平面上进行屈伸、收展和内外旋运动;膝关节呈椭球面,主要在矢状面内做屈伸运动;踝关节具有 3 个自由度,能够实现屈伸、内外旋和内外翻运动。虽然各关节运动方式多样,但在日常活动中,下肢在矢状面的运动会远远多于其他面的运动。表 3 - 3 - 1 为人体下肢各关节的自由度与活动范围,而通常下肢康复训练机器人的设计是根据不同患者群体的训练需求决定的。由于不同人的体型有差异,为增强康复机器人的适用性,大腿和小腿需设计成长度可调的结构。由于人体下肢长度差异性比较大,人体下肢各体段长度及质心位置也因人而异。通过查阅《成年人人体惯性参数》(GB/T 17245—2004)得知人体下肢各体段的长度、质量和质心位置,如表 3 - 3 - 2 所示。

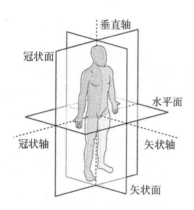

图 3 - 3 - 17　人体基准

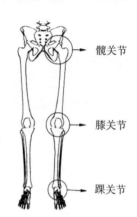

图 3 - 3 - 18　下肢骨骼模型

表 3 - 3 - 1　人体下肢关节自由度与活动范围

下肢关节	自由度	动作	运动面	活动范围
髋关节	3	屈/伸	矢状面	$-120° \sim 65°$
		内收/外展	冠状面	$-35° \sim 40°$
		内旋/外旋	水平面	$-30° \sim 60°$
膝关节	1	屈/伸	矢状面	$-160° \sim 0°$
踝关节	3	屈/伸	矢状面	$-20° \sim 50°$
		内收/外展	冠状面	$-35° \sim 20°$
		内旋/外旋	水平面	$-15° \sim 50°$

表 3 - 3 - 2　人体下肢各体段的长度、质量和质心位置

下肢各节段	长度(H 为患者身高)	质心位置(单位:mm)	质量(M 为人体质量,单位:kg)
上躯干	$L_0 = 0.470H$	$R_0 = 0.264H$	$M_0 = 0.607M$
大腿	$L_1 = 0.245H$	$R_1 = 0.106H$	$M_1 = 0.107M$

续表

下肢各节段	长度(H 为患者身高)	质心位置(单位:mm)	质量(M 为人体质量,单位:kg)
小腿	$L_2 = 0.246H$	$R_2 = 0.107H$	$M_2 = 0.046M$
足	$L_3 = 0.074H$	$R_3 = 0.018H$	$M_3 = 0.016M$

对于早期康复训练的患者,坐卧式下肢康复机器人的设计也只考虑人体下肢在矢状面内的活动,保证早期患者能够完成髋、膝、踝三关节的屈伸协调训练,故可将人体下肢简化为一个三连杆的刚体模型(见图 3-3-19)。同时,坐卧式下肢机器人还应当具备患者坐-卧姿态变换、与病床对接、适应不同身高人群的尺寸调节、较好的移动性等其他能力。

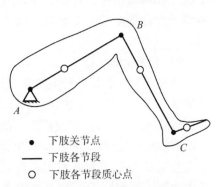

● 下肢关节点
— 下肢各节段
○ 下肢各节段质心点

图 3-3-19　人体下肢三连杆模型

2. 结构设计参数要求

参考《中国成年人人体尺寸》(GB 10000—1988)与《成年人人体惯性参数》(GB/T 17245—2004),以坐姿为基准确定机器人活动范围、各机构尺寸标准与驱动关节所需的力矩,见表 3-3-3。

表 3-3-3　机器人各部分设计参数

参数	参数范围
腰背活动范围	伸展90°
髋关节活动范围	屈曲60°
膝关节活动范围	伸展90°
踝关节活动范围	拓屈30°,背伸45°
大腿长度	40 cm～50 cm 可调节
小腿长度	35 cm～45 cm 可调节
双足间距	27 cm～33 cm 可调节
髋关节驱动力矩	大于80 N·m
膝关节驱动力矩	大于40 N·m
踝关节驱动力矩	大于20 N·m
座椅高度	40～60 cm

3. 电气控制要求

1) 电气安全要求

康复机器人最重要的功能需求是保证患者的安全性,所以本下肢康复机器人需要安装紧急停止开关,按下紧急停止开关后,设备电源立即被切断。急停开关的安装位置特别重要,要方便患者和医生操作,在任何时候、任何模式下都可以进行紧急停止操作。

此外,本下肢康复机器人采用 220 V 家用电作为电源输入,在系统电源开启的情况下,短按电源开机按钮,就可以启动坐卧式下肢康复训练系统,设备开始进行自检,检测对应电机的工作状态是否正常;长按开机按钮 3 s,就可以进入强制关机程序,坐卧式下肢康复训练系统会自动关闭,断电自动恢复后不会自动开机。电源插头中的保护接地端子与设备中任何可触及金属部分之间的阻抗不大于 0.1 Ω,保证电流控制在安全状态。

2) 床椅对接功能

通过调节左右腿推杆电机和座椅升降柱电机,并结合手持器一键躺平键位使患者在平躺状态下可从床上快速转移到设备上,底部通过安装四个万向轮使其具有可移动性,方便转换使用场地,具有便捷性。机器人具有髋、膝、踝三个关节活动度及小腿和大腿部分肌群训练功能,同时兼容左腿和右腿,且双腿可同时训练。髋、膝、踝关节训练通过六个关节电机实现,座椅推杆电机可调节靠背的角度,使患者方便借助左右把手进行腰部的主动训练。此外,还需要在左右腿不同部位安装压力传感器,实时反馈患者对机械腿的压力变化,控制电机动作,增加控制算法,提供传统被动康复训练和主被动混合训练功能,为不同患者制定个性化的训练处方。

3) 训练模式控制

本下肢康复训练机器人的控制系统设计需要实现如下三种康复训练模式:① 基于轨迹规划的被动训练;② 患者参与的主动训练;③ 被动训练中能自动适应患者人机交互力进行速度变化的主、被动混合训练。

(二)下肢康复训练机器人设计案例

这里以上海理工大学康复工程与技术研究所开发的一款坐卧式下肢康复机器人 LeBot 为例,说明其设计方法。

1. 机械结构设计

LeBot 的机械结构运用了 SolidWorks 进行三维建模。首先运用模块化设计守则将机器人分为三个子模块。所谓模块化设计,简单地说,就是将产品的某些要素组合在一起,构成一个具有特定功能的子系统,将这个子系统作为通用性的模块与其他产品要素进行多种组合,构成新的系统,产生多种不同功能或相同功能、不同性能的系列产品。

LeBot 的机械结构系统主要由三个模块组成,分别为可移动底盘架机构、减重支撑座椅架机构以及外骨骼机械腿机构(整体模型见图 3-3-20)。机器人可以根据患者的个体性差异进行不同的机构尺寸调节与支撑位姿调整,在使用过程中,患者采用坐或卧的姿态,将双足放置于机械腿的踏板上,各关节中心对齐机器人关节的转动中心,并将身体通过安全绑带与辅具固定在机器人上,预防训练过程中产生侧翻造成的二次伤害。

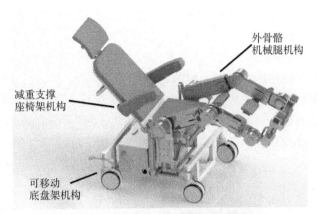

图 3 - 3 - 20　LeBot 机器人总体结构

底盘架机构(见图 3 - 3 - 21)的设计上,中控脚轮模组具有控制机器人移动和定位的功能,前后两组的脚轮通过六角钢棒并联,可在制动过程中通过单侧制动踏板同时控制两轮的制动。电控柜负责承载机器人的控制系统与外部通信系统,外侧装有的 Wi-Fi 通讯器可以使上位机与下位机实时通信,完成训练数据上传与训练指令下发。升降立柱负责与上方的座椅机构相连接,通过控制器控制其升降以达到调节座椅高度的目的,与目标病床高度相匹配,方便转移患者。

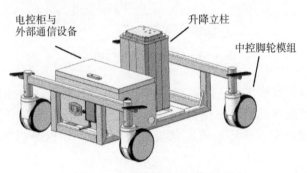

图 3 - 3 - 21　可移动底盘架机构

在座椅架机构(见图 3 - 3 - 22)的设计上,有座椅与靠背铰接并通过下方单侧的电动推杆控制使靠背可完成 0~90°活动范围,协助患者进行坐-卧位姿变换。另一侧并联的氮气弹簧减轻靠背推杆所需承担的负载,靠背扶手与靠背通过铰接可实现 90°转动在移床过程中可收起扶手。座椅架下方两侧的推杆电机与外骨骼机械腿相连,同时通过导轨滑块约束使机械腿可相对座椅进行高度调节。在移床开始前降下机械腿至座椅下方,方便患者移床;在训练开始前升高机

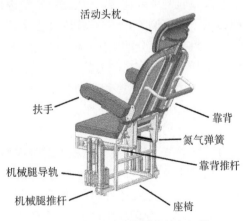

图 3 - 3 - 22　减重支撑座椅架机构

械腿使患者下肢关节中心与外骨骼机械腿关节转动中心对齐,达到最佳的人机匹配效果,从而提高训练效果。

外骨骼机械腿机构(见图3-3-23)是LeBot进行康复训练的主要部分。主要驱动部分为位于髋、膝、踝部位的关节动力模组,该模组由伺服盘式电机、谐波减速器、制动抱闸与中间连接件组成。盘式电机具有结构紧凑、输出扭矩大的优点,带有内置编码器用于实时检测关节当前旋转角度;谐波减速器具有减速比高、占用空间小的优点;制动抱闸能够在训练结束或发生意外状况时制动,保障患者在训练过程中的安全。

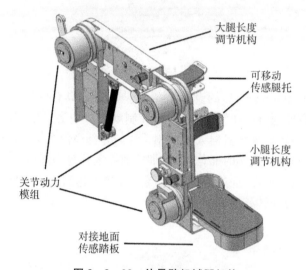

大腿长度
调节机构

可移动
传感腿托

小腿长度
调节机构

关节动力
模组

对接地面
传感踏板

图 3-3-23　外骨骼机械腿机构

同时LeBot的关节连接处还设置有机械限位与电气限位,电气限位通过板载微动拨码开关检测关节是否达到极限位置,机械限位则是最后一道保障,确保机器人在运动过程中不会超过正常人体运动范围的极限位置,进一步保障患者训练过程中的安全性。

LeBot的腿长调节机构是通过手轮带动齿轮齿条完成传动,腿部移动件与固定件通过直线导轨与滑块连接,并通过弹簧销进行锁定。可移动传感腿托机构可进行相对机械腿的上下垂直调节,能够在移床过程中调节至上方使腿托与机械腿上方平齐,避免移床过程中机械腿部分的干扰;随后在训练开始前下调,方便将患者腿与机械腿对齐进行训练。腿托下方具有拉压力传感器,用于检测患者在训练过程中与机器人之间的人-机物理交互作用力,判断患者运动意图。

LeBot机械腿的踏板部分具有调节宽度的功能,可针对不同臀宽人群进行适应调节,进一步提升机器人的人机交融性。踏板下部同样具有拉压力传感器,用于检测足底压力与踝关节运动意图。踏板上部与支撑件直接相连,可以保证在机械腿与地面对接过程中机械腿稳定,同时防止过高的负载破坏拉压力传感器。踏板下方同时具备接地感应开关,其信号反馈用于在机械腿下降至与地面接触后及时停止下降,防止机械腿承载机器人的重力,避免破坏机械腿(外骨骼机械腿的部分结构见图3-3-24)。

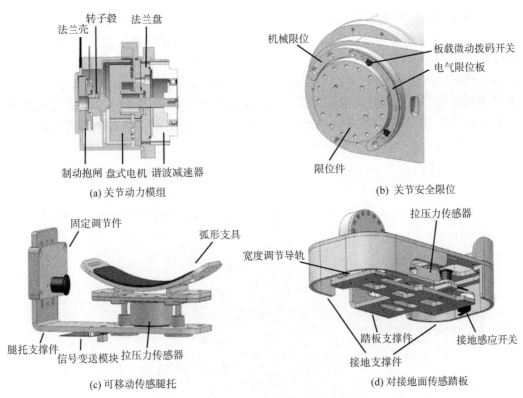

法兰壳 转子毂 法兰盘

制动抱闸 盘式电机 谐波减速器

(a) 关节动力模组

机械限位

板载微动拨码开关
电气限位板

限位件

(b) 关节安全限位

固定调节件

弧形支具

腿托支撑件 信号变送模块 拉压力传感器

(c) 可移动传感腿托

拉压力传感器

宽度调节导轨

踏板支撑件

接地支撑件

接地感应开关

(d) 对接地面传感踏板

图 3-3-24 外骨骼机械腿的部分结构

1) 机构移床—接地模式

LeBot 的主要功能之一是能够具备对接病床的功能。通过机构姿态变换完成移床姿态的调整,协助治疗师进行较轻松的患者移床并完成床旁康复训练是该机器人的一大特点。移床模式首先通过控制底盘架模块的升降立柱使座椅高度与病床平齐,并通过控制机械腿升降的推杆电机使得机械腿降至座椅下方平齐;其次通过控制靠背推杆电机使靠背与座椅水平;而后将机械腿模块的盘式电机调节至人体卧姿姿态;最后手动调节机器人的扶手至靠背下方,并将机器人腿托部分调至上方,此时机器人进入可移床状态(见图 3-3-25)。

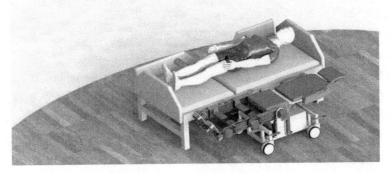

图 3-3-25 机器人移床模式

另外,LeBot 同样具备接地的功能,其目的是协助康复中后期患者在完成训练后与地面对接,以便于帮助患者达成训练结束后行走的需求。接地模式的姿态是在训练结束后调整的,首先会将机器人恢复坐姿状态,随后下降升降立柱至合适高度,最后控制左右推杆电机使机械腿下降,在足底接地感应开关触地发出信号后,机械腿停止下降,患者可在治疗师协助下进行站立与行走。接地状态下机械腿及其上方的负载均施加于足底支撑件上,便于保持机器人的稳定,同时防止发生侧翻等危险(接地模式的状态见图 3-3-26)。

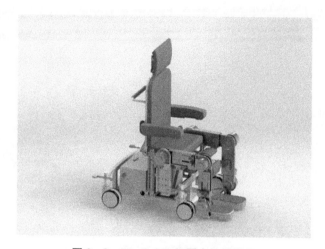

图 3-3-26　LeBot 机器人接地模式

2) 关键零部件强度校核

不同于站立式下肢外骨骼机器人与悬挂式下肢康复机器人,坐卧式下肢康复机器人 LeBot 不包含人体减重的模块,下肢的重量会直接作用在机器人上,使得对于机械腿的负载要求较高。另外,LeBot 的机械腿应该具备轻量化与低成本的优点。综合上述,需要对机器人机械腿的关键承载部位进行强度校核,并对机械臂的材料进行优选。这里运用了有限元的方法对部分零部件进行静力学仿真分析,以满足机器人的设计需求(具体过程略)。

2. 运动学与动力学分析

为了实现基于轨迹规划的训练控制,需要对该机器人进行运动学与动力学分析,以便设计相应的控制算法及驱动参数(具体过程略)。

3. 控制系统设计

1) 坐卧式下肢康复机器人控制系统设计方案

康复机器人训练系统,从广义上来讲,包含机械系统和控制系统两个方面,如果把机械系统比作机器人的骨骼和肌肉,那么控制系统就相当于机器人的大脑和神经。坐卧式下肢康复机器人最终是要帮助截瘫、偏瘫患者和老年人进行下肢关节活动训练,控制系统的设计也是其中至关重要的一部分。控制系统又包含软件和硬件两个部分,软硬件系统相互协调才能实现康复机器人的有效控制。

本案例设计了坐卧式下肢康复机器人的硬件平台总体结构(见图 3-3-27)与控制

系统整体结构(见图3-3-28),控制系统由软件应用层、软件中间驱动层以及硬件平台组成。软件应用层指向上位机操控界面,旨在实现人机交互;软件中间驱动层将软件应用层和硬件平台联系到一起,旨在实现通过上位机软件系统对下肢康复机器人的有效控制。软件应用层包含登入、项目设定、自检、训练执行、参数配置等多个子模块;软件中间驱动层包含运动控制模块、电源管理模块和系统组件功能模块三个大模块,每个模块下又包含多个子模块,较为复杂。软件应用层和软件中间驱动层中各个模块具体的功能介绍如表3-3-4所示。

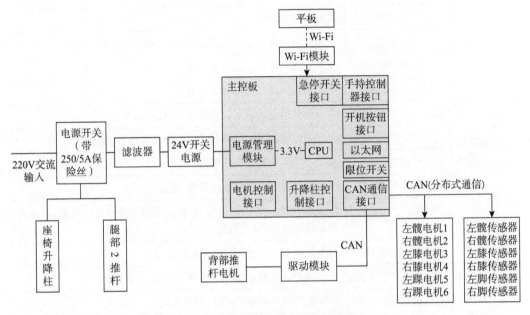

图3-3-27　硬件平台总体结构图

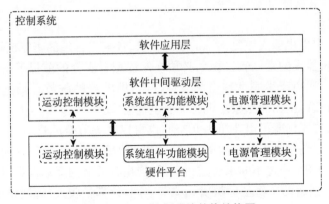

图3-3-28　控制系统整体结构图

表 3-3-4　软件应用层和软件中间驱动层模块功能

总模块名称	子模块名称	功能描述
软件应用层	登入	接受用户输入的账号和密码数据,对其正确性进行验证,验证成功后允许用户进入软件系统操作
	项目设定	设定训练模式、训练场景、训练部位、训练时长、速度等级等参数
	自检	自检开始:系统提示设备需要自检,用户点击确认后正式开始;自检完成:系统自检完毕,系统提示自检完成并需要用户再次确认
	训练执行	执行设定的训练
	参数配置	对系统默认参数配置操作,包括验证参数合法性
	软件关机	实现在用户界面上执行关机操作的功能
	提示与警告	给用户提供操作提示和必要的警告
软件中间驱动层	运动控制模块	设备运动状态信息	实现设备的运动状态信息的采集、转换和发布
		训练执行	实现训练选择、验证、执行、结束,确保训练模式的正确实现
		轨迹规划	实现设备运动轨迹的计算、验证
		伺服电机控制	实现设备伺服电机的信息采集、运动控制
	电源管理模块	开/关机处理	检测用户输入的开/关机信号,控制对应模块的电源通断,并通知相关模块执行开/关机流程
		硬件模块电源控制	含电机电源、驱动器电源、逻辑控制电源
	系统组件功能模块	紧急停止信号识别	识别用户输入的紧急停止信号,并执行保护流程
		电气限位信号识别	识别电气限位信号,并执行保护流程
		传感器	脚底压力检测、小腿压力检测、大腿压力检测

2)坐卧式下肢康复机器人控制策略

(1)轨迹规划

轨迹规划是根据机器人康复训练的功能要求,计算出合适的康复训练运动轨迹的过程。因此,康复机器人的运动轨迹规划必须在保证患者安全的前提下进行,规划的轨迹需要具有柔顺性,避免产生刚性冲击和柔性冲击,即轨迹的函数必须连续可导,运动速度、加速度必须连续,从而满足康复训练的安全性需求。

机器人的轨迹规划既可以在笛卡儿空间也可以在关节空间进行。笛卡儿空间轨迹规划是把机器人末端在笛卡儿空间的位移、速度和加速度变换成跟时间的函数关系,要求轨迹曲线必须平滑,通过不断求解逆运动学,得出各关节的运动参数,虽然轨迹较为直观,但最终要通过逆运动学将坐标映射到关节空间,计算量较大,规划难度较大。与之相比,关节空间轨迹规划更为简单,是把机器人的关节变量变换成跟时间的函数关系,然后对角速度和角加速度进行约束。直接用运动时的受控变量规划轨迹,具有计算量小,容易实时控制,而且不会发生机构奇异性等优点,此被广泛应用于求解机器人的轨迹规划等问题。

综上所述,为了方便进行下肢各自由度特定角度范围的康复训练,同时为了减少计算量,本节进行轨迹设计后,结合设定的轨迹采用五次多项式插值法对康复机器人进行关节空间轨迹规划。五次多项式插值能够解决三次多项式插值的角速度变化不平滑且加速度存在跳变的情况,可以确保所规划的轨迹速度平滑、加速度连续。

机器人每个关节是独立的,五次多项式有 6 个待定系数,可同时对每个关节的起始点和目标点的角度、角速度和角加速度给出约束条件。考虑某个关节的关节角满足:

$$
\begin{cases}
\theta(t) = a_0 + a_1 t + a_2 t^2 + a_3 t^3 + a_4 t^4 + a_5 t^5 \\
\dot{\theta}(t) = a_1 + 2a_2 t + 3a_3 t^2 + 4a_4 t^3 + 5a_5 t^4 \\
\ddot{\theta}(t) = 2a_2 + 6a_3 t + 12a_4 t^2 + 20a_5 t^3
\end{cases}
\qquad 式(3-3-1)
$$

设定机器人关节在 t_0 时刻和 t_f 时刻所对应的关节角分别为和 θ_0 和 θ_f,即可得约束条件:

$$
\begin{cases}
\theta(t_0) = a_0 \\
\theta(t_f) = \theta_f = a_0 + a_1 t_f + a_2 t_f^2 + a_3 t_f^3 + a_4 t_f^4 + a_5 t_f^5 \\
\dot{\theta}(t_0) = \dot{\theta}_0 = a_1 \\
\dot{\theta}(t_f) = \dot{\theta}_f = a_1 + 2a_2 t_f + 3a_3 t_f^2 + 4a_4 t_f^3 + 5a_5 t_f^4 \\
\ddot{\theta}(t_0) = \ddot{\theta}_0 = 2a_2 \\
\ddot{\theta}(t_f) = \ddot{\theta}_f = 2a_2 + 6a_3 t_f + 12a_4 t_f^2 + 20a_5 t_f^3
\end{cases}
\qquad 式(3-3-2)
$$

求解得:

$$
\begin{cases}
a_0 = \theta_0 \\
a_1 = \dot{\theta}_0 \\
a_2 = \dfrac{\ddot{\theta}_0}{2} \\
a_3 = \dfrac{20\theta_f - 20\theta_0 - (8\dot{\theta}_f + 12\dot{\theta}_0)t_f - (3\ddot{\theta}_0 - \ddot{\theta}_f)t_f^2}{2t_f^3} \\
a_4 = \dfrac{30\theta_0 - 30\theta_f + (14\dot{\theta}_f + 16\dot{\theta}_0)t_f + (3\ddot{\theta}_0 - 2\ddot{\theta}_f)t_f^2}{2t_f^4} \\
a_5 = \dfrac{12\theta_f - 12\theta_0 - (6\dot{\theta}_f + 6\dot{\theta}_0)t_f - (\ddot{\theta}_0 - \ddot{\theta}_f)t_f^2}{2t_f^5}
\end{cases}
\qquad 式(3-3-3)
$$

在直线模式的康复训练轨迹中,康复训练时患者的踝关节沿着一条直线由起始位置运动到终点位置,运动轨迹为一直线段(见图 3-3-29)。通过对直线轨迹的结构分析,

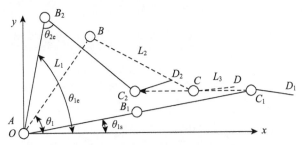

图 3-3-29　直线轨迹运动简图

可以得出踝关节的轨迹方程为：

$$\begin{cases} x_C \geqslant L_1\cos\theta_{1e} + L_2\cos(\theta_{1e} + \theta_{2e}) \\ x_C \leqslant (L_1 + L_2)\cos\theta_{1s} \\ y_C = (L_1 + L_2)\sin\theta_{1s} \end{cases} \quad \text{式}(3-3-4)$$

同时，可以为踝关节设定一定角度范围的转动，由此可继续得出下肢末端点 D 的轨迹为：

$$\begin{cases} \theta_3 = (\theta_{3e} - \theta_{3s}) \cdot (\theta_1 - \theta_{1s})/(\theta_{1e} - \theta_{1s}) + \theta_{3s} \\ x_D = x_C + L_3\cos(\theta_1 + \theta_2 + \theta_3) \\ y_D = y_C + L_3\sin(\theta_1 + \theta_2 + \theta_3) \end{cases} \quad \text{式}(3-3-5)$$

在规划直线轨迹各关节运动多项式时，首先设定直线运动轨迹，设踝关节轴心起点坐标和终点坐标分别为 $(x_0, y_0) = (587, 7)$，$(x_f, y_f) = (829, 7)$，由运动学逆解公式计算得出髋关节初始角度和终点的角度 $\theta_{k0} = 3.2°$，$\theta_{kf} = 44.9°$，膝关节的初始角度和终点的角度 $\theta_{x0} = -5.5°$ 和 $\theta_{xf} = -89.9°$，设定踝关节初始角度和终点角度 $\theta_{h0} = -45°$ 和 $\theta_{hf} = 20°$。假设一次往复运动周期为 80 s，各关节初始位置和终点位置角速度和角加速度均为 0。然后利用仿真软件计算可以得到直线运动轨迹下髋关节、膝关节和踝关节运动多项式的各个参数，最后得出直线轨迹下的各关节运动方程。对关节运动方程求导，然后得出角度和角加速度运动方程。并绘制出各关节角度、角速度、角加速度变化曲线（见图3-3-30）。

由图3-3-30可知，直线轨迹下髋关节、膝关节和踝关节的角速度运动曲线连续且平滑，角加速度曲线连续可导且没有突变点，所以直线运动轨迹下规划的各个关节的运动多项式同样能够达到运动柔顺性和平稳性的要求。

在圆弧模式的康复训练轨迹中，康复训练时患者小腿保持水平状态，通过髋关节电机和膝关节电机来驱动大腿和小腿的运动，从而使踝关节沿着弧线由起始位置运动到终点位置，运动轨迹为一段弧线（见图3-3-31）。

通过对圆弧轨迹的结构分析，可以得出踝关节的轨迹方程为：

$$\begin{cases} \theta_2 = -\theta_1 \\ (x_C - L_2)^2 + y_C{}^2 = L_1{}^2 \end{cases} \quad \text{式}(3-3-6)$$

转换成三角函数形式为：

$$\begin{cases} x_C = L_1\cos\theta_1 + L_2 \\ y_C = L_1\sin\theta_1 \end{cases} \quad \text{式}(3-3-7)$$

同时，可以为踝关节设定一定角度范围的转动，由此可继续得出下肢末端点 D 的轨迹为：

$$\begin{cases} \theta_3 = (\theta_{3e} - \theta_{3s}) \cdot (\theta_1 - \theta_{1s})/(\theta_{1e} - \theta_{1s}) + \theta_{3s} \\ x_D = x_C + L_3\cos\theta_3 \\ y_D = y_C + L_3\sin\theta_3 \end{cases} \quad \text{式}(3-3-8)$$

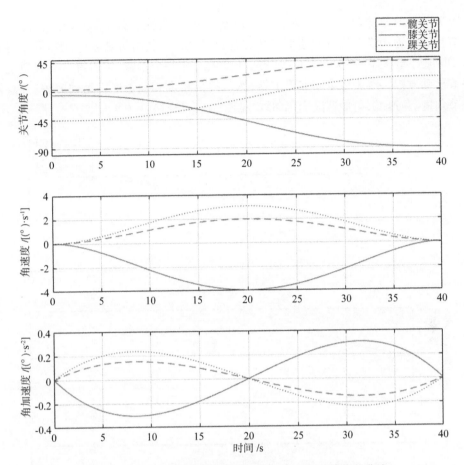

图 3-3-30 直线轨迹关节角度、角速度、角加速度变化曲线

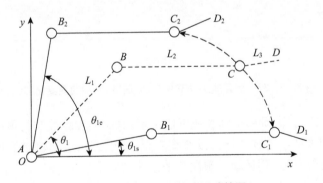

图 3-3-31 圆弧轨迹运动简图

在规划圆弧轨迹各关节运动多项式时,首先设定圆弧运动轨迹,设圆弧圆心$(x,y)=$$(410,0)$,半径 $r=420$ mm,踝关节轴心轨迹是圆上的一段,起点坐标和终点坐标分别为$(x_0,y_0)=(830,0)$,$(x_f,y_f)=(620,363.73)$,由运动学逆解公式计算得出,髋关节初始角度 $\theta_{k0}=0°$ 和终点的角度 $\theta_{kf}=60°$,膝关节的初始角度 $\theta_{x0}=0°$ 和终点的角度 $\theta_{xf}=-60°$,

设定踝关节初始角度 $\theta_{h0} = -45°$ 和终点角度 $\theta_{hf} = 5°$。假设一次往复运动周期为 2 min，各关节初始位置和终点位置角速度和角加速度均为 0。利用仿真软件计算可以得到直线运动轨迹下髋关节、膝关节和踝关节运动多项式的各个参数，然后得出直线轨迹下的各关节运动方程。对关节运动方程求导，然后得出角度和角加速度运动方程，并绘制出各关节角度、角速度、角加速度变化曲线(见图 3 - 3 - 32)。

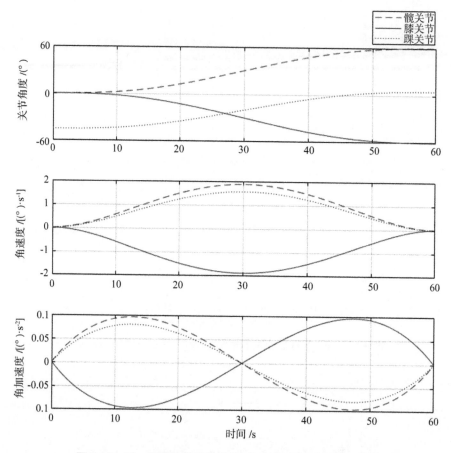

图 3 - 3 - 32　圆弧轨迹关节角度、角速度、角加速度变化曲线

由图 3 - 3 - 32 可知，圆弧运动轨迹下髋关节、膝关节和踝关节的角速度运动曲线连续且平滑，角加速度曲线连续可导且没有突变点，所以圆弧运动轨迹下规划的各个关节的运动多项式同样能够达到运动柔顺性和平稳性的要求。

(2) 关节空间的轨迹规划

康复训练基于中枢神经系统的可塑性理论，通过往复的持续运动训练帮助患者逐步恢复肢体的运动功能，因此训练的动作不需要过于复杂。每个患者的下肢由于受到损伤程度不同，所以在康复训练过程中，不同病情患者的关节运动范围也是不同的。我们可以根据需要规划不同的关节活动范围，只要保证运动过程角位移、角速度运动曲线连续且平滑，角加速度曲线连续可导且没有突变点即可。

坐姿和卧姿的关节角度活动范围类似,只不过卧姿状态下,髋关节角度活动范围增大。因此,本节以坐姿关节空间的轨迹规划为例。下肢最常见的动作是伸缩腿部动作,根据下肢伸缩腿动作规律(见图3-3-33),下肢在缩腿过程中,髋关节、膝关节进行屈曲运动,踝关节一般由跖屈位运动至背屈位。因此,可设计坐姿状态下,伸缩腿部动作的轨迹规划,伸缩腿部动作是一个完整的周期运动,缩腿和伸腿运动情况正好相反。以缩腿动作为例,考虑患者舒适性和尽可能大的角度活动范围,设定缩腿动作髋关节水平位置出发,屈伸活动范围为45°,膝关节由水平伸直出发屈曲90°,踝关节从跖屈45°出发至背屈20°。

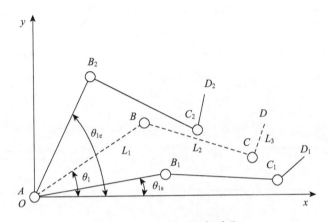

图3-3-33　伸缩腿部动作

假设一次往复运动周期为90 s,则缩腿动作运动时间为45 s,各关节初始位置和终点位置角速度和角加速度均为0。利用仿真软件计算可以得到缩腿动作下髋关节、膝关节和踝关节运动多项式的各个参数,然后得出直线轨迹下的髋关节、膝关节以及踝关节运动方程。对各个关节的运动方程进行求导,然后得出角度和角加速度运动方程。绘制出各关节角度、角速度、角加速度变化曲线(见图3-3-34)。

由图3-3-34可知,缩腿动作运动过程中,髋关节、膝关节和踝关节的角速度运动曲线连续且平滑,角加速度曲线连续可导且没有突变点,所以缩腿动作规划的各个关节的运动多项式同样能够达到运动柔顺性和平稳性的要求。

(3)主、被动训练模式控制方法

LeBot康复机器人的被动训练控制策略大多按照工业机器人的策略设计,如图3-3-35所示。在被动训练过程中,康复机器人沿着一定的轨迹驱动患者的下肢。然而,被动训练主要适合于疾病早期阶段的患者。在此阶段,患者的下肢肌肉张力较大。如果患者感到不舒服,他的腿在康复机器人的机构腿的被动驱动下仍然运动,那么,患者的腿将会再次受伤。因此,对康复机器人的运动顺应性进行研究是必要的。坐卧式下肢康复机器人采用了基于位置控制的阻抗控制策略(见图3-3-36),实现了位置控制。位置校正 ΔX 将通过阻抗控制模型中的力 F 获得。

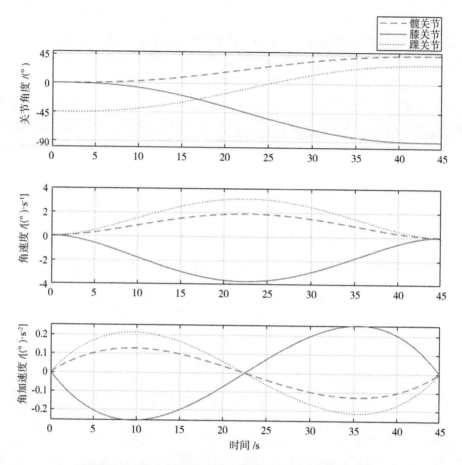

图 3 - 3 - 34　缩腿动作角度、角速度、角加速度变化曲线

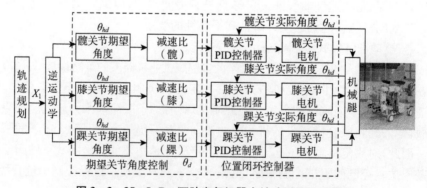

图 3 - 3 - 35　LeBot 下肢康复机器人被动训练控制策略

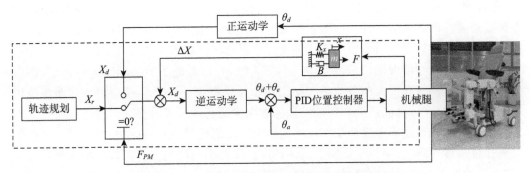

图 3-3-36 LeBot 下肢康复机器人阻抗控制策略

（4）主被动混合训练控制

下肢康复机器人为下肢运动功能障碍患者提供康复治疗服务。下肢运动功能障碍者由于髋、膝、踝关节不同部位以及不同原因造成的功能障碍，对其所采取的康复疗法就不一样，需要控制系统根据患者的不同情况提供个性化的康复治疗方案。而下肢运动功能障碍患者的运动意图识别和安全性是最为关键的部分。有效识别患者的运动意图，并在保证患者安全性的前提下根据患者的参与度提供对应的关节训练，是衡量康复机器人有效性的重要指标。这里提出一种主被动混合训练功能，可以根据患者下肢与机械腿的交互力变化调整髋、膝、踝关节训练速度，模拟康复治疗师手法，有效保证患者的安全性，可以很好地实现人机交互性，在被动训练模式下增加患者的主动参与性。

这里提出了主被动混合训练整体控制方案（见图 3-3-37）。主被动混合训练相对于传统被动训练而言，可以通过人机耦合力交互控制模型和希尔肌肉力学模型以周期为单位根据人机交互力的变化调整关节训练速度。因被动运动大多是应用于肢体障碍早

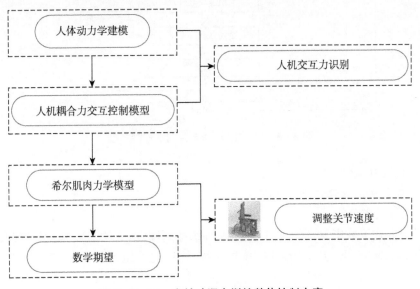

图 3-3-37 主被动混合训练整体控制方案

期,患者的关节活动速度还比较小,肌力也比较弱,需要康复师或机械臂带动患肢运动,不需要患者发挥主观运动性。但随着康复时间增加,到康复训练的早中期及中后期,根据患者的关节活动度及时调整关节训练速度会更加符合患者下肢康复规律。主、被动混合训练在训练开始前根据临床需求制定训练轨迹,对患者的关节活动度进行标定,根据希尔肌肉力学模型获得人体关节最大输出功率。根据人体动力学模型和传感器系统识别人机交互力,并计算前两个相邻被动训练周期中所有采样点的交互力差值与所有采样点当前功率。参与度等于当前功率与病人最大功率之比,然后根据参与度和交互力差值计算速度偏移,以调整第三个周期的训练速度。第四个周期的训练参数与第三个周期相同,再次计算相互作用力之差,如此反复,直到训练结束。主、被动混合训练的控制模型见图3-3-38。

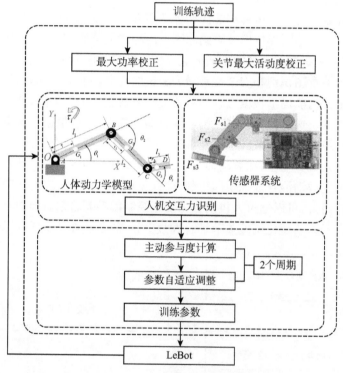

图3-3-38 主、被动混合训练控制模型

4. 人机交互软件设计

1) 人机交互系统软件设计概要

(1) 软件需求分析

针对坐卧式下肢康复训练设备体积大、训练场所固定、人机交互体验差等问题,在比较分析 Windows、iOS 与 Android 等多种系统后,决定采用目前世界上用户范围最广且兼具移动便携性的 Android 系统进行软件的开发,设计基于 Android 的下肢康复机器人人机交互系统。基于 Android 系统的上位机软件设计主要实现对下肢康复机器人的控制指令的发送与反馈信息的接收、人机交互界面的状态显示、康复训练数据的传输与保

存等。

（2）基本原理

该系统由设备通信层、服务器层及用户访问层构成，采用 MVC 架构实现。坐卧式下肢康复设备通过 Wi-Fi 无线通信模块与智能网关相连，采用 HTTP 协议和 Socket 通信技术实现康复设备与平台服务器端的远程通信。服务器层主要利用 MySQL 数据库负责数据存储，通过与阿里云服务器建立连接实现数据的传输与存储。用户访问层采用 HTML5＋ECharts＋CSS＋JavaScript＋Android 等技术进行设计。

（3）总体框架设计

本系统采用物联网的三层架构——设备通信层、网络层、用户访问层搭建。其总体架构如下：设备通信层是基于 HTTP 协议和 Socket 技术，通过 TCP/IP 协议栈制定通信协议，基于 Wi-Fi 模块进行双方的数据交换；网络层主要由阿里云服务器构成，通过 HTTP 请求将数据传输到 MySQL 数据库服务器端，再由 MySQL 建立与阿里云服务器的数据传输；用户访问层采用 Android Studio 技术，结合 JavaScript、CSS 进行软件的 UI（user interface）设计，再运用 ECharts 图表插件进行数据可视化美化设计。

2）人机交互系统软件总体设计

（1）UI 界面设计

UI 界面分为用户登录注册界面、训练参数设定界面、训练状态监控界面三种界面。用户登录注册界面由注册界面（见图 3-3-39）与登录界面（见图 3-3-40）构成。

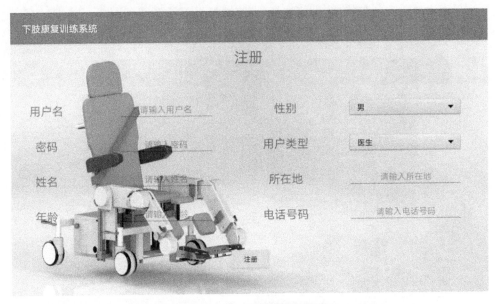

图 3-3-39　注册界面示意图

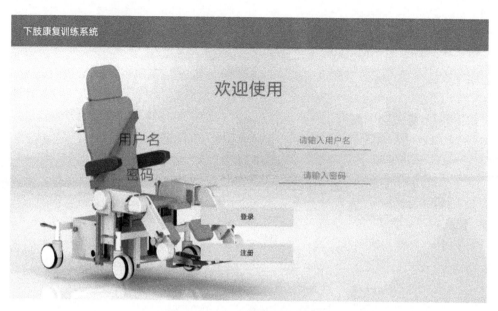

图 3 - 3 - 40　登录界面示意图

已有账号的用户可直接输入用户名和密码进行登录,待与数据库验证账号正确性之后进入相应用户主界面。首次使用用户点击注册按钮进行对应账号的注册,注册后进入对应用户主界面。

主界面大致由三部分构成:训练选择(训练选择界面示意图见图 3 - 3 - 41)、个人中心、自定义。

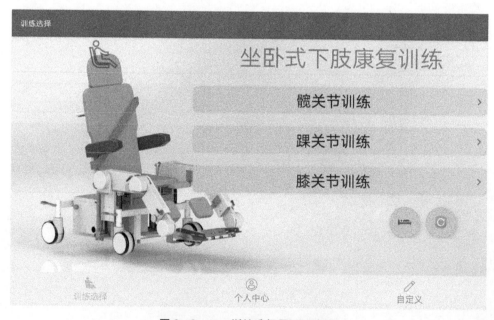

图 3 - 3 - 41　训练选择界面示意图

（2）上下位机通信设计

LeBot 机器人通过 Wi-Fi 无线通信模块与机器人 Wi-Fi 模块相连,采用 HTTP 协议和 Socket 通信技术实现康复设备与平台服务器端的远程通信。设备与平台服务器端通信需制定相应的请求报文格式,即通信协议。本系统选用 Socket(套接字)进行实现,它是对 TCP/IP 协议的封装,屏蔽了底层协议的通信细节,使得程序员不用关心协议细节,直接使用 Socket 提供的接口就可使不同主机进行通信。同时,它能够实现全双工通信,能满足系统双向通信需求。Socket 总是成对出现,一方作为客户端,一方作为服务端,并要求服务端具有固定的 IP 地址和端口号用于客户端请求连接,当部署成功后,其 IP 和端口号具有固定不变性。因此,选用系统服务器端作为 Socket 服务端,康复设备为 Socket 客户端进行设计。交互原理(图 3-3-42)上,服务端先调用(socket)函数进行初始化,然后与端口绑定(bind),并对端口进行监听(listen),之后,调用(accept)函数等待客户端连接。客户端初始化(socket),然后请求连接服务器,如果连接成功,双方连接就建立了。之后,双方即可互相发送消息。最后,通信结束,关闭连接即可。

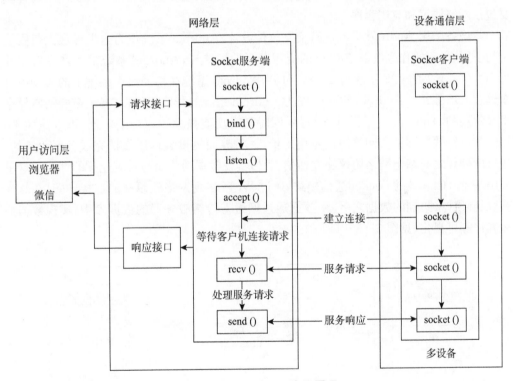

图 3-3-42　Socket 交互原理

同时,参照现有标准结合实际需要,设计一个通用的数据通信与存储协议,使得康复设备与底层硬件具有相同的数据通信协议,实现数据的共享。

通信协议由九个部分组成(见图 3-3-43)。其中,HEAD 代表通信协议字段的头部;TAIL 代表尾部;CMD_NO 与 CMD_TYPE 代表控制指令序号和类型;CMD 代表控制帧的序号;DATA 为数值;DATA_LEN 对应 DATA 的长度;CHECKSUM_TYPE 为字段进行校验的类型判断值；CRC16 为校验码。Byte 为字段各部分的大小。

HEAD 2 Bytes	CMD_NO 1 Byte	CMD_TYPE 1 Byte	CMD 1 Byte	DATA_LEN 2 Bytes	DATA n Bytes	CHECKSUM_TYPE 1 Byte	CRC16 2 Bytes	TAIL

图 3 - 3 - 43　通信协议字段组成

（3）基于 Android 的物联网交互设计

康复机器人作为医疗机器人的一个重要分支，与物联网技术的结合将在医疗行业的应用中开辟新的方向。康复物联网是未来康复技术发展的重要方向，其基于计算机控制的康复设备以及云计算、大数据与互联网技术，建立患者、家属、医生、治疗师及设备之间的连接与交互，是实现远程康复的技术平台。

计算机网络软件具有高度结构化的特征。对于远程康复系统设计来说，网络软件往往比网络硬件更为重要，它耗费了系统开发和维护人员更多的精力。计算机网络软件主要包括网络协议和应用程序。

本设备采用 Android 平台进行交互软件设计，Android 系统作为全世界最大范围使用的手机、平板操作系统具有广泛的应用背景。据统计，Android 系统的市场占有率约为 76%，而苹果的 iOS 系统为 23%。可见，Android 系统在移动操作系统上的市场占有率远超 iOS 系统。Android Studio 作为 Android 系统的开发软件，它基于模板的向导来生成常用的 Android 应用设计和组件，同时具有功能强大的布局编辑器，可以拖拉 UI 控件并进行效果预览。网络协议是用来给人-机界面提供数据以支持完成各项业务的，通过软硬件之间基于网络协议建立通信，可以实现数据的传输与对应业务的处理。这里采用基于 TCP/IP 的 Socket 通信模式，通过 Wi-Fi 实现网络软硬件的连接，同时在软件获取到硬件采集到的数据之后，将数据通过网络上传至服务器的数据库中，实现数据的多客户端可视化（见图 3 - 3 - 44）。

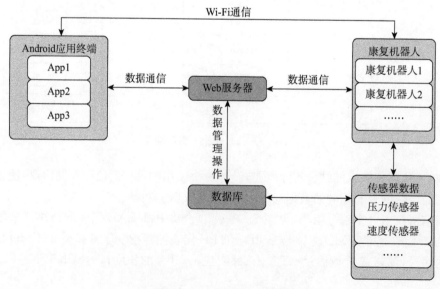

图 3 - 3 - 44　通信示意图

5. 系统集成与测试

坐卧式下肢康复机器人最终完成实验样机的试制(见图3-3-45)。

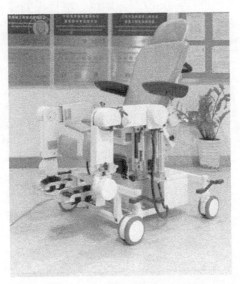

图3-3-45 LeBot下肢康复机器人实验样机

1) 单关节运动实验

样机搭建完成后,可根据训练要求进行相关的运动实验。单关节运动是复合关节运动的基础。因此,首先进行踝关节、膝关节和髋关节的单关节运动实验,验证各个关节的活动范围。

(1) 踝关节运动实验

踝关节运动实验具体实施步骤如下:实验时将靠背调到舒适角度,大腿保持水平,小腿膝关节保持舒适的屈曲角度,然后进行踝关节屈伸训练。测量得到踝关节运动范围为-45°(跖屈)~30°(背屈)(见图3-3-46),整个运动过程中机构较为平稳,未出现干涉冲突,验证了设计结构的合理性(实验过程见图3-3-46)。

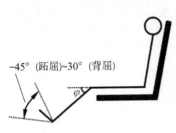
(a) 踝关节运动范围示意图

(b) 踝关节背屈

(c) 踝关节跖屈

图3-3-46 踝关节运动实验

（2）膝关节运动实验

膝关节运动实验具体实施步骤如下：实验时将靠背调到舒适角度，大腿保持水平，踝关节保持舒适的角度。然后进行膝关节屈伸训练。测量得到膝关节运动范围为 $0°\sim90°$（以膝关节屈曲为 $0°$，见图 3-3-47），整个运动过程中机构较为平稳，未出现干涉冲突，验证了设计结构的合理性。

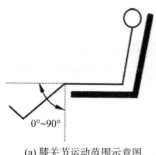

(a) 膝关节运动范围示意图   (b) 膝关节伸展   (c) 膝关节屈曲

图 3-3-47 膝关节运动实验

（3）髋关节运动实验

由于人在坐姿和卧姿状态下，髋关节活动范围有差异，所以髋关节需做坐姿和卧姿状态下的运动实验。

坐姿髋关节运动实验具体实施步骤如下：实验时将靠背调到坐姿舒适角度，膝关节保持舒适的屈曲角度不动，踝关节保持舒适的角度，然后进行坐姿的髋关节运动。测量得到坐姿状态下髋关节运动范围为 $0°\sim45°$（以髋关节伸展为 $0°$，见图 3-3-48），运动过程中机构较为平稳，未出现干涉冲突，验证了设计结构的合理性。

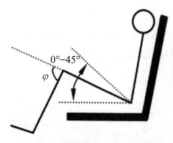
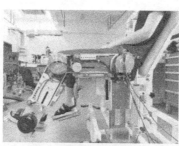

(a) 髋关节运动范围示意图   (b) 髋关节伸展   (b) 髋关节屈曲

图 3-3-48 坐姿髋关节运动实验姿态

卧姿髋关节训练具体实施步骤如下：实验者呈卧姿，将靠背调到水平或躺卧舒适角度，膝关节保持伸直，踝关节保持舒适的角度，然后进行卧姿的髋关节运动。测量得到卧姿状态下髋关节运动范围为 $0°\sim60°$（以髋关节伸展为 $0°$，见图 3-3-49），运动过程中机构较为平稳，未出现干涉冲突，验证了设计结构的合理性。

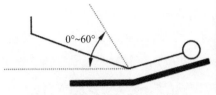

(a) 髋关节运动范围示意图　　　　(b) 髋关节伸展　　　　(c) 髋关节屈曲

图 3-3-49　卧姿髋关节运动实验姿态

2) 多关节运动实验

针对本设计的坐卧式下肢康复机器人,多关节运动需在不同姿态下进行。因此,要进行坐姿和卧姿状态下的运动实验。

(1) 坐姿关节联合运动实验

坐姿关节联合运动实验具体实施步骤如下:实验时将靠背调到舒适角度,可使腿部从水平伸直位置出发,踝关节从舒适跖屈位出发,然后髋、膝关节进行屈曲抬腿,踝关节进行背屈运动,实现坐姿关节联合运动。测量得到坐姿状态下关节联合运动时,髋关节可运动范围为 0°～45°,膝关节运动范围为 0°～90°,踝关节可从跖屈 45°到背屈 30°,但背屈 20°较为舒适。整个运动过程平滑稳定,无干涉情况,验证了设计结构的合理性。

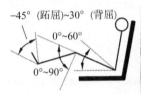

图 3-3-50　坐姿联合运动姿态

(2) 卧姿关节联合运动实验

卧姿关节联合运动实验具体实施步骤如下:实验时将靠背调到水平或躺卧舒适角度,卧姿联动和坐姿联动相同,腿部从水平伸直位置出发,踝关节从舒适跖屈位出发,然后髋、膝关节进行屈曲运动,踝关节进行背屈运动,实现卧姿关节联合运动。测量得到卧姿状态下关节联合运动时,髋关节可运动范围为 0°～60°,膝关节运动范围 0°～90°,踝关节可从跖屈 45°到背屈 30°,但背屈 20°较为舒适。整个运动过程平滑稳定,无干涉情况,验证了设计结构的合理性。

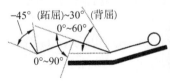

图 3-3-51　卧姿联合运动姿态

3）双腿交替联合运动实验

由于机器人可进行双侧下肢运动,为验证协调性,对设备进行了双腿交替联合运动实验。交替运动实验为空载运行,实验过程如图3-3-52所示,整个运动过程平滑稳定,无机械干涉情况出现。

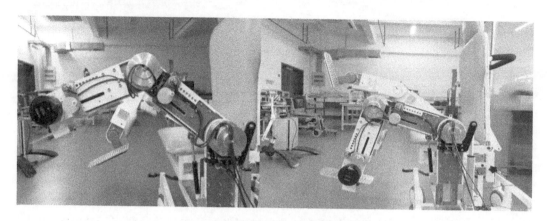

图3-3-52 双腿交替联合运动实验

参考文献

［1］Bustrén E L, Sunnerhagen K S, Alt Murphy M. Movement Kinematics of the Ipsilesional Upper Extremity in Persons with Moderate or Mild Stroke［J］. Neurorehabilitation and Neural Repair, 2017, 31 (4): 376-386.

［2］Shaw L, Bhattarai N, Cant R, et al. An Extended Stroke Rehabilitation Service for People Who Have Had A Stroke: the Extras Rct［J］. Health Technology Assessment(Winchester, England), 2020, 24 (24): 1-202.

［3］秦佳城,张林灵,董祺,等.基于伺服电机的上肢康复机器人力矩交互控制系统［J］.北京生物医学工程,2019,38(1):75-81.

［4］黄小海,喻洪流,张伟胜,等.索控式中央驱动上肢康复机器人［J］.北京生物医学工程,2018,37(5):467-473.

［5］黄小海,喻洪流,王金超,等.中央驱动式多自由度上肢康复训练机器人研究［J］.生物医学工程学杂志,2018,35(3):452-459.

［6］Hu J, Zhuang Y T, Zhu Y D, et al. Intelligent Parametric Adaptive Hybrid Active-Passive Training Control Method for Rehabilitation Robot［J］. Machines, 2022, 10(7): 545.

［7］董强,郭起浩,罗本燕,等.卒中后认知障碍管理专家共识［J］.中国卒中杂志,2017,12(6):519-531.

［8］马丽媛,吴亚哲,王文,等.《中国心血管病报告 2017》要点解读[J]. 中国心血管杂志,2018,23(1):3-6.

［9］丁玲,周阳,商士云,等.综合康复护理干预措施对急性脑卒中偏瘫患者日常生活能力的影响[J]. 中外医学研究,2015,13(28):76-77.

［10］王群,谢斌,黄真,等.脑卒中偏瘫患者上肢运动功能障碍的生物力学机制研究[J]. 中华物理医学与康复杂志,2017,39(10):727-731.

［11］Jones T, Alled R, Adkins D, et al. Remodeling the Brain with Behavioral Experience After Stroke[J]. Stroke, 2009, 40 (3 Suppl): S136-S138.

［12］陈承宇,吴嘉敏,严进洪.体育运动训练增强肌肉可塑性和大脑可塑性[J]. 生理科学进展,2020,51(4):311-315.

［13］Murphy T H, Corbett D. Plasticity During Stroke Recovery: from Synapse to Behaviour[J]. Nature Reviews Neuroscience, 2009, 10 (12): 861-872.

［14］Hung C, Lin K, Chang W. Unilateral vs Bilateral Hybrid Approaches for Upper Limb Rehabilitation in Chronic Stroke: A Randomized Controlled Trial[J]. Archives of Physical Medicine and Rehabilitation, 2019,100 (12): 2225-2232.

［15］Dehem S, Gilliaux M, Stoquart G, et al. Effectiveness of Upper-Limb Robotic-Assisted Therapy in The Early Rehabilitation Phase After Stroke: A Single-Blind, Randomised, Controlled Trial [J]. Annals of Physical and Rehabilitation Medicine, 2019, 62 (5): 313-320.

［16］Prange G B, Jannink M J A, Groothuis-Oudshoorn C G M, et al. Systematic Review of the Effect of Robot-aided Therapy on Recovery of the Hemiparetic Arm after Stroke[J]. The Journal of Rehabilitation Research and Development, 2006, 43 (2): 171-184.

［17］Calabrò R S, Noro A, Russo M, et al. Shaping Neuroplasticity by Using Powered Exoskeletons in Patients with Stroke: A Randomized Clinical Trial [J]. Journal of Neuroengineering and Rehabilitation, 2018, 15 (1): 35-46.

［18］Celik O, O'Malley M K, Boake C, et al. Normalized Movement Quality Measures for Therapeutic Robots Strongly Correlate with Clinical Motor Impairment Measures[J]. IEEE Transactions on Neural Systems and Rehabilitation Engineering: A Publication of the IEEE Engineering in Medicine and Biology Society, 2010, 18 (4): 433-444.

［19］Fraile J C, Pérez-Turiel J, Baeyens E, et al. E2Rebot: A Robotic Platform for Upper Limb Rehabilitation in Patients with Neuromotor Disability[J]. Advances in Mechanical Engineering, 2016, 8 (8): 61-64.

［20］Dae B. Effect of Modified Constraint-Induced Movement Therapy Combined with Auditory Feedback for Trunk Control on Upper Extremity in Subacute Stroke Patients with Moderate Impairment: Randomized Controlled Pilot Trial[J]. Journal of Stroke and Cerebrovascular Diseases, 2016, 25 (7): 1606-1612.

[21] Molteni F, Gasperini G, Cannaviello G, et al. Exoskeleton and End-Effector Robots for Upper and Lower Limbs Rehabilitation: Narrative Review[J]. PM&R: The Journal of Injury, Function and Rehabilitation, 2018, 10 (9 Suppl 2): S174 - S188.

[22] Lencioni T, Fornia L, Bowman T, et al. A Randomized Controlled Trial on the Effects Induced by Robot-Assisted and Usual-Care Rehabilitation on Upper Limb Muscle Synergies in Post-Stroke Subjects[J]. Scientific Reports, 2021, 11 (1): 5323 - 5337.

[23] Bo S, Yanxin Z, Wei M, et al. Bilateral Robots for Upper-Limb Stroke Rehabilitation: State of the Art and Future Prospects[J]. Medical Engineering & Physics, 2016, 38 (7): 587 - 606.

[24] Anonymous. Rehab Robot Harmony Introduced by Researchers from UT Austin[J]. Mechanical Engineering, 2015, 137(12): 57 - 69.

[25] Akdoğan E. Upper Limb Rehabilitation Robot for Physical Therapy: Design, Control, and Testing[J]. Turkish Journal of Electrical Engineering & Computer Sciences, 2016, 24 (3): 911 - 934.

[26] Khan A M, Yun D W, Ali M A, et al. Passivity Based Adaptive Control for Upper Extremity Assist Exoskeleton[J]. International Journal of Control, Automation and Systems, 2016, 14 (1): 291 - 300.

[27] Staubli P, Nef T, Klamroth-Marganska V, et al. Effects of Intensive Arm Training with the Rehabilitation Robot Armin II in Chronic Stroke Patients: Four Single-Cases[J]. Journal of NeuroEngineering and Rehabilitation, 2009, 6 (1): 361 - 367.

[28] 史小华. 坐/卧式下肢康复机器人研究[D]. 秦皇岛:燕山大学, 2014.

[29] Feng Y F, Wang H B, Yan H, et al. Research on safety and compliance of a new lower limb rehabilitation robot[J]. Journal of Healthcare Engineering, 2017, 2017 (1):1523068.

[30] 周深,李娇,喻洪流,等.基于 Web 的康复设备监控系统设计与实现[J].中国康复理论与实践,2019,25(10):1209 - 1213.

[31] 余杰,喻洪流,黄小海.一种上肢康复机器人机械臂重力平衡方法[J].生物医学工程与临床,2019,23(3):247 - 251.

[32] 孟巧玲,汪晓铭,郑金钰,等.基于上肢康复机器人的人机交互软件系统设计与实现[J].中华物理医学与康复杂志,2019,41(5):388 - 391.

[33] 董祺,喻洪流,方又方.一种上肢康复机器人的力矩控制系统设计[J].电子科技,2017,30(4):136 - 139.

[34] 王金超,雷毅,喻洪流,等.一种新型智能交互式上肢康复机器人研究[J].中国康复医学杂志,2016,31(12):1371 - 1374.

第四章　智能假肢

第一节　概　述

一、假肢与智能假肢

假肢(prosthesis)是为了弥补截肢者或肢体不全者缺损的肢体而使用工程技术手段和方法专门设计制造的用于替代缺失的肢体结构并使之恢复或重建一定功能的人工体外装置。国外也有人称之为"人工肢体"(artificial limb)。假肢分为上肢假肢和下肢假肢两大类。

良好的假肢要求功能好、穿戴舒适、轻便耐用、外观近似健肢。假肢是由人体残肢支配的,因此要求有好的残肢条件。残肢条件除了取决于截肢者所受损伤或疾病情况外,截肢手术的设计、操作及配置假肢前的残肢功能训练都很重要。假肢性能同时还与假肢零部件、假肢的配置及使用训练密切相关。康复医生与假肢制作师需要密切配合,根据截肢部位、残肢条件及全身情况,结合其年龄、性别、职业、居住地区及既往穿用假肢的习惯等特点,因人而异地制订康复计划并配置假肢。

20世纪80年代以后,随着微处理器技术的发展,单片机开始应用于假肢的控制,从此假肢进入电子假肢时代。如20世纪80年代微电脑控制肌电假手问世;进入20世纪90年代,以德国C-Leg为代表的第一代商业化微电脑控制假肢膝关节问世等。进入21世纪以来,人工智能技术开始应用于电子假肢,假肢技术开始进入智能假肢时代。例如在智能下肢假肢领域,国际上出现了很多具有联想学习与自适应功能的更加智能的假肢膝关节(如Rheo Knee,Genium等)。同时,在智能上肢假肢领域,肌电假手产品技术也进入一个新的发展阶段。其中肌电比例控制技术的出现使得假肢能够用意愿控制假手运动的速度与握力,实现了更加"随心所欲"的抓握动作。此外,英国、美国、德国及中国相继研发出带多关节手指的仿生假手,并采用肌电信号模式识别等技术进行假手的多自由度控制,使得肌电假手在结构与功能上的智能性与仿生性进入一个崭新的发展阶段。

二、智能假肢的主要特性要求

（一）智能假肢膝关节的主要特性

下肢假肢的技术关键主要体现在髋、膝、踝三个关节部件，因此智能下肢假肢技术研究也主要集中在假肢的智能髋关节、膝关节及踝关节。由于膝关节在下肢中的重要性以及膝上截肢者数量较多的需求，智能假肢膝关节是智能下肢假肢中的研究重点。在进行智能下肢假肢设计时，应该保证其具有如下主要特性：

1. 步态对称性

正常人体在一个步态周期中健康腿与假腿应该具有时相对称性。若把人体看作由肌肉牵连、神经支配的多刚体系统，为使其运动时功效最高，就要调整其步态参数，使之达到最佳状态，节省能量消耗。有研究表明，人在行走过程中左右下肢各动作的对称性受到不同程度破坏时，就会出现异常步态。因此，提出用左右下肢步态对称性概念来衡量截肢后患者穿戴假肢行走异常程度，作为评定行走功能的一个重要指标。

2. 重心变化幅度小

正常人在向前行走过程中，髋关节有节奏地上下运动，其轨迹非常光滑，没有突然的方向变化，其幅度约为 6 cm。为了使假肢在摆动中不与地面相碰，一般假肢步行时可使患者重心在垂直面内移动幅度比正常人大，总位移量近 8 cm，但患者步行能量消耗也随之增大。因此，假肢设计时应尽量模拟正常膝关节的可变转动瞬心，减少人体步行时的重心变化幅度。为实现这一性能，智能下肢假肢一般需要具有站立早期约 $15°\sim20°$ 的膝关节屈曲功能。

3. 支撑相稳定性

下肢假肢的稳定性与人体的重心、重力线位置密切相关。因此在下肢假肢的设计、装配、训练、步态分析等过程中需要注意重力线对线。下肢假肢的支撑相稳定性与人体重量、大腿长度、小腿长度、膝关节转动中心偏心距（相对髋跟连线）及膝关节阻尼有关。在这些相关因素中，只有膝关节阻尼是可以控制的。因此，智能下肢假肢需要具有识别步态时相及实时控制关节阻尼以保证站立稳定性的特性。

4. 工作模式自适应性

正常人腿行走时可以自动识别各种运动模式或路况环境，如平地行走、站立、坐下、绊倒、上下坡/楼梯等。因此，假腿的路况自适应能力也是判断其性能的一项重要指标。在进行假腿人机系统设计时，应充分考虑假腿控制的智能性，并与人体自身的感官系统进行协调控制，以便假腿在遇到各种行走模式时能输出相应的控制信号以改变假腿膝关节阻尼特性，从而适应不同路况或运动模式。

（二）智能仿生假手的主要特性

智能上肢假肢的关键技术主要体现在智能仿生假手的设计。智能仿生假手应该保证其具有如下主要特性：

1. 运动自然性

在智能仿生假手设计中,需要使手指的运动符合拟人特征(即人手的自然运动)。此运动可以定义为在与物体接触之前手指的预成型、在抓握运动之前的线性关系以及手指关节的运动范围。自然运动被认为是在手指到达物体之前由线性关系预成形的关节运动。当抓住物体时,如果一个物体在一个关节上滑动,其他关节会自然运动,防止物体脱落。

2. 控制自然性

由于现代智能仿生假手具有单个手指独立运动控制的功能,因此需要智能仿生假手能够实时识别人体运动意图并自然切换手指运动模式,以模拟人类手的各种力量抓握与精细抓握。

3. 形状适应性

形状适应机制可以提高一些抓握模式的稳定性。此功能分为两个不同的方面,包括形状适应性手和形状适应性手指机制。在第一种类型中,通过减少执行器的数量,假手的两个或多个手指仅由一个执行器驱动。事实上,一旦一个手指触摸物体,其他手指也将结束运动。而在第二种类型中,形状适应性被定义为关节的个体运动。即指尖与目标物体接触之后,第二个指节配备了适应形状的关节,旋转包裹对象。如果第二和第三个指节之间有一个形状自适应关节,这个过程将一直持续到第三个指节接触物体。为了创建一个形状适应性手指,通常使用被动元素,如弹簧。

4. 对指捏合功能

智能仿生假手最重要的功能是实现抓握模式之一的对指捏合。这种抓握方式通过协调食指和拇指进行捏合,以保持抓握对象的稳定。在这个操作过程中,远端指骨相对指骨的初始阶段只执行平移动作。捏合运动的使用程度不如自然和形状适应性运动,但它特别有利于抓住薄物体,如卡片、钥匙和硬币。值得一提的是,在对指捏合运动中,只有食指和拇指的指尖接触物体。

5. 稳定性

仿生假手的主要功能是通过稳定、安全的方式抓住和操纵不同的物体,以减少物体滑落和抓握失效的可能性。因此抓握过程的原则是,所有参与的手指是单独稳定的,换句话说,在稳定地抓握时,接触力应是正的或为零。负力只可能出现在具有多个自由度且配备弹性元素(如弹簧)的适应性机制中。

第二节　智能上肢假肢

一、智能上肢假肢相关概念

(一)上肢假肢的基本概念

上肢假肢是替代由于截肢而损失的上肢或部分上肢基本功能并重建其外形的仿生

装置,包括机械手臂及机械手。人手的当前形态是数百万年进化的结果,它可以通过执行一系列复杂的动作来完成各种各样的任务,这在自然界中是罕见的,是我们与周围环境互动的主要方法之一。

随着技术的不断延续与改进,上肢假肢从起初最简单的钩状假肢(见图 4-2-1),逐渐发展到目前普遍被患者认可的智能肌电假肢。

 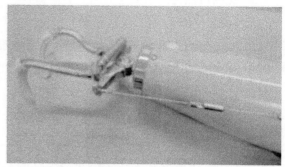

图 4-2-1　典型作业型钩状假手

德国的赖因霍尔德·瑞特(Reinhold Reiter)等最先开始对肌电控制理论进行了基础研究,在1945年首次将 sEMG 信号应用于假手控制,并于1948年成功研制出世界上第一个肌电控制假肢。它是由 sEMG 信号产生的电位触发电机驱动的,该假肢的问世开启了肌电假肢研究的序幕。然后在1960年,亚历山大·科布林斯基在苏联研制出第一个临床上成功的电动上肢假肢。1965年,H. Shemidl 设计并制作出第一个实用的肌电假肢(见图 4-2-2)。

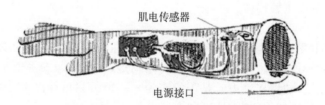

肌电传感器

电源接口

图 4-2-2　第一款实用的肌电假肢

20 世纪70年代以来,得益于计算机技术、微电子技术和新材料技术的发展,肌电假肢开始广泛应用于康复医学。这时的上肢假肢有一个共同的特点:结构上仿人型。但是仅配备1~2个电机,并采用阈值控制的方法对假手的开合或腕部的旋转进行单自由度的控制。近20年来,随着机电一体化技术、信号处理技术和物联网技术的发展,涌现出多种类型的多自由度仿人型假肢。这些假肢能够像人手一样实现每个手指的单独控制,并完成多种类型的手势或抓握模式。

(二) 智能上肢假肢的基本概念

智能上肢假肢是在一般电动上肢假肢(主要是肌电上肢假肢)的基础上发展起来的,主要是指应用了智能技术实现智能感知、控制或感觉反馈的上肢假肢。

　　典型的智能上肢假肢主要有德国研发的多款先进肌电假手,包括 MyoHand、Michelangelo 和 BeBionic。MyoHand 是最早出现的单自由度三指肌电假手(见图 4-2-3)。该假手由一个直流电机驱动,能够根据 sEMG 信号的阈值来控制假手的开合动作。橡胶手套用于保护假手的机械结构,并创造出更人性化的外观。为实现仿生性,手套上设计有无名指和小指,通过手套内的一根金属棒将中指的运动连接到无名指和小指。另外,该假肢还可以通过配备的传感器感知假肢与物体之间是否发生滑动,以保证物体不会滑落。该假肢性能稳定、鲁棒性好,但操作功能单一、灵巧性差。

　　BeBionic 智能仿生假肢(见图 4-2-4)是目前世界上功能最强大且易于使用的商业假肢之一。该假肢由五个微电机驱动,拇指外的其余手指各有两个关节,掌指关节为主动关节,近指关节为从动关节,两个关节之间采取耦合运动的策略。拇指的侧摆运动需要手动调整。假肢通过残肢末端的 sEMG 来驱动,能够实现 14 种不同的精确抓取动作,完成日常生活中的骑车、吃饭、抓取和开门等活动,最大能够承受 45 kg 的重量。

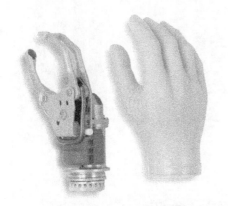

图 4-2-3　MyoHand 假肢

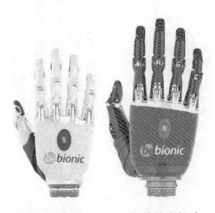

图 4-2-4　BeBionic 智能仿生假肢

　　Michelangelo 假肢是目前世界上最先进的肌电假肢之一(见图 4-2-5),该假肢可以通过肌电控制实现 3 个自由度。第一个自由度是主驱动,负责协调五个手指的弯曲和伸展;第二个自由度用于改变拇指的位置,如内收;第三个自由度用于实现腕关节内旋与外旋。由于该假肢仍在开发中,精确控制方案尚未最终确定。目前该假肢可以实现手部

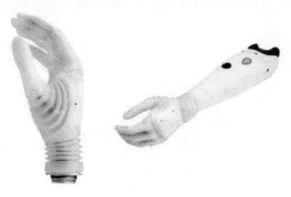

图 4-2-5　Michelangelo 假肢

姿势:① 手掌伸展以进行三指夹持;② 手掌伸展以进行侧向捏取;③ 自然位置;④ 三指捏。该假肢的五个指尖和掌心还自带 6 个传感器,能够完成更加精细灵活的抓取。与其他假肢相比,Michelangelo 假肢具有先进的拟人性,因此被当作假手的黄金标准。

英国的 i-Limb 假手(见图 4 - 2 - 6)由爱丁堡大学设计。该假手设计有 5 个独立驱动的手指,腕部以上由 6 个电机驱动,具有 11 个自由度,根据 sEMG 信号的幅值按比例进行控制,可实现多类精准的抓取模式。i-Limb 假手有高度直观的控制系统,该系统使用传统的双输入肌电(肌肉信号)来打开和关闭手指。该肌电假手用户能够快速适应系统,并能够在几分钟内掌握设备的新功能。另外,i-Limb 假手的模块化结构使得只需取下一个螺丝即可快速拆下每个单独供电的手指,假肢师可以很容易地替换需要维修的手指,因此截肢者可以在短暂的门诊访问后回到他们的日常生活。目前该公司针对截肢者的要求,制作有不同型号的 i-Limb 假手,以及针对部分手部截肢者的 i-Limb ProDigit 假手。

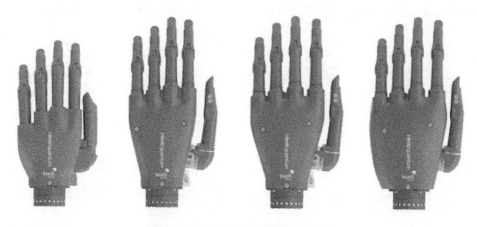

图 4 - 2 - 6　不同型号的 i-Limb 假手

BrainCo 团队自主研发的 BrainRobotics 智能仿生假手(见图 4 - 2 - 7)是一种新型 AI 驱动上肢假肢,是全球首款可实现弹钢琴功能的智能假肢,该假肢使用 8 通道表面电极采集 sEMG 信号用于识别截肢者的运动意图。在训练阶段,截肢者可以通过交互界面,将自己的 sEMG 信号上传到云端服务器,通过深度学习算法进行分类,并将最佳模型参数返回假肢的控制器。在机械结构上,BrainRobotics 假手具有"展收＋屈伸"二维

图 4 - 2 - 7　BrainRobotics 智能仿生假手

拇指的特点,能够独立完成柱形抓握、球形抓握、钩状手势、三指捏、两指捏、食指触碰操作等多种动作。BrainRobotics 假手采用定制 3D 打印和模块化结构的技术,方便截肢者的使用和后期维护,同时提高了自身的承重能力、舒适性和便携性。

近些年,新材料和 3D 打印技术的快速发展促进了假手的轻量化和商业化。Open Bionics 是一项开源计划,专注于开发价格合理、重量轻、模块化、自适应的机器人手和假肢装置,致力于为截肢者、研究人员、制造商提供价格实惠的仿生假肢(见图 4 - 2 - 8)。Open Bionics 假手通过开源的 3D 打印技术,结合电子元器件和传感器阵列来获取患者肌肉运动产生的肌电信号,识别患者运动意图以进行假手动作的控制。该公司研制的 Hero Arm 是一款适用于前臂截肢患者的肌电控制仿生假肢,是世界上第一个经过医学认证的 3D 打印仿生手。Hero Arm 通过 3D 扫描技术和 3D 打印技术为每一位患者量身定制,使得患者佩戴和使用起来更舒适,通过手臂中安装的肌电传感器检测肌肉运动以进行假肢运动控制,该假肢最多可以提起 8 kg 的重量,其重量轻、外形美观且具有多自由度运动控制。

图 4 - 2 - 8　Open Bionics 研制的 Hero Arm

二、智能上肢假肢的主要类型

智能上肢假肢作为上肢假肢的一种高级类别,与一般上肢假肢的分类方法相同,可以按照不同的分类方式进行分类。

(一) 按截肢位置

1. 肩离断假肢

其适用于肩关节离断、上肢带解脱术(肩胛骨和锁骨截肢)及上臂高位截肢、残肢长度小于 30%(通常为肩峰下 8 cm 以内)的截肢者。由于患者整个上肢功能丧失,难以利用肩部运动拉动牵引索控式的机械假手,故通常装配电动手或装饰手,装配的电动假肢较难控制(见图 4 - 2 - 9)。

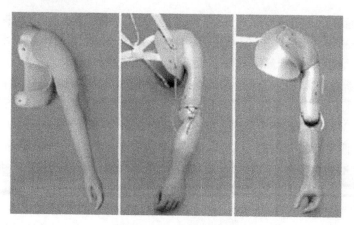

图 4 - 2 - 9   肩离断假肢

2. 上臂假肢

其适用于上臂截肢,上臂残肢长度保留 30%～80%(通常为肩峰下 9～24 cm)的截肢者。其中,上臂残肢长度为肩峰下 9～16 cm 者,需安装上臂短残肢假肢。上臂截肢者可安装装饰性上臂假肢、索控式上臂假肢、肌电控制或开关控制的上臂假肢、混合型上臂假肢等(见图 4 - 2 - 10)。

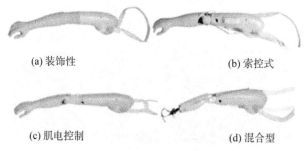

(a) 装饰性   (b) 索控式

(c) 肌电控制   (d) 混合型

图 4 - 2 - 10   上臂假肢

3. 肘离断假肢

其适用于肘关节离断或上臂残肢长度保留 85% 以上(通常为距肱骨外上髁 5 cm 以内)的截肢者,可安装索控式肘离断假肢或混合式肘离断假肢(见图 4 - 2 - 11)。由于肘关节离断后没有安装假肢肘关节的位置,故不论哪种肘离断假肢,肘关节采用的带锁肘关节铰链只可以主动开锁,不能主动屈肘,这是肘离断假肢的一大缺点。

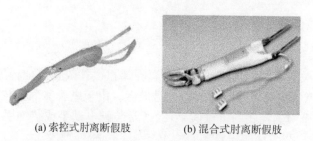

(a) 索控式肘离断假肢   (b) 混合式肘离断假肢

图 4 - 2 - 11   肘离断假肢

4. 前臂假肢

前臂假肢适用于前臂残肢长度 35%～80%（通常为肘下 8～18 cm）的前臂截肢者，是装配数量最多、代偿功能较好的上肢假肢。根据患者残肢条件可装配装饰性前臂假肢、索控式前臂假肢、肌电或开关控制的前臂假肢、工具手等（见图 4 - 2 - 12）。

(a) 前臂一自由度肌电控制假肢（内置电池）

(b) 前臂二自由度肌电控制假肢

(c) 索控式机械假手

(d) 索控式前臂机械假手

图 4 - 2 - 12　前臂假肢

5. 腕离断假肢

其适用于腕关节离断及前臂过长残肢（保留前臂 80%以上）的截肢者。由机械假手、皮制或软树脂前臂接受腔和开手牵引装置构成。由于有较好的前臂旋转功能，可由残肢直接带动假手旋前、旋后；但因前臂残肢长度过长，不能安装屈腕机构（见图 4 - 2 - 13）。

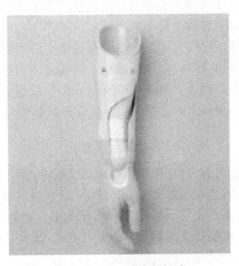

图 4 - 2 - 13　腕离断假肢

（二）按人机交互方式

智能上肢假肢按照人机交互方式可以分为如下类型：开关交互、语音交互、视觉交互、肌电交互、混合交互等，其中以肌电交互方式为主。除了这些已经在实际假肢产品中应用的交互技术，实验室条件下已取得成功或进展的还有肌音交互、超声肌肉形变交互、眼动交互、脑电交互、神经接口交互等。其中眼动交互、脑电交互、神经接口交互等都可能很快突破技术障碍，获得实际应用。

1. 开关交互

这种方式是采用电子开关来控制假肢（见图 4 - 2 - 14），电子开关有很多种：触碰开关、拉线开关、按钮开关等。其中触碰开关安装

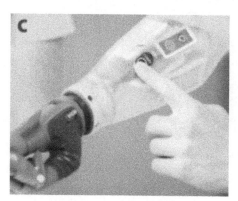

图 4 - 2 - 14　开关控制假手

在接受腔的内壁上，选择患者残肢有明显动作的地方安装。部分患者能够很好地通过残肢触碰两个开关来控制假肢，有的患者只有一个地方适合安装触碰开关，则采用单通道控制。拉线开关则安装在背带上，通过对侧肩带拉动，控制假肢。通常这种开关只安装一个，用在单通道上，多个拉线开关会令患者使用难度增加，并容易产生误操作。按钮开关是安装在假肢外接受腔上的，由健侧手按动来控制假肢，所以可以采用双按钮开关，控制简单明了，但要占用健侧手。

2. 语音交互

这种方式是用人的语音来控制假肢。该控制方式是近几年推出的假肢产品设计的控制方式，具有完全不依赖残肢条件，是任何患者都可采用的方法。它的特点是利用患者声音，通过识别特定语音，来完成假肢动作，它可以有多种编程方式，可完成多自由度的动作而无须来回切换。上海理工大学与丹阳假肢厂合作，曾于 2010 年研发了国际上首个商业化的多自由度语音控制上肢假手产品。

但是每次判断特定语音时，为了区别混合在日常用语中的相近语音，通常在这些特定语音的前后各留有时间窗口，以免误动作。因此造成声控假肢的时延比较明显，当连续做不同动作时，尤为明显。另外，使用假肢时，如果遇到周围比较安静的场合，则会给使用者带来尴尬，会吸引不必要的公众注意力到假肢上。因此声控假肢目前使用较少。

3. 视觉交互

随着人工智能的迅速发展，计算机视觉也在突飞猛进，部分研究者将视觉信息融入假手控制当中，实现了一种新型的假手人机交互模式。在视觉控制方面研究比较早的是奥尔堡大学传感-运动交互中心 Strahinja Došen 研制的一款假手 CyberHand（见图 4 - 2 - 15），利用欲抓握物体的形状来控制假手的抓取模式，基本上可以实现日常人手的基本功能，这种新型控制方法改变了假手的控制方式。

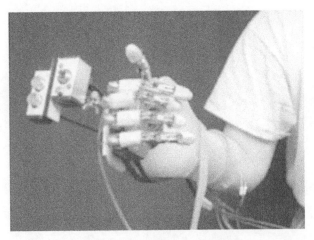

图 4-2-15 CyberHand 假手

美国伊利诺伊大学基于 CyberHand 假手在结构设计方面进行了改进,将微型摄像头放到假手掌部与腕部连接处(见图 4-2-16),减小了整体设备的体积,美化了假手的外观。

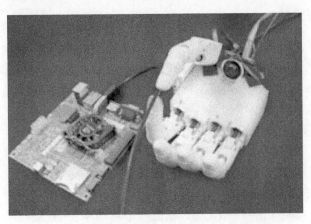

图 4-2-16 美国伊利诺伊大学 CyberHand 假手

4. 肌电交互

肌电交互方式是目前最普遍的方法,具有直接、可靠、隐蔽的优点,且直接与人体神经控制通道相连,对残肢保持良好生理状态有利。肌电交互基于这样的假设,即用户的意图可以从残余肌肉的激活中提取出来,并且用于上肢假肢的控制。肌电上肢假肢是通过使用带外部电源的电机供电的。关节的运动通过肌肉活动从末端残肢控制。来自末端残肢的肌电信号通过表面电极被检测到,然后由控制器放大并处理,以驱动手、手腕或肘部的驱动电机。肌电交互旨在改善假肢的活动性能,这是许多截肢者倾向于使用哪种上肢假肢的决定性因素。肌电交互最大的一个好处是它们以生理上自然的方式运行,用于打开和关闭肌电假手的肌肉与自然手使用的肌肉是相同的。此外,肌电假手的抓地力通常比身体动力假肢大几倍,实现这种性能几乎不需要额外的力量,只需要微小的肌肉收缩(典型的肌电控制假手见图 4-2-17)。

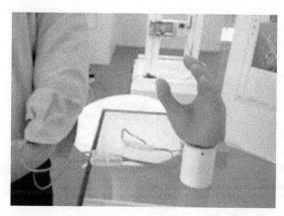

图 4-2-17　上海理工大学研发的肌电比例控制假手

5. 混合交互

混合交互是上述各类方式的多种组合,比如对于肌电信号不明显的患者,为了提高控制可靠性,可以采用肌电信号与语音信号的混合交互。

(三) 按控制策略

自从 1948 年表面肌电信号(sEMG)首次用于控制假手以来,肌电控制(myoelectric signal control,MSC)主要经历了七个阶段:① 单自由度开关控制;② 单自由度比例肌电控制;③ 基于模式切换的肌电控制;④ 基于模式识别的肌电控制;⑤ 基于回归的连续肌电控制;⑥ 基于协同的肌电控制;⑦ 基于同步比例的肌电控制。

1. 单自由度开关控制

单自由度开关控制是指通过比较 sEMG 信号幅值与设定阈值的大小,来启动或者停止单自由度假肢的动作,是由 Battye 在 1955 年提出的。

2. 单自由度比例肌电控制

经研究发现,sEMG 信号幅值、均方根值和平均功率值等特征值与信号的强弱以及收缩程度相关。单自由度比例肌电控制主要是通过采集一对原动肌和拮抗肌上的肌电信号,计算这两个通道上 sEMG 信号的幅值、均方根值或平均功率值,并与设定阈值进行比较,进而触发肌电假肢开始执行设定的相应动作,并根据 sEMG 信号的幅值大小控制电机的转速,实现假肢的自然运动控制(见图 4-2-18)。

Bottomley 于 1965 年提出了双状态振幅调制肌电控制器,可以通过 sEMG 信号幅值的大小来控制假肢抓握的速率和力度,这种控制器是目前最可靠的控制器。几十年来,临床上可用假肢的控制方法没有根本改变,仍然接近于基于两个肌肉群预先记录阈值触发的控制策略。

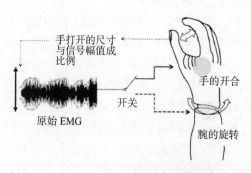

图 4-2-18　单自由度比例肌电控制

单自由度比例肌电控制的实现比较简单,不能区分不同手部运动相关的肌肉模式,通常仅限于手的打开/关闭或手腕的内旋/外旋的控制,无法用于控制灵巧假肢的多类型抓握。这种控制方式至少存在两个明显不足之处:一是可控制的自由度少,动作模式单一,要想获得更多的自由度就需要增加采集的肌肉对数量,其控制复杂性也随之增加;二是患者在使用基于单自由度阈值比例控制的肌电假肢时,需要用力保持某一特定肌肉发力以使得肌电信号幅值足以激活运动控制系统,这给患者带来了沉重的心理负担。

3. 基于模式切换的肌电控制

当假肢需要控制的关节自由度变多时,可以通过切换模式的方法进行控制。这种控制一般是基于两个通道的信号,并通过肌肉的共同收缩,实现假手不同功能的切换(见图4-2-19)。由于不同通道的收缩在预定义的函数中生成并输出,而函数的选择依赖于每个通道中信号的斜率。这种控制方式是目前商业型上肢假肢主要的控制方式。然而控制多个自由度需要肌肉中多对共同收缩的模式开关,这种转换是烦琐的,增加了控制的复杂度。同时,基于模式切换的肌电控制仅对信号进行了粗放式的处理,丢弃了信号中很多有用的信息。当遇到自由度过多的情况时,其效率会严重下降,因此它的适应性和鲁棒性只能在有限功能中体现。为了实现对多个自由度的同时控制,必须至少有四个通道的 sEMG 可用,因此,基于模式切换的控制方法可能会让截肢患者感觉不自然,往往局限于简单的运动。

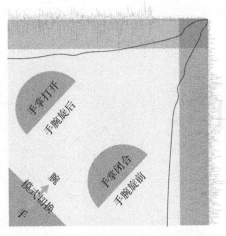

图 4-2-19　基于模式切换的肌电控制

4. 基于模式识别的肌电控制

基于模式识别的肌电控制是由 Finley 和 Wirta 等在 1967 年首次提出的,从此 sEMG 研究的重点转向如何从信号中获取更多有用的信息。该技术基于这样一个假设,即在外部环境相同的理想情况下,不同的动作所对应的由各通道 sEMG 信号构成的运动模式是不同的,且同一动作的运动模式是可重复产生的。因此,可以通过预训练好的模式识别分类器将 sEMG 映射到特定的运动或姿势,从而实现假肢运动命令的生成(见图4-2-20)。随着信号处理技术的发展和高性能微处理器的出现,基于模式识别的肌电控制方法逐渐成为主流。相对于直接控制的方法,基于 sEMG 信号的模式识别法可潜在地改善上肢假肢肌电控制的性能。基于模式识别的肌电控制方法可以使假肢使用者更加直接和自然地控制假肢来执行更多不同的动作,完成多自

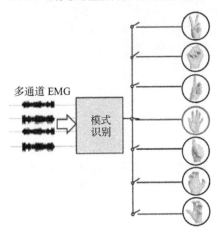

图 4-2-20　基于模式识别的肌电控制

由度肌电假肢控制。目前,基于模式识别的肌电控制已成为研究最广泛、最具有应用前景的肌电假肢控制方法。研究表明,截肢患者更喜欢模式识别控制。虽然基于模式识别的肌电控制提供了直观的控制,但它不允许同时控制多个运动。相反,它们必须按顺序发生,限制了恢复自然感觉的能力。此外,模式识别需要强化训练模型,并且对认知要求很高。它取决于重复相同的运动,因此 sEMG 模式的任何变化都可能导致性能下降。有一些辅助控制策略可以帮助解决模式识别的缺点,如收集有关关节位置的数据,减少肌肉收缩和活动性变化造成的分类错误。虽然这些额外的控制策略可以提供同步控制并提高整体使用,但它们需要复杂的算法和严格的训练才能实现其性能。

5. 基于回归的连续肌电控制

实现多个运动同步比例控制的一个潜在解决方案是基于回归的控制。此方法允许通过估计不同的 EMG 信号一次对多个运动进行分类。这提供了对多个自由度在同一时间的直观控制。例如,一个人可以进行手的开合并同时旋转手腕(见图 4 - 2 - 21)。与传统的控制方法或模式识别相比,基于回归的方法具有更高的性能以独立控制运动速度,具有更自然的感觉。基于回归的控制方法最接近于自然手操作,但只能同时控制 2 个或 3 个自由度,因此无法成功应用于灵巧的假手。

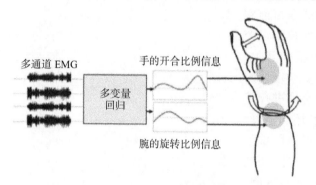

图 4 - 2 - 21 基于回归的连续肌电控制

6. 基于协同的肌电控制

基于协同的肌电控制旨在从多通道 sEMG 中提取肌肉协同作用来驱动假手的多关节同时运动。基于协同的肌电控制利用 sEMG 中的比例信息控制假手几种关节的耦合关系,而不是关节本身,因此该控制方式可以看作基于模式识别的肌电控制的变体(见图 4 - 2 - 22)。

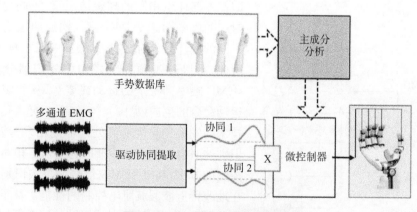

图 4 - 2 - 22 基于协同的肌电控制

7. 基于同步比例的肌电控制

近些年有科学家提出根据人体神经-肌肉-骨骼系统建立肢体运动的动力学模型,从表面肌电信号中分解出独立的肌肉协同单元的运动信号,并通过算法识别每个肌肉协同单元的活动情况,进而得到由一个或多个肌肉协同单元运动组合而成的复杂肢体动作,实现多自由度复杂动作肌电假肢同步控制。如根据肌肉协同理论,采用非负矩阵分解(nonnegative matrix factorization,NMF)的方法建立了 sEMG 信号生成模型来提取运动信息,可以实现假手多个自由度并行同步比例肌电控制。但由于人体神经-肌肉-骨骼系统的复杂性,sEMG 信号又具有高度耦合性、非平稳性,这使得基于同步比例的肌电控制方法的算法复杂度高,实现比较困难,特别是当自由度大于 3 时,很难保证较好的系统鲁棒性。因此该方法在商业假肢中应用并不广泛,还有待进一步探索。

表 4-2-1 是上述七种控制方法优缺点的对比。

表 4-2-1 七种 sEMG 控制方法的优缺点

控制类型	原理	优点	缺点
单自由度开关控制	根据 sEMG 的幅值和设定阈值的比较作为开关信号	所需电极数量少,控制延时短,鲁棒性高	只能实现假手单自由度的控制,无法实现复杂的手动操作
单自由度比例肌电控制	根据 sEMG 的时域特征值作为触发或比例信号	可以实现动作与信号幅值成比例	只能实现假手单自由度的控制,无法实现复杂的手动操作
基于模式切换的肌电控制	将假手的动作划分为几个状态,利用定义好的函数作为状态空间的切换器,从而实现多个自由度的控制	可控自由度不限	只能完成几个固定的抓取模式;不遵循自然的运动控制路径;需要更多的训练时间
基于模式识别的肌电控制	利用分类的方法,将 sEMG 信号映射到若干种预定义的动作	使用分类的方法实现的可控自由度高	采用直观控制策略;受限于预定的 sEMG 模式(抓取/运动)的数量;假手的实际灵活性不足;控制感觉不自然
基于回归的连续肌电控制	利用回归的方法将 sEMG 信号映射到有限自由度的关节运动	允许通过估计不同的 EMG 信号一次对多个运动进行分类。这提供了对多个自由度在同一时间的直观控制	假手的实际灵活性不足;训练环境和现实生活的差异使得在实验室之外使用具有挑战性
基于协同的肌电控制	基于协同的控制是基于模式识别控制的变体,旨在从 sEMG 提取肌肉协同作用来驱动多关节同时运动	基于回归的控制中提取的比例信号被重新用于控制手的几种关节耦合关系的比率	可靠性低,可控自由度不多
基于同步比例的肌电控制	利用多元回归方法、矩阵分解方法、尖峰序列,将 sEMG 直接映射到对应的自由度和速度	能够实现假手多自由度运动的同步比例控制	鲁棒性低

（四）按驱动方式

1. 腱绳驱动器

腱绳驱动是使用金属、塑料或尼龙电缆模拟人体肌腱的运动和动力传输的驱动方式。与其他驱动方式相比，腱绳驱动在精度、负载和耐用性方面具有局限性。然而，它在小型化、轻盈性和灵活性方面具有优势。此外，腱绳驱动系统使执行器能够定位在任何需要的位置，因为有可能进行长距离传输。但是，这种方式的弊端在于需要额外的过渡才能沿着设计路径布置腱绳。目前，腱绳使用护套、滑动表面和滑轮进行制作。腱绳的摩擦损失按滑轮、滑动表面和护套从低到高排列。

腱绳驱动系统可分为闭环和开放式腱绳驱动系统。闭环腱绳驱动系统由两个向相反方向缠绕的腱绳（执行器滑轮和关节滑轮）组成。但是，开放式腱绳驱动系统仅包含一个腱绳，而另一个腱绳则由弹簧取代。

2. 齿轮驱动器

齿轮驱动器用于各种现代设备。齿轮驱动具有传动精度高、传动效率高、结构紧凑、操作可靠、耐久性高等优点。但是，齿轮安装要求很高，不适合长距离变速器。此外，减震和抗冲击能力不如皮带驱动和其他柔性变速器。

根据齿轮牙齿形状的不同，可分为直齿齿轮、斜面齿轮、蜗轮蜗杆等，每种齿轮各有优缺点。直齿齿轮是最广泛使用和最容易安装的，它们实现了更大的减速和扭矩比；斜面齿轮可以改变传动方向，具有变速平稳、噪音低、载重能力高等特点；蜗轮蜗杆有两个优点，它实现了更大的运动传输比，同时需要最小的空间，它表现出自我锁定的特性。

齿轮驱动系统的设计需要考虑齿轮之间的侧隙。如果侧隙过小，将影响传输效率；但是，如果侧隙过大，会影响传动精度，而牙齿表面撞击会产生振动和噪音，从而影响齿轮寿命。

3. 连杆驱动器

连杆驱动器通过连杆或铰链将组件相互连接，以实现运动和功率传输。连杆驱动器可承受大负荷，实现长距离传输。此外，它可以将旋转运动转换为线性运动。但是，连杆机构必须通过中间组件驱动，中间组件容易出现较大的积累错误和低传输效率。四连杆是最常见的连接驱动机构。根据连接杆能否进行全周旋转，四杆机构可分为三种基本形式，即曲柄摇杆机构、双曲柄机构和双摇杆机构。

4. 流体驱动器

流体驱动系统可根据变速箱介质分为液压驱动系统和气动驱动系统。与其他驱动系统相比，流体驱动系统传输精度较低，特别是液压驱动系统的整体重量较大，因此上肢假肢对此的应用选择较少。

5. 材料变形

有些先进的材料会因受到外部刺激而改变其形状，如形状记忆合金（shape memory alloys，SMA）、形状记忆聚合物（shape memory polymers，SMP）和低熔点合金（low-melting point alloys，LMPAS）。这些材料已经被用于基于刚度控制的假手设计，利用施加电压改变材料的形状，利用材料变形来适应物体的形状，并利用刚性状态来产生高强度的力。

6. 其他驱动方法

皮带驱动器类似于腱绳驱动器。它可以实现长距离稳定传输,并可以缓冲振动。然而,它的负载能力和耐久性都很弱。由于形状不同,皮带可分为圆带、V形皮带、多槽皮带和同步带。同步带没有滑点,运行速度恒定,通常用于传递直接运动。

链驱动具有传输效率高、传动功率高的特点。但是,链驱动系统很大,安装要求很高。

螺旋驱动具有传动效率高、传动精度高、操作顺畅、可靠性高等优点。然而,反向的螺纹不宜用于长距离传输,成本更高。

三、智能上肢假肢设计方法

良好的上肢假肢要求功能好、穿着舒适、轻便耐用、外观近似健肢。假肢是由残肢支配的,要求有好的残肢条件,残肢条件除了取决于截肢者所受损伤或疾病情况外,截肢术的设计、操作及配置假肢前的残肢功能训练都很重要。假肢性能同时还与假肢零部件、假肢的正确设计、制造、配置及使用训练密切相关。

(一) 电动上肢假肢控制方法

电动假肢是所有以电池为动力源的假肢的统称,属于体外动力源假肢产品。由于假肢需要佩戴在人体身上,对重量要求高,同时不能采用铅酸电池等大容量大功率电池,只能在小型功率电池中选择。以往电动假肢的电池以镍铬、镍氢电池为主,通行的电压标准是前臂采用 6 V,上臂则采用 12 V 电压。现在则采用锂电池,根据锂电池生产厂家的不同,电池电压也有所不同。

肌电控制是目前最普遍的控制方法,具有直接、可靠、隐蔽,且与人体神经控制通道相连的特点,对残肢保持良好生理状态有利。肌电控制系统是一个典型的"人在回路"的控制系统(见图 4-2-23)。人体内神经系统中相关神经元之间的信息以电脉冲形式进行传递;而在人体外,肌电传感器、控制器、驱动器之间以电信号(模拟量或数字量)进行传递,驱动器驱动微型直流电机运行。

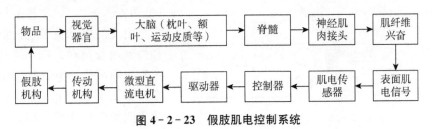

图 4-2-23 假肢肌电控制系统

用于控制假肢的 sEMG 由表面肌电传感器检测而来,能够可靠地控制假肢的动作。人在需要动作时,运动神经元发生频率 40 Hz 以下的脉冲序列,脉冲序列经轴突、终板传导到与之联结的肌纤维形成动作电位,并引起肌纤维收缩而产生肌张力,带动对应关节运动。在皮肤表面放置测试电极,可检测电极与参考点之间的电位差。检测电极所募集的各动作单元综合形成的动作电位即表面肌电信号。

采集 sEMG 的肌电信号传感器即为我们通常说的电极,是由金属片电极片、前置、差分放大器和高倍放大器组成(见图 4-2-24)。通常有三片金属电极片横置在电极腹面,中间电极片是参考点,旁边两个电极则是信号采集点。这种结构可以有效采集到皮肤表面的肌电信号电位差,利用高共模抑制比的前放将感应在皮肤表面的工频干扰去除。

图 4-2-24 肌电信号传感器电极

(二)智能仿生假手设计案例

这里以上海理工大学康复工程与技术研究所研究开发的一款多自由度智能仿生假手 BioHand 为例,剖析智能仿生假手设计过程与设计理念,并阐述智能仿生假手集成系统间各部分的关系。

1. 人手结构机理

人手拥有复杂的结构,一共 27 块骨头,19 个手内关节,29 块肌肉以及 24 个自由度(含手腕及手掌)。其中拇指拥有腕掌关节、掌指关节和指间关节总共三个关节,拇指共有 5 个自由度。腕掌关节属于一个具有 2 个自由度的鞍关节,可以分别进行屈伸、外展和内收。拇指的掌指关节是一种具有 2 个旋转轴的变异型的椭球关节,而拇指指间关节是最简单的一种关节,即为只有 1 个自由度的滑车关节。而食指、中指、无名指、小指,每个手指都拥有 4 个自由度,有掌指关节、近端指间关节和远端指间关节三个关节(见图 4-2-25)。掌指关节是有 2 个自由度的椭球关节,分别做屈伸和外展内收运动。四个手指的近、远端指间关节均为 1 个自由度的滑车关节。关节面形状和连接结构使指间关节只能够做屈伸运动,防止了侧向运动。手指完全伸展时,

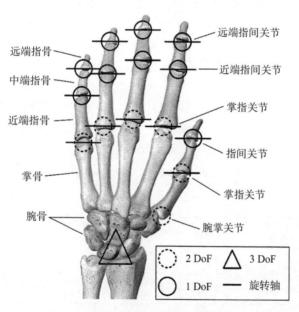

图 4-2-25 人手关节图

指间关节的旋转轴垂直于骨节点,但在弯曲过程中会缓慢地倾斜一个小角度。手部的骨头是由 123 条韧带连接的,其中又有 35 条强壮的肌肉用于牵引,48 条神经用于控制这些肌肉。整个手掌结构由 30 多条动脉和大量小血管滋养。人的手指非常敏感,能感觉到振幅只有 0.000 02 mm 的振动。

由此可见,高度仿人手结构相当复杂。而人手与物体的主要交互方式基本上可以分

为两类：一类是人手或者部分手指对物品进行包络，限制 6 个自由度以完成持握操作；另一类是人手或者部分手指对物品进行旋转、搓捏等操作。为了满足仿生假手控制任务的需要，有学者从物品的预抓取模式和抓握角度出发，提炼出四种基本的抓取模式，即柱形抓取、侧边抓取、三指抓取和球形抓取（见图 4-2-26）。

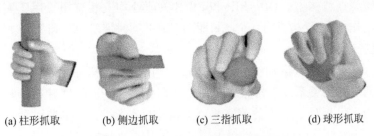

(a) 柱形抓取　　(b) 侧边抓取　　(c) 三指抓取　　(d) 球形抓取

图 4-2-26　人手四种基本抓取模式

2. 仿生假手结构设计

根据上面对人手的结构分析，仿生假手结构上完全仿照人手关节进行设计，每一根手指均有三个指节，包括远指关节、中指关节和掌指关节。传动方式上主要采用腱绳传动方式，动力源选择舵机以方便空间布置（见图 4-2-27）。

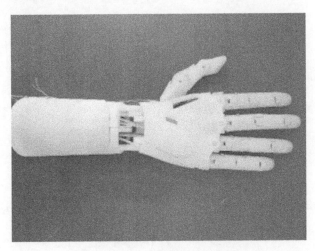

图 4-2-27　BioHand 假手样机

假手样机中总共包括 8 个舵机，驱动源较多，无法全部放置在假手掌部。采用腱绳传动的方式便于将驱动源外放，方便整体的布局。同时在每个手指之间都设计有腱绳槽路和复位弹簧，方便手指功能复位。每根手指的设计方案均相同，这里以食指为例进行相关介绍。

手指的外形是参照人手的结构参数进行设计的，五指的传动方式均由舵机加腱绳完成。以食指的相关结构为例（见图 4-2-28），为降低控制的复杂性，假手的近指关节（PIP）、远指关节（DIP）和掌骨关节（MCP）设计成耦合运动；为增加手指的灵活性，在手指的每个掌指关节处增加了内收外展的自由度，单个手指总共具有 4 个自由度，可联合实现包络抓取、指尖抓取和指侧间抓取功能。

基于肌腱传动原则，仿生手的四指利用腱绳和滑轮完成相互运动间的传递。在 DIP 和 PIP 处设计有微型法兰轴承，在 MCP 处设计有滑轮，每个手指由 3 个部件组成，每个部件内部均设计有线槽，手指指尖均设计有线钩，腱绳通过线槽在法兰轴承和滑轮之间进行排布并缠绕在线钩上。DIP、PIP 和 MCP 关节处均安装有扭簧用于实现各关节的屈曲和伸展动作，单个手指是由一个舵机驱动 PIP 并同时带动 DIP 和 MCP 的串联机构。

3. 手指运动学分析

D-H 表示法是机器人运动学分析中比较常用的方法，其可以分析出关节活动角度与末端执行器之间的关系。手指整体是一个串联结构，采用 D-H 建模分析方法可以求出每一个手指指尖相对于掌指关节基坐标系的空间位姿关系，本节以食指为例进行分析，建立其 D-H 坐标系（见图 4-2-29，图中 z 轴均垂直纸面向外）。

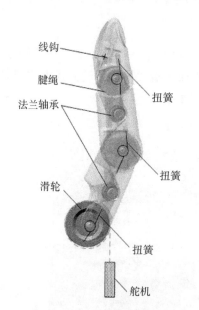

图 4-2-28　食指结构简图

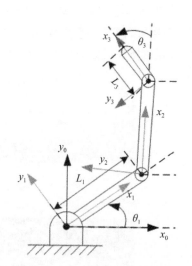

图 4-2-29　食指 D-H 坐标系

表 4-2-2　D-H 参数表

连杆 i	θ_i	d_i	a_{i-1}	α_{i-1}
1	θ_1	0	0	0
2	θ_2	0	L_1	0
3	θ_3	0	L_2	0

这里列出食指 D-H 坐标系的参数表（如表 4-2-2），其中 a_{i-1} 为轴 $(i-1)$ 与轴 i 之间的距离；α_{i-1} 为轴 $(i-1)$ 与轴 i 之间的夹角；d_i 为 a_{i-1} 与 a_i 之间的距离；θ 为 a_{i-1} 与 a_i 的夹角。

采用 D-H 坐标法中的坐标系链式法则可知其基础变换方程为：

$$_i^{i-1}\boldsymbol{T} = \boldsymbol{Rot}(x, \alpha_{i-1})\boldsymbol{Trans}(a_{i-1}, 0, 0)\boldsymbol{Rot}(z, \theta_i)\boldsymbol{Trans}(0, 0, d_{i-1})$$

式(4-2-1)

式(4-2-1)中，$_i^{i-1}\boldsymbol{T}$ 表示坐标系 i 相对于坐标系 $i-1$ 的变换矩阵，$\boldsymbol{Rot}(x, \alpha_{i-1})$ 和 $\boldsymbol{Rot}(z, \theta_i)$ 分别为绕 x 轴和 z 轴的变化矩阵，$\boldsymbol{Trans}(\alpha_{i-1}, 0, 0)$ 和 $\boldsymbol{Trans}(0, 0, d_{i-1})$ 分别为沿 x 轴和 z 轴的平移变换矩阵。可知 $_i^{i-1}\boldsymbol{T}$ 的变换通式为：

$$_i^{i-1}\boldsymbol{T} = \begin{bmatrix} c\theta_i & -s\theta_i & 0 & \alpha_{i-1} \\ s\theta_i c\alpha_{i-1} & c\theta_i c\alpha_{i-1} & -s\alpha_{i-1} & -d_i s\alpha_{i-1} \\ s\theta_i s\alpha_{i-1} & c\theta_i s\alpha_{i-1} & c\alpha_{i-1} & d_i c\alpha_{i-1} \\ 0 & 0 & 0 & 1 \end{bmatrix}$$

式(4-2-2)

式(4-2-2)中，$c\theta_i$ 表示 $\cos\theta_i$，$s\theta_i$ 表示 $\sin\theta_i$，$c\alpha_{i-1}$ 表示 $\cos\alpha_{i-1}$，$s\alpha_{i-1}$ 表示 $\sin\alpha_{i-1}$。可求得各连杆变换矩阵如下：

$$_1^0\boldsymbol{T} = \begin{bmatrix} c\theta_1 & -s\theta_1 & 0 & 0 \\ s\theta_1 & c\theta_1 & 0 & 0 \\ 0 & 0 & 1 & 0 \\ 0 & 0 & 0 & 1 \end{bmatrix}$$

式(4-2-3)

$$_2^1\boldsymbol{T} = \begin{bmatrix} c\theta_2 & -s\theta_2 & 0 & 0 \\ s\theta_2 & c\theta_2 & 0 & 0 \\ 0 & 0 & 1 & 0 \\ 0 & 0 & 0 & 1 \end{bmatrix}$$

式(4-2-4)

$$_3^2\boldsymbol{T} = \begin{bmatrix} c\theta_3 & -s\theta_3 & 0 & L_1 \\ s\theta_3 & c\theta_3 & 0 & 0 \\ 0 & 0 & 1 & 0 \\ 0 & 0 & 0 & 1 \end{bmatrix}$$

式(4-2-5)

各连杆变换矩阵相乘，可得仿生手指的变换矩阵：

$$_3^0\boldsymbol{T} = {}_3^0\boldsymbol{T}(\theta_1){}_3^0\boldsymbol{T}(\theta_2){}_3^0\boldsymbol{T}(\theta_3)$$

式(4-2-6)

假设远指关节相对基坐标系的矩阵为：

$$_3^0\boldsymbol{T} = \begin{bmatrix} n_x & o_x & a_x & p_x \\ n_y & o_y & a_y & p_y \\ n_z & o_z & a_z & p_z \\ 0 & 0 & 0 & 1 \end{bmatrix}$$

式(4-2-7)

式(4-2-7)中，$[n_x \quad n_y \quad n_z]^{\mathrm{T}}$ 是远指关节的 x_3 轴在基坐标系中的方向矢量；$[o_x \quad o_y \quad o_z]^{\mathrm{T}}$ 是远指关节的 y_3 轴在基坐标系中的方向矢量；$[a_x \quad a_y \quad a_z]^{\mathrm{T}}$ 是远指关节的 z_3 轴在基坐标系中的方向矢量；$[p_x \quad p_y \quad p_z]^{\mathrm{T}}$ 是远指关节在基坐标系中的位置。

联立式(4-2-7)及可求出仿生假手远指关节的运动学基本方程：

$$
\begin{cases}
n_x = \cos\theta_3\cos(\theta_1+\theta_2) - \sin\theta_3\sin(\theta_1+\theta_2) \\
n_y = \cos\theta_3\sin(\theta_1+\theta_2) + \sin\theta_3\cos(\theta_1+\theta_2) \\
n_z = 0 \\
o_x = -\sin\theta_3\cos(\theta_1+\theta_2) - \cos\theta_3\sin(\theta_1+\theta_2) \\
o_y = -\sin\theta_3\sin(\theta_1+\theta_2) + \cos\theta_3\cos(\theta_1+\theta_2) \\
o_z = 0 \\
a_x = 0 \\
a_y = 0 \\
a_z = 1 \\
p_x = L_1\cos(\theta_1+\theta_2) \\
p_y = L_1\sin(\theta_1+\theta_2) \\
p_z = 0
\end{cases}
\qquad 式(4-2-8)
$$

在理论上经过上述对假手相关机械结构的运动分析之后，为验证所分析模型的合理性，可以使用 ADAMS 对仿生手食指结构进行运动学仿真分析，获得各关节运动角度范围，然后将其代入上述分析公式并利用 MATLAB 编程对上述所建立的食指运动学模型进行拟合，最后与 ADAMS 分析结果做对比，验证其合理性。

4. 控制系统设计

根据设计要求，灵巧多自由度假手整体控制系统设计包含电源模块、主控制器模块、肌电控制模块和动力驱动模块（见图 4-2-30）。

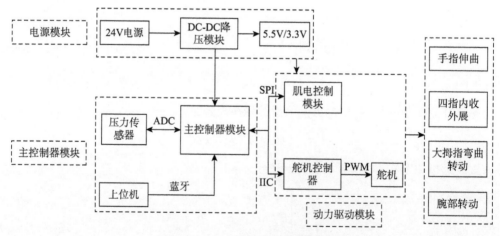

图 4-2-30 控制系统各模块设计

整体控制流程包括：首先由表面电极采集肌电信号，此时的肌电信号是包含大量噪声的信号。引入的肌电信号经过前置放大，然后进入肌电控制模块，由肌电控制模块对肌电信号中的噪声进行预处理后，后经 A/D 转换后进入主控制模块。主控制模块对肌电信号进行识别处理。根据识别结果来决定假手要执行的动作和输出到假手动力驱动模块的控制信号（PWM 脉冲）的占空比，最终实现假手动作的正确识别和执行。

5. 抓握实验验证

为进一步验证仿生手关节设计的合理性和控制电路的完整性，进行了一系列抓握实验，分别抓取水杯和矿泉水瓶，从实验结果可以看出，目前仿生手的结构和控制系统的设计均已达到预期目标（见图 4-2-31）。

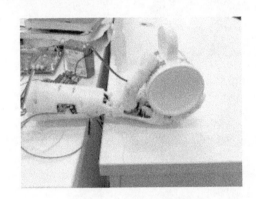

图 4-2-31 假手抓握实验

6. 模式识别与控制

肌电假手其中的一个目标是像生物手一样易于使用：截肢患者只需穿戴上假手就可以开始工作，而不需要人类额外的认知负荷。使用作为截肢者与仿生手之间前臂肌肉的 sEMG 进行肌电控制，可恢复假手的灵巧性并改善截肢者的生活质量。然而，sEMG 具有随机性和非平稳性，其统计特征随时间而变化，并受个体差异、外部因素等诸多参数的影响。导致 sEMG 信号变异的因素很多，包括生理原因，如肌肉状况（萎缩、肥大或疲劳）、脂肪厚度、皮肤状况（出汗、潮湿）、串扰（肌肉和心电干扰之间的噪声）和用户适应或学习导致的变化；以及物理原因，如电极移位、实验间收缩强度变化（收缩的水平和速度、等轴测/动态和产生的力）、假体重量引起的外部负荷（残肢负载）和手臂位置变化。这种可变性使模式识别技术难以适应日常生活中的鲁棒性问题，并导致了长期使用过程中的最大困境。为了将 sEMG 信号中复杂且高度可变的信息转换为假手的有用控制信号，需要借助先进的模式识别技术对信号进行处理。其中，卷积神经网络（CNN）在基于 sEMG 手势识别的架构中应用最为广泛和有效。因此本案例采用了基于 CNN 的预训练和分层域适应的方式对长期/受试者间实验进行分析，增强了算法的长期使用性和用户特异性。本案例的实验共招募了 10 名健全的受试者，其中 6 名男性受试者和 4 名女性受试者，平均年龄区间为（24±3）岁。对于每次每个受试者要求每种动作重复 10 遍，共有 16 种动作（见图 4-2-32）。实验进行 10 天，连续两天的两次实验之间的时间间隔约为 24 小时。

虽然深度 CNN 网络能够提取高度复杂的特征，但并不总是能获得好的结果。这是因为在训练过程中随着网络层数的增加会引起梯度爆炸和梯度消失的问题，系统无法收敛，算法性能下降。而 ResNets 网络通过向残差块中添加一个快捷方式或跳过连接（shortcut）

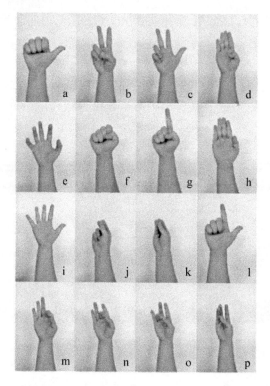

a. 伸拇指；b. 伸食指和中指；c. 伸拇指、食指、中指；d. 伸四指；e. 五指抓；f. 握拳；
g. 伸食指；h. 伸掌；i. 五指张开；g. 三指捏；k. 五指捏；l. 伸食指和拇指；m. 捏食
指；n. 捏中指；o. 捏无名指；p. 捏小拇指

图 4-2-32　识别的 16 个手势

很好地解决了梯度下降问题(见图 4-2-33)。这种结构具有以下优势：① 可以允许网络通过快捷方式来缓解反向传播时梯度消失问题；② 通过添加恒等映射层(identity mapping)，即 $y=x$，确保相邻的两个层之间维度不会发生变化，减少误差的增加。

　　时间/受试者的改变可能导致先前训练的模型在应用时精度急剧下降。深度迁移学习利用深度学习和迁移学习，将深度学习的特点学习能力与迁移学习的分布适应能力相结合，用于提高长期/多受试者间实验中手势分类任务的准确性。为了充分利用 CNN 在空间数据中优良的处理能力，最好对大量的有标签的数据进行训练，这些数据能够涵盖源域和目标域组合的各种变化。然而，对于手势识别中的 sEMG 数据，是很难进行大规模采集的。因此，如果能利用少量的标注数据训练出一个性能优良的分类器，将会是一个非常有意义的工作。为了抑制 CNN 中共享的网络权重以及学习域变化的特征，本研究提出了分层域适应算法(见图 4-2-34)。CNN 中从前期层到后期层逐步从 sEMG 中学习低级特征到高级特征，低级特征中蕴含着 sEMG 数据中大量的域信息，高级特征限定于实际应用。传统的迁移学习只针对最后的全连接层。如果域变化不大，这足以实现迁移学习，但是如果源域和目标域的分布之间存在较大的差距，这种微调难以实现理想的性能。因此，微调应该包括更多的层。本案例中提出的微调技术从最后一层开始，

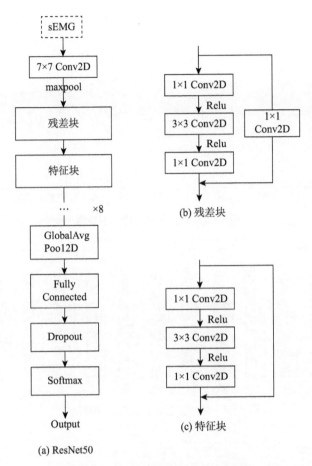

图 4-2-33　ResNets50 结构示意图

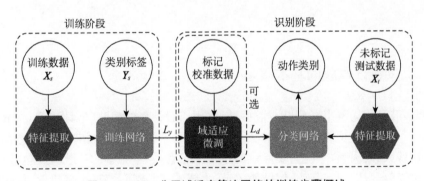

图 4-2-34　分层域适应算法网络的训练步骤概述

然后在更新的过程中逐步加入更多的层,直至达到最优的性能。

从使用分层域适应算法的长期实验识别结果图(见图 4-2-35)和受试者间实验结果图(见图 4-2-36)中可以看出,在没有做域适应的方案中,算法的性能随着时间的推移或者受试者的变化出现了严重的下降。而分层域适应算法可以有效地改善 CNN 的鲁棒性和适应性,提高长期实验和受试者间实验的性能,增强系统的可用性。

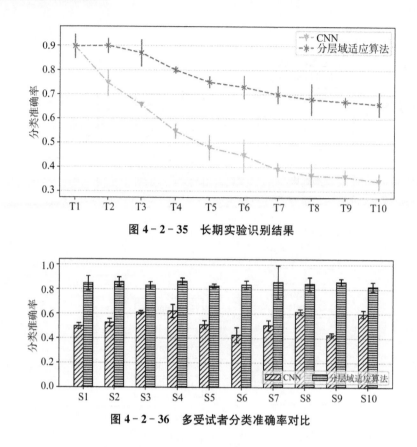

图 4-2-35　长期实验识别结果

图 4-2-36　多受试者分类准确率对比

第三节　智能髋部假肢

一、智能髋部假肢的基本概念

髋部假肢又称为髋离断假肢或髋假肢,适用于股骨高位截肢(坐骨结节 5 cm 以内)、髋关节离断和半盆骨切除的截肢者(见图 4-3-1)。髋部假肢面向的截肢患者分为三类:大腿短残肢、髋离断、半盆骨切除。对于以上患者,一个完整的下肢假肢包括:半盆骨接受腔、接受腔-假肢固定基座、假肢髋关节、大腿管、假肢膝关节、小腿腿管、踝关节假肢以及假脚板(见图 4-3-2)。

传统的机械下肢假肢系统所能够提供的变化范围有限,不能满足正常行走时因力、速度、地形变化所需要的力矩,因此会导致步态受限,且畸形、行走安全性降低、截肢者活动能力下降以及能量消耗增加等问题。

智能仿生假腿将微型计算机技术、传感器技术、智能控制技术、驱动/阻尼器技术与下肢假肢结合,可以实现对步态时相、路况环境(平地、上下斜坡、上下楼梯)的智能感知,对跨越障碍、起坐、滑雪、骑车等多种运动模式的适应,对生理步态自动的、全时相的模拟,并与残疾人集成为高效、舒适的人-机自然交互系统,使之最大限度地适应患者的个性化需求(如适应患者参数、步速变化等),提高假肢穿戴者的运动能力。

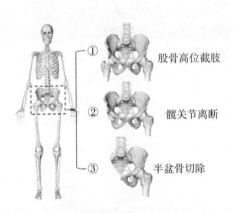

① 股骨高位截肢

② 髋关节离断

③ 半盆骨切除

图 4-3-1　髋关节离断及半盆骨切除情况

图 4-3-2　髋部假肢

　　智能髋部假肢是髋离断等截肢平面患者使用的智能仿生假腿,要能够根据人体运动意图、步态时相以及路况环境自动调节参数,以保证人体行走时支撑期的稳定性以及摆动期的灵活性,并最大限度地节省人体运动体能。

　　国内外假肢和机器人领域对智能髋离断假肢研究较少。上海理工大学作为世界上最早研究设计智能髋部假肢的两个团队之一,于 2018 年在全球第一次提出半主动智能髋部假肢的概念,并于 2020 年相继研发了世界上首个半主动智能髋部假肢 Kuafu-HDP 及主动型动力智能髋部假肢原型样机。另一个研究机构是日本国防学院,其于 2019 年发表了一种全动力髋-膝假肢组合工程样机的健全人穿戴测试实验结果。

二、智能髋部假肢的主要类型

(一) 按转动方式分类

假肢髋关节从转动方式上主要分为单轴转动和多中心轴转动两种。

1. 单轴智能髋部假肢

　　单轴髋部假肢是目前市场上最常见的假肢髋关节,其具有结构简单、重量轻、易加工组装的优点。单轴转动的假肢髋关节的旋转中心位于支撑板底部,与健侧髋部的旋转中心处于不同的高度平面,进而会导致下肢双侧步长不对称的问题。在使用过程中,患者需要通过提髋甩腿的方式将假肢甩出去,完成摆动行走。日本国防学院研究的髋-膝全主动型假肢采用了单轴结构(见图 4-3-3)。

2. 多轴智能髋部假肢

　　多轴智能髋部假肢一般采用四连杆结构。多中心轴旋转结构近似模拟了人体髋关节股骨与髋骨之间球窝副连接方式,弥补了髋关节在行走过程中旋转及左右摆动的自由度,将髋关节运动保持在一条直线上。因此,使用者的体验感优于单轴旋转的髋部假肢。较为常见的多中心轴转动髋部假肢为 Ottobock 的 Helix3D 假肢髋关节,其借助球状关节和四连杆机构可以实现空间内三自由度运动,并且可以根据不同的穿戴者预设不同的关节阻尼。该研究不仅一定程度上还原了髋关节的三自由度运动能力,而且利用阻尼设计减少了假肢穿戴者的能量消耗。但假肢的使用方式依然是通过提胯动作用力将假肢甩出,其旋转中心位于支撑板倾面,工作方式同样依赖惯性,其角度变化峰值特征仍然与正常人吻合度不高。上海理工大学研发的半主动智能髋部假肢 Kuafu-HDP 采用一种双平行四杆远程运动中心的多轴机构,以模拟髋关节转动中心(见图 4 - 3 - 4)。

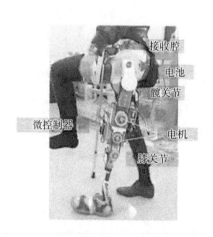

图 4 - 3 - 3　日本国防学院髋-膝全主动型假肢　　图 4 - 3 - 4　智能髋部假肢 Kuafu-HDP

(二) 按关节调控方式分类

从关节调控方式区分,假肢髋关节分为主被动混合型和主动型。根据假肢穿戴者的步速意图和行走路况等对关节进行相应模式的控制,是假肢智能化的主要特点之一。

1. 主被动混合型智能髋部假肢

主被动混合型(也被称为半主动型)智能髋部假肢虽然不能提供动力,但是可以通过改变关节阻尼或者关节刚度进而改变髋关节的摆动速度。

主被动混合型关节是指关节在平地等一般地形行走时表现为被动形式,而在特殊路况下提供主动扭矩来实现各种地形都适应的功能,与主动型关节相比,可以降低对能源的需求,但是对驱动能力的需求没有削减。在目前所有智能髋部假肢的研究中,仅有上海理工大学团队提出了半主动型仿生髋部假肢的设计方法,并制作了假肢样机——"夸父—髋离断假肢"(Kuafu-HDP,hip disarticulation prosthesis)。该假肢通过调节具有拮抗作用的两个串联弹性执行机构的伸缩量,改变整个假肢髋关节的刚度,最终实现假肢站立期储能和摆动期助力的目标(见图 4-3-5)。

2. 主动型智能髋部假肢

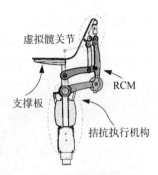

图 4-3-5 半主动型髋部
假肢结构

主动型智能髋部假肢通过大扭矩电机和减速器匹配实现高速、大扭矩输出,模拟人体关节运动,缺点是需要配备大容量电源且电源重量需要穿戴者自行负载。上海理工大学团队提出了主动型髋关节假肢的设计方法并制作了假肢样机——"智能主动型髋部假肢"。该假肢通过调节安装在髋关节上的无刷电机可实现穿戴者行走时摆动期助力的效果。同时,该假肢嵌入了健侧-假肢侧运动学映射模型,通过采集健侧腿运动学数据对假肢侧的运动轨迹进行规划。通过各类传感器对假肢状态的采集并结合相关的控制算法可实现对假肢的智能控制。这也是目前国内首例经截肢者穿戴测试的主动型智能髋部假肢。

表 4-3-1 对现有的具有代表性的商业化和在研究髋部假肢进行了汇总。

表 4-3-1 现有的具有代表性的商业化和在研究髋部假肢汇总

假肢关节名称	关节调控方式	重量/g	最大运动角度/°	关节结构	最大负载/kg	出现时间
Otto 7E4	被动	812	130	单轴	100	20 世纪 60 年代
Otto 7E5	被动	862	130	单轴	100	20 世纪 60 年代
Otto 7E7	被动	800	130	单轴	100	20 世纪 60 年代
Helix3D	被动	900	130	四连杆	100	2008
TH-01	被动	813	120	四连杆	100	2004
PFC-HP	被动	1120	120	四连杆	100	1996
1332A	被动	717	—	四连杆	100	1993
RH403	被动	—	125	球铰	110	2001
Rob-HDP	被动	3 000	125	外骨骼	100	2009
Mex-HDP	被动	100	—	外骨骼	—	2014
Ossur HJ	被动	—	—	外骨骼	—	2018
Kuafu-HDP	半主动	3 500	125	远程运动中心	—	2020
Active-Kuafu-HDP	主动	3 000	125	远程运动中心	—	2021

三、智能髋部假肢设计方法

(一) 智能髋部假肢设计要求

智能髋关节是髋离断等截肢平面患者使用智能仿生假腿时最为重要和复杂的部件,

要能够根据人体运动意图、步态时相以及路况环境自动调节参数,以保证人体行走时支撑期的稳定性以及摆动期的灵活性。上海理工大学康复工程与技术研究所对智能髋部假肢进行了较为系统的研究,包括智能主动型髋部假肢和智能半主动型髋部假肢。这里以上海理工大学自主研发设计的智能主动型髋部假肢为例简要介绍其设计要求。

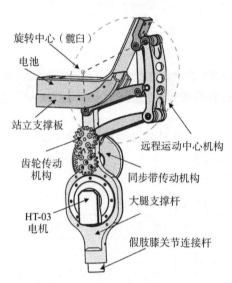

旋转中心(髋臼)
电池
站立支撑板
齿轮传动机构
HT-03电机
远程运动中心机构
同步带传动机构
大腿支撑杆
假肢膝关节连接杆

图 4 - 3 - 6　主动型髋部假肢结构

上海理工大学设计的基于远程运动中心机构的主动型髋部假肢的机械机构由三部分组成,分别为远程运动中心机构、驱动机构、站立支撑板(见图 4 - 3 - 6)。

远程运动中心机构可以使机构末端的执行器绕其上某一虚拟固定点做旋转运动,而且该虚拟固定点在远程运动中心机构的远端。在该研究中,主动型髋部假肢采用的远程运动中心机构是指通过对两组平行四连杆机构进行平面耦合作为髋关节假肢的关节机构,可以实现整体机构围绕一个虚拟中心位置的旋转,而这个虚拟中心位置就是截肢者的髋臼位置,可以解决假肢侧腿和健侧腿运动中心不对称的问题。

驱动机构由无刷直流电机和混合传动机构组成。混合传动机构由同步带传动机构及齿轮传动机构组成。动力传递的方式有很多,但对于该款主动型髋部假肢,受空间及运动特性的影响,采用同步带传动和齿轮传动相结合的混合传动机构具有传递功率范围大、机构灵活度强、工作平稳性高以及维护简便等优势。主动型髋部假肢的驱动力由质量轻、扭矩大、噪音小的定制电机(MIT 机械狗定制电机相同供应商)提供,电机的扭矩为 17 N·m,功率为 200 W,质量 600 g。

站立支持板底部设有屈/伸导槽,部分包容假肢主体并与之滑动接触,当使用者处于站立姿态,部分人体重力可直接作用于假肢主体,有助于提高假肢的最大承重能力,并可辅助保证机构平稳运行。此外,在人们行走过程中,失稳滑倒是常遇到的一类问题,特别是对于佩戴髋部假肢的患者来说,滑跌问题显得更为严重。这就对髋部假肢在结构稳定性方面提出了更高的要求。

对于整个主动型髋部假肢选定站立姿态为初始位置,曲腿方向为正向转动,整个髋部假肢可以实现 $-20°\sim90°$ 范围内的自由旋转。其中正常步态周期内假肢摆动角度范围为 $-20°\sim30°$,坐位角度最大值达到 $90°$。

(二)智能髋部假肢设计案例

1. 远程运动中心结构设计

对国内外髋部假肢进行研究可以发现,现有髋部假肢广泛采用单轴铰链作为假肢的髋关节转动关节,其转动轴线位于额状面,与地面平行,行走时主要依靠截肢病人的骨盆带动。而将髋部假肢的旋转中心重新恢复到髋臼位置,实现假肢和健康肢体转动中心的重合,则可避免假肢与健康侧下肢的长度差问题,并改善步态。

　　基于之前的介绍,远程运动中心机构可以使机构末端执行器绕其上某固定点做旋转运动,且该虚拟固定点在机构远端。而所谓的远程运动中心机构即一种使执行构件围绕与其无物理固连的点进行转动的机构。常见的远程运动中心机构有单个转动副构成的远程运动中心机构、平面弧形滑轨型远程运动中心机构、基于平行四杆的远程运动中心机构和基于等比同向传动的远程运动中心机构等。

　　本节通过给定参数确定双平行四杆远程运动中心机构的各杆件尺寸。另外,考虑到作为输出机构的通用性,机构并不一定具有对称性,必须使用 6 个量才能完全确定连杆尺寸,这里选取 $l_1 \sim l_6$ 作为独立变量(见图 4-3-7),l_1、l_2 确定了远程运动中心机构的跨距及机构与病人之间的距离关系,l_5 为远程运动中心机构基轴 AF 与横轴铰链 $A'F'$ 之间的偏移量,l_6 为执行构件或其他工具所需的偏移量。l_3 和 l_4 则在 l_1、l_2 给定的情况下影响机构体积及各杆受力情况,这将在后文中提到。

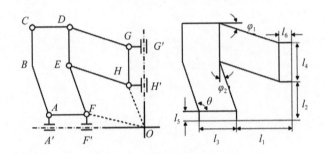

图 4-3-7　双平行四杆远程运动中心机构杆件尺寸简图

$$\varphi_1 = \arctan\left(\frac{l_6}{l_2}\right) \qquad\qquad 式(4-3-1)$$

$$\varphi_2 = \arctan\left(\frac{l_5}{l_1}\right) \qquad\qquad 式(4-3-2)$$

$$l_{CB} = l_{DE} = l_{GH} = l_4 \qquad\qquad 式(4-3-3)$$

$$l_{CD} = l_{AF} = l_3 \qquad\qquad 式(4-3-4)$$

$$l_{AB} = l_{EF} = l_{OH} = \frac{l_6}{\sin\varphi_1} \qquad\qquad 式(4-3-5)$$

$$l_{EH} = l_{DG} = l_{FO} = \frac{l_5}{\sin\varphi_2} \qquad\qquad 式(4-3-6)$$

$$l_{AC} = l_{DF} = l_{GO} = \sqrt{l_6^2 + (l_2 + l_4)^2} \qquad\qquad 式(4-3-7)$$

　　其中杆 ABC 可用一直杆替代,但这里为分析方便,仍保持其弯折形状(见图 4-3-8 虚线)。

　　整个机构在平面内的运动位置可由连杆 EF 和水平轴线的夹角 θ 确定(见图 4-3-7)。

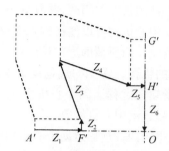

图 4 - 3 - 8　双平行四杆远程运动中心机构模型

下面给出证明来验证在机构运动（θ 发生变化）时，末端 $G'H'$ 一直绕 O 转动。可知 $G'H'$ 的幅角为 $\theta-\varphi_1-\pi$，点 H' 的位置由式（4 - 3 - 8）确定：

$$H'=Z_1+Z_2+Z_3+Z_4+Z_5 \qquad 式(4-3-8)$$

又可知

$$Z_1=l_3+iO \qquad 式(4-3-9)$$

$$Z_2=O+il_5 \qquad 式(4-3-10)$$

$$Z_3=\left(\frac{l_6}{\sin\varphi_1}\right)^{i\theta} \qquad 式(4-3-11)$$

$$Z_4=\left(\frac{l_5}{\sin\varphi_2}\right)^{-i\varphi_2} \qquad 式(4-3-12)$$

$$Z_5=l_6{}^{i\left(\theta-\varphi_1-\frac{\pi}{2}\right)} \qquad 式(4-3-13)$$

但

$$H'=l_1+l_3+\frac{l_6\cos\theta}{\sin\varphi_1}+l_6\sin(\theta-\varphi_1)+il_2\sin(\theta-\varphi_1)$$
$$=l_1+l_3+l_2\cos(\theta-\varphi_1)+il_2\sin(\theta-\varphi_1) \qquad 式(4-3-14)$$

H' 点到 O 点的矢量可表示为

$$Z_6=(l_1+l_3+Oi)-H'=l_2{}^{i(\theta-\varphi_1-\pi)} \qquad 式(4-3-15)$$

由式（4 - 3 - 15）可知，H' 到 O 点的距离不随转角变化而改变；在任意时刻，连线 $H'O$ 转动的角度与 $G'H'$ 相同。所以可知连杆 $G'H'$ 绕中心 O 点转动。

平行四杆在杆件重合时出现奇异位形，同时杆件之间存在干涉，使得这种双平行四杆远程运动中心机构的转动范围受到限制，一般取 θ 的转动范围为 30°～150°，即可满足髋关节行走和坐姿需要。在主动型髋部假肢模型中，双平行四连杆机构用作假肢的髋关节运动机构（见图 4 - 3 - 9）。

2. 主动型髋部假肢动力学模型建立

研究主动型髋部假肢的控制,首先就需要对其进行动力学分析。对机器人的动力学分析有两种常用的方法,即欧拉-拉格朗日运动方程法和牛顿-欧拉方程法。欧拉-拉格朗日运动学方程法相对于牛顿-欧拉方程法更为简单,且易于通过编程在控制器中实现。同时,与运动学相似,动力学也分为正问题和逆问题。已知机器人各关节的作用力与力矩,求解各关节的运动角度、角速度与角加速度即各关节的运动轨迹为动力学正问题。已知假肢的运动轨迹,即各关节的运动角度、角速度与角加速度,求解各个关节所需要的力矩为动力学的逆问题,动力学的逆问题常用于对机械臂的控制。

该研究中需要获得人体正常行走时的主动型髋部假肢的动力学特性。主动型髋部假肢的摆动相可以看作刚体二连杆模型(见图4-3-10)。以此建立下肢主动型髋关节假肢的数学模型,可以得到髋关节、膝关节摆动角度和髋膝关节力矩之间的数学关系。

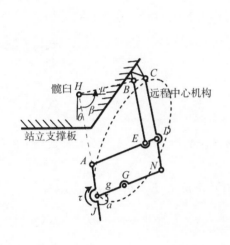
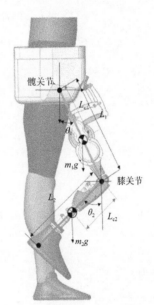

图4-3-9　双平行四连杆髋部假肢机构示意图　图4-3-10　主动型髋部假肢的刚性二连杆模型

刚体二连杆模型中,L_1、L_2分别表示人体下肢大腿和小腿连杆的长度,M_1、M_2表示大腿和小腿刚体连杆质心的位置,M_1及M_2距离关节中心的距离分别为L_{c1}、L_{c2}。m_1、m_2表示大腿和小腿连杆的质量,采用髋关节、膝关节角度θ_1、θ_2表示为广义变量,满足右手法则。

采用欧拉-拉格朗日方程(Euler-Lagrange equation)建立下肢假肢动力学模型,欧拉-拉格朗日方程采用系统动能K和势能P之差构造拉格朗日算子L,通过拉格朗日算子对系统的广义坐标变量进行求导,来建立系统外力输入和广义坐标变换之间的数学关系。欧拉-拉格朗日方程不用考虑内作用力及系统摩擦损耗,十分简单有效。

大腿质心M_1的位置坐标为

$$X_1 = L_{c1}\sin\theta_1$$

$$Y_1 = -L_{c1}\cos\theta_1 \qquad \text{式}(4-3-16)$$

小腿质心 M_2 的位置坐标为

$$X_2 = L_1\sin\theta_1 + L_{c2}\sin(\theta_1+\theta_2)$$

$$Y_2 = -L_1\cos\theta_1 - L_{c2}\cos(\theta_1+\theta_2) \qquad \text{式}(4-3-17)$$

大腿质心 M_1 速度的平方为

$$\dot{X}_1^2 + \dot{Y}_1^2 = (L_{c1}\dot{\theta}_1)^2 \qquad \text{式}(4-3-18)$$

小腿质心 M_2 速度的平方为

$$\dot{X}_2 = L_1\cos\theta_1\dot{\theta}_1 + L_{c2}\cos(\theta_1+\theta_2)(\dot{\theta}_1+\dot{\theta}_2) \qquad \text{式}(4-3-19)$$

$$\dot{Y}_2 = L_1\sin\theta_1\dot{\theta}_1 + L_{c2}\sin(\theta_1+\theta_2)(\dot{\theta}_1+\dot{\theta}_2) \qquad \text{式}(4-3-20)$$

$$\dot{X}_2^2 + \dot{Y}_2^2 = L_1^2\dot{\theta}_1^2 + L_{c2}^2(\dot{\theta}_1+\dot{\theta}_2)^2 + 2L_1L_{c2}(\dot{\theta}_1^2+\dot{\theta}_1\dot{\theta}_2)\cos\theta_2$$

$$\text{式}(4-3-21)$$

系统总动能为

$$E_k = \sum E_{ki\cdots} \quad i=1,2 \qquad \text{式}(4-3-22)$$

$$E_{k1} = \frac{1}{2}m_1L_{c1}^2\dot{\theta}_1^2 \qquad \text{式}(4-3-23)$$

$$E_{k2} = \frac{1}{2}m_2L_1^2\dot{\theta}_1^2 + \frac{1}{2}m_2L_{c2}^2(\dot{\theta}_1+\dot{\theta}_2)^2 + m_2L_2L_{c2}(\dot{\theta}_1^2+\dot{\theta}_1\dot{\theta}_2)\cos\theta_2$$

$$\text{式}(4-3-24)$$

系统势能为

$$E_p = \sum E_{pi\cdots} \quad i=1,2 \qquad \text{式}(4-3-25)$$

$$E_{p1} = m_1gL_{c1}(1-\cos\theta_1) \qquad \text{式}(4-3-26)$$

$$E_{p2} = m_2gL_{c2}[1-\cos(\theta_1+\theta_2)] + m_2gL_1(1-\cos\theta_1) \qquad \text{式}(4-3-27)$$

构建拉格朗日算子 L 为

$$L = K - P \qquad \text{式}(4-3-28)$$

$$L = E_k - E_p = \frac{1}{2}m_2L_1^2\dot{\theta}_1^2 + \frac{1}{2}m_2L_{c2}^2(\dot{\theta}_1+\dot{\theta}_2)^2$$

$$+ \frac{1}{2}m_1L_{c1}^2\dot{\theta}_1^2 - m_1gL_{c1}(1-\cos\theta_1) - m_2gL_1(1-\cos\theta_1)$$

$$- m_2gL_{c2}[1-\cos(\theta_1+\theta_2)] \qquad \text{式}(4-3-29)$$

由欧拉-拉格朗日方程计算髋关节力矩

$$\frac{\partial L}{\partial \theta_1} = -(m_1 L_{c1} + m_2 L_1)g\sin\theta_1 - m_2 L_{c2}g\sin(\theta_1 + \theta_2) \quad 式(4-3-30)$$

$$\frac{\partial L}{\partial \dot{\theta}_1} = (m_1 L_{c1}^2 + m_2 L_1^2)\dot{\theta}_1 + m_2 L_1 L_{c2}(2\dot{\theta}_1 + \dot{\theta}_2)\cos\theta_2 + m_2 L_{c2}^2(\dot{\theta}_1 + \dot{\theta}_2)$$

$$式(4-3-31)$$

$$\begin{aligned}
M_h = \frac{\mathrm{d}}{\mathrm{d}t}\frac{\partial L}{\partial \dot{\theta}_1} - \frac{\partial L}{\partial \theta_1} &= (m_1 L_{c1}^2 + m_2 L_{c2}^2 + m_2 L_1^2 \\
&\quad + 2m_2 L_1 L_{c2}\cos\theta_2)\ddot{\theta}_1 + (m2L_{c2}^2 + m_2 L_1 L_{c2}\cos\theta_2)\ddot{\theta}_2 \\
&\quad + (-2m_2 L_1 L_{c2}\sin\theta_2)\dot{\theta}_1\dot{\theta}_2 + (-m_2 L_1 L_{c2}\sin\theta_2)\ddot{\theta}_2^2 \\
&\quad + (m_1 L_{c1} + m_2 L_1)g\sin\theta_1 + m_2 L_{c2}g\sin(\theta_1 + \theta_2) \quad 式(4-3-32)
\end{aligned}$$

基于欧拉-拉格朗日方法建立的主动型髋部假肢动力学模型,描述了关节力矩和关节角度、关节角速度、关节角加速度之间的数学关系。动力学模型中的大腿连杆长度 L_1,小腿连杆长度 L_2,大腿连杆质量 m_1,小腿连杆质量 m_2 的值为实际测量所得,分别为 $L_1=0.43$ m,$L_2=0.44$ m,$m_1=3.74$ kg,$m_2=1.62$ kg。M_1 距离髋关节中心的距离 L_{c1} 为对主动型髋部假肢进行机械设计后由三维建模软件 Solidworks 分析所得,其值为 0.183 m。M_2 距离膝关节中心的距离 L_{c2} 通过对所采用的小腿假肢进行悬吊法测量所得,其值为 0.162 m。上文建立的动力学模型为主动型髋关节假肢的控制提供了量化指导。

为了简化计算,主动型髋部假肢的动力学模型可以简写成如下形式:

$$D\ddot{\theta}_1 + H\dot{\theta}_1 + F(\theta_1, t) + \tau_{th} = T \quad\quad 式(4-3-33)$$

其中,τ_{th} 是系统建模误差引起的不确定扰动项。

3. 主动型髋部假肢轨迹预测模型建立

由于髋关节截肢者截肢侧整条腿没有可供传感器附着的位置,为了直接、实时地获取人体运动状态参数,该研究提出利用髋关节截肢者健侧运动信息作为控制策略的输入信号。人体正常步态的一个特点是运动的对称性。特殊情况在步态整体特征上的反映是破坏了行走的对称性,而且下肢运动具有较强的线性相关性,故在此采用左、右腿髋关节的角度、角速度、角加速度为特征信息,通过神经网络建立穿戴主动型髋部假肢截肢者的健侧-假肢侧髋关节运动学映射模型。该模型的输入为截肢者健侧腿的髋关节的角度、角速度、角加速度,输出为截肢者所佩戴主动型髋部假肢的目标运动数据。

这里采用 GRU 网络训练健侧-假肢侧运动学映射模型。GRU 网络是循环神经网络(recurrent neural network,RNN)的一种变体(见图 4-3-11),因其可以有效解决简单 RNN 的梯度爆炸或消失的问题,所以被广泛应用于各领域。该类神经网络具有短期记忆能力,其神经元不但可以接受其他神经元的信息,也可以接受自身的信息,形成具有环路的网络结构,因此对于预测如下肢运动学数据这类型的时间序列具有较高的预测精度。GRU 网络的状态更新方式为

$$h_t = (1 - z_t) \otimes h_{t-1} + z_t \otimes \hat{h}_t \qquad \text{式}(4-3-34)$$

其中，h_{t-1} 为上一时刻的外部状态，$\otimes$ 为向量元素乘积，$\hat{h}_t$ 是通过非线性函数得到的候选状态。在 GRU 中

$$\hat{h}_t = \tanh[W_{xc}x_t + W_{hc}(r_t \otimes h_{t-1}) + b_c] \qquad \text{式}(4-3-35)$$

在式(4-3-34)中，z_t 表示更新门，用来控制当前状态需要从历史状态中保留多少信息，以及需要从候选状态中接受多少新信息，即

$$z_t = \sigma(W_{rz}x_t + W_{hz}h_{t-1} + b_z) \qquad \text{式}(4-3-36)$$

在式(4-3-35)中，r_t 为重置门，用来控制候选状态 $\hat{h}_t$ 的计算是否依赖上一时刻的状态 h_{t-1}，即

$$r_t = \sigma(W_{xr}x_t + W_{hr}h_{t-1} + b_r) \qquad \text{式}(4-3-37)$$

其中，$\sigma(*)$ 为 Logistic 函数，其输出区间为 $(0,1)$；x_t 为当前时刻的输入；W_{xz}、W_{hz}、W_{xr}、W_{hr} 均为权重向量；b_z、b_r 为偏置向量。

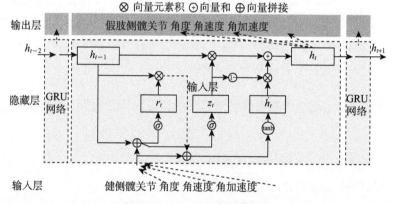

图 4-3-11　GRU 网络结构

4. 主动型髋部假肢控制系统设计

1）主动型髋部假肢控制系统

动力髋部假肢的总体控制框图如图 4-3-12 所示，截肢者健侧腿佩戴的姿态传感器 IMU 可以实时检测行走时健侧腿的髋关节角度 θ_1、角速度 $\dot{\theta}_1$、角加速度 $\ddot{\theta}_1$ 等运动学参数。健侧腿的运动学参数输入 GRU 网络训练的健侧-假肢侧运动学映射模型得到动力髋部假肢的目标运动学参数 θ_h、$\dot{\theta}_h$、$\ddot{\theta}_h$。膝关节假肢内置的角度传感器实时检测膝关节角度 θ_k，将 θ_k 对时间微分可得到 $\dot{\theta}_k$ 和 $\ddot{\theta}_k$。将髋部假肢目标运动学参数 θ_h、$\dot{\theta}_h$、$\ddot{\theta}_h$ 及膝关节假肢实时运动学参数 θ_k、$\dot{\theta}_k$、$\ddot{\theta}_k$ 输入建立的髋部假肢动力学模型，可以求得假肢髋关节的目标力矩 M_{des}。假肢上安装的角度传感器、扭矩传感器和压力传感器用以获取假肢的动态参数并提供给主控制器。

该研究所涉及的主动型髋部假肢系统实际上是一个非线性、时变、强耦合、极其复杂

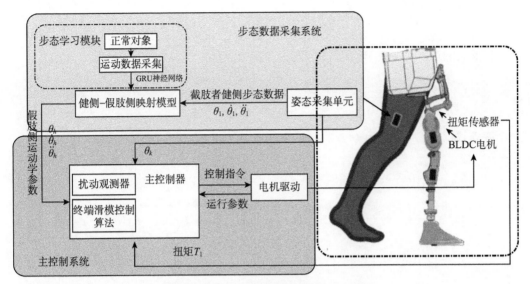

图 4 - 3 - 12　主动型髋部假肢控制系统

的系统。由于其负载、运行环境、工作过程中存在的外部扰动、未建模动态、测量误差、库仑力、摩擦力等不确定性因素,系统很难建立起一个完整、精确的数学模型,而且也极大地影响了主动型髋部假肢的控制品质。针对上述问题,该研究在所设计的主动型髋部假肢控制系统中加入了基于扰动观测器的终端滑模控制器。

2) 非线性扰动观测器设计

在常规的滑模控制中,为了消除系统的不确定项和外界干扰,系统往往需要较大的切换增益,但较大的切换增益也会带来较为严重的抖振。通过设计一种非线性扰动观测器实现对外加干扰的前馈补偿可以很大程度上降低滑模控制器切换项的增益,以此来削弱系统抖振。

定义状态变量 $x_1 = \theta_1$,$x_2 = \theta_2$,$u = t$ 和外部扰动 τ_{th},当髋关节假体工作时定义为 d 时,动态模型由式(4 - 3 - 33)可以重写如下状态方程:

$$\begin{cases} \dot{x}_1 = x_2 \\ x_2 = -\dfrac{1}{D}Hx_2 - \dfrac{1}{D}F(x_1,t) + \dfrac{1}{D}u - d \end{cases} \qquad \text{式}(4 - 3 - 38)$$

扰动观测器可以设计为如下形式:

$$\begin{cases} \dot{\hat{d}}_1 = k_1(\hat{x}_2 - x_2) \\ \dot{\hat{x}}_2 = -\hat{d} - \dfrac{1}{D}Hx_2 - \dfrac{1}{D}F(x_1,t) + \dfrac{1}{D}u - k_2(\hat{x}_2 - x_2) \end{cases} \qquad \text{式}(4 - 3 - 39)$$

其中 $\hat{x}_2$ 是 x_2 的估计,$\hat{d}$ 是 d 的估计,选择 $k_1 > 0$,$k_2 > 0$。我们来定义 $\tilde{x}_2 = x_2$,$\tilde{d} = d - \hat{d}$,选择李雅普洛夫函数为如下:

$$V_1 = \frac{1}{2k_1}\widetilde{d}_2 + \frac{1}{2}\widetilde{x}_2^2 \qquad 式(4-3-40)$$

以此,由式(4-3-39)我们可以得到式(4-3-41):

$$\dot{V}_1 = \frac{1}{k_1}\widetilde{d}\dot{\widetilde{d}} + \widetilde{x}_2\dot{\widetilde{x}}_2 = \frac{1}{k_1}\widetilde{d}(\dot{d} - \dot{\hat{d}}) + \widetilde{x}_2(\dot{x}_2 - \dot{\hat{x}}_2) \qquad 式(4-3-41)$$

联立式(4-3-40)及式(4-3-41)我们可以得到:

$$
\begin{aligned}
\dot{V}_1 &= \frac{1}{k_1}\widetilde{d}\dot{d} - \frac{1}{k_1}\widetilde{d}\dot{\hat{d}}^2 \\
&\quad + \widetilde{x}_2\{\dot{\hat{x}}_2 - [-\hat{d} - \frac{1}{D}Hx_2 - \frac{1}{D}F(x_1,t) + \frac{1}{D}u - k_2(\hat{x}_2 - x_2)]\} \\
&= \frac{1}{k_1}\widetilde{d}\dot{d} - \widetilde{d}(\hat{x}_2 - x_2) + \widetilde{x}_2[-d + \hat{d} + k_2(\hat{x}_2 - x_2)] \\
&= \frac{1}{k_1}\widetilde{d}\dot{d} + \widetilde{d}\widetilde{x}_2 + \hat{x}_2(-\widetilde{d} - k_2\hat{x}_2) \\
&= \frac{1}{k_1}\widetilde{d}\dot{d} - k\hat{x}_2^2 \leqslant 0 \qquad 式(4-3-42)
\end{aligned}
$$

假设扰动 d 是一个慢时变信号,且 d 有界。当 k_1 足够大时,我们可以得到 $\frac{1}{k_1}\dot{d} \approx 0$。同时,当 k_2 也是足够大的时候,我们可以得到:

$$\dot{V}_1 = \frac{1}{k_1}\widetilde{d}\dot{d} - k\hat{x}_2^2 \leqslant 0 \qquad 式(4-3-43)$$

所设计的扰动观测器可以估计出扰动 d,并在反馈控制中实现补偿。

3) 基于非线性扰动观测器的终端滑模控制器的设计

主动型髋部假肢控制器的设计对截肢者用假体平稳地行走来说至关重要。因此,主动型髋部假肢髋关节运动轨迹跟踪性能良好,跟踪误差在很短的时间内收敛到零,这是我们的控制目标。在常规的滑模控制中,通常选择一个线性的滑动平面,使系统到达滑动模态后跟踪误差会渐进地收敛到零。而渐进收敛的速率可以通过调节滑模面函数的参数来调整,但系统中各个状态的跟踪误差不会再在有限时间内收敛到零。终端滑模控制是在滑动超平面的设计中引入非线性函数,构造终端滑模面,使得系统状态在滑模面上跟踪误差能够在有限时间内收敛到零。

滑动变量定义如下式:

$$s = ce + \dot{e} - [cp(t) + \dot{p}(t)] \qquad 式(4-3-44)$$

其中 $c > 0$,e 是跟踪误差,我们有 $e = x_1 - x_{1d}$,x_{1d} 是期望的轨迹。

设计 $p(t)$ 为连续可微的非线性函数,如下所示:

$$p(t) = \begin{cases} \sum_{k=0}^{2} \frac{1}{k!} e_i(0)^{(k)} t^k + \sum_{j=0}^{2} \left[\sum_{l=0}^{2} \frac{a_{j1}}{T^{j-l+3}} e_i(0)^{(l)} \right] t^{j+3}, 0 \leqslant t \leqslant T \\ 0, t > T \end{cases}$$

式(4-3-45)

可以得到:

$$p(t) = \begin{cases} e(0) + \dot{e}(0)t + \frac{1}{2}\ddot{e}(0)t^2 + \\ \left[\frac{a_{00}}{T^3}e(0) + \frac{a_{01}}{T^2}\dot{e}(0) + \frac{a_{02}}{T}\ddot{e}(0) \right]t^3 + \\ \left[\frac{a_{10}}{T^4}e(0) + \frac{a_{11}}{T^3}\dot{e}(0) + \frac{a_{12}}{T^2}\ddot{e}(0) \right]t^4 + \\ \left[\frac{a_{20}}{T^5}e(0) + \frac{a_{21}}{T^4}\dot{e}(0) + \frac{a_{22}}{T^3}v(0) \right]t^5, 0 \leqslant t \leqslant T \\ 0, t \geqslant T \end{cases}$$

式(4-3-46)

其中,a_{j1}($j=0,1,2$)为常数,可以通过求解方程得到如下:

$$\begin{cases} a_{00} = -10, & a_{01} = -6, & a_{02} = -1.5 \\ a_{10} = 15, & a_{11} = 8, & a_{12} = 1.5 \\ a_{20} = -6, & a_{21} = -3, & a_{22} = -0.5 \end{cases}$$

式(4-3-47)

由式(4-3-44)可得:

$$\begin{aligned} \dot{s} &= c[\dot{e} - \dot{p}(t)] + [\ddot{e} - \ddot{p}(t)] \\ &= c[\dot{e} - \dot{p}(t)] - \frac{1}{D}Hx_2 - \frac{1}{D}F(x_1, t) + \frac{1}{D}u - d - \ddot{x}_{1d} - \ddot{p}(t) \end{aligned}$$

式(4-3-48)

选取第二个李雅普洛夫函数为:

$$V_2 = \frac{1}{2}s^2$$

式(4-3-49)

终端滑模控制器可以设计如下所示:

$$u = Hx_2 + F(x_1, t) + D\{c[\dot{p}(t) - \dot{e}] + \hat{d} - \eta\,\mathrm{sgn}(s) + \ddot{x}_{1d} + \ddot{p}(t)\}$$

式(4-3-50)

在 $\eta \geqslant |\tilde{d}|$,由式(4-3-49)及式(4-3-50)可得:

$$\begin{aligned} \dot{s} &= \hat{d} - d - \eta\,\mathrm{sgn}(s) \\ &= \tilde{d} - \eta\,\mathrm{sgn}(s) \end{aligned}$$

式(4-3-51)

由式(4-3-51)可得:

$$\dot{V}_2 = s\dot{s} = s[\tilde{d} - \eta \, \text{sgn}(s)] = s\tilde{d} - \eta \mid s \mid \leqslant 0 \qquad \text{式}(4-3-52)$$

定义整个主动型髋部假肢系统的李雅普诺夫函数为：

$$V = V_1 + V_2 = \frac{1}{2k_1}\tilde{d}^2 + \frac{1}{2}\tilde{x}_2^2 + \frac{1}{2}s^2 \qquad \text{式}(4-3-53)$$

可以得到：

$$\dot{V} = \dot{V}_1 + \dot{V}_2 = -k_2\tilde{x}_2^2 + s\tilde{d} - \eta \mid s \mid \leqslant 0 \qquad \text{式}(4-3-54)$$

由式(4-3-54)可得李雅普诺夫函数的导数一定小于等于0。因此可得所设计的扰动观测器和终端滑模控制器可以保证主动型髋部假肢控制系统是渐进稳定的。

第四节　智能膝部假肢

一、智能膝部假肢的基本概念

智能膝部假肢是一种高度非线性、时变、强耦合的假肢(包括大腿假肢与膝离断假肢)系统,智能大腿假肢也称为智能膝上假肢。智能膝部假肢要能够根据步态变化自动调节参数,保证关节在支撑期有较好的稳定性,在摆动期有较好的灵活性,具有很好的步态及环境适应性,使假肢步态在对称性和跟随性方面更接近健康人步态,具有较高的仿生性能。

目前,智能膝部假肢还没有一个统一的定义。一般认为智能膝部假肢是采用微电脑控制的、可以对膝上假肢的摆动相速度对称性进行自动调节且(或)可以对站立相的稳定性进行自动控制的假肢膝关节。然而,如果假肢膝关节仅采用微电脑控制,并未采用智能控制方法,或者说其摆动速度不能自适应调节,或不能自动控制站立相稳定性时,实际功能上并不具有"智能",只能算是一种广义概念上的智能假肢膝关节。为了讨论方便,这里讨论的智能假肢膝关节是一种广义的概念,包括所有微电脑控制的膝关节。

二、智能假肢膝关节的分类

智能假肢膝关节(简称智能膝关节)是智能膝部假肢系统中最重要而又最复杂的构件。根据能否产生膝关节主动力矩,智能假肢膝关节主要可分为被动型(阻尼型)膝关节和主动型(动力型)膝关节。被动型智能膝关节将下肢截肢者的大腿残肢作为动力源,微处理器只是控制假肢膝关节处的阻尼器。当穿戴者步速变化时,其自动调节膝关节阻尼力矩,从而实现不同行走速度的自适应,而并非在膝关节处提供主动力矩。主动型假肢膝关节则是通过电机、串联弹性驱动器、气动肌肉、液压泵、气压泵等动力源产生主动力矩。

（一）被动型智能假肢膝关节

大多数被动型膝关节机构通过微处理器根据检测信息改变膝关节阻抗（刚度和阻尼）来进行控制。被测量的信号包括膝关节的角度和角速度、假肢髋部或残肢测量的肌电信号，以及装于假肢中的力或开关传感器信号。被动型膝关节机构通过改变假肢瞬态函数或响应另一腿状态的关节阻尼或劲度来控制膝关节的机械阻抗。目前被动型膝关节大多采用气压、液压、磁流变、电流变的方式来实现膝关节力矩的控制。

用于假肢膝关节的气压阻尼器和液压阻尼器调节机理相似，均是通过微处理器控制电机调节气道或者油道中流量阀门的开度，从而调节气压或者液压阻尼，并以液压/气压缸配合弹簧来模拟人体肌肉和肌腱的阻尼和刚度作用。液压/气压阻尼器的黏性和集成弹簧的弹性组成一个可近似模拟人体肌肉骨架的动力学模型，这种模型是一种非线性人机复杂模型。因为气体的可压缩性很强，其阻尼具有反应速度快、阻尼力矩小的特点，与下肢假肢穿戴者行走过程中摆动相的阻尼要求特点比较接近，因此常被选择作为摆动相调节的阻尼器。液压阻尼性质与流体流动速度高度相关，同一管道，同样流体，因为流动速度不同，会表现出不同的阻尼性质。当液压油流速较低、处于层流状态时，液压阻尼与速度是线性关系。当流速较高、处于湍流时，阻尼与速度是非线性关系。智能假肢膝关节液压阻尼器的设计即是建立在此种性质之上。通过调节液压通道内流量调节阀门开度的大小，使液压油从层流转换为湍流，从而使液压阻尼快速地调整，实现对膝关节阻尼力矩的调节，适应站立相和摆动相阻尼要求以及穿戴者行走速度的变化。美国加州大学伯克利分校的 Radcliffe 教授在 1977 年提出了膝关节力矩与角度关系（见图 4-4-1），通过微电脑可控制液压/气压缸的阻力矩，以跟踪理论所需力矩，达到跟踪膝关节轨迹曲线的目标。

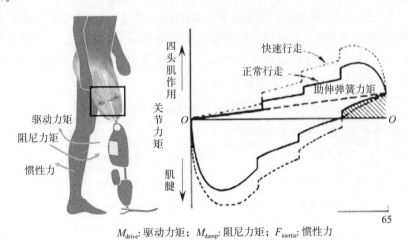

M_{drive}：驱动力矩；　M_{damp}：阻尼力矩；　$F_{inertia}$：惯性力

图 4-4-1　Radcliffe 人体假腿阻尼力矩曲线

基于磁流变与电流变阻尼的微电脑假肢膝关节工作原理相似。电磁变流体（MR 流体）是一种可在磁场作用下从黏性流体变化到半固体、可实现屈服强度可控的一种流体，通常利用电流进行磁场控制。当磁场或电场强度发生变化时，阻尼器内的磁流变液或电流变液的黏性也会随之改变。黏性的改变最终表现为阻尼的变化,由于此类阻尼器通过电流的变化即可直接改变阻尼,不需要额外的机械执行机构,因此阻尼调节的速度较快。冰岛某公司推出了基于磁流变阻尼的智能假肢膝关节 Rheo Knee,利用磁流变液的运动黏度随电流大小变化的性质实现不同速度下膝关节阻尼的调整。

目前国际上已开发出了多种商品化的被动型微电脑膝关节,大部分具有一定的智能性,因此可以称为智能假肢膝关节产品。最有名的包括 Ottobock 的 C-Leg 4、Genium X3,Blatchford 的 Orion 3、IP、Smart IP、Adaptive Knee,Nabco 公司的 NI-C411,Tehlin 公司的 V one 和 Össur 公司的 Rheo Knee 3 等,其中 NI-C411 和 V One 的膝关节是四连杆电子膝关节。综观这些最新的智能假肢膝关节,大部分可以通过控制液压/气压/磁流变来同时控制摆动相的速度和支撑相的稳定性,此外还可以适应不同的环境自动调整行走模式,如下坡/楼梯、绊倒、坐下等。不过这些关节的速度大多只有有限的几种(一般为高、中、低三种),不能随意适应任意步速的变化。有些假肢关节还能模拟人体支撑相的屈曲功能,如 Tehlin 的 V One 和 Blatchford 的 Adaptive Knee 就可以在支撑相前期产生一定的弯曲,以缓冲腿的步行冲击。Blacthford 公司的 Adaptive Knee 采用了液压/气压组合式阻尼机构,在摆动相主要依靠气压缸产生阻尼,而在支撑相主要依靠液压缸的作用。液压缸在膝关节弯曲的前 0~30°范围也起到阻尼作用,以增加步态的稳定性,同时在摆动相伸展期末端液压阻尼还被用来缓冲关节的冲击力。Blacthford 公司的另一款微电脑膝关节 Smart IP 是在原 Adaptive Knee 的基础上改进而成的气压型智能假肢,其无需训练,可以随时通过穿戴者按程序使假肢自动学习,以适应不同步速、不同环境、不同鞋重的变化。Ottobock 公司的 C-Leg 4 第四代智能仿生膝关节完全采用了液压缸。

微电脑假肢膝关节采用传感器检测假肢的角度和速度。现在的微电脑假肢膝关节除了改进步态外,还可以自动适应环境变化,进而提高截肢患者的活动能力,减少能量消耗。例如 Rheo Knee 3 基于磁流变阻尼控制的智能膝关节,该膝关节除了利用磁流变技术实现关节的阻尼控制外,还采用了功能强大的微处理器,其以高达 1 000 Hz 的频率检测关节信号,这些信号包括利用速度传感器检测的速度信号和力传感器检测的信号。典型商业化被动型智能假肢膝关节如表 4-4-1 所示。

表 4-4-1 典型商业化被动型智能假肢膝关节

膝关节名称	自适应控制相位	阻尼类型	传感器
Smart IP	摆动相	气压	角度传感器,移动速度传感器,计时器
C-Leg 4	站立和摆动相	液压	惯性传感器,测压元件,膝关节角度传感器,计时器
Rheo Knee 33	站立和摆动相	磁流变	测压元件,膝关节角度传感器,膝关节角速度传感器
Genium X3	站立相和摆动相	液压	陀螺仪,惯性传感器,膝关节角度传感器,膝关节力矩传感器,测压元件
Orion 3	站立相和摆动相	站立相液压 摆动相气压	惯性传感器,膝关节角度传感器,力敏应变片
Smart Adaptive	站立相和摆动相	站立相液压 摆动相气压	角度传感器,力传感器,计时器

(二) 主动型智能假肢膝关节

主动型智能假肢膝关节的控制十分复杂,这是因为:① 行走的双脚支撑相形成了一个闭环的动力学链,因此是一个动力学不确定的结构;② 人体运动机构存在冗余性;③ 无论开环或闭环控制都需要跟踪轨迹,而轨迹是很难预先知道的;④ 存在随机的干扰性。此外,驱动能量也是主动型智能假肢膝关节(microprocessor-controlled prosthetic knee, MCPK)的关键难题。主动型智能假肢膝关节所需能量的动力源非常大,且持续时间短,并增加了重量。自给能量系统是将一个步态周期中储蓄的能量用于下一个周期步态的驱动。在支撑相,踝关节液压缸压缩储存器中的流体进行蓄能,在摆动相时液压膝关节机构被驱动并通过针阀进行控制。这个概念面临能量储存和使用的低效能问题。这些事实将是阻碍动力假肢商业化的主要问题。

在已有的研究中主动型假肢主要是通过电机、串联弹性驱动器、气动肌肉、液压泵、气压泵等产生主动力矩,实现假肢的主动屈曲和伸展,使佩戴者更好地完成上楼梯等需要主动力矩的行走模式。2006 年,Össur 设计出第一台由电机驱动的主动型智能假肢 Power Knee(见图 4-4-2),由电机代替肌肉在行走中提供主动力矩,实现假肢的主动屈曲和伸展,使佩戴者更好地完成上楼梯等需要主动力矩的行走模式。近两年来,国内市场也不断有公司将动力膝关节假肢投入实际应用中,比如主动助力智能膝关节(见图 4-4-3)和健行仿生的动力式智能膝关节(见图 4-4-4)。

图 4-4-2　Össur 的主动型智能假肢 Power Knee　　图 4-4-3　主动助力智能膝关节　　图 4-4-4　健行仿生动力智能膝关节

(三) 主被动混合驱动型智能假肢膝关节

近两年有研究人员开始研究主被动混合驱动型智能假肢膝关节,但大都处于实验室研发阶段。哥廷根大学 Ege 等提出了一种电机带动滚珠丝杠驱动四连杆的动力膝关节,通过反向驱动机构设计,直流电机也可作为线性阻尼器,采用主被动混合工作的模式,从而在完成上楼梯、上坡等需要主动力矩的任务的同时降低能耗(见图4-4-5)。美国犹他大学的Lenzi等人研究了一种混合驱动型假肢膝关节,结合电机驱动和液压阻尼,在平地行走时运用被动模式,爬楼时运用具有交互步态模式的主动模式,但液压阻尼不能实时调节(见图4-4-6)。梁赟等结合电机驱动和液压阻尼设计了一种假肢膝关节,但仅研究了其机械结构与动力学仿真,未对液压-电机混驱控制进行研究,并且液压阻尼缸只设置了一个流通通道,屈曲与伸展运动的阻尼不能独立地连续调节。

以上提到的几种主被动混驱膝关节假肢研究都只是在上楼梯和上坡时提供主动力矩,平地行走时只提供阻尼力矩,无法在人体平地行走中的站立相初期屈曲时提供伸膝动力,因此不能完全模拟人体正常步态中膝关节的动力学与能量代谢的肌力作用特征。上海理工大学团队基于人体膝关节力矩仿生的主被动混驱膝关节假肢系统研究,将主动驱动与被动阻尼尤其是电机驱动与液压阻尼相结合,同时具备液压阻尼柔顺调节和电机高效能的优点,实现在平地行走站立相初期的助伸相位、上楼梯和上坡时提供膝关节主动力矩,并对其余相位液压阻尼力矩进行实时顺应调节(见图4-4-7)。

图4-4-5 哥廷根大学混合驱动型智能假肢膝关节　　图4-4-6 犹他大学混驱假肢膝关节　　图4-4-7 上海理工大学电机-液压假肢膝关节

三、智能假肢膝关节的控制策略

智能假肢膝关节的作用是替代穿戴者缺失部分肢体的功能,一方面需要假肢重现肢体的动力学和运动学特性,另一方面则需要假肢根据穿戴者的运动意图实现相应的运动。智能假肢膝关节的智能性主要体现在两方面:智能感知——通过不同的传感器对假肢支撑相的状态和摆动相的速度变化分别进行检测和智能识别;智能控制——采用计算机控制的膝上假肢可以自动适应不同截肢者、步速及路况的变化,有效地保证支撑相的安全性及跟随摆动相速度,减少体力消耗。

(一) 主要智能感知方法

智能感知在智能假肢膝关节控制系统中起着至关重要的作用。膝关节假肢的智能感知主要包括行走速度、步态相位和路况环境的识别。按照依赖的生物信号源的不同，智能感知方法主要可以分为基于生物力学信号，基于生物电学信号以及基于多源信息融合三种：基于生物力学信号的智能感知是通过采集下肢生物力学信号，如关节角度、角速度、三轴加速度、足底压力信息、电容信息等识别下肢运动信息；基于生物电学信号的智能感知则是通过采集人体肌电、脑电等生物电信号实现；基于多源信息的智能感知是通过融合生物力学信号以生物电学等三种以上的信号实现。

1. 基于生物力学信号的智能感知

生物力学信息分为运动学信息和动力学信息。下肢假肢的运动学信息是指采集的髋、膝、踝关节的速度、加速度、轨迹等信息；动力学信息是指采集的髋、膝、踝的角度、关节力矩、足底压力等信息。通过建立相应的运动学与动力学模型进行行走信息预处理、特征提取等，最后通过人工智能算法分析不同行走模式识别（见图4-4-8）。现有商品化的假肢产品均采用生物力学信号进行下肢截肢者行走意图识别，例如 Ottobock 的C-Leg 智能仿生腿，Blacthford 和 Össur 的 Power Knee 下肢假肢。单纯基于生物力学信息不能获取直接的下肢行走意图，因为单纯基于生物力学信息具有难以监测使用者的神经肌肉状态，无法实现截肢者对假肢的直觉控制，且对下肢运动信息识别存在延迟等问题。而且该方法还需要特殊的触发方式（如夸张的臀部伸展或向前/向后摇摆假肢等）来实现不同运动模式之间的切换，这给使用者带来了很大的心理和精神负担。

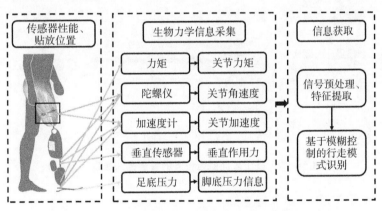

图4-4-8 基于生物力学信息的智能感知原理示意图

2. 基于生物电学信号的智能感知

生物电学信号反映了中枢神经系统的活动，按照现有传感技术的测量方式，可以分为侵入/植入式（invasive）和非侵入/植入式（non-invasive）两种。侵入式的神经信号主要包括皮质脑电图（electrocorticography，ECoG）、皮质神经元记录（neural recordings）、植入式外周神经测量（implantable peripheral nerve measurement）、植入式肌肉电信号等，而对于非侵入式神经信号则主要包括表面肌电信号（surface electromyography， sEMG)、表面脑电图(electroencephalograph,EEG)等。侵入式测量将测量电极直接植入神经信号的信息源头(如皮质神经元记录)或者神经信号通路(如植入式外周神经测量),因此测得的信号更加准确和真实,基于植入式神经信号已有个别的临床研究应用于上肢相关的运动意图识别,得到了很有意义的初步结果,但是目前的植入式测量技术对生物体存在直接的物理伤害和更多未知的风险,与大规模、系统性的临床研究还有一定的距离,这里不做过多的讨论。非侵入式的神经信号中,表面脑电信号虽然包含了大脑活动的信息,但是大脑皮层的神经元脉冲信号经过颅骨和头皮后存在天然的失真,并且在实际测量中需要穿戴脑电帽,特别是在行走过程中极易受到干扰,在智能下肢假肢中应用非常少。而在智能假肢膝关节控制的人体运动意图识别研究中,目前最常用的生物电学信号是 sEMG。

sEMG 既是肌肉收缩过程中伴随产生的电信号,又是反映到皮肤表面的微弱电势差。表面肌电信号的优点是:其是肌肉收缩信息的直接反映,信号的延时小、信息保真度高。相比于侵入式神经信号和非侵入式脑电信号,表面肌电信号测量系统仅需要表面电极贴合在对应肌肉的皮肤表面,测量相对方便。图 4-4-9 为基于表面肌电信号识别膝上截肢者行走意图的原理,主要包括 EMG 信号采集、EMG 信号分析与行走意图识别。使用肌电信号进行截肢者行走意图识别的研究主要包括 sEMG 的信息解析、运动单元动作电位序列及目标肌肉神经功能重建(补充肌电信号源)三个方面,主要涉及传感器的安放位置、sEMG 信号的特征组合及分类方法对截肢者行走意图识别准确率的影响等方面。

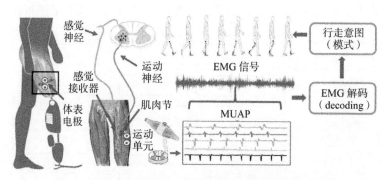

图 4-4-9　基于表面肌电信号的智能感知原理示意图

3. 基于多源信息融合的智能感知

单纯依靠某一类信号进行人体运动意图识别有一些无法避免的缺点,比如纯力学信息无法精确识别假肢穿戴者的运动意图,会导致人、假肢以及环境三者间不能进行有效的信息交互,难以实现在多种路况、不同步速、不同行走阶段情况下的理想识别效果,比如肌电信号识别的安全性、力学信号识别的滞后性等。因此,将生物力学信号、肌电信号、环境感知信号融合,相互补偿各自的优缺点,从而得到精度更高、实时性更强的人体运动意图识别,是各科研院所的重点研究方向。目前一种较多采用的解决方案是把生物力学信号和表面肌电信号在特征层面融合起来,有效提高步态模式识别的精度,并减少步态模式转换的延迟(见图 4-4-10)。

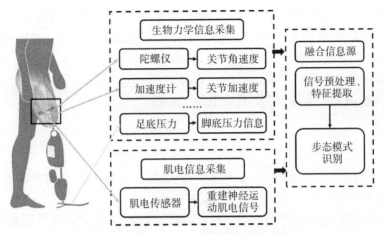

图 4 - 4 - 10　基于生物力学信号与肌电信号融合信息的智能感知原理示意图

虽然肌电信号在上肢假肢控制中已经得到了成功的应用,但下肢的运动涉及神经、肌肉、骨骼等多方面的相互作用,单纯的肌电信号无法精确反映人体协调步速、适应路况等复杂任务;此外,截肢者截肢程度越高,残留肢体肌肉越少,肌电信号源越少,加之sEMG 的个体差异性和时变特性,无法为下肢高位截肢者提供充足、稳定(易受肌肉阻抗、皮肤汗液、表皮毛发及外部电磁干扰)的信息,难以实现行走意图的精确识别是sEMG 存在的问题。目前基于肌电信号控制下肢假肢的研究大部分停留在实验室水平和理论研究阶段,距离应用还有一定差距。

(二) 主要智能控制方法

1. 基于有限状态机(finite state machine, FSM)的专家控制

有限状态机是表示有限状态以及这些状态之间的转移和动作的数学模型。一个有限状态机包含 3 个部分:一个用于描述系统不同状态的有限状态集;一个用于表示系统所接收的输入信息的输入集;一个包含状态转移规则的规则集。该方法利用人体正常行走时重复运动的特性,通过对典型事件即步态的典型状态进行规划,根据假肢上传感器检测出的信息所对应的不同事件,依据控制模式数据库制定的规则进行动作输出。很多不同种类的下肢假肢都用到了基于有限状态机的专家控制,其中动力膝关节通常用到有限状态机的专家控制来控制关节阻抗和关节位置。这种控制方法易于实现,但是由于假肢本身步态的异常性,较难模拟实际的正常步态,而且还需要繁杂的训练来获得控制的目标参数,使用不便。Blatchford 的 Adaptive Knee 和 Ottobock 的 C-Leg 都是用到专家控制的典型产品。

仿生腿步态规划要在基本步态基础上用有限状态机方法进行详细规划,下肢假肢下楼梯、走斜坡等步行模式控制大多采用了一种叫作"顺序有限状态机"(sequence finite state machine, SFSM)的专家控制技术。该方法对典型的步态进行了详细规划。单脚在一个步态周期中包括 7 个典型事件(I_i):脚跟着地(HC),脚与地面完全接触(FF),脚跟离地(HO),脚尖离地(TO),脚到达离地最高点(FC),小腿与地面垂直(TV),腿伸直

(LS)。单脚在一个步态周期中包括 8 个典型状态(S_i):支撑相初期(EST),支撑相中期(MST),支撑相末期(LST),双腿支撑(DLST),摆动相早期(ESW),摆动相中期(MSW),摆动相末期(LSW),停止(SIT)。典型事件(I_i)与典型步态状态(S_i)在步态周期中的关系如图 4-4-11 所示。

FSM 方法由变换函数 f 和动作函数 f_a 实现:

$$A_i = f_a(S_i)$$
$$S_{i+1} = f_a(S_i, I_i) \qquad\qquad 式(4-4-2)$$

其中:S_i 为步态当前状态;S_{i+1} 为下一步状态;I_i 为当前输入,即使状态发生变换的典型事件;$I_i \in$(HC, FF, HO, TO, FC, TV, LS)。

输入事件由系统的传感器检测,MCPK 根据动作函数制定的规则进行动作输出(A_i),输出动作在实际控制中即是给到阻尼器或驱动器的电信号(模拟或数字信号)。基于 SFSM 的一般假腿控制模型如图 4-4-11 所示。

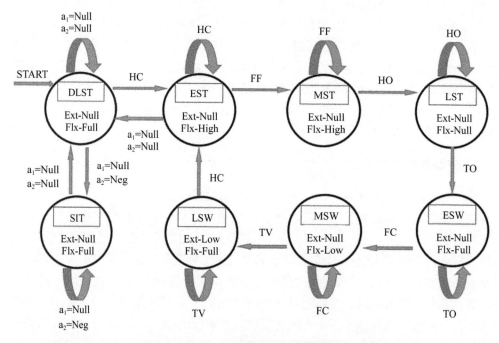

图 4-4-11 基于 SFSM 的一般假腿控制模型

2. 模糊控制方法

模糊控制是一种智能控制方式,操作者根据自己的经验设计能模仿人工智能的模糊控制器来进行控制,具有很强的稳定性和鲁棒性。模糊控制器是模糊控制的核心,它是根据美国控制理论专家 Zadeh LA 教授于 1965 年提出的模糊控制集合的概念,运用模糊集理论,将人的经验模糊转化为可数学实现的控制器,最终实现对被控对象的实时控制。例如一种模糊控制方式:通过第 n 次和第 $n-1$ 次测量值的差 $T_n - T_{n-1}$ 与设定值 T_0 的比较,得出第 $n+1$ 次输出值与第 n 次输出值的关系:

$$K_{n+1} = K_n, \ (\mid T_n - T_{n-1} \mid < T_0) \qquad\qquad 式(4-4-3)$$

$$K_{n+1} = K_n - A \times K_0 \qquad\qquad 式(4-4-4)$$

$$A \in T_n - T_{n-1} - T_0 \quad (\mid T_n - T_{n-1} \mid \geqslant T_0) \qquad\qquad 式(4-4-5)$$

其中 A 为增益系数，T_0、K_0 为设定值，T_n 是测量值，K_n 是输出值，对增益系数 A，第 n 次和第 $n-1$ 次测量值 T 的差 $T_n - T_{n-1}$ 与设定值 T_0 比较，当两者在允许范围内时，输出值不变；当两者偏差越大，增益系数 A 就越大，最终保持输出值稳定。模糊控制的模糊规则全靠经验进行，信息简单的模糊处理会导致控制精度降级。但是模糊控制很容易和 PID 控制、变结构控制、自适应控制、最优控制等传统控制方法结合，发挥各自优点，具有很好的应用前景。TEHLIN 的 Auto-Pilot 膝关节是应用模糊控制的典型产品。

3. 神经网络控制方法

神经网络控制是指在控制系统中应用神经网络技术，对难以精确建模的复杂非线性对象进行神经网络模型辨识，或作为控制器，或进行优化计算，或进行推理，或同时兼有上述多种功能。

人工神经网络也简称为神经网络或连接模型，是对人脑或自然神经网络若干基本特性的抽象和模拟。人工神经网络以对大脑的生理研究成果为基础，其目的在于模拟大脑的某些机理与机制，实现某个方面的功能。对人工神经网络下的定义就是："人工神经网络是由人工建立的以有向图为拓扑结构的动态系统，它通过对连续或断续的输入作状态响应而进行信息处理。"这一定义是恰当的。神经网络具有以下特点：① 能够充分逼近任何复杂的非线性关系；② 全部定性或定量的信息都均匀分布存在于网络内的各神经元，因此有很强的容错性和鲁棒性；③ 使用并行分布处理的方式，让运算可以快速完成。

国外对智能控制的假肢应用还不多见，基本上是基于理论和仿真研究。理论研究大多集中在模糊控制、神经网络、专家控制、分层多级控制等智能控制方法。实际电子腿应用智能控制还很简单或少见，如 TEHLIN 的模糊控制、Össur 的 Rheo Knee 采用动态学习记忆矩阵算法(DLMA)、Blatchford 的 Adaptive Knee 以及 Ottobock 的 C-Leg 中使用了专家控制进行模式识别。有文献曾研究了基于 FEL(feedback-error learning)的 BP 网络控制器与 PD 控制器结合的神经网络监督控制，也有人应用类似的方法控制瘫痪病人大腿外部动力控制的关节位置。典型的 FEL 方法使用机器映射代替闭环控制中反馈环节的参数估计。FEL 是一个前向神经网络结构，当训练时，其学习控制对象的逆动力学模型。在神经网络训练中引入了 PD 控制器来保证稳定性。FEL 控制器的训练是通过基于 PD 控制器的输出来改变权值实现的。所使用的学习规则是基于 Hebbian 的学习方法，公式如下：

$$w_{i\mathrm{new}} = w_{i\mathrm{old}} + u_{\mathrm{PD}} A \eta \Delta t \qquad\qquad 式(4-4-6)$$

其中：$w_{i\mathrm{new}}$ 为新的权值，$w_{i\mathrm{old}}$ 为旧权值，u_{PD} 为 PD 控制器的输出，A 为与权值有关的神经网络项，η 为学习速率，Δt 为计算机仿真用步长。

阻尼损失通过理想速度与权值相乘获得，然后把此损失加入控制信号。最后，FEL

控制器的控制量被加入 PD 控制输出量进行控制。如果真正的逆动力学模型已学习好，则神经网络将单独提供控制所需的信号以跟踪理想的轨迹。在训练初期，神经网络产生的信号相对 PD 控制器的信号较弱，然而，随着神经网络完成训练，神经网络的输出信号将完全接替 PD 控制器工作。这种控制还有适应控制对象不稳定性的强鲁棒性。

四、智能假肢膝关节设计方法

（一）智能假肢膝关节设计要求

一款高性能的智能假肢膝关节可以解决传统假肢膝关节的问题，使截肢者的行走步态趋向正常人。其主要解决以下几个问题：

1. 假肢膝关节的仿生结构设计问题

膝关节是人体最复杂的关节，简单的关节连杆设计不仅不能模拟健全膝关节的运动特性，反而会降低患者的体验感。因此，良好的假肢膝关节仿生设计是患者能够走出正常步态的前提，同时通过仿生设计将进一步提高假肢膝关节的控制效率，降低患者的能耗。

2. 假肢膝关节的重量、续航、噪音问题

新一代的智能假肢膝关节普遍加入了电机传动系统、传感器、硬件电路、电池等元件，这无疑增加了假肢的体积、重量以及噪音，这对于患者来说是难以忍受的。因此，如何设计体积小、重量轻、噪音小且高续航的假肢是未来智能假肢膝关节的重要研究方向。

3. 假肢膝关节步态对称性的问题

步态对称性是衡量假肢控制性能、患者行走自信心的重要指标，假肢医师可以根据该指标对假肢膝关节的控制参数进行微调，以达到更好的效果。因此，对截肢患者的步态对称性进行量化将有利于对假肢控制性能的进一步优化，从而提高患者的行走自信心。

4. 假肢膝关节步速自适应的问题

每个人的行走节奏都大不相同，步速自适应是智能假肢膝关节区别于传统假肢膝关节的重要特征。从快、慢两个速度上看，在快速行走时，假肢膝关节不仅要能够跟随健侧腿的速度（即避免假肢的摆动时间发生滞后而导致脚尖先着地），还要避免因快速摆动而导致膝关节过伸；在慢速行走时，假肢缺乏向前摆动的惯性，需要通过算法调节假肢膝关节的屈曲阻尼（或通过主动电机提供正功）来减少（或避免）欠驱动系统导致的伸展能力不足问题。

5. 假肢膝关节的多路况识别问题

不同路况下的行走步态具有差异性，其对应的假肢控制模式也有所不同，如果在楼道环境中使用平地行走的控制模式，容易导致患者重心失衡，甚至跌倒。因此，假肢膝关节应在实现多种路况的高准确度自动模式识别的前提下，针对不同路况设计相应的步态控制模型，并能根据患者的未来行动意图实现控制模型的自然、无缝切换，使截肢患者能够安全、轻松地在不同地形中行走。

因此，基于以上设计要求设计一款智能假肢膝关节，并研究和实现其控制系统，建立更符合截肢者使用的高性能智能假肢膝关节的控制机制。

(二) 智能假肢膝关节设计案例

目前现有的液压假肢膝关节,依旧存在响应时间延迟导致步速受限,以及不具有主动驱动模块导致行走功能受限等问题,同时纯动力假肢膝关节整机重量偏重会给穿戴者带来额外的负担。针对上述问题,通过模拟人体膝关节原动肌群的主被动混合驱动方式,重新设计一种主被动混合驱动的假肢膝关节,在保证假肢膝关节在行走过程中稳定性的同时,主动驱动模块可以为假肢提供相应的主动力矩,增强假肢膝关节在不同路况下的实用性。主被动混合的模式大大地减少了动力电池的能耗,从而减小了假肢膝关节整体的体积和重量。这里以上海理工大学康复工程与技术研究中心研究开发的一款结合主动型和被动型的智能假肢膝关节为例,剖析智能假肢膝关节设计原理与设计理念,尤其是智能假肢膝关节的仿生机理和自适应不同人体、变化步速与运动模式的智能交互控制机理。

1. 主被动混驱结构设计

1) 仿生结构设计

人体膝关节的生物结构由股骨内外侧髁、胫骨平台、髌骨、前交叉 ACL 韧带和 PCL 韧带组成[见图 4 - 4 - 12(a)]。股骨下端与胫骨上端接触面形状不规则,屈伸时两接触面之间存在滚动滑动现象。膝关节水平转轴曲率中心(瞬时旋转中心,ICR)的轨迹为 J 型曲线。单轴假体膝关节的旋转中心不能模拟自然膝关节的运动。在正常的行走中,脚与地面需要有一定的空隙以避免碰撞。为了保持这个距离,许多患者在摆动阶段必须倾斜身体,让假体在水平面上画出一条弧线。经股动脉截肢者装配假肢时,存在假肢短于健康人腿的情况,这种方法不仅影响了人体步态的对称性,而且对人体的稳定性也有重要影响。为了解决这一问题,本节设计的假肢膝关节采用四杆机构。由于四杆机构 ICR 的变化,膝关节弯曲时,假肢的有效腿长缩短[见图 4 - 4 - 12(b)]。因此,拥有智能仿生腿的截肢者在不平坦的路面、坡道或楼梯上行走时可以提高稳定性。以膝关节瞬时中心轨迹为优化目标,采用多变量优化设计方法对膝关节的多轴结构进行优化设计。考虑多轴膝关节的结构特点、膝关节的摆动角度范围以及摆动时段对柔性的要求,采用四杆机

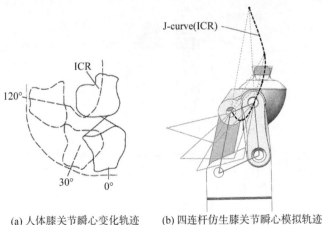

(a) 人体膝关节瞬心变化轨迹　　(b) 四连杆仿生膝关节瞬心模拟轨迹

图 4 - 4 - 12　四连杆仿生机构设计

构实现与生物膝关节相同的 J 曲线运动。

2）主被动混驱液压缸结构设计

基于智能假肢膝关节机械本体设计方案要求，采用一种液压-电机混合驱动假肢膝关节的结构设计思路（见图 4-4-13）。将单电机独立调节屈曲和伸展阻尼的结构用于主被动混合驱动液压膝关节的全阻尼度调节，主动电机通过滚珠丝杠将力矩传递至混合驱动液压缸内的下活塞，通过下活塞与上活塞的耦合与分离，实现主动力矩的实时调节。

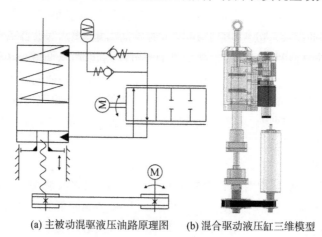

(a) 主被动混驱液压油路原理图   (b) 混合驱动液压缸三维模型

图 4-4-13　主被动混驱液压缸

主被动混驱液压缸在内部结构上设计了上活塞和下活塞（见图 4-4-14）。在被动阶段，通过控制屈曲和伸展油路流量的大小，进而控制上活塞上下腔压力差，实现对输出的屈曲液压阻尼力和伸展液压阻尼力的控制；在主动阶段，液压缸上下油腔油路通道全部打开，通过下活塞与上活塞进行耦合，下活塞将主动电机输出力矩传递至上活塞。为了保证活塞杆与下活塞在上下运动时液压缸的密封性，分别在液压缸上下端面设计动密封圈。

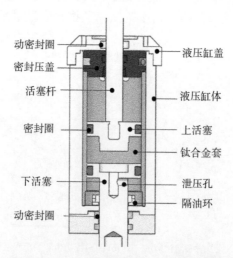

图 4-4-14　混合驱动液压缸内部结构设计

混合驱动液压缸的内部尺寸设计(见图4-4-15)按照《液压气动系统及元件　缸活塞行程系列》(GB 2349—1980)选取液压缸设计行程为40 mm。液压缸尺寸参数如表4-4-2所示。

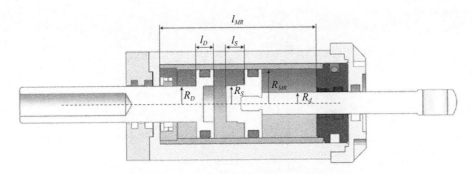

图4-4-15　混合驱动液压缸内部尺寸设计

表4-4-2　液压缸参数表

液压缸参数	数值
液压缸内径(R_{MR})	9.5 mm
下活塞杆半径(R_D)	5 mm
上活塞杆半径(R_d)	3 mm
下活塞排油块半径(R_S)	5 mm
下活塞厚度(l_D)	5 mm
上活塞厚度(l_S)	5 mm
液压油腔长度(l_{MR})	46 mm
液压油密度(ρ)	870 kg/m³
液压油阻尼系数(C_d)	0.7

液压缸壁厚设计。根据实际设计方案,同时参考《流体传动系统及元件　缸径及活塞杆直径》(GB/T 2348—2018),选取液压缸内径$D=19$ mm,活塞杆直径$d=5$ mm,可得液压缸内部最大压力:

$$p_{\max} = \frac{4F_{\max}}{\pi(D^2 + d^2)} \qquad 式(4-4-7)$$

液压缸最小壁厚δ为:

$$\delta = \frac{p_{\max}D}{2[\sigma]} = \frac{p_{\max}}{2\sigma_b} \cdot n \qquad 式(4-4-8)$$

其中,$F_{\max}$取1 500 N,本案例设计的液压缸材料为45号缸,$\sigma_b = 600$ MPa,安全系数$n=5$。由式(4-4-7)与式(4-4-8)可得液压缸最小壁厚为0.021 mm,因此本案例设计的液压缸壁厚为4 mm,在保证了安全性的同时降低了加工难度。

基于主被动混合驱动液压假肢膝关节机械整体设计方案要求以及加工制造的难易

程度进行详细结构的设计(见图4-4-16)。主体结构包括液压缸、阻尼调节座组件、电机固定座组件以及驱动电机组件,其中阻尼调节座组件具有两条分别控制膝关节屈曲和伸展的单向液压油路、一个液压储能缸、扇形阀体以及被动驱动装置。

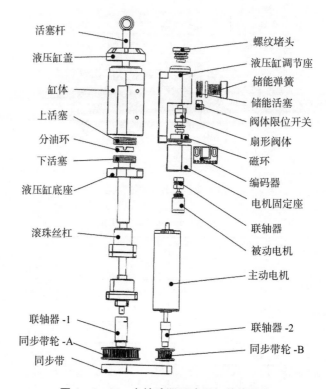

图4-4-16 主被动混驱液压缸整体结构

液压调节座与液压缸相连的左右两侧的液压油路中分别装与截流方向相反的单向阀以及控制屈曲与伸展液压油路的旋扇形阀门(扇形阀门结构见图4-4-17)。扇形阀门设置与油道口接触扇形阀门块凸起。为了减少阀体与调节座内壁之间的接触面积,扇形阀体设置阀体间歇通道,在减少阀体内部流阻的同时,减少阀体与调节座内壁接触形成油膜产生的旋转阻力,提高旋转阀门的精确性。

扇形阀门液压调节时所处的旋转位置不同(见图4-4-18),其中图(a)为屈曲液压油路全开,伸展液压油路全开的状态;图(b)为屈曲液压油路全开,伸展液压油路全闭的状态;图(c)为屈曲液压油路旋转调节,伸展液压油路全关的状态;图(d)为屈曲液压油路全闭,伸展液压油路全开的状态;图(e)为屈曲液压油路全关,伸展液压油路旋转调节的状态;图(f)为屈曲液压油路全关,伸展液压油路全关的状态。

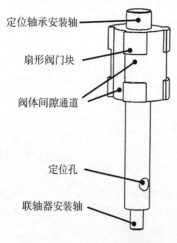

图4-4-17 扇形阀门结构

　　用于主被动混驱液压假肢膝关节的液压流调节结构可以有效避免直线电机控制针阀上下运动而导致电机失步的状况,通过单电机控制双油路流量的方式提高了电机利用率,同时减少了液压调节座体积和重量。

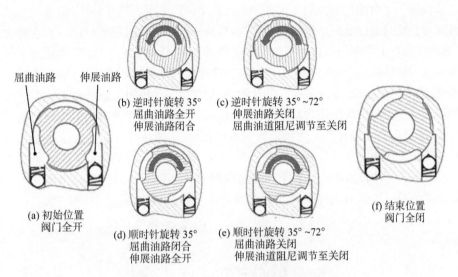

屈曲油路　伸展油路

(a) 初始位置
阀门全开

(b) 逆时针旋转 35°
屈曲油路全开
伸展油路闭合

(c) 逆时针旋转 35°~72°
伸展油路关闭
屈曲油路阻尼调节至关闭

(d) 顺时针旋转 35°
屈曲油路闭合
伸展油路全开

(e) 顺时针旋转 35°~72°
屈曲油路关闭
伸展油道阻尼调节至关闭

(f) 结束位置
阀门全闭

图 4 - 4 - 18　扇形阀门液压调节位置状态

3）主被动混驱模块设计

　　为了研究假肢膝关节与地面之间的动态耦合效应,提出一种主被动混驱控制方案,利用上活塞与下活塞的动态耦合,对假肢膝关节输出力矩进行调节,进而实现对人体行走过程中膝关节力矩的仿生。

　　主被动混驱模块设计里上活塞杆通过驱动连杆与四连杆机构连接(见图 4 - 4 - 19)。

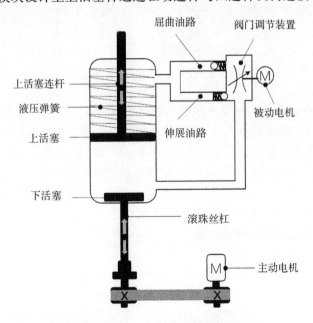

屈曲油路　　阀门调节装置

上活塞连杆

液压弹簧

上活塞

伸展油路

被动电机

下活塞

滚珠丝杠

主动电机

图 4 - 4 - 19　主被动混驱模块设计

对于变阻尼控制,为所提供的液压系统设计了一种扇形阀门,即节流阀,通过调节阻尼来实现弯曲和伸展运动。扇形阀门的旋转位置由被动电机控制,通过控制扇形阀门的旋转,可实现流阻由低到高的连续调节。膝关节屈曲时,活塞杆向下运动,油液流经屈曲通道中的节流阀和屈曲油路单向阀。由于伸展油路单向阀的单向截止特性,油液不能通过伸展通道流动。此时通过改变扇形阀门的位置,对液压缸的屈曲阻尼进行调节。在膝关节弯曲时,钢弹簧通过上活塞的位移被拉伸。膝关节伸展时,活塞杆向上运动,油液流经伸展通道中的节流阀和伸展油路单向阀。由于屈曲油路单向阀的单向截止特性,油液不能通过屈曲通道流动。此时通过改变扇形阀门的位置,来对膝关节伸展阻尼进行调节。而这时钢弹簧拉伸储存的能量被释放出来,弹簧释放的能量可以帮助假肢膝关节进行伸展。对于主动驱动模式,节流阀完全打开。下活塞杆由滚珠丝杠驱动,滚珠丝杠的垂直位移由与主动电机连接的同步带控制。当下活塞向上移动时,上活塞向上推,主动膝关节扭矩由四连杆机构提供。下活塞杆中设置中心孔将下活塞隔离的上下油腔连通,保证液压油不受下活塞杆上下运动的影响。这里对上述主被动混驱方案设计用图描述(见图4-4-20)。

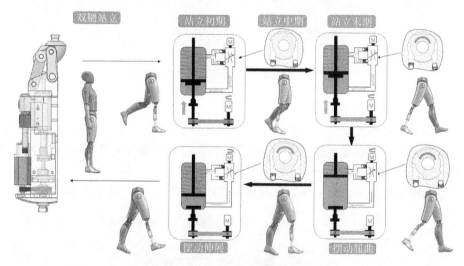

图4-4-20 主被动混驱方案设计

4) 主被动混合驱动的假肢膝关节整体结构建模

结合上述具有主被动混合驱动的液压缸结构设计,进一步完成对主被动混驱液压假肢膝关节的整体结构的设计与三维建模(见图4-4-21)。本书的设计选用 SolidWorks 软件进行建模,假肢膝关节的上下端部分采用通用标准件的四棱台,这种标准件管接头能够适配标准大腿接受腔固定件以及小腿腿管。假肢的整体分为三部分,分别是四连杆机构、主被动混合驱动液压缸以及主动驱动模块。

2. 下肢假肢系统动力学建模仿真

1) 下肢假肢系统动力学建模

运动学模型作为动力学模型的基础,为帮助建立动力学模型提供各个连杆的质心位置、速度以及加速度。膝上大腿假肢主要包括大腿接受腔、假肢膝关节本体和假肢踝关节。大腿接受腔和假肢上连杆通常为固定连接,假肢踝关节通常为固定踝脚连接,因此

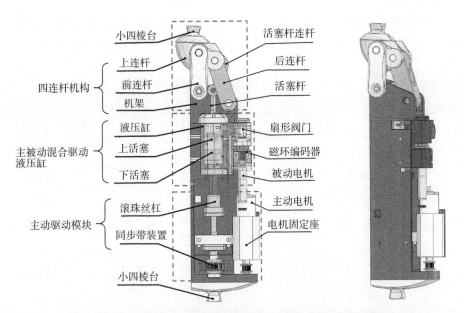

图 4 - 4 - 21 混合驱动液压假肢膝关节主体机械整体三维模型

在该运动学模型中大腿残肢与假肢膝关节上连杆、假肢踝关节与腿管部分等价为刚性连接。在下肢假肢系统的连杆系统等效图(见图 4 - 4 - 22)里,点 A 代表髋关节;$P_i(i =$

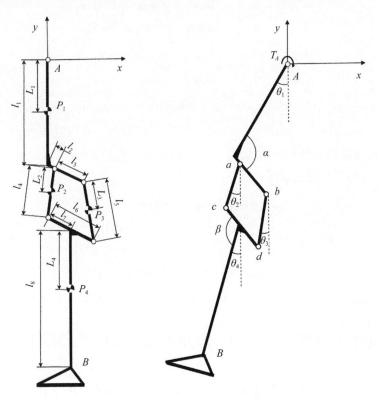

图 4 - 4 - 22 下肢假肢系统运动学模型

$1,\cdots,4$) 分别表示上连杆 P_1,前连杆 P_2,后连杆 P_3,下连杆 P_4;l_i 代表刚体长度;L_i 表示转动中心到连杆质心的距离;α 为 l_1 杆与 l_3 杆之间的夹角,β 表示 l_6 杆和 l_8 杆之间的夹角。

在四连杆中,a、b、c 和 d 点转动中心的笛卡尔坐标可以表示为:

$$\binom{a_x}{a_y}=\binom{s_x}{s_y}+\begin{pmatrix}\cos\theta_1 & -\sin\theta_1\\ \sin\theta_1 & \cos\theta_1\end{pmatrix}\binom{-l_2\sin\alpha}{-l_1+l_2\cos\alpha} \qquad 式(4-4-9)$$

$$\binom{b_x}{b_y}=\binom{s_x}{s_y}+\begin{pmatrix}\cos\theta_1 & -\sin\theta_1\\ \sin\theta_1 & \cos\theta_1\end{pmatrix}\binom{-(l_3+l_2)\sin\alpha}{-l_1+(l_3+l_2)\cos\alpha} \qquad 式(4-4-10)$$

$$\binom{c_x}{c_y}=\binom{b_x}{b_y}+\begin{pmatrix}\cos\theta_3 & -\sin\theta_3\\ \sin\theta_3 & \cos\theta_3\end{pmatrix}\binom{0}{-l_5} \qquad 式(4-4-11)$$

$$\binom{d_x}{d_y}=\binom{a_x}{a_y}+\begin{pmatrix}\cos\theta_2 & -\sin\theta_2\\ \sin\theta_2 & \cos\theta_2\end{pmatrix}\binom{0}{-l_4} \qquad 式(4-4-12)$$

上连杆 P_1、前连杆 P_2、后连杆 P_3、下连杆 P_4 的质心坐标可以表示为:

$$\binom{P_{1x}}{P_{1y}}=\binom{s_x}{s_y}+\begin{pmatrix}\cos\theta_1 & -\sin\theta_1\\ \sin\theta_1 & \cos\theta_1\end{pmatrix}\binom{0}{-L_1} \qquad 式(4-4-13)$$

$$\binom{P_{2x}}{P_{2y}}=\binom{a_x}{a_y}+\begin{pmatrix}\cos\theta_2 & -\sin\theta_2\\ \sin\theta_2 & \cos\theta_2\end{pmatrix}\binom{0}{-L_2} \qquad 式(4-4-14)$$

$$\binom{P_{3x}}{P_{3y}}=\binom{b_x}{b_y}+\begin{pmatrix}\cos\theta_3 & -\sin\theta_3\\ \sin\theta_3 & \cos\theta_3\end{pmatrix}\binom{0}{-L_3} \qquad 式(4-4-15)$$

$$\binom{P_{4x}}{P_{4y}}=\binom{d_x}{d_y}+\begin{pmatrix}\cos\theta_4 & -\sin\theta_4\\ \sin\theta_4 & \cos\theta_4\end{pmatrix}\binom{-l_7\sin\beta}{-L_4+l_7\cos\beta} \qquad 式(4-4-16)$$

四连杆机构作为一种封闭结构,只有一个自由度。因此 θ_i ($i=1,\cdots,4$) 之间存在几何约束关系,其约束方程可表示为:

$$\boldsymbol{\Phi}^{\mathrm{T}}(Q)=\begin{bmatrix}l_3\cos(\theta_1-\alpha) & -l_3\sin(\theta_1-\alpha)\\ -l_4\cos\theta_2 & -l_4\sin\theta_2\\ -l_5\cos\theta_3 & -l_5\sin\theta_3\\ l_6\cos(\theta_4-\beta) & l_6\sin(\theta_4-\beta)\end{bmatrix}=\boldsymbol{0} \qquad 式(4-4-17)$$

式中,α 为杆 l_1 与杆 l_3 之间的夹角,β 为杆 l_6 与杆 l_8 之间的夹角,θ_i 为连杆 P_i 杆与垂直方向的夹角。

根据四连杆约束方程式(4-4-17),其中 θ_1、θ_2、θ_3 和 θ_4 之间的位置关系可以表示为:

$$\theta_2=\arcsin\frac{l_3^2+l_6^2+l_4^2-l_5^2-2l_3l_6\cos(\theta_1+\alpha-\theta_4-\beta)}{2l_6\sqrt{l_3^2+l_6^2-2l_3l_6\cos(\theta_1+\alpha-\theta_4-\beta)}}-$$

$$\arctan \frac{l_6 \cos(\theta_4 + \beta) - l_3 \cos(\theta_1 + \alpha)}{l_6 \sin(\theta_4 + \beta) - l_3 \sin(\theta_1 + \alpha)} \qquad \text{式}(4-4-18)$$

$$\theta_3 = \arcsin \frac{l_3^2 + l_6^2 + l_5^2 - l_4^2 - 2l_3 l_6 \cos(\theta_1 + \alpha - \theta_4 - \beta)}{-2l_5 \sqrt{l_3^2 + l_6^2 - 2l_3 l_6 \cos(\theta_1 + \alpha - \theta_4 - \beta)}} -$$

$$\arctan \frac{l_6 \cos(\theta_4 + \beta) - l_3 \cos(\theta_1 + \alpha)}{l_6 \cos(\theta_4 + \beta) - l_3 \sin(\theta_1 + \alpha)} \qquad \text{式}(4-4-19)$$

$$\theta_4 = \frac{\pi}{2} + \arcsin \frac{l_4^2 + l_3^2 + l_6^2 - l_5^2 + 2l_3 l_4 \cos(\theta_2 - \theta_1 - \alpha)}{-2l_6 \sqrt{l_4^2 + l_3^2 - 2l_3 l_4 \cos(\theta_2 - \theta_1 - \alpha)}} +$$

$$\arctan \frac{l_3 \sin(\theta_1 + \alpha) + l_4 \cos\theta_2}{l_3 \cos(\theta_1 + \alpha) + l_4 \cos\theta_2} - \beta \qquad \text{式}(4-4-20)$$

对 θ_i 进行求导,得到角度 θ_i 和角速度 $\dot\theta_i$ 之间的关系:

$$\dot\theta_2 = \frac{l_6 \dot\theta_4 \sin(\theta_4 + \beta - \theta_3) - l_3 \dot\theta_1 \sin(\theta_1 + \alpha - \theta_3)}{l_4 \sin(\theta_2 - \theta_3)} \qquad \text{式}(4-4-21)$$

$$\dot\theta_3 = \frac{l_6 \dot\theta_4 \sin(\theta_4 + \beta - \theta_3) - l_3 \dot\theta_1 \sin(\theta_1 + \alpha - \theta_3)}{l_3 \sin(\theta_2 - \theta_3)} \qquad \text{式}(4-4-22)$$

对 $\dot\theta_i$ 进行求导,得到角度 θ_i、角速度 $\dot\theta_i$ 和角加速度 $\ddot\theta_i$ 之间的关系:

$$\ddot\theta_2 = \frac{\begin{array}{c} l_3 \ddot\theta_1 \sin(\theta_1 + \alpha - \theta_3) - l_3 \dot\theta_1{}^2 \cos(\theta_1 + \alpha - \theta_3) - \\ l_4 \dot\theta_2{}^2 \cos(\theta_2 - \theta_3) + l_3 \dot\theta_3{}^2 + \\ l_6 \ddot\theta_4 \sin(\theta_4 + \beta - \theta_3) + l_6 \dot\theta_4{}^2 \cos(\theta_4 + \beta - \theta_3) \end{array}}{l_2 \sin(\theta_2 - \theta_3)} \qquad \text{式}(4-4-23)$$

$$\ddot\theta_3 = \frac{\begin{array}{c} -l_3 \ddot\theta_1 \sin(\theta_1 + \alpha - \theta_2) - l_3 \dot\theta_1{}^2 \cos(\theta_1 + \alpha - \theta_2) - \\ l_5 \dot\theta_3{}^2 \cos(\theta_2 - \theta_3) + l_4 \dot\theta_2{}^2 + \\ l_6 \ddot\theta_4 \sin(\theta_4 + \beta - \theta_2) + l_6 \dot\theta_4{}^2 \cos(\theta_4 + \beta - \theta_2) \end{array}}{l_5 \sin(\theta_2 - \theta_3)} \qquad \text{式}(4-4-24)$$

2) 主被动混驱液压缸运动模型建立

本书设计的主被动混驱液压缸通过与四连杆机构的连杆部分进行耦合设计,并建立数学模型(见图 4-4-23)。液压缸的活塞杆作为阻尼力和驱动力的输出杆,在转动过程中,上连杆通过中间杆与液压缸的活塞杆进行连接,形成一个曲柄滑块机构。其模型图如图 4-4-23 所示,其中 l_9 为活塞杆的长度;l_{10} 为连接杆的长度;θ_5 为连接杆与垂直方向角度;θ_6 为 l_9 杆与垂直方向的角度;θ_7 为大腿部分与小腿部分的相对角度;D_0 为直立时活塞的初始位置。

根据图 4-4-23 所示,活塞杆与液压连杆系统形成闭合回路,θ_5、θ_6 和 θ_7 之间存在约束关系,其约束关系用笛卡儿形式可以表示为:

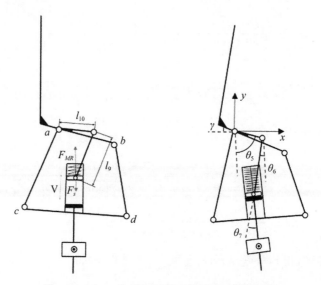

图 4 - 4 - 23　四连杆混合驱动液压缸数学模型

$$\boldsymbol{\Phi}^{\mathrm{T}}(q) = \begin{bmatrix} l_4\cos\theta_9 & -l_4\sin\theta_9 \\ -l_{10}\cos\gamma & -l_{10}\sin\gamma \\ -D\cos\theta_7 & -D\sin\theta_7 \\ -l_9\cos\theta_5 & -l_9\sin\theta_5 \\ l_7\cos(\theta_7-\beta) & l_7\sin(\theta_7-\beta) \end{bmatrix} = \mathbf{0} \qquad 式(4-4-26)$$

大腿与小腿相对角度 θ_7 可以表示为：

$$\theta_7 = \theta_4 - \theta_1 = \arcsin\frac{l_4^2 + l_3^2 + l_6^2 - l_5^2 + 2l_3 l_4\cos(\theta_2 - \alpha)}{-2l_6\sqrt{l_4^2 + l_3^2 - 2l_3 l_4\cos(\theta_2 - \alpha)}} +$$

$$\arctan\frac{l_3\sin\alpha + l_4\cos\theta_2}{l_3\cos\alpha + l_4\cos\theta_2} - \beta + \frac{\pi}{2}$$

$$式(4-4-27)$$

根据连杆之间的约束关系，活塞的位移可以表示为：

$$\Delta D = l_7\cos\beta - l_4\cos(\theta_6 - \theta_7) - l_{10}\sin(\theta_7 - \gamma) - D_0 +$$

$$\sqrt{\begin{array}{l} l_9^2 - l_4^2 - l_{10}^2 - l_7^2 - 2l_4 l_7\sin(\beta + \theta_7 - \gamma) - \\ 2l_4 l_{10}\sin(\theta_6 - \gamma) + 2l_4 l_7\cos(\beta + \theta_7 - \theta_6) \\ + [l_4\cos(\theta_7 - \theta_6) + l_4\sin(\theta_7 - \gamma) - l_7\cos\beta]^2 \end{array}} \qquad 式(4-4-28)$$

3）液压油路通流面积计算模型

本书设计的主被动混合驱动假肢膝关节液压系统是通过控制液压缸内部的压力来决定膝关节的阻尼力矩的。通过控制旋转电机转动的角度从而控制扇形阀门与油道口之间的重合度，即阀门开度 α。不同的阀门开度 α 代表屈曲油路与伸展油路的通流面积，通过改变液压缸上下油腔中屈曲油路和伸展油路的瞬时流量，进而改变活塞上下运动受到的阻力大小,即假肢膝关节液压系统的液压阻尼。

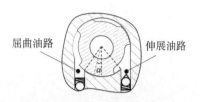

图 4 - 4 - 24　扇形旋转阀体

如图 4 - 4 - 24 所示,主被动混驱液压缸满足在行走过程中的被动阶段只提供阻尼力矩,此时液压缸作阻尼缸用,液压阻尼实际产生的膝关节阻尼力矩 M_k 为:

$$M_k = (F_d + F_s)L = (F_d + k\Delta x)L \qquad 式(4 - 4 - 29)$$

式中,F_s 为弹簧力,k 为助伸弹簧弹性系数,Δx 为弹簧压缩量,L 为实时力臂长。

液压缸上下腔压差为 ΔP,活塞有效作用面积为 A,则液压阻尼力

$$F_d = \Delta PA \qquad 式(4 - 4 - 30)$$

液压缸活塞的速度为 V,液压油流经扇形阀体的有效通流面积为 A_0,流量系数为 C_d,液压油的密度为 ρ,则液压缸上下油腔的压力差 ΔP 可以表示为:

$$\Delta P = \frac{\rho A^2 V^2}{2C_d^2 A_0^2} \qquad 式(4 - 4 - 31)$$

而有效通流面积 A_0 与阀门开度 α 之间的计算关系可以表示为:

$$A_0 = \int_{r[\cos(55°-\alpha)-\sin35°]}^{d} \sqrt{\left(\frac{d}{2}\right)^2 - t^2}\, \mathrm{d}t \qquad 式(4 - 4 - 32)$$

由以上公式可知,阀门开度 α 与膝关节液压阻尼力矩 M_k 之间的关系为:

$$M_k = \left\{ \frac{\rho A^3 l_9^2 l_{10}^2 \cos^2(\theta_5 - \theta_7)(\theta_5 - \theta_7)}{8C_d^2 \left[\int_{r[\cos(55°-\alpha)-\sin35°]}^{d} \sqrt{\left(\frac{d}{2}\right)^2 - t^2}\, \mathrm{d}t\right]^2 [l_9^2 + l_{10}^2 + 2l_9 l_{10}\sin(\theta_5 - \theta_7)]} \right.$$
$$\left. + k\Delta x \right\} \cdot \frac{l_9 l_{10}\cos(\theta_5 - \theta_7)}{\sqrt{l_9^2 + l_{10}^2 + 2l_9 l_{10}\sin(\theta_5 - \theta_7)}} \qquad 式(4 - 4 - 33)$$

4) 基于 ADAMS 的下肢假肢系统动力学仿真与分析

动力学仿真是为了解决工程实际问题,通过计算机模拟研究系统的动态特性。本案例基于 ADAMS 动力学仿真软件对主被动混合驱动液压假肢膝关节动力学模型进行动力学仿真。主被动混合驱动的动力假肢膝关节仿真研究涉及的领域较为复杂,包括人体运动学以及动力学领域,然而通过机构的运动学分析难以评估其性能。因此本案例基于主被动混合驱动的液压假肢膝关节建立动力学计算模型,通过 ADAMS 仿真软件建立人体穿戴假肢膝关节的简化模型,并对人体在不同路况下的运动状态进行动力学分析。根据仿真分析结果探究不同路况下主被动混合驱动力矩,建立控制参数库。

鉴于截肢者穿戴假肢膝关节的三维模型较为复杂,而 ADAMS 仿真软件的三维建模环境有限,因此将 SolidWorks 中建立的主被动混合驱动液压膝关节模型生成 X-T 格式,并通过联合仿真端口导入 ADAMS 仿真软件中。在 ADAMS 中将人体其余部分进

行简化,简化后的刚体模型如图 4-4-25 所示。在 ADAMS 软件中的参数设置内容如下:

(1) 单位设置。动力学仿真分析单位设置:质量单位 kg,时间单位 s,力单位 N,力矩单位 N·m,长度单位 m,角度单位 °。

(2) 重力加速度设置和质量特性设置。重力加速度设置为 -9.8 m/s^2,方向为 Y 轴负方向。首先将 ADAMS 简化模型分为头颈、躯干、左右手臂、左大腿、左小腿、左脚、右大腿(截肢侧)、右假肢膝关节、右小腿腿管、右假脚共 11 个部位。

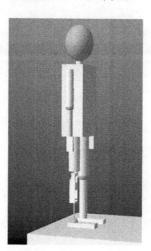

图 4-4-25 ADAMS 中截肢者穿戴假肢膝关节的简化模型

由《成年人人体惯性参数》(GB/T 17245—2004)中提供的回归方程计算得到的各体段具体参数如表 4-4-3 所示,其中质心位置的测量起点依次为头顶点、颈椎点、肩峰点、胫骨点、大腿截肢末端、内踝点、足底。依次设置人体简化模型中各部分零件的质量、质心和转动惯量等质量特性。

表 4-4-3 ADAMS 简化模型人体各段参数设置

体段	尺寸/mm	质量/kg	质心位置/mm	转动惯量/(kg·mm²)
头颈	323.7	5.9	127.8	32 866.1
躯干	523	30.0	235.4	447 026.8
手臂	696.3	3.5	359.1	16 403.8
左大腿	489.2	9.8	362.3	163 719.1
左小腿	395.6	3.1	230.6	25 751.1
右大腿(截肢侧)	244.2	4.9	180.8	81 859.5
右假肢膝关节	306	2.3	109.4	11 629.5
右小腿腿管	207.9	0.8	103.5	3 497.1
左脚/右假脚	257.2	0.9	39	3 934.3

(3) 添加运动副(见图 4-4-26)。为了更好地模拟人体运动状态,ADAMS 模型中各个构件的约束需要根据人体的实际运动进行添加。由于本项研究主要是研究下肢中

主被动混合驱动的假肢膝关节运动,为了简化运动参数,对于模型中的髋关节以上部位均采用固定连接。对于下肢运动,在健侧腿部分,髋关节与躯干部分以及健侧膝关节与大腿连接处均采用旋转副来模拟关节运动。对于残肢部分,髋关节与躯干同样设置旋转副进行髋关节运动模拟,假肢膝关节的上连杆部分与残肢末端设置固定副连接,模拟接受腔与假肢膝关节的膝铰机构。前杆、后杆与机架之间分别添加旋转副,上连杆与活塞之间设置活塞连杆,活塞连杆的两边设置旋转副。而膝关节支架与假脚为刚性连接,因此固定支架与假脚以模拟假肢踝关节,在健侧小腿与脚之间添加旋转副以模拟踝关节。液压缸与活塞杆以及助伸弹簧之间设置为移动副。为了模拟真实地面,其中地面模型是固定的。考虑到人体在行走过程中的运动特征,比如人体重心的变化(见图 4-4-27)、地面反作用力等,在建模时需根据具体运动情况设计相关约束函数。因此需要在运动模型中添加人体和地面的平行约束,以及脚底与地面的反作用力函数。

图 4-4-26　Adams 仿真软件中运动副设置

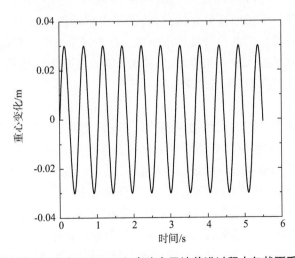

图 4-4-27　正常人以 1.1 m/s 步速在平地前进过程中矢状面重心变化

（4）设置驱动副。本案例中的假肢主要研究人体下肢运动过程中假肢膝关节力矩的变化，因此在设置驱动函数时需要将人体其他构件的驱动参数均设置为人体正常运动参数。将人体在正常运动过程中的髋关节角度以及健侧膝关节运动角度数据作为驱动数据通过 SPLINE 函数导入，生成髋关节以及健侧膝关节的驱动函数。对于主被动混合驱动假肢膝关节，需要将动力学数学模型中的理论力矩作为驱动函数导入，最后统一采用 Akima 样条拟合，定义驱动函数。

仿真流程将理论力矩分为主动力矩和被动力矩，模拟人体正常步态中膝关节力矩主被动混合作用机制，并通过 STEP 函数对主动力矩和被动力矩进行驱动时长定义（见图 4 - 4 - 28）。

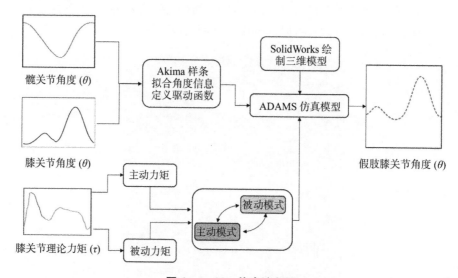

图 4 - 4 - 28　仿真流程图

最后运行仿真，仿真完成以后利用 ADAMS 后处理系统提取仿真结果。

通过对仿真数据的处理，对比仿真的健侧与截肢侧膝关节角度的变化曲线（见图 4 - 4 - 29）。两者曲线相似且极为接近，验证了主被动混合驱动力学模型的正确性，以及采用理论力矩计算出的阀门开度的准确性。在主被动混驱控制系统下，假肢膝关节在摆动阶段不仅实现了最大屈曲角度，假肢膝关节角度变化曲线也几乎与健侧膝关节保持一致，保证了截肢者穿戴行走时的对称性。

3. 控制系统设计

下肢假肢作为缺失肢体的代替物，除装饰作用外，更需要实现功能代偿，恢复支撑身体、行走等各种功能。假肢膝关节是整个下肢假肢系统中运动功能实现的最关键部位。高性能的智能假肢膝关节系统应满足以下功能：

（1）在静止或步态支撑期应保证稳定性，以保证安全。

（2）识别截肢者的运动意图，并在相应的步态相位进行相应的运动。

（3）摆动中期保证足够的离地间隙，避免脚尖与地面碰撞。

（4）摆动期假肢膝关节的角度应尽可能地与健侧膝接近，实现良好的步态对称性。

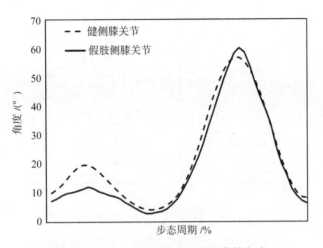

图 4-4-29　健侧与截肢侧膝关节的角度

（5）可适应不同步行速度的变化。

（6）可适应不同的路况变化。

针对以上功能需求，基于所研制的假肢膝关节样机进行控制系统的设计（假肢膝关节的控制系统整体结构框图见图 4-4-30）。

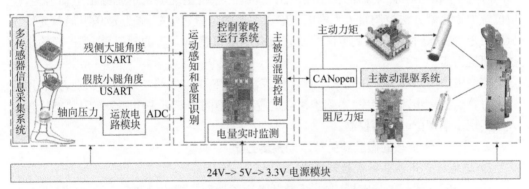

图 4-4-30　假肢膝关节的控制系统整体结构框图

其中假肢膝关节控制系统的控制方案的控制核心是对假肢膝关节在不同路况下支撑相和摆动相的控制（控制方案见图 4-4-31）。

控制系统由多传感器信息采集系统、控制策略运行系统、主被动混驱系统组成。采用模块化设计思想，保证了后续的升级优化以及可维修性。

多传感器信息采集系统采集假肢穿戴者行走时的运动学和力学数据，它们能够比较直观地反应假肢穿戴者行走时的运动意图。运动学数据主要是膝关节角度、大腿角度、大腿角速度、小腿角度、小腿角速度，使用姿态传感器进行采集；力学数据是小腿处的轴向作用力，使用压力传感器进行采集。

控制策略运行系统根据多传感器信息采集系统采集的多传感器信息进行运动感知和意图识别，主要是识别当前的路况、步态相位及步速，根据假肢穿戴者的运动意图运行

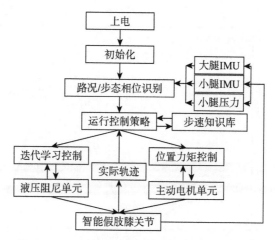

图 4 - 4 - 31　假肢膝关节控制系统的控制方案图

控制策略,输出控制参数控制主被动混驱系统输出主动力矩和阻尼力矩。同时优化存储的控制参数,还有电量实时检测等辅助功能,主要依靠以 STM32F407VGT6 芯片为核心的主控制器实现。

主被动混驱系统根据控制策略运行系统发出的控制参数输出主动力矩和阻尼力矩,顺应膝关节驱动器和阻尼器混合作用的工作机理;控制主动电机单元输出主动力矩,使用位置力矩控制方法控制直流无刷电机输出期望的位置和力矩;控制液压阻尼单元输出阻尼力矩,使用迭代学习控制方法控制直流有刷电机输出期望的阀门角度,进而输出期望的阻尼力矩。

控制方法可归纳为采用基于 LM 优化算法的 BP 神经网络实现路况识别,并利用迭代学习算法搭建步速知识库,实现步速自适应和在不同路况下采用基于有限状态机控制方法实现步态相位的跟随控制。

4. 基于人体步态的假肢膝关节运动控制方案

1) 平地行走步态分析及控制策略

在一个完整的行走步态周期中,下肢共经历了地面支撑阶段和空中摆动阶段两个阶段。因此,可将一个完整的步态周期分为支撑相和摆动相。支撑相开始于脚后跟着地结束于脚前掌离地,阶段时间约为整个步态周期的 60%。摆动相开始于脚前掌离地结束于脚后跟着地,阶段时间约为整个步态周期的 40%。在整个步态周期的运动过程中,可依次标识为脚后跟着地、脚全掌着地、脚后跟离地、脚前掌离地、脚后跟离地最高处、小腿空中垂直地面等关键状态。根据上述关键状态,对平地行走的步态周期进行划分。

支撑相可分为 3 个阶段,第一阶段为支撑前期,是从脚后跟着地到脚全掌着地的过程,该过程为减速过程,主要吸收地面的冲击并开始承重,膝关节角度从 0°屈曲增加到 15°左右,时间约占整个步态周期的 15%。第二阶段为支撑中期,是从脚全掌着地到脚后跟离地的阶段,该过程中,身体的全部重量压在支撑腿上面,膝关节角度从 15°伸展变化到 0°,即大腿和小腿处于一条直线上,理想状态与地面垂直,时间约占整个步态周期的 30%。第三个阶段为支撑后期,是从脚后跟离地到前脚掌离地,在该过程中,重心逐步转移向对侧,并开始蹬地动作,推动身体向前运动,为一个加速过程,膝关节进行屈曲运动,膝关节角度从0°快速屈曲变化到40°左右,时间约占整个步态周期的15%。

摆动相也可分为3个阶段,第一个阶段为摆动前期,是从脚尖离地到脚后跟到达空中最高点的阶段,该过程中髋关节屈曲带动膝关节屈曲,膝关节角度从40°左右快速变化到膝关节屈曲最大值,时间约占整个步态周期的15%。第二个阶段为摆动中期,是从脚后跟在空中的最高点到小腿垂直地面的阶段,时间约占整个步态周期的10%。第三个阶段为摆动后期,开始为脚后跟着地做准备,逐渐降低摆动速度至停止,膝关节屈曲角度减小到0°,时间约占整个步态周期的15%,该过程也称为摆动减速期。

以上只是对步态的划分进行了介绍,若对运动步态进行分析,则需要对整个步态周期的运动学数据和力学数据进行分析。可直接利用地面反作用力来判断站立相和摆动相,对整个步态周期的地面反作用力进行分析,可以更好地理解步态相位的划分,以及在假肢膝关节穿戴过程中患者容易出现摔倒的时刻,为智能假肢膝关节控制系统的设计提供科学依据。地面反作用力(ground reaction force,GRF)由垂直分力、前后剪切力和内外剪切力共同组成,但相比垂直分力其他两个剪切力较小,故大多研究垂直分力变化(一个完整步态周期的左右腿垂直地面反作用力曲线见图4-4-32)。

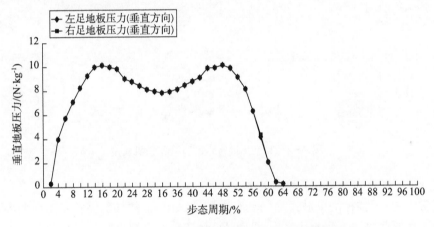

图4-4-32 完整步态周期下地面反作用力曲线

当脚后跟着地时,地面反作用力约为体重的1.5倍,是体重与摆动末期脚后跟着地前加速度所产生冲击力的合力,其间地面反作用力曲线的斜率越大,冲击力发生得越快,如果膝关节处在此刻不抵抗该冲击力,则无法保证着地时刻的稳定性,进而导致摔倒。进入支撑中期,GRF大小与体重持平;支撑后期,随着脚后跟离地,GRF信号开始减小;当脚尖离地时,GRF为0;由于摆动期膝关节在空中摆动,GRF信号一直为0。

由于步速在智能假肢膝关节控制中是一个重要的指标参数,故需要对不同步速下的步态规律进行分析。如图4-4-32所示,在不同步速下,膝关节站立相角度变化不大,而摆动屈曲最大角度变化比较明显,平地行走速度越快,摆动屈曲最大角度越大。要模拟人体正常步态,就需要控制智能假肢膝关节屈曲到与步速相对应的摆动屈曲最大角度。

通过对平地下人体下肢运动步态的分析,正常人的支撑相膝关节先屈曲后伸展,进入到摆动相也同样为先屈曲后伸展。若使假肢步态趋向正常人步态,则需要调控假肢按照此规律进行变化,即在支撑相早期实现膝关节角度 15°的屈曲运动,在摆动相阶段,需要实现根据步行速度调控假肢膝关节摆动并与正常小腿摆动接近一致的控制目标。

不同的步行速度在宏观上的表现是走完一个完整步态周期的时间的变化,由于假肢膝关节的控制重点在摆动,则可通过控制摆动屈曲最大角度跟随步速变化。使用有限状态控制实现平地行走,将平地行走一个步态周期划分为站立、站立屈曲、站立伸展、预摆动、摆动屈曲、摆动伸展共 6 个状态(见图 4-4-33)。

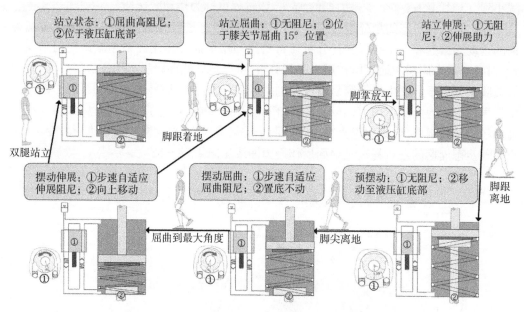

图 4-4-33　平地行走的有限状态机模型

2) 上/下楼梯步态分析及控制策略

正常人上/下楼梯的下肢运动仍具有周期性,针对上楼梯的完整步态周期为从脚跟着地开始到同侧脚跟再次着地为止(见图 4-4-34)。根据小腿是否接触台阶可分为支撑相和摆动相。支撑相可分为全脚掌触地、重心转移期、上升期和身体前移期。摆动相可分为加速摆动期和减速期。

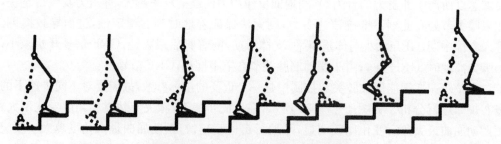

图 4-4-34　正常人上楼梯步态示意图

使用有限状态控制实现上楼梯,将上楼梯一个步态周期划分为站立伸展、预摆动、摆动屈曲、摆动伸展共 4 个状态(见图 4-4-35)。

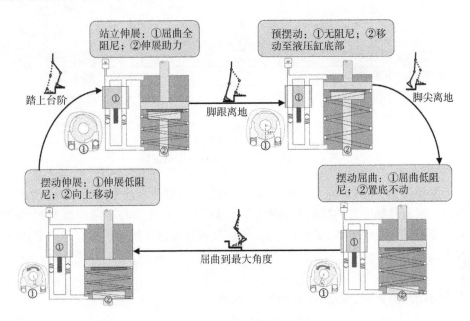

图 4-4-35 上楼梯的有限状态机模型

由于上楼梯的过程是一个主动做功的过程,智能假肢膝关节提供主动力矩进行主动伸展,上楼梯时,健侧腿先迈步。而在下楼梯的下肢运动过程中,区别于平地行走步态顺序,脚尖先于脚跟着地,一定程度上弥补了楼梯的高度差。整个步态周期,按脚掌是否接触台阶可分为支撑期和摆动期(见图 4-4-36)。

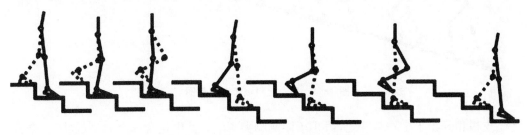

图 4-4-36 正常人下楼梯步态示意图

在下楼梯过程中,有几个关键的事件,如脚尖着地、全脚掌着地、脚后跟离地、全脚掌离开台阶。其中脚尖着地是区别于其他路况所特有的状态,由于要实现重心的转移,会产生高于体重的地面反作用力。单足支撑时期,脚全掌在台阶上放平,重心转移到接触台阶的脚上,身体的另一侧处于摆动期,此时膝关节具有小幅度的屈曲角度。重心下降时期为关键时期,该时期实现身体向前行走同时重心往下转移的一个过程。

由于下肢假脚的踝关节处不具有自由度,故整个步态与正常步态具有一定的差异性,截肢者的步态周期中缺少脚尖着地状态时期。使用有限状态控制实现下楼梯时,只能将下楼梯一个步态周期划分为站立屈曲和摆动伸展共 2 个状态(见图 4 - 4 - 37)。

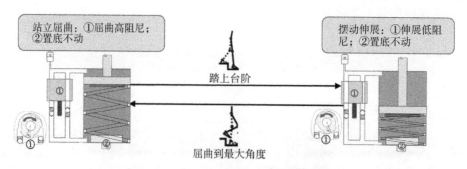

图 4 - 4 - 37　下楼梯的有限状态机模型

在下楼梯过程中,由于重力势能,重心下降的时间很短,在这个时间段内无法频繁地执行操作。对假肢膝关节的控制系统来说,控制核心主要在重心下降短暂期间,只要控制假肢本身能够弯曲承重,完成重心下降转移,使截肢者身体快速下楼即可。下楼梯时,假肢侧先迈步。

3) 上/下坡步态分析及控制策略

上斜坡的步态周期过程如图 4 - 4 - 38 所示。

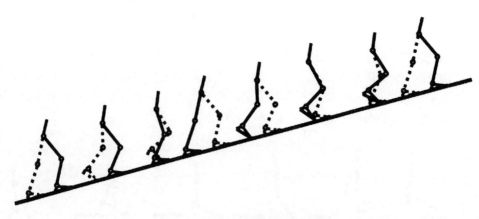

图 4 - 4 - 38　上斜坡步态示意图

支撑相开始于全脚掌着地,截止于同侧脚尖离地。其中包含 3 个典型的状态:全脚掌着地、单足支撑和脚尖离地状态。在全脚掌着地状态时,关节处存有较大的剪切力,为保证行走安全,另一侧也为全脚掌着地状态。在单足支撑时期,体重全部落在支撑腿上,同时关节提供主动力矩使身体上升。随后小腿收缩肌肉,为脚尖离地储存能量。针对上坡状态的摆动相,开始于脚尖离地,终止于同侧脚掌着地。该过程为防止脚尖与地面碰撞,应尽量使膝关节产生较大的弯曲角度来提高脚尖的离地高度或增大摆动伸展时间。在摆动过程中,在髋关节到达中位后,膝关节便开始减速伸展以做好脚掌着地的准备。使用有限状态控制实现上斜坡,将上斜坡一个步态周期划分为站立伸展、预摆动、摆动屈曲、摆动伸展共 4 个状态(见图 4 - 4 - 39)。

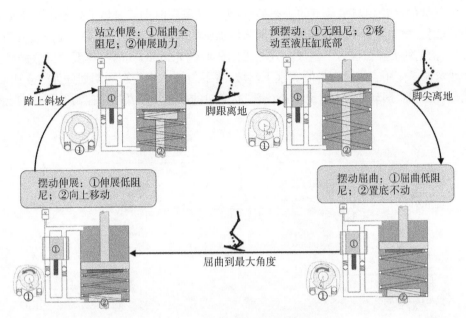

图 4-4-39　上斜坡的有限状态机模型

由于上斜坡的过程是一个主动做功的过程,智能假肢膝关节提供主动力矩进行主动伸展,上斜坡时,健侧腿先迈步。

下斜坡步行过程中产生的能量主要为身体下降重力势能转化的被动的能量,不需要主动做功(下斜坡的步态示意图见图 4-4-40)。

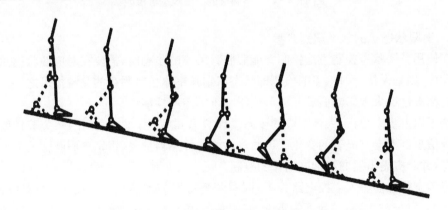

图 4-4-40　下斜坡的步态示意图

下斜坡的支撑与平地行走一样,为从脚后跟着地到同侧脚尖离地的过程,可分为单足和双足支撑期,并包括 3 个典型事件:脚后跟着地、脚全掌着地以及脚后跟离地。

脚后跟着地后身体重心开始转移到支撑侧的下肢上,直到脚全掌着地即单足支撑期,身体全部重心转移到支撑侧,这也导致膝关节处受到的剪切力最大,此过程也是最易发生摔倒的过程。控制过程需要额外注意此时刻,同时该状态下的单足支撑期时间相比平地下的要短。

　　下斜坡的摆动相与平地下的步态类似,为下肢腾空时期。身体下降不需要主动产生推力,同时在摆动过程中通过膝关节弯曲来增加脚尖的离地高度。针对大腿截肢者的下斜坡过程,常见的大腿截肢者下斜坡方式是采用假肢侧先迈步,同时身体要侧向假肢防止假肢突然弯曲。使用有限状态控制实现下斜坡,将下斜坡一个步态周期划分为站立屈曲、预摆动、摆动屈曲、摆动伸展共 4 个状态(有限状态机的状态切换及相应控制见图 4-4-41)。

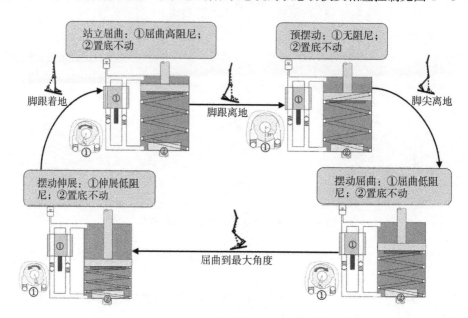

图 4-4-41　下斜坡的有限状态机模型

5. 有限状态机的状态识别方案

　　在使用有限状态控制方法控制智能假肢膝关节的步态时,需要在对应的状态执行相应的动作,则动作执行时刻点的检测即状态识别是整体控制系统的关键技术之一。状态识别的精准性极大地影响假肢膝关节控制系统的控制性能。

　　基于以上步态分析,人体下肢的步态动作具有重复性,每步之间的膝关节角度以及压力等信息都不会有显著的变化。可通过监测各传感器信号,识别出假肢膝关节的阶段或状态,并对应做出屈曲和伸展动作的控制。

　　将姿态传感器嵌入主控电路板上,同时调整位置使本体坐标系的 Z 轴与地心惯性坐标系的 Z 轴经过位置放置两轴重合,俯仰角可用来描述小腿的倾斜角度,且该角度输出范围大于小腿正常行走过程中的倾斜角度范围。经过数据校准处理后,俯仰角的 0° 为假肢处于垂直地面的位置。当全脚掌着地时,假肢膝关节与地面垂直,此时可得到小腿倾斜角度为 0°;当脚后跟离地时,假肢小腿在大腿轴线后方,则小腿倾斜角度为负;当脚后跟着地时,假肢小腿在大腿轴线前方,则小腿倾斜角度为正。

　　同时将压力传感器安装在假肢小腿腿管处,通过该传感器测得小腿轴向作用力。当脚后跟着地时,由于地面冲击力,此时输出的压力信号为一个峰值;当全脚掌着地时,此时压力传感器输出的压力信号表征截肢者的体重,但小于脚后跟着地时刻的压力信号;

当脚后跟离地时,重心转移到脚尖处,此时传感器输出信号同样出现一个峰值;当假肢膝关节进入摆动期时,此时压力信号输出为零,可利用压力信号快速直观地区分支撑相和摆动相。

基于以上传感器输出信号分析,同时考虑到支撑相与地面接触,摆动相处于空中的特性,为避免仅使用单一信号进行判断而引发误操作的情况,采用组合信号阈值判断的方法来进行状态判别。同时由于人体在行走过程中具有惯性,对于假肢的控制系统来说,区别于使用对应步态相位上的正常人的压力和角度数据进行判断,由于假肢执行机构的运动时间远远大于人体生理肌肉的反应时间,如果在典型的步态相位上再发出控制指令,会存在控制滞后的问题,整个假肢步态跟不上健康侧的步态,故需要提前识别出步态相位来进行控制(有限状态机的状态识别过程见图4-4-42)。

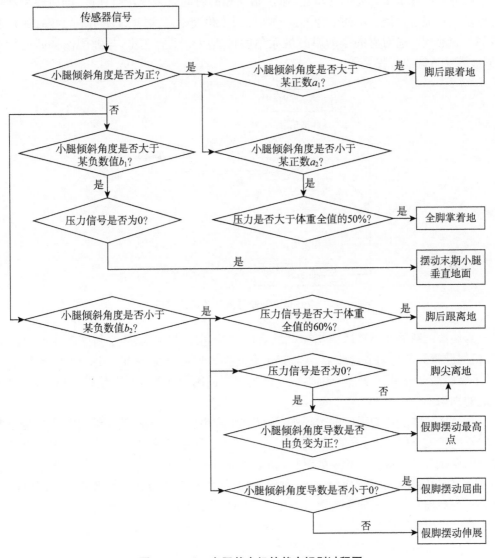

图 4 - 4 - 42 有限状态机的状态识别过程图

图 4-4-42 中的正数 a_1、正数 a_2、负数 b_1、负数 b_2 是穿戴假肢后实际使用的经验值，正数 a_1 大于正数 a_2，负数 b_2 小于负数 b_1。

6. 步行速度检测及调速方案

针对平地路况，步行速度的变化适应可大大提高截肢者的活动能力和活动范围，步速自适应也是智能假肢膝关节的重要功能。本案例所研制的假肢膝关节使用液压机构输出阻尼力矩，通过扇形阀改变液压缸油路阀门的开度大小来改变阻力力矩，从而从整体上控制假肢膝关节摆动的速度和角度，实现人-机协作的目的。因此从控制理论角度来讲，步速作为智能假肢膝关节控制系统中的重要参数，对该参数的检测以及根据检测的步速进行控制十分重要。

一个步态周期中各步态相位的时间比例是固定的，上下波动不大。因此，站立相的时间就能反映这个步态周期的步速，通过站立相的时间来表征步行速度，同时在摆动相进行步速自适应控制。不同步速的摆动屈曲最大角度不同，通过改变阻尼力矩控制假肢膝关节屈曲到步速对应的摆动屈曲最大角度来适应步速的变化，与健侧保持匹配行走（假肢膝关节调速过程见图 4-4-43）。

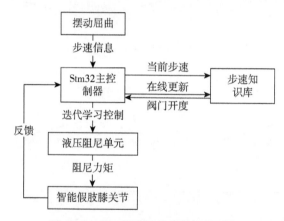

图 4-4-43　假肢膝关节的调速过程

为使假肢膝关节能够适应当前截肢者的步行速度，其核心是控制摆动相的阻尼力矩，使假肢膝关节自动适应步速动态变化下的摆动屈曲最大角度。由于不同步行速度下，下肢所需的阻尼力矩不同，对应不同速度下的阀门开度也存在差异，因此需要建立步速的知识库。

在目前建立步速知识库的过程中，假肢技师和患者都需要花费大量的时间和精力来建立不同步速下以及上/下楼梯、平地、上/下坡等多种路况的知识库信息，知识的准确度完全依靠截肢者本身的主观穿戴感觉，缺乏可靠的科学评价依据，由于每个截肢者的运动具有差异性，建立的知识库也因人而异，因此不能与其他假肢穿戴者共享。同时由于行走步态会随着截肢者的年龄增长发生一定的变化，早期花费大量精力建立的知识库就需要修正。因此完全依靠假肢技师的经验和截肢者穿戴假肢的感受建立固定知识库的做法不能满足截肢者穿戴假肢的需求。

因此，通过对不同步速下步态特征的分析，以正常人在不同速度下的摆动过程中的膝关节摆动屈曲最大角度作为步速自适应控制的控制目标,为步速知识库的准确度增加评价标准。以站立相时间来表征当前步速,通过迭代学习控制得到不同步速与阀门开度的对应关系,建立步速知识库,并可根据控制目标来不断完善和修改知识库,可大大缩短截肢者的训练时间和降低假肢技师的工作强度。可在截肢者的训练阶段记录不同步行速度下假肢穿戴者固有步行习惯所对应的阀门开度,建立基于两者映射关系的步速知识库。当假肢处于日常生活中的使用阶段时,控制系统根据所检测到的步行速度提取步速知识库中对应的阀门开度,输出阻尼力矩。

通过站立相时间表征步速,编码器脉冲表征阀门开度,建立步速、摆动屈曲最大角度和阀门开度对应初始关系的步速知识库,在之后的使用过程中,根据反馈的实际运行结果通过迭代学习在线更新步速知识库。初始步速知识库如表4-4-4所示。

表4-4-4　初始步速知识库

站立时间/ms	摆动屈曲最大角度/(°)	阀门开度/%	
		摆动屈曲	摆动伸展
1 700	44	100	80
1 200	48	108	80
850	51	112	80
680	53	116	88
580	55	119	93
490	57	121	101

迭代学习采用的是 P 型迭代学习率 $U_{k+1}(t)=U_k(t)+L\times E_k(t)$。其中 $U_{k+1}(t)$ 为第 $k+1$ 个周期计算得到的阀门开度,$U_k(t)$ 为第 k 个周期计算得到的阀门开度,L 为比例系数,$E_k(t)$ 为目标摆动屈曲最大角度与第 k 个周期的摆动屈曲最大角度的误差。当误差初步收敛到一定程度即 $|E_k(t)|<|E_a|$ 时,此时系统误差趋向稳定收敛,可认为该误差精度满足控制需求,算法停止迭代学习,将得到的此步速下的阀门开度更新到步速知识库。之后当检测到该步速时,就可找到最优的阀门开度进行控制。该算法中 E_a 为通过对正常人步态分析以及测试实验后所设定的误差阈值。初始设定的 E_a 为 $2°$,$L=0.01$ 作为系数,可保证系统的收敛性。

由于在训练阶段以及截肢者行走的过程中,第 k 个步态周期和第 $k+1$ 个步态周期可能不会发生较大的突变。因此设定了两个步态周期站立相时间 T_k 和 T_{k+1},当 $|T_{k+1}-T_k|<|E_t|$ 时,即当两个步态周期站立相时间的差值的绝对值小于设定的误差阈值 E_t 时,将这两个步态周期视为使用同一个步行速度。也通过这种方式将具有微小差别的步行速度归纳为一种步速。由于在日常生活中截肢者的变速范围有限,该方式所设定的速度范围可以满足其日常步行的需要,也避免了因步行速度微小变化导致电机频繁运动的情况,大大增加了假肢的使用时长。

如果步速知识库中没有当前步速的对应关系,按照最靠近的步速所对应的阀门开度进行控制,然后进行迭代学习,并记录该步速。在实际使用过程中不断完善和更新步速知识库。

7. 不同路况识别方案

上述建立了不同路况的有限状态机。因此根据实际应用需求,需要在切换不同路况时识别当前路况并切换到相应的有限状态机。常见的做法是通过截肢者在切换不同路况时做出特定的动作,控制系统根据特定动作所反映出来的传感器信号的不同识别出特定动作的发生,从而识别对应的路况。这种做法虽然可以实现截肢者在不同路况下的行走,但切换路况时需要做出额外的预动作,对于行走极为不便。

对于大腿截肢者来说,残端的髋关节是由截肢者自己控制的,且保留其自身真实的运动信息。在步行过程中,可通过对不同路况下髋关节处的运动信息进行分析处理从而实现不同路况的识别,当实际行走路况切换时,可在第一步完成路况的识别并切换有限状态机。

人工神经网络(ANN)是通过对人脑的生物神经元结构进行模拟和简化形成人工的神经元,并按照一定的规则组成的人工系统,是一种实现分布式并行信息处理的数学模型,具有自学习和自适应的特点,其中 BP 神经网络是目前应用最普遍的神经网络学习算法。BP 神经网络由于其构造简单、可有效解决非线性函数逼近问题的特点,被广泛应用到信号处理和模式识别等领域。智能假肢膝关节所需要实现的不同运动模式的识别及切换功能可归纳为模式识别问题范畴。故对截肢者残肢端的运动信息提取特征值并采用 BP 神经网络实现不同路况下的步态模式的识别分类。通过在假肢接受腔(与髋关节紧密相连)与假肢膝关节相连的机械关节上放置姿态传感器(见图 4-4-44)来采集残端髋关节的运动信息,髋关节的运动和该传感器的运动保持一致,可通过该传感器采集残端髋关节的屈曲/伸展角度、加速度、角速度等信息。

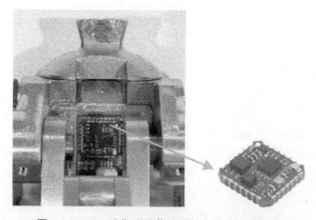

图 4-4-44 采集髋关节运动信息的姿态传感器

BP 神经网络属于多层前向神经网络(见图 4-4-45),并由输入层、隐含层、输出层组成,每层由若干个神经元构成,且相互两层的神经元通过传递函数相连,两层之间存在连接权值和阈值。通过对输入层进行加权求和后,并利用一个激励函数对求和信号进行变换处理得到实际输出量,并与期望输出量作比较,按照误差的负梯度方向,从后向前逐层迭代修正各层相互之间的连接权值和阈值,最终使实际输出与期望输出尽可能接近,也可将其称作误差反向传播算法。

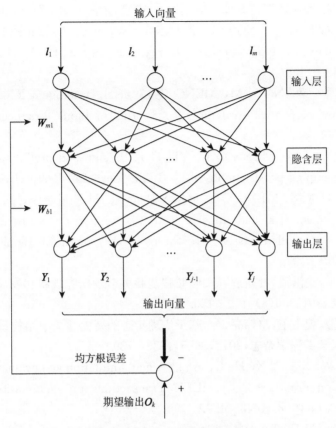

图 4-4-45　BP 神经网络模型

对不同路况下的步态模式进行识别分类首先需要对髋关节的运动信息进行特征值提取。髋关节的运动信息包括髋关节角度、加速度、角速度等。

考虑到信号处理的实时性和控制芯片的处理能力等因素，故特征提取的过程应尽可能得简单，以降低时间延迟对智能假肢膝关节控制效果的影响。同时由于加速度、角速度容易受到步速以及假脚触地抖动的干扰问题，故主要对髋关节的角度信息进行特征值提取。最终选取了一个步态周期的髋关节角度的最大值以及平均值作为特征值。路况的类别依次为平地、上楼、上坡、下楼、下坡。

通过对人体髋关节运动角度的特征提取，将其特征值作为神经网络分类器的输入，采用基于 Levenberg-Marquardt 算法优化的 BP 神经网络分类器对各个路况识别，以达到尽量避免智能假肢膝关节切换不同路况前做预动作的目的。

参考文献

[1] 喻洪流. 假肢学[M]. 北京：人民卫生出版社，2020.

［2］喻洪流.假肢矫形器原理与应用［M］.南京：东南大学出版社,2011.

［3］WANG X M, MENG Q L, ZHANG Z W, et al. Design and evaluation of a hybrid passive-active knee prosthesis on energy consumption［J］. Mechanical Sciences, 2020, 11(2)：425-436.

［4］LI L R, WANG X M, MENG Q L, et al. Intelligent knee prostheses：a systematic review of control strategies［J］. Journal of Bionic Engineering, 2022, 19(5)：1242-1260.

［5］WANG X M, MENG Q L, YU H L. Design and preliminary testing of a novel variable-damping prosthetic knee［J］. IETE Journal of Research, 2021：1-8.

［6］WANG X M, MENG Q L, BAI S P, et al. Hybrid active-passive prosthetic knee：a gait kinematics and muscle activity comparison with mechanical and microprocessor—controlled passive prostheses［J］. Journal of Bionic Engineering, 2023, 20(1)：119-135.

［7］王振平,喻洪流,杜妍辰,等.假肢智能膝关节的研究现状和发展趋势［J］.生物医学工程学进展,2015,36(3):159-163.

［8］曹武警,魏小东,赵伟亮,等.基于生理步态的智能膝关节结构设计及训练方法研究［J］.生物医学工程学杂志,2018,35(5):733-739.

［9］Li X W, Xiao Y X, He C, et al. A gait simulation and evaluation system for hip disarticulation prostheses［J］. IEEE Transactions on Automation Science and Engineering, 2021, 18(2)：448-457.

［10］Li W, Shi P, Yu H L. Gesture recognitionusing surface electromyography and deep learning for prostheses hand：state-of-the-art, challenges, and future.［J］. Frontiers in neuroscience, 2021, 15：621885.

［11］方开心,石萍,汪志航,等.一种新型肌腱—连杆双模态灵巧手指的设计与分析［J］.生物医学工程研究,2021,40(1):60-65.

［12］邓志鹏,李新伟,肖艺璇,等.一种动力型髋离断假肢控制系统研究［J］.中华物理医学与康复杂志,2021,43(5)：454-460.

［13］沈凌,喻洪流.国内外假肢的发展历程［J］.中国组织工程研究,2012,16(13):2451-2454.

［14］宋爱国,胡旭晖,祝佳航.智能肌电控制假手研究进展［J］.南京信息工程大学学报(自然科学版),2019,11(2):127-137.

［15］Liu H, Yang D P, Jiang L, et al. Development of a multi-DOF prosthetic hand with intrinsicactuation, intuitive control and sensory feedback［J］. Industrial Robot, 2014, 41(4)：381-392.

［16］张乔飞.人手运动特征分析与机械实现［D］.武汉：华中科技大学,2015.

［17］文辉.串联机器人的 D-H 建模方法分析［J］.现代制造技术与装备,2019(4):117-118.

［18］Došen S, Cipriani C, Kostić M, et al. Cognitive vision system for control of dexterous prosthetic hands: experimental evaluation [J]. Journal of NeuroEngineering and Rehabilitation, 2010, 7(1): 42.

[19] 田志伟. 一种可变约束欠驱动机械手的设计研究[D]. 无锡: 江南大学, 2016.

[20] 周荣荻. 多指灵巧手的抓取规划策略研究[D]. 芜湖: 安徽工程大学, 2013.

[21] Controzzi M, Cipriani C, Carrozza M C. Design of artificial hands: a review [M]// Balasubramanian R, Santos V. The Human Hand as an Inspiration for Robot Hand Development. Cham: Springer, 2014: 219 - 246.

[22] Kulkarni T, Uddanwadiker R. Overview: mechanism and control of aProsthetic arm [J]. Molecular & Cellular Biomechanics: MCB, 2015, 12 (3): 147 - 195.

[23] Chadwell A, Kenney L, Thies S, et al. The reality of myoelectric prostheses: understanding what makes these devices difficult for some users to control [J]. Frontiers in Nenrorobotics, 2016, 10: 7.

[24] Cordella F, Ciancio A L, Sacchetti R, et al. Literature review on needs of upper limb prosthesis users [J]. Frontiers in Neuroscience, 2016, 10: 209.

[25] Biddiss E A, Chau T T. Upper limb prosthesis use and abandonment: a survey of the last 25 years [J]. Prosthetics and Orthotics International, 2007, 31(3): 236 - 257.

[26] Ranavolo A, Serrao M, Draicchio F. Critical issues and imminent challenges in the use of sEMG in return-to-work rehabilitation of patients affected by neurological disorders in the epoch of human-robot collaborative technologies [J]. Frontiers in Neurology, 2020, 11: 572069.

[27] Felici F, Del Vecchio A. Surface electromyography: what limits its use in exercise and sport physiology? [J]. Frontiers in Neurology, 2020, 11: 578504.

[28] Piazza C, Grioli G, Catalano M G, et al. A century of robotic hands [J]. Annual Review of Control, Robotics and Autonomous Systems, 2019, 2(1): 1 - 32.

[29] Reiter R. Eine neu elecktrokunstand [J]. Grenzgebiete der Medicin, 1948, 1 (4): 133 - 135.

[30] 查理. 肌电假手的研究进展[J]. 国防科技, 2007, 68(9): 6 - 13.

[31] Belter J T, Segil J L, Dollar A M, et al. Mechanical design and performance specifications of anthropomorphic prosthetic hands: a review [J]. Journal of Rehabilitation Research and Development, 2013, 50(5): 599 - 618.

[32] Otr O V, Reinders-Messelink H A, Bongers R M, et al. The i-LIMB hand and the DMC plus hand compared: a case report [J]. Prosthetics and Orthotics International, 2010, 34(2): 216 - 220.

[33] Connolly C. Prosthetic hands from Touch Bionics [J]. Industrial Robot, 2008, 35(4): 290 - 293.

[34] Zhao H, O'Brien K, Li S, et al. Optoelectronically innervated soft prosthetic

hand via stretchable optical waveguides [J]. Science Robotics, 2016, 1(1): eaai7529.

[35] Battye C K, Nightingale A, Whillis J. The use of myo-electric currents in the operation of prostheses [J]. The Journal of Bone and Joint Surgery British Volume, 1955, 37-B(3): 506 - 510.

[36] Bottomley A H. MYO-electric control of powered prostheses [J]. The Journal of Bone and Joint Surgery British Volume, 1965, 47-B(3): 411 - 415.

[37] Hahne J M, Markovic M, Farina D. User adaptation in Myoelectric Man-Machine Interfaces [J]. Scientific Reports, 2017, 7: 4437.

[38] Farina D, Jiang N, Rehbaum H, et al. The extraction of neural information from theSurface EMG for the control of Upper-Limb prostheses: emerging avenues and challenges [J]. IEEE Transactions on Neural Systems and Rehabilitation Engineering: A Publication of the IEEE Engineering in Medicine and Biology Society, 2014, 22(4): 797 - 809.

[39] Tang P C Y, Ravji K, Key J J, et al. Let them walk! Current prosthesis options for leg and foot amputees[J]. Journal of the American College of Surgeons, 2008, 206(3): 548 - 560.

[40] Romeo N M, Firoozabadi R. Interprosthetic fractures of the femur[J]. Orthopedics, 2018, 41(1): e1 - e7.

[41] González A K, Bolivar S G, Rodríguez-Reséndiz J. Implementation of a socket for hip disarticulation based on ergonomic analysis [C]//2018 Ieee-Embs Conference on Biomedical Engineering and Sciences (IECBES). Sarawak, Malaysia. IEEE, 2018: 341 - 345.

[42] Chin T, Sawamura S, Shiba R, et al. Energy expenditure during walking in amputees after disarticulation of the hip. A microprocessor-controlled swing-phase control knee versus a mechanical-controlled stance-phase control knee[J]. The Journal of Bone and Joint Surgery British Volume, 2005, 87(1): 117 - 119.

[43] 喻洪流,钱省三.基于人因工程的人体假腿产品可用性评价[J].工业工程与管理,2010,15(2):103 - 107.

[44] 罗胜利,喻洪流,孟巧玲,等.一种新型髋离断外动力假肢的设计方法[J].生物医学工程研究,2021,40(2):178 - 183.

[45] 何秉泽,石萍,李新伟,等.一种跟随人体重心高度的骨盆支撑减重康复系统[J].生物医学工程学杂志,2022,39(1):175 - 184.

[46] 王启宁,郑恩昊,陈保君,等.面向人机融合的智能动力下肢假肢研究现状与挑战[J].自动化学报,2016,42(12):1780 - 1793.

[47] Chen C, Hanson M, Chaturvedi R, et al. Economic benefits of microprocessor controlled prosthetic knees: a modeling study [J]. Journal of NeuroEngineering and Rehabilitation, 2018, 15(Suppl 1): 62.

[48] Mileusnic M P, Rettinger L, Highsmith M J, et al. Benefits of the Genium

microprocessor controlled prosthetic knee on ambulation，mobility，activities of daily living and quality of life：a systematic literature review［J］. Disability and Rehabilitation：Assistive Technology，2021，16(5)：453-464.

［49］Junqueira D M，Gomes G F，Silveira M E，et al. Design optimization and development of tubular isogrid composites tubes for lower limb prosthesis[J]. Applied Composite Materials，2019，26(1)：273-297.

［50］Spanias J A，Simon A M，Finucane S B，et al. Online adaptive neural control of arobotic lower limb prosthesis[J]. Journal of Neural Engineering，2018，15(1)：016015.

［51］Maqbool H F，Husman M A B，Awad M I，et al. A real-time gait event detection for lower limb prosthesis control and evaluation［J］. IEEE Transactions on Neural Systems and Rehabilitation Engineering：A Publication of the IEEE Engineering in Medicine and Biology Society，2017，25(9)：1500-1509.

［52］赵静霞，赵天，崔晶蕾，等. 防水小腿假肢的研究进展[J]. 中国医疗设备，2020，35(2)：158,161.

［53］林楠. 智能动力小腿假肢[J]. 设计，2016(10)：68-69.

［54］CHEN L J，FENG Y G，CHEN B J，et al. Improving postural stability among people with lower-limb amputations by tactile sensory substitution[J]. Journal of NeuroEngineering and Rehabilitation，2021，18(1)：159.

［55］杨鹏，柏健，王欣然，等. 基于有限状态机控制的智能假肢踝关节[J]. 中国组织工程研究，2013，17(9)：1549-1554.

第五章　穿戴式外骨骼机器人

第一节　概　述

外骨骼机器人通常可以分为移动穿戴式外骨骼机器人(简称穿戴式外骨骼机器人)与固定式外骨骼机器人(主要指非移动式康复训练外骨骼机器人)。穿戴式外骨骼机器人是一种由微电脑控制的、仿生人体运动学结构并为人体肢体进行功能辅助的穿戴式设备。穿戴式外骨骼机器人让穿戴者和外骨骼之间成为一个闭环的协同系统,由外骨骼为穿戴者提供额外的动力,以增强人体机能。

"外骨骼"(exoskeleton)这一名词来源于生物学中为昆虫和壳类动物提供保护和支撑功能的坚硬外壳。人体与外骨骼是两个具有一定自主性的个体,由于需要两者共同完成运动目标,因此两者之间的双向信息交流非常重要。同时,人和外骨骼耦合在一起存在物理人机交互,两者之间的角色分配和交互控制也非常关键。因此,人体的意图识别、人机交互及控制策略等是研究穿戴式外骨骼机器人的关键。

穿戴式外骨骼机器人设计的运动学结构与人体一致,患者肢体通过外骨骼上设计好的穿戴机构与外骨骼结构接触,从而通过外骨骼向肢体传递力来实现辅助运动和康复训练。同时外骨骼也可以依靠传感器对使用者的姿态进行检测,与患者实现实时信息交互。以上提到的穿戴式外骨骼机器人的特点都是传统康复机器人所不具备的,其中体积小、质量轻、便携性佳的特点尤为突出,在康复训练中,其不会限制患者身体的运动范围,甚至可以将训练任务融入辅助日常活动中,可用于居家康复治疗。除了可作为康复机器人辅助康复训练外,穿戴式外骨骼机器人还具有增强正常人人体机能、在危险工作环境中给予人体保护等多方面功能。

随着人工智能、机器人技术、生物医学等先进技术的不断发展,穿戴式外骨骼机器人技术在21世纪最初二十年间取得了显著进步,且广泛应用于医疗、军事及工业等领域。早期对于穿戴式外骨骼机器人的研究主要是为了提高士兵的行动和负重能力,而随着医疗需求的不断增长,在全球老龄化趋势加重的背景下,康复用穿戴式外骨骼机器人成为世界各国研究的新方向。穿戴式外骨骼机器人不仅是因脑卒中、脊髓损伤等疾病引起的运动功能障碍患者进行康复训练的重要技术手段,还能够帮助他们解决行走障碍和生活辅助等问题,因而应用潜力巨大。目前,穿戴式外骨骼机器人种类繁多,国内外科研院校主要有苏黎世大学、哈佛大学、筑波大学、加州大学伯克利分校、麻省理工学院、南洋理工大学、上海理工大学、电子科技大学、清华大学、东南大学、浙江大学、华中科技大学、中国科学院深圳先进技术研究院等；国外的企业主要有以色列的 ReWalk 公司、美国的 Ekso Bionics 公司、日本的 Cyberdyne 公司和 Honda 公司，以及新西兰的 Rex 公司；国内企业主要有北京大艾机器人科技有限公司、上海傅利叶智能科技有限公司、深圳迈步机器人科技有限公司、杭州程天科技发展有限公司、成都布法罗机器人科技有限公司等。我国对康复用外骨骼机器人的研究始于 21 世纪初，时至今日，各研究机构及企业已有不少康复用穿戴式外骨骼机器人样机及产品问世，整体水平已经接近或达到发达国家的水平。

本章所讲的康复用外骨骼机器人主要是指康复用移动穿戴式外骨骼机器人，将从穿戴式上肢康复外骨骼机器人、穿戴式下肢康复外骨骼机器人、穿戴式腰椎外骨骼机器人及穿戴式颈椎外骨骼机器人四个部分分别介绍外骨骼机器人的基本概念、分类和基本设计原理。

第二节　穿戴式上肢康复外骨骼机器人

一、穿戴式上肢康复外骨骼机器人基本概念

穿戴式上肢康复外骨骼机器人是一种用于上肢功能辅助的穿戴式外骨骼机器人。与穿戴式下肢康复外骨骼机器人主要用于行走辅助与训练的目的不同，穿戴式上肢康复外骨骼机器人尽管也有康复训练的作用，但其应用的主要目的是人体上肢的日常生活辅助。

由于脑卒中、脑瘫、脊髓损伤及外周神经损伤等会造成上肢运动功能障碍，而上肢是人体进行日常生活最重要的肢体，因此穿戴式外骨骼机器人的运动增强辅助就变得非常必要且有意义。

最典型的移动穿戴式上肢康复外骨骼机器人是美国新兴科技公司 Myomo 推出的脑卒中患者进行家用的穿戴式上肢康复外骨骼机器人 MPower1000（见图 5-2-1）。这

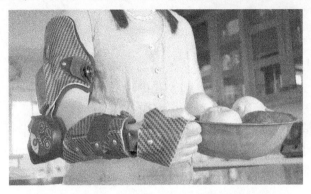

图 5-2-1　MPower1000 康复用肘部外骨骼机器人

235

种机器人提供肘关节1个自由度的康复训练,而且非常轻巧(只有850 g)。MPower1000在肘部穿戴部位安装有肌电传感器,通过采集使用者的肌电信号来控制机器人以协助患者完成肘关节外展/内收训练动作,此外,还可以辅助患者进行一些简单的日常活动。MPower1000还具有蓝牙通信功能,可与外部设备连接记录训练数据,目前该产品已申请纳入美国医疗保障体系。

HAL-5 穿戴式外骨骼机器人由日本筑波大学研发,历经多代改进,现已进行产品转化,是目前最成熟的外骨骼系统之一。HAL-5 穿戴式外骨骼机器人采用模块化设计,可以拆分为上肢模块和下肢模块。其中上肢模块又可分为"全上肢模块"和"肘部单关节模块",以适应患者不同的使用需求。HAL-5 嵌入的表面电极通过采集患者的体表微弱肌电信号对机械结构进行驱动,从而由患者自主意识控制康复训练。

Titan Arm 由美国宾夕法尼亚大学的几位学生设计,这种外骨骼机器人由一个与佩戴者接触的金属机械臂和集成了控制装置的背包组成,使用者可以很方便地将整套机构穿戴在身上进行康复训练或辅助日常生活(见图5-2-2)。Titan Arm 采用棘轮配合柔索驱动外骨骼肘部的1个自由度进行运动,有较好的提重能力(最多可提起18 kg的物体),因此还可以用于日常生产中的搬移重物或灾难抢险救援等。

图 5-2-2　Titan Arm 助力与康复两用上肢外骨骼机器人

二、穿戴式上肢康复外骨骼机器人主要类型

(一) 按驱动方式分类

目前穿戴式上肢康复外骨骼机器人的驱动方式主要有电机驱动、气动肌肉驱动、液压驱动等,下面分别进行介绍。

1. 电机驱动

电机是应用最为广泛的外骨骼驱动器,其结构简单、便于拆卸、运动精度高,因此常作为穿戴式上肢康复外骨骼机器人驱动的首选,如 MyoProMotion-G、HAL-SJ 等穿戴式外骨骼机器人都采用电机驱动方式(见图5-2-3、图5-2-4)。

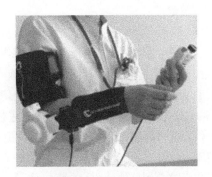

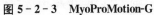
图 5 - 2 - 3　MyoProMotion-G　　　　　图 5 - 2 - 4　HAL-SJ

　　MyoProMotion-G 康复外骨骼机器人是一款已经进行商业化销售的机器人,它由麻省理工学院与哈佛医学院共同开发,可实现肘关节屈伸和大拇指掌指关节屈伸。患者不仅可以用它进行康复训练,也能通过该外骨骼机器人完成日常生活中的一些简单动作,使康复训练融入患者的日常生活中。

　　来自墨尔本大学的 Alireza Mohammadi 等人利用 3D 打印技术研发了一款电机和绳索组合驱动的穿戴式外骨骼康复机械手(见图 5 - 2 - 5)。利用手指作为支撑,线传动结构带动手指实现屈曲和伸展,手掌和手指主体采用 TPU 材料 3D 打印加工而成,手指以及手掌正反两面设有绳索引导孔。4 根手指分别通过电机单独驱动,驱动部分则安装在手臂处。该设备结构轻便,可以用于日常生活辅助。尽管该机器人利用 3D 扫描和打印技术可以为患者定制合适的外骨骼手,但是使用过程中手指部分的干涉严重,且使用寿命受材料的影响较大。

　　韩国技术教育大学设计的用于日常生活辅助的便携式柔性外骨骼手也采用电机和绳索组合的驱动方式(见图 5 - 2 - 6)。该设备的电机布置在手背上,利用电机的正反转带动手指实现屈曲和伸展,腕部的运动不受约束,并可以保证手掌自由抓握和操作物体。该外骨骼手的主体采用棉织物手套进行设计,可以让患者握住并操纵直径达 90 mm、质量为 300 g 的物体。但受电机的布置位置和绳索引导方案的影响,该外骨骼手的整体结构较大,使用过程中容易对患者手部产生较大的压力,从而降低了穿戴的舒适感。

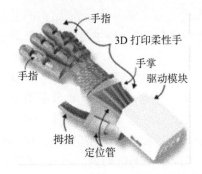

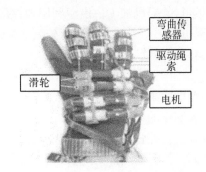

图 5 - 2 - 5　墨尔本大学柔性外骨骼手　　图 5 - 2 - 6　韩国技术教育大学柔性外骨骼手

2. 气动肌肉驱动

气动肌肉驱动方式是通过气动肌肉器实现的。此类执行器结构简单,功率与重量比大,且大部分气动肌肉都由两层尼龙编织而成。当它被压缩的二氧化碳加压时,编织材料膨胀,轴向长度收缩,因此表现出与人类肌肉相似的柔顺特性使其在外骨骼的运动中拥有更好的人机交互性,且相比于电机,其阻抗更低。如 Rupert 与 5-DOFs Exoskeleton 等穿戴式上肢康复外骨骼机器人就是采用气动肌肉驱动方式。

美国亚利桑那州立大学研发的穿戴式上肢康复机器人 Rupert(见图 5-2-7)由气动肌肉执行器驱动。Rupert 采用四块气动肌肉执行器实现上肢运动空间内 5 个自由度的运动(肩关节内/外旋、肩关节屈伸、肘关节屈伸、前臂旋转、手腕手指屈伸),可辅助人体进行康复训练和进食等日常生活活动。

气动肌肉虽然重量轻,但尺寸较大,运用在穿戴式外骨骼机器人上很难与其他部件同时布置在紧凑的空间区域内,这一问题在外骨骼机器人设计的自由度较多时尤为突出。为解决这个问题,台湾大学开发的 5-DOFs Exoskeleton(见图 5-2-8)将气动肌肉放置在外骨骼背囊部分以克服气动肌肉无法集中布置的这一缺点。

图 5-2-7 Rupert 上肢康复机器人　　图 5-2-8 台湾大学 5-DOFs Exoskeleton

哈佛大学 Lyne 等人研究的弹性体元件柔性外骨骼手主要是通过调节气压泵的增减压来控制形变单元的弯曲和伸展,从而带动与弹性形变单元连接的手指的运动(见图 5-2-9)。研究人员先利用有限元方法对驱动结构的力学特性及形变特征进行了分析和测试,并将理论结果和实验结果进行了对比。最终采用具有高伸长率特性的软硅树脂材料进行了样机加工。由于利用弹性形变单元产生弯曲变形,因此该结构的柔顺度更高,穿戴过程中与人手的贴合度较高,穿戴适应性也更好,并能提供足够的力带动手指屈曲,但驱动器的响应较慢。

新加坡国立大学的 Hong Kai Yap 团队设计了一款用于手功能障碍患者康复训练和生活辅助的柔性外骨骼手(见图 5-2-10)。该外骨骼手的柔性驱动器采用铂金硬化硅胶材料制作的带空腔硅胶条,该空腔硅胶条的工作原理与气动肌肉类似,通过对空腔的收放气进行外骨骼手手指的弯曲控制。在驱动器的底面附有一层应变限制织物,这一织物抑制了执行器底部的伸长,通过上层的延伸实现驱动器的弯曲。同时,其还设计了测试平台用于检测和评估不同压力下驱动器的弯曲特性以及产生的抓握力,得到了输入驱动器内的压力和相应弯曲下的曲率半径的关系。但是该手套目前只能实现手指远端指间关节和近端指间关节的弯曲,掌指关节弯曲效果并不明显。

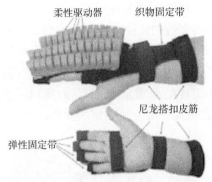

图 5-2-9　哈佛大学气动肌肉外骨骼手　　图 5-2-10　新加坡国立大学柔性外骨骼手

3. 液压驱动

液压驱动器有极高的力重量比,在穿戴式上肢康复外骨骼机器人应用中也有一些案例,如日本九州产业大学的 Arm System(见图 5-2-11)。但由于液压系统包含液压泵与储液器,有漏油风险,因此传统的液压驱动并不适合穿戴式外骨骼设备,而射流驱动器等小型化的液压系统与穿戴式上肢康复外骨骼机器人更为匹配,如 Hybrid Elbow Orthosis 外骨骼机器人(见图 5-2-12)。

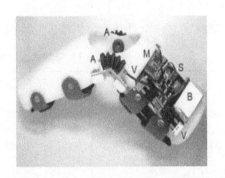

图 5-2-11　Arm System 肘外骨骼机器人　　图 5-2-12　Hybrid Elbow Orthosis 外骨骼机器人

哈佛大学的 Panagiotis Polygerinos 团队设计的外骨骼手,可以帮助肌肉萎缩症、不完全脊髓损伤和脑卒中导致肌肉无力的患者在家进行康复训练(见图 5-2-13)。手指部分设计的柔性驱动器采用一个应变限制层(编织材料)约束了其下底面不受拉伸,而螺旋纤维类的螺纹对称结构约束了径向的膨胀。驱动器可以实现手部 4 个自由度的运动驱动,极大地提高了外骨骼手的适用场景。该外骨骼手采用液压驱动方案,根据患者需求输出满足其日常生活需要的力,并结合放置在患者前臂上的表面电极检测患者的运动意图(即检测手的屈曲或伸展的意图),如在患者抓握过程中,确定患者在抓握时的运动意图与所需要的辅助力。外骨骼手的液压泵和组件放置在远程的控制盒内,减轻了手部穿戴外骨骼手的压力。

Panagiotis Polygerinos 等人随后又研制了一台同样利用液压进行驱动的用于生活辅助和家庭康复的柔性手套(见图 5-2-14),可以在流体压力的作用下产生特定的运动。手部柔性驱动器的横截面由矩形改为半圆形,延展性更强,材质为纤维增强材料,也可以实现四种运动,同时降低了驱动器分层或材料失效的风险。手套重量为 285 g,由于驱动器安装在手的背面,放开了手掌内的空间,因此该手套不妨碍患者的日常抓握。相比于前代较大的液压驱动组件,该设备将液压泵、电磁阀、用于手动控制的机械开关及相应的机电组件分组设计放置在腰部的驱动包中,组件的总重量为 3.3 kg。但是,在较高的压力下,由于驱动器的扭转,手指多节驱动器在使用中会发生一定的偏差。

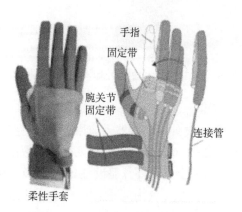

图 5-2-13 哈佛大学柔性外骨骼手

图 5-2-14 哈佛大学柔性外骨骼手套

穿戴式上肢康复外骨骼机器人的详细信息见表 5-2-1。

表 5-2-1 穿戴式上肢康复外骨骼机器人信息对照表

名称	研究机构	驱动器	传动机构	助力关节	自由度	训练模式	质量
Rupert	亚利桑那州立大学	气动肌肉	绳	肩、肘、前臂、腕关节	5	被动、辅助	9 kg
AJB	麻省理工学院	电机	绳	肘	1	肌电主动	—
HAL-SJ	日本筑波大学	电机	直驱	肘	1	肌电主动	1.5 kg
ALEx	意大利比萨感知机器人实验室	电机	绳	肩、肘、前臂、腕关节	6	被动、辅助	14.5 kg
MyoPro Motion-G	麻省理工学院/哈佛医学院	电机	直驱+齿轮	肘、掌指	2	肌电主动	—
镜像外骨骼	韩国科学技术院	电机	直驱+绳+同步带	肘、前臂、腕	3	镜像	1.8 kg
5-DOFs Exoskeleton	台湾大学	气动肌肉	绳	肩、肘	5	被动	5.6 kg
Arm System	九州产业大学	液压	—	肘	1	被动	—
Hybrid Elbow Orthosis	—	液压	波纹管	肘	1	肌电主动	1.2 kg
比例肌电外骨骼	浙江大学	气动肌肉	绳	肘	1	肌电主动	—

续表

名称	研究机构	驱动器	传动机构	助力关节	自由度	训练模式	质量
Pneumatic elbow exoskeleton	弗吉尼亚理工大学	气动肌肉	直驱	肘	1	被动	0.3 kg
硅胶气动外骨骼手	哈佛大学	气动肌肉	直驱	手	4	被动	—
Exo-Glove PM	韩国首尔国立大学	气动肌肉	直驱	手	5	被动	—
双向柔软机器人手套	新加坡国立大学	气动肌肉	直驱	手	5	被动	—
BiomHED	天主教大学	电机	绳	手	5	被动	—
SPAR Glove	美国莱斯大学	电机	绳	手	5	被动	—

（二）按结构分类

根据穿戴式上肢康复外骨骼机器人的结构特点可以将穿戴式上肢康复外骨骼机器人分为刚性外骨骼康复机器人和柔性外骨骼康复机器人两类。

刚性上肢康复外骨骼机器人的工作方式是通过刚性框架带动人体上肢进行康复训练，其机械关节可以直接为人体上肢关节施加扭矩并且为患肢提供支撑。刚性外骨骼康复机器人发展时间长，成熟的研究较多。不同于刚性上肢康复外骨骼机器人使用驱动器驱动连杆的工作方式驱动人体关节，柔性上肢康复外骨骼机器人取消了外置连杆，采用绳索、气动肌肉等柔性器件模拟人体肌肉工作方式进而驱动人体肢体，这类机器人的代表有 Rupert（见图 5-2-7）、CRUX（见图 5-2-15）以及 Exosuits（见图 5-2-16）等。

 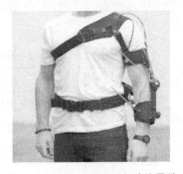

图 5-2-15　CRUX 柔性外骨骼服　　　图 5-2-16　Exosuits 上肢外骨骼

（三）按传动方式分类

根据驱动器安装位置，一般可分为安装在关节处的直接驱动式（简称直驱式）与安装在非关节处借助传动机构传递扭矩的传动驱动式。

1. 直驱式

驱动器直驱的优点是没有传动链的损耗,传动效率最高,运动精度也最高,如 HAL-SJ 与 MyoProMotion-G 等外骨骼。但与此同时,目前市场上的驱动器(特别是电机)重量仍然相对较大,在进行康复运动时,当多个关节协同运动且运动幅度较大时,笨重且大体积的关节会对其他方向产生扭矩影响,影响机器人的运动精度,并且可能会出现机器振动等问题。

2. 传动驱动式

传动驱动式的驱动方案是将驱动器放在外部的某个偏远位置,并使用传动机构,例如,利用绳、同步带来驱动关节。驱动器可位于连接在人体背部的背包上,也可以位于人体的上臂结构中,这种传动方式使驱动器的重量对机器人运动时的影响相对较小。其中绳传动具有尺寸小、重量轻、传动路径灵活多变的特点,适合远距离传递扭矩,且绳传动的外骨骼具有较大的运动范围,被广泛应用于多自由度外骨骼。然而,由于普通绳只能提供单向运动(只能拉不能推),因此需要两条绳创建关节的双向运动,该方案很适用于成对出现的气动肌肉驱动器与远距离的传动,如浙江大学研发的比例肌电外骨骼就使用了这种驱动方案。而在与电机的配合中,ALEx 上肢外骨骼康复机器人是一个很好的案例,它在机械臂肩关节处布置滑轮组,利用绳进行扭矩的传递。

绳传动中目前研究应用的热点的是鲍登线,它由外部中空套管和内部钢丝绳索组成。套管能够为内部的钢丝起到固定作用,配合弹簧,鲍登线还能提供推力,其在柔性上肢外骨骼研究中应用最为广泛。同步带传动具有准确的传动比,且其传动平稳,具有缓冲、减振、传动效率高等优点,在刚性上肢外骨骼中也常有应用,例如韩国科学技术院研发的镜像外骨骼,相比于绳传动的单向运动,单条同步带传动即可提供双向运动,但其体积相比绳更大,且同步带的传动无法改变传动轴线方向,并需要张紧机构辅助,会使结构复杂化。因此,在穿戴式上肢外骨骼中,相较于使用绳驱动,使用同步带不适用于远距离的传动,而对于中短距离的传动,配合小体积的张紧装置,同步带可以很好地发挥它的特点。详细信息对照见表 5-2-2。

表 5-2-2　驱动器与传动机构对照表

类型	分类		特点	应用
驱动器	电机		结构简单、精度高但体积重量大	HAL-SJ、ALEx 等
	气动肌肉		功率重量比大、柔顺,但响应慢、输出非线性	5-DOFs Exoskeleton 等
	液压		功率重量比大,需液压泵与储液器配合,结构复杂	Arm System 等
传动机构	直驱		效率、精度高,但电机驱动时因重量大,不利于多关节协同	HAL-SJ、MyoProMotion-G 等
	传动驱动	绳	运动范围大,单根绳只能提供单向运动	比例肌电外骨骼等
		同步带	传动平稳、效率高,需张紧机构配合	镜像外骨骼等

（四）按人机交互方式分类

按照人机交互方式分类，穿戴式上肢康复外骨骼机器人主要可以分为基于肌电信号控制、基于语音控制和基于力交互控制的穿戴式外骨骼机器人。

临床实践表明，在康复训练中加强患者主动意愿对脑卒中患者运动功能康复具有强化和促进作用，有患者主动运动意图参与的康复训练对于患者神经系统重建和运动功能恢复更有效。当前穿戴式上肢康复外骨骼机器人获取人体主动运动意图应用最广泛的方式是采集患者的肌电信号。肌电信号能在一定程度上反映神经肌肉的活动，同时兼具无创性、实时性、操作简单、多靶点测量等优点，已经发展了开关控制、比例控制、模式识别控制等控制方式，并广泛应用于康复医学领域。目前具备人体运动意图识别的穿戴式上肢康复外骨骼机器人大多基于表面肌电信号控制，如麻省理工学院的 AJB、MyoProMotion-G，日本筑波大学的 HAL-SJ 等。除了基于肌电信号控制，还有很多研究或产品是基于语音控制或力交互控制的，如上海理工大学康复工程与技术研究所研发的刚性外骨骼康复手与可穿戴式上肢康复训练外骨骼均采用了语音控制的方式，其还研发了一种采用力交互控制的柔性外骨骼手（见图 5-2-17）。

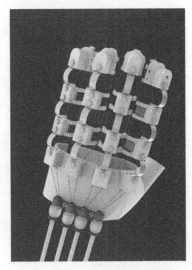

图 5-2-17　力交互控制的柔性外骨骼手

（五）按功能模式分类

目前穿戴式上肢外骨骼机器人的功能模式主要有：被动模式、协作模式、主动模式、评估模式。市面上已经进入商用阶段的穿戴式上肢外骨骼机器人大多采用被动模式。在被动模式下，患者处于完全放松状态，上肢外骨骼将上肢各部位驱动至预设目标位置。协作模式对传统被动模式进行了改进，患者可依照规划的运动轨迹带动外骨骼进行运动，当关节移动速度快于设定值时，外骨骼不提供助力；若慢于设定值，外骨骼将提供助力以使患者关节达到预设位置。如 Rupert、ALEx 等穿戴式上肢康复外骨骼机器人具有这类训练模式。但以上两种模式都未考虑患者的运动意图，只能依照固定轨迹对患者进行康复训练。主动模式则可以解决这个问题，如 HAL-SJ、AJB 等具备肌电采集控制模块，由表面电极检测到患者肌肉动作电位（生物电信号）后反馈给控制模块，从而使电机配合助力。应用肌电反馈技术，使自身不足以完成动作的患者能够依照自身意图进行训练，该模式提升了患者运动的主动性，不再局限于设定动作，使人机交互性变得更加友好。评估模式则主要用于患者康复效果评估，比较典型的是 Rupert 外骨骼机器人，通过在每个自由度关节布置的位置传感器与力传感器定量评估康复过程中患者的表现。

（六）按用途分类

穿戴式上肢康复外骨骼机器人按照用途可以分为康复训练穿戴式上肢康复外骨骼

机器人、助力穿戴式上肢康复外骨骼机器人与人体增强穿戴式上肢康复外骨骼机器人。前面两种外骨骼机器人主要适用于上肢功能障碍患者,包括截瘫、偏瘫患者或老年体弱患者;后者主要是对正常人体进行增强或助力,如军用穿戴式上肢外骨骼机器人、工业上肢穿戴式外骨骼机器人等。

三、穿戴式上肢康复外骨骼机器人设计方法

(一)穿戴式上肢康复外骨骼机器人设计要求

由于上肢运动多自由度的特点,作为可穿戴式的机械设备,保证穿戴式上肢康复外骨骼机器人穿戴系统设计的合理性和仿生性有着十分重要的意义。设计穿戴式上肢康复外骨骼机器人需要考虑影响其穿戴舒适性的以下几方面因素:

1. 重量分配

考虑到上肢外骨骼的重量直接附加在穿戴者的身上,上肢康复外骨骼的穿戴机构对于重量的合理分配有着较高的要求。因此设计过程中选择轻型材料以及保证合理的重量分配十分重要,这也是保证整体机构平衡性的关键因素。

2. 受力方式

上肢外骨骼佩戴在人体上需要力的支点,通过合理的支点排布,才可以保证整个机构在穿戴时的稳定性、安全性与舒适性。

3. 通风性能

因为上肢外骨骼机构贴附于人体,考虑到电气结构发热以及人体自身运动产热和环境温度等情况,为了保证训练中有较好的舒适感,外骨骼必须要有良好的通风性能。

4. 可调整性

为保证穿戴的稳定性,上肢外骨骼与人体上肢之间需进行可靠的结合。这要求穿戴机构与人体的贴合要适度,考虑到不同人身材的差异性,所以外骨骼须具有可调整性。

5. 重力传递

重力传递的合理性是上肢外骨骼系统重要的部分,而合理的重力传递方式必须依从重力传导的规律。一般情况下,物品的重量由地心引力作用产生,重力自上而下传递。而锥形作为最合理的重力传递方式,由于锥形从上到下逐步缩小,所以重心也在逐步收缩,最后集中到下方支点,而这个支点的大小应以易贴近身体与受力点结合为前提。故合理的形状设计对于外骨骼重力的合理传递十分重要,这样既能减少承重受力的传递环节,也能减少不必要的体力消耗。

6. 人机交互性

随着越来越多的康复外骨骼用于偏瘫患者或体弱的老年人的康复训练与生活辅助,研究人机交互性特别是人机力交互的柔顺性具有十分重要的意义,人机力交互的柔顺性是影响外骨骼应用效果的最重要因素之一。

(二)刚性穿戴式上肢康复外骨骼机器人设计案例

以上海理工大学与上海电气联合研制的 Re-arm 刚性穿戴式上肢康复外骨骼机器

人为例介绍刚性穿戴式上肢康复外骨骼机器人的设计原理。

Re-arm 刚性穿戴式上肢康复外骨骼机器人(简称刚性上肢外骨骼)的工作原理是通过刚性框架驱动人体上肢进行康复训练,可以直接为人体上肢关节施加扭矩并且提供保护。因此,穿戴式上肢康复外骨骼机器人一方面在机械结构上要求其机构可以辅助患者的关节在一定范围内进行康复训练;另一方面其作为一种可穿戴设备,要求整个结构既要简洁轻便、可适应大多数使用者的身体尺寸,而且外骨骼在使用过程中要有较好的仿生性能,能够跟随患者的运动轨迹,这样才能保证使用的安全性,避免给患者带来二次损伤。

1. 机械结构设计

外骨骼的机械结构设计过程一般包括以下几个方面:

1) 人体上肢生物力学特性分析;

2) 外骨骼结构设计参数测定;

3) 驱动器与传动机构的选型;

4) 外骨骼结构设计。

首先分析人体上肢运动特性,确定肩关节的活动范围:前屈上举 150°～170°、后伸 40°～45°、外展上举 160°～180°、内收 20°～40°、水平位外旋 60°～80°(或贴壁 45°)、水平位内旋 70°～90°(或贴壁 70°)、水平屈曲 135°、水平伸展 30°。确定人体肘关节屈伸的功能自由度的活动范围约为 0°～140°。

考虑到可穿戴性要求,为了增强选取数据的广泛代表性,在设计中根据《中国成年人人体尺寸》(GB 10000—1988),对与外骨骼机构相关的几个主要外形参数进行确定。

为了确定肩部和肘部电机所需的力矩,查询相关研究数据,以得到人体各部分大致重量。随后由公式 $T=fl$(其中 f 为所需输出力,l 为力臂长度)求得肘关节与肩关节电机旋转所需扭矩。

根据关节旋转扭矩值选取相关驱动器与传动机构后,对穿戴式上肢康复外骨骼机器人进行结构设计。其中,肘部训练模块由肘部动力源(包括无刷盘式电机与谐波减速器)、肘部自锁机构、肘部力平衡机构、肘部外形机构组成(见图 5-2-18)。

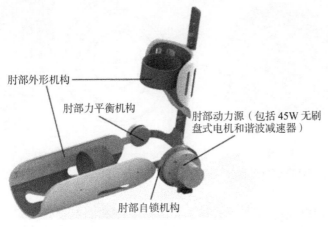

图 5-2-18　Re-arm 上肢康复外骨骼机器人肘部训练模块

肘部动力源选用目前世界上最为轻便的结构之一:无刷盘式电机与谐波减速器配合机构。外骨骼肘部机构选用 Maxon 盘式直流无刷电机和与之相匹配的 Harmonic 谐波减速器(减速比 1:100),经减速后额定转矩可达 7.8 N·m,瞬间允许最大转矩为 35 N·m,可满足驱动肘部训练。

考虑到肘部外展/内收与日常生活相关最为密切(提拿东西、进食等一系列日常活动),因此肘部模块应具有日常生活辅助功能。为了节省电量,同时在电机断电时依然保证对提起重物的持握,为肘部训练模块设计了自锁机构(见图 5-2-19,原理见图 5-2-20 与图 5-2-21)。

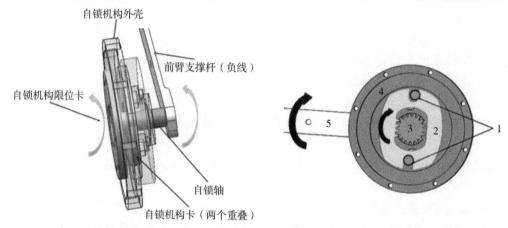

图 5-2-19　上肢康复外骨骼机器人肘部自锁机构　　图 5-2-20　肘部通电时正常运动状态

考虑到肘部外展/内收与日常生活(提拿东西、进食等一系列日常活动)最为密切,同时外骨骼机构的肘部活动在实际中最为频繁,耗电量较大,因此在肘部设计平面涡卷弹簧平衡机构来平衡人上臂以及机械结构自重(见图 5-2-22)。

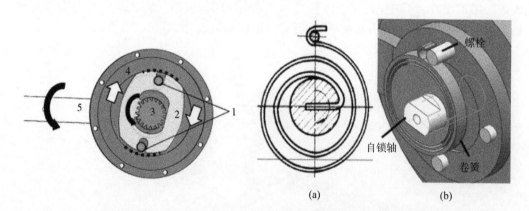

(a)　　　　　　　(b)

图 5-2-21　肘部断电时机构自锁状态　　图 5-2-22　平面涡卷弹簧平衡机构

肘部外形机构设计:肘部外形机构主要由上臂支撑机构、前臂支撑机构、肘关节结构固定环和配套的松紧绑带组成(见图 5-2-23)。

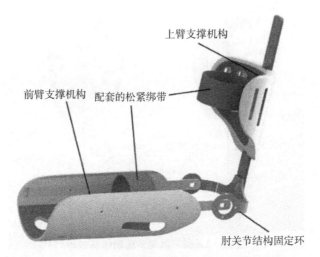

上臂支撑机构

前臂支撑机构　配套的松紧绑带

肘关节结构固定环

图 5‑2‑23　Re-arm 上肢康复外骨骼机器人肘部外形机构

前臂支撑机构：包括对称安装的两个前臂杆、用于支撑前臂的前臂托和配套的松紧绑带。通过此机构可以给使用者的前臂提供一定的支撑和形态矫正功能，在穿戴训练中维持患者前臂的正常形态。

上臂支撑机构：包括带有可调档位的上臂杆、用于支撑上臂的上臂托和配套的松紧绑带。通过此机构可以给使用者的上臂提供一定的支撑和形态矫正功能，并且通过调整档位，患者可将训练器臂长调整到适合自己的位置。

肘关节结构固定环：用于固定安装肘部自锁机构和动力源等部分，并起到连接上臂和前臂结构的作用。

2．运动学仿真与动力学分析

为了验证穿戴式上肢康复外骨骼机器人的运动仿生效果，确保机构可以安全、可靠地实现上肢康复运动，还需要进行上肢康复外骨骼机构的运动学分析。

以上文所述穿戴式上肢康复外骨骼机构为基础，在 SolidWorks 的运动仿真模块 COSMOS/Motion 中对建立好的 3D 机构模型进行分析（Motion 的运动分析解算器采用机械系统动力学自分析软件 ADAMS 的解算器），首先对肘关节的结构进行简化重建。

1）穿戴式上肢康复外骨骼机器人肘关节运动学仿真

考虑到康复训练中要求患肢的运动要轻柔缓慢（不可有动作突变等情况），以防造成二次损伤。在软件环境下设置肘关节为坐标原点，肘关节电机的转速为 10 r/min，运动方式为震荡，设定运动最大角度为 120°，在 Motion 中设定前臂在电机驱动下在矢状面内进行一次外展/内收动作，进行运动仿真（仿真过程见图 5‑2‑24）。在分析过程中，Motion 分析解算器开始对结构方案进行解算，如在过程中出现错误，解算器会停止解算，并弹出对话框提示错误原因，以帮助修正错误；如果结构运动正确无误，在解算完成以后，会弹出仿真完成对话框，在此对话框中可以重复播放运动过程的仿真动画。

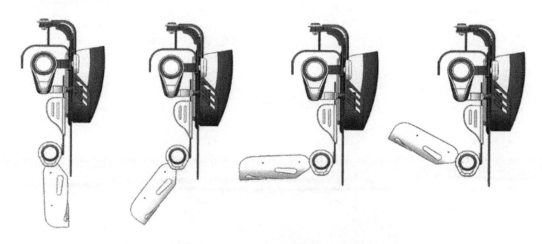

图 5 - 2 - 24　肘关节运动仿真过程

在前臂运动过程中,可将前臂简化为一个绕肘关节旋转的连杆,而腕关节(前臂托末端)可视为简化连杆的另一个端点,其位移数据可以反映前臂运动的整体情况(位移是否平滑)。因此分析结束后,对整个运动过程中的相关运动数据进行提取,经过处理得到在这一个运动周期内肘关节的角位移曲线和腕关节的线位移曲线(见图 5 - 2 - 25)。

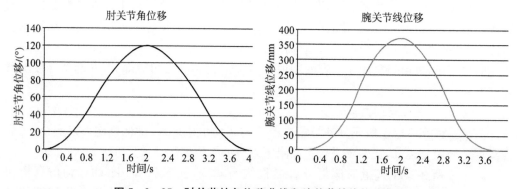

图 5 - 2 - 25　肘关节的角位移曲线和腕关节的线位移曲线

综上所述,外骨骼机构在电机驱动下的角位移和线位移变化曲线平缓,表明整个运动过程速度平缓,运动平滑,接近人体运动的正常情况。从而证明外骨骼肘部机构设计合理,符合人体运动规律,可以有效地辅助使用者进行训练,防止二次损伤等情况的发生。

2) 穿戴式上肢康复外骨骼机器人肩关节运动学仿真

对所建立的 3D 模型的肩部模块进行运动学分析,设置肩关节为坐标原点,在肩部设定旋转电机的转速为 7.5 r/min,设定运动最大角度为 90°,在 Motion 中对整个手臂在电机驱动下的矢状面内进行一次外展/内收动作的运动仿真(见图 5 - 2 - 26)。

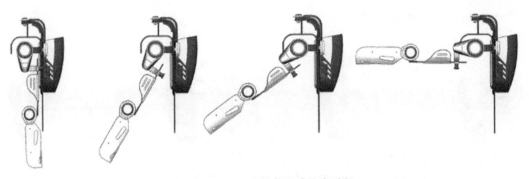

图 5-2-26　肩关节运动仿真过程

　　考虑到在整臂运动过程中,肘关节和腕关节作为上肢除肩关节以外最主要的两个关节(人体上肢的简化运动模型也是将上臂和前臂简化为两根连杆,将这两个关节简化为铰链),且这两个关节在一次运动中的位移情况可以近似地反应上臂运动的具体情况。因此在运动仿真分析结束后,对肩关节整个运动过程中肘关节和腕关节的位移数据进行提取,经过处理后得到在这一个运动周期内肩关节的角位移曲线和肘关节、腕关节的线位移曲线(见图 5-2-27)。

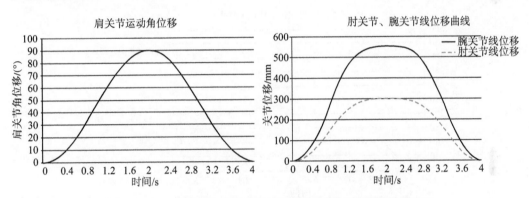

图 5-2-27　肩关节的角位移曲线和肘关节、腕关节的线位移曲线

　　综上所述,外骨骼肩部机构在电机驱动下进行整臂内收外展运动过程中,肩关节的角速度曲线和肘、腕两个关节的线位移曲线变化平缓,表明在整臂运动过程的运动速度平缓、运动曲线平滑,与人体正常运动方式相符合,具有良好的仿生性,符合康复训练的相关要求。

　　考虑到穿戴式上肢康复外骨骼机器人的计划训练模式有肘关节独立训练、肩关节独立训练和肩、肘关节联动训练三种,在进行了肘关节独立训练、肩关节独立训练运动情况的 Motion 仿真分析后,再增加对肩、肘关节联动训练模式的仿真分析以验证此种训练方式的运动效果。

　　在之前建立的模型中,设置肩关节为坐标原点,设定肩关节旋转电机的转速为 7.5 r/min,设定运动最大角度为 90°;设定肘关节电机的转速为 10 r/min,设定运动最大角度为 120°。在软件环境下运行肩、肘关节的同时,在矢状面进行外展/内收的肩肘、关节联动训练一次(见图 5 - 2 - 28)。

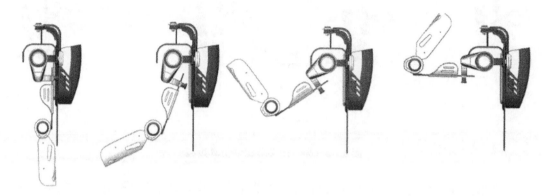

图 5 - 2 - 28　肩、肘关节联动运动仿真过程

对仿真结果的过程进行分析处理,提取了肘关节和腕关节在整个仿真过程中的位置数据,通过这些位置数据生成了在一次肩、肘关节联动训练中腕关节和肘关节的位移曲线(见图 5 - 2 - 29)。

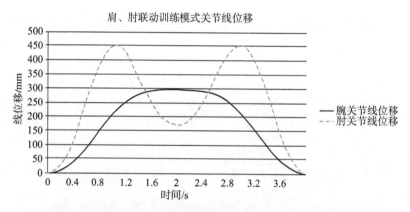

肩、肘联动训练模式关节线位移

图 5 - 2 - 29　肘关节的线位移曲线和腕关节的线位移曲线

通过肩、肘联动训练的腕关节和肘关节运动曲线可以看出,在肩、肘联动训练中穿戴式外骨骼机器人的肘关节和腕关节位移曲线平缓,其中凹陷处是因为肘关节极限角度为120°,在超过90°后,其位置会向作为仿真系原点的肩关节趋近,证明了机构的合理性和安全性。

3) 穿戴式上肢康复外骨骼机器人空间运动仿真

若患者在外骨骼辅助下可以完成其肩部和肘部矢状面运动,即可完成一定程度的日常活动(如挥臂和进食),那么对穿戴式外骨骼的空间运动能力也有着重要的意义。在SolidWorks 软件环境中对穿戴式上肢外骨骼进行两个动作的空间运动仿真,验证其在空间中的运动效果。

在 SolidWorks Motion 软件环境中对穿戴式上肢康复外骨骼机器人的三维模型各关节运动情况进行预设定(见图 5 - 2 - 30),挥臂动作设定关节 1 转速为 2 r/min、关节 2

转速为 6 r/min,关节 3 转速为 5 r/min,关节 4 转速为 10 r/min,设定运行时间为 2.5 s；进食动作设定关节 1 转速为 2.6 r/min,关节 2 转速为 3.5 r/min,关节 3 转速为 1.3 r/min,关节 4 转速为 8 r/min,设定运行时间为 2.8 s(空间运动仿真过程见图 5-2-31)。

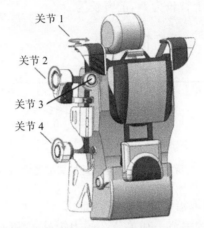

图 5-2-30　穿戴式上肢康复外骨骼机器人空间运动仿真预设定

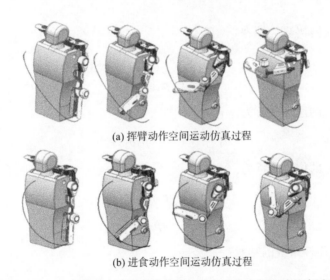

(a) 挥臂动作空间运动仿真过程

(b) 进食动作空间运动仿真过程

图 5-2-31　穿戴式上肢康复外骨骼机器人动作空间运动仿真过程

整个仿真过程流畅,机构未出现干涉等情况(仿真过程未报错,以手腕部位目标点生成了连续的空间运动仿真轨迹曲线),通过空间运动仿真分析曲线可以看出,穿戴式上肢外骨骼机械结构设计合理,可以满足具有一定运动能力的使用者进行主动运动辅助功能。

4）动力学分析

刚性穿戴式上肢康复外骨骼机器人是典型的多刚体结构,为了研究外骨骼的运动规律,准确分析其运动特性并有效地控制外骨骼的运动,需要对其进行动力学分析。

同样以上海理工大学研制的可穿戴式上肢康复训练外骨骼为例,为了验证所选电机的力学性能能够满足肩、肘联动训练的要求,对肩、肘两个关节的运动进行动力学分析。

对肩、肘两个电机驱动的整臂模块进行简化分析,可将其简化为基座固定的二连杆机构(见图5-2-32),其中上臂长为l_1,前臂长为l_2。

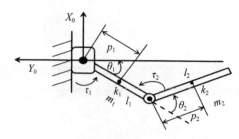

图5-2-32 可穿戴式上肢康复训练外骨骼整臂机构原理简图

对建立好的简化模型选取笛卡儿坐标系(见图5-2-15),连杆1和连杆2的关节变量分别为转角θ_1和θ_2,相应的关节1和关节2的力矩是τ_1和τ_2。连杆1和连杆2的质量分别是m_1和m_2,杆长分别为l_1和l_2,质心分别在k_1和k_2处,则关节中心的距离分别为p_1和p_2。

杆1质心k_1的位置坐标为:

$$x_1 = p_1 \sin\theta_1 \qquad\qquad 式(5-2-1)$$

$$y_1 = -p_1 \cos\theta_1 \qquad\qquad 式(5-2-2)$$

杆1质心k_1的速度平方为:

$$\dot{x}_1{}^2 + \dot{y}_1{}^2 = (p_1\theta_1)^2 \qquad\qquad 式(5-2-3)$$

杆2质心k_2的位置坐标为:

$$x_2 = l_1\sin\theta_1 + p_2\sin(\theta_1 + \theta_2) \qquad\qquad 式(5-2-4)$$

$$y_2 = -l_1\cos\theta_1 - p_2\cos(\theta_1 + \theta_2) \qquad\qquad 式(5-2-5)$$

求得简化二连杆系统的动能:

$$E_{k1} = \frac{1}{2}m_1 p_1{}^2 \theta_1{}^2 \qquad\qquad 式(5-2-6)$$

$$E_{k2} = \frac{1}{2}m_2 l_1{}^2 \theta_1{}^2 + \frac{1}{2}m_2 p_2{}^2 (\dot{\theta}_1 + \dot{\theta}_2)^2$$
$$+ m_2 l_1 p_2 (\dot{\theta}_1{}^2 + \dot{\theta}_1\dot{\theta}_2)\cos\theta_2 \qquad\qquad 式(5-2-7)$$

$$E_k = \sum_{i=1}^{2} E_{ki} = \frac{1}{2}(m_1 p_1{}^2 + m_2 l_1{}^2)\theta_1{}^2 + \frac{1}{2}m_2 p_2{}^2(\dot{\theta}_1 + \dot{\theta}_2)^2$$
$$+ m_2 l_1 p_2(\dot{\theta}_1{}^2 + \dot{\theta}_1\dot{\theta}_2)\cos\theta_2 \qquad\qquad 式(5-2-8)$$

建立系统的拉格朗日函数:

$$L = E_k - E_p = \frac{1}{2}(m_1 p_1{}^2 + m_2 l_1{}^2)\dot{\theta}_1{}^2$$
$$+ \frac{1}{2}m_2 p_2{}^2(\dot{\theta}_1 + \dot{\theta}_2)^2 + m_2 l_1 p_2(\dot{\theta}_1{}^2 + \dot{\theta}_1\dot{\theta}_2)\cos\theta_2$$
$$- (m_1 p_1 + m_2 l_1)g(1 - \cos\theta_1) - m_2 g p_2[1 - \cos(\theta_1 + \theta_2)]$$
式(5-2-9)

对各关节的力矩进行求解：

$$\frac{\partial L}{\partial \dot{\theta}_1} = (m_1 p_1{}^2 + m_2 l_1{}^2)\dot{\theta}_1 + m_2 l_1 p_2(2\dot{\theta}_1 + \dot{\theta}_2)\cos\theta_2 + m_2 p_2{}^2(\dot{\theta}_1 + \dot{\theta}_2)$$
式(5-2-10)

$$\frac{\partial L}{\partial \theta_1} = -(m_1 p_1 + m_2 l_1)g\sin\theta_1 - m_2 g p_2\sin(\theta_1 + \theta_2) \qquad 式(5-2-11)$$

可得到关节 1 的关节力矩为：

$$\tau_1 = \frac{\mathrm{d}}{\mathrm{d}t}\frac{\partial L}{\partial \dot{\theta}_1} - \frac{\partial L}{\partial \theta_1} = (m_1 p_1{}^2 + m_2 p_2{}^2 + m_2 l_1{}^2 + 2m_2 l_1 p_2\cos\theta_2)\ddot{\theta}_1$$
$$+ (m_2 p_2{}^2 + m_2 l_1 p_2\cos\theta_2)\ddot{\theta}_2 - (2m_2 l_1 p_2\sin\theta_2)\dot{\theta}_1\dot{\theta}_2 - (m_2 l_1 p_2\sin\theta_2)\dot{\theta}_2{}^2$$
$$+ (m_1 p_1 + m_2 l_1)g\sin\theta_1 + m_2 g p_2\sin(\theta_1 + \theta_2)$$
式(5-2-12)

又由：

$$\frac{\partial L}{\partial \dot{\theta}_2} = m_2 p_2{}^2(\dot{\theta}_1 + \dot{\theta}_2) + m_2 l_1 p_2\dot{\theta}_1\cos\theta_2 \qquad 式(5-2-13)$$

$$\frac{\partial L}{\partial \theta_2} = -m_2 l_1 p_2(\dot{\theta}_1{}^2 + \dot{\theta}_1\dot{\theta}_2)\sin\theta_2 - m_2 g p_2\sin(\theta_1 + \theta_2) \qquad 式(5-2-14)$$

可得到关节 2 的关节力矩为：

$$\tau_2 = \frac{\mathrm{d}}{\mathrm{d}t}\frac{\partial L}{\partial \dot{\theta}_2} - \frac{\partial L}{\partial \theta_2} = (m_2 p_2{}^2 + m_2 l_1 p_2\cos\theta_2)\ddot{\theta}_1 + (m_2 p_2{}^2)\ddot{\theta}_2$$
$$+ (m_2 l_1 p_2\sin\theta_2)\dot{\theta}_1{}^2 + m_2 g p_2\sin(\theta_1 + \theta_2) \qquad 式(5-2-15)$$

在 SolidWorks 软件环境中采用质量属性插件功能对人体穿戴式上肢机器人模型进行分析可以得到 $l_1 = 0.312$ m，$l_2 = 0.369$ m，$p_1 = 0.131$ m，$p_2 = 0.164$ m，$m_1 = 2.112$ kg，$m_2 = 2.939$ kg。将各数值代入式(5-2-12)和式(5-2-15)，用 MATLAB 软件对两式进行求解：设定训练时间为 3 s，设置运动过程为第 1 s 加速、第 2 s 匀速、第 3 s 减速，选择肩、肘联动训练模式下的两关节都连续运动至极限位置的工作状态为分析对象，则各关节运动的角度为 $\theta_1 = 90°$，$\theta_2 = 120°$。

求解后对所得结果进行处理，可得整个肩、肘联动训练过程中两个关节的力矩 τ_1、τ_2 大小的变化曲线图（见图 5-2-33）。

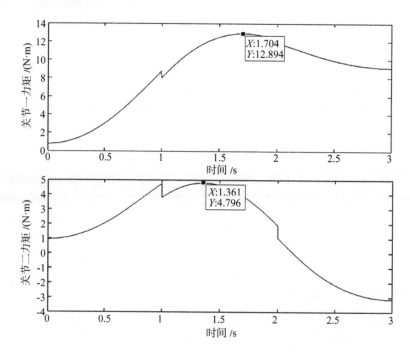

图 5 - 2 - 33   肩、肘联动训练过程中两关节力矩变化曲线

根据计算结果可知:

(1) 关节一(肩关节)的力矩 τ_1 的最大值为 12.894 N·m。

(2) 关节二(肘关节)的力矩 τ_2 的最大值为 4.796 N·m。

从而可知穿戴式上肢康复外骨骼机器人两个关节上所选配电机合理,其力学性能可以满足机器人肩、肘联动训练的极限力学需求。

3. 控制系统

穿戴式上肢康复外骨骼机器人的控制系统主要用于控制穿戴式上肢康复外骨骼机器人机械结构中的动力源,使整个系统完成预定的康复训练动作。当前大多数穿戴式康复外骨骼机器人主要采用应用较为广泛且成熟的肌电和语音控制作为外骨骼系统的控制方式。以 Re-arm 穿戴式上肢康复外骨骼机器人为例,当上肢功能障碍患者使用此系统时,可根据他们自身的具体情况选择最合适的训练方法:① 对于患侧肢肌电信号较强的患者,可直接采集其患侧肢肌电信号进行训练,这种患者可以灵活选择各种方式进行训练;② 对于患侧肢肌电信号较弱的患者,可以采集其健侧肢的肌电信号,从而带动患侧肢进行镜像训练;③ 对于双侧肌电信号都较弱的患者(这种情况在脑卒中病人中较为少见),只能选择语音控制方式进行康复训练。

1) 控制系统总体设计

Re-arm 外骨骼主要由上位机、主控制板、电机驱动模块、肩、肘部电机、肌电控制模块和语音控制模块组成(控制系统框图见图 5 - 2 - 34)。语音控制模块采集处理用户的语音命令;肌电控制模块采集并处理用户的皮肤表面肌电信号,最后通过 RS485 通信协议将数据传输给主控制板进行传输指令的分析,最终通过将指令传输至电机驱动模块以驱动电机的运转,完成训练动作,在此过程中通过蓝牙/Wi-Fi 通信将相关数据传输给上位机。

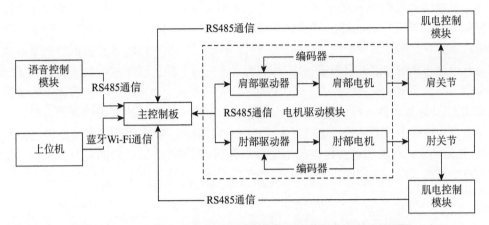

图 5 - 2 - 34 Re-arm 穿戴式上肢康复外骨骼机器人控制系统框图

根据上位机发送指令的模式,外骨骼机器人可以选择使用语音或者肌电控制模式进行相应动作的控制。其中,外骨骼在肌电控制模式下,对来自采集板的肌电信号进行滤波放大、动作识别等相关的处理,驱动电机运转;而在语音控制模式下,只需读取控制指令即可。无论处于何种工作模式,都需要计算对应电机的速度和位置,并通过 RS485 总线将其发送到指定的驱动器中(控制系统程序设计框图见图 5 - 2 - 35)。

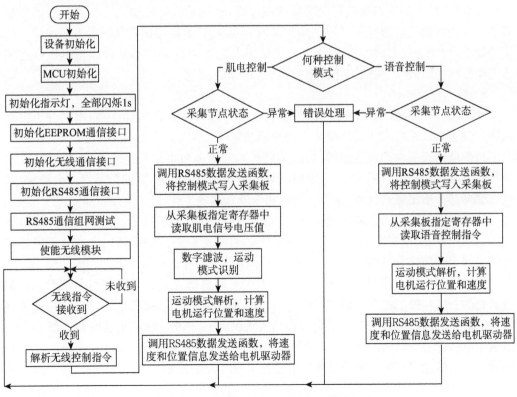

图 5 - 2 - 35 控制系统程序设计框图

2）语音控制模块设计

本系统语音控制模块基于 RSC-4X 系列语音识别处理芯片设计，具有语音识别、语音控制和语音交互三种功能。其控制流程如下：语音控制模块通过麦克风等设备采集用户的语音指令发送至语音处理芯片对指令进行分析处理，芯片调取语音模板数据库将输入的语音指令与库中的语音模板进行比对，从而对输入指令的正确性进行判断识别（见图 5-2-36）。语音控制系统主要有以下几个作用：① 为穿戴式上肢康复外骨骼机器人提供语音训练功能，让康复机器人可以满足更多使用者的需求，具有更好的实用性和普及性；② 让使用者与穿戴式上肢康复外骨骼机器人可进行一定程度上的语音交互，提高患者训练的自主性，让运动能力较弱的患者也能自主地参与到训练中来，达到更好的训练效果；③ 在后续改进中可加入虚拟现实游戏等系统，语音训练为这些功能提供了一种交互途径。

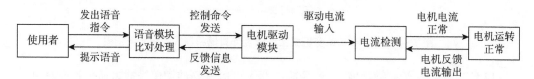

图 5-2-36　穿戴式上肢康复外骨骼机器人语音控制框图

该控制系统中语音模块收录 7 个语音指令，分别为肩关节外展/内收训练指令、肘关节外展/内收训练指令、肩肘、关节同步外展/内收指令和停止指令。该模块具有对特定用户识别的功能，每当一个新的患者用户使用这套设备时，首先需要录制语音控制指令模板，这将为后面的识别模式提供准确的模板库，否则系统将无法成功识别正确的控制指令。在训练模式完成并正确识别出当前控制指令后，需要将识别结果存入提前约定的寄存器中，便于通过 RS485 的通信方式将结果发送给主控 MCU，从而驱动电机执行相应的动作（语音识别模块的工作流程见图 5-2-37）。

3）肌电控制模式

Re-arm 具备的肌电控制模式适用于肌电信号较强的患者，肌电控制模式分为患侧肢体控制主动训练模式和健侧肢体带动患侧肢镜像训练模式。

患侧肢体控制主动训练模式：对使用者体表的微弱肌电信号进行采集，之后肌电控制模块对采集信号进行多级放大、滤波、射极跟随器、半波整流，两路信号进入主控芯片，电机驱动芯片输出驱动信号，微型直流电机驱动训练器工作。

健侧肢体控制带动患侧肢镜像训练模式：与第一种训练模式下应用的软硬件基本相同，但在这种模式中需要引入无线通信的功能，将用于控制的健侧肢肌电信号采集处理后传输到患侧肢体的控制器，实现一侧肢体带动另一侧的镜像同步训练。

肌电控制模式下控制系统的主要任务为实时采集患者上肢运动过程中贴附在表面电极处的一对拮抗肌的肌电信号变化。一方面分析实时采集的肌电信号的强弱、频域特征、时域特征等数据内容（肌电采集电路结构见图 5-2-38），以用于实时调节康复训练过程中电机的力矩输出，从而在主动训练模式下为肢体提供助力。另一方面将肌电信号的分析结果输出并向对应的关节电机驱动器发送相应的控制指令（肌电信号处理过程见图 5-2-39）。

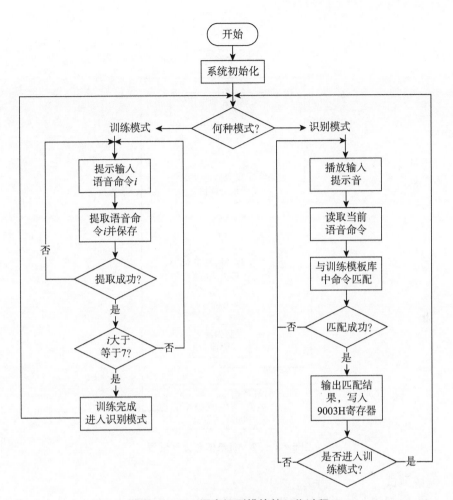

图 5 - 2 - 37　语音识别模块的工作过程

图 5 - 2 - 38　肌电采集电路结构

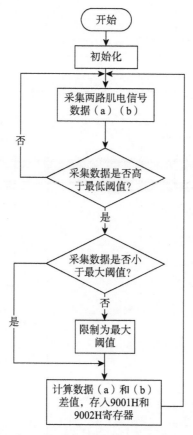

图 5 - 2 - 39　肌电信号处理过程

4. 系统测试

Re-arm 穿戴式上肢康复外骨骼机器人是一种由使用者随身穿戴的康复训练机器人设备,主要面向临床应用和日常生活辅助。在此设备正式投入临床试验前,需要对可穿戴性、仿生性和控制性能进行系统集成测试。通过这些测试,可以验证穿戴式上肢康复外骨骼机器人穿戴性能和电气控制功能能否正常实现。并在此过程中发现现有方案中的缺陷和问题,为整个系统的进一步优化和改进提供参考。

1) 肌电控制测试

对 Re-arm 的肌电控制模块进行基于肱二头肌/肱三头肌拮抗肌组和尺侧腕屈肌/桡侧腕屈肌拮抗肌组的控制实验,实验过程如下:

连接穿戴式上肢康复外骨骼机器人的肌电控制模块,将肌电采集电极正确贴附于四位不同受试者的左、右臂上臂的肱二头肌/肱三头肌拮抗肌组和前臂尺侧腕屈肌/桡侧腕屈肌拮抗肌组上,由受试者进行上臂外展/内收,前臂外展/内收动作,在测试软件界面上观察是否采集到肌电信号,并且观察其变化趋势是否与肌肉运动趋势相同(肌肉绷紧,电极采集信号增强,软件界面上的对应彩色方柱升高;反之降低),左、右臂每个动作重复10 次。本实验以使用者通过控制拮抗肌组收缩/舒张一次,软件界面方柱变化一次并绘制一个完整肌电波形为一次成功采集,记录信号成功采集次数与信号变化趋势(实验情况见图5-2-40）。

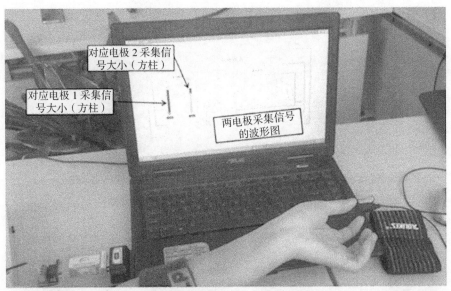

(a) 肌电控制模块测试软件显示界面

(b) 将一对肌电电极贴附于拮抗肌上

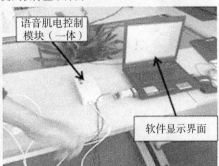

(c) 运动上肢，观察测试软件上的显示情况

图5-2-40　穿戴式上肢康复外骨骼机器人的肌电控制模块测试实验

2）语音控制测试

在实际使用中，Re-arm的语音控制模块每个命令对应一个独立的控制动作。当使用者在经过预训练和录音后对语音控制器说出一个指令（一般为2～3个字，如"肘上举""肩上举"等），对应的关节电机便会收到指令控制执行相应的动作，从而辅助使用者进行被动训练（见图5-2-41）。

为了验证穿戴式上肢康复外骨骼机器人语音控制模块的控制效果，对此模块进行了控制效果实验（见图5-2-42）。

实验过程如下：首先连接好语音模块，将麦克风穿戴在实验者身上，穿戴好后需对实验者进行语音训练，即对指令进行预先录音。其次，在训练完成后对实验者进行语音控制测试，即让实验者分别说出7个不同的控制指令，观察测试软件对于各指令是否有相应的反应（所说指令对应的指示灯亮起，共有7个指示灯，分别对应7个命令），每个指令

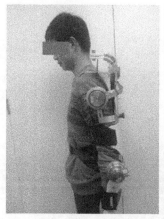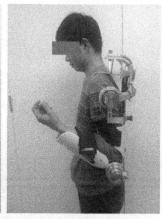

图 5 - 2 - 41　语音控制动作完成示意图(肘上举)

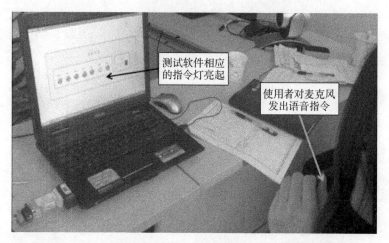

图 5 - 2 - 42　穿戴式上肢康复外骨骼机器人语音控制模块测试

测试若干次,统计各个指令的测试成功、失败次数以作为测试结果。

(三) 柔性穿戴式上肢康复外骨骼机器人设计案例

柔性穿戴式上肢康复外骨骼机器人系统作为外骨骼研究领域的全新方向,以其极高的运动自由度、较轻的设备重量和良好的穿戴舒适性,正逐渐成为行军作战、康复治疗和运动助力的不二选择。这里以上海理工大学研发的柔性外骨骼康复手为例讲解其设计原理。

1. 人机耦合模型分析

本书案例所讲的柔性外骨骼康复手工作原理为弹性元件通过手指弯曲运动进行储能,并在手指伸展运动时释放能量,为手指运动提供伸展动能。同时材料自身的柔顺性能确保手指运动过程的柔顺性,避免二次伤害。由此可见,此柔性外骨骼康复手是一种典型的人机耦合系统,对作为动力驱动源的弹性元件的精确运动控制成为柔性外骨骼康复手的关键。本书通过研究梁型柔性铰链在大变形下的刚度特性来解析柔性外骨骼康复手的设计方法与原理。

1) 定刚度梁型柔性铰链在大变形下的刚度特性分析

梁型柔性铰链(横截面为矩形)是最为常见的柔性铰链。大变形模型作为梁型柔性铰链的基本变形单元(见图 5-2-43),梁的一端固定,另一端受力 F_0 和力矩 M_0 共同作用,其长度为 l,末端的倾斜角度和作用力方向分别为 θ_0 和 ϕ,端部的水平和垂直变形量分别为 a 和 b。

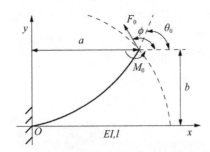

图 5-2-43　末端受力和力矩作用的梁型柔性铰链

施加较大荷载时,梁的形状从原始的平直状态发生明显的变化。因此,需要计算梁的曲率 k 来预测其刚度。在笛卡儿坐标系下,梁的曲率可表示为:

$$k = \frac{1}{\rho} = \frac{\mathrm{d}\theta}{\mathrm{d}s} = \frac{\mathrm{d}^2 y/\mathrm{d}x^2}{[1 + (\mathrm{d}y/\mathrm{d}x)^2]^{1/2}} \qquad 式(5-2-16)$$

基于 Bernoulli-Euler 等式,梁在力矩 M 作用下的变形可表示为:

$$\frac{M}{EI} = \frac{\mathrm{d}\theta}{\mathrm{d}s} \qquad 式(5-2-17)$$

其中,E 和 I 分别是杨氏模量和惯性矩。

结合表达式(5-2-16)和式(5-2-17),并将作用力 F_0 对梁所产生的力矩代入得:

$$k = \frac{\mathrm{d}\theta}{\mathrm{d}s} = \frac{M}{EI} = \frac{F_0[-(b-y)\cos\varphi + (a-x)\sin\varphi] + M_0}{EI} \qquad 式(5-2-18)$$

等式两边对 s 进行求导:

$$\frac{\mathrm{d}k}{\mathrm{d}s} = \frac{\mathrm{d}^2\theta}{\mathrm{d}s^2} = \frac{\mathrm{d}}{\mathrm{d}\theta}\left(\frac{k^2}{2}\right) = \frac{F_0}{EI}(\sin\theta\cos\varphi - \cos\theta\sin\varphi) \qquad 式(5-2-19)$$

最后通过临界条件,求得末端受力和力矩作用下梁的曲率为:

$$k = \sqrt{\frac{2F_0}{EI}\left[\cos(\varphi - \theta_0) - \cos(\varphi - \theta)\right] + \left(\frac{M_0}{EI}\right)^2} \qquad 式(5-2-20)$$

根据表达式(5-2-20),通过积分求得铰链的长度和变形量:

$$I = \int_0^{\theta_0} \frac{\mathrm{d}\theta}{k} \qquad 式(5-2-21)$$

$$a = \int_0^{\theta_0} \frac{\cos\theta}{k} \mathrm{d}\theta \qquad \text{式}(5-2-22)$$

$$b = \int_0^{\theta_0} \frac{\sin\theta}{k} \mathrm{d}\theta \qquad \text{式}(5-2-23)$$

2）变刚度柔性铰链在大变形下的刚度特性分析

为使柔性铰链的变形更贴合手指的屈曲运动，我们需要串联不同刚度的铰链以模拟人手各关节之间的弯曲关系。变刚度柔性铰链的大变形模型（见图5-2-44）由 n 个不同刚度的梁型柔性铰链（模拟关节）和 $n-1$ 个刚性连接块（模拟指骨）组成，铰链的一端固定，受力 F_0 和力矩 M_0 共同作用的柔性铰链为第 n 个柔性铰链，且沿着 θ_i 的方向定义刚性连接块的长度 $w_i(w_i \geqslant 0)$。

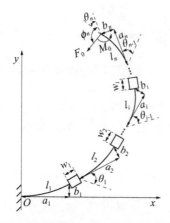

图5-2-44 末端受力和力矩作用的变刚度柔性铰链

第 $i(i \leqslant n-1)$ 个柔性铰链所受力矩由式(5-2-24)计算：

$$M_i = \sum_{x=i+1}^{n} \{F_0[(a_x + w_{x-1})\sin\varphi_x - b_x\cos\varphi_x]\} + M_0 \qquad \text{式}(5-2-24)$$

将表达式(5-2-24)代入式(5-2-20)并重新排列项，可计算第 $i(i \leqslant n-1)$ 个柔性铰链的曲率：

$$k_i = \sqrt{\frac{2F_0}{E_iI_i}[\cos(\varphi_i - \theta_i) - \cos(\varphi_i - \theta)] + \left(\frac{M_i}{E_iI_i}\right)^2} \qquad \text{式}(5-2-25)$$

第 n 个柔性铰链的曲率可由式(5-2-20)计算得到。

由此可见，我们可以通过以任意手指运动特性（即目标驱动力矩和运动）为目标，基于上述公式完成柔性外骨骼康复手弹性驱动手指机构的设计。

2. 柔性外骨骼康复手机械结构设计

柔性外骨骼康复手样机主要包括矫形器、变刚度柔性铰链（伸展机构）、绳驱软手套（屈曲机构）和驱动模块四个结构，可独立制作，实现模块化设计。

1) 矫形器设计

除了辅助日常活动外,外骨骼康复手需要额外增强手部康复训练,因此所设计的结构可以驱动患手五指,使其可进行屈曲伸展的康复训练。另外,手功能障碍患者的腕部也往往存在功能退化,如肌肉力量减弱等,所以设计了额外的固定矫形机构。

设计的矫形器结构包括阻尼旋转连接块、手掌固定板、矫形钢片、低温热塑版和魔术贴(见图5-2-45),优化的主要功能为:

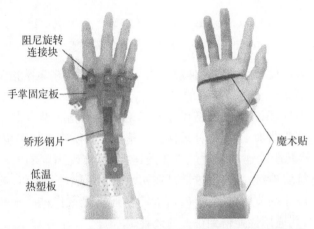

阻尼旋转
连接块

手掌固定板

矫形钢片

低温
热塑板

魔术贴

图5-2-45　矫形器穿戴效果(左侧为掌背,右侧为掌面)

(1) 手掌与手臂上的固定板和低温热塑板分别通过魔术贴固定,提高了抓握舒适感;

(2) 矫形钢片将固定板和低温热塑版固接,使手腕保持在功能位(手腕轻微伸展),增大了外骨骼康复手的使用人群,且矫形钢片可轻微弯曲,给突发性痉挛一定的缓冲保护;

(3) 柔性铰链可通过阻尼旋转连接块连接在固定板上,以辅助手指实现分指运动,且连接块可进行阻尼调节,较大的阻尼能辅助拇指保持在功能位(但不限制其弯曲自由度),较小的阻尼可给其他四指提供一定的稳定性。

2) 变刚度柔性铰链设计

外骨骼康复手用的变刚度柔性铰链主要包含连接端、第一柔性铰链、铰链连接块、第二柔性铰链和固定端(见图5-4-46),其主要功能包括:

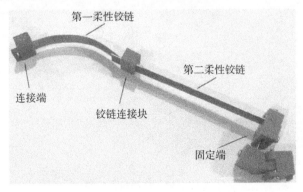

第一柔性铰链

第二柔性铰链

连接端

铰链连接块

固定端

图5-2-46　变刚度柔性铰链

（1）选用屈服强度高（$\sigma_s = 784$ MPa），抗疲劳性好的 65 锰钢（$E = 196\ 500$ MPa）作为材料，以提高柔性铰链的使用寿命。

基于变刚度柔性铰链的理论模型，其设计参数可根据穿戴者自身所需的伸展力通过下式计算得到。

$$
\begin{aligned}
h_1 = &\ 0.000\ 609\ 3F^5 - 0.012\ 89F^4 + 0.108\ 6F^3 \\
&\ - 0.481\ 5F^2 + 1.469F + 1.224
\end{aligned}
\qquad \text{式}(5 - 2 - 26)
$$

$$
\begin{aligned}
h_2 = &\ 0.000\ 370\ 6F^5 - 0.007\ 841F^4 + 0.066\ 1F^3 \\
&\ - 0.293F^2 + 0.893\ 5F + 0.744\ 4
\end{aligned}
\qquad \text{式}(5 - 2 - 27)
$$

本研究利用拉力计代替柔性铰链伸展手指来测量实际穿戴者掌指关节所需伸展力，并参考市面上锰钢制柔性铰链易获取的尺寸，选 $h_1 = 0.2$ mm，$h_2 = 0.3$ mm 以辅助人手实现伸展功能。而且，第一柔性较链由于与其对应的近指关节弯曲角度最大，可对其进行一定的初始角度弯曲加工，以弥补柔性铰链精度不足所带来的影响。

（2）固定端与旋转阻尼连接块通过厚铰链连接，可实现高度的可调；第一与第二柔性铰链通过铰链连接块连接，且各段铰链可在初始时预留额外长度，以实现长度的可调。变刚度柔性铰链在尺寸调节后精度下降，可能需要连接绳索作进一步的调整，但面对不同手指尺寸患者时，其通用性能得到很大的改善。

本案例设计的被动伸展机构可独立使用（见图 5 - 2 - 47），因此外骨骼康复手可更方便地辅助需要相应康复训练功能的患者进行单独的手部牵引矫形和肌力训练。外骨骼康复手可采用大刚度的柔性铰链或减短连接绳索的长度以为痉挛较为严重的患者提供足够的伸展力以辅助手指进行牵引矫形[见图 5 - 2 - 48(a)]；对于有一定肌力的手功能障碍患者，患手需要克服铰链的伸展力实现手指的屈曲，从而对手指肌肉力量进行进一步的康复训练，且锰钢制的变刚度柔性铰链依旧具有良好的弯曲仿生性，能与人手各关节保持运动一致性[见图 5 - 2 - 48(b)]。

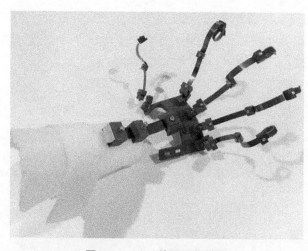

图 5 - 2 - 47　伸展机构模块

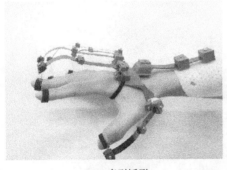 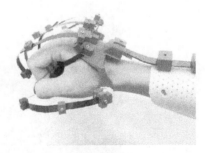

(a) 牵引矫形　　　　　　　　　　　(b) 肌力训练

图 5-2-48　伸展机构模块的独立使用

3）绳驱软手套设计

织物手套在受较大力的情况下会产生大的变形，影响绳索驱动的传动效率。因此需要改善软手套的材质以降低变形，且手指部分作为主要的受力区域，本研究将对软手套进行分离式设计，以提高绳驱性能。

绳驱软手套的结构包括牛皮指环套、无指软手套、驱动绳索、限位板、特氟龙管和传感器垫片（可按需更换位置，主要放置压力传感器）（见图 5-2-49），优化的主要功能为：

（1）由于手指作为绳索的主要受力区域，本研究将无指软手套和牛皮指环套结合使用。其中，牛皮指环套弹性差，在受力情况下不易产生弹性变形，可以提高绳索驱动的效率。指套可通过绑定绳进行一定尺寸的调节，满足不同手指厚度的需求；且能调节引导孔位置，满足不同手指长度的需求，从而改善其通用性。

（2）选用双层结构的无指软手套，使得软手套内的驱动绳索不与人手直接接触，改善使用的舒适感。

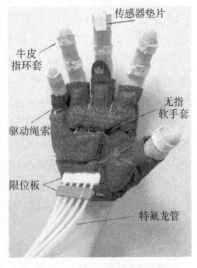

图 5-2-49　绳驱软手套

（3）为进一步降低手部外骨骼的重量，驱动部分将远程放置，因此使用特氟龙管对手到电机之间的驱动绳索进行引导走线，且利用限位板将多根特氟龙管有序固定在手腕处，提高外骨骼康复手的使用便捷性。

4）驱动模块设计

为加强外骨骼康复手的康复效果，本研究选择了五指驱动以实现对患者所有手指的康复训练。由于在日常物体抓握中，大部分抓握力由拇指、食指和中指提供，因此选择独立驱动拇指、食指和中指以增加灵活度，但需要较大行程以提供进一步的抓握力。而无名指和小拇指则使用同一电机且以较小行程驱动，满足康复训练即可。

驱动模块的结构包括大行程直线电机、小行程直线电机和动滑轮（见图 5-2-50），优化的主要功能为：

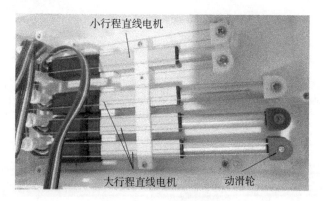

图 5 - 2 - 50 驱动模块

（1）驱动模块远程放置于轮椅上或用魔术贴固定于穿戴者腰部等，从而进一步减轻了手部外骨骼的重量，且降低了设备对电机数量和重量的要求。

（2）无论是舵机还是旋转电机，当装配绞盘驱动绳索时，往往在多次缠线后，绳索会产生错乱的排序，或因松动而脱离绞盘，影响传动效率。因此，本研究重新选择直线电机驱动绳索。其中，大拇指、食指和中指分别采用三个大行程直线电机（Actuonix：L12-50-100-6-Ⅰ）独立驱动，其最大驱动力为 42 N，最大行程为 50 mm，驱动速度为 7.5 mm/s；无名指和小指则使用同一个小行程直线电机（Actuonix：L12-30-100-6-Ⅰ），其最大驱动力为 42 N，最大行程为 30 mm，驱动速度为 7.5 mm/s。独立驱动的手指能够充分增大手的灵活度，满足多场景使用。每个直线电机的推杆头部装配一个动滑轮，驱动绳索一端固定于电机盒，并绕过动滑轮，另一端用于驱动手指，实现绳索伸缩量的放大，以提供充足的绳索行程，进而提高通用性。

5）柔性外骨骼康复手样机装配

结合独立设计的矫形器、变刚度柔性铰链、绳驱软手套以及驱动模块，对柔性外骨骼机械手样机进行整体装配。

远程放置的驱动模块使得绳驱软手套和基于柔性铰链的伸展机构可实现独立穿戴（见图 5 - 2 - 51），从而方便患者针对不同的康复需求选择相应的模块进行康复训练。如需要牵引矫形或肌力训练，只需穿戴伸展机构模块进行牵引或伸展力克服运动；需要康复训练或日常生活活动辅助时，再穿戴绳驱软手套进行手指的屈曲伸展和抓握运动。增加的腕部固定机构使得整个手部外骨骼质量为 159 g，满足预期的参考标准，不会对人手造成负担。

生活辅助控制模式主要面向存在一定肌力的患者，外骨骼康复手需要额外的驱动触发条件进行智能化控制，因此在外骨骼食指（以实际患者手指情况为准，选取具有较大肌力的手指作为传感器放置位置，若各手指功能相似，则尽

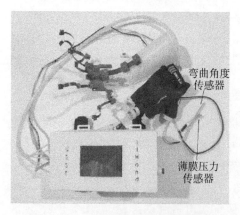

图 5 - 2 - 51 柔性外骨骼康复手样机

量以食指为主,以适应更多抓握姿势)上增加了弯曲角度传感器(Flex Sensor 4.5,SparkFunElectronics Inc,. Colorado, America.)和薄膜压力传感器(FSR, RX-Dl016, Rouxi Tech. Co.),其运动模式主要分为以下几步:

第一步:当人手处于伸直初始状态时,患者以一定肌力驱动食指实现微小弯曲,以触发弯曲角度传感器,从而驱动电机,并带动五指进行屈曲,实现抓握。

第二步:当食指触碰物体时,电机停止工作。若需要提高抓握力,患者食指需要施加主动力,以增大压力传感器的数值从而使电机继续工作,直到患者自行判断抓握力已足够,则食指停止施加主动力,此时患者手指处于放松状态,而外骨骼康复手会保持在抓握姿态,辅助人手移动物体。

第三步:当活动结束,物体需要松放时,只需食指再次对压力传感器施加主动力,电机即可反转实现物体松放。

若患者对生活辅助控制模式不熟练,也可以使用按键控制电机的驱动和停止来实现物体抓握。

3. 控制系统设计

1) 硬件控制系统实现

基于以上分析和需求,这里搭建了基于柔性铰链的线驱动柔性外骨骼康复手的控制系统框架(图 5-2-52)。整个系统由主控模块、传感装置、驱动动力、人机交互模块、执行外骨骼共同组成,其中涉及电源系统设计、通信交互系统设计、主控驱动模块设计以及传感器数据采集系统设计。

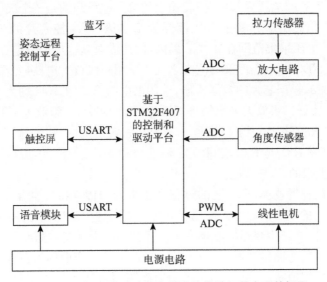

图 5-2-52　柔性手功能穿戴式外骨骼机器人硬件框图

2) 驱动电路

驱动电路主要是用于驱动 L12-50-100-6-I 型号的线性电机,该电机是一种可以用电流信号或电压信号控制的线性电机,主要参数为:额定电压 6 V,减速比 100∶1,行程50 mm,最大伸展力 30 N。本案例主要采用三个线性电机分别控制手部大拇指、食指以及其余三指的运动,在单纯采用电压控制的情况下,主控芯片 3.3 V 的输出电压并不能驱动电机完成所有的行程,于电机利用率低。另外,主控芯片的电压与驱动电机的电路共地容易造成干扰,因此综合考虑后采用 HCPL0661 模拟隔离芯片对电压进行转换。与传统数字隔离方式不同,模拟隔离的方式可以实现模拟量的隔离,对于电压指尖转换有巨大进步意义。在电路的设计上主控芯片产生 PWM 信号通过 HCPL0661 的输入通路输入(见图 5-2-53),在外界电压 5 V 的情况就可以实现输入输出电压的转换,即实现 3.3 V 与 5 V 的升压转换,且二者电源隔离,避免了负载变化带来的电压变化。

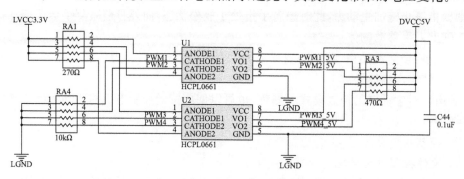

图 5-2-53 HCPL 隔离转换电路

3) 传感器选型与配套设计

本案例选取的拉压力传感器的工作电压为 5～12 V(直流电源),在前一小节电源电路的设计之中用 5 V 的电压为其供电,其输出的电压差反映的是整个装置沿着形变方向所受到的拉/压力值。由于其输出电压范围为毫伏级,而主控芯片的 ADC(analog-to-digital converter)电压采集范围在 3.3 V 以内,因此需对其输出信号进行信号放大,以便使采集的信号在 ADC 电压合理采集范围之内。采用三级放大电路(见图 5-2-54),一级放大采用 AD620,根据芯片的数据手册,选用的电阻 R31 和 R32 均为 9.1 kΩ,则一级放大倍数为 9.4;此处二级放大采用的是双通道的 AD8607,二级放大倍数为 9;三级放大倍数则由 R31 和 R39 决定,为了保证方法倍数在正常范围内,特地选用 5 kΩ 以内的滑动变阻器,通过调整 R31 与 R30 之间的关系,合计放大倍数为 360,可将量程内的值控制在 1.65 V(测量上限的 50%)以上。

对不同尺寸的抓握物体,在抓握的过程中手指的力传递特性也存在差异,因而抓握尺寸是控制抓握力的重要参数。而使用者在应对复杂的生活环境时,不可能做到对每一个物体进行测量,因此选用在抓握物体有力反馈的情况下手指的弯曲程度来反映被抓物体的尺寸。所选用的弯曲传感器为 Flex Sensor 4.5,其工作原理为在弯曲过程中整个材料对外呈现出的电阻值将减小,该传感器的静态阻值可达 1 MΩ,而随着弯曲程度的增加,电阻值可降至 2 kΩ。因此设计了基于电阻值的分压电路用来跟随反映弯曲传感器的电阻值变化及弯曲情况(见图 5-2-55)。在电压采集点采用分压方式,串联 1 kΩ 的电阻,当无变形的时候,采集点的电压为:

$$V_{\text{Bend}} = \frac{R_{14}}{R_{\text{Sensor}} + R_{14}} V_{\text{LVCC}} \qquad \text{式}(5-2-28)$$

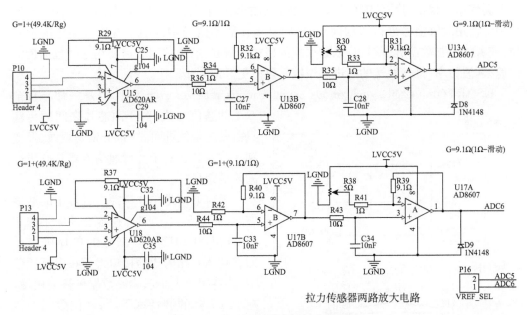

拉力传感器两路放大电路

图 5-2-54　三级放大运放电路设计

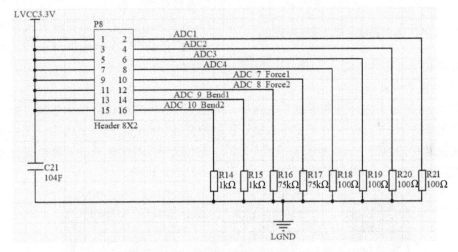

图 5-2-55　弯曲传感器信号采集电路设计

其中，V_{Bend} 为采集点电压，R_{14} 为分压电阻，R_{Sensor} 为弯曲传感的电阻，V_{LVCC} 为 3.3 V 的逻辑电压。

4）通信电路设计

在整个硬件系统中，各模块之间存在信息传输与数据通信。两个设备之间的通信方式根据传输方向分为单工、半双工和全双工。单工传输指的是数据只支持一个方向上的传输；半双工则是允许两个方向上的数据传输，然而同一时刻只能在一个方向上传输；而全双工是允许数据在同一时刻在两个方向上传输。

而按照是否有时钟信号分类则可分为同步通信和异步通信，在同步通信中，收发设备上会使用一根信号线传输信号,在时钟信号的驱动下双方协同同步数据。而在异步通信中不使用时钟信号进行数据同步,它们直接在数据信号中穿插一些用于同步的信号位,或者将主题数据进行打包,以数据帧的格式传输数据,通信双方需要约定好数据传输的速率(波特率:每秒发送的二进制位数),以便更好地同步。

USART(universal synchronous asynchronous receiver transmitter)是一种异步全双工的通信方式,对于两芯片之间的传输只需要三根线即可进行,分别是地线、发送和接收。其相对于并行通信方式具有更远的传输距离。

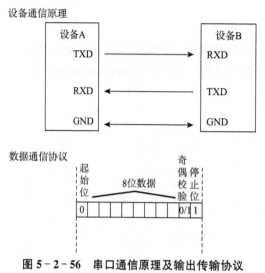

串口通信是单片机拥有且常用的通信方式(见图 5 - 2 - 56),在本硬件中主控芯片 STM32F404ZGT6 型号的单片机中就拥有高达 6 路的通信接口。而在串行通信中,波特率的大小影响着数据传输的快慢,在 115 200 的波特率下,每一位数据的传输时间 $T = 1/115\ 200 = 0.0087$ ms。因此串口通信作为一种可以双向通信且传输速率较快、传输信号稳定的传输方式在本设计中被广泛应用,在触摸屏与主控芯片的

图 5 - 2 - 56　串口通信原理及输出传输协议

通信方式和语音芯片的通信方式中都选用了这种方式。

5) 软件系统设计

轻巧、便携是柔性外骨骼康复手的目标,因此选用小巧的串口屏作为控制人机交互界面。基于 VisualLcdStudio 开发平台设计了触控交互界面(见图 5 - 2 - 57)。其中串口屏与主控芯片的通信方式在前文已介绍,为串口通信方式,因此必须设置每个页面不同指令对应的数据格式,以保证不同的指令可以被主控芯片识别。

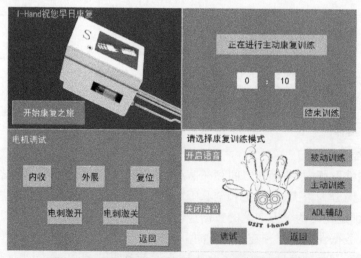

图 5 - 2 - 57　基于 VisualLcdStudio 串口屏界面开发

第三节 穿戴式下肢康复外骨骼机器人

一、穿戴式下肢康复外骨骼机器人基本概念

穿戴式下肢康复外骨骼机器人(简称下肢外骨骼)是指通过增强人体体力,帮助下肢功能障碍者进行康复训练和行走辅助的穿戴式装置,有助于改善患者的身体状况和生活质量。外骨骼实际上属于动力矫形器的范畴,包括外动力矫形器和内动力矫形器(带弹性储能元件)。下肢外骨骼按照用途可以分为康复训练外骨骼(截瘫、偏瘫等患者用)、行走辅助外骨骼(老年人或体弱者用)及人体增强外骨骼(健康人用)。用于功能障碍者的下肢外骨骼称为下肢康复外骨骼,通常用于辅助患者调整或恢复神经肌肉和骨骼系统的运动功能。

下肢外骨骼设备的显著特征是人体下肢肢体的解剖结构与外骨骼设备的运动学非常接近。在设备的关节和人体之间可以非常明显地观察到人体-外骨骼的相互作用。矫形器和外骨骼设备可以被认为是可穿戴的机器人设备,可以包裹人体以提供移动辅助,这就要求人体和设备之间的交互是协同的,以避免给用户带来不适。下肢外骨骼装置的运动学设计取决于人类步行步态模式的生物力学。如果设备和人体的运动学不兼容,则由于身体和设备之间的未对准,可能会产生非共享的相互作用力。因此,为了避免这种情况的发生,需要利用不同的下肢生物力学模型,同时结合驱动技术、传感器和辅助策略等生物机电学特征,进行下肢外骨骼运动学的研究设计。

由于很多中枢神经损伤引起的行走功能障碍者的症状表现在下肢,而根源却在中枢神经系统。目前用于康复训练的外骨骼机器人侧重于通过机械运动带动下肢关节被动运动,缺少对感觉运动神经回路的精准干预、定量评估和个性康复,导致其临床疗效处于瓶颈期。针对上述问题,有的下肢外骨骼机器人围绕神经重塑和日常辅助等需求,采用基于运动感觉的协同干预技术,即在辅助行走的同时,对患者进行电刺激、振动、声音等感觉反馈,使大脑皮层接受刺激,从而诱导其主动参与运动康复过程,提高康复训练效果。

二、穿戴式下肢康复外骨骼机器人主要类型

这里讲述的穿戴式下肢外骨骼机器人主要是指康复用外骨骼(包括训练外骨骼和行走辅助外骨骼),其按照不同的分类方法可以分为不同的类型,可以按照辅助的关节数(人体作用部位)、结构、驱动方式、人机交互方式、关节辅助控制策略、平衡方式等进行分类。

（一）按照关节数分类

穿戴式下肢康复外骨骼机器人,可实现对不同关节、步态以及日常生活活动的运动辅助和康复辅助。这些装置可根据关节机构数量分为多关节和单关节的外骨骼。

1. 多关节外骨骼

多关节外骨骼装置可分为五种不同类型,分别为躯干-髋-膝-踝-足(THKAF)、髋-膝-踝-足(HKAF)、躯干-髋-膝(THK)、髋-膝(HK)和膝-踝-足(KAF)外骨骼装置(见图5-3-1)。这种分类主要取决于与人体下肢各关节连接的装置的机械设计。用于人类下肢的不同类型的外骨骼装置具体描述如下:

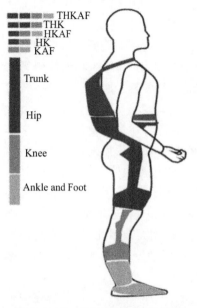

图5-3-1 具有多关节的外骨骼系统分类

1)躯干-髋-膝-踝-足(THKAF)外骨骼装置主要用于需要下肢躯干和髋关节更稳定的患者。此外,这些设备还用于增强截瘫患者的肌肉。

2)髋-膝-踝-足(HKAF)外骨骼装置通常与膝-踝-足(KAF)外骨骼装置一样使用。HKAF装置是双侧的,通过称为腰骶矫形器或胸腰骶矫形器的骨盆带连接到髋部装置。这些类型的设备设计用于在髋关节中自由或锁定运动的屈曲/伸展和内旋/外旋控制。这些类型的设备设计用于在髋关节中自由或锁定运动的屈曲/伸展和内旋/外旋控制。

3)躯干-髋-膝(THK)外骨骼装置由脊柱矫形器和HK外骨骼组成,用于控制躯干运动和脊柱方向。

4)髋-膝关节(HK)外骨骼装置,主要用于协助髋关节和膝关节的屈曲/伸展运动,大多数设备采用轻量化设计并根据用户要求为髋关节和膝关节提供额外动力。

5)膝-踝-足(KAF)外骨骼装置用于根据下肢的其余部分控制膝关节的不稳定性,方法是保持适当的布置和控制运动。

2. 单关节外骨骼

单关节外骨骼主要可分为三组:髋关节、膝关节和踝关节。用于特定的单一应用以及关节机构。

1)髋关节外骨骼可以提高躯干的稳定性,减少代谢消耗,对下肢有全局影响。

2)膝关节外骨骼可为患者的膝关节提供动力,有效产生由用户自愿和直观控制肌肉活动的辅助。

3)踝关节外骨骼可实现速度自适应调节,改善踝关节受力状况,在机器人辅助运动或康复过程中保护使用者免受进一步伤害。

（二）按驱动方式分类

下肢外骨骼按照驱动方式分类可以分为主动驱动下肢外骨骼与被动驱动下肢外骨骼，而区分的根据则是按下肢外骨骼是否具有外部动力源。

1. 主动驱动的下肢外骨骼

主动驱动类型的外骨骼按驱动器类型可将下肢外骨骼分为：电机驱动外骨骼、气动肌肉驱动外骨骼、液压驱动外骨骼等。

驱动器类型的选择是外骨骼系统的主要组成部分，用于调节设备的效率、功率、重量比、易用性、便携性等各种性能。下面介绍主动驱动类型的外骨骼。

1）电机驱动的下肢外骨骼

机器人应用中最常见的驱动类型是电机驱动。电机驱动峰值扭矩高、运动控制灵活、运行和维护成本低、可靠性高。紧凑的形状和尺寸使得电机在机器人应用中非常流行。市场上有不同类型的电机可供选用，可以根据应用要求选择合适的电机。

比较液压驱动和电机驱动两种驱动方式可知，电机的重量大约是液压驱动器的2倍。然而，在行走过程中，电机的能效比液压驱动器高92％。但是，与液压驱动器的部分重量远离关节旋转轴不同，电机驱动外骨骼的关节重量全部集中在实际关节处，这对于外骨骼的机械设计是一种缺点。比较表明，出于相同目的，电机的功率效率更高，但尺寸更大且比液压执行器更重。如果下肢外骨骼的设计目的不是帮助潜在佩戴者承受相对较重的负载，电机通常更适合用于外骨骼。事实上，电机的优势可以随着所需扭矩输出的减少（即执行器的尺寸和重量的减小）而突出。

此外，由于下肢外骨骼和矫形器所需的扭矩较高，速度较低，直驱式电机通常难以同时满足高扭矩输出、低速、小体积、轻量化的要求。因此，通常使用齿轮驱动和/或电缆驱动电机来满足这些要求。

2）气动肌肉驱动的下肢外骨骼

气动肌肉驱动的外骨骼主要依靠气动系统使用压缩空气运行。气动系统相对便宜，已应用于许多穿戴式外骨骼机器人。气动系统中的位置控制应用比其他类型的驱动机构更具挑战性。气动系统的主要缺点是噪音大且难以控制。气动系统在恒定负载条件下变形，提供最低的功率重量比。McKibben型人造肌肉是气动肌肉驱动的最佳示例之一，它具有一些固定的特性，例如高功率/重量比、相对轻量和固有的柔顺性。但由于控制人工肌肉系统的复杂性，它曾一度被放弃。然而，近年来随着新控制策略的发展，越来越多的研究者采用气动肌肉作为外骨骼的驱动方式。气动肌肉的制造非常简单，可以像天然骨骼肌一样以对抗形式使用。此外，由于其固有的顺应性和有限的最大收缩、较高的安全性，故适合于康复应用。

图5-3-2(a)是一种10自由度穿戴式下肢外骨骼机器人，用于主动协助人类行走。每个髋关节水平有10个自由度，每个膝关节水平有1个自由度，每个踝关节有1个自由度。人造气动肌肉用于在每个活动关节处提供屈曲和伸展扭矩。由于使用了气动肌肉，故由此产生的外骨骼非常轻便，总重量（不包括动力源）不到12kg。

图5-3-2(b)是一种用于运动适应和康复目的的电动下肢矫形器。该矫形器还使

用人造气动肌肉在相关关节处提供屈曲和伸展扭矩。其中,约57%的扭矩用于站立时踝关节跖屈,约70%的扭矩用于正常行走时的足底屈肌。

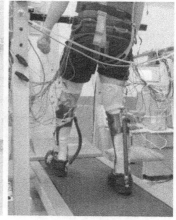

(a) 10自由度外骨骼　　　　　(b) 动力踝足矫形器

图5-3-2　气动肌肉下肢外骨骼

然而,使用气动肌肉有一些缺点。例如,当使用气动肌肉时,控制方法变得相对复杂。此外,与液压驱动相比,气动肌肉的控制带宽相对较低。这是因为液压油通常是不可压缩的,而气动肌肉使用的是可压缩空气。

此外,还有一些新颖的驱动设计,它们集成了前面提到的两种或多种驱动器的特性。例如,Saito等人开发了一种外部动力下肢矫形器,它使用双边伺服驱动器驱动。这种驱动器由两个圆柱体组成,可以模拟人体肌肉的特性。同时,驱动器通过密封油的反作用稳定运行,由伺服电机控制。因此,该驱动器兼具液压驱动器和电机的特性。

3) 液压驱动的下肢外骨骼

液压驱动系统更适合在高功率重量比的外骨骼上应用。线性和旋转液压驱动器均可用。液压系统的效率低于电气系统的效率。由于液压或气动驱动器的特性、执行器功率与执行器重量的高比率,它们通常被视为显著提高人类性能的外骨骼的重要选择,并且液压系统不需要减速齿轮。它可以工作在广泛的带宽范围,如伯克利大学研制的下肢外骨骼BLEEX和Sarcos外骨骼就使用了液压驱动的方式(见图5-3-3)。

1. 使用串联弹性驱动器的下肢外骨骼/主动矫形器

在一些可穿戴机器人中使用传统的不可反向驱动的驱动器(如电机)暴露出一些固有的缺点,例如低速时电机的扭矩密度较差,以及齿轮的摩擦、背隙、转矩脉动和噪声。在最近的研究中,研究人员试图开发一种新型的启动器来解决这些问题。在这种情况下,提出了串联弹性驱动器(SEA)。SEA是在传统机器人系统中引入的一个相对较新的概念,执行器在使用时刚性连接到机器人负载上,并在二者之间放置一个力或扭矩传感器,以测量力或扭矩并反馈至控制系统中。一般情况下,会通过测量电机的电流以估计电机扭矩,但对于SEA,不是使用力、扭矩或电流传感器,而是使用弹簧位移被动测量力/扭矩,弹簧允许负载自由移动。与不可反向驱动的驱动器相比,SEA包括以下优点:

 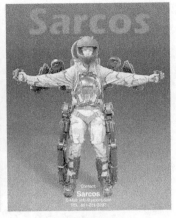

(a) BLEEX　　　　　(b) Sarcos

图 5-3-3　液压执行器下肢外骨骼

耐冲击、更低的反射惯性、在无约束环境中更准确的稳定力控制以及能量存储。因此,最近,SEA 已应用于许多外骨骼和矫形器。

　　麻省理工学院设计的主动踝足矫形器是使用 SEA 作为驱动方式的设备之一(见图 5-3-4)。这种踝足矫形器被设计用于治疗足下垂的步态病理,它将 SEA 和传感器连接到传统的踝足矫形器上,其中,SEA 由直流电机驱动的滚珠丝杠机构与螺旋弹簧串联组成。它可以根据地面反作用力和关节运动学的测量结果改变站立期间足底屈曲时踝关节的阻抗,并在步行步态周期的摆动阶段辅助背屈。就性能而言,麻省理工学院设计的主动踝足矫形器在帮助足下垂患者方面表现出显著的效果:一方面,在矫形器的辅助下,患者减少了行走中脚拖曳的发生;另一方面,矫形器辅助可以允许更大的跖屈,减少与健康人的运动学区别。

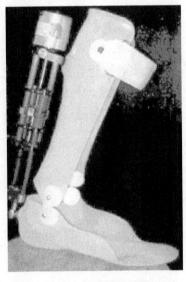

图 5-3-4　麻省理工学院设计的主动踝足外骨骼(矫形器)

　　随着可穿戴机器人的发展,相继有不同类型的 SEA 问世。例如,基于鲍登电缆的弹性驱动系统。尽管该执行器的主要目的是为固定式机器人训练器 LOPES 提供动力源,但它可能在可穿戴外骨骼中具有更广泛的应用。该驱动器的突出特点是它在 SEA 的设计中引入了鲍登电缆,以将实际电机与外骨骼框架分离,这可以使外骨骼框架更加便携。

　　2. 被动驱动下肢外骨骼

　　与主动驱动下肢外骨骼相比,被动驱动下肢外骨骼不需要外部动力源,就可实现下肢外骨骼装置的正常工作。由于不需要外部动力,被动外骨骼装置的结构不再庞大、复杂,整体重量也大幅度降低,同时存在能源供应不足的问题。

　　2007 年,麻省理工学院的研究者提出了一款用于辅助负重的被动下肢外骨骼(见图

5－3－5)。该外骨骼在髋关节和踝关节处采用了两个弹簧作为阻尼和储能装置,在膝关节处采用了可变阻尼器,来达到支撑相传力,摆动相自由摆动的效果,外骨骼全重11.7 kg,可负载 36 kg 背包。该外骨骼可将 80％的负载通过外骨骼传递到地面,但是代谢能数据相较于只背负背包增加了 10％。

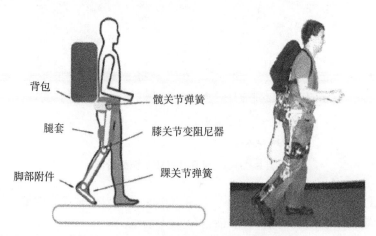

图 5－3－5　麻省理工学院的被动下肢外骨骼

　　2018 年,W. van Dijk 等人设计了一款名为 Exobuddy 的用于辅助人体负重行走的非拟人化的被动下肢外骨骼(见图 5－3－6)。这款外骨骼通过液压缸来调节外骨骼腿的刚度变化,能平均将约 30％的负载通过外骨骼传递到地面,从而减少人体负重行走所需的生物力学成本,但是穿戴该外骨骼时,人体的代谢成本有所增加。

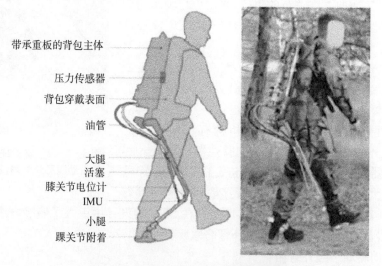

图 5－3－6　Exobuddy 被动下肢外骨骼

　　2019 年,加拿大渥太华大学的研究者提出了一种座椅式被动下肢外骨骼(见图 5－3－7)。该外骨骼通过一个无动力的座椅机构及对应的弹簧等被动元件,对人体的骨盆产生一个向上的支撑力。实验证实,该外骨骼能通过座椅向骨盆提供相当于人体体重 9.41%~26.18%的向上的支撑力。

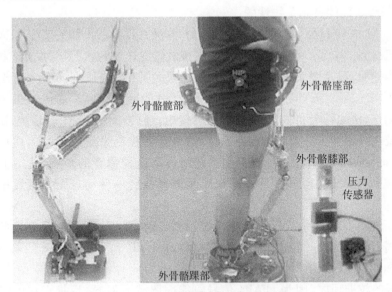

图 5-3-7　座椅式被动下肢外骨骼

(三) 按人机交互方式分类

按照人机交互方式可将穿戴式下肢外骨骼机器人分为:基于人体生物信号的穿戴式下肢外骨骼和基于人机交互作用力的穿戴式下肢外骨骼等。

近年来,国内外学者对下肢外骨骼进行了许多研究,以实现在改善下肢外骨骼性能的同时用于辅助和康复训练。随着自动化程度的提高和便携式外骨骼设计的发展,研究人员还致力于改进意图识别策略,以提高外骨骼的精度、效率和舒适度。由于外骨骼是由人体佩戴的,因此可穿戴机器人与人体之间的交互作用是确保基于佩戴者运动意图估计的控制策略平滑有效的关键因素。此外,关于康复训练模式结果的最新证据表明,运动意图在康复训练中起着重要作用。通过人机交互准确预测人体运动意图对于运动辅助和康复目的都至关重要。因此,在下文中,根据人机交互模式对下肢外骨骼进行分类介绍。

1. 基于人体生物信号的穿戴式下肢外骨骼机器人

这种类型的人机交互是基于从人体测量的直接反映人体运动意图的信号设计的。因此,与其他案例研究相比,可以在不丢失信息和非延迟的情况下完全估计运动意图。通常使用两种类型的信号:表面肌电信号(surface electromyography,sEMG)和脑电信号(electroencephalogram,EEG)。相应的控制策略也被开发出来帮助用户进行日常生活活动和康复训练。脑机接口通常可分为两大类:有创性脑机接口和无创性脑机接口。其中,基于场电位(刺激脑的某一区域,在脑的某一区域记录到的群体神经元对刺激反应的电位变化)的表面无创脑机接口在对康复机器人的实际控制中得到了广泛的应用。

使用 sEMG 信号预测人体运动意图具有重要优势。例如,相对较弱的 sEMG(来自某些患者或老年人的肌电信号)甚至可以有效地估计意图;关节扭矩与等长收缩中相应的 sEMG 信号之间的关系是线性的。

对于 HAL-3 和 HAL-5[见图 5-3-8(a)]穿戴式外骨骼机器人系统,sEMG 信号用于测量人机交互的水平。将双极皮肤表面电极放置在选定的肌肉(与膝关节相关的股二头肌和股内侧肌,以及臀大肌;与髋关节相关的臀大肌和股直肌)。关节扭矩分别由伸肌和屈肌中不同的拮抗 sEMG 信号估计。在 HAL-3 的助力控制方法中,根据 sEMG 信号计算每个动作(例如行走和站立)所需的辅助扭矩。通过使用 HAL-5 系统,研究人员在 sEMG 系统之外增加了一个新的控制系统,这种新的控制系统用于存储用户第一次佩戴 HAL-5 时记录的步行模式。该控制系统可以匹配佩戴者的步态,适用于 sEMG 难以采集的佩戴者。通过使用 sEMG 系统来预测佩戴者的移动意图并触发相关的执行器动作。

尽管 sEMG 信号已被广泛用于在系统控制之前估计人类意图,但在实际应用中仍存在一些固有的局限性,需要在未来解决。例如,sEMG 信号很容易受到电极放置附近肌肉信号和影响原始 sEMG 记录的噪声的影响。此外,需要提出新的方法来简化 sEMG 信号的校准程序,因为 sEMG 信号可能因佩戴者而异,且每天都可能有很大的变化。

西安交通大学曾与企业合作研发了一款自主脑控下肢康复机器人系统,由 AR 眼镜、无线脑电采集设备、穿戴式下肢外骨骼机器人和无线终端组成。该穿戴式下肢外骨骼机器人系统[见图 5-3-8(b)]结合运动康复理论、脑机接口和穿戴式外骨骼机器人技术,采用 AR 视觉增强技术呈现刺激,诱发出患者的 EEG 后,无线脑电采集设备会提取大脑的诱发特征并通过无线模块将数据传送给计算机,然后利用特征识别方法对持续采集到的 EEG 进行模式识别,当识别结果为行走时,外骨骼开始动作。

广泛使用的基于 EEG 的接口在估计人体运动意图方面仍然存在一些局限性。局限性主要包括需要相对较高的灵敏度、可穿戴式 EEG 测量设备的缺点、不同皮质区域产生的不同电活动的重叠以及训练时间和准确性之间的平衡。

(a) 基于 sEMG 的下肢外骨骼　　　　(b) 基于 EEG 的下肢外骨骼

图 5-3-8　基于人体生物信号的穿戴式下肢外骨骼机器人

2. 基于人机交互作用力的穿戴式下肢外骨骼机器人

基于人机交互作用力的穿戴式下肢外骨骼机器人人机界面是根据用户和外骨骼之间的相互作用力设计的。一方面,基于人机交互作用力设计的穿戴式外骨骼可以直接从用户和外骨骼之间的连接点测量相互作用力;另一方面,也可通过放置在机器人连杆上的弹性传输元件或结构的变形来测量相互作用力。

HAL-5 穿戴式外骨骼机器人还开发了基于力的人机交互,该交互使用地板反作用力(FRP)来估计运动意图。FRP 用于计算重心位置,该位置可作为意图估计的可靠信息。行走运动分为三个阶段:摆动阶段、着陆阶段和支撑阶段。控制策略通过使用 FRP 测量患者的行走意图,计算每个阶段的参考模式并帮助患者行走,但是它不能保证患者的平衡和稳定。

值得一提的是,阻抗控制在基于人机交互作用力的穿戴式外骨骼机器人上也被广泛应用。阻抗控制在佩戴者的运动偏离正常步态时,会提供交互作用力(机械阻抗)以帮助佩戴者恢复理性步态,但如果佩戴者的运动沿正常步态移动,阻抗控制则不会进行干预。到目前为止,这一控制策略被称为"按需协助"。

(四) 按关节辅助控制策略分类

穿戴式下肢外骨骼机器人在关节辅助控制策略上可以分为七种类型:灵敏度放大控制、预定义步态轨迹控制、基于模型的控制、基于自适应振荡器的控制、模糊控制、基于步态模式的预定义动作以及混合辅助控制策略。

在这里我们根据高级控制策略对下肢外骨骼机器人进行分类,特别介绍神经康复或步态训练的下肢外骨骼机器人设备,这些康复治疗的控制策略旨在超越用户的意志运动并帮助他们从运动损伤中恢复。由于多关节外骨骼和单关节外骨骼的康复治疗策略不同,我们将对多关节外骨骼和单关节外骨骼分别阐述。

1. 多关节外骨骼

多关节外骨骼有多种用途。例如,为健康的年轻人或老年人提供额外的运动能量,旨在提高士兵或重体力劳动者的负重能力,帮助截瘫或下肢受损患者恢复独立活动能力。我们从七种辅助策略角度分别介绍多关节下肢外骨骼康复机器人的特点与应用。

1) 灵敏度放大控制

灵敏度放大控制主要用于增加用户承载能力的外骨骼(如 BLEEX,XoS,HULC)控制。在这种策略中,控制器通常依赖于外骨骼的逆动力学模型:佩戴者施加在外骨骼上的力设置在控制器的正反馈回路上,并且可以通过放大参数按比例缩小。因此,该控制器不同于传统基于模型的控制器直接计算所需的关节位置或扭矩的方式。当外骨骼能够准确地跟踪佩戴者的运动时,使用者施加的力将趋于零。然而,灵敏度放大控制器也可以放大外部干扰力,使系统变得不稳定。在发生不稳定的情况下,用户必须迅速移动自己以创建整个系统新的稳定条件。此外,这种辅助策略需要高精度的逆动力学模型。

2) 预定义步态轨迹控制

在预定义的步态轨迹控制机制下,所需的关节轨迹是参照健康人预先记录的,或是对步态分析数据集进行外推,然后在外骨骼上重放。为了提高控制器的可用性和灵活性,通常根据不同的姿势参数化所需的关节轨迹。这种辅助主要针对部分/完全丧失正常自主运动的受试者,例如 ATLAS 下肢外骨骼[见图 5-3-9(a)]针对四肢瘫痪的儿童,HAL 下肢外骨骼[见图 5-3-9(b)]可用于步态障碍患者,ReWalk 下肢外骨骼[见图 5-3-9(c)]、Ekso[见图 5-3-9(d)]下肢外骨骼适用于脊髓损伤患者。

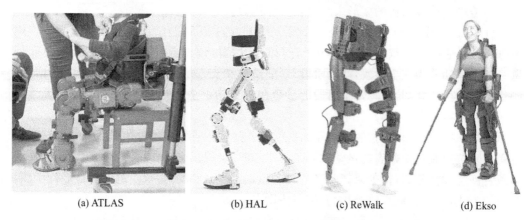

(a) ATLAS   (b) HAL   (c) ReWalk   (d) Ekso

图 5-3-9   基于预定义步态轨迹控制的穿戴式下肢外骨骼机器人

3) 基于模型的控制

在基于模型的控制结构下,所需的机器人动作是基于人-外骨骼模型计算的,通常考虑重力补偿和零力矩点平衡标准,并提供额外的指令辅助。虽然这种控制策略简单明了,但该策略依赖于模型的准确性,需要一系列传感器来识别运动学和动力学变量。基于模型控制的外骨骼可以实现不同的用途,例如 HAL[见图 5-3-9(b)]的目标是协助截瘫患者进行日常生活活动;XoR[见图 5-3-10(a)]主要适用于肌肉无力的人。

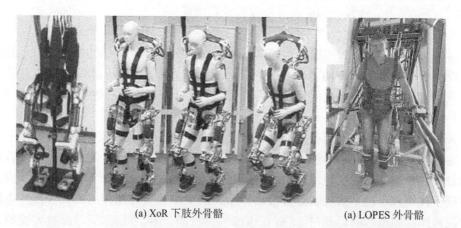

(a) XoR 下肢外骨骼   (a) LOPES 外骨骼

图 5-3-10   基于模型和自适应振荡器控制的穿戴式下肢外骨骼机器人

4) 基于自适应振荡器的控制

对自适应振荡器学习机制的开发最早是为了实现(周期性)输入信号瞬时频率和相位的同步。目前该模型已广泛应用于机器人领域。例如,作为可穿戴机器人的一个中央模式生成器，来捕获行走或循环康复训练中与周期性运动相关的信号特征（即相位、频率、振幅、偏移）。但是，基于自适应振荡器控制的下肢外骨骼，其仅限于在能够提供周期性和稳定的运动相关信号的受试者身上使用，且主要通过髋关节驱动进行验证。

LOPES 外骨骼[见图 5 - 3 - 10(b)]是自适应振荡器在下肢辅助外骨骼上的首次应用。LOPES 是一种基于 THK 框架的跑步机外骨骼，具有驱动髋关节和膝关节。在实时操作中，采用自适应振荡器来提取髋关节角度的相位和频率。然后，相位和髋关节角度被反馈到中心滤波器，以无延迟地估计预测髋关节角度。通过应用虚拟刚度计算所需的关节扭矩，以将髋关节吸引到其预测的下一个位置。除了已经集成在外骨骼中的编码器之外，这种辅助策略不需要额外的传感器。

5）模糊控制

当难以构建准确的动态模型时，可以考虑模糊控制，以表示和实现有关如何处理物理系统的直观知识。模糊控制器由四个主要块组成：① 模糊化块——解释输入；② 模糊规则块——如何控制；③ 接口机制——选择规则；④ 去模糊化块——将模糊结果转换为所需输出信号。然而，模糊控制器需要根据特定的运动任务和个人手动调整许多变量。

模糊控制应用的典型例子为肌腱驱动的髋膝外骨骼系统 EXPOS，该外骨骼旨在帮助运动障碍患者和老年人进行坐下和站立锻炼。EXPOS 外骨骼系统配有智能脚轮助行器，承载部分较重的部件，如电机、驱动器、控制器和电池，以保持可穿戴设备的轻便和简单。脚轮上的驱动器可以通过电缆滑轮传动装置驱动关节。EXPOS 所需的输入由基于关节角速度和扭矩的模糊控制器计算。模糊规则是根据关节角度和扭矩信号配置的：为了减少干扰，模糊控制器的输出总是取决于上级信号；当两个信号方向相同时，模糊控制器的输出最大。

6）基于步态模式的预定义动作

有一些外骨骼提供基于被动弹簧或气缸的物理阻抗和顺应性控制，只有通过激活或操控这些元素才能进行运动控制。与预定义的轨迹控制不同，该辅助策略控制设备与预期的步态事件同步，系统持续跟踪预先记录的关节轨迹。例如，MIT 外骨骼中的阻尼机制电键。这些设备所需的输入不仅取决于控制命令的传递时间，还取决于弹性元件的特性（刚度、惯性、阻尼）。

MIT 外骨骼设计通过骨盆安全带将背包的负载转移到地面来增强承载能力。髋关节和膝关节的驱动是步态周期的函数，所需的辅助是通过参考人类步行数据来确定的。运动分为不同的状态，每个状态根据关节角度、关节扭矩和地面反作用力等条件触发。一般来说，在早期站立阶段，推动力作用于髋关节以帮助提高质心位置；在后期站立阶段，储存的能量在摆动阶段释放。膝关节的阻尼机构在脚跟着地时打开，在站立结束时关闭，以允许膝关节屈曲。

7）混合辅助控制策略

混合辅助控制策略旨在通过应用不同的辅助控制策略来控制外骨骼：BLEEX 在摆动阶段采用力控制器，在站立阶段采用位置控制器；AIT 腿部外骨骼首先离线预定义步态轨迹，然后使用模糊控制器在线调整轨迹。对于特定的步态状态，可以提高辅助的效果。但是，应考虑每个策略之间的过渡，以避免出现不连续或不均匀的产出。

2. 单关节外骨骼

下肢单关节外骨骼可分为髋关节外骨骼、膝关节外骨骼和踝关节外骨骼。这些关节的作用不同：在水平行走中，膝关节在摆动阶段大多是自由阻尼关节，而在站立阶段几乎锁定；髋关节和踝关节分别与挥杆动态处理和站立阶段地面推进有关。

在单关节装置中，除了上述七种辅助策略外，还有两种在多关节外骨骼中没有的辅助策略：肌肉刚度控制和比例肌电控制。它们仅适用于单关节设备，因为它们需要参考肌肉动作来设置辅助水平；多关节肌肉系统使其在多关节外骨骼上的实现更加复杂。两种策略之间的区别在于用于估计肌肉动作的传感器类型（分别是外部压力传感器和EMG检测器）。因此下面我们主要讨论单关节外骨骼所特有的辅助策略。

1）肌肉刚度控制

基于肌肉刚度的辅助策略首先应用在气动膝关节矫形器上。通过气动人工肌肉模拟股直肌和股二头肌的功能，而用户的伸膝意图是通过股中间肌的刚度来估计的，根据该值控制气动肌肉中的压力。肌肉刚度力传感器是一种新型肌肉传感器，这种肌肉传感器由粗橡胶制成的接触突起和力传感器组成。肌肉的刚度通过肌肉和力传感器之间的接触进行检测。肌肉在产生力的同时，肌肉的刚度也发生相应的变化。基于这个原理，接触投影可以将肌肉的刚度传递给力传感器产生压力。应用肌肉刚度力传感器来量化压力变化，以此来估计运动意图。同时，选择了一些检测用户肢体肌肉刚度的最佳点。肌肉刚度力传感器几乎与负载的重量成正比且敏感。因此，信号可以被视为控制系统的输入并反映运动意图。

基于肌肉刚度的辅助策略还应用于电机驱动的膝关节外骨骼［见图5-3-11(a)］。这种外骨骼由两个用于大腿和小腿的袖带以及一个旋转驱动系统组成。这种外骨骼旨在考虑肌肉激活和关节扭矩之间非线性关系的膝关节肌肉骨骼模型的基础上，通过增加机器人关节刚度来增强用户的膝盖能力。从肌电信号和关节角度模型估计用户的扭矩和刚度趋势指数，用于确定所需的关节轨迹和刚度。通过健康受试者的站立实验证明了这种膝关节外骨骼及其辅助策略的有效性。

2）比例肌电控制

由密歇根大学开发的气动驱动式踝关节矫形器（外骨骼）利用肌电信号作为控制信号源，使用两个气动人工肌肉驱动踝关节的跖屈和背屈［见图5-3-11(b)］。根据所采

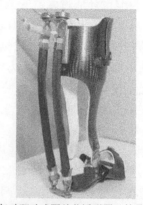

(a) 肌肉刚度控制外骨骼   (b) 气动驱动式踝关节矫形器（外骨骼）

图5-3-11　单关节穿戴式下肢外骨骼机器人

集的比目鱼肌的肌电信号来控制矫正器实现跖屈运动并抑制背屈运动,胫骨前肌的肌电信号则是实现背屈运动抑制跖屈运动,再结合正常人的行走的运动状态,使患者能够在行走过程中进行运动康复训练。该外骨骼主要用于人体踝关节运动对外部辅助的反应研究,例如动力矫形器的关节扭矩模式对辅助的神经反应。

(五) 按结构分类

穿戴式下肢外骨骼机器人按照结构分类可以分为:刚性外骨骼和柔性外骨骼。目前市场上的下肢外骨骼大多数是刚性外骨骼。由于刚性外骨骼具有提供动力强、支撑稳定性好的特点,对大多数需要外骨骼辅助或进行康复训练的早期或重度运动障碍患者更具有临床意义。而柔性外骨骼具有轻便的特点,近年来成为学术界研究的热点,但由于其技术本身存在局限性以及关键技术还需要突破,目前实现产业化的柔性下肢外骨骼还非常少。

传统刚性外骨骼系统通常采用金属刚性结构,当患者穿戴时,可能会因皮肤、脂肪和肌肉等软体组织与外骨骼刚性结构之间的挤压而产生剪切力,尤其是当下肢外骨骼系统无法完全模拟人体下肢自由度时,所产生的剪切力会导致非期望力矩。此外,软体组织的压缩也会储存大量能量,从而降低机械能传递效率。理想的可穿戴式外骨骼系统应与人体的肌肉骨骼架构一样,使用柔性肌肉组织来包裹刚性骨骼,并由外围组织拉伸带动内部骨骼转动,这样便可在提升支撑卸荷能力的同时,抵抗外界的碰撞。

柔性下肢外骨骼系统中的“柔性”并没有具体定义,一般认为是具备柔性结构、柔性驱动或柔性运动模式的下肢外骨骼系统。柔性穿戴式下肢外骨骼机器人是一种新型的穿戴式下肢外骨骼机器人系统。与上述刚性下肢外骨骼相比,柔性下肢外骨骼拥有众多优点:重量轻,且可将重量放置到人体腰部以降低肢体末端运动惯量;柔性大,易适应不同人群的解剖学差异以及穿戴者不同运动模态的生理关节变化;助力更自然,可提供与人体肌肉或肌腱平行的拉力;社交与心理层面,柔性穿戴式下肢外骨骼机器人可穿戴在鞋与衣服内部,更加不易引人注意,从而减轻穿戴者的心理负担。因此,对于协助肢体仍残留部分运动功能的偏瘫患者、行动不便的老年人群,帮助其重获正常的肢体机动能力,柔性穿戴式下肢外骨骼机器人不仅实际有效,也具有极高的理论研究价值。

人体下肢主要由髋、膝以及踝关节组成。髋、踝关节具有多个自由度,在行走过程中每个关节所需的生物力矩不一致,对不同的关节助力,产生的代谢消耗水平不同,效果也不同。设计者通过设计不同的助力装置本体,对髋、膝或踝关节进行单独助力,使助力目的更加明显,助力系统简约,助力策略相对容易实现。

柔性助力机器人主要为下肢待助力关节提供辅助力矩,提高负重能力,降低人体代谢消耗。具有代表性的单关节助力机器人为哈佛大学的可穿戴柔性助力服。其驱动方式以鲍登线-电机驱动和气动人工肌肉驱动为主,为了减轻下肢末端的附加重量,将控制板、驱动器等单元放置在人体的背部或腰部位置,采用参照人体生理参数设计的柔性布带、钢丝绳或者气动肌肉作为辅助力/力矩的传递单元,穿戴及包覆于人体下肢,使穿戴者更容易适应助力系统。且助力装置总体质量轻,增加了助力系统的柔顺性,使助力系统的运动轨迹与人体下肢运动轨迹协调一致,做到不影响人体下肢的正常运动,实现人机共融。

针对哈佛大学一系列不同的柔性穿戴式下肢外骨骼机器人,Wyss团队自2013年开始便进行研究,至今已研究出3类机器人系统:双侧髋踝关节助力系统、单侧踝关节助力系统和双侧髋关节助力系统。

1. 双侧髋踝关节助力系统

2013年,哈佛大学Wyss实验室研发了基于鲍登线的多关节柔性下肢外骨骼原型样机Exosuit[见图5-3-12(a)],该样机采用柔性织物来代替传统的刚性结构,且利用了下肢关节协同增强效应,能在对踝关节进行主动助力的同时,使髋关节也通过柔性带传力以实现被动助力。该系统总质量为10.1 kg,其中腿部质量为2.0 kg,续航时间4 h,可对髋关节提供相当于人体自然力矩30%的屈曲助力,以及对踝关节提供18%的跖屈助力。在穿戴助力(即穿戴上穿戴式下肢外骨骼机器人并且穿戴式下肢外骨骼机器人对人提供助力)与穿戴未助力(即穿戴上穿戴式下肢外骨骼机器人但穿戴式下肢外骨骼机器人并未对人提供助力)对比实验中,该系统可降低穿戴者平均6.4%±3.9%的代谢值,约为36 W;2016年,Wyss实验室针对此系统提出新的控制策略,以实现在踝关节运动的正负功率时期进行独立的助力控制,从而将负功率吸收至柔性系统中,用于踝关节蹬离期助力。此外,Exosuit系统的足部缠绕式的锚点固定方式被更改为将鲍登线锚点固定在登山靴后部[见图5-3-12(b)]。经验证,该系统可帮助穿戴者降低11%~15%的代谢值。2017年该团队分析了助力幅值与代谢值的关系,发现当助力幅值超过一定界限后,净代谢率反而会随着助力幅值的增长降低。实验中保持踝关节助力峰值在自然力矩的10%~38%范围内变化(约为18.7%~75.0%体重值),与穿戴未助力情况相比可最大降低22.83%±3.17%的代谢值,是当时代谢值降幅最大的柔性穿戴性下肢外骨骼系统[图5-3-12(c)]。

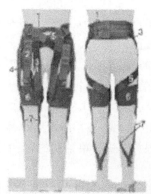  

(a) 2013年髋踝助力系统　　　(b) 2016年髋踝助力系统　　　(c) 2017年髋踝助力系统

图5-3-12　哈佛大学双侧髋踝助力系统(A)

此外,Wyss实验室也研究了可对髋关节进行主动助力的下肢外骨骼系统[图5-3-13(a)]。该系统采用内层位置控制器(带宽20 Hz)与外层导纳控制器(带宽3Hz)相结合的控制架构,实现对髋关节3.47 J以及踝关节4.33 J的能量传递,分别相当于髋、踝关节运动所需能量的 14.3% 与 9.6%；2015 年,该团队将髋关节屈曲助力改为被动方式 [图 5 - 3 - 13(b)],系统的质量为 6.5 kg(含电池),单侧配备有 2 个拉力传感器,并在足、小腿与大腿处分别安装陀螺仪对步态信息进行识别。该系统可为髋关节伸展提供 150 N 的助力,约为人体自然力矩的 19%;可为髋关节屈曲与踝关节跖屈提供共 300 N 的助力,约为人体自然力矩的 21%。经实验证明,在穿戴助力与穿戴未助力的情况下,该系统可分别给穿戴者髋、踝关节提供 1.67 J 与 3.02 J 的能量,协助穿戴者降低 10.2% 的代谢值。2017 年,该团队对髋关节伸展助力以及髋、踝多关节助力两种策略进行对比分析,在 23.8 kg 负重下进行对比实验,对肌肉活跃度进行测量验证,发现当单独对髋关节进行助力时可降低代谢值 4.6%,约为 0.21 W/kg±0.04 W/kg;而髋、踝多关节助力可降低代谢值 14.6%,约为 0.67 W/kg±0.09 W/kg。2018 年,Wyss 实验室将该系统改进为移动版[图 5 - 3 - 13(c)]。移动版的总质量为 9.0 kg(含电源),可为髋关节伸展提供 250 N 峰值助力,为踝关节跖屈与髋关节屈曲共提供 350 N 峰值助力。控制方面,该团队提出自适应助力控制策略,在期望助力值为 300 N 的崎岖路面测试环境下,力跟踪误差可由之前的 90 N 降至 76.6 N,穿戴者代谢值可平均降低 12.12%,约为 0.59 W/kg。

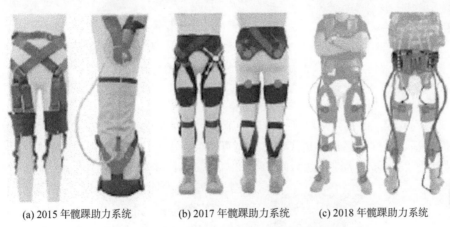

(a) 2015 年髋踝助力系统　　(b) 2017 年髋踝助力系统　　(c) 2018 年髋踝助力系统

图 5 - 3 - 13　哈佛大学双侧髋踝助力系统(B)

2. 单侧踝关节助力系统

除正常人群使用的双侧助力下肢外骨骼外,Wyss 实验室也研究了可应用于偏瘫患者的单侧助力系统。2015 年,该团队展示了一款定位于步态行走能力欠缺人群的助力下肢外骨骼系统[见图 5 - 3 - 14(a)],可实现踝关节跖屈和背伸 250 N 的主动助力,以及髋关节屈曲的被动助力。此外,该系统的驱动、控制以及能源部分全部被放置在移动车上,可实现患者穿戴质量仅为 0.3 kg。最终使用基于位置迭代策略的力控制器与轨迹生成器对患者进行助力实验,可使穿戴者踝关节蹬离期推力、步态时间以及站立时间的对称指数分别提高 7.15%、6.26% 以及 3.52%。2017 年,Wyss 实验室将该单侧柔性下肢外骨骼系统改进为移动版本,并去除了髋关节的被动助力[图 5 - 3 - 14(b)]。移动版系统单侧部署 1 个拉力传感器与 1 个陀螺仪,并将足部鲍登线锚点放置在特制鞋垫上。通过前期人为调节助力参数,对实验对象在跑步机上与地面行走环境下进行了对比实验,实验结果表明该系统可帮助患者患侧踝关节摆动相背屈角度提升 5.33°±0.91°,患侧蹬离期推力提升 11%±3%,行走不对称性降低 20%±4%,能量消耗降低 10%±3% 等。2018 年,该团队对上述系统硬件以及步态识别算法等方面进行了优化,以使系统更加适应偏瘫人群[见图 5-3-14(c)]。优化后系统总质量为 3.8 kg,且踝关节跖屈助力功耗从 15.63 W±3.35 W 降至 7.93 W±3.06 W,持续助力时间也延长至 90 min。与之前的系统相比,该系统可以更高效地提升患者患侧离地净高与足部蹬离期推力参数的对称性。

(a) 2015 年单侧踝关节助力系统　　　(b) 2017 年单侧踝关节助力系统　　　(c) 2018 年单侧踝关节助力系统

图 5-3-14　哈佛大学单侧踝关节助力系统

3. 双侧髋关节助力系统

2016 年起,Wyss 实验室对仅可为髋关节提供伸展助力的柔性外骨骼系统进行了研究,并提出基于惯性传感器的迭代学习控制算法(见图 5-3-15)。经实验验证,当期望助力时刻为 23% 步态周期、助力峰值为 200 N 时,该控制器可实现助力时间 22.7%±0.63%、助力峰值 198.2 N±1.6 N 的跟踪性能。与穿戴未助力情况相比,该系统可降低穿戴者 5.7%～8.5% 的代谢值。2017 年,Wyss 实验室针对该系统提出可切换导纳-位置控制方法,并通过在导纳控制器中引入前馈模型对穿戴者的运动学差异性进行补偿。经验证,该控制器带宽从之前的 8.3 Hz 上升至 19.6 Hz,助力峰值平均跟踪误差也从 16.1 N 下降至 2.0 N。2018 年,该团队将与人相关的因素引入控制器中,并通过贝叶斯优化方法,使得该系统可对不同穿戴者的助力与控制参数进行在线调整。相比卡内基梅隆大学 64 min 与密歇根大学

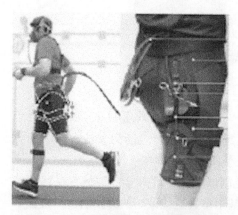

图 5-3-15　哈佛大学柔性外骨骼系统

47.8 min 的优化时间,该优化算法可在经过约 21.4 min±1.0 min 后找到控制器最优参数,且与未穿戴外骨骼机器人情况相比,可使穿戴者的代谢值降低 17.4%±3.2%,助力性能约高于其他柔性下肢外骨骼系统的 60%。

(六) 按平衡方式分类

穿戴式下肢外骨骼机器人按平衡方式可以分为三种类型：拐杖辅助式、自平衡式、框架式。现有的下肢外骨骼机器人通常采用拐杖等辅助工具支撑穿戴者保持平衡，对穿戴者上肢力量要求高，而上肢也失去运动机能的高位截瘫患者则无法使用。自平衡式下肢外骨骼机器人的最大特点是将双足机器人与外骨骼机器人的技术相结合，使用过程中无需额外的支撑就能实现自平衡行走的性能。框架式下肢外骨骼机器人则是辅助患者在减重下步行，适用于各种类型下肢功能障碍患者早中期康复训练，实现减重、站立、原地步行等步态训练、功能评估等。

1. 拐杖辅助式下肢外骨骼

现有的下肢外骨骼机器人大多数都采用拐杖作为辅助平衡工具，如 Ekso、Indego、ReWalk、i-Leg 等(见图 5 - 3 - 16)。首先，拐杖可以增强外骨骼和人体的协调运动，能够提高根据环境调整行走的能力，且对于患者来说，对上肢力量的需求与下肢力量成反比。拐杖除了用于维持身体平衡外还可用于动作设定，如触发动作指令、改变行走模式、变换姿势等。

上海理工大学所研发的下肢外骨骼康复机器人 i-Leg[见图 5 - 3 - 16(d)]针对拐杖辅助行走，提出并评估了一种具有自适应步长的拐杖步态模式。通过基于压力中心(COP)的多边形支撑模型，建立了可调步长控制策略。该策略通过 COP 在支撑平面域中的位置来判断人机系统的稳定裕度，从而引导腿部找到最佳的着陆位置来分配拐杖的载荷。可变步长方法不仅减少了控制系统的复杂性和所需的有限数量的感觉系统，而且提高了外骨骼在真实环境中的适用性。该方法量化了上肢的贡献，同时保持了人机系统的稳定性。此外，生成的行走动作是逐步执行的，并且每个步长都是自动调整的。这种预测着陆点的方法可以使截瘫患者在康复早期安全使用外骨骼。

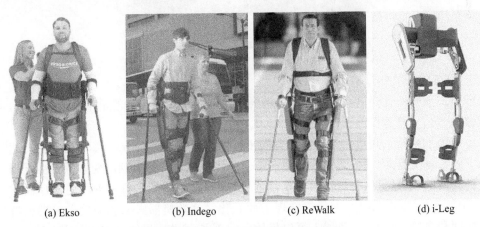

(a) Ekso　　　　　　(b) Indego　　　　(c) ReWalk　　　　(d) i-Leg

图 5 - 3 - 16　拐杖辅助式下肢外骨骼

2. 自平衡式下肢外骨骼

传统的下肢外骨骼机器人大多只为下肢的膝关节和髋关节提供助力，由于每条腿的驱动自由度不足,导致无法实现自主平衡的自然步态,而自平衡式下肢外骨骼机器人则在每条腿上尽可能多地增加驱动自由度,以满足自然行走的需求。

REX 下肢外骨骼康复机器人[见图 5-3-17(a)]最早由新西兰研制,后被中国公司美安医药成功收购。作为美安自主研发创新产品,新一代 REX 已通过 FDA、CE 认证并获得中国产品注册证,是目前具有国际领先技术的穿戴式下肢外骨骼康复机器人。不同于目前已上市的其他穿戴式下肢外骨骼,REX 可实现自平衡,不需要拐杖的辅助支撑,解放了患者的双手,因此适用人群范围也更广。并且 REX 具有仿生型运动模式,关节活动度高,康复治疗师可依据患者具体的病情,制定个体化的康复训练模式。REX 穿戴方便,省时省力,以高科技助力日益增长的康复治疗需求。

法国外骨骼康复机器人公司 Wandercraft 的旗舰产品是具有 12 个自由度的自平衡式下肢外骨骼康复机器人 Atalante[图 5-3-17(b)]。Atalante 依靠算法来确定用户的步态,可以模仿人类的行走方式,用于帮助理疗患者更快、更轻松地行走。Atalante 于 2019 年获得 CE 认证开启了商业化,并被欧洲和北美的康复和神经病学医院使用。

国内中国科学院深圳先进技术研究院也开展了自平衡式下肢外骨骼机器人的研究。

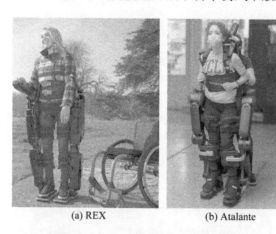

(a) REX   (b) Atalante

图 5-3-17　自平衡式下肢外骨骼

3. 框架式下肢外骨骼

框架式下肢外骨骼机器人适用于各种类型下肢功能障碍患者的早中期康复训练,可实现减重、站立、原地步行等(见图 5-3-18)。

由韩国 HMH 公司提供的下肢外骨骼步行训练康复机器人 Exowalk 是与轮椅相结合的下肢康复机器人,即使是重症残障人士也可以使用。它是为脑病变患者的步行训练而设计开发的,通过了认证机构的安全性评估、韩国食品药品监督管理局的医疗器械认证、实用性评估和临床试验,并最终实现了商业化。这款机器人的驱动轮可根据患者的步行速度和步幅进行旋转,机器人可以使用无线遥控器进行操纵,治疗师可以更有效地进行治疗。

国内有多家企业生产了多种型号的框架式下肢外骨骼机器人,如北京大艾机器人科技有限公司所研发的艾康 AiWalker 下肢外骨骼康复训练机器人、Exomotus 下肢外骨

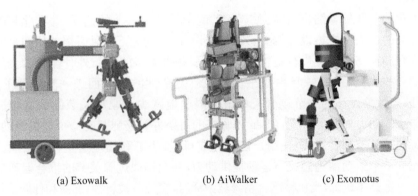

(a) Exowalk　　　　　(b) AiWalker　　　　　(c) Exomotus

图 5 - 3 - 18　框架式下肢外骨骼机器人

骼康复训练机器人等。

三、穿戴式下肢康复外骨骼机器人设计方法

这里以上海理工大学研制的穿戴式刚性下肢康复外骨骼 i-Leg 为例讲述下肢外骨骼的设计要求与方法。

(一) 下肢穿戴式外骨骼机器人设计要求

刚性下肢外骨骼是能够与人体下肢运动相协调的外骨骼构型,并结合具体的功能需求来确定人机运动的拟人化设备。刚性下肢外骨骼的基本原理主要体现在三个方面,分别为仿生结构、智能感知和协同控制(见图 5 - 3 - 19)。

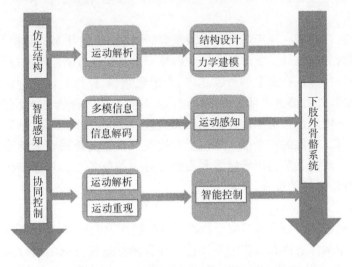

图 5 - 3 - 19　下肢外骨骼系统基本原理示意图

1. 一般设计要求

1) 仿生结构设计。首先,下肢外骨骼需满足人体下肢生理学结构及行走机制,用于

确定拟人化的下肢外骨骼自由度、关节运动范围及动力关节的选择，并在此基础上提出下肢外骨骼的拟人化机械设计构型。在传统设计上，动力下肢外骨骼使用四个或更多动力关节为脊髓损伤患者提供行走辅助。具有多动力关节的下肢外骨骼通常会失去被动矫形器的一些优良特性，并且由于重量和控制复杂性的增加而进一步降低了实用性。i-Leg下肢外骨骼设计的关节耦合机构最大限度地减少了驱动关节的数量和控制复杂性。与传统的动力外骨骼不同，i-Leg外骨骼的每条外骨骼腿只有一个电机驱动关节，并结合独特的膝关节耦合机构，使用户能够完成行走、坐下和站立这些日常活动。关节耦合机构允许单个致动器为髋关节运动提供动力，并允许通过踝关节的耦合运动来激活膝关节运动。更具体地说，当机械耦合系统被激活时，膝关节被解锁，屈曲和伸展动作完成。

2）智能感知系统。在仿生结构设计的基础上，通过对人体下肢肌肉骨骼运动机理的研究，建立下肢外骨骼的人机智能感知系统，以实现运动意图识别。智能感知系统基于人体运动机理的动作及步态识别技术，采集人体生物电信号或者通过力位传感器等人机交互接口，解码人体下肢某动作状态下的运动意图，从而精确识别行走时下肢所蕴含的深层动作及步态特征信息。

3）协同控制系统。人机协同控制系统包括控制硬件系统、控制软件系统等，旨在建立参数化的操控模式来执行相关动作和步态规划，从而实现外骨骼步态智能控制。i-Leg下肢外骨骼将足底压力信息和关节运动信息作为运动感知反馈信号，并采取预定义步态轨迹控制策略控制驱动系统，从而带动外骨骼相应关节转动，实现外骨骼助行行为。

2. 人因工程设计要求

由于下肢外骨骼是穿戴在人身上的，所以在机械和控制的设计上必须考虑用户的使用体验和产品满意度，故在研制中应尽量满足以下人因工程设计要求：

1）安全性

安全性是医疗器械在生产与使用中最重要的因素，i-Leg下肢外骨骼从机械、硬件和软件三方面综合分析设计。下肢外骨骼的机械安全是在外骨骼运动的过程中，各个关节的极限运动角度应保证在安全的角度之内，在出现倾斜、摔倒时能立即保持稳定或启动防摔倒安全设置，外骨骼各个部件的结构设计和材料选择应符合整体运作的协调性和稳定性。在硬件方面应包括电源设计和电磁安全性、按钮位置的安全性（防止误操作）、急停按键的设计等。软件的安全性主要包括对髋关节设置的极限位置应小于患者运动关节的极限角度。对髋关节力矩传感器和安装在外骨骼躯干上的姿态传感器实时采集与检测，保证外骨骼运行的安全。

2）舒适性

外骨骼是患者进行行走和日常生活的一种依赖性辅助器具，所以要保证外骨骼在穿戴和行走过程中的舒适性和操作的简便性。外骨骼舒适性方面的设计主要考虑用户身高体重的差异、绑带的材质和固定位置、外骨骼和人体之间的贴合程度、背部背包对穿戴者行走的影响等。

3）人机交互的合理性

人机交互是外骨骼和穿戴者之间相互融合的过程，直接关系到用户的使用体验，合理的人机交互应尽可能满足用户的控制需求,提高用户的康复参与度。i-Leg下肢外骨骼研究的主要的人机交互接口是拐杖、电脑客户端和力交互。

4) 良好的康复效果和辅助行走功能

下肢外骨骼运动康复训练应该帮助患者增强肌力、重塑神经功能、改善下肢运动功能。在康复过程中需评估患者使用下肢外骨骼的康复效果,及时改进治疗方案。下肢外骨骼辅助行走功能应保证穿戴者在行走过程中的行走安全与步态稳定。

(二) 穿戴式下肢外骨骼机器人设计案例

穿戴式下肢外骨骼机器人是因脑卒中、脊髓损伤引起的运动障碍康复训练的重要技术手段和方法,下肢穿戴式外骨骼的设计涉及众多交叉学科,产品涉及传感、控制、机械动力、人机交互、工业设计等领域,涵盖人体生物力学、临床医学、人体工程学、神经电生理等学科。这里以上海理工大学研制的可穿戴下肢康复外骨骼 i-Leg 为例(见图5-3-20)。

i-Leg 穿戴式下肢外骨骼机器人是一款旨在帮助 T4 脊髓节段以下损伤的截瘫患者站立行走的医疗康复设备,由于截瘫患者的下肢力量和知觉有一定程度的丧失而上肢控制力量健全,故在康复训练和辅助行走时需要借助拐杖维持平衡。具体设计原理如下所述。

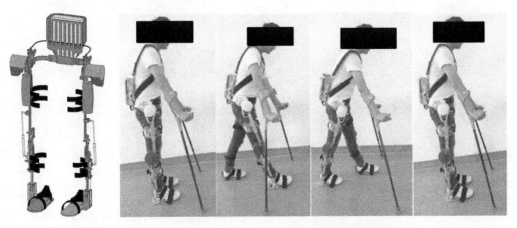

图5-3-20　上海理工大学研制的可穿戴下肢康复外骨骼 i-Leg

1. 人体下肢及行走的生物力学特性

矫形器和外骨骼设备可以被认为是可穿戴的机器人设备,该类机器人可以包裹人体以提供移动辅助。人体和设备之间的交互应该是协同的,以避免在使用机器人过程中给用户带来不适。因此,在下肢矫形器和外骨骼装置设计时需要根据人体步行步态模式的运动生物力学等运动学特征进行设计。如果设备和人体的运动学特征不兼容,可能会产生相互作用力导致设备无法使用。因此,为了避免这种情况,需要通过使用不同的下肢生物力学模型以及驱动技术、传感器和辅助策略等生物机电一体化特征来研究矫形器和外骨骼的运动学特征。

步行过程中人体步态周期的生物力学是主动式下肢矫形器和外骨骼装置设计和开

发中最关键的部分。正常人类行走的典型步态模式表示为同一脚的足跟触地的开始（0%）和结束（100%）。此外，一个完整的步态周期可以划分为站立相和摆动相，站立相也叫支撑相，是指从同一个脚的脚跟着地到脚尖离地的时间，约占全部步态周期的60%。摆动相是指同一个脚的脚尖离地到脚跟着地的时间，约占全部步态周期的40%。站立相也可划分为初始双腿支撑、单腿支撑和二次双腿支撑，摆动相又可以分为摆动初期、摆动中期和摆动末期（见图5-3-21）。

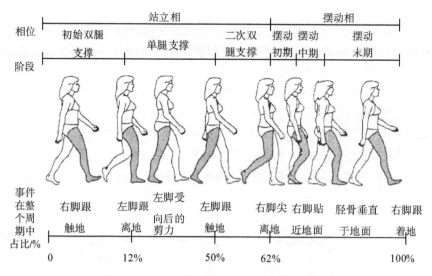

图5-3-21　正常人行走一个完整步态周期

人体下肢各关节的主要运动是在矢状面内的伸展和弯曲运动。根据《中国成年人人体尺寸》（GB 10000—1988）（具体可见表3-2-1），以一位正常、健康男性（体重82 kg，腿长0.99 m的28岁男性）为例，对该男性以1.27m/s的速度行走时的下肢各关节在矢状面内的生物力学曲线进行分析（角度、力矩和功率）（见图5-3-22）。尽管存在由于实验对象生理参数不同而导致相应数据存在差异的情况，但是人体下肢关节的生物力学曲线存在一些共同的特征。从整个步态周期来看，髋关节的功率是接近零的正数，膝关节的功率主要表现为在耗散功率的负值，而踝关节的功率在足尖离地时刻具有明显正值。总体而言，由于人行走所做总功为零并且运动阻力很小，在以不变的速度在地面行走时，人体下肢各关节所做的净机械功之

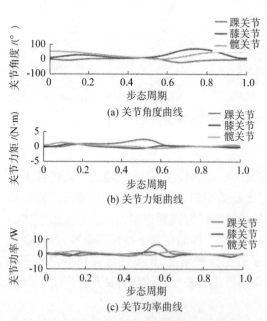

图5-3-22　生物力学曲线（角度、力矩和功率）

和接近于零。

2. 基于人体工程学的机械设计

基于人体工程学的机械设计规则旨在提高穿戴式外骨骼机器人的有效性。由于穿戴式外骨骼机器人牢固地贴附在佩戴者的身体上,并与人体平行,这意味着两个系统(肢体和外骨骼设备)必须在任何给定时间一起移动,而不限制彼此的运动。这一概念被描述为运动顺应性(在理想情况下),同时也说明外骨骼力学将符合肢体力学,因此不会干扰肢体的自然运动。符合人体工程学的设计可以提高用户的舒适度,让用户可以更长时间地穿戴外骨骼机器人。在穿戴式外骨骼机器人中应用人体工程学设计规则的重点是最大限度地减少宏观和微观错位。因此,机器人的旋转轴应与用户的关节旋转轴紧密对齐,保证佩戴者在使用具有拟人结构的穿戴式外骨骼机器人时可以改善关节,使轴对齐。同时,还应考虑与下肢运动学相关的生物力学特性,包括关节自由度、运动范围、扭矩、旋转速度等。

1) 关节角度

由于下肢各关节肌肉韧带的限制,下肢关节均有一定的运动角度极限。根据人体解剖学和骨骼肌肉功能解剖学可知,人体下肢各关节的运动角度如表 5-3-3 所示。为了充分保证穿戴式下肢外骨骼机器人的安全性,穿戴式下肢外骨骼机器人的关节角度均限制在正常运动角度范围内,且通常选取略小于正常范围的值作为下肢外骨骼机器人的关节运动角,具体设计值如表 5-3-1 所示。

表 5-3-1　下肢关节运动角度

关节运动	正常人运动角度	设计最大角度
髋关节屈曲	120~160°	120°
髋关节伸展	20°	20°
髋关节内收	25°	15°
髋关节外展	40°	15°
髋关节内旋	35°	30°
髋关节外旋	45°	30°
膝关节屈曲	120°~160°	120°
膝关节伸展	5~10°	0°
踝关节跖屈	40~55°	30°
踝关节背屈	15~25°	15°

2) 自由度

一般来说,人体腿部结构由每条腿的 7 个自由度(DOF)结构组成,即髋关节 3 个旋转自由度,膝关节 2 个自由度,踝关节 2 个自由度(见图 5-3-23)。具有 3 个自由度的髋关节运动为内收/外展、屈曲/伸展和内旋/外旋。膝关节在单个的自由度下的运动被称为屈曲/伸展和内旋/外旋。具有 2 个自由度的踝关节的运动为屈曲/伸展、跖屈/背屈。这些动作用于描述矫形器或外骨骼装置的机械结构设计。

由机械设计和控制原理可知,下肢仿生穿戴式外骨骼机器人设计的自由度越多,结构就越复杂,从而导致控制越困难。为了简化机械结构和减少控制,舍弃行走过程中影响不大的踝关节的旋前/旋后自由度和膝关节的内旋/外旋自由度。因此下肢仿生穿戴式外骨骼机器人总共包括 10 个自由度,单腿为 5 个自由度,分别为髋关节的屈曲/伸展、内收/外展和内旋/外旋,膝关节的屈曲/伸展和踝关节的屈曲/伸展。

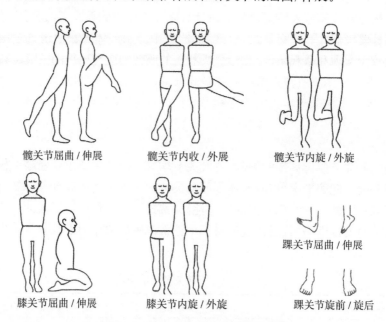

图 5-3-23　人体下肢各关节自由度

(1) 髋关节

髋关节有 3 个自由度,均为旋转,因此被视为球窝关节。该关节允许的运动包括屈曲/伸展、内收/外展和内旋/外旋。髋关节从运动学性质上来看可以等效于球副,但在设计上由于人体和外骨骼之间的空间关系决定了穿戴式外骨骼机器人不能采用球副,且单自由度具有驱动和检测都易于实现的特点。将髋关节球副进行高副低代,分解成三个相互正交的旋转自由度[见图 5-3-24 (a)],考虑到干涉问题和髋关节的屈曲/伸展、内收/外展对行走的影响比较大,故将髋关节的内旋/外旋自由度外移[见图 5-3-24(b)]。

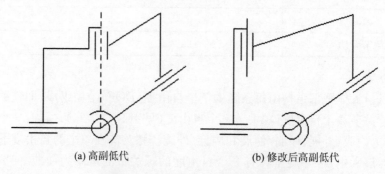

　　(a) 高副低代　　　　　　　　(b) 修改后高副低代

图 5-3-24　髋关节高副低代简图

在一个完整行走的步态周期中,髋关节的屈曲/伸展自由度消耗的能量最大,膝关节在平地行走时,做的大部分是负功,且其他自由度耗能较小。考虑到此问题特利用髋关节的屈曲/伸展自由度来对电机进行驱动,其他自由度无动力驱动。但在膝关节和踝关节处加有被动弹簧,以此来为行走过程助力[见图5-3-25,图中的1、2、3轴分别是髋关节的内收/外展自由度旋转轴(矢状轴)、内旋/外旋自由度旋转轴(垂直轴)和髋关节屈曲/伸展自由度旋转轴(额状轴)]。

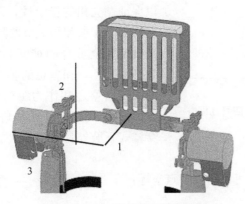

图5-3-25　髋关节三维设计图

(2) 膝关节

膝关节有2个旋转自由度,被认为是髁突关节。该关节的运动是屈曲/伸展和内旋/外旋。然而,由于非常有限的内旋/外旋,膝关节通常减少到1个自由度:矢状面上的屈曲/伸展。尽管膝关节在运动平面中存在运动,但很少去考虑,在关节分析时认为额状面和冠状面的膝关节运动是自由的(不受约束),以避免施加到膝关节的任何外力/扭矩。从设计的角度来看,这是一个需要考虑的方面,对于承载条件尤其重要。因为在这些情况下,设计中未考虑的力和扭矩可能会增加对肢体的负载压力。

在人的正常行走过程中,膝关节的屈曲/伸展自由度的运动并不是围绕一个固定的中心进行转动,实际的瞬时转动中心变化为一条"J"型曲线(见图5-3-26)。瞬时转动中心为曲线的优点是站立相非常稳定,摆动相非常灵活。而目前市场化的穿戴式下肢外骨骼机器人膝关节的设计均是单轴的,单轴也就意味着膝关节的瞬时转动中心是固定的,因此不能和膝关节的瞬时转动中心轨迹曲线重合,也就意味着行走时的步态极不自然。由分析可知,膝关节的瞬心越高,越可以保证站立相的稳定性,而从膝关节的灵活性上面来讲,瞬心又不能太高。为解决此问题,可以将膝关节设计为多

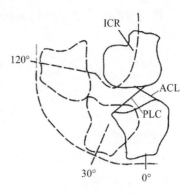

图5-3-26　膝关节瞬心轨迹图

轴关节,多轴关节的瞬心是变化的,在一定程度上可以保证站立相的稳定性和摆动相的灵活性。

① 膝关节四连杆机构的设计

膝关节采用四连杆机构进行结构设计(见图5-3-27),其中杆 CD 和小腿杆件固

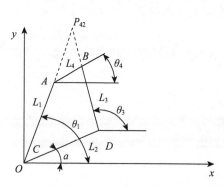

图 5-3-27　膝关节四杆简图

连,杆 AB 和大腿杆件固连。根据三心定理可知杆 CD 和杆 AB 的瞬心必在杆 AC 和杆 BD 的延长线的交点处,因此 P_{42} 点即为杆 CD 和杆 AB 的瞬心。由上文分析可知,膝关节的瞬心越高,越可以保证站立相的稳定性。而四连杆的设计要求是将瞬心 P_{42} 点和膝关节的瞬时转动中心相重合,但是做到完全重合的难度非常大,只能保证近似重合。将 P_{42} 点和理想的膝关节瞬时转动中心点之间的距离差之和作为距离函数,可以使距离函数数值最小,得出的杆长和角度将是最优解,这也是穿戴式下肢外骨骼机器人膝关节采用四连杆机构设计的依据。

根据图5-3-27,可以写出各点坐标:

$$x_A = L_1 \cos\theta_1, \quad y_A = L_1 \sin\theta_1 \qquad \text{式}(5-3-1)$$

$$x_B = x_A + L_4 \cos\theta_4, \quad y_B = y_A + L_4 \sin\theta_4 \qquad \text{式}(5-3-2)$$

$$x_C = 0, \quad y_C = 0 \qquad \text{式}(5-3-3)$$

$$x_D = L_2 \cos\alpha, \quad y_D = L_2 \sin\alpha \qquad \text{式}(5-3-4)$$

由三心定理可以确定四杆机构瞬心 P_{42} 点位置,用解析式表示为:

$$\frac{x_A - x_C}{y_A - y_C} = \frac{x_{42} - x_A}{y_{42} - y_A}, \quad \frac{x_B - x_D}{y_B - y_D} = \frac{x_{42} - x_B}{y_{42} - y_B} \qquad \text{式}(5-3-5)$$

化简得出瞬心 P_{42} 点的坐标为:

$$x_{42} = \frac{y_D x_B - x_D y_B}{x_A(y_D - y_B) - y_A(x_D - x_B)} x_A \qquad \text{式}(5-3-6)$$

$$y_{42} = \frac{y_D x_B - x_D y_B}{x_A(y_D - y_B) - y_A(x_D - x_B)} y_A \qquad \text{式}(5-3-7)$$

将四连杆的杆长 L_1, L_2, L_3, L_4 和结构角 α 作为设计变量,θ_4 作为设计常量,在五位空间中搜索出最优的杆长和结构角使得距离函数最小。当杆长和结构角参数确定之后,四连杆的结构也就确定了。

根据上文定义的距离函数,可以写出距离函数的数学表达式:

$$F(x) = \sum_{i=1}^{n} \left[W_i (x_{42}^i - x_p^i)^2 + W_i'(y_{42}^i - y_p^i)^2 \right]^{1/2} \qquad \text{式}(5-3-8)$$

式(5-3-8)中,W_i,W_i' 为加权系数,n 为设计的点数,在这里取14,即在膝关节每

转动 10° 采集一个点，(x_p, y_p) 为理想的膝关节瞬时转动中心坐标。

在四连杆机构的膝关节运动过程中，由杆 AB 带动杆 AC、杆 BD 反向摆动，从运动形式上来说是一个双摇杆机构。由机械设计原理知平面连杆机构为双摇杆的判别条件为：① 最短杆相对的杆为机架，即杆 CD 为机架，杆 AB 为最短杆；② 长度最小的杆件与长度最长的杆件的和应该小于或等于其他两个杆件的长度之和。因此确定约束条件如下：

$$\begin{cases} L_4 < L_1, \quad L_4 < L_2, \quad L_4 < L_3 \\ L_4 + L_1 \leqslant L_2 + L_3 \quad (L_1\,最长, L_1 > L_2, \quad L_1 > L_3) \\ L_4 + L_2 \leqslant L_1 + L_3 \quad (L_2\,最长, L_2 > L_1, \quad L_2 > L_3) \\ L_4 + L_3 \leqslant L_1 + L_2 \quad (L_3\,最长, L_3 > L_1, \quad L_3 > L_2) \end{cases} \quad 式(5-3-9)$$

表 5-3-2　优化结果

设计变量	结果
L_1	58.1 mm
L_2	49.5 mm
L_3	50.2 mm
L_4	32.6 mm
α	25.52°
设计常量	26°
距离函数	4.21

② 气弹簧助力机构的设计

对人的日常活动进行分析，人在坐下-站立姿态变换时需膝关节承担较大的力矩，而此处的膝关节为无动力四连杆机构，无法为坐下-站立姿态变换助力，因此需设计助力机构。对助力机构的设计要求是只能助力坐下-站立姿态变换，但不能影响正常行走。

上海理工大学 i-Leg 外骨骼设计了气弹簧助力机构，将气弹簧的一端固定在大腿杆件上，另一端固定在小腿杆件上的滑动导轨的滑块上。在正常行走时，气弹簧可以随着滑块进行滑动，从而不影响正常行走步态。在站立-坐下姿态变换时，只需将滑块固定，使得气弹簧另一端不能在滑动导轨上移动。即当使用者坐下时，由于膝关节屈曲，气弹簧受压从而为坐下提供一定的阻力，故使用者可以缓慢坐下；当使用者站立时，气弹簧将压缩储存的能量释放，以此来为站立助力（见图 5-3-28）。

由于滑动导轨的长度决定着气弹簧助力机构是否影响正常行走步态，即在正常行走过程中，膝关节屈曲到最大角度时，与气弹簧一端连接的滑块不能触碰到导轨的另一端。但由于重量、美观程度等问题，导轨的长度也不能太长。结合以上这些条件限制对导轨的长度进行设计。根据成年人在正常行走时膝关节的屈曲角度可以达到 60° 这个角度值进行导轨长度的设计。通过 SolidWorks 三维软件进行运动仿真计算，得出合理的导轨长度为 105 mm。

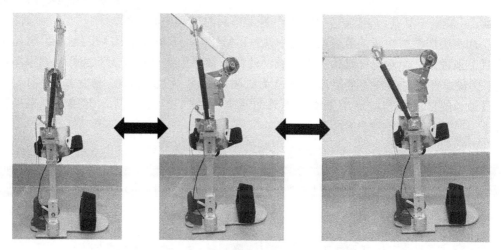

图 5 - 3 - 28   气弹簧助力坐下-站立姿态变化

（3）踝关节

① 自由度设计

踝关节通常被设计成具有 1 个自由度的铰链关节,允许在矢状面旋转(屈曲/伸展,见图 5 - 3 - 29)。应用于外骨骼脚踝的驱动通常都施加在此自由度上。然而,由于踝关节通过足部与地面相连,因此必须考虑足部的复杂结构和内部自由度。设备的底部通常构造为允许倒转/外翻。一般来说,内翻/外翻和内旋/外旋的两个旋转轴位于踝关节的外侧,做出这一选择是为了保持设计简单。为了辨别外骨骼处于站立期还是摆动期,特在脚踝处加有压力传感器,压力传感器放置在踝关节连接件 3 中,踝关节连接件 2 和踝关节连接件 3 固连,踝关节连接件 1 的一端和脚板固连,踝关节连接件 1 可以在踝关节连接件 2 和 3 中移动且上端抵在压力传感器上。当脚板着地时,压力传感器受到踝关节连接件 1 的挤压,因受到压力从而有信号输出,以此来判断是否处在站立期。

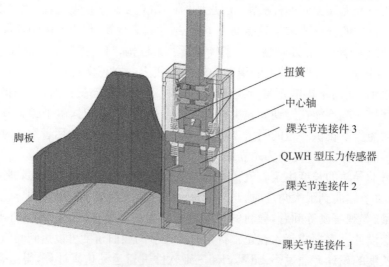

图 5 - 3 - 29   踝关节剖视图

② 膝踝联动机构的设计

由于穿戴式下肢外骨骼机器人的膝关节采用无动力四连杆机构,无法保证在站立相锁定,摆动相解锁,即无法保证安全性。为此设计膝踝联动机构,通过钢丝绳连接踝关节和膝关节的解锁挡块,利用使用者在行走过程中的背屈(即踝关节顺时针转动)来进行膝关节的解锁(见图 5-3-30)。初始设计钢丝绳将挡块往下拉动 5 mm 即可解锁,通过运动仿真可知实际运动为 10 mm 左右,因此可以完全达到解锁要求。膝踝联动机构解锁的原理是在正常行走的过程中,某条腿从站立相进入摆动相时,踝关节会进行背屈,通过钢丝绳拉动挡块向下运动使得挡块离开四连杆机构的凹槽,从而膝关节解锁。之后进入摆动期,膝关节屈曲,挡块在弹簧的作用下紧贴四连杆机构的表面进行运动,在摆动末期,髋关节屈曲到最大角度时,膝关节向前伸展到最大角度,此时挡块在弹簧的作用下插入四连杆机构的凹槽,从而锁定膝关节,之后进入站立相。通过以上方法,实现了膝关节在站立相锁定,摆动相解锁。

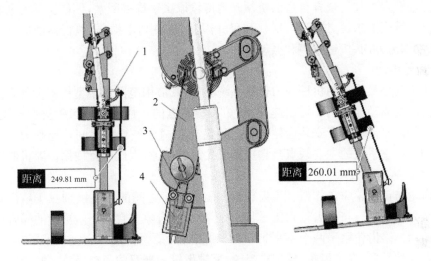

1—钢丝绳;2—四连杆机构;3—挡块;4—弹簧

图 5-3-30　膝踝联动机构

3) 执行器和驱动系统

执行器的选择在机器人系统中起着至关重要的作用。根据工作原理,执行器可以是主动的,也可以是被动的。根据动态仿真期间的峰值扭矩和功率要求选择执行器,反过来又取决于仿真期间考虑的输入轨迹、机器人的形状、尺寸和有效载荷。根据应用要求,执行器可以是电动、液压、气动或混合型。机器人的机械结构对执行器的形状和尺寸也有很大的影响。执行器的功率要求与机器人的带宽(工作频率的最大范围)成正比。带宽越高,机器人要求的执行器功率越大。对于配备电动执行器的机器人,机器人的效率和总功耗在很大程度上取决于执行器的特性,动力传输线规格取决于执行器规格。对于特定功率,执行器工作电压越高,电流要求越低。适当选择执行器可提高功率重量比。

(1) 被动执行器

被动执行器不需要任何电源即可运行。根据应用要求,被动执行器可单独使用或与主动执行器结合使用。无源执行器在节能机器人的设计和开发中发挥着至关重要的作用。在机器人应用中,弹簧通常被用作被动执行器的标准形式。

（2）主动执行器

机器人应用中使用的主要执行器是主动执行器。主动执行器需要电源才能工作。它们相对昂贵,需要复杂的控制系统才能运行。主动执行器的类型包括电动执行器、液压执行器和气动执行器。每种类型的执行器都有优缺点。执行器的正确选择在机器人的设计和开发中起着至关重要的作用。

（3）机械传动系统

大多数机器人由电动执行器驱动。大多数电动执行器以高速运行并提供少量扭矩。但对于机器人应用而言,需要低速和高扭矩。为了满足这些要求,使用机械动力传输。机械动力传输可以通过多种方式完成,例如使用不同类型/尺寸的齿轮传动、皮带传动、链条传动、太阳行星齿轮箱、应变波齿轮、同步带和同步带轮等。每种类型的传动机构都有其优点和缺点。如何选择合适的机械动力传输取决于许多因素,例如机器人末端执行器的精度和精度要求、总体成本、形状和尺寸因素、机械功率损耗、执行器的成本、环境、总功耗、功率流方向、机械噪声和振动等。

① 齿轮传动

齿轮传动是最常见的机械动力传输系统类型,其应用范围从小型精密设备到大型应用装置。齿轮驱动器可用于控制速度、扭矩和旋转方向。最常见的齿轮类型是正齿轮。它的特点是齿轮齿平行于安装齿轮的轴。正齿轮在两个平行轴之间传递动力。基于正齿轮的动力传输系统的主要缺点是它提供了大量的齿隙,因此广泛使用消隙机制来补偿机械齿隙。

斜齿轮与正齿轮非常相似。正齿轮齿和斜齿轮齿之间的主要区别在于斜齿轮齿不平行于动力传输轴。与正齿轮相比,斜齿轮还减少了齿隙。它们产生更少的噪音并引起更少的振动。锥齿轮用于两个不平行/相交轴之间的动力传输。它提供了紧凑的布置。锥齿轮有四种类型:直锥齿轮、螺旋锥齿轮、零锥齿轮和准双曲面锥齿轮。蜗轮用于在不平行的不相交的两个轴之间传递动力(见图 5-3-31)。

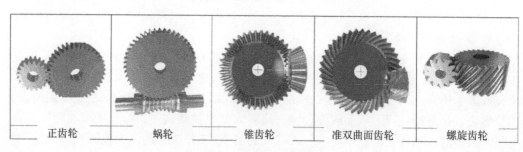

| 正齿轮 | 蜗轮 | 锥齿轮 | 准双曲面齿轮 | 螺旋齿轮 |

图 5-3-31　齿轮传动

② 皮带传动

皮带传动用于两轴之间传递动力。皮带有三种类型:平带、三角带和齿形带。平带和三角带是基于皮带与皮带轮之间的摩擦,因此,这两种类型的皮带会发生打滑。齿形带消除了打滑的风险,因此这种皮带在机器人中被广泛应用。

③ 太阳行星齿轮变速器

太阳行星齿轮变速器(见图 5-3-32),也称为行星齿轮系统,是一种能够提供更高传动比(更高扭矩和更低速度)的紧凑驱动方式。行星齿轮系统由太阳轮、行星齿轮和外齿圈三个主要部分组成。基于行星齿轮系统的内部架构,它有两个自由度系统,用户可以通过控制两个输入变量来控制输出,包括扭矩、速度、旋转方向。在机器人应用中,由于齿圈保持静止,因此仅使用 1 个自由度。很多时候,多级行星齿轮系统用于获得更紧凑的齿轮系统。

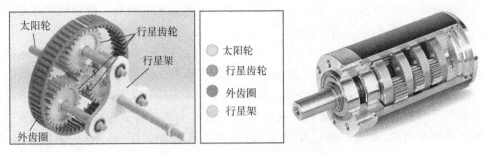

图 5-3-32 太阳行星齿轮变速器

④ 谐波减速器

谐波减速器(见图 5-3-33)广泛应用于机器人设计中,它具有许多优良性能,例如:① 几乎为零的背隙;② 紧凑的设计;③ 重量轻;④ 高齿轮比;⑤ 良好的分辨率;⑥ 优秀重复性;⑦ 高扭矩能力;⑧ 同轴输入-输出;⑨ 高传动比等(通常为 30∶1 至 320∶1)。

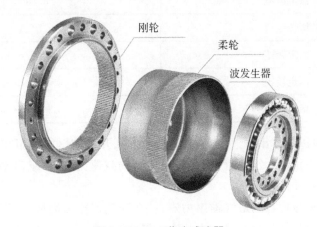

图 5-3-33 谐波减速器

⑤ 滚珠丝杠

滚珠丝杠是一种线性致动器,可将旋转运动转换为线性运动,或将扭矩转换成轴向反复作用力,同时兼具高精度、可逆性和高效率的特点,是机器人中应用较为广泛的一种机构。滚珠丝杠机构的基本部件是在其主体上带有螺旋槽的螺钉、滚珠和螺母。滚珠停留在螺钉和螺母之间以连续的路径布置。

上海理工大学 i-Leg 下肢外骨骼旨在探索主动-被动混合驱动的方法为截瘫患者提供行走辅助,以构建一种最小驱动的、更简单、更轻的主动-被动混合外骨骼,在保持被动矫形器优良性能的同时,提供更有效的步行辅助。该外骨骼采用关节耦合系统,以消除步态辅助膝盖驱动的需要。与传统的电动外骨骼不同,关节耦合电动外骨骼仅为每个外骨骼腿配备一个电机驱动的关节(即动力髋关节),并配有独特的膝关节耦合系统(膝踝联动机构),使用户能够行走与坐立。关节耦合动力外骨骼系统允许单个执行器驱动髋关节运动,并允许通过髋关节或踝关节的耦合运动激活膝关节运动。更具体地说,当机械耦合系统激活时,膝关节解锁,从而实现踝-膝的同步屈曲和伸展。耦合机构在步态的特定阶段(站立阶段和摆动阶段)打开和关闭,以生成所需的运动。

上海理工大学所研究的穿戴式下肢外骨骼机器人 i-Leg 采用盘式直流无刷伺服电机和盘式谐波减速器来为髋关节的屈曲伸展提供动力。根据 CGA 数据库提供的数据,正常人行走髋关节屈曲伸展最大功率为 80 W,力矩最大为 40 N·m,据此可以进行穿戴式下肢外骨骼机器人髋关节电机和减速器的选择。初步选择 Maxon EC90 flat 无刷直流伺服电机,且电机集成编码器,以此来实现控制的闭环。电机参数如表 5-3-3 所示。

表 5-3-3 Maxon EC90 flat 无刷直流伺服电机参数

名称	参数
额定电压	24 V
额定电流	6.06 A
堵转电流	70 A
额定转速	2 590 r/min
额定转矩	0.444 N·m
堵转转矩	4.940 N·m

根据公式,可以计算出减速比为 113,但考虑到开始的爆发力矩和穿戴式下肢外骨骼机器人腿部的重量,以及结合目前存在减速器的减速比,选择减速比为 160 的盘式谐波减速器可以满足使用要求。

为了检测谐波减速器的最终输出力矩,特在减速器输出端加上扭矩传感器,且对扭矩传感器的要求也是尽量小和轻。为此选择传感器的额定转矩为 60 N·m,过载转矩为 250 N·m,即可满足使用要求。

髋关节的驱动部分采用电机、减速器和扭矩传感器部分连接方式(见图 5-3-34)。由于盘式电机是光轴输出,需通过电机轴套连接至谐波减速器的波发生器,电机和谐波减速器的钢轮通过连接法兰 2 连接,谐波减速器的柔轮通过连接法兰 1 和扭矩传感器连接,扭矩传感器再和输出轴连接,以此来达到传输力矩的目的。

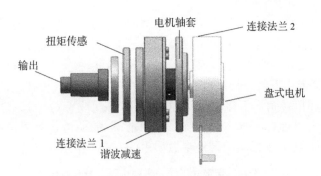

图 5 - 3 - 34　髋关节驱动部分装配图

3. 运动学和动力学建模

穿戴式外骨骼机器人运动学分析是研究康复机器人动力学和控制理论的重要基础。通过正、逆运动学分析外骨骼各个关节运动、末端执行器轨迹以及关节角度和轨迹之间联系,确定穿戴式外骨骼机器人步态轨迹数据和关节角度之间的转换关系,是实现步态控制的基础。

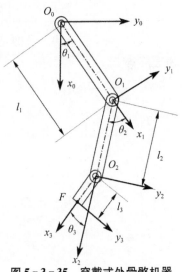

1) 穿戴式下肢外骨骼机器人正运动学分析与建模

利用 D-H 表示法进行正运动学建模(见图 5 - 3 - 35),从机器人的基座到第 1 关节,再到第 2 关节直至最后一个关节的所有变换的结合就是穿戴式外骨骼机器人的总变换矩阵。总变换矩阵表达式如下:

$$^{R}T_{H} = {}^{R}T_{1}{}^{1}T_{2}{}^{2}T_{3}\cdots{}^{n-1}T_{n} = A_{1}A_{2}A_{3}\cdots A_{n}$$
$$式(5 - 3 - 10)$$

其中,n 为关节数目,R 为基座坐标系的原点,$^{i}T_{i+1}$ 为两个相邻坐标系的变换矩阵。机器人执行器末端坐标系原点的位置和方向与相对坐标系列的正运动学方程表示为:

图 5 - 3 - 35　穿戴式外骨骼机器人 D-H 模型

$$^{R}T_{n} = A_{1}A_{2}A_{3}\cdots A_{n} = \begin{bmatrix} n_{x} & o_{x} & a_{x} & p_{x} \\ n_{y} & o_{y} & a_{y} & p_{y} \\ n_{z} & o_{z} & a_{z} & p_{z} \\ 0 & 0 & 0 & 1 \end{bmatrix} \qquad 式(5 - 3 - 11)$$

其中,$[p_{x} \quad p_{y} \quad p_{z}]^{\mathrm{T}}$ 为基座坐标系中外骨骼末端执行器坐标原点。

在外骨骼行走康复训练中,涉及相关关节的主要自由度配置均集中在矢状面。根据 D-H 的建模方法,将穿戴式下肢外骨骼机器人复杂的机械结构简化成能够模拟运动的三个连杆(见图 5 - 3 - 35)。连杆之间通过铰链代替髋、膝、踝三个关节,在连杆的各个关节以及足底末端端点 F 处建立各个连杆的运动参考坐标系,表示各个连杆的位置和姿态(此处只考虑 x-y 平面),建立髋关节基座坐标系(x_{0},y_{0}),垂直向下为 x 轴,水平向右

为 y 轴;膝关节坐标系 (x_1,y_1) 和踝关节坐标系 (x_2,y_2); a_i 为连杆长度,分别对应穿戴式外骨骼机器人大腿杆长 l_1,小腿杆长 l_2,以及足高 l_3;由于穿戴式外骨骼机器人的关节 $n=3$, $i \leqslant n = 3$,关节转角 θ_i 是 x_i 到 x_{i-1} 的转动角度,根据右手定则,逆时针为正;本案例研究是基于穿戴式下肢外骨骼机器人平台,在 z 轴方向上没有运动,因此髋、膝、踝关节的偏移量 d 和扭转角 α 不存在,即为 0。踝关节 θ_2 坐标 (p_{Ax},p_{Ay})、垂直于足底末端位置的受力点 F 坐标 (p_x,p_y)、垂直轴 x_3 和轴 x_0 的夹角 φ 表明穿戴式外骨骼机器人足底末端的方向,相邻坐标间的转换参数如表 5 - 3 - 4 所示。

表 5 - 3 - 4　穿戴式下肢外骨骼机器人 D-H 参数表

坐标间转换	关节转角 θ	关节间偏移量 d	连杆长度 l	连杆扭转角 α	关节范围
$0\sim1$	θ_1	0	l_1	0	$-20°\sim80°$
$1\sim2$	θ_2	0	l_2	0	$0°\sim80°$
$2\sim3$	θ_3	0	l_3	0	$-15°\sim15°$

通过 D-H 表示法及参数可以得到穿戴式下肢外骨骼机器人相邻关节之间的齐次变换矩阵:

$$^0\boldsymbol{T}_1 = \boldsymbol{A}_1 = \begin{bmatrix} C\theta_1 & -S\theta_1 & 0 & 0 \\ S\theta_1 & C\theta_1 & 0 & 0 \\ 0 & 0 & 1 & 0 \\ 0 & 0 & 0 & 1 \end{bmatrix} \times \begin{bmatrix} 1 & 0 & 0 & l_1 \\ 0 & 1 & 0 & 0 \\ 0 & 0 & 1 & 0 \\ 0 & 0 & 0 & 1 \end{bmatrix} = \begin{bmatrix} C\theta_1 & -S\theta_1 & 0 & l_1 C\theta_1 \\ S\theta_1 & C\theta_1 & 0 & l_1 S\theta_1 \\ 0 & 0 & 1 & 0 \\ 0 & 0 & 0 & 1 \end{bmatrix}$$

(式 5 - 3 - 12)

$$^1\boldsymbol{T}_2 = \boldsymbol{A}_2 = \begin{bmatrix} C\theta_2 & -S\theta_2 & 0 & 0 \\ S\theta_2 & C\theta_2 & 0 & 0 \\ 0 & 0 & 1 & 0 \\ 0 & 0 & 0 & 1 \end{bmatrix} \times \begin{bmatrix} 1 & 0 & 0 & l_2 \\ 0 & 1 & 0 & 0 \\ 0 & 0 & 1 & 0 \\ 0 & 0 & 0 & 1 \end{bmatrix} = \begin{bmatrix} C\theta_2 & -S\theta_2 & 0 & l_2 C\theta_2 \\ S\theta_2 & C\theta_2 & 0 & l_2 S\theta_2 \\ 0 & 0 & 1 & 0 \\ 0 & 0 & 0 & 1 \end{bmatrix}$$

式(5 - 3 - 13)

$$^2\boldsymbol{T}_3 = \boldsymbol{A}_3 = \begin{bmatrix} C\theta_3 & -S\theta_3 & 0 & 0 \\ S\theta_3 & C\theta_3 & 0 & 0 \\ 0 & 0 & 1 & 0 \\ 0 & 0 & 0 & 1 \end{bmatrix} \times \begin{bmatrix} 1 & 0 & 0 & l_3 \\ 0 & 1 & 0 & 0 \\ 0 & 0 & 1 & 0 \\ 0 & 0 & 0 & 1 \end{bmatrix} = \begin{bmatrix} C\theta_3 & -S\theta_3 & 0 & l_3 C\theta_3 \\ S\theta_3 & C\theta_3 & 0 & l_3 S\theta_3 \\ 0 & 0 & 1 & 0 \\ 0 & 0 & 0 & 1 \end{bmatrix}$$

式(5 - 3 - 14)

总的变换矩阵为:

$$^0\boldsymbol{T}_3 = \boldsymbol{A}_1 \boldsymbol{A}_2 \boldsymbol{A}_3$$

$$= \begin{bmatrix} C(q_1+q_2+q_3) & -S(q_1+q_2+q_3) & 0 & l_3 C(q_1+q_2+q_3)+l_2 C(q_1+q_2)+l_1 Cq_1 \\ S(q_1+q_2+q_3) & C(q_1+q_2+q_3) & 0 & l_3 S(q_1+q_2+q_3)+l_2 S(q_1+q_2)+l_1 Sq_1 \\ 0 & 0 & 1 & 0 \\ 0 & 0 & 0 & 1 \end{bmatrix}$$

$$= \begin{bmatrix} C_{123} & -S_{123} & 0 & l_1C_1+l_2C_{12}+l_3C_{123} \\ S_{123} & C_{123} & 0 & l_1S_1+l_2S_{12}+l_3S_{123} \\ 0 & 0 & 1 & 0 \\ 0 & 0 & 0 & 1 \end{bmatrix} = \begin{bmatrix} n_x & o_x & a_x & p_x \\ n_y & o_y & a_y & p_y \\ n_z & o_z & a_z & p_z \\ 0 & 0 & 0 & 1 \end{bmatrix}$$

式(5-3-15)

其中，$C_1 = \cos\theta_1$，$S_1 = \sin\theta_1$，$C_{12} = \cos(\theta_1+\theta_2)$，$S_{12} = \sin(\theta_1+\theta_2)$，$C_{123} = \cos(\theta_1+\theta_2+\theta_3)$，$S_{123} = \sin(\theta_1+\theta_2+\theta_3)$，将穿戴式外骨骼机器人各个关节变量及连杆长度代入正运动学方程(5-3-15)可得：

$$\begin{cases} p_x = l_3\cos(\theta_1+\theta_2+\theta_3)+l_2\cos(\theta_1+\theta_2)+l_1\cos\theta_1 = l_1C_1+l_2C_{12}+l_3C_{123} \\ p_y = l_3\sin(\theta_1+\theta_2+\theta_3)+l_2\sin(\theta_1+\theta_2)+l_1\sin\theta_1 = l_1S_1+l_2S_{12}+l_3S_{123} \end{cases}$$

式(5-3-16)

根据式(5-3-16)，在已知下肢各个运动关节活动角度的情况下，可以计算出足底执行器末端的活动状态。

2) 逆运动学分析与建模

机器人逆运动学求解的是各个关节运动角度与末端执行器位置之间的关系，通过控制关节角度变化，改变末端位置状态。本小节采用代数求解的方式，假设足底末端位置的参数 p_x，p_y 和方向参数 φ 已知，具体解法如下：

根据式(5-3-15)，列出下列方程组：

$$\begin{cases} p_{Ax} = p_x - l_3C_\varphi = l_1C_1+l_2C_{12} \\ p_{Ay} = p_y - l_3S_\varphi = l_1S_1+l_2S_{12} \end{cases}$$

式(5-3-17)

式(5-3-17)表述了踝关节的 θ_2 的坐标，通过已知 p_x，p_y 求解 p_{Ax}，p_{Ay}，同时给出 θ_1 和 θ_2 的未知表达式，由于踝关节的坐标位置仅仅取决于髋关节转动角 θ_1 和膝关节转动角度 θ_2，将式(5-3-17)两边平方相加得：

$$(p_x - l_3C_\varphi)^2 + (p_y - l_3S_\varphi)^2 = (l_1C_1+l_2C_{12})^2 + (l_1S_1+l_2S_{12})^2$$

式(5-3-18)

化简得：

$$C_2 = \frac{(p_{Ax})^2 + (p_{Ay})^2 - l_1^2 - l_2^2}{2l_1l_2}$$

式(5-3-19)

其中，C_2 解的存在性范围 $-1 \leqslant C_2 \leqslant 1$，根据表5-3-4所得 θ_2 的运动范围，可得 $0 < C_2 \leqslant 1$，由于 $S_2 = \sqrt{1-C_2^2}$，因此可得：

$$\theta_2 = \arctan\left(\frac{\sqrt{1-C_2^2}}{C_2}\right)$$

式(5-3-20)

将求得的 θ_2 代入方程组(5-3-15)中，可以得到未知量 S_1 和 C_1 的方程组：

$$S_1 = \frac{(l_1 + l_2 C_2)\, p_{Ay} - l_2 S_2 p_{Ax}}{p_{Ax}{}^2 + p_{Ay}{}^2}$$

$$C_1 = \frac{(l_1 + l_2 C_2)\, p_{Ax} + l_2 S_2 p_{Ay}}{p_{Ax}{}^2 + p_{Ay}{}^2} \qquad \text{式}(5-3-21)$$

根据方程组(5-3-21)可以求得:

$$\theta_1 = \arctan\left[\frac{(l_1 + l_2 C_2)\, p_{Ay} - l_2 S_2 p_{Ax}}{(l_1 + l_2 C_2)\, p_{Ax} + l_2 S_2 p_{Ay}}\right] \qquad \text{式}(5-3-22)$$

根据式(5-3-22)可知,角 θ_1 是唯一确定的,除非 $l_1 = l_2$,且 $p_{Ax} = p_{Ay} = 0$。在进行穿戴式外骨骼机器人机械结构设计时,保证 $l_1 \neq l_2$,且由于关节运动范围的限制, $p_{Ax} = p_{Ay} = 0$ 情况不会出现。

由于足底末端执行器的方向角 φ 可以由关节变量的和给出,故:

$$\varphi = \theta_1 + \theta_2 + \theta_3 \qquad \text{式}(5-3-23)$$

已知角 θ_1 和角 θ_2,可得:

$$\theta_3 = \varphi - \theta_1 - \theta_2 \qquad \text{式}(5-3-24)$$

综上,穿戴式外骨骼机器人的逆运动学方程为:

$$\begin{cases} \theta_1 = \arctan\left[\dfrac{(l_1 + l_2 C_2)\, p_{Ay} - l_2 S_2 p_{Ax}}{(l_1 + l_2 C_2)\, p_{Ax} + l_2 S_2 p_{Ay}}\right] \\[3mm] \theta_2 = \arctan\left(\dfrac{\sqrt{1 - C_2^2}}{C_2}\right),\ C_2 = \dfrac{(p_{Ax})^2 + (p_{Ay})^2 - l_1^2 - l_2^2}{2 l_1 l_2} \\[3mm] \theta_3 = \varphi - \theta_1 - \theta_2 \end{cases}$$

$$\text{式}(5-3-25)$$

3) 动力学分析与建模

动力学建模分析的是穿戴式外骨骼机器人各个关节运动角度和末端执行器驱动力矩状态的映射关系,通过动力学分析得到关节运动过程中实时的关节力矩,为控制系统驱动方式选型和控制算法提供理论基础。

目前,机器人动力学建模分析的两大主流方式分别是牛顿-欧拉法和拉格朗日法。前者采用牛顿第二定律和角动量守恒定律建立相邻两坐标系之间的转换关系,获取机器人运动参数和关节驱动力矩的关系。后者利用能量守恒定律来分析机器人动力学,通过数量约束建立广义空间坐标系,并对坐标系进行简化,适合于非线性系统分析,且待解物理量意义明确。本课题所研究的穿戴式外骨骼机器人控制系统采用拉格朗日法建立动力学模型。

(1) 单腿支撑相动力学模型分析

穿戴式外骨骼机器人单腿支撑相模型在行走康复训练模式中,运动模型可以简化成 5 杆模型(见图 5-3-36),分别包括躯干、双大腿、双小腿。穿戴式外骨骼机器人的踝关节采用单轴随动结构,且在行走过程中,踝关节原本不输出扭矩,因此没有考虑足步。在外骨骼单腿支撑相模型中，m_i 定义为各个连杆的质量，l_i 定义为各个连杆的长度，d_i 定义为连杆质心到两连杆关节连接点的距离，θ_i 定义为连杆与垂直方向的夹角，τ_i 定义为两相邻连杆间的广义关节力矩，其中 $i=1,2,\cdots,5$，全局坐标系为 xOy，支撑腿踝关节在全局坐标系中的坐标是 (x_a,y_a)。

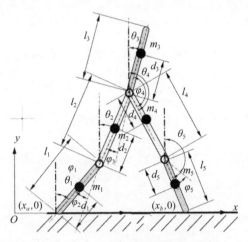

图 5-3-36　外骨骼单腿支撑相模型

根据穿戴式外骨骼机器人单腿支撑相模型参数配置、坐标系以及广义坐标的设置原则，各个连杆的质心坐标 $G_i(x_i,y_i)$：

$$\begin{cases} x_1 = x_a + d_1\sin\theta_1 \\ x_2 = x_a + l_1\sin\theta_1 + d_2\sin\theta_2 \\ x_3 = x_a + l_1\sin\theta_1 + l_2\sin\theta_2 + d_3\sin\theta_3 \\ x_4 = x_a + l_1\sin\theta_1 + l_2\sin\theta_2 + d_4\sin\theta_4 \\ x_5 = x_a + l_1\sin\theta_1 + l_2\sin\theta_2 + l_4\sin\theta_4 + d_5\sin\theta_5 \end{cases} \quad \text{式}(5-3-26)$$

$$\begin{cases} y_1 = y_a + d_1\cos\theta_1 \\ y_2 = y_a + l_1\cos\theta_1 + d_2\cos\theta_2 \\ y_3 = y_a + l_1\cos\theta_1 + l_2\cos\theta_2 + d_3\cos\theta_3 \\ y_4 = y_a + l_1\cos\theta_1 + l_2\cos\theta_2 + d_4\cos\theta_4 \\ y_5 = y_a + l_1\cos\theta_1 + l_2\cos\theta_2 + l_4\cos\theta_4 + d_5\cos\theta_5 \end{cases} \quad \text{式}(5-3-27)$$

通过计算，支撑腿小腿的动能如下：

$$K_1 = \frac{1}{2}I_1\dot{\theta}_1^2 + \frac{1}{2}m_1(\dot{x}_1^2 + \dot{y}_1^2) = \frac{1}{2}I_1\dot{\theta}_1^2 + \frac{1}{2}m_1 d_1^2 \dot{\theta}_1^2 \quad \text{式}(5-3-28)$$

支撑腿小腿的势能：

$$P_1 = m_1 g y_1 = m_1 d_1 \cos\theta_1 \quad \text{式}(5-3-29)$$

支撑腿大腿的动能：

$$K_2 = \frac{1}{2} I_2 \dot{\theta}_2^2 + \frac{1}{2} m_2 (\dot{x}_2^2 + \dot{y}_2^2)$$

$$= \frac{1}{2} I_2 \dot{\theta}_2^2 + \frac{1}{2} m_2 [l_1^2 \dot{\theta}_1^2 + d_2^2 \dot{\theta}_2^2 + 2 l_1 d_2 \cos(\theta_1 - \theta_2) \dot{\theta}_1 \dot{\theta}_2]$$

式(5-3-30)

支撑腿大腿的势能：

$$P_2 = m_2 g y_2 = m_2 g (l_1 \cos\theta_1 + d_2 \cos\theta_2) \qquad 式(5-3-31)$$

躯干的动能：

$$K_3 = \frac{1}{2} I_3 \dot{\theta}_3^2 + \frac{1}{2} m_3 (\dot{x}_3^2 + \dot{y}_3^2) = \frac{1}{2} I_3 \dot{\theta}_3^2 + \frac{1}{2} m_3 (l_1^2 \dot{\theta}_1^2 + l_2^2 \dot{\theta}_2^2 + d_3^2 \dot{\theta}_3^2)$$

$$+ \frac{1}{2} m_3 [2 l_1 l_2 \cos(\theta_1 - \theta_2) \dot{\theta}_1 \dot{\theta}_2 + 2 l_1 d_3 \cos(\theta_1 - \theta_3) \dot{\theta}_1 \dot{\theta}_3 + 2 l_2 d_3 \cos(\theta_2 - \theta_3) \dot{\theta}_2 \dot{\theta}_3]$$

式(5-3-32)

躯干的势能：

$$P_3 = m_3 g y_3 = m_3 g (l_1 \cos\theta_1 + l_2 \cos\theta_2 + d_3 \cos\theta_3) \qquad 式(5-3-33)$$

摆动腿大腿的动能：

$$K_4 = \frac{1}{2} I_4 \dot{\theta}_4^2 + \frac{1}{2} m_4 (\dot{x}_4^2 + \dot{y}_4^2)$$

$$= \frac{1}{2} I_4 \dot{\theta}_4^2 + \frac{1}{2} m_4 (l_1^2 \dot{\theta}_1^2 + l_2^2 \dot{\theta}_2^2 + d_4^2 \dot{\theta}_4^2) + \frac{1}{2} m_4 [2 l_1 l_2 \cos(\theta_1 - \theta_2) \dot{\theta}_1 \dot{\theta}_2$$

$$+ 2 l_1 d_4 \cos(\theta_1 - \theta_4) \dot{\theta}_1 \dot{\theta}_4 + 2 l_2 d_4 \cos(\theta_2 - \theta_4) \dot{\theta}_2 \dot{\theta}_4] \qquad 式(5-3-34)$$

摆动腿大腿的势能：

$$P_4 = m_4 g y_4 = m_4 g (l_1 \cos\theta_1 + l_2 \cos\theta_2 + d_4 \cos\theta_4) \qquad 式(5-3-35)$$

摆动腿小腿的动能：

$$K_5 = \frac{1}{2} I_5 \dot{\theta}_5^2 + \frac{1}{2} m_5 (\dot{x}_5^2 + \dot{y}_5^2)$$

$$= \frac{1}{2} I_5 \dot{\theta}_5^2 + \frac{1}{2} m_5 (l_1^2 \dot{\theta}_1^2 + l_2^2 \dot{\theta}_2^2 + d_4^2 \dot{\theta}_4^2 + d_5^2 \dot{\theta}_5^2) + \frac{1}{2} m_5 [2 l_1 l_2 \cos(\theta_1 - \theta_2) \dot{\theta}_1 \dot{\theta}_2$$

$$+ 2 l_1 l_4 \cos(\theta_1 - \theta_4) \dot{\theta}_1 \dot{\theta}_4 + 2 l_1 d_5 \cos(\theta_1 - \theta_5) \dot{\theta}_1 \dot{\theta}_5] + \frac{1}{2} m_5 [2 l_2 l_4 \cos(\theta_2 - \theta_4) \dot{\theta}_2 \dot{\theta}_4$$

$$+ 2 l_2 d_5 \cos(\theta_2 - \theta_5) \dot{\theta}_2 \dot{\theta}_5 + 2 l_4 d_5 \cos(\theta_4 - \theta_5) \dot{\theta}_4 \dot{\theta}_5] \qquad 式(5-3-36)$$

摆动腿小腿的势能：

$$P_5 = m_5 g y_5 = m_5 g (l_1 \cos\theta_1 + l_2 \cos\theta_2 + l_4 \cos\theta_4 + d_5 \cos\theta_5)$$

式(5-3-37)

则穿戴式下肢外骨骼机器人单腿支撑相动能表达式：

$$K = \frac{1}{2} \sum_{i=1}^{5} \left[I_i \dot{\theta}_i^2 + m_i (\dot{x}_i^2 + \dot{y}_i^2) \right] \qquad \text{式}(5-3-38)$$

其中，I_i 是各个连杆绕其质心的转动惯量。

穿戴式下肢外骨骼机器人单腿支撑相势能表达式：

$$P = \sum_{i=1}^{5} m_i g y_i \qquad \text{式}(5-3-39)$$

穿戴式下肢外骨骼机器人单腿支撑相的拉格朗日函数：

$$L = K - P = \frac{1}{2} \sum_{i=1}^{5} \left[I_i \dot{\theta}_i^2 + m_i (\dot{x}_i^2 + \dot{y}_i^2) \right] - \sum_{i=1}^{5} m_i g y_i \quad \text{式}(5-3-40)$$

根据穿戴式下肢外骨骼机器人拉格朗日方程：

$$\frac{\mathrm{d}}{\mathrm{d}t} \left[\frac{\partial L}{\partial \dot{\theta}_i} \right] - \frac{\partial L}{\partial \theta_i} = \tau_i, i = 1, 2, 3, \cdots, 5 \qquad \text{式}(5-3-41)$$

由于穿戴式下肢外骨骼机器人运动控制相对于笛卡儿空间更容易实现，因此，需要将笛卡儿空间广义坐标和关节空间转角的坐标进行转换，从而可以直观地跟踪或控制穿戴式下肢外骨骼机器人两相邻连杆之间的关节转角。广义坐标 θ_i 和关节空间内关节转角 φ_i 关系如下：

$$\begin{cases} \theta_1 = \varphi_1, \theta_2 = \varphi_1 - \varphi_2, \theta_3 = \varphi_1 - \varphi_2 - \varphi_3 \\ \theta_4 = \varphi_1 - \varphi_2 - \varphi_3 + \varphi_4, \theta_5 = \varphi_1 - \varphi_2 - \varphi_3 + \varphi_4 + \varphi_5 \end{cases} \quad \text{式}(5-3-42)$$

将式(5-3-42)代入拉格朗日方程，可以得到外骨骼单腿支撑相模型的拉格朗日动力学方程：

$$M(\boldsymbol{\varphi}) \ddot{\boldsymbol{\varphi}} + V(\boldsymbol{\varphi}, \dot{\boldsymbol{\varphi}}) + G(\boldsymbol{\varphi}) = \boldsymbol{\tau} \qquad \text{式}(5-3-43)$$

其中，$M(\boldsymbol{\varphi})$ 是 5×5 阶惯性矩阵，$V(\boldsymbol{\varphi}, \dot{\boldsymbol{\varphi}})$ 是 5×1 阶离心力和哥氏力矢量，$G(\boldsymbol{\varphi})$ 是 5×1 阶重力矢量，$\boldsymbol{\tau}$ 是 5×1 阶广义关节力矩矢量。$\boldsymbol{\varphi} = [\varphi_1, \varphi_2, \varphi_3, \varphi_4, \varphi_5]$，$\boldsymbol{\tau} = [\tau_1, \tau_2, \tau_3, \tau_4, \tau_5]$，$\varphi_1$ 和 τ_1 是支撑腿踝关节角度和踝关节理论负载力矩，φ_2 和 τ_2 是支撑腿膝关节角度和膝关节理论负载力矩，φ_3 和 τ_3 是支撑腿髋关节角度和髋关节理论负载力矩，φ_4 和 τ_4 是摆动腿髋关节角度和髋关节理论负载力矩，φ_5 和 τ_5 是摆动腿膝关节角度和膝关节理论负载力矩。

因此，穿戴式下肢外骨骼机器人各个关节驱动力矩的具体表达式：

$$\begin{bmatrix} \tau_1 \\ \tau_2 \\ \tau_3 \\ \tau_4 \\ \tau_5 \end{bmatrix} = \begin{bmatrix} M_{11} & M_{12} & M_{13} & M_{14} & M_{15} \\ M_{21} & M_{22} & M_{23} & M_{24} & M_{25} \\ M_{31} & M_{32} & M_{33} & M_{34} & M_{35} \\ M_{41} & M_{42} & M_{43} & M_{44} & M_{45} \\ M_{51} & M_{52} & M_{53} & M_{54} & M_{55} \end{bmatrix} \begin{bmatrix} \ddot{\varphi}_1 \\ \ddot{\varphi}_2 \\ \ddot{\varphi}_3 \\ \ddot{\varphi}_4 \\ \ddot{\varphi}_5 \end{bmatrix} + \begin{bmatrix} V_1 \\ V_2 \\ V_3 \\ V_4 \\ V_5 \end{bmatrix} + \begin{bmatrix} G_1 \\ G_2 \\ G_3 \\ G_4 \\ G_5 \end{bmatrix}$$

$$\text{式}(5-3-44)$$

（2）双腿支撑相动力学模型分析

在双腿支撑地行走的模式中将闭环结构的下肢模型简化成两个开环链式结构（见图 5-3-37），即双腿支撑相动力学分析可以将穿戴式下肢外骨骼机器人双腿支撑相分成左右腿单腿模型分别进行建模分析（见图 5-3-38）。

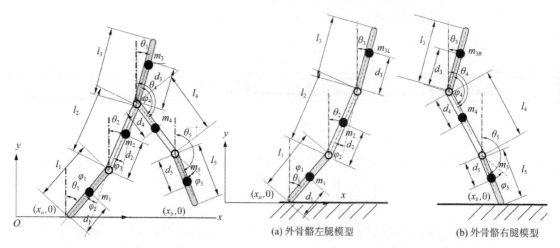

图 5-3-37 外骨骼双腿支撑相模型

(a) 外骨骼左腿模型　　(b) 外骨骼右腿模型

图 5-3-38 外骨骼双腿支撑相模型

两腿的模型均采用三连杆模型，此时躯干的质量分成两部分，一部分作用在左腿上，质量是 m_{3L}，一部分作用在右腿上，质量是 m_{3R}。左足到躯干质心的水平距离是 X_{3L}，右足到躯干质心的水平距离是 X_{3R}，假设步长为 L，通过力矩平衡原理，可以求得 m_{3L}，m_{3R}，其表达式为：

$$\begin{cases} m_{3L} + m_{3R} = m_3 \\ X_{3L} + X_{3R} = L \\ m_{3L} \cdot X_{3L} = m_{3R} \cdot X_{3R} \\ X_{3L} = x_a + l_1 \sin\theta_1 + l_2 \sin\theta_2 + d_3 \sin\theta_3 \end{cases} \qquad \text{式（5-3-45）}$$

采用拉格朗日动力学分析法，建模步骤和单腿支撑相类似，在此不做赘述，仅给出模型的拉格朗日动力学表达式。

穿戴式下肢外骨骼机器人左腿的拉格朗日方程表达式：

$$\boldsymbol{M}_L(\boldsymbol{\varphi}_L)\ddot{\boldsymbol{\varphi}}_L + \boldsymbol{V}_L(\boldsymbol{\varphi}_L,\dot{\boldsymbol{\varphi}}_L) + \boldsymbol{G}_L(\boldsymbol{\varphi}_L) = \boldsymbol{\tau}_L \qquad \text{式（5-3-46）}$$

其中，$\boldsymbol{\varphi}_L = [\varphi_{1L}, \varphi_{2L}, \varphi_{3L}]$，$\boldsymbol{\tau}_L = [\tau_{1L}, \tau_{2L}, \tau_{3L}]$，$\varphi_{1L}$ 和 τ_{1L} 是支撑腿左腿踝关节角度和踝关节理论负载力矩，φ_{2L} 和 τ_{2L} 是支撑腿左腿膝关节角度和膝关节理论负载力矩，φ_{3L} 和 τ_{3L} 是支撑腿左腿髋关节角度和髋关节理论负载力矩。

穿戴式下肢外骨骼机器人右腿的拉格朗日方程表达式：

$$\boldsymbol{M}_R(\boldsymbol{\varphi}_R)\ddot{\boldsymbol{\varphi}}_R + \boldsymbol{V}_R(\boldsymbol{\varphi}_R,\dot{\boldsymbol{\varphi}}_R) + \boldsymbol{G}_R(\boldsymbol{\varphi}_R) = \boldsymbol{\tau}_R \qquad \text{式（5-3-47）}$$

其中，$\boldsymbol{\varphi}_R = [\varphi_{1R}, \varphi_{2R}, \varphi_{3R}]$，$\boldsymbol{\tau}_R = [\tau_{1R}, \tau_{2R}, \tau_{3R}]$，$\varphi_{1R}$ 和 τ_{1R} 是支撑腿右腿踝关节角

度和踝关节理论负载力矩，φ_{2R} 和 τ_{2R} 是支撑腿右腿膝关节角度和膝关节理论负载力矩，φ_{3R} 和 τ_{3R} 是支撑腿右腿髋关节角度和髋关节理论负载力矩。

4. 运动感知系统设计

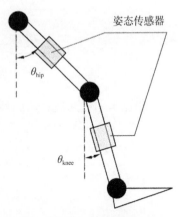

行走过程中，人体步态相位可简要划分为单侧腿支撑和双腿支撑两个步态相。为了简化控制，支撑相可以采用速度变换慢、加速度较小、角度变化较小的预定义轨迹位置控制；摆动相可以采用速度变化快、加速度大、角度变化较大的预定义轨迹位置控制。通过方案分析，摆动腿运动控制方法的识别是将穿戴式下肢外骨骼机器人的运动关节角度变化和穿戴者足底的压力分布状态作为感知系统的输入量。感知系统的 4 个姿态传感器分别安装在穿戴式下肢外骨骼机器人的大腿杆件、小腿杆件处（见图 5-3-39），用于测量穿戴者穿戴下肢外骨骼康复机器人进行行走康复时髋关节、膝关节在运动过程中的角度。

图 5-3-39　姿态传感器的安装位置以及测量的关节角度

1）人体感知系统架构

穿戴下肢外骨骼进行行走康复训练时，髋、膝关节的角度变化以及运动过程中足底的压力分布不能直接用于判断当前状态的步态相位，需要对关节角度和足底区域压力分布的数据进行提取，根据实际步态，融合采集的传感器数据信息，最终进行综合判断（人体感知系统原理见图 5-3-40）。

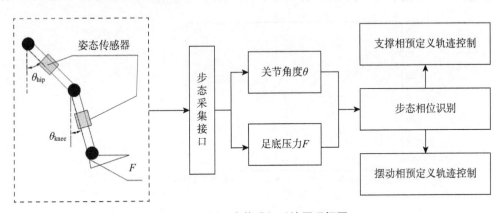

图 5-3-40　人体感知系统原理框图

2）人体感知系统数据处理算法

卡尔曼滤波理论的估计准则以最小均方差为基础，融合加速计的稳定性和陀螺仪的瞬时高精度，是实现数据融合和快速跟踪的最佳方法。

采用卡尔曼滤波算法处理姿态传感器采集的角度数据，其主要优势是：计算量小；随着迭代的变化，噪声率也将随之变化；能够利用前一时刻的状态来得到当前时刻下状态的最优估计（该算法的原理见图 5-3-41）。

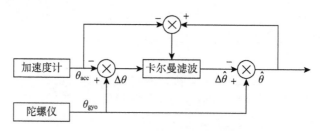

图 5 - 3 - 41　卡尔曼滤波原理框图

根据卡尔曼滤波算法原理,结合下肢外骨骼康复机器人关节角度的测量,可以得到:

$$\begin{bmatrix} \Delta\hat{\theta}_k \\ \Delta\hat{\varphi}_k \end{bmatrix} = \begin{bmatrix} \Delta\hat{\theta}_{\bar{k}} \\ \Delta\hat{\varphi}_{\bar{k}} \end{bmatrix} + \begin{bmatrix} K_1 \\ K_2 \end{bmatrix} (\Delta\theta_k - \Delta\hat{\theta}_{\bar{k}}) \qquad \text{式}(5-3-48)$$

$$\begin{bmatrix} \Delta\hat{\theta}_{\bar{k+1}} \\ \Delta\hat{\varphi}_{\bar{k+1}} \end{bmatrix} = \begin{bmatrix} 1 & \Delta t \\ 0 & 1 \end{bmatrix} \begin{bmatrix} \Delta\hat{\theta}_k \\ \Delta\hat{\varphi}_k \end{bmatrix} \qquad \text{式}(5-3-49)$$

上述公式中,K_1,K_2 分别是 $\Delta\theta$,$\Delta\varphi$ 的增益,$\Delta\hat{\theta}_k$ 和 $\Delta\hat{\theta}_{\bar{k}}$ 分别是 $\Delta\theta$ 的估计值和预测值。设定初始状态下 $\Delta\hat{\theta}_{\bar{k}}=0$,$\Delta\hat{\varphi}_{\bar{k}}$ 作为偏移量的最后时刻的测量值,$k=0,1,2,\cdots$。

从数据处理曲线(见图 5 - 3 - 42)可以看出,陀螺仪的数据呈现周期性变化,初始状态和卡尔曼滤波解算的结果基本重叠,但是陀螺仪由于误差累积的特点,解算的结果会越来越偏离目标测量值;加速度计解算出的结果精度高,但是易受到干扰,波动较大;而卡尔曼滤波解算出的结果精度高,数据稳定,有很好的测量效果。

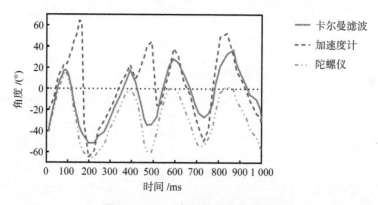

图 5 - 3 - 42　卡尔曼滤波效果对比

3) 步态相位分析

在确定 4 个足底压力传感器安装位置后,为了简化控制的复杂度,根据 4 个足底压力传感器在不同时间段输出的压力值以及外骨骼关节处的运动角度值,采用比例算法(见图 5 - 3 - 43)进行数据融合以识别步态相位。结合不同步态相位,对外骨骼关节角度变化幅度以及步态相位切换时的阈值角度进行推理、分析,最终得出准确的步态相位。

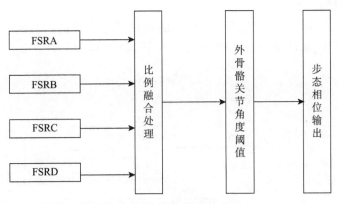

图 5-3-43　比例算法总体框图

比例算法的具体操作如下：

（1）通过足底压力传感器采集穿戴者穿戴下肢外骨骼康复机器人做行走康复时 4 个压力传感器的压力信号，并对压力信号进行数据融合。

（2）根据每一个 FSR 传感器信号所占信号和的比例，设定能够划分步态相位的足底压力比例阈值。

（3）行走康复训练时，髋关节角度变化范围是 $-15°\sim35°$，设定支撑相髋关节角度判别阈值 $30°$，摆动相髋关节角度判别阈值 $-10°$。

（4）进行特征融合，输出识别结果。

其中，数据融合的过程是：先对 4 个足底压力信号进行求和处理，确定足底所选区域的压力总和。用 p_1、p_2、p_3 和 p_4 分别代表足底压力传感器 FSRA、FSRB、FSRC 和 FSRD 所占信号和的比例，F_{FSRA}、F_{FSRB}、F_{FSRC} 和 F_{FSRD} 分别代表足底压力传感器 FSRA、FSRB、FSRC 和 FSRD 在同一时刻在所受力区域检测的足底压力值，具体公式如下：

$$p_1 = \frac{F_{FSRA}}{F_{FSRA} + F_{FSRB} + F_{FSRC} + F_{FSRD}} \qquad 式(5-3-50)$$

$$p_2 = \frac{F_{FSRB}}{F_{FSRA} + F_{FSRB} + F_{FSRC} + F_{FSRD}} \qquad 式(5-3-51)$$

$$p_3 = \frac{F_{FSRC}}{F_{FSRA} + F_{FSRB} + F_{FSRC} + F_{FSRD}} \qquad 式(5-3-52)$$

$$p_4 = \frac{F_{FSRD}}{F_{FSRA} + F_{FSRB} + F_{FSRC} + F_{FSRD}} \qquad 式(5-3-53)$$

考虑到穿戴式下肢外骨骼机器人足部底板会对足底压力传感器采集数据造成影响，设定比例阈值 $pinv_{FSRA}$、$pinv_{FSRB}$、$pinv_{FSRC}$ 和 $pinv_{FSRD}$。$pinv_{FSRA}$、$pinv_{FSRB}$、$pinv_{FSRC}$ 和 $pinv_{FSRD}$ 分别是 p_1、p_2、p_3 和 p_4 的阈值。阈值的设定根据 p_1、p_2、p_3 和 p_4 的值在不同步态相位中占比最大者并结合实际情况划分识别步态相位的阈值。

5．控制系统设计

下肢外骨骼整体控制系统是以模块化的控制思路实现的，包括主控制板、电源模块、人机交互模块、传感器模块和动力驱动模块，控制系统各模块间的分工与合作见图 5-3-44。

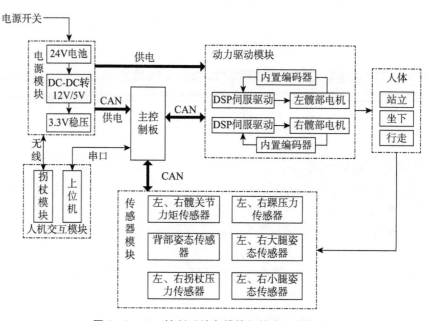

图 5-3-44　控制系统各模块间的分工与合作

1）主控制模块是外骨骼功能实现最重要的模块，是连接各个模块通信、控制各模块间分工合作的纽带，主要负责数据处理、意图识别、电机控制等。

2）电源模块由 24 V 的锂电池经过电压转换供给主控制板和动力模块。电源系统（电池 24 V）通过 DC-DC 降压电路降至 12 V 和 5 V，再经稳压芯片降至 3.3 V 为 CPU 系统供电，电源模块硬件电路还包括电压检测和过流保护功能。

3）人机交互模块主要包括上位机软件和拐杖模块，是用户使用外骨骼的主要交互手段。上位机通过发送数据包将控制信息发送到主控制板，主控制接收数据并执行。拐杖的人机交互是通过嵌在拐杖内部的电路实现的，主要通过无线传输将控制信息传到电源模块，电源模块再通过 CAN 通信将控制数据传到主控制板。

4）动力驱动模块包括左右髋关节处的盘式直流无刷伺服电机、相应的伺服驱动器和减速器，这些是下肢髋关节的动力来源，电机内部自带编码器采集运动的位置信息，为主控系统提供运动参数反馈和行走闭环控制。

5）传感器模块主要包括：放置在左/右腿的姿态传感器和背部的姿态传感器，其主要作用是检测运动过程中的姿态角度变化和运动重心的变化；髋关节处的力矩传感器，其主要作用是检测髋关节在行走过程中的力矩变化，在髋关节力矩突变时能及时触发外骨骼停止运行操作；左右踝关节处的压力传感器，其作用是在外骨骼行走时，判断人体行走的步态相位，即处于站立相或者处于摆动相；左右拐杖的压力传感器是放置在肘托和手柄处的贴片薄膜压力传感器,其作用是通过人体在行走时施加在左右拐杖上的力的变化,判断左右两侧的压力值改变,通过数据处理提前预知行走者的行走意图,在人体想要迈步时,髋关节电机能够自主运动,实现外骨骼的感知功能。外骨骼的各个模块分工合作,缺一不可。

(1) 电源模块

① 电源模块方案分析

由于穿戴式下肢外骨骼机器人是穿戴式设备,需要在室内或户外进行活动,因此采用锂电池作为控制系统的供电源。根据选型电机的工作额定电压,选用 24 V 电压供电的锂电池。

为了保障穿戴式下肢外骨骼机器人硬件平台各个模块供电的稳定性以及持续性,采用电源保护模块将外部输出电源稳定有效地转成 24 V 电源输出。为实现各个模块 5 V 供电,采用 DC-DC 转换芯片进行电压转换,通过 MOS 管实现 5 V 电压的稳定输出(电源模块见图 5 - 3 - 45)。

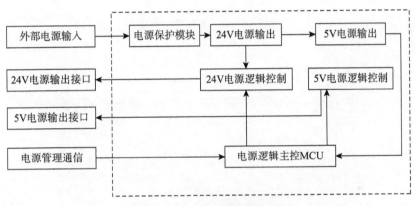

图 5 - 3 - 45　电源模块设计框图

② 电源模块电路设计

电气原理方面(见图 5 - 3 - 46),DC-DC 使用简单,无开关电源的开关噪声,但存在输入输出压差大而导致损耗较大,并且在某些条件下,发热严重。故为了避免电磁干扰,在 PCB 布线时尽可能控制电源之间的线宽,提高电源的可利用率。在电压输出方面,本设计选择 MP2303A 电源转换芯片将锂电池的外部输入电压降至 5 V。MP2303A 内部的上臂 N 沟道 MOSFET 和下臂的 MOSFET 驱动,保证 4.7~28 V 电压范围的输入电压,可以持续提供 3A 的负载电流,并输出 0.8~25 V 范围的可调节电压。由于主控运算单元功耗较低,启动电压小,且元器件内部有稳压器件,采用 AMS1117-3.3 降压芯片,将 5 V 转换成 3.3 V,为其供电。电源模块 PCB 布局时,为避免形成电流回路,降压电路需布置在一处较为空旷的区域,同时电源器件尽可能接近主控芯片,元器件间的连线尽可能短,公共地线分布在 PCB 板边缘(电源模块实物见图 5 - 3 - 47)。

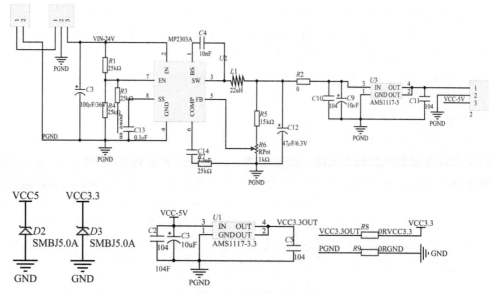

图 5 - 3 - 46 电源模块电路

图 5 - 3 - 47 电源模块实物

（2）传感器采集模块

传感器采集模块主要的功能是采集控制系统所需的反馈信息，以及对康复训练过程中的数据进行监控与分析。对于偏瘫早期或下肢肌无力患者，机器人的主要功能是辅助其进行行走训练，这一阶段的康复方案主要是以医师制定的运动轨迹进行训练，主要采用预定义轨迹的位置控制。此外，根据运动感知系统，可以识别运动康复过程中的步态相位，为实现控制的自适应性和资源的优化配置，划分步态识别特征值。

① 下肢关节角度测量

下肢关节测量采用多轴姿态传感器 JY901 模块。该模块自带动力学解算，能够实时检测当前关节的运动信息，包括加速度、角度、角速度等。该模块通信方式多样化，支持串口通信和 IIC 通信［模块实物见图 5 - 3 - 48（a）］。为避免原始数据在传输过程中丢失，先将采集的下肢关节角度经过卡尔曼滤波算法降低测量噪声，以提高测量的精度。因此，需要添加运算单元和外围电路［姿态传感器见图 5 - 3 - 48（b）］。

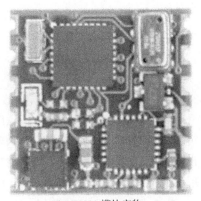
(a) JY901 模块实物

(a) 姿态传感器模块实物

图 5 - 3 - 48　姿态传感器模块

② 人机交互力测量

i-Leg 下肢外骨骼通过关节力矩传感器检测患者与康复机器人之间的相互作用力，该传感器不仅用于检测关节力矩，确保髋关节力矩在突变时及时触发外骨骼停止指令，同时可以实现助力康复训练。选择型号为 M2210E 的扭矩传感器（见图 5 - 3 - 49），传感器的额定转矩为 60 N·m，安装在减速器的输出端，实现力的检测与交互。扭矩传感器采用差分信号进行数据输出，通常配有四根线（电源正/负、差分信号 S＋/S－），见图 5 - 3 - 50。

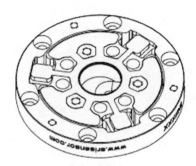
(a) 扭矩传感器模型图

(b) 扭矩传感器实物图

图 5 - 3 - 49　扭矩传感器

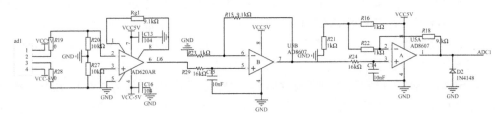

图 5 - 3 - 50　采集放大电路

图 5-3-51 采集放大模块实物

该模块中提供的差分电源是+5 V和-5 V,由于传感器的分辨率较高,输出的差分信号变化较小,需要进行采集放大模块的设计来对差分信号进行放大处理(见图 5-3-51)。差分放大采用 AD620 运算放大器,放大的倍数 $G_1=(49.4k/Rg1)+1=6.43$。由于主运算单元 ADC 采集的电压上限是 3.3 V,放大 6.43 倍只能达到 mV 级,无法满足采集最小单位,故采用 AD8607 运算放大器进一步放大信号。一级放大倍数 $G2=R_{15}/R_{23}+1=10.1$,二级放大与一级放大类似,综上最后的放大倍数是 $G=G_1 \times G_2 \times G_3=656$。

③ 足底压力测量

为了在康复训练过程中控制穿戴式下肢外骨骼机器人的步态,对偏瘫患者的足部和地面接触信息进行相位分类,这就需要实时获取步态信息。由于患者步态处于不同相位时,其足底的压力分布是不同的,因此通过采集患者足底不同区域的压力分布,能够很好地反映出下肢的行走步态。行走过程中,人的足底脚跟和脚尖可以承受的最大力分别是 2.8 kg/cm²±0.6 kg/cm² 和 1.3 kg/cm²±0.3 kg/cm²,考虑到压力范围、体积小和安装便捷的要求,选择 FSR402 电阻式薄膜压力传感器[信号调理电路见图 5-3-52(a),足底压力采集模块实物图见图 5-3-52(b)]。

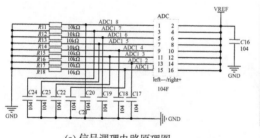

(a) 信号调理电路原理图

(b) 足底压力采集模块实物图

图 5-3-52 基于 FSR402 的足底压力采集模块

由于足底结构复杂,在一个完整的步态周期中,足底的压力分布较为分散,需要提取不同步态情况下压力较为集中的部位作为压力采集的目标。根据足底压力分析,将足底分为 4 个主要的受力区域,分别是第一跖骨头、第二跖骨头、第三到第五跖骨头以及足跟(见图 5-3-53),检测康复训练过程中足底压力变化情况。

考虑到传感器直接安装在患者脚底,会导致穿戴不方便,于是将 4 个压力传感器分别放置在对应足底主要受力部位的鞋垫位置上(见图 5-3-54),通过胶带固定,避免在运动过程中出现滑动。信号线连接在采集模块的端子上,然后将信号送到运算处理单元 STM32F103C8T6,将电阻信号通过调理电路和相应的计算,作为电压信号输出,并上传到上位机对应的通道进行数据采集。

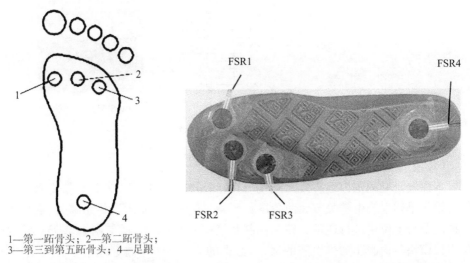

1—第一跖骨头；2—第二跖骨头；
3—第三到第五跖骨头；4—足跟

图 5 - 3 - 53　足底压力主要受力区域划分　　图 5 - 3 - 54　FSR402 薄膜压力传感器分布图

（3）人机交互模块

上海理工大学所研究的下肢外骨骼采用的人机交互方式是遥控按键,这种交互方式不仅适用于任何活动场合,而且患者可以自行控制康复训练操作,避免了康复医护人员必须实时监控、辅助的情况,减少了医护人员的护理压力。同时配备拐杖,保证了患者在穿戴外骨骼进行康复训练或外出活动时身体的平衡。由于拐杖手柄预留的面积较小,因此人机交互的按键模块体积不能过大(见图 5 - 3 - 55),尽可能以较少的硬件资源实现较多的功能。人体下肢最基本的行为活动一般指站立、坐下和行走,进一步可以划分为站立、坐下、左腿向前、左腿向后、右腿向后和右腿向前等动作。为了节省资源,一个按键实现两个行为动作,轻触按键,触发行走动作;长触按键,触发站立或坐下动作。采用稳压芯片 SPX3819 进行降压处理,减少噪声。由于进行康复训练患者的肢体需要不停地摆动,因此为避免影响人机交互模块与电源模块之间的数据传输,采用无线模块 SI4432 射频通信[SI4432 原理图见 5 - 3 - 56(a),实物图见 5 - 3 - 56(b)]。

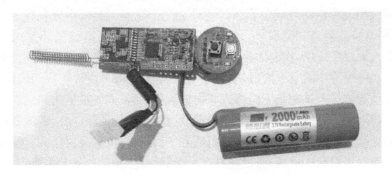

图 5 - 3 - 55　人机交互模块实物图

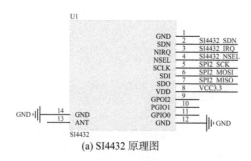

(a) SI4432 原理图　　　　　(a) SI4432 实物图

图 5 - 3 - 56　SI4432 模块

（4）主控制系统

本课题研究的主控运算单元采用 ST 公司的 STM32F407ZGT6 作为系统的 MCU，用于采集感知系统中髋关节屈曲角度传感器、膝关节屈曲角度传感器、足底压力传感器数据以及与上位机进行通信。整个控制系统的 CANOpen 通信网络基于 CAN 接口，实现主控模块与伺服驱动模块间的通信，数据的 FLASH 存储管理基于 SPI 接口，进行全双工通信（主控制器模块 PCB 图见图 5 - 3 - 57）。

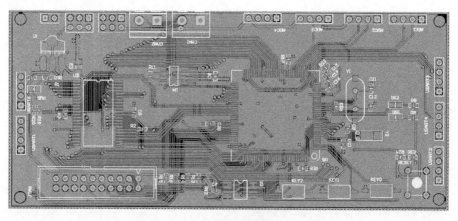

图 5 - 3 - 57　主控制器模块 PCB 图

6. 人机协同系统设计

传统的以物理疗法为基础的康复过程分为三个阶段：初级、中级和晚期。在初级阶段，治疗师沿着特定轨迹移动肢体，以改善关节的运动范围、血液循环并减少肌肉性萎缩。在机器人康复系统中，机器人也做同样的事情。这种治疗方式也被称为被动形式的物理治疗。在物理治疗的中级阶段，受试者也参与了锻炼。在常规物理治疗期间，要求患者自愿移动肢体。但是在基于机器人的物理治疗中，机器人根据用户的意图沿着轨迹移动肢体，这称为主动式物理治疗。在物理治疗的主动协助形式中，受试者被要求自愿移动。如果受试者未能根据特定标准完成任务，机器人将协助完成任务。物理治疗的最后阶段是运动的主动抵抗形式，通过在肢体上施加一定的阻力，患者需要克服阻力，积极地抵抗运动形式有助于增加肌肉力量。这些疗法具体体现三种主要辅助层面（见图 5 - 3 - 58）：位置辅助、速度辅助和力矩辅助。其具体表现在以下几个方面：

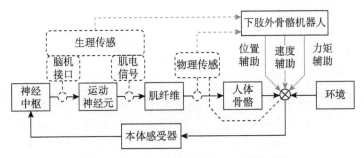

图 5 - 3 - 58　下肢外骨骼人机协同系统

1) 基于步态跟踪的位置辅助

基于步态跟踪的位置辅助控制策略通过步态建立了人体和穿戴式下肢外骨骼机器人之间的协调运动关系(见图 5 - 3 - 59)。用户需要学习如何与穿戴式下肢外骨骼机器人合作。在这种情况下,这种控制策略有三个主要方面:如何生成合适的步态(或相应地调整步态),如何设计位置控制器本身,以及如何确保人体和外骨骼的步态组件正确协调。用户与穿戴式下肢外骨骼机器人的机械结构物理耦合,他们一起移动。在该策略中,下肢和外骨骼的相对运动被视为位置控制器的扰动或顺应性参数。如果需要,用

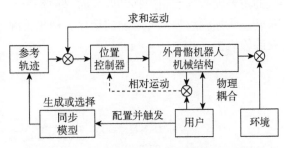

图 5 - 3 - 59　基于步态跟踪的位置辅助控制结构

户可以配置步态并触发穿戴式下肢外骨骼机器人的同步模型。步态轨迹被生成或选择并输入到位置控制器中。闭合位置控制回路可解决任何环境影响并跟踪参考轨迹。

2) 基于姿态估计的位置辅助

基于姿态估计的位置辅助协调策略通过获得耦合的人-外骨骼系统的姿态来协助用户(见图 5 - 3 - 60)。在位置辅助模式下,用户的四肢不能自由移动,但用户可以通过手臂运动或当前关节和足部被设置的不受约束的部分来表达他们的运动意图,从而利用身体协同来确定位置辅助。这种辅助策略有两个主要方面:从穿戴者的姿态中获取运动的意图,设计基于这种姿态的援助策略。有许多方法可以根据用户姿态获取他们的运动意图。例如可以将倾斜姿态传感器放置在机器人的骨盆上,机器人感知骨盆位置变化自动触发双足行走;使用足部压力传感器来确定截瘫患者行走时的姿势,这是控制穿戴式下肢外骨骼机器人最常用的方法;下肢关节嵌入角度传感器,脚底放置压力传感器,上臂设置角度传感器,辅助拐杖设置负载传感器等,多种传感器一起作用来确定身体姿势,其中手臂角度专门用于获取用户行走意图。阈值是通过观察用户想要行走时伸出拐杖时手臂的角度来设置的。为确保用户安全,使用拐杖负荷、足部压力和下肢角度来确保用户已准备好向前移动。

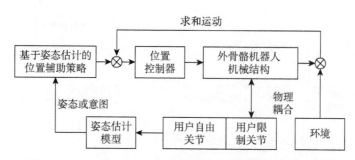

图 5-3-60　基于姿态估计的位置辅助协调策略的控制结构

3) 基于交互作用力的速度辅助

基于交互作用力的速度辅助协调策略是通过测量佩戴者与穿戴式下肢外骨骼机器人之间的相互作用力,为佩戴者提供速度辅助(见图 5-3-61)。交互作用力是该控制系统的主要输入。当用户移动四肢时,外骨骼会阻止其移动,产生一个相互作用的力。这将转换为速度以控制外骨骼的运动。理想情况下,速度控制器将确保系统尽可能精确地跟踪输入。

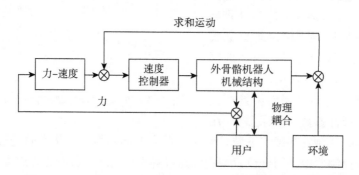

图 5-3-61　基于交互作用力的速度辅助协调策略的控制结构

4) 基于姿态估计的力矩辅助

基于姿态估计的力矩辅助协调策略(见图 5-3-62)类似于基于姿态估计的位置辅助协调策略,但不约束用户的运动。只有当机器人和用户没有协同工作时,才会产生阻力感。基于姿态估计的力矩辅助需要解决两个问题:如何从姿态中获取用户的姿态信息和意图,如何设计基于姿态的辅助协调策略。

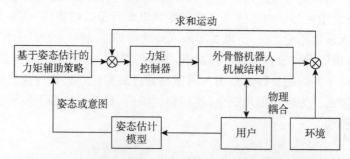

图 5-3-62　基于姿态估计的力矩辅助协调策略的控制结构

5）基于作用力的力矩辅助

基于作用力的力矩辅助协调策略（见图5-3-63）类似于基于相互作用力的速度辅助协调策略。它旨在提供一种力矩控制器，可以帮助穿戴者运动，同时尽可能少地造成障碍。这里的关键方法之一是提供虚拟导纳控制器来主动改变佩戴者四肢的虚拟机械阻抗，同时补偿外骨骼机械结构中的惯性和摩擦。这显著提高了动态响应和运动敏捷性。

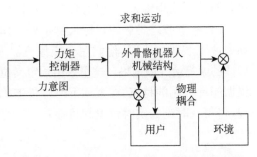

图5-3-63 基于作用力的力矩辅助协调策略的控制结构

6）基于步态特征估计的力矩辅助

基于步态特征估计的力矩辅助控制策略允许穿戴式下肢外骨骼机器人通过估计人体的步态特征（例如相位）与用户进行协调（见图5-3-64）。该结构主要解决两个问题：如何估计和提取步态特征，以及如何根据这些特征设计力矩辅助策略。根据它们在不同系统中的使用，这里讨论了各种步态特征估计和力矩辅助方法。

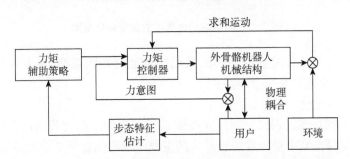

图5-3-64 基于步态特征估计的力矩辅助控制策略的控制结构

7）基于生理意图估计的位置/速度/力矩辅助策略

基于生理意图估计的位置/速度/力矩辅助策略根据生理信号估计用户的意图（见图5-3-65），并使用这些估计的意图提供协调步态。这种策略的优点是生理信号不可

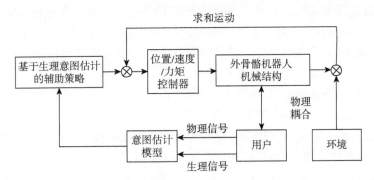

图5-3-65 基于生理意图估计的位置/速度/力矩辅助策略的控制结构

避免地先于身体运动,即使穿戴者的肢体不能自由移动,也可以使用这种方法获得意图,将其与需要物理输入的辅助策略区分开来。

i-Leg下肢外骨骼的目标人群是处于偏瘫早期和截瘫的患者,这类患者下肢没有主动力或下肢肌力为零,他们完全依赖机器人辅助其进行下肢康复训练并产生肌力,以为后续的康复治疗做铺垫。这里采用预定义位置轨迹的被动控制康复策略(见图5-3-66),根据闭环控制的特点,穿戴式下肢外骨骼机器人髋关节电机运动过程是随时间变化的过程,将每一时刻的实时位置和目标轨迹进行对比,控制实际位置尽量与目标轨迹重合。

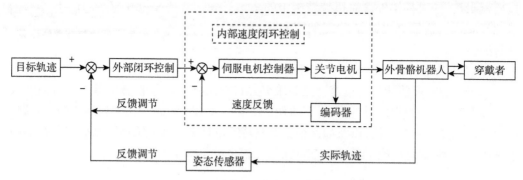

图 5-3-66　被动位置控制策略控制框图

此外,i-Leg下肢外骨骼的运动模式采用按键触发控制策略,用于触发康复训练指令,其控制指令主要体现在两个方面:

(1) 按键单步控制

按键单步控制是通过拐杖上的独立按键进行外骨骼单腿迈步运动控制。左拐杖上的控制按键负责穿戴式下肢外骨骼机器人的左腿运动和站立到坐下的姿态变换控制,右拐杖上的控制按键负责穿戴式下肢外骨骼机器人的右腿运动和坐下到站立的姿态变换控制。轻按左拐杖上的按键,左髋关节电机快速向前转动,右髋关节电机向后转动,实现穿戴式下肢外骨骼机器人左腿向前迈步;轻按右拐杖上的按键,右髋关节电机快速向前转动,左髋关节电机向后转动,实现穿戴式下肢外骨骼机器人右腿向前迈步;按照半个步态周期的时间间隔分别循环触发左、右拐杖上的按键,实现穿戴式下肢外骨骼机器人被动控制下的行走康复训练。长按左拐杖上的按键,左、右双髋关节电机同时向前屈曲转动,配合拐杖支撑,实现站立到坐下的姿态变换;长按右拐杖上的按键,左、右双髋关节电机同时向后伸展转动,配合拐杖支撑,实现坐下到站立的姿态变换(控制流程见图5-3-67)。

(2) 按键周期控制

按键周期控制是通过左、右拐杖上的按键进行外骨骼左、右腿之间的周期性交叉迈步控制。根据康复医师的治疗方案,制定一定时间的周期性步态康复训练治疗,将康复训练的周期数量输入上位机,通过同时按下左、右拐杖上的按键,触发周期性下肢康复训练,当康复周期数量达到设定的目标值后,穿戴式下肢外骨骼机器人就会进入停止状态。若康复训练过程中发生紧急情况,通过急停按钮触发,强制使外骨骼进入停止状态(控制流程见图5-3-68)。

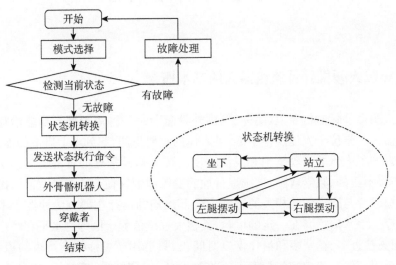

图 5 - 3 - 67　按键单步控制康复训练流程图

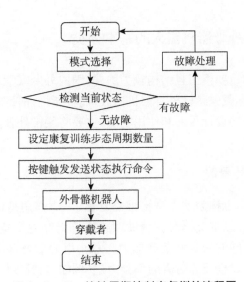

图 5 - 3 - 68　按键周期控制康复训练流程图

第四节　穿戴式腰椎外骨骼机器人

一、穿戴式腰椎外骨骼机器人的基本概念

穿戴式腰椎外骨骼机器人(简称"腰椎外骨骼")是一种用于腰部功能治疗或辅助的外骨骼机器人。腰位于人体躯干中部,是人体的重要枢纽,起到承上启下的作用,它的稳定性直接影响了人体的活动范围和灵活程度。腰痛是最常见的日常疾病。从事重物搬运、站立姿势不正确、频繁弯腰、腰椎退行性病变等原因往往会造成腰背部肌肉以及相关软组织劳损或者与腰椎病变相关的腰痛。腰部疾病的治疗主要分为西医手术治疗和中医保守治疗。手术治疗存在一定的风险,其很大程度依赖于医师的水平和医疗器械的先进性,且相关检查多、花费多和治疗恢复时间长,只适用于炎症特别严重的患者;中医治疗主要有牵引、理疗、推拿、按摩等,其存在耗时长、进展缓慢、疗效长、效率低下等问题。医学研究表明,牵引治疗及适当训练可以促进血液循环、缓解肌肉痉挛,增强脊柱的稳定性,有助于腰部疾病的康复治疗。因此,使用机器人辅助进行牵引及运动训练,成为一个新的研究方向。

二、穿戴式腰椎外骨骼机器人的基本分类

由于腰部是人体的重要枢纽且结构较为脆弱,国内外专家学者还没有建设性的康复机器人治疗建议,所以穿戴式腰椎外骨骼机器人(简称腰椎外骨骼)在种类和数量上相对较少。根据腰椎外骨骼的设计目的和使用功能,主要将腰椎外骨骼分为辅助型腰椎外骨骼和治疗型腰椎外骨骼。

(一) 辅助型腰椎外骨骼

辅助型腰椎外骨骼,也称为助力型腰椎外骨骼,主要作用是帮助正常人在工作时进行背部支撑、提升辅助和腰部支撑等。辅助型腰椎外骨骼主要是围绕以下概念来构建:在使用者躯干和大腿之间的矢状面上施加力/力矩,以协助背部或髋关节的伸展。这些设备旨在通过提供完成物理任务所需的部分力矩(例如,提升或保持弯腰姿势)来帮助用户。在此过程中,这些设备能够减少脊髓旁肌肉所需的活动,从而缓解肌肉张力,减缓背部压力。辅助型腰椎外骨骼根据结构和附件类型又可以细分为三类:柔性腰椎外骨骼、刚性腰椎外骨骼和混合型腰椎外骨骼。

1. 柔性腰椎外骨骼

柔性腰椎外骨骼可以通过驱动专用电缆或者带子实现腰部关节屈曲和伸展[见图 5 - 4 - 1 (a)]。柔性腰椎外骨骼的典型例子有:个人抬伸增强装置(personal lift augmentation device，PLAD)、智能套装(smart suit light，SSL)和生物力学辅助服装。PLAD通过拉动膝盖关节下方的小腿,而其他两个装置则将这些力施加在大腿上。这三种腰椎外骨骼均采用距离穿戴者身体较近的弹性带产生作用力,因此有可能将外骨骼穿在外衣里面。

2. 刚性腰椎外骨骼

刚性腰椎外骨骼采用硬铰接结构,将致动器连接到用户穿着的衣服上。这些铰接式刚性结构与身体部分平行运行,并施加垂直于身体部分的力[见图5-4-1(b)]。这类型的腰椎外骨骼也倾向于使用用户身体侧面的空间,在某些情况增加侧面运动,如弯曲非需求返回装置(bending non-demand return，BNDR)和下腰背被动外骨骼(low back passive exoskeleton，LBPE)。绝大多数刚性腰椎外骨骼通过类似背包的肩带向后拉动上半身来支持背部伸展,如现代腰部外骨骼(hyundai waist exoskeleton，H-WEX)。BNDR等类型的腰椎外骨骼主要是通过髋部伸展推动大腿前部或者从腿后部拉动施加力,当推动大腿前部时,附件可以依靠在肢体上,无需固定件固定在肢体上。

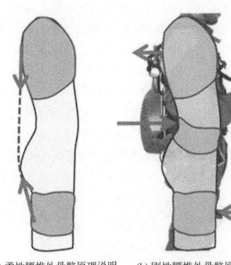

(a) 柔性腰椎外骨骼原理说明　(b) 刚性腰椎外骨骼原理说明

图 5 - 4 - 1　辅助型腰椎外骨骼原理说明

图 5 - 4 - 2　被动 Spexor 原型

3. 混合型腰椎外骨骼

混合型腰椎外骨骼结合了刚性腰椎外骨骼和柔性腰椎外骨骼的特点。Virginia Tech 等人研发了被动 Spexor 原型(passive spexor prototype)(见图5-4-2),其中碳纤维杆既是力发生器,也是骨盆和躯干之间力传递的结构。Passive Spexor Prototype 装置使用碳纤维梁将力从骨盆传递到大腿,而 Spinal Exoskeleton Robot (SPEXOR)采用螺旋弹簧驱动传统的刚性链。这些设备在设计的过程中,尽管没有采用完全柔性或者刚性的结构,但与柔性腰椎外骨骼原理[见图5-4-1(a)]相比,对椎间压缩力的贡献减少。混合型腰椎外骨骼 AB-Wear Suit 是一种软装置,增加了"压缩力降低机制",由平行的弹簧和"McKibben 型"人工气动肌肉组成,与 Passive Spexor Prototype 和 SPEXOR 中使用碳纤维梁传递力不同,AB-Wear Suit 通过人工气动肌肉产生扭矩。

（二）治疗型腰椎外骨骼

治疗型腰椎外骨骼主要是用于腰部疼痛、腰部相关软组织劳损和腰部关节突出等症状，主要分为腰椎训练外骨骼和腰椎牵引外骨骼。腰椎训练外骨骼是通过适当、合理的康复训练帮助腰部运动功能的恢复，通过肌肉训练促进血液循环，加快新陈代谢，防止肌肉萎缩，增强肌肉力量。腰椎牵引外骨骼则将传统推拿中的拉拔、后伸扳法、斜扳、旋转复位等手法分解为牵引、前屈后伸、侧屈、旋转四个动作，模拟康复医师的正骨和按摩手法，以机器代替人工操作完成单一重复的动作。

1. 腰椎训练外骨骼

穿戴式腰椎训练外骨骼机器人由框架、腰带、绳索（或气动人工肌肉）、传动组件、扭转装置、下肢固定装置以及传感器等组成，可实现基础的腰部运动［见图 5 - 4 - 3 （a）］。康复训练的过程中绳索带动腰带完成 X 轴和 Y 轴的转动；患者所站立的下肢固定装置带动腰部完成 Z 轴的转动。合肥工业大学设计了一款混合驱动腰部康复机器人，不仅使用了绳索驱动，还运用了气动人工肌肉驱动，实现了腰部 6 个自由度全方位康复训练［见图 5 - 4 - 3 （b）］。其中患者腰部的转动是通过左右两边的气动人工肌肉的伸缩实现。为了尽可能地还原正常健康人的扭腰动作，腰部康复机器人设计成上下联动的方式，增强了腰部康复的效果。身体悬吊固定机构主要用来固定患者的上身，平衡患者上身的重力，减少康复训练中患者上身的重力对患者腰部肌肉群的挤压作用。同时，利用患者下肢重力的作用对患者腰椎产生牵引效果，能够达到缓解压迫、放松患者腰部肌肉群的效果。患者腰部康复训练是在下肢外骨骼辅助患者膝关节转动下，通过柔索驱动并联运动平台带动患者下肢及骨盆做三维空间转动，从而实现腰部绕三个坐标轴的转动康复训练，达到患者腰部肌肉群的康复训练效果。

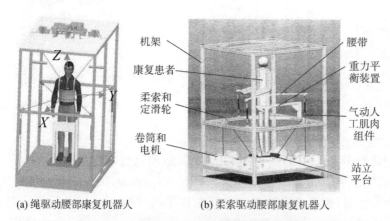

(a) 绳驱动腰部康复机器人 　　　　　 (b) 柔索驱动腰部康复机器人

图 5 - 4 - 3　基于绳索驱动的腰部康复机器人

2. 腰椎牵引外骨骼

腰椎牵引外骨骼目前还处于研发阶段，而现有的腰椎牵引外骨骼中，Atlas 是第一个用于缓解腰痛的腰椎牵引外骨骼［见图 5 - 4 - 4(a)］。Atlas 外骨骼由两条被微型电机隔开的皮带组成，该外骨骼在脊柱上施加牵引力以缓解疼痛，然后伴随患者的运动，使他们能够通过体育锻炼增强肌肉,而不感到疼痛。通过让患者在有趣的训练界面的刺激下恢复定期锻炼,Atlas 打破了由腰痛引起的"疼痛—不活动—肌肉萎缩"的恶性循环,完全符合医学界推荐的新治疗方案。另一款是由上海理工大学康复工程与技术研究所与上海卓道联合研发的腰椎外骨骼 i-Lumbot,它具有对腰椎进行牵引与训练治疗的功能。该外骨骼在外观上与 Altas 有一定的相似之处,但在功能实现上比 Altas 具有更多的自由度,能够使穿戴者具有更大的运动幅度,能够辅助患者进行牵引治疗以及左右侧屈及后屈伸的运动训练。因此其同时具有牵引及运动训练的功能,实际上是一款牵引/训练型腰椎外骨骼[见图 5-4-4(b)]。

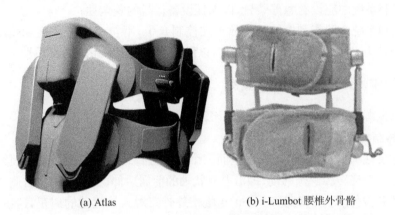

(a) Atlas　　　　　　　　(b) i-Lumbot 腰椎外骨骼

图 5-4-4　腰椎治疗型外骨骼

三、穿戴式腰椎外骨骼机器人设计方法

(一) 穿戴式腰椎外骨骼机器人设计要求

这里以上海理工大学康复工程与技术研究所与上海卓道联合研发的 i-Lumbot 腰椎外骨骼为例说明穿戴式腰椎外骨骼机器人的设计要求。

外骨骼各关节活动范围是保证腰椎康复治疗的关键。经分析可知,一般人体的腰椎骨一共分为五块,从上至下分别为第一腰椎、第二腰椎等,记为 $L_1 \sim L_5$,相邻腰椎之间由椎间盘、前纵韧带、后纵韧带、棘上韧带和关节突关节等结构连接起来。因此腰部运动是多个节段共同作用产生的联合运动,人体腰部的运动按照绕着冠状轴、矢状轴和垂直轴分为前屈后伸、左右侧屈、水平旋转和拔伸,并设定各活动范围(见表 5-4-1)。所以,i-Lumbot 穿戴式腰椎外骨骼机器人的相关运动角度应保证在此范围内。

表 5-4-1　人体腰部各种运动方式下的运动范围

运动姿态	旋转轴	角度/长度范围
前屈后伸	冠状轴	$-15° \sim 45°$
左右侧屈	矢状轴	$-25° \sim 25°$

运动姿态	旋转轴	角度/长度范围
水平旋转	垂直轴	$-15°\sim15°$
拔伸	垂直轴	$0\sim10$ cm

整个系统的控制部分需满足以下要求：

（1）能够实现腰部前屈后伸和左右侧屈 2 自由度康复训练，同时还能为腰痛患者提供助力牵引，减轻患者在举重时的腰部负担；

（2）控制系统中应设有急停装置，以保证设备运行的安全性；

（3）控制系统电路板和电池单独放置在控制盒中，不与使用者直接接触，助力牵引模式下保证拉力大小在 $0\sim400$ N 范围内，以保证设备使用中患者的舒适性。

（二）腰椎外骨骼机器人设计案例

这里以上海理工大学的腰椎外骨骼 i-Lumbot 为例说明设计方法。

1. 机械结构设计

腰椎主要在矢状面、冠状面和水平面三个面内进行运动。正常运动时，腰部脊柱的运动可分为三个旋转和一个移动，即沿着冠状轴的前屈后伸、矢状轴的左右侧屈、垂直轴的水平旋转和拔伸。为了实现 i-Lumbot 腰椎外骨骼对人体运动的纠正，这里设计了一款具有前屈后伸、左右侧屈及垂直牵引的 3 自由度穿戴式腰椎外骨骼。从人机工程学角度分析，人体尺寸与产品设备之间的比例与身高有关，产品和设计对象一般呈比例关系。据《中国成年人人体尺寸》(GB 10000—1988)以及腰椎 $L_1\sim L_5$ 的椎体高度（前中后的平均值），设计 i-Lumbot 腰椎外骨骼机器人，结构调节范围适用于一般女性和男性，如表 5-4-2 所示。因此为了实现腰椎外骨骼的可调节性，i-Lumbot 腰椎外骨骼采用两个不同大小的穿戴环（腰部固定环和骨盆固定环）。根据表 5-4-2，腰部固定环的初始长度设计为 700 mm，通过尼龙腰带调节设定在 $600\sim750$ mm 之间；骨盆固定环的初始长度设计为 800 mm，可调节范围为 $700\sim910$ mm。不同的穿戴者可以根据自身需要进行穿戴调节。

表 5-4-2　穿戴式腰椎外骨骼结构尺寸参数

	人体主要尺寸/mm		调节范围/mm
	女性	男性	
腰围	620	700	$600\sim750$
臀围	680	730	$650\sim910$
$L_1\sim L_5$ 椎体高度	233.56	224.6	$220\sim240$

本案例将从设计装配、材料选型和实物搭建三个部分简要讲解腰椎外骨骼的设计方法。

设计装配最主要的原则就是实现可穿戴、可调节、小型化、轻便快速等特点。为此在设计过程中，将整个外骨骼的设计分解为牵引单元、锁定单元、环转单元和控制系统。牵引单元主要由执行器、固定件、尼龙腰带、卡扣等组成,实现腰部固定环的纵向牵伸等多种动作。锁定单元是由覆膜固定板、弹性带、三明治网等材料组成的骨盆固定环,一方面是依靠三明治网等材料组成的摩擦力,另一方面是通过弹性绑带在穿戴过程形成的弹性束缚力,保证整个 i-Lumbot 腰椎外骨骼(见图 5-4-5)的穿戴可靠性。环转单元主要是由球铰组成的,通过多个球铰与推杆运动的协同共同实现运动的多样性。

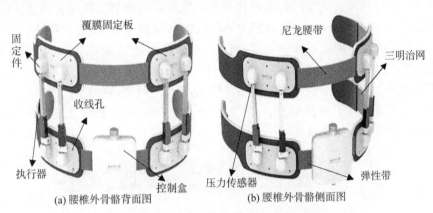

(a) 腰椎外骨骼背面图　　　　　(b) 腰椎外骨骼侧面图

图 5-4-5　Lumbot 腰椎外骨骼模型图

常用的执行器有液压驱动执行器、气动驱动执行器和电机驱动执行器。液压驱动执行器是工程机械、医疗机械和航空等设备中的执行元件,但对其轻量化设计是一项较为复杂的工作,并且液压驱动的噪声大,密封性需要考虑,因此将其作为本案例的执行元件不是最佳选择。气动驱动的应用有着悠久的历史,它与液压驱动相比,压缩介质(空气)容易获得,处理便捷,并且维护简单,适应性较强,因此作为常用的伸缩机构,气动驱动也是一种选择。目前市场上没有气动驱动在腰部外骨骼的智能化应用,现存的只有气囊式的颈腰部固定器。

电机驱动技术较为成熟,且控制较为容易,虽然市场上电机驱动在腰椎外骨骼的应用较少,但电机驱动在上肢、下肢外骨骼中具有广泛的应用,具有一定的知识储备,因此初步采用电机驱动。

根据表 5-4-2,$L_1 \sim L_5$ 椎体高度范围为 $220 \sim 240$ mm,因此设置电动推杆的初始安装高度不超过 160 mm,牵伸要求是 100 mm 以内。在对人体腰椎牵引的过程中,施加 1/2 体重重量(一般为 $30 \sim 35$ kg)的牵引拉力,可以收到良好的治疗效果,在达到牵引治疗缓解病痛的同时,还可以使心血管及呼吸系统的不良反应保持在最低限度。穿戴式腰椎外骨骼选用的是并联结构,图 5-4-5 显示穿戴式腰椎外骨骼由 4 个电动推杆组成,若需达到 $30 \sim 35$ kg 的牵引力,可以选用 100 N 范围的电动推杆,根据推杆的选型要求,最终确定推杆型号为 L16-140-35-P[见图 5-4-6 (a)]。此型号的电动推

(a) L16-140-35-P 电动推杆　　(b) RBPB5

图 5-4-6　电动推杆实物造型图

杆拉伸时的最大拉力为 200 N,伸缩长度为 100 mm,安装孔距为 168 mm。在选用铰链型号时,需要考虑安装空间的大小和位置,通过筛选,选用的是型号为 RBPB5 的球铰,它的体积和质量都较小[见图 5-4-6(b)],并且功能性较好。除此之外还有相关的机加件,分别为 e 型卡簧、固定件、推杆-轴承连接件和安装底座。这些机加件能够固定球铰的位置、连接球铰和推杆以及减小间隙。

腰部固定环和骨盆固定环的选择和制作也是重要的环节。腰部和骨盆固定环采用刚柔耦合结构,由四种材料组成,分别为 ABS/PC 的覆膜固定板、尼龙腰带、三明治网和弹性带。覆膜固定板能实现安装固定,满足电动推杆推动过程中需要的刚度,同时达到需要的韧度,能够实现一定的变形。弹性带用于实现尺寸范围的调整(见图 5-4-7),它与三明治网结合使用能够很好地固定在臀部,达到尺寸可调、穿戴牢固的目的。

弹性带主要选择了两种型号,一种宽度为 100 mm,用于腰部固定,另一种宽度为 150 mm,用于盆骨部位固定。

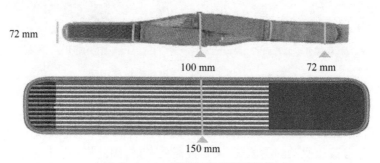

图 5-4-7　腰部与骨盆部弹性带

2. 运动学分析与动力学分析

1) 运动学位置逆解

本章主要是将 i-Lumbot 腰椎外骨骼模型简化成 4-SPS 并联结构,将腰椎简化成从动支链 SP(见图 5-4-8)。

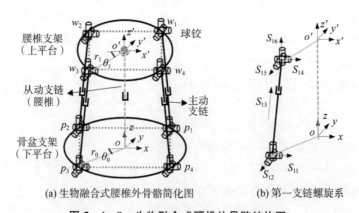

(a) 生物融合式腰椎外骨骼简化图　　(b) 第一支链螺旋系

图 5-4-8　生物融合式腰椎外骨骼结构图

生物融合式腰椎外骨骼主要由 4-SPS 并联外骨骼和 SP 腰椎结构组成[见图 5-4-

8(a)],包括腰椎支架(上平台)、骨盆支架(下平台)、四条分支(主动链)和腰椎(从动链)组成。腰椎支架和骨盆支架是通过四条分支连在一起的,每一条分支两端都是和球铰和外骨骼两端相连,腰椎支架的四个铰链点 w_1、w_2、w_3、w_4 分别位于内接半径为 r_1 的圆的矩形端点,骨盆支架的四个铰链点 p_1、p_2、p_3、p_4 分别位于内接半径为 r_0 的圆的矩形的四个端点。电动推杆简化为主动支链,可以进行循环往复的直线运动。从动支链是由腰椎组成的,保证 i-Lumbot 腰椎外骨骼在穿戴后运动的稳定性。因为腰椎间盘位于两个椎体之间,每两个椎间盘之间都具有矢状面、冠状面和水平面上的旋转,并且能够实现垂直轴的牵伸。为了在初步的运算中简化腰椎的运动,在本章的运算中将腰椎的运动自由度简化为 SP 支链的从动运动[见图 5-4-8(b)]。

其中腰椎支架的顶点在 $\{o'\}$ 的坐标为 $\boldsymbol{w} = [\begin{matrix} w_1 & w_2 & w_3 & w_4 \end{matrix}]$。其中:

$$^{o'}\boldsymbol{w}_1 = [\begin{matrix} r_1\cos\theta_1 & r_1\sin\theta_1 & 0 \end{matrix}]^T \qquad \text{式}(5-4-1)$$

$$^{o'}\boldsymbol{w}_2 = [\begin{matrix} -r_1\cos\theta_1 & r_1\sin\theta_1 & 0 \end{matrix}]^T \qquad \text{式}(5-4-2)$$

$$^{o'}\boldsymbol{w}_3 = [\begin{matrix} -r_1\cos\theta_1 & -r_1\sin\theta_1 & 0 \end{matrix}]^T \qquad \text{式}(5-4-3)$$

$$^{o'}\boldsymbol{w}_4 = [\begin{matrix} r_1\cos\theta_1 & -r_1\sin\theta_1 & 0 \end{matrix}]^T \qquad \text{式}(5-4-4)$$

骨盆支架的顶点在 $\{o\}$ 的坐标为 $\boldsymbol{p} = [\begin{matrix} p_1 & p_2 & p_3 & p_4 \end{matrix}]$。式中:

$$^{o}\boldsymbol{p}_1 = [\begin{matrix} r_0\cos\theta_0 & r_0\sin\theta_0 & 0 \end{matrix}]^T \qquad \text{式}(5-4-5)$$

$$^{o}\boldsymbol{p}_2 = [\begin{matrix} -r_0\cos\theta_0 & r_0\sin\theta_0 & 0 \end{matrix}]^T \qquad \text{式}(5-4-6)$$

$$^{o}\boldsymbol{p}_3 = [\begin{matrix} -r_0\cos\theta_0 & -r_0\sin\theta_0 & 0 \end{matrix}]^T \qquad \text{式}(5-4-7)$$

$$^{o}\boldsymbol{p}_4 = [\begin{matrix} r_0\cos\theta_0 & -r_0\sin\theta_0 & 0 \end{matrix}]^T \qquad \text{式}(5-4-8)$$

对于腰椎支架 $\{o'\}$ 在骨盆支架坐标系 $\{o\}$ 的表示为 $^{o}o' = [\begin{matrix} o'_x & o'_y & o'_z \end{matrix}]$,初始高度为 168 mm。腰椎支架相对于骨盆支架非惯性系的位姿为:

$$^{o}\boldsymbol{T}_{o'} = \begin{bmatrix} ^{o}_{o'}\boldsymbol{R} & ^{o}o' \\ 0 & 1 \end{bmatrix} \qquad \text{式}(5-4-9)$$

腰椎支架的铰链点在 $\{o\}$ 系中的坐标可以表示为:

$$^{o}\boldsymbol{w}_i = {}^{o}_{o'}\boldsymbol{R}\,^{o'}\boldsymbol{w}_i + {}^{o}o' \qquad \text{式}(5-4-10)$$

对于基于欧拉角 X-Y-Z 旋转的转换矩阵 $^{o}_{o'}\boldsymbol{R}$,即绕骨盆支架 x 轴转动 γ,绕 y 轴转动 β,绕 z 轴转动 φ,可以表示为 $\boldsymbol{R}_{xyz}(\gamma,\beta,\varphi)$。

$$\boldsymbol{R}_{xyz}(\gamma,\beta,\varphi) = \boldsymbol{R}_z(\varphi)\boldsymbol{R}_y(\beta)\boldsymbol{R}_x(\gamma)$$
$$= \begin{bmatrix} c\varphi & -s\varphi & 0 \\ s\varphi & c\varphi & 0 \\ 0 & 0 & 1 \end{bmatrix} \begin{bmatrix} c\beta & 0 & s\beta \\ 0 & 1 & 0 \\ -s\beta & 0 & c\beta \end{bmatrix} \begin{bmatrix} 1 & 0 & 0 \\ 0 & c\gamma & -s\gamma \\ 0 & s\gamma & c\gamma \end{bmatrix}$$

$$= \begin{bmatrix} c\beta c\varphi & s\gamma s\beta c\varphi - c\gamma s\varphi & c\gamma s\beta c\varphi + s\gamma s\varphi \\ c\beta s\varphi & s\gamma s\beta s\varphi + c\gamma c\varphi & c\gamma s\beta s\varphi - s\gamma c\varphi \\ -s\beta & s\gamma c\beta & c\gamma c\beta \end{bmatrix} \qquad 式(5-4-11)$$

其中,sin 简写为 s,cos 简写为 c。

$${}^{o}\boldsymbol{w}_i = \begin{bmatrix} {}^{o}w_{ix} & {}^{o}w_{iy} & {}^{o}w_{iz} \end{bmatrix}^{\mathrm{T}} \qquad 式(5-4-12)$$

腰椎外骨骼的主动支链 $l_i(i=1,2,3,4)$ 在骨盆支架坐标系 $\{o\}$ 可以表示为

$$\begin{aligned} \vec{l}_i &= \begin{bmatrix} l_{ix} & l_{iy} & l_{iz} \end{bmatrix}^{\mathrm{T}} \\ &= {}^{o}\boldsymbol{w}_i - {}^{o}\boldsymbol{p}_i \\ &= \begin{bmatrix} {}^{o}w_{ix} - {}^{o}p_{ix} & {}^{o}w_{iy} - {}^{o}p_{iy} & {}^{o}w_{iz} - {}^{o}p_{iz} \end{bmatrix} \qquad 式(5-4-13) \end{aligned}$$

知道腰椎支架的中心位置和根据式(5-4-5)可以求得电动推杆的位置反解。

腰椎作为从动支链,可以通过改变三个关节 η_1、η_2、η_3 和三个移动变量 Δx、Δy、Δz 实现开环链的空间运动。运用 D-H 坐标可写成 ${}^{o}\boldsymbol{T}_{o'}$,如式(5-4-14)所示。

$${}^{o}\boldsymbol{T}_{o'} = {}^{o}\boldsymbol{T}_1(\eta_1)^1\boldsymbol{T}_2(\eta_2)^2\boldsymbol{T}_3(\eta_3)^z\boldsymbol{T}_{o'} \qquad 式(5-4-14)$$

利用 D-H 坐标法,根据从动支链的坐标来计算 D-H 变换矩阵,将球铰运动简化为三个关节的运动,移动副的运动保持不变(见图5-4-9)。

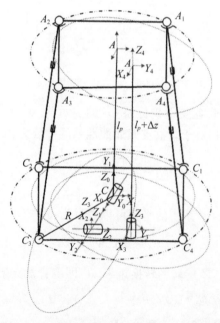

图5-4-9 腰椎(从动支链)的坐标系及运动轨迹

其中从动链的顶端就是腰椎支架的运动中心。为了清晰地看到从动杆的变化过程,此处将详细列出各个参数,如表5-4-3所示。

表 5 - 4 - 3　D-H 参数表

i	α_{i-1}	a_{i-1}	d_i	θ_i
1	90°	0	0	η_1
2	90°	0	Δx	η_2
3	90°	0	Δy	η_3
4	0	0	$l_p + \Delta z$	0

根据表 5 - 4 - 3 的数据,可以得到对应的姿态矩阵 $^{o}\boldsymbol{T}_{o'}$,如式(5 - 4 - 15)所示。

$$
^{o}\boldsymbol{T}_{o'} = \begin{bmatrix} c\eta_1 c\eta_2 c\eta_3 + s\eta_1 s\eta_3 & D & c\eta_1 s\eta_2 & A \\ -s\eta_2 c\eta_3 & s\eta_2 s\eta_3 & c\eta_2 & B \\ s\eta_1 c\eta_2 c\eta_3 - c\eta_1 s\eta_3 & E & s\eta_1 s\eta_2 & C \\ 0 & 0 & 0 & 1 \end{bmatrix}
$$

$$
\begin{aligned}
A &= \Delta y c\eta_1 s\eta_2 + \Delta x s\eta_1 + (l_p + \Delta z)c\eta_1 s\eta_2 \\
B &= (l_p + \Delta z)c\eta_2 + \Delta y c\eta_2 \\
C &= (l_p + \Delta z)s\eta_1 s\eta_2 + \Delta y s\eta_1 s\eta_2 - \Delta x c\eta_1 \\
D &= (l_p + \Delta z)s\eta_1 s\eta_2 + \Delta y s\eta_1 s\eta_2 - \Delta x c\eta_1 \\
E &= -s\eta_1 c\eta_2 s\eta_3 - c\eta_1 c\eta_2
\end{aligned}
$$

式(5 - 4 - 15)

因为腰椎在牵引运动过程中,x 和 y 方向不发生运动,即 Δx 和 Δy 为 0,则对应的 $^{o}o'$ 如式(5 - 4 - 16)所示。

$$
^{o}o' = \begin{bmatrix} (l_p + \Delta z)c\eta_1 s\eta_2 \\ (l_p + \Delta z)c\eta_2 \\ (l_p + \Delta z)s\eta_1 s\eta_2 \end{bmatrix}^{\mathrm{T}}
$$

式(5 - 4 - 16)

由于被动支链的顶点和腰椎支架的中心重合,则根据人机系统的运用,可以得到 $^{o}o'$ 关于冠状轴、矢状轴、垂直轴和垂直运动的相关函数,如式(5 - 4 - 17)所示。

$$
^{o}o' = \begin{bmatrix} (l_p + \Delta z)(c\gamma s\beta c\varphi + s\gamma s\varphi) \\ (l_p + \Delta z)(c\gamma s\beta s\varphi - s\gamma c\varphi) \\ (l_p + \Delta z)c\gamma c\beta \end{bmatrix}^{\mathrm{T}}
$$

式(5 - 4 - 17)

根据式(5 - 4 - 13)和式(5 - 4 - 17),由不同的运动姿态得到主动链和从动支链的运动变化范围。穿戴式腰部外骨骼活动范围主要是参考人体腰部运动范围,但人体运动的日常范围对于有下腰痛(LBP)患者或者穿戴腰椎外骨骼的患者而言,是偏大的。因此参考正常人体腰部的各种动作,定义本案例腰部各种运动方式下的运动范围。

由于腰部运动主要有前屈后伸、左右侧屈和水平旋转,因此按照医师建议将腰椎康复运动角度按照表 5 - 4 - 4 定义,并将其定义为相应的运动轨迹,如式(5 - 4 - 18)所示。

表 5-4-4　人体腰部各种运动方式下的运动范围

运动姿态	旋转轴	角度范围/(°)
左右侧屈	矢状轴(y)	$-25\sim25$
前屈后伸	冠状轴(x)	$-15\sim45$
水平旋转	垂直轴(z)	$-15\sim15$

$$\begin{cases} \gamma = \dfrac{5}{36}\pi\sin(\dfrac{1}{30}\pi t + \pi) \\[2mm] \beta = \begin{cases} \dfrac{1}{4}\pi\sin(\dfrac{1}{30}\pi t + \pi) \\[2mm] \dfrac{1}{12}\pi\sin(\dfrac{1}{30}\pi t + \pi) \end{cases} \\[4mm] \varphi = \dfrac{1}{12}\pi\sin(\dfrac{1}{30}\pi t + \pi) \end{cases} \qquad 式(5-4-18)$$

为了得到输入与输出之间的位置关系,将分别对前屈后伸、左右侧屈、水平旋转和复合运动这四种姿态进行求解并得到相对应的变化曲线(见图5-4-10)。将式(5-4-18)代入式(5-4-17),再通过式(5-4-13)求解可得。

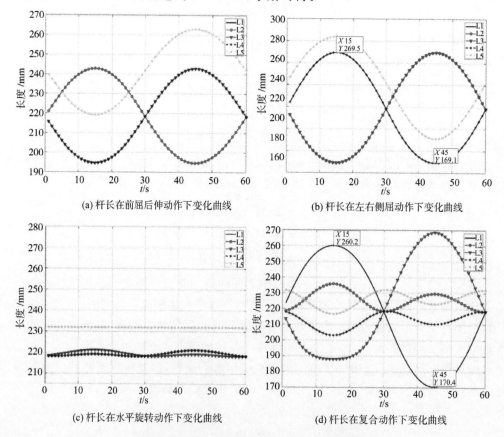

(a) 杆长在前屈后伸动作下变化曲线　　(b) 杆长在左右侧屈动作下变化曲线

(c) 杆长在水平旋转动作下变化曲线　　(d) 杆长在复合动作下变化曲线

图 5-4-10　杆长在腰部动作下的变化曲线

图 5-4-10 中，L1~L4 分别表示四个电动推杆在一个周期内的曲线变化，L5 表示人体腰椎在随着电动推杆的运动产生的变化。因为 4-SPS 是对称结构，所以在前屈后伸、左不侧屈和水平旋转几种动作中，电动推杆的变化是对称的，在图中的表现为曲线重叠。根据这四幅图可以看到，在左右侧屈运动下，电动推杆的伸长范围是最大的，其中上限值为 269.5 mm，下限值为 169.1 mm，范围在 100 mm 左右，是符合所选推杆的伸缩长度的。

2）动力学逆解

人体上半身躯干和髋部均为圆柱体，两者之间通过腰关节相连接。点 $B_i(i=1,2,3,4)$ 为推杆在人体腰部的作用点，点 C 为上肢躯干的质心，对上肢躯干进行力学分析，根据力学平衡原理，腰部动平台在平衡状态下受到的合力、合力矩矢量为零，包括四根推杆对腰部动平台施加的力以及其他部分对腰部动平台施加的力（见图 5-4-11）。基于达朗贝尔原理，可以得到系统的动力学方程为以下力平衡方程和力矩平衡方程

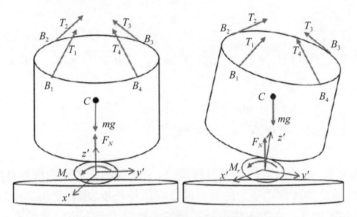

图 5-4-11　上半身躯干和髋部简化图

$$\begin{cases} \sum_{i=1}^{4} t_i + f_N + mg + f_c = 0 \\ \sum_{i=1}^{4} (_O^O\boldsymbol{R}\overrightarrow{O'B_i} \times t_i) + \boldsymbol{M}_r + _O^O\boldsymbol{R}\overrightarrow{O'C_i} \times mg + M_c = 0 \end{cases} \qquad 式(5-4-19)$$

其中 $t_i(i=1,2,3,4)$ 表示第 i 根推杆对人体施加的力；f_N 表示人体下肢对躯干的支撑力；m 表示腰部动平台的质量，近似上半身质量，约为人体总重量的 65%；f_c 为动平台惯性力且 $f_c = -m\dot{v}_c$，$\dot{v}_c$ 为腰部动平台的质心加速度；$_O^O\boldsymbol{R}$ 表示动坐标系 $O'-x'y'z'$ 相对于定坐标系 $O-xyz$ 的旋转矩阵；$\boldsymbol{M}_r$ 表示腰部转动阻尼力矩且 $\boldsymbol{M}_r = [M_{r1} \quad M_{r2} \quad M_{r3}]^T$，$M_{r1}=n_1\gamma$，$M_{r2}=n_2\beta$，$M_{r3}=n_3\alpha$，$n_i(i=1,2,3)$ 分别为 3 个转动方向上肌肉对腰部转动的阻尼系数；M_c 表示动平台惯性力矩，且

$$M_c = -I_c\dot{w} - w \times (I_c w) \qquad 式(5-4-20)$$

其中 I_c 表示腰部动平台绕腰部质心的转动惯量，w 表示腰部动平台的转动角速度，$\dot{w}$ 为腰部动平台的转动角加速度。

令

$$t_i = -T_i \boldsymbol{U}_i \qquad \text{式}(5-4-21)$$

其中 $T_i(i=1,2,\cdots,4)$ 代表第 i 个推杆推杆力的大小，$\boldsymbol{U}_i$ 表示方向与推杆方向相反的单位向量，即 $\boldsymbol{U}_i = -\vec{L}_i/L_i$。

动平台绕 x,y,z 各轴的随机角度变量

$$\theta = \theta_{\min} + (\theta_{\max} - \theta_{\min}) \times \mathrm{rand}(0,1) \qquad \text{式}(5-4-22)$$

式中 $\theta_{\max}$ 和 $\theta_{\min}$ 表示动平台姿态角的最大值和最小值。将式(5-4-19)写成矩阵的形式

$$\boldsymbol{DT} = \boldsymbol{W} \qquad \text{式}(5-4-23)$$

其中，

$$
\begin{cases}
\boldsymbol{D} = \begin{bmatrix} D_1 \\ D_2 \end{bmatrix} = \begin{bmatrix} U_1 & U_2 & U_3 & U_4 \\ {}^O_{O'}\boldsymbol{R}\overrightarrow{O'B_1} \times U_1 & {}^O_{O'}\boldsymbol{R}\overrightarrow{O'B_2} \times U_2 & {}^O_{O'}\boldsymbol{R}\overrightarrow{O'B_3} \times U_3 & {}^O_{O'}\boldsymbol{R}\overrightarrow{O'B_4} \times U_4 \end{bmatrix} \\
\boldsymbol{T} = \begin{bmatrix} T_1 & T_2 & T_3 & T_4 \end{bmatrix}^{\mathrm{T}} \\
\boldsymbol{W} = \begin{bmatrix} W_1 \\ W_2 \end{bmatrix} = \begin{bmatrix} f_N + mg + f_c \\ M_r + {}^O_{O'}\boldsymbol{R}\overrightarrow{O'C} \times mg + M_c \end{bmatrix}
\end{cases} \qquad \text{式}(5-4-24)
$$

根据系统需求，对动力学的逆解进行研究，主要目的是求解四根推杆的推力。求解动力学的逆解，即已知腰部动平台的转动度数和拔伸长度，求解驱动部件的力，通过解方程式(5-4-24)求出 $\boldsymbol{T}$。由于人体下肢对腰部的支撑力是不可测量的未知量，因此避开 f_N 选用力矩平衡方程 $\boldsymbol{D}_2\boldsymbol{T} = \boldsymbol{W}_2$ 求解推杆力。

推杆电机对腰部的推力具有单向性，即 $T_i > 0(i=1,2,3,4)$，推力的单向性决定需要求解推力的分布优化解，得近似 p 范数。为了减少腰部动平台在路径移动连续时系统的抖振，求解推力优化解必须是连续的。为了求解推力的优化目标，将推杆推力的 2-范数作为优化目标，求解推杆力。

3. 控制系统设计

整个控制系统主要由硬件控制电路和人机交互模块组成。用户通过按键或者无线终端设置康复训练和助力牵引参数，包括康复模式、角度、拉力和康复时间。主控芯片通过串口接收到参数后以数据帧形式打包并通过 RS-485 通信将参数指令传输至电机驱动器，电机驱动器解码指令，控制 4 根推杆电机按照不同模式执行运动，实现助力牵引和不同模式的康复训练。在电机驱动过程中，主控芯片通过内部的 ADC 采集压力传感器和电机内电位计的信号，再通过信号控制电机，实现腰椎外骨骼系统的精准控制。同时，用户每次使用外骨骼，系统都会通过 Wi-Fi 模块将康复数据(角度、压力、训练时间)上传到 PC 端的通信平台，便于医生进行分析后制定更加合理的康复方案(见图 5-4-12)。

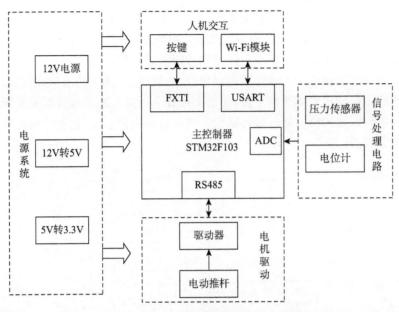

图 5 - 4 - 12　i-Lumbot 腰椎外骨骼控制系统整体设计图

1）系统硬件平台搭建

i-Lumbot 腰椎外骨骼控制系统的硬件电路设计完毕之后，需要搭建系统的硬件平台。电路和电路板的设计都在软件 Altium Designer 中进行。在将电路原理图导成 PCB 之前需要在封装库里面选择好每个元件的封装，封装库里面没有的则需要自己去绘制。PCB 的设计一定要做到对各元件布局合理，尽量减少过孔走线。同时，布线时应注意线宽、线与线之间的距离。导出 PCB 没有错误后需要敷铜，然后印制电路板，并根据电路图将各个元件焊接上去，得到控制系统的电路板（见图 5 - 4 - 13）。最后，给电路板上电之后通过万用表测量不同模块之间的输出电压以验证电路设计的合理性。

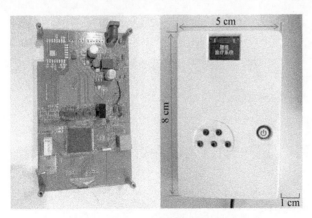

图 5 - 4 - 13　电路板和控制盒实物图

2）人机交互模块

i-Lumbot 腰椎外骨骼不仅通过按键实现人机交互，而且也通过 Wi-Fi 模块 ESP-

8266 与 PC 端的通信平台进行信息交互(见图 5-4-14)。数据传输流程上,主控系统通过串口与 ESP8266 实现数据的传输,ESP8266 接收到数据之后,基于本身自带的 TCP/IP 协议栈向 PC 端传输数据。为了保证数据传输的准确性,主控系统与 PC 端通信平台制定了彼此间的传输协议。传输协议内容包括:匹配请求、接入请求、心跳包以及治疗信息。数据按照协议帧传输到通信平台,通信平台分析后向主控系统分配康复训练和治疗任务。通信平台回传的信息通过循环队列的结构传到主控系统,这种结构可以有效地节约系统的内存资源。

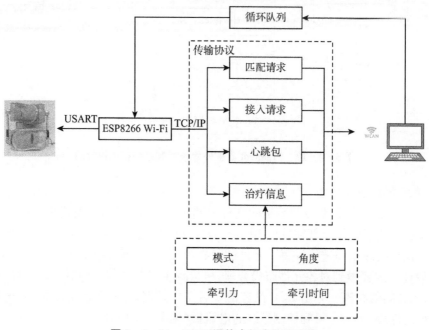

图 5-4-14　Wi-Fi 通信人机交互流程图

第五节　穿戴式颈椎外骨骼机器人

一、穿戴式颈椎外骨骼机器人相关概念

(一)颈椎疾病的概念

颈椎占脊柱的比例最小,是脊柱中最灵活、活动频率最高且承载力较大的部位之一。颈部的前、后斜角肌(起于颈 1～6 横突前缘,止于 1～2 肋骨)和相对的肩胛提肌(起于颈 1～4 横突后缘,止于肩胛内侧)、斜方肌(起自颈项背面,止于肩胛冈及锁骨外缘),分别

位于颈部的前侧、后侧、左侧、右侧,构成一个具有轴向的四维动力结构的颈椎运动模式(见图 5-5-1)。颈椎的四维肌力收缩、舒张和扭转,使其有伸缩、屈伸、侧屈和旋转的运动功能。

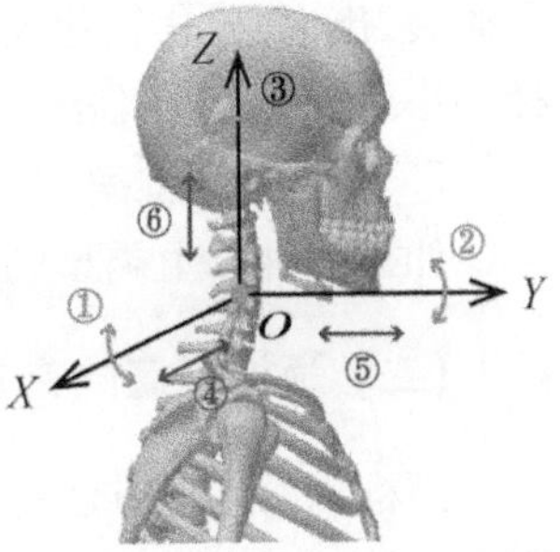

① 前屈/后伸;② 左/右侧屈;
③ 左/右旋转;④⑤⑥ 牵引

图 5-5-1　颈椎运动模式

颈椎病是由于颈椎间盘突出及邻近软组织病变压迫脊髓、神经及椎动脉而引起的一系列临床表现,是现代社会中一种较为常见的疾病。颈椎病主要分为颈型、神经根型、脊髓型、椎动脉型、交感神经型、食管压迫型与混合型颈椎病。

1. 颈型颈椎病

颈型颈椎病是颈部肌肉、韧带或关节发生囊急、慢性损伤,导致椎间盘退行性改变,造成椎体不稳、小关节错位等。颈型颈椎病患者大多在夜间或晨起时发病,有自然缓解和反复发作的倾向,患病群体多为 30~40 岁年龄段女性。

2. 神经根型颈椎病

神经根型颈椎病是由椎间盘退变、突出、节段性不稳定、骨质增生或骨赘形成等原因在椎管内或椎间孔处刺激和压迫颈神经根所致。神经根型颈椎病发病率最高,占颈椎病的 60%~70%,是临床上最常见的类型。神经根型颈椎病大多为单侧、单根发病,但是也有双侧、多根发病者。患病群体多为 30~50 岁年龄段者,一般起病缓慢,但是也有急性发病者。男性多于女性,以 C5、C6 神经根受累多见。

3. 脊髓型颈椎病

脊髓型颈椎病是由颈椎椎骨间连接结构退变,引起脊髓受压或脊髓缺血所致,常见有椎间盘突出、椎体后缘骨刺、钩椎关节增生等。其发病率占颈椎病的 12%~20%,由于可造成肢体瘫痪,因此致残率高。通常起病缓慢,以 40~60 岁年龄段的中年人患病为多。

4. 椎动脉型颈椎病

椎动脉型颈椎病是由于颈部交感神经受激惹致椎动脉受累引起的。正常人当头向一侧歪曲或扭动时,其同侧的椎动脉受挤压,使椎动脉的血流减少,但是对侧的椎动脉可以代偿,从而保证椎-基底动脉血流不会受太大的影响。当颈椎出现节段性不稳定和椎间隙狭窄时,会造成椎动脉扭曲并受到挤压;椎体边缘以及钩椎关节等处的骨赘可以直接压迫椎动脉,或刺激椎动脉周围的交感神经纤维,使椎动脉痉挛而出现椎动脉血流瞬间变化,导致椎-基底供血不全而出现症状,因此不伴有椎动脉系统以外的症状。

5. 交感神经型颈椎病

椎间盘退变和节段性不稳定等因素,对颈椎周围的交感神经末梢造成刺激,从而产生交感神经功能紊乱。交感型神经功能紊乱时常常累及椎动脉,导致椎动脉的舒缩功能异常。因此交感神经型颈椎病在全身出现多个系统症状的同时,还常常伴有椎-基底动脉系统供血不足的表现。

6. 食管压迫型颈椎病

食管压迫型颈椎病又称吞咽困难型颈椎病,主要由椎间盘退变继发前纵韧带及骨膜下撕裂、出血、机化钙化及骨刺形成所致。此种骨刺体积大小不一，以中、小者为多，矢状径多小于 5 mm，在临床上相对少见。

7. 混合型颈椎病

如果两种以上类型的颈椎病同时存在，则称为混合型颈椎病。

（二）颈椎疾病的常用康复方法

颈椎病的治疗方法有手术治疗和保守（非手术）治疗，大多数颈椎病患者在临床上无需手术治疗。据临床观察，神经根型颈椎病适合采用保守治疗，虽然部分患者仍有轻微症状或间有复发，但主要症状明显缓解；交感神经型和椎动脉型颈椎病采用保守治疗也有较好的疗效，只有严重症状才需进行手术治疗；脊髓型颈椎病早期可采用一段时间的保守治疗，若效果不佳或症状较严重，则可考虑使用手术治疗。保守治疗有牵引疗法、运动疗法、物理疗法、手法治疗、推拿治疗、传统体育康复法、药物治疗及中医针灸等。临床上，较多采用牵引疗法联合运动疗法，其中，牵引疗法一向被认为是医治颈椎病特别是椎动脉型或神经根型颈椎病患者的主要治疗方式之一。这两类方法有助于快速减轻颈椎疼痛症状，促进运动功能以及颈椎生理曲线的恢复，对颈椎病有显著的疗效。

在保守治疗中，牵引疗法是医治颈椎病早期发病的主要方式，并能够有效减轻症状。牵引疗法是采用牵引方式来拉开变狭窄的椎间隙，扩展椎间孔，进而缓解颈部肌肉神经等组织受压迫的情况，恢复颈部生物力学平衡状态。影响颈椎牵引效果的因素主要有牵引角度、加载重量、牵引时间三个方面。国内外学者对不同牵引疗法展开了研究，传统颈椎牵引疗法很难恢复或改善颈椎生理曲度。有学者用三点牵引颈椎法，即坐位后伸压迫牵引，结合颈椎中段横向牵引，以促进颈椎生理曲度的恢复；还有学者尝试坐位牵引下的正骨手法，并结合前后左右活动及头颈部的旋转运动训练，通过对治疗前后颈椎侧位 X光片的评估，表明此疗法可有效改善或恢复颈椎生理曲度。研究发现，牵引疗法有如下优势：① 减轻颈部肌肉痉挛，缓解疼痛症状；② 扩大椎体及椎间盘间隙，使凸出部分的髓核和纤维环组织复位；③ 减缓颈部脊髓和神经根所受的压迫，利于神经根水肿的吸收；④ 减缓椎动脉所受的压迫，增进血液循环，利于局部淤血肿胀和增生的消退；⑤ 调整钩椎关节、小关节以及椎体的滑脱，松解相连的关节囊，恢复颈椎的内外平衡和正常弯曲排列。

运动疗法是另一种广泛使用的治疗方法。相关研究表明，在前屈后伸、左右侧屈、旋转时，肌肉能够被充分拉长，其拉伸效果远大于垂直牵引，颈椎的运动功能也有明显好转。运动疗法（见图 5-5-2）主要是通过颈部功能训练，恢复及增进颈椎运动功能，防止肌肉僵硬，促进血液循环；且能够缓解颈部肌痉挛，减轻疼痛，增强颈椎生物力学平衡，进而防止病症的再次发作。牵引疗法结合运动疗法能够有助于提升肩背肌肌力，增强颈椎稳定性，恢复颈椎的正常运动功能，缓解颈部肌肉痉挛、疼痛以及神经刺激等各种不适症状，但是不同的康复训练模式对颈椎活动度、颈部肌肉力量、肌肉疲劳度及耐力的改善效果不一。因此，需要结合颈椎病患者的临床症状综合分析。

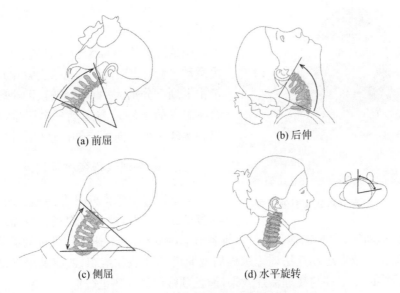

(a) 前屈
(b) 后伸
(c) 侧屈
(d) 水平旋转

图 5 - 5 - 2　颈椎运动疗法的康复训练模式

(三) 穿戴式颈椎外骨骼机器人的基本概念

穿戴式颈椎外骨骼机器人是一种微处理器控制的对人体头颈部提供功能评估、运动训练及牵引治疗的穿戴式颈椎康复设备。穿戴式颈椎外骨骼机器人融合了机械、传感和控制技术,一般可以实现被动牵引和主被动运动辅助训练。由于穿戴式颈椎外骨骼机器人的轻便、可穿戴性以及相比传统牵引治疗装置的多功能性,将是未来颈椎康复治疗技术的重要发展方向。

二、穿戴式颈椎外骨骼机器人分类

穿戴式颈椎外骨骼机器人一般按康复功能可以分为如下类型:

(一) 牵引型颈椎外骨骼

临床常用坐位枕颌布带牵引法(尚未有成熟的牵引型颈部外骨骼应用于临床),颈椎外骨骼不适用于无法坐位牵引或病情较重的患者。影响颈椎牵引效果的因素主要有牵引角度、加载重量、牵引时间三个方面。其中,牵引角度是颈椎牵引医治中极为重要的因素,牵引角度设置不合适,不但达不到治疗目标,反而会加剧病情。牵引角度可根据患者病变节段、颈椎弧度、颈椎病病情以及自我感觉等多方面因素进行综合调节,牵引时可选用间歇牵引、连续牵引或两者相结合的方式进行。间歇牵引的重量一般根据被牵引者自身重量的 10%～20%确定,连续牵引时可适当降低。为让患者适应牵引治疗,一般初始重量较轻,如从 3～4 kg 开始,之后逐渐增加。以连续牵引 20 min,间歇牵引 20～30 min 为宜,每天 1 次,10～15 天为 1 个疗程。

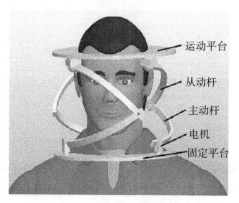

运动平台
从动杆
主动杆
电机
固定平台

图 5 - 5 - 3　颈部穿戴式牵引外骨骼

牵引型颈椎外骨骼还处于研发阶段,哈尔滨工业大学在 2016 年设计了一款 3 自由度旋转牵引的穿戴式颈椎牵引外骨骼。该装置主要由运动平台、固定平台及三条支链组成,每条支链由上到下分别为一个球铰链、两个转动副,贴合在患者的下颌骨与运动平台固定,可以帮助患者实现三个方向的牵伸运动(见图 5 - 5 - 3)。

(二)康复训练型颈椎外骨骼

康复训练型颈椎外骨骼能够实现颈椎在基本静止的状态下,椎旁肌肉进行收缩运动、抗阻运动或牵伸运动等;同时也具备通过颈椎各方向的主动运动,来锻炼颈椎的关节的功能。这种外骨骼主要依靠运动疗法训练颈椎周围肌肉和其他软组织,改善颈椎活动度,很好地维持了颈椎的稳定性与物理治疗效果,而且颈椎病复发率也较低。

(三)康复评估型颈椎外骨骼

颈椎外骨骼能够评估不同运动模式下的颈椎活动度、肌肉力量、肌肉疲劳度及耐力的改善,并结合患者的具体情况进行综合分析。进行颈椎功能评定时,多采用立位或坐位,避免因姿势不当造成误差,同时还需对头部、肩部及双上肢进行评定。颈椎外骨骼一般可以进行如下两种功能的评估:① 颈椎活动情况,关节活动度(range of motion,ROM)评定;② 肌力情况:肌力检查法(manual muscle test,MMT),常采用 Lovett 分级法或 MRC 分级法。

三、穿戴式颈椎外骨骼机器人设计方法

(一)穿戴式颈椎外骨骼机器人设计要求

这里以上海理工大学康复工程与技术研究所研发的穿戴式颈椎外骨骼机器人 i-Neckbot 为例,介绍颈椎外骨骼的设计要求。

据人体颈椎生理结构、运动特性及受力特点的分析可知,颈椎可以进行三维空间 6 个自由度的运动,具有运动形式和运动方向多样性、自由度较为复杂的特点。穿戴式颈椎外骨骼机器人的设计应达到如下功能要求:

1) 体积小、质量轻,适用于便携式、家庭化、多功能的颈椎智能康复治疗。

2) 能够适应临床颈椎病康复治疗的一般需求,即能进行 4 个自由度的被动训练。包括 1 个自由度的牵引治疗,以及前屈后伸、左右侧屈、水平旋转 3 个自由度的被动康复训练。

3) 能够实现前屈后伸、左右侧屈、水平旋转 3 个自由度的助力康复训练。

4) 能够实现前屈后伸、左右侧屈 2 个自由度的阻抗训练,以便锻炼颈椎运动核心肌

群,提高颈椎的支撑稳定性。

5）能够实现颈椎前屈后伸、左右侧屈、水平旋转 3 个自由度的活动度评估,即能够实时测量此 3 个自由度的运动角度。

6）能实现对每一种训练模式的单独控制,同时也能达到临床所需的康复训练参数要求。

（二）穿戴式颈椎外骨骼机器人设计案例

这里以上述穿戴式颈椎外骨骼机器人 i-Neckbot 为例,介绍颈椎外骨骼的设计原理与方法。

1. 机械机构设计

为实现具备牵引疗法与运动疗法相结合的智能康复设备,设计了一种以 6-SPS 并联机构为主体(S 表示球面副,P 表示移动副,C 表示圆柱副),融合人体颈椎(CS)机构的 i-Neckbot 颈椎外骨骼机器人(见图 5-5-4)。该机构是通过控制 SPS 分支上移动副的伸缩运动来改变运动平台的位姿和姿态,满足颈椎三维方向的 6 个自由度运动。6-SPS/CS 型颈椎康复动力外骨骼等效机构包括固定平台、运动平台以及连接上下平台的 6 个结构相同但长度不同的 SPS 支链。固定平台的机构设计包括固定于人体肩部及前胸、后背的矫形器与固定绑带;运动平台的结构设计包括固定于人体下颌处、头部后侧枕骨处的矫形器、固定绑带与角度传感器;SPS 驱动杆件支链的结构设计包括推杆电机、铝合金连接件与压力传感器。驱动杆件支链与固定平台、运动平台分别通过球面副连接。

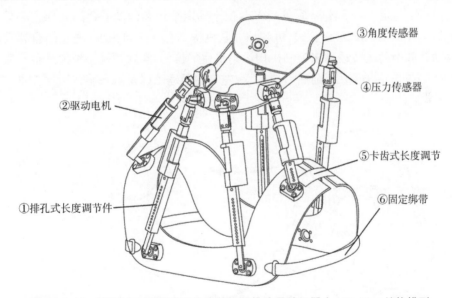

③角度传感器
④压力传感器
②驱动电机
⑤卡齿式长度调节
①排孔式长度调节件
⑥固定绑带

图 5-5-4　6-SPS/CS 型并联机构穿戴式颈椎外骨骼机器人 i-Neckbot 结构模型

将颈椎的生物力学性能融合到外骨骼机构的设计中,能够协助颈椎病患者在安全范围内进行颈椎牵引与运动康复训练,以达到恢复颈椎在正常范围运动的功能。基于颈椎运动康复机理,设置了颈椎的运动特性及舒适范围,颈椎关节舒适康复训练范围分别为冠状轴、矢状轴、以及垂直轴,同时,按照临床要求,将牵引重量范围设置为 2～12 kg,如表 5-5-1 所示。

表 5-5-1 颈椎运动特性及舒适范围

旋转方向	关节运动	舒适活动/牵引重量范围
X 轴	前屈后伸	$-30°\sim 15°$
	轴向牵引	2～12 kg
Y 轴	左右侧屈	$-20°\sim 20°$
	轴向牵引	2～12 kg
Z 轴	水平旋转	$-15°\sim15°$
	轴向牵引	2～12 kg

2. 等效并联机构坐标系建立

i-Neckbot 颈椎外骨骼等效并联机构包括固定平台、运动平台、恰约束支链以及连接上下平台的 6 个结构相同但长度不同的 SPS 支链(见图 5-5-5)。恰约束支链由一个轴心位于固定平台中心 O_1 的 C 副和一个中心位于运动平台中心 O_2 的 S 副组成,SPS 支链具有相同结构且在机构中左右对称分布,均由两个 S 副和一个 P 副组成,支链上端与运动平台连接的 6 个球铰位置为 $B_i(i=1,2,\cdots,6)$,支链下端与固定平台连接的 6 个球铰位置为 $A_i(i=1,2,\cdots,6)$,并建立运动平台坐标系 O_2-$X_2Y_2Z_2$、固定平台 1 坐标系 O_1-$X_1Y_1Z_1$ 与定平台 2 坐标系 O-XYZ,位于固定平台和运动平台的几何中心处。根据修正的 Kutzbach-Grübler 公式,可知该并联机构具有 6 个自由度,通过结合移动副的伸缩运动和球副的旋转运动来控制机构运动平台的位姿,实现颈椎 4 种模式运动康复训练,即三维方向的纵向牵引、前屈后伸运动、左右侧屈运动以及水平旋转运动。本文参考

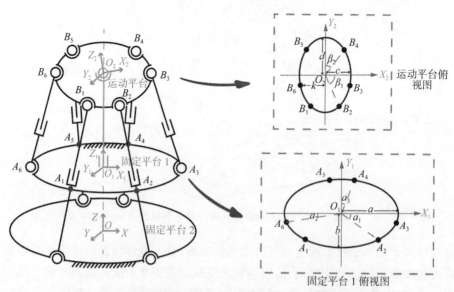

图 5-5-5 i-Neckbot 颈椎外骨骼机器人等效并联机构运动简图

《中国成年人人体尺寸》(GB 10000—1988)，设置了 i-Neckbot 颈椎外骨骼机构的结构参数(见图 5-5-5 与表 5-5-2)。结构中的运动平台位置固定于人体头部，固定平台位置固定于人体肩部及胸部。结合人体生理解剖特性可知，运动平台与固定平台位置存在倾斜角，且将固定平台上的 6 个铰点均投影至相同平面，按图中顺序(1～6)对并联机构中的 6 个支链进行研究分析。

表 5-5-2　颈椎康复动力外骨骼结构设计参数

参数	描述	值
a	固定平台 1 椭圆长轴	415 mm
b	固定平台 1 椭圆短轴	261 mm
c	运动平台椭圆长轴	208 mm
d	运动平台椭圆短轴	143 mm
O_1O_2	上下平台高度	150 mm
k	B_6 与 Y_2 轴的距离	58 mm
α_1	A_2 与 X_1 轴的夹角	40°
α_2	A_6 与 X_1 轴的夹角	20°
α_3	A_4 与 Y_1 轴的夹角	15°
β_1	B_2 与 X_2 轴的夹角	75°
β_2	B_4 与 Y_2 轴的夹角	40°

3. 虚拟样机仿真分析

1) 运动学仿真分析

利用 ADAMS 多体动力学仿真软件分析 i-Neckbot 颈椎外骨骼等效并联机构(见图 5-5-6)的运动情况，参照颈椎牵引及运动康复训练参数，给机构驱动副添加相应的 STEP 函数来进行仿真分析，最终得到了等效机构虚拟样机各支链的运动数值，即位移、速度和加速度随时间的变化曲线图(见图 5-5-7～图 5-5-9)。

图 5-5-6　i-Neckbot 颈椎外骨骼机器人等效机构的虚拟样机模型

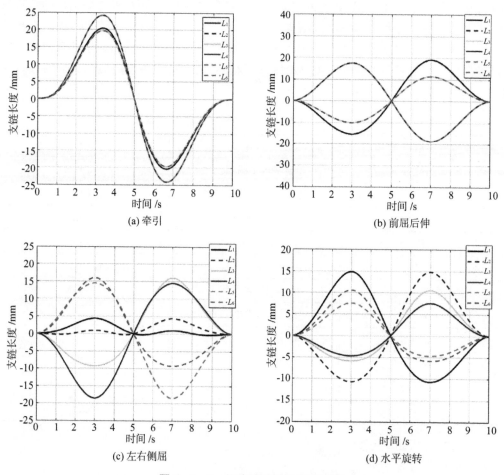

(a) 牵引　　　　　　　　(b) 前屈后伸

(c) 左右侧屈　　　　　　(d) 水平旋转

图 5 - 5 - 7　位移随时间的变化曲线

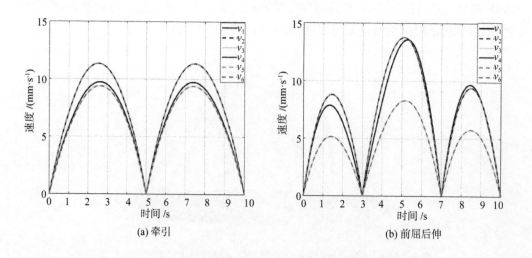

(a) 牵引　　　　　　　　(b) 前屈后伸

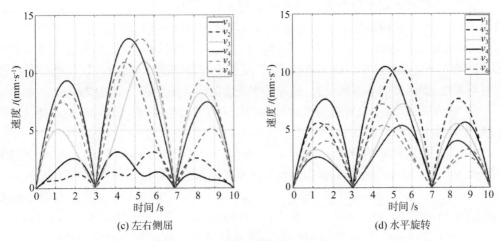

(c) 左右侧屈 　　　　　(d) 水平旋转

图 5-5-8　速度随时间的变化曲线

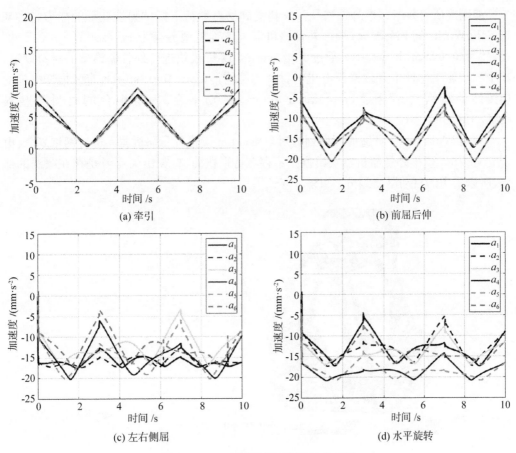

(a) 牵引 　　　　　(b) 前屈后伸

(c) 左右侧屈 　　　　　(d) 水平旋转

图 5-5-9　加速度随时间的变化曲线

  首先,在模拟环境中对等效并联机构设置单位、零件名称、重力、材料等基本参数。然后,对等效并联机构添加运动副等参数,设定机构的初始状态为固定、运动平台夹角为25°,二者相距 150 mm,且中心点在同一竖直线上。并联机构的固定平台①及固定平台②分别与 6 个支链通过球面副相连接,上下支链通过移动副相连接。最后,进行各零件的材料属性、支链类型等参数设置,通过约束或力的形式来组成一个机械系统。

  在 ADAMS 软件中设置运动平台质心的位移与转动角度,来实现颈椎的 4 种运动康复模式,具体的 STEP 函数如下:

  ① 牵引康复训练的驱动函数为 disp(time)=STEP(time,0,0,5,−40)+STEP(time, 5,0,10,40);② 前屈后伸康复训练的驱动函数为 disp(time)=STEP(time,0,0,3,−15d)+STEP(time, 3,0,7,30d)+STEP(time,7,0,10,−15d);③ 左右侧屈康复训练的驱动函数为 disp(time)=STEP(time, 0, 0, 3, 20d)+STEP(time, 5, 0, 9, −40d)+STEP(time, 7,0,10,20d);④ 水平旋转康复训练的驱动函数为 disp(time)=STEP(time,0,0,3,−15d)+STEP(time, 3,0,7,30d)+STEP(time, 7,0,10,−15d)。

2) 静力学及静刚度仿真分析

  静刚度研究是指颈椎外骨骼及其材料受到静态载荷下抵抗弹性变形的能力。将基于 SolidWorks 的 i-Neckbot 颈椎外骨骼机器人三维模型另存为 Parasolid(∗ . X_T)格式,然后导入 Workbench 中。通过 Engineering Date 模块进行外骨骼模型的材料设定,其中 6 个驱动杆件中直线推杆电机的材料为结构钢(structural steel),直线推杆电机的连接件的材料为铝合金(aluminum alloy),运动平台、固定平台的材料为塑料(polyethylene)。

  利用 Workbench 自适应网格划分对 i-Neckbot 颈椎外骨骼机器人进行网格划分,由于 i-Neckbot 颈椎外骨骼机器人模型中不存在特别扭曲、有突出尖点或是存在漏洞的部分,所以采用的自动网格划分(见图 5−5−10)。

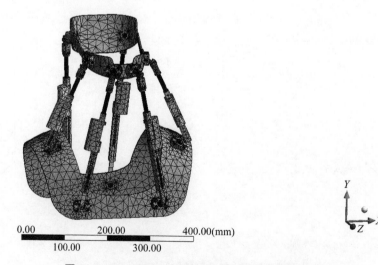

图 5 − 5 − 10 i-Neckbot 颈椎外骨骼极限位置网格划分

在 Workbench 仿真环境中,根据 i-Neckbot 颈椎外骨骼机器人的实际工作情况,在驱动电机与移动杆件之间添加"body to body"的移动副(translational pair);在移动杆件上端与运动平台之间以及驱动电机下端与固定平台之间添加"body to body"的球面副(spherical pair);其余部分添加上"body to body"的固定铰链(fixed hinge)。运用Workbench 的面与面接触问题分析功能,考虑摩擦因素,确定接触类型。

根据 i-Neckbot 颈椎外骨骼机构的实际运动情况,在 6 个驱动杆件运动到极限位置时,施加相应的载荷方向和大小。考虑到外骨骼机构自身重力作用,在运动平台处施加竖直线下 52.332 N 的外载荷,在运动平台与驱动杆件相连接的 6 个球副上分别施加沿杆件方向向上的 90 N 的外载荷。

通过有限元仿真计算得到了在极限位置下颈椎康复动力外骨骼机构的等效应力、变形以及安全系数分布情况。

(1) 等效应力分析

i-Neckbot 颈椎外骨骼机器人的最大等效应力发生在运动平台连接的球铰内侧(见图 5 - 5 - 11),为 44.564 MPa。而球铰为不锈钢材料,其屈服强度极限为 250 MPa,远大于最大应力值,证明了本案例设计的 i-Neckbot 颈椎外骨骼机器人的结构安全性。

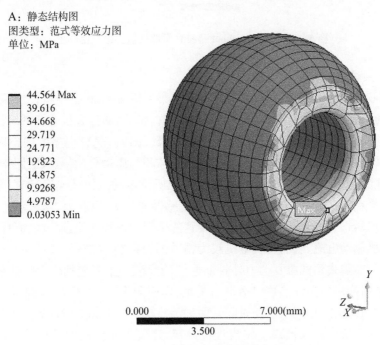

A:静态结构图
图类型:范式等效应力图
单位:MPa

44.564 Max
39.616
34.668
29.719
24.771
19.823
14.875
9.9268
4.9787
0.03053 Min

0.000   7.000(mm)
       3.500

图 5 - 5 - 11 运动平台球铰等效应力图

(2) 变形分析

从 i-Neckbot 颈椎外骨骼机器人的整体变形图可以看出,机构的最大变形量为0.072 mm,发生在与人体头部接触的下颌处中心位置。由仿真结果可知,外骨骼极限位置的形变量较小,表明在进行颈椎运动康复训练时,外骨骼具有较好的强度(见图 5 - 5 - 12)。

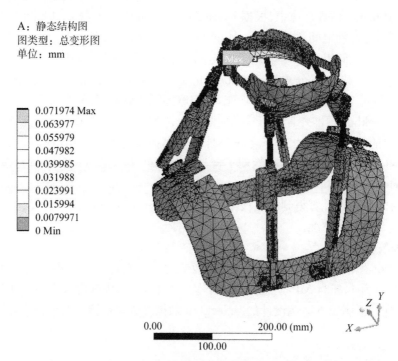

A：静态结构图
图类型：总变形图
单位：mm

0.071974 Max
0.063977
0.055979
0.047982
0.039985
0.031988
0.023991
0.015994
0.0079971
0 Min

0.00   200.00 (mm)
      100.00

图 5 - 5 - 12   i-Neckbot 颈椎外骨骼机器人最大变形图

4. 控制系统设计

i-Neckbot 颈椎外骨骼机器人牵引控制系统集人机交互系统、电机控制系统、传感器采集系统、通信系统等为一体,可选用多种牵引工作模式,通过人机交互系统设置牵引力大小、牵引时间、间歇时间、治疗时间等程序化参数;同时,配有程序扩展空间与接口电路,以扩充其他物理治疗功能。本系统要求具有体积与质量小的特点,适用于便携式、家庭化、多功能的颈椎智能康复治疗。当系统按照所设定的工作模式运行时,直线电机推力变化产生牵引力的变化,牵引装置中的力传感器通过 A/D 转换器将牵引力大小实时反馈给微处理器,微处理器将其与程序预设置的牵引力参数相比,通过电流环的计算,输出相应的电机驱动电流,从而实现电机较为精准的力控制(见图 5 - 5 - 13),以保证患者的康复效果。穿戴式颈椎康复动力外骨骼系统治疗模式主要包括牵引疗法模式与运动疗法模式,牵引疗法的治疗参数包括牵引重量、牵引角度、牵引时间,运动疗法的治疗参数包括治疗模式、治疗角度与治疗时间。两种治疗模式中的相关治疗数据由医师或患者通过人机交互模块中的按键或上位机进行设定,通过主控模块处理相关的治疗参数数据。其中,牵引疗法模式利用运动学反解数据作为牵引疗法治疗的初始目标位置,在到达目标后通过力矩控制实现牵引力的持续输出;运动疗法模式利用运动学反解数据作为运动治疗各角度的目标位置。两种模式均通过 PID 算法实现位置控制,通过卡尔曼滤波算法进行电机位置与速度的精确采集与计算,以改变电机速度或电流的方式控制穿戴式颈椎康复动力外骨骼系统进行运动疗法或牵引疗法治疗。两种模式的设计实现均需满足《电动颈腰椎牵引治疗设备》(YY/T 0697—2016)的要求,其中,本设计案例中牵引疗法治疗中按照要求不能进行暂停操作,而运动疗法治疗无相关要求,故在 i-Neckbot 颈椎外骨骼机器人系统中设计了可暂停功能,以便进行治疗参数的改变。

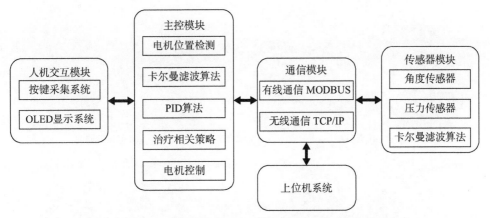

图 5-5-13　i-Neckbot 颈椎外骨骼机器人控制系统原理图

所谓运动康复训练控制,是对各个运动所对应的电机推杆位置进行控制,该运动使用常规的 PID 控制方法(见图 5-5-14)以保证治疗角度具备一定精准度。

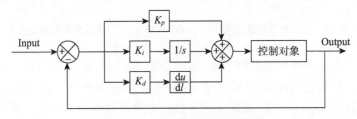

图 5-5-14　常规 PID 控制框图

i-Neckbot 颈椎外骨骼机器人的硬件系统是控制策略实现的载体,主要包括主控系统与传感器采集系统。其中,传感器采集系统集成了角度传感器、压力传感器与通信系统;主控系统集成了人机交互系统、电机控制系统、通信系统等模块。硬件系统采用传感器技术对牵引过程中的拉力、角度、距离等物理量进行在线物理量测量,设计智能柔顺牵引算法,实现牵引力量自动补偿、自动安全监测保护、多样式牵引过程的动态响应及智能控制。将设计的控制策略在上位机上运行,通过编译连接后,将控制程序代码通过通信系统传输到外骨骼上,最终根据期望输出,实现颈椎外骨骼准确、定量地进行颈椎的牵引、运动训练及评估功能。

5. 实验分析

利用硅胶模型与受试者分别进行角度传感器采集实验,角度传感器放置于头部枕骨处。首先,将 i-Neckbot 颈椎外骨骼机器人样机放置于人体硅胶模型上进行康复训练实验。颈部模型实验平台的灵活性较低于人体颈椎,基于所设定的颈椎纵向牵引及运动康复训练范围,颈椎外骨骼样机传感器采集到的头颈部的角度运动范围分别为:冠状轴 $-15°\sim15°$、矢状轴 $-20°\sim20°$ 及垂直轴 $-15°\sim15°$。上述运动范围符合人体颈椎活动需求。颈椎外骨骼样机能够满足人体颈椎纵向牵引以及前屈后伸、左右侧屈、水平旋转的三维运动康复训练功能(见图5-5-15)。

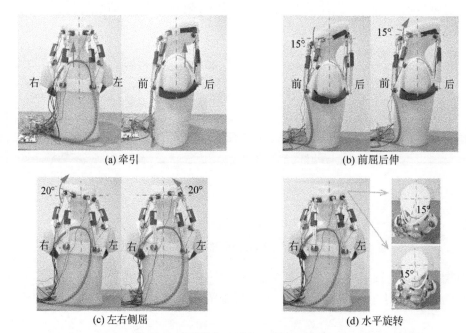

(a) 牵引　　　　　　　　　　　　　　　　　(b) 前屈后伸

(c) 左右侧屈　　　　　　　　　　　　　　　(d) 水平旋转

图5-5-15　基于硅胶模型的 i-Neckbot 颈椎外骨骼样机康复运动实验

　　硅胶相对于人体颈椎的阻抗性更大,在外骨骼样机满足颈椎牵引和运动康复训练范围且安全得到有效保障的前提下,受试者穿戴 i-Neckbot 颈椎外骨骼机器人样机进行了颈椎纵向牵引及运动康复训练(见图5-5-16),并进行角度采集分析。采集到的角度数据采用巴特沃斯滤波器进行了滤波处理(见图5-5-17)。结果证明相较于硅胶模型,外骨骼样机对人体可实现运动范围更大的康复运动,且满足颈椎运动康复范围。

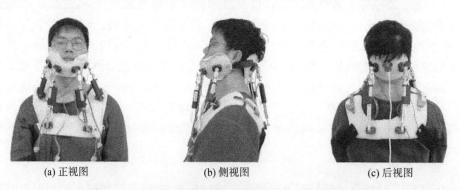

(a) 正视图　　　　　　　　　(b) 侧视图　　　　　　　　　(c) 后视图

图5-5-16　基于受试者的颈椎康复运动角度采集实验

　　实验过程中,角度范围的精确控制还存在不足之处,在以后的研究中需要进一步优化完善,以实现最佳的颈椎牵引及运动康复疗效。

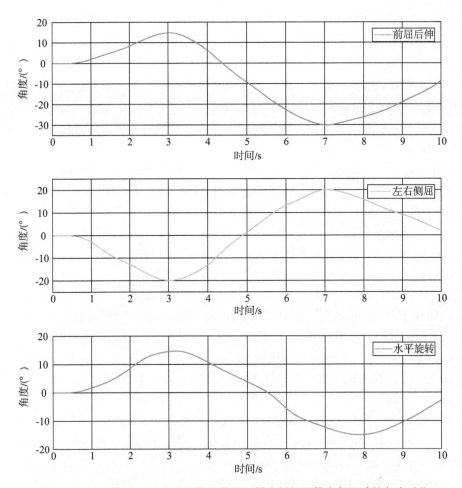

图 5-5-17　基于 i-Neckbot 颈椎外骨骼机器人样机颈椎康复运动的角度采集

参考文献

［1］魏小东,喻洪流,孟青云,等.一种新型穿戴式下肢外骨骼机器人的设计[J].中国康复医学杂志,2019,34(3):310-313.

［2］马锁文,孟青云,喻洪流,等.一款轻量化双髋驱动的下肢外骨骼康复机器人设计[J].中华物理医学与康复杂志,2021,43(6):541-545.

［3］戴玥,石萍,郑宏宇,等.基于人体生物力学的颈椎动力外骨骼的设计与运动学分析[J].上海理工大学学报,2022,44(1):18-26.

［4］李继才,官龙,胡鑫,等.外骨骼式手功能康复训练器结构设计[J].中国康复理论与实践,2013,19(5):412-415.

［5］胡鑫,张颖,李继才,等.一种外骨骼式手功能康复训练器的研究[J].生物医学

工程学杂志,2016,33(1):23-30.

［6］魏小东,孟青云,喻洪流,等.下肢外骨骼机器人研究进展[J].中国康复医学杂志,2019,34(4):491-495.

［7］孟巧玲,沈志家,陈忠哲,等.基于柔性铰链的仿生外骨骼机械手设计研究[J].中国生物医学工程学报,2020,39(5):557-565.

［8］彭亮,侯增广,王晨,等.康复辅助机器人及其物理人机交互方法[J].自动化学报,2018,44(11):2000-2010.

［9］Yuan P J, Wang T M, Ma F C, et al. Key Technologies and Prospects of Individual Combat Exoskeleton[M]//Sun F, Li T, Li H. Knowledge Engineering and Management. Springer Berlin Heidelberg: Springer, 2014: 305-316.

[10] Amundson K, Raade J, Harding N, et al. Development of hybrid hydraulic-electric powerunits for field and service robots[J]. Advanced Robotics, 2006, 20(9): 1015-1034.

[11] Costa N R S, Caldwell D G. Control of a Biomimetic "Soft-actuated" Lower Body 10DOF Exoskeleton[J]. IFAC Proceedings Volumes, 2006, 39(15): 785-790.

[12] Sawicki G S, Gordon K E, Ferris D P. Powered lower limb orthoses: applications in motor adaptation and rehabilitation[C]//9th International Conference on Rehabilitation Robotics, 2005. ICORR June 28-Jyly 1, 2005, Chicago, IL, USA IEEE, 2005: 206-211.

[13] Saito Y, Kikuchi K, Negoto H, et al. Development of externally powered lower limb orthosis with bilateral-servo actuator[C]//9th International Conference on Rehabilitation Robotics, 2005. ICORR June 28-July 1, 2005, Chicago, IL, USA IEEE, 2005: 394-399.

[14] Esquenazi A, Talaty M, Jayaraman A. Powered Exoskeletons for Walking Assistance in Persons with Central Nervous System Injuries: A Narrative Review[J]. PM & R, 2017, 9(1): 46-62.

[15] Blaya J A, Herr H. Adaptive control of a variable-impedance ankle-foot orthosis to assist drop-foot gait[J]. IEEE Transactions on Neural Systems and Rehabilitation Engineering: A Publication of the IEEE Engineering in Medicine and Biology Society, 2004, 12(1): 24-31.

[16] Kawamoto H, Lee S, Kanbe S, et al. Power assist method for HAL-3 using EMG-based feedback controller[C]//SMC'03 Conference Proceedings. 2003 IEEE International Conference on Systems, Man and Cybernetics. Conference Theme-System Security and Assurance (Cat. No.03CH37483). October 5-8, 2003, Washington, DC, USA. IEEE, 2003: 1648-1653, 1642.

[17] Tsukahara A, Hasegawa Y, Sankai Y. Standing-up motion support for paraplegic patient with Robot Suit HAL[C]//2009 IEEE International Conference on Rehabilitation Robotics. June 23-26, 2009, Kyoto, Japan. IEEE, 2009:211-217.

[18] Sanz-Merodio D, Cestari M, Arevalo J C, et al. A lower-limb exoskeleton for gait assistance in quadriplegia[C]//2012 IEEE International Conference on Robotics and Biomimetics (ROBIO). December 11－14, 2012, Guangzhou, China. IEEE, 2012: 122－127.

[19] Prassler E., Baroncelli A. Team ReWalk Ranked First in the Cybathlon 2016 Exoskeleton Final Industrial Activities [J]. IEEE Robotics & Automation Magazine, 2017, 24(4): 8－10.

[20] Murray S, Goldfarb M. Towards the use of a lower limb exoskeleton for locomotion assistance in individuals with neuromuscular locomotor deficits[C]//2012 Annual International Conference of the IEEE Engineering in Medicine and Biology Society. August 28－September 1, 2012, San Diego, CA, USA. IEEE, 2012: 1912－1915.

[21] Hyon S H, Morimoto J, Matsubara T, et al. XoR: Hybrid drive exoskeleton robot that can balance[C]//2011 IEEE/RSJ International Conference on Intelligent Robots and Systems. September 25－30, 2011, San Francisco, CA, USA. IEEE, 2011: 3975－3981.

[22] Ronsse R, Lenzi T, Vitiello N, et al. Oscillator-based assistance of cyclical movements: model-based and model-free approaches[J]. Medical & Biological Engineering & Computing, 2011, 49(10): 1173－1185.

[23] Kyoungchul K, Doyoung J. Design and control of an exoskeleton for the elderly and patients[J]. IEEE/ASME Transactions on Mechatronics, 2006, 11(4): 428－432.

[24] Walsh C J, Endo K E N, Herr H. A QUASI-PASSIVE LEG EXOSKELETON FOR LOAD-CARRYING AUGMENTATION[J]. International Journal of Humanoid Robotics, 2007, 4(3): 487－506.

[25] Aphiratsakun N, Parnichkun M. Balancing Control of AIT Leg Exoskeleton Using ZMP based FLC[J]. International Journal of Advanced Robotic Systems, 2009, 6(4): 34.

[26] Karavas N, Ajoudani A, Tsagarakis N, et al. Tele-Impedance based stiffness and motion augmentation for a knee exoskeleton device[C]//2013 IEEE International Conference on Robotics and Automation. May 6－10, 2013, Karlsruhe, Germany. IEEE, 2013: 2194－2200.

[27] Kao P-C, Lewis C L, Ferris D P. Invariant ankle moment patterns when walking with and without a robotic ankle exoskeleton[J]. Journal of Biomechanics, 2010, 43(2): 203－209.

[28] 赵新刚,谈晓伟,张弼. 柔性下肢外骨骼机器人研究进展及关键技术分析[J]. 机器人,2020,42(3):365－384.

[29] Asbeck A T, De Rossi S M M, Galiana I, et al. Stronger, smarter, softer: Next-generation wearable robots[J]. IEEE Robotics & Automation Magazine, 2014,

21(4): 22 - 33.

[30] Asbeck A T, Dyer R J, Larusson A F, et al. Biologically-inspired soft exosuit[J]. IEEE International Conference on Rehabilitation Robotics, 2013: 6650455.

[31] Asbeck A T, De Rossi S M M, Holt K G, et al. A biologically inspired soft exosuit for walking assistance[J]. International Journal of Robotics Research, 2015, 34(6): 744 - 762.

[32] Quinlivan B T, Lee S, Malcolm P, et al. Assistance magnitude versus metabolic cost reductions for a tethered multiarticular soft exosuit[J]. Science Robotics, 2017, 2(2), eaah 4416.

[33] Ding Y, Galiana I, Asbeck A, et al. Multi-joint actuation platform for lower extremity soft exosuits[C]//2014 IEEE International Conference on Robotics and Automation (ICRA). May 31 - June 7, 2014, Hong Kong, China. IEEE, 2014: 1327 - 1334.

[34] Asbeck A T, Schmidt K, Galiana I, et al. Multi-joint soft exosuit for gait assistance[C]//2015 IEEE International Conference on Robotics and Automation (ICRA). May 26 - 30, 2015, Seattle, WA, USA. IEEE, 2015: 6197 - 6204.

[35] Panizzolo F A, Galiana I, Asbeck A T, et al. A biologically-inspired multi-joint soft exosuit that can reduce the energy cost of loaded walking[J]. Journal of Neuroengineering and Rehabilitation, 2016, 13(1): 43.

[36] Ding Y, Galiana I, Asbeck A T, et al. Biomechanical and physiological evaluation of multi-joint assistance with soft exosuits[J]. IEEE Transactions on Neural Systems and Rehabilitation Engineering: A Publication of the IEEE Engineering in Medicine and Biology Society, 2017, 25(2): 119 - 130.

[37] Lee S J, Karavas N, Quinlivan B T, et al. Autonomous multi-joint soft exosuit for assistance with walking overground[C]//2018 IEEE International Conference on Robotics and Automation(ICRA). May 21 - 25, 2018, Brisbane, QLD, Australia. IEEE, 2018: 2812 - 2819.

[38] Bae J, de Rossi S M M, O'Donnell K, et al. A soft exosuit for patients with stroke: Feasibility study with a mobile off-board actuation unit[C]//2015 IEEE/RAS-EMBS International Conference on Rehabilitation Robotics(ICORR). August 11 - 14, 2015, Singapore. IEEE, 2015: 131 - 138.

[39] Awad L N, Bae J, O'Donnell K, et al. A soft robotic exosuit improves walking in patients after stroke[J]. Science Translational Medicine, 2017, 9(400): eaai 9084.

[40] Bae J, Siviy C, Rouleau M, et al. A lightweight and efficient portable soft exosuit for paretic ankle assistance in walking after stroke[C]//2018 IEEE International Conference on Robotics and Automation (ICRA), 2018, New York. IEEE, 2018: 2820 - 2827.

[41] Bae J, Awad L N, Long A, et al. Biomechanical mechanisms underlying exosuit-induced improvements in walking economy after stroke[J]. The Journal of Experimental Biology, 2018, 221(Pt 5): jeb 168815.

[42] Ding Y, Galiana I, Siviy C, et al. IMU-based iterative control for hip extension assistance with a soft exosuit[C]//2016 IEEE International Conference on Robotics and Automation (ICRA). May 16 - 21, 2016 Stockholm, Sweden. IEEE, 2016: 3501 - 3508.

[43] Lee G, Ding Y, Bujanda I a, et al. Improved assistive profile tracking of soft exosuits for walking and jogging with off-board actuation [C]//2017 IEEE/RSJ International Conference on Intelligent Robotsand Systems(ICROS). September 24 - 28, 2017, Vancouver BC, Canada. IEEE, 2017: 1699 - 1706.

[44] Zhang J J, Fiers P, Witte K A, et al. Human-in-the-loop optimization of exoskeleton assistance during walking[J]. Science, 2017,356(6344): 1280 - 1284.

[45] Ding Y, Kim M, Kuindersma S, et al. Human-in-the-loop optimization of hip assistance with a soft exosuit during walking[J]. Science Robotics, 2018, 3(15): eaar5438.

[46] Kim M, Liu C, Kim J, et al. Bayesian optimization of soft exosuits using a metabolic estimator stopping process[C]//2019 IEEE International Conferenceon Robotics and Automation. (ICRA) 2019. IEEE, 2019: 9173 - 9179.

[47] 李舒怡. 基于表面肌电信号的腰部康复机器人控制系统设计及试验研究[D]. 合肥:合肥工业大学,2019.

[48] 赵立婷. 混联式腰部康复机构结构设计与性能分析[D]. 太原:中北大学,2021.

[49] 吕斯云. 紧凑型腰部康复机器人的设计与实验研究[D]. 成都:西南交通大学,2019.

[50] 陈成. 基于外骨骼的可穿戴式下肢康复机器人结构设计与仿真[D]. 南京:南京理工大学,2017.

[51] Ide M, Hashimoto T, Matsumoto K, et al. Evaluation of the Power Assist Effect of Muscle Suit for Lower Back Support[J]. IEEE Access, 2020, 9: 3249 - 3260.

[52] Kim H K, Hussain M, Park J, et al. Analysis of Active Back-Support Exoskeleton During Manual Load-Lifting Tasks[J]. Journal of Medical and Biological Engineering, 2021, 41(5): 704 - 714.

[53] Mak S K D, Accoto D. Review of Current Spinal Robotic Orthoses[J]. Healthcare (Basel, Switzerland), 2021, 9(1): 70.

[54] Poon N, van Engelhoven L, Kazerooni H, et al. Evaluation of a Trunk Supporting Exoskeleton for reducing Muscle Fatigue[J]. Proceedings of the Human Factors and Ergonomics Society Annual Meeting, 2019, 63(1): 980 - 983.

[55] Zi B, Yin G C, Zhang D. Design and Optimization of a Hybrid-Driven Waist Rehabilitation Robot[J]. Sensors (Basel, Switzerland), 2016, 16(12): 2121.

[56] Whitfield B H, Costigan P A, Stevenson J M, et al. Effect of an on-body ergonomic aid on oxygen consumption during a repetitive lifting task[J]. International Journal of Industrial Ergonomics, 2014, 44(1): 39 - 44.

[57] Chen Q. Design, Analysis and Experimental Study of a Cable-driven Parallel Waist Rehabilitation Robot [J]. Journal of Mechanical Engineering, 2018, 54 (13): 126.

[58] 李春莲. 论颈椎病的康复治疗方法[J]. 中医外治杂志,2013,22(5):59 - 60.

[59] 王婷,陈苏琴. 运动疗法在颈椎病患者康复护理中的应用效果[J]. 医疗装备, 2018,31(7):196 - 197.

[60] Harrison D E, Cailliet R, Harrison D D, et al. A new 3-point bending traction method for restoring cervical lordosis andcervical manipulation: A nonrandomized clinical controlled trial [J]. Archives of Physical Medicine and Rehabilitation, 2002, 83(4): 447 - 453.

[61] 安徽省颈椎病分级诊疗指南[J]. 安徽医学,2017,38(9):1087 - 1094.

[62] 陈威烨,王辉昊,梁飞凡,等. 牵引治疗颈椎病的研究进展[J]. 中国康复医学杂志,2016,31(5):599 - 601.

[63] Fritz J M, Thackeray A, Brennan G P, et al. Exercise only, exercise with mechanical traction, or exercise with over-door traction for patients with cervical radiculopathy, with or without consideration of status on a previously described subgrouping rule: a randomized clinical trial[J]. The Journal of Orthopaedic and Sports Physical Therapy, 2014, 44(2): 45 - 57.

[64] Macario A, Richmond C, Auster M, et al. Treatment of 94 outpatients with chronic discogenic low back pain with the DRX9000: a retrospective chart review[J]. Pain Practice, 2008,8(1): 11 - 17.

[65] 中国康复医学会颈椎病专业委员会,上海市社区卫生协会脊柱专业委员会,贺石生、方凡夫. 颈椎病牵引治疗专家共识[J]. 中国脊柱脊髓杂志,2020,30(12):1136 - 1143.

第六章　护理机器人

第一节　概　述

目前世界人口老龄化日益加剧,特别是中国在 2021 年 65 岁及以上人口首次突破 2 亿人,占全国人口的 14.2％,已经进入深度老龄化阶段。然而,由于护理机构及人员资源紧缺,应用智能照护机器人对中重度失能老人照护成为应对社会老龄化问题的重要手段。

护理机器人是一种帮助需要长期护理的肢体功能障碍人群进行日常活动(如饮食、洗浴、移动、二便以及情感陪护等)的生活照护型机器人。其工作原理是仿照护理人员照护服务对象的日常生活,通过机器代替人来减小护理人员的压力,提高护理效率。同时肢体功能障碍人群通过使用智能护理机器人实现生活自理,能够促进他们的心理健康。

护理机器人的服务对象主要为肢体功能障碍者,例如体弱老年人、肢体残疾患者以及因脑血栓、肌肉萎缩等病症造成肢体失能的患者等。按照国际通行标准,吃饭、穿衣、上下床、上厕所、室内走动、洗澡六项指标中,一到两项"做不了"的,定义为"轻度失能";三到四项"做不了"的,定义为"中度失能";五到六项"做不了"的,定义为"重度失能"。护理机器人主要用于中、重度失能的肢体功能障碍者。实际上,失能往往是一个综合概念,在确定具体使用什么类型的护理机器人之前,需要对失能者的能力(包括日常生活活动、精神状态、感知觉与沟通、社会参与等指标)、功能、健康状况等进行综合评估。

由于护理机器人种类繁多,其应用目的主要包括活动辅助、生活辅助、情感陪护、健康与安全监测等(见图 6-1-1)。其中活动辅助又可以分为移位辅助、移动辅助、姿态变换辅助(含护理床机器人)等,生活辅助可以分为饮食辅助、洗浴辅助以及二便辅助等。本章将选择洗浴辅助机器人、助餐机器人、陪护机器人、护理床机器人、移位机器人、二便护理机器人等几种常用的典型护理机器人进行讲述。

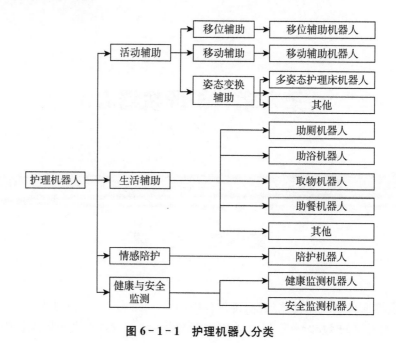

图 6 - 1 - 1　护理机器人分类

第二节　洗浴辅助机器人

一、洗浴辅助机器人基本概念

洗浴辅助机器人(bathing caring robot)是护理机器人的一种,也是一种个人服务机器人,其功能是辅助肢体失能者进行洗浴活动。它的主要服务对象是中重度失能老年人、肢体缺失的残疾人以及肢体功能障碍患者。早在 20 世纪 70 年代,一些发达国家就已经开发出了个人卫生护理设备,不过多为机械或半机械式的。随着自动控制技术和智能控制技术的发展,运用人机工程学的设计原理对洗浴机构进行设计分析,使得洗浴辅助机器人在近年来获得了迅速的发展。

二、洗浴辅助机器人主要类型

洗浴辅助机器人按清洗部位主要可以分为洗头机器人和洗浴机器人两大类。洗头机器人主要由洗发按摩装置和与其相连的躺椅组成,洗浴机器人主要由洗浴椅和洗浴缸(舱)等组成。

(一) 洗头机器人

洗头机器人的工作原理为用电机带动水泵产生强压水柱,再通过控制面板控制变频器进行适应性调整。这种设备一般具有多种不同的智能程序:自动恒温调节程序、喷洗力度调节程序、洗发水/护发素定量调节程序、多角度全方位水力深层清洗程序、多角度智能水柱头部按摩程序、长短发清洗自由调节程序、清洁及冲洗调节程序、变频节能调节程序、风干系统调节程序、余水加热调节程序等。

(二) 洗浴机器人

洗浴机器人按照洗浴方式一般可分为淋浴机器人和缸浴机器人,主要由搓澡系统、水控系统、水循环利用系统和生命体征监护系统组成。

日本设计的一款缸浴机器人采用洗浴舱和洗浴床分离设计的方式(见图 6 - 2 - 1),通过开放型设计将洗浴床设计成担架的形式,在实现洗浴担架与洗浴舱的快速结合与分离的同时保证了洗浴舱空气的流通。可调节高度的洗浴担架方便护理人员将用户转移至洗浴担架上,洗浴担架左右设置护栏与绑带防止用户滑落。在洗浴舱内设置有 8 个喷嘴,上下各四个,喷嘴方向可任意角度调节从而实现全方位洗浴。在洗浴舱侧方设置有控制面板,可以对水温、清水与皂液转换以及喷洒强度进行控制。同时设置了外置花洒,方便护理人员针对较难清洗的部位进行清洗,以达到深度清洁的目的。

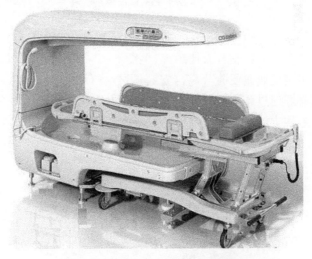

图 6 - 2 - 1　日本 Sereno 缸浴机器人

2016 年,瑞典设计了一款淋浴机器人 Poseidon(见图 6 - 2 - 2)。Poseidon 淋浴机器人采用洗浴椅与洗浴舱融合设计,洗浴椅在洗浴舱内部通过升降柱连接,可实现洗浴椅自动进出洗浴舱,以此降低用户在进出洗浴舱过程中滑倒或摔倒的风险。在洗浴过程中磨砂玻璃的洗浴舱门可以关闭,使得洗浴舱处于半封闭状态,在保持通风与安全的同时也保护了用户的隐私。Poseidon 淋浴机器人设置了 13 个淋浴喷头来喷洒清水和皂液,可以自动帮助用户进行全方位洗浴。用户通过安装在扶手上的控制面板控制淋浴机器人的水压、水温、喷洒清水和皂液以及喷洒的区域。此外,为了提高安全度和舒适度,设定了水温的可调节范围,同时淋浴机器人的外部还设置了高级别的控制面板,供护理人员使用。

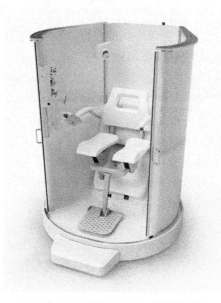

图 6-2-2　瑞士 Poseidon 淋浴机器人

日本设计的 Wheel-a-Bath21/S 缸浴机器人从人机工程学的角度对浴舱和移位椅的尺寸进行优化,使各个尺寸都符合人体约束(见图 6-2-3)。机器人整体采用洗浴舱和洗浴椅分离设计,可实现快速便捷分离与安装调试,方便护理人员对用户进行转移。此外,用户还可依据喜好通过调整浴缸倾斜角度实现人体从坐姿到躺姿不同入浴姿态的调节,提升用户洗浴过程中的舒适度。

图 6-2-3　Wheel-a-Bath21/S 缸浴机器人

Tutti 缸浴机器人同样采用洗浴缸和洗浴椅分离设计(见图 6-2-4),方便护理人员对用户进行转移。在洗浴缸内设置有由 4 个喷嘴构成的涡流喷水装置:2 个在脚下,2 个在侧面,以旋转的水流冲洗用户的身体,从而提高清洁的效率。在洗浴舱上方设置有控制面板,可以对水温、喷水强度进行控制,同时洗澡水温度出现异常或洗浴时间过长时会有报警提醒。洗浴缸设置了快速注水和排水功能,可以缩短等待时间,提高洗浴效率。在洗浴椅上的胸、腹、脚部各有一条固定带,确保用户在洗浴过程中保持坐姿,避免滑入水中发生危险。

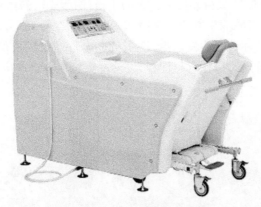

图 6-2-4　Tutti 缸浴机器人

　　广州柔机人科技有限公司研发了一款助浴机器人系统(见图 6-2-5)。该助浴机器人系统主要由专用轮椅和专用浴缸组成。轮椅的主要功能是将用户转移到浴缸的入浴侧,轮椅具备姿态变换功能,可实现坐姿—躺姿的变换。浴缸内部设置有防水的升降台,当轮椅与浴缸完成对接之后,轮椅靠背和腿部支撑板的传送带转动,浴缸内升降台的支撑板也带有传送带,两者配合实现将用户从轮椅转移到浴缸内。转移完成之后升降台下降,并完成半躺姿的姿态变换,浴缸设置有快速蓄水和循环冲水功能,通过水流冲击实现对用户身体的清洁。

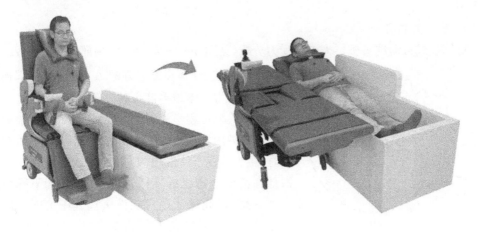

图 6-2-5　助浴机器人系统

三、洗浴辅助机器人设计方法

(一) 洗头机器人设计方法

日本 Panasonic 设计了一款全自动洗头机(见图 6 - 2 - 6)。这款自动洗头机主要由头罩、3 个独立的马达和 24 只机器硅胶包裹的手指(旧版 16 指)组成,能够自动 3D 扫描用户的头形,选择最适当的洗头方法。平时用户只需躺在沙发上,洗头机会完全模仿人类洗头动作快速洗头。在洗完头发之后,洗头机还会自动帮用户保养和吹干头发,并且用户在洗头过程中还可通过操作触控面板,设置洗头机在特定点位置进行按揉以及按揉力道的强弱。

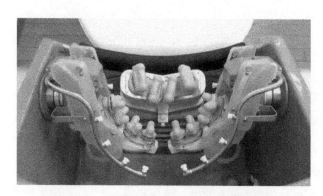

图 6 - 2 - 6　日本 Panasonic 自动洗头机器人

在洗头机器人结构设计中,需要考虑洗发舒适度、节水效率、节省空间、减轻护理人员工作强度等方面的问题。因此对洗头机各运动部件稳定性和运动定位的准确性都提出较高的要求,同时为达到较高程度的自动化和智能化,测控系统的设计起到至关重要的作用。

1. 喷水力的设计

对仰躺式自动洗头机器人进行受力分析(见图 6 - 2 - 7),A_1 为颈部的受力点,A_2 假设为颈部的重心,眉心正下方的 A_3 假设为头部模型的重心,F_2 为人体颈部自身对头部的固定应力。

根据人机工程学的原则,洗头机器人设计需要考虑用户的健康、安全及舒适度。因此,一般当用户躺下时,将头部置于清洗池内,其支撑点不能仅仅依靠颈部在清洗池边缘的支撑,必须在后脑勺下部添加一个支撑,以此保证用户在洗头过程中的安全以及舒适度。并且后脑勺下部的支撑可添加清洗功能,在为头部提供支持力的同时也能够清洗后脑勺部位的头发。

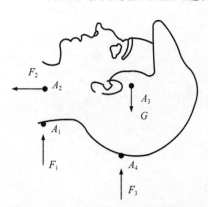

图 6 - 2 - 7　仰躺式头部受力分析图

如图 6-2-6 与图 6-2-7 所示,将人体头部简化为一个矩形模型。查阅资料,医学界中普遍认为头部的重量为 3.8 kg,取 $g = 9.8$ m/s^2,故取头部重力:$G = m \times g \approx 40$ N。成年男性平均头全高为 220 mm,故取 $d_1 = 220$ mm,取颈部的受力点 A_1 到颈部中心 A_2 的距离 $d_2 = 90$ mm,颈部受力点 A_1 到头部重心 A_3 的距离 $d_3 = 130$ mm,故求得头部重力 G 对颈部的力矩为:

$$M_1 = G \times d_3 = 40 \times 0.13 = 5.2 \text{ N} \cdot \text{m} \qquad \text{式(6-2-1)}$$

由理论力学中力的平移定理可知,将头部重力 G 平移至颈部受力点 A_1 处,形成一个新的作用力 $G' = G$ 和力偶 $M'_1 = M_1$。再根据平面力系平衡条件:

$$\left. \begin{array}{l} \sum F_x \\ \sum M_{A_i}(F_i) = 0 \end{array} \right\} \qquad \text{式(6-2-2)}$$

列颈部的受力点 A_1 处的平衡方程:

$$\left. \begin{array}{l} F_1 - G' = 0 \\ M'_1 - F_2 \times d_2 = 0 \end{array} \right\} \qquad \text{式(6-2-3)}$$

综上,通过计算得到了颈部受到的压力 $F_1 = 40$ N 与颈部收到的拉力 $F_2 = 57.78$ N。

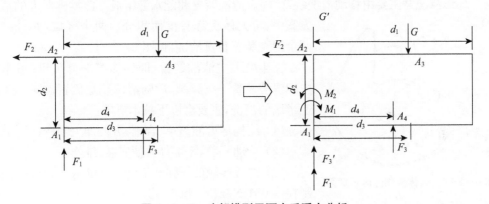

图 6-2-8 头部模型平面力系受力分析

当在头部后脑勺下方设置一个支撑机构时,其为头部提供了一个额外支撑力 F_3,支撑点 A_4 与颈部受力点 A_1 的距离 $d_4 = d_2 = 120$ mm。根据平面力系的平衡条件,列颈部受力点 A_1 处的平衡方程:

$$\left\{ \begin{array}{l} F_1 + F_3 = 40 \\ M_1 - M_2 - F_3 \times d_2 = 0 \\ M_2 = F_2 \times d_2 \\ M_1 = G \times d_3 \end{array} \right. \qquad \text{式(6-2-4)}$$

最终求得,在支撑机构为头部提供额外支持力时,颈部受到的压力

$$F_1 = 40 - F_3 \qquad \text{式(6-2-5)}$$

颈部受到的拉力为

$$F_2 = \frac{M_1 - F_3 \times d_4}{d_2} = 57.78 - 1.33 F_3 \qquad 式(6-2-6)$$

由此可见,颈部所受的压力 F_1 和所受的拉力 F_2 都随着额外支撑力 F_3 的增大而减小。当 $F_3 = 40$ N 取最大值时,颈部收到的压力 $F_1 = 0$ N,颈部所受的拉力 F_2 仅仅为 2.42 N。所以,在头部后脑勺下方设置一个辅助支撑机构,能有效减小颈部所受到的压力和拉力,减小头部的下坠感,提升舒适度。

2. 机械结构设计

根据零部件模块化设计原理,将整个自动洗头机器人划分为四个模块,分别为主清洗水池、环形清洗臂、脖颈/后脑清洗装置以及喷嘴清洗单元。这四个模块的设计是否合理以及工作性能的优劣,将直接影响洗头机器人整体功能的实现。

1) 主清洗水池

仰躺式自动洗头机器人的清洗过程,均是在清洗水池中进行。由于清洗装置都是安装在清洗池内部,由清洗池提供动力并且控制其清洗运动,故清洗池的形状、尺寸等数据需要与各清洗装置相互匹配,清洗池的设计是其他清洗装置的基础。

2) 环形清洗臂

环形清洗臂主要由移动清洗装置、固定清洗装置和配水管组成。此类机器人的清洗方案中,将人体头部头皮面积分为两个区域,并分别由两个清洗装置负责清洗(见图6-2-9)。

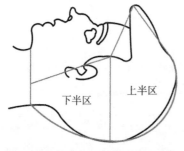

图 6-2-9　人体头部分区示意图

上半区由主清洗装置,即环形清洗臂负责;下半区由副清洗装置——脖颈、后脑清洗装置负责。对于头部上半区的清洗,主要有以下技术要求:

(1) 结构尽可能简单、合理,方便加工制造;

(2) 传动平稳,零部件方便安装、维修;

(3) 清洗接触的压强和清洗毛刷的清洗速度分别控制在 0.051 N/mm^2 和 6 s/r;

(4) 清洗面积要覆盖上半区,同时清洗用水和洗发用品也要跟随清洗装置均匀、全面地喷洒;

(5) 因性别、年龄、身高等不同,用户头面部尺寸各不相同,故需要清洗臂具有自动调节功能,自动适应不同用户尺寸不同的头部。

3) 脖颈/后脑清洗装置

设计脖颈/后脑清洗装置,不单单是为了提高洗头效果,它可为用户整个头部提供辅助支撑力 F_3(见图6-2-7),来增加用户的洗头舒适度。整个脖颈/后脑清洗装置由承载主体、传动支撑系统和清洗触点组成。与固定式清洗装置的清洗触点类似。脖颈/后脑清洗装置的清洗触点也是由弹性橡胶和轻质弹簧组成。

4) 喷嘴清洗单元

在洗头机器人的总体结构中(见图6-2-10),圆弧状的喷嘴清洗单元内周侧以恒定间隔形成梳发齿,在该梳发齿的前端设有喷嘴,实现对头皮的深度清洗。喷嘴在喷嘴清洗单元内划分为两路,一为供液路,一为供水路;供液路与喷射液切换部件连接。清洗剂和清洗液通过喷嘴的供液路向头皮及头发喷射来对头部进行清洗。喷嘴清洗单元由齿条和小齿轮往复驱动,根据该结构,喷嘴清洗单元能够扩大头皮及头发的清洗范围。为了清洗人的头部整体的头皮及头发,清洗单元在齿轮的驱动下可以以支轴为中心转动,与清洗单元的往复驱动部件共同被连动控制来执行头部清洗动作,实现全头部范围内清洗的功能。

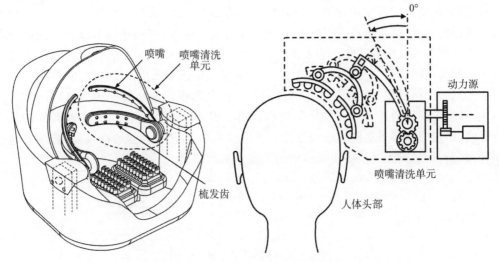

图 6 - 2 - 10 自动洗发装置结构图

整个装置通过传动系统与清洗池相连接,旋转清洗的动力由清洗池内的电机通过齿轮传动提供。由于清洗装置的偏心转动,故在整个装置的重心处设计一个滚动支撑轮。且由于整个装置的重力以及用户脖颈、后脑提供的辅助支持力的反作用力的存在,整个清洗装置旋转时的正压力相对较大,而支撑轮将清洗装置与清洗池的滑动摩擦转化为滚动摩擦,极大地降低了摩擦系数,减小了运行阻力和运行噪音。同时,滚动支撑轮的存在给脖颈/后脑清洗装置的承载主体与清洗池存留了一定的间隙,使整个装置不与池底的清洗污水接触,防水性能更好,也增加了整个传动系统的使用寿命。

(二) 洗浴机器人设计方法

这里以瑞士 Poseidon 淋浴机器人(见图 6 - 2 - 2)和日本 Tutti 缸浴机器人(见图 6 - 2 - 4)为例说明洗浴机器人的基本原理。洗浴机器人是高度自动化、智能化的机械装置,机械结构和控制系统作为机器人的两大组成部分,对机器人的性能起到决定性的作用。通常采用洗浴座椅与洗浴缸(舱)结合的方式,方便对用户进行转移并且完成洗浴流程。其功能一般包含搓澡系统、水控系统、水循环利用系统和生命体征监护系统。

1. 搓澡系统

搓澡系统是洗浴机器人最主要的一部分,相比一般的工业自动化系统,它是一个人机结合的系统,且部分装置要与人体接触,因此在设计搓澡系统的过程中应首先考虑安全因素。通常采用活动座椅式结构,在相应部分设计搓澡机构,完成对洗浴者洗浴时的辅助站立、腿部搓澡、臀部搓澡、背部搓澡、头部洗浴等功能。受空间指标、洗浴效果满意度指标和节省劳动力指标的限制,要求机械结构设计紧凑,各部分运动灵活且不出现干涉现象。在洗浴的过程中,搓澡时力度的大小、搓澡频率的快慢和搓澡幅度的大小也会直接影响着用户的体验感和机器人搓澡的效率。

1)搓澡压力检测

在洗浴的过程中,搓澡时力度的大小直接影响着搓澡的强度,为达到较舒适的洗浴效果,需要在洗浴过程中实时检测搓澡的力度(搓澡力度测试方案见图 6-2-11),根据人工搓澡的情况,结合老年人群可接受的搓澡力度和速度,控制搓澡头以相对合适的速度和力度移动实现搓澡功能。为了实现在搓澡过程中实时检测压力,可通过在搓洗端头支架上安装电阻应变式传感器来实现。电阻应变式传感器采用全桥电路,将在不同压力下采集到的力信号通过转换、放大、滤波等送入控制器模拟量扩展模块 ACC-S0408A 的输入端,扩展模块通过 D89-F 连接器与 GTS-800-PV-PCI 控制器的 CN15 端口相连接进行通信,扩展模块将采集到的模拟量信号经内部的 A/D 转换传输给控制器,控制器通过运算、判断,得到搓澡过程中搓澡运动的速度值和位移量。

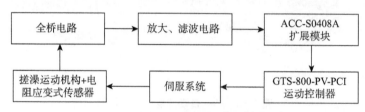

图 6-2-11　搓澡力度测试方案框图

2)搓澡模式控制策略

搓澡模式的选择采用基于专家系统的递阶搓澡控制策略(总体控制方案见图 6-2-12)。递阶控制系统上层为专家控制系统,它根据历史数据库知识、实时测试搓澡压力和搓澡过程中洗浴者的反应,通过专家推理决策,输出搓澡强度(包括速度和运动幅度)指令;下层为搓澡系统速度位移控制系统,根据专家系统决策的搓澡强度,控制搓澡装置,输出适当的速度和位移。搓澡系统速度位移控制器包括背部、腿部和臀部搓澡速度位移控制器。

2. 水控系统

这里以日本 Tutti 缸浴机器人为例说明水控系统的设计。水控系统是洗浴机器人另一重要组成部分,针对不同的洗浴方式,其水控系统也不同。淋浴机器人的水控系统的主要功能是在洗浴过程中控制清水和皂液的喷洒,具体包括控制水温、控制清水和皂液的转换、控制喷洒区域以及喷洒的强度。其实现方式主要通过输水管道、可调喷头以及建立的软硬件控制系统来实现。而缸浴机器人的水控系统的主要功能是快速蓄水/排水、蓄水量调控、水温调节以及水流模式切换,主要通过洗浴缸(槽)的控制系统实现(见图 6-2-13)。

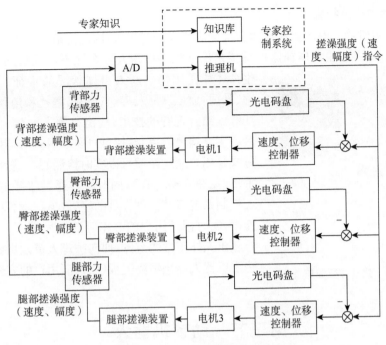

图 6-2-12　搓澡总体控制框图

3. 水循环利用系统

由于缸浴机器人是通过洗浴缸(槽)内水的喷流来实现对用户进行洗浴,因此水循环利用系统是缸浴机器人重要的组成部分(水循环利用系统原理图见图 6-2-14)。水循环利用系统的主要功能是通过设置在缸浴机器人洗浴缸(槽)内的喷嘴不断喷出水来冲洗用户的身体,这个过程是不断重复的,因此在喷水过程中要对洗浴缸(槽)内的水进行收集并且源源不断地供给喷嘴,以实现洗浴缸(槽)内水的循环利用。同时,在收集水的过程中对所收集的水进行杂质过滤以及循环加热,以保证洗浴缸(槽)内水的清洁程度和温度。

图 6-2-13　Tutti 缸浴机器人水控系统

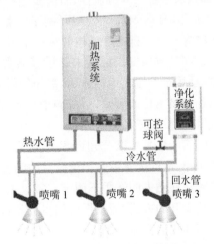

图 6-2-14　水循环利用系统原理图

4. 生命体征监护系统

由于洗浴机器人的服务对象包含失能和半失能老年人,因此洗浴机器人的安全性是首先要考虑的方面,生命体征监护系统是保证洗浴机器人安全性不可或缺的组成部分。

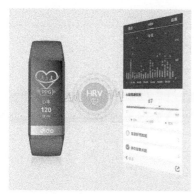

图 6 - 2 - 15   生命体征监护手环

生命体征是用来判断人身体状况的指征。主要有心率、脉搏、血压、呼吸、疼痛、血氧、瞳孔和角膜反射的改变等。结合现有的技术,洗浴机器人的生命体征监护系统主要检测心率、脉搏、血压三个指标。其主要实现方式是用户通过佩戴可以实时检测心率、脉搏、血压的手环(见图 6 - 2 - 15),同时手环通过蓝牙与洗浴机器人控制系统以及护理人员的终端(笔记本、平板、手机)连接,实时记录用户的心率、脉搏、血压。一旦某项指标超出人体正常的范围,便向护理人员发出警报,同时洗浴机器人停止洗浴流程,以保证用户的安全。

第三节   助餐机器人

一、助餐机器人基本概念

助餐机器人又称为助食机器人、饮食护理机器人,是一种帮助上肢功能障碍患者以及上肢残疾患者实现自主进食的生活辅助型机器人。其工作原理是仿照护理人员对服务对象的饮食护理过程实现自动取食、刮食、送食等动作,以机器代替人以减小护理人员的压力,提高助餐效率。助餐机器人的服务对象主要为上肢功能障碍患者,如失能老年人、手部残疾患者及因脑血栓、肌肉萎缩等病症造成手部不灵活的患者。

2000 年,日本 Secom 公司研制了一款助餐机器人 My Spoon(见图 6 - 3 - 1)。My Spoon 包含一个 6 自由度机械臂和一个可拆卸餐盒,餐盒与机械臂一起固定在机械臂的底座上。在 6 自由度机械臂末端设置有餐勺和叉子,通过餐勺和叉子夹取食物然后助餐,能够适用于不用质地的食物,甚至能够夹取易碎的豆腐和无规则形状的米饭等食物。其餐盒仿照日本传统餐盒,分成四个小隔间以放置不同的食物。My Spoon 可以通过颌动、脚动以及按键三种方式控制。

2009 年,美国一家公司研发了名为 Meal Buddy 的助餐机器人(见图 6 - 3 - 2)。Meal Buddy 是首次使用四轴机械臂的助餐机器人,它的餐桌设计采用了磁吸附原理,机械臂和餐碗在磁力的作用下固定在餐盘上,可实现快速拆装并且方便携带。Meal Buddy 采用按钮交互的方式,可根据使用者的不同调节助餐速度,它配有三个餐碗可以满足用户食物多样化的需求。Meal Buddy 留有编程接口,可以根据用户要求改变助餐位置。Meal Buddy 还配备了定制的手提箱、充电器和电池,使用便携。

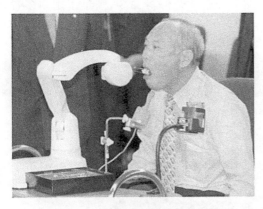

图 6-3-1 My Spoon 助餐机器人

图 6-3-2 Meal Buddy 助餐机器人

2010 年,为手功能障碍患者研发的名为 Obi 的助餐机器人在美国诞生(见图 6-3-3)。Obi 的主要结构为底部主体托盘以及末端集成了汤勺的小机械臂。在机器人底部托盘上有两个按键,用户可使用按键控制机械臂来选取不同餐盘中的食物以及递送食物。Obi 通过示教的方式准确找到使用者的嘴部,机械臂上的触觉传感器可以在触碰到阻碍物时自动停止助餐以保证用户的安全。Obi 助餐机器人不仅体积小,重量轻,而且便携性好,可操作性强。

2014 年,瑞典计算机科学研究所研发出了一个结构简单、人机交互方式友好的 Bestic arm 助餐机器人(见图 6-3-4)。Bestic arm 由一个 4 自由度机械臂和一个固定餐盘组成,餐盘长 22 cm、宽 20 cm、高 34 cm,其质量仅有 1.9 kg。机械臂可以通过一个按钮开关或 5 个按钮装置进行控制,可根据用户的座位位置设置勺子的高度。Bestic arm 助餐机器人体积小,结构紧凑,便于转移。

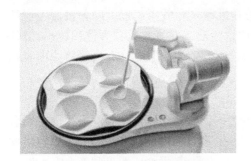

图 6-3-3 Obi 助餐机器人

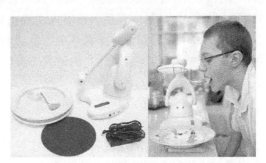

图 6-3-4 Bestic arm 助餐机器人

2018 年上海理工大学研发了基于语音交互的助餐机器人(见图 6-3-5),使用者可以通过预先设置的语音指令来选择对应位置餐碗中的食物,同时语音指令还可以实现暂停、开始和复位功能。机器人使用 4 自由度机械臂,由底座、肩关节、肘关节及腕关节构成。系统采用主从分布式控制架构,即主控制器控制每个关节的从控制器,从控制器控制相应的驱动器来转动电机。系统还采用了硬件和软件结合的消抖方式以保证用户有更好的体验。该语音交互式助餐机器人采用了便捷的人机交互方式,用户可以通过语音控制机器人选择不同餐碗中的食物以及发出开启和暂停等命令,满足了用户多餐化的需求。

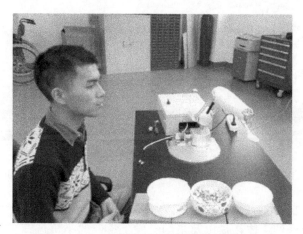

图6-3-5　上海理工大学语音交互助餐机器人

二、助餐机器人主要类型

近年来,国内外相继研发了各种助餐机器人,这些助餐机器人大致分为以下几类:

1. 按使用形式分类

按使用形式可将助餐机器人分为轮椅式助餐机器人和餐桌式助餐机器人。轮椅式助餐机器人主要由电动轮椅车和安装在轮椅车上的机械手臂组成。用户可通过操纵杆自由操控机械臂完成饮食活动。轮椅式助餐机器人可实现用户在不同地点进餐,但需要较大的活动空间。餐桌式助餐机器人主要由助餐机器人和餐桌组成。助餐机器人通常置于餐桌上,用户需要移位至餐桌前方能进行饮食活动。餐桌式机器人体积较小,但使用时需置于餐桌上,固定了用户的进餐位置,相较轮椅式助餐机器人而言,餐桌式助餐机器人不够方便、灵活。

2. 按餐盒是否固定分类

按照餐盒的位置是否固定,助餐机器人可分为固定餐盒型和运动餐盒型。固定餐盒型助餐机器人主要由固定的餐桌、餐盒或餐盘和一个多自由度(5DoFs或6DoFs)的机械臂构成。运动餐盒型助餐机器人通常由旋转(移动)的餐桌、餐盒或餐盘和一个自由度较少(2DoFs或3DoFs)的机械臂构成。两者的使用形式均为用户通过操控机械臂完成助食活动,但运动餐盒型助餐机器人通过对餐桌或餐盒的旋转简化了对机械臂的要求,降低了机械臂设计的复杂度。

3. 按人机交互方式分类

按人机交互方式,助餐机器人可以分为三种类型:

1) 机械触摸式:机械触摸式人机交互方式包括操纵杆(颌动、手动、脚动)输入、按钮(手按、脚踏)输入、键盘输入、触摸屏输入等方式。

2）语音识别式：语音识别式人机交互方式是利用语音处理技术实现患者和机器人之间的语音交互。

3）视觉识别式：视觉识别式人机交互方式是利用图像处理技术，通过识别患者的头部视觉信息，判断患者的头部运动特征，以此作为控制信号控制机器人完成助餐任务。

早期研发的助餐机器人主要是采用机械触摸式的交互方式。随着语音处理技术和图像处理技术的发展，越来越多的助餐机器人采用语音识别式和视觉识别式的交互方式。

三、助餐机器人设计方法

（一）助餐机器人设计要求

1. 使用形式

助餐机器人主要是帮助上肢功能障碍患者和上肢残疾患者完成日常饮食活动。一个完整的助餐活动是由取食和助餐两个部分组成的，因此在进行结构设计时需同时考虑这两个过程。助餐机器人按使用形式可分为轮椅式助餐机器人和餐桌式助餐机器人两大类。在设计助餐机器人的过程中，首先要根据具体的应用场景确定助餐机器人的使用形式。

2. 取食方式

同时对比研究不同种类机器人的取食方式，可将助餐机器人的取食方式分为以下三种：直接利用电机驱动勺子旋转进行取食、通过勺子和叉子配合夹取食物以及使用辅助的机械臂将盘子中的食物拨到勺子上完成取食。电机直接驱动勺子旋转取食的方式取食效率高，但无法控制勺子的取食量，在助餐过程中会出现食物洒落的情况；勺子和叉子配合夹取食物可控制取食量，但对控制精度要求较高；使用辅助机械臂将食物拨到勺子上的方式既保证了取食效率，又可控制取食量，是较为理想的取食方式。

3. 控制方式

上肢功能障碍患者和上肢残疾患者的肢体活动能力各有不同，为了满足不同使用者的需求，助餐机器人的控制方式也多种多样。目前主要有机械式按键控制、语音控制、机器视觉控制以及脑电波控制。

1）机械式按键控制

机械式按键控制是最简单的也是最常用的控制方式，因此早期的助餐机器人均采用这种控制方式。机械式按键控制的实现方式主要是通过使用者按下按键来控制转盘转动和机械臂运动取食（电路原理见图 6-3-6）。以 AVR 单片机举例，PB0—PB3 为单片机 IO 口。每个按键输出端采用上拉电阻，目的是当按键断开时，单片机输入端口（PB0—PB3）处于高电平状态，当按键按下时才处于低电平。按键的基本原理是设置单片机 IO 口（PB0—PB3）为输入状态，如 DDRB＝0XF0（方向寄存器，"1"为输出，"0"为输入）。单片机一直检测按键端口（PB0—PB3）的状态，当端口为低电平时（即按键按下），实行相应的动作（比如控制 LED 灯）。

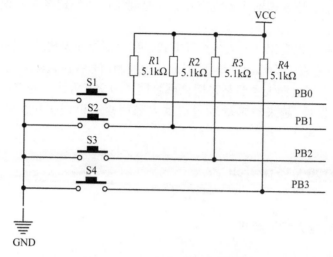

图 6-3-6　按键控制电路原理图

2) 语音控制

助餐机器人的服务对象是具有手部功能障碍的人群,传统的机械式按键控制无法满足使用者的实际需求。而随着语音识别技术的日益成熟,语音控制已经开始应用于助餐机器人。助餐机器人的语音模块采用非特定语音识别的方式,可识别不同人的语音,通过程序设定助餐机器人复位、取食、助餐、暂停、开始五个指令。语音模块使用 HBR740作为处理芯片,带有麦克风放大器的 16 位 ADC,信噪比大于 85 dB,外围电路简单,采用标准 UART 接口与主机进行通信。采用非特定人语音识别技术,可对用户的语音进行识别。语音控制模块中(见图 6-3-7),VCC 是系统的供电模块,HBR5A0 是程序控制器,SPI Flash 是数据存储器,MIC 及前端电路提供语音信号输入,通过 UART 接口与主控系统进行通信。

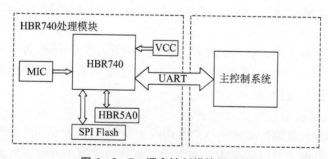

图 6-3-7　语音控制模块原理图

3) 机器视觉控制

随着人工智能技术的飞速发展,机器视觉技术已经开始应用于助餐机器人。其主要实现方式是采用视觉交互的方式控制助餐机器人开启助餐和停止助餐(原理见图 6-3-8)。通过训练 YOLOv3 目标检测模型来识别眼睛和嘴的张开、闭合状态,当眼睛和嘴同时处于张开状态且持续 3 s 时,给机器人发起开启助餐指令,当眼睛和嘴同时处于闭合状态且持续 3 s 时,给机器人发起暂停助餐指令。同时,为了保证用户使用时的安全性,系统还设置了紧急按钮以进行断电保护。

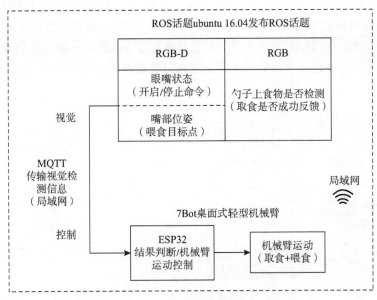

图 6-3-8　视觉控制助餐机器人原理图

视觉交互的助餐机器人采用改进的直接线性变换算法来求解相机的位姿(PnP 问题),根据建模后人脸三维关键点坐标和对应的 Dlib 库中二维关键点坐标,使用 Realsense D415 深度相机来实时推算出三维空间中用户嘴的位姿。此智能感知方案打破了传统的助餐机器人固定位置的编程方式,通过视觉交互实时地识别使用者嘴部位置并控制机械臂将食物送至使用者嘴边,实现了机械臂跟随使用者嘴部位置的变动而变化,真正意义上实现了助餐机器人的智能化。此外,为了提高机器人的助餐效率,在每次执行取食后系统会通过改进后的轻量化目标检测模型 MobileNetV3-SSD 实时检测勺子上是否有食物,如果判断取食失败,机器人就会发出相应的反馈信号。

4) 脑电波控制

脑电波控制技术是通过佩戴于使用者头部的电极片采集使用者脑电压波动并以脑电图(EEG)的形式记录,然后对脑电图解码分析,识别出人在向助餐机器人发出不同指令下的脑电活动,以此来对助餐机器人进行控制。2015 年,德国 Sebastian Schröer 等人设计了一种基于脑电控制的全自动助餐机器人[见图 6-3-9(a)]。这种助餐机器人可以在深度相机的帮助下精准地将杯子中的饮料喂给用户,它使用 KUKA omniRob 平台,配备了一个具有 7 个自由度的轻型机械臂。为了抓取物体,在机器人的手臂上加装了一只三指机械手。使用 Kinect RGB-D 传感器观察整个场景并检测杯子、使用者的嘴巴和潜在的障碍。为了与用户沟通,使用脑机接口从脑电图信号中提取控制信号。为了将杯子中的饮料精准送到用户的嘴里,使用 Kinect 传感器来识别杯子和用户嘴的三维位置,以规划适当的运动。当 Kinect 传感器在其局部坐标系中测量杯子和用户嘴的位置时,需要确定机器人和摄像机坐标系之间的转换。在嘴部位姿检测过程中,存在的难点是解决用户的嘴被杯子以及脑电帽遮挡的特殊情况,在这种情况下,深度相机只能看到大约50%的面部。将相机获取的RGB图像转换为灰度图像,使用OpenCV提供的Haarcascade分类器检测用户的面部,然后通过人脸的黄金比例(人脸高度的7/9,宽度的1/2)计算出用户嘴部位置[见图6-3-9(b)]。识别用户嘴部深度的方法是将fh(前额)、lc(左脸颊)、rc(右脸颊)三个不同点所描述的平面,根据用户特定参数 u 进行平移,使其与嘴部重合。通过计算相机帧中通过嘴部位置的线与实现平面的交点,最终得到嘴部的深度值。

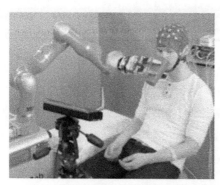
(a) 基于脑电波控制的全自动助餐机器人

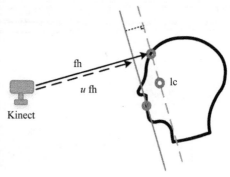
(b) 人脸识别示意图

图6-3-9　基于脑电波控制的全自动助餐机器人示意图

4. 安全机制

由于助餐机器人在辅助用户自主进食的过程中,会与用户产生不可避免的接触,有接触就有可能发生碰撞等意外情况,因此助餐机器人的使用安全性是必须要考虑的问题。在现有的助餐机器人研究中,保证助餐机器人安全运行的方式有两种,即被动安全和主动安全。

被动安全的主要方法为降低机械臂的速度、加速度等参数以及改善机械臂结构等,当机械臂在运动过程中遇到障碍物或者人体时,产生较小冲击以减少对用户造成的影响,通过急停开关来使助餐机器人停止运动。此外,告知用户规范的操作流程,使用前先确认好环境避免意外情况的发生。被动安全只能减轻意外发生的后果,不能完全消除安全问题,仍存在一定的安全隐患,但该方式设计较为简单,成本低。

近些年来,随着力控技术的发展,各种力传感器被应用到机器人上。主动安全的方法一般为在助餐机器人的末端或关节处安装力传感器,在助餐机器人碰撞到障碍物或者用户时,如果力传感器接收到的力信号超过一定的阈值,助餐机器人及时停止运动,避免助餐机器人损坏及机械臂对用户造成伤害,在一段时间后,助餐机器人继续完成既定的动作。主动安全的方式可以有效地提高助餐机器人的安全性能,但需要采用复杂的力控技术,且成本较高。

（二）助餐机器人设计案例

本节以上海理工大学研发的固定餐盒型助餐机器人为例进行介绍。在机械设计方面,首先研究了目前国内外较为成熟的固定餐盒型助餐机器人产品(如日本的"My Spoon"),然后对比国内外不同产品在结构和功能方面的不同,结合日常生活中助餐的需要,选择了单机械臂的助餐方式。该机器人采用了一个4自由度的机械臂,模拟护理人员给患者助餐时的手臂动作,通过固定在机械臂末端的勺子将食物送至患者的嘴中,并配备有3个独立的食物餐盘,以满足患者的不同饮食需求。

1. 机械结构设计

本案例所设计的助餐机器人采用4自由度机械臂来实现助餐(见图6-3-10)。设计时采用了模块化设计思想,机器人的机械臂主要包括腕部、肘部、肩部和底座四个模块,由四个旋转电机控制每个关节运动。在设计时尽可能简化机械机构,同时又尽可能地模拟护理人员的助餐动作。下面将对机器人的四个部分分别进行设计。

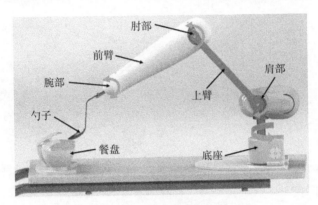

图6-3-10 助餐机器人整体结构

1) 腕部结构设计

腕部包括腕部支架、电机架、直流电机、正齿轮减速箱、勺子架、勺子等(见图6-3-11)。腕部电机采用无刷直流电机,电机工作电压为3V,额定转速为15 rpm,额定输出力矩为

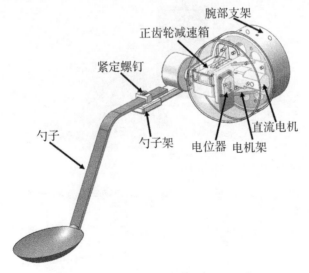

图6-3-11 助餐机器人腕部结构设计

0.09 N·m。为了保证能够符合使用需求,在勺子关节设计使用展开式的两级圆柱齿轮减速机构,减速比为 4∶1。勺子通过紧定螺钉固定在勺子架上,方便拆卸。输出轴的另外一端安装了一个电位器,用于检测勺子的位置反馈信息。

2）肘部结构设计

肘部主要由前臂、Maxon 电机、减速齿轮、电机架、光电编码器、肘部固定架等组成（见图 6-3-12）。前臂设计时采用套筒机构,主要作用连接肘部和腕部,同时该套筒结构也可以将肘部完全隐藏在其内部,使得外观更为简洁。肘部电机采用 Maxon 的盘式电机,电机工作电压为 24 V,额定转速为 2 750 rpm,额定输出力矩为 0.025 5 N·m。电机配套的减速箱减速比为 6∶1,此时电机的输出转速为 460 r/min,力矩为 0.153 N·m,为了满足使用需求,在肘部设计了 3 级正齿轮减速机构。

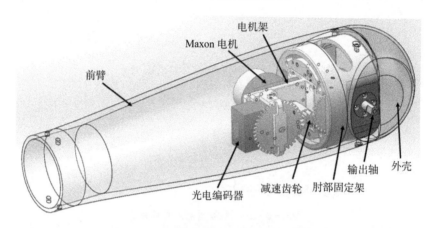

图 6-3-12　助餐机器人肘部结构设计

肘部的减速机构采用展开式的三级圆柱齿轮减速（见图 6-3-13）。齿轮 2 和齿轮

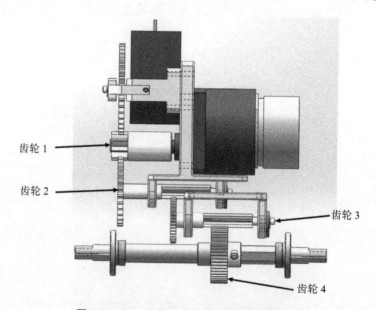

图 6-3-13　助餐机器人肘部减速结构设计

3 是一个组合齿轮。其中齿轮 1 和齿轮 2 的大齿轮组成了第一级减速机构,齿轮 2 的小齿轮和齿轮 3 的大齿轮组成了第二级减速机构,齿轮 3 的小齿轮和齿轮 4 组成了第三级减速机构。齿轮 1 是变速机构的输入齿轮,它与直流电机连接同步转动,齿轮 4 是变速机构的输出齿轮。

肘部减速机构的输入齿轮 1 与输出齿轮 4 的减速比 i_{14} 可以表示为:

$$i_{14} = \frac{Z_2}{Z_1} \times \frac{Z_3}{Z'_2} \times \frac{Z_4}{Z'_3} \qquad\qquad 式(6-3-1)$$

其中,Z_1、Z_2、Z'_2、Z_3、Z'_3、Z_4 均为齿轮的齿数,$Z_1=10$,$Z_2=30$,$Z'_2=10$,$Z_3=40$,$Z'_3=10$,$Z_4=50$。由式(6-3-1)计算可得:$i_{14} = \frac{Z_2}{Z_1} \times \frac{Z_3}{Z'_2} \times \frac{Z_4}{Z'_3} = 3 \times 4 \times 5 = 60$。经过该减速机构减速后,最终输出的转速为 7.67 r/min,输出力矩为 9.18 N·m。

3) 肩部结构设计

肩部主要由大臂连杆、电机及减速箱、电机架、光电编码器、平面涡卷弹簧和肩部固定架等组成(见图 6-3-14)。大臂设计时采用连杆机构,主要是用于肘部和肩部的传动连接。肩部电机使用 Maxon 的盘式电机,电机工作电压为 24 V,额定转速为 2 750 rpm,额定输出力矩为 0.025 5 N·m。电机配套的减速箱减速比为 6∶1,此时电机的输出转速为 460 rpm,力矩为 0.153 N·m。为了满足使用需求,与肘部设计思路相似,在肩部也设计了 3 级正齿轮减速机构,减速比为 80∶1,经减速后,最终输出的转速为 5.75 r/min,输出力矩为 12.24 N·m。

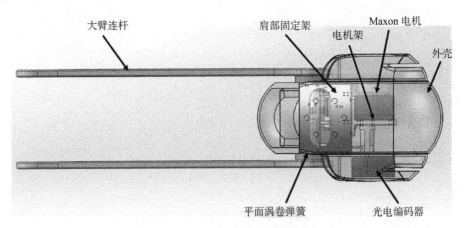

图 6-3-14　助餐机器人肩部结构设计

肩部关节处由于前端机械臂力臂较长,所以需要增加平面涡卷弹簧来平衡前端机械臂所产生的力矩,以保证机械臂能够正常运转。参考《平面涡卷弹簧设计计算》(JB/T 7366—1994),在机械臂的肩部关节处增加卷簧机构。肩部采用外端回旋式机构涡卷弹簧[见图 6-3-15(a)],弹簧的外端固定在肩部的固定螺栓上,内钩钩在输出轴上的通槽内,以保证卷簧实现功能,如图 6-3-15(b)所示。

选择卷簧前,需对肩部的受力情况进行分析。在 SolidWorks 软件环境下对机械臂

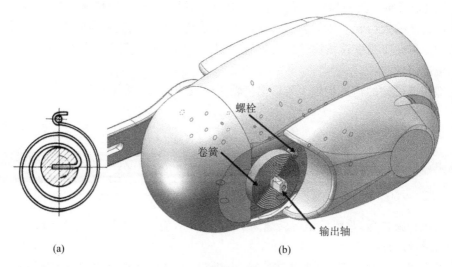

(a)   (b)

图 6 - 3 - 15 肩部力矩平衡机构设计

模型进行受力分析(见图 6 - 3 - 16),A 为机械臂伸直状态下机械臂的质心位置,B 为肩关节的旋转中心。

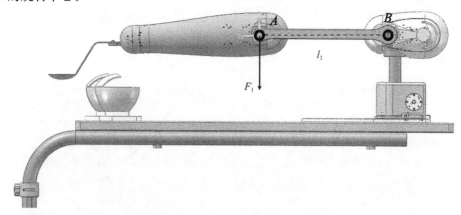

图 6 - 3 - 16 水平位置时肩部受力分析

使用 SolidWorks 软件分析可得:在机械臂处于水平位置时,$l_1=0.31$ m,$F_1=2.1\times 10=21$ N,由此可计算出该位置的力矩 $T_1=6.51$ N·m。

据《平面涡卷弹簧设计计算》(JB/T 7366—1994)相关内容,对所需的卷簧规格进行计算:一直承受的转矩 $T=\dfrac{6.51}{2}=3.255$ (N·m)(肩部采用两个卷簧),变形角 $\psi=1.6$ rad,允许安装宽度 $b=6$ mm,外端回转时 $K_1=1.25$,$K_2=2$,允许许用应力$[\sigma]=750$ N/mm^2。然后计算卷簧材料厚度 h 和卷簧材料的展开长度 l。

卷簧材料厚度:$h=\sqrt{\dfrac{6K_2T}{b[\sigma]}}=\sqrt{\dfrac{6\times 2\times 3\,255}{6\times 750}}=8.68$ (mm)。

卷簧材料的展开长度：$l = \dfrac{Ebh^3\psi}{12K_1T} = \dfrac{200\,000 \times 6 \times 8.68^3 \times 1.6}{12 \times 1.25 \times 3\,255} = 25\,716.87$ (mm)。

使用设计的卷簧平衡机构后，当助餐机器人机械臂处于水平位置时，卷簧因为机构的相对运动收紧储能，当机械臂抬起的时候，卷簧放松释放能量，起到平衡机构重量的作用。

4）底座结构设计

底座主要由输出轴、电机联轴器、电机架、蜗轮蜗杆减速箱、底板等组成（见图 6-3-17）。底座电机使用 Maxon 的盘式电机，电机工作电压为 36 V，额定转速为 5 080 r/min，额定输出力矩为 0.108 N・m。电机配套的减速箱减速比为 5：1，此时电机的输出转速为 1 016 r/min，力矩为 0.54 N・m。为了满足使用需求，在底座设计了蜗轮蜗杆减速机构，减速比为 62：1，经减速后，最终输出的转速为 16.39 r/min，输出力矩为 33.48 N・m。

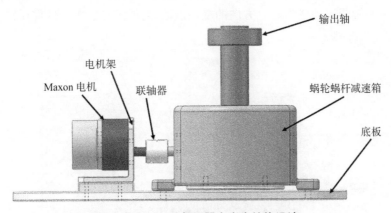

图 6-3-17　助餐机器人底座结构设计

蜗轮蜗杆机构常用来传递两交错轴之间的运动和动力，两轴线交错的夹角可以为任意值，常用的夹角为 90°。蜗轮与蜗杆在其中间平面内相当于齿轮与齿条，蜗杆又与螺杆形状相似（见图 6-3-18）。

图 6-3-18　蜗轮蜗杆传动

而当使用单头蜗杆(相当于单线螺纹)时,蜗杆每旋转一周,蜗轮只转过一个齿距,因而能实现大的传动比。在动力传动中,一般传动比为5~80;在分度机构或手动机构的传动中,传动比可达到300;若只传递运动,传动比可达1 000。

蜗杆导程角小于摩擦角时,理论上不能使用蜗轮驱动蜗杆,也就是说可以设计自锁的蜗杆传动装置。蜗杆轴和蜗轮轴的布置,有时可做到既能节约原动机和从动机的安装面积,又方便和合理。蜗杆传动与螺旋齿轮传动相似,在啮合处有相对滑动。因此摩擦损失较大、效率低;当传动具有自锁性时,效率仅为0.4左右。

基于蜗轮蜗杆传动具有上述传动比大、运转平稳、噪音小、具有自锁性等优点,在设计底座减速机构时采用了蜗轮蜗杆减速机构(见图6-3-19)。该减速机构中蜗轮蜗杆呈90°垂直布置,这样既可以使电机位置更合理,又节省了安装面积。同时选择单头蜗杆进行驱动,蜗轮齿数为62,此时蜗轮蜗杆传动具有自锁性,从而保证了机构的安全性。通电后,电机通过联轴器与蜗杆连接,蜗轮与输出轴之间通过键连接,经过蜗轮蜗杆减速后,水平面内的旋转运动变为竖直方向的旋转运动,能够满足机器人的使用需求。

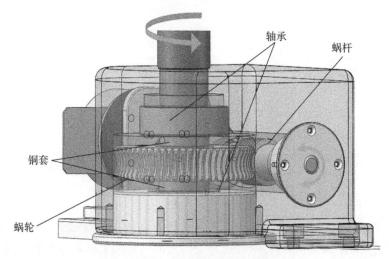

图6-3-19 底座蜗轮蜗杆减速机构

底座部分由直流电机驱动,经过蜗轮蜗杆减速后,由输出轴连接机械臂的前臂和上臂部分,带动机械臂在水平面内进行旋转运动。输出轴作为最终的传动轴,主要作用是传递力矩,它主要承受扭矩,因此在设计时需要对其分别进行强度和刚度的计算,校核其是否满足条件。

2. 运动学分析验证

1) 机器人运动学方程的D-H表示法

为了研究助餐机器人机械臂的空间运动,使机器人处于期望的位姿,需要对机器人进行运动学分析。对于正运动学,必须推导出一组与机器人特定构型有关的方程,这样将已知的关节和连杆变量代入这些方程就能计算出机器人的位姿。而机器人的逆运动学则是在已知机器人位姿的情况下,反推出机器人要达到这样的位姿所需的关节变量。为了研究这些问题,选用运动学中运用最广泛的D-H表示法进行分析。

使用 D-H 法进行分析时,首先要给每个关节指定一个参考坐标系,然后确定一个关节到下一个关节来进行变换的步骤。将基座到第一关节,再从第一关节到第二关节直至最后一个关节的所有变换结合起来,就得到了机器人的总变换矩阵。为了用 D-H 法对机器人建模,首先为每个关节指定一个本地参考坐标系,每个关节必须指定一个 z 轴和 x 轴,通常不需要指定 y 轴。建立坐标系之后,就能按照下列顺序由两个旋转和两个平移来建立相邻两连杆之间的相对关系,将一个参考坐标系变换到下一个参考坐标系:

① 绕 Z_n 轴旋转 θ_{n+1},它使得 x_n 和 x_{n+1} 互相平行,因为 a_n 和 $a_{n+\theta}$ 都是垂直于 Z_n 轴的,因此绕 Z_n 轴旋转 θ_{n+1} 使它们平行(并且共面)。

② 沿 Z_n 轴平移 d_n+1 距离,使得 x_n 和 x_{n+1} 共线。因为 x_n 和 x_{n+1} 已经平行并且垂直于 Z_n 轴,沿着 Z_n 轴方向移动则可使它们互相重叠在一起。

③ 沿 x_n 轴平移 a_{n+1} 的距离,使得 x_n 和 x_{n+1} 的原点重合。这时两个参考坐标系的原点处在同一位置。

④ 将 Z_n 轴绕 x_{n+1} 轴旋转 a_{n+1},使得 Z_n 轴与 Z_{n+1} 轴对准。

通过重复以上 4 个步骤,就可以实现一系列相邻坐标系(即相邻关节)之间的变换,从机器人基座开始,直至变换到机器人的末端执行器。

2)助餐机器人正运动学方程

根据助餐机器人的结构设计可知,该机器人属于 4 自由度的链式机器人,且机器人的四个关节都是旋转关节,因而运用 D-H 表示法对机器人的机械臂进行运动学分析,得到机器人的末端执行器即勺子的空间位姿变换情况。其变换矩阵是关于关节变量 θ_i 的函数,该函数将各关节的运动与变换矩阵联系起来。将各关节间的变换矩阵相乘,可得到机器人机械臂手柄相对于基座坐标系的变换矩阵,即该机器人机械臂手柄的位姿关于各关节运动变量 θ_i 的运动学模型。以助餐机器人的机械结构为参考,根据 D-H 表示法,为每一个连杆指定坐标系,得到各连杆坐标系(见图 6-3-20),各连杆和关节参数见表 6-3-1。

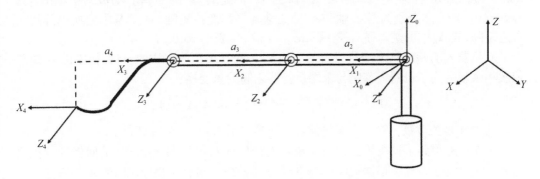

图 6-3-20 助餐机器人喂食机械臂连杆坐标系

图 6-3-20 中,坐标系 Z_0-X_0 为基座坐标系,坐标系 Z_1-X_1 为肩关节坐标系,坐标系 Z_2-X_2 为肘关节坐标系,坐标系 Z_3-X_3 为腕关节坐标系,坐标系 Z_4-X_4 为机械臂末端执行器坐标系。

表 6-3-1　助餐机器人机械臂 D-H 参数表

序号	θ	d	a	α	运动范围
1	θ_1	0	0	$-90°$	$-90°\sim90°$
2	θ_2	0	a_2	0	$-30°\sim90°$
3	θ_3	0	a_3	0	$-60°\sim90°$
4	θ_4	0	a_4	0	$-90°\sim90°$

表 6-3-1 中, θ 表示相邻关节坐标系之间的关节角, d 表示相邻关节之间的连杆长度, a 表示相邻关节之间的连杆偏移量, α 表示相邻关节坐标系之间的扭转角。

通过上文描述的 D-H 表示法的四个步骤,就可以实现机器人相邻坐标系之间的坐标变换。通过这种变换得到的变换矩阵就是齐次变换矩阵,以下简称 A 矩阵,每个坐标变换都对应一个 A 矩阵。根据关节变换运动顺序, A 矩阵计算结果表示如下:

$$^nT_{n+1}=A_{n+1}=Rot(z,\theta_{n+1})\times Tran(0,0,d_{n+1})\times Tran(a_{n+1},0,0)\times Rot(x,a_{n+1})$$

$$=\begin{bmatrix} C\theta_{n+1} & -S\theta_{n+1} & 0 & 0 \\ S\theta_{n+1} & C\theta_{n+1} & 0 & 0 \\ 0 & 0 & 1 & 0 \\ 0 & 0 & 0 & 1 \end{bmatrix}\times\begin{bmatrix} 1 & 0 & 0 & 0 \\ 0 & 1 & 0 & 0 \\ 0 & 0 & 1 & d_{n+1} \\ 0 & 0 & 0 & 1 \end{bmatrix}\times\begin{bmatrix} 1 & 0 & 0 & a_{n+1} \\ 0 & 1 & 0 & 0 \\ 0 & 0 & 1 & 0 \\ 0 & 0 & 0 & 1 \end{bmatrix}\times\begin{bmatrix} 1 & 0 & 0 & 0 \\ 0 & C\alpha_{n+1} & -S\alpha_{n+1} & 0 \\ 0 & S\alpha_{n+1} & C\alpha_{n+1} & 0 \\ 0 & 0 & 0 & 1 \end{bmatrix}$$

式(6-3-2)

$$A_{n+1}=\begin{bmatrix} C\theta_{n+1} & -S\theta_{n+1}C\alpha_{n+1} & S\theta_{n+1}S\alpha_{n+1} & a_{n+1}C\theta_{n+1} \\ S\theta_{n+1} & C\theta_{n+1}C\alpha_{n+1} & -C\theta_{n+1}S\alpha_{n+1} & a_{n+1}S\theta_{n+1} \\ 0 & S\alpha_{n+1} & C\alpha_{n+1} & d_{n+1} \\ 0 & 0 & 0 & 1 \end{bmatrix}$$

式(6-3-3)

式中: $^nT_{n+1}$ 表示坐标系 $n+1$ 相对于坐标系 n 的变换矩阵,记为 A_{n+1} ; $Rot(z,\theta_{n+1})$, $Rot(x,a_{n+1})$ 分别为绕 Z 轴和 X 轴的基本旋转变换矩阵; $Trans(0,0,d_{n+1})$, $Trans(0,0,d_{n+1})$ 分别为沿 Z 轴和 X 轴的基本平移变换矩阵。4 个基本变换矩阵均为可逆矩阵,故 A_{n+1} 可逆。 $S\theta_{n+1}$ 表示 $\sin\theta_{n+1}$, $C\theta_{n+1}$ 表示 $\cos\theta_{n+1}$ 。

而机器人的基座到末端执行器的变换是由多个 A 矩阵组成的,将变换中的 A 矩阵依次相乘就得到了机器人基座与末端执行器之间的总变换:

$$^RT_H=^RT_1\,^1T_2\,^2T_3\cdots^{n-1}T_n=A_1A_2A_3\cdots A_n$$

式(6-3-4)

其中 n 是关节数。对于本案例设计的机器人而言,有 4 个 A 矩阵。

上文已经得到了助餐机器人的机械臂连杆坐标系和 D-H 参数表,下面将计算该机器人的正运动学方程。根据式(6-3-3)和表 6-3-1 可得个坐标之间的 A 矩阵如下:

$$A_1=\begin{bmatrix} C\theta_1 & -S\theta_1C\alpha_1 & S\theta_1S\alpha_1 & a_1C\theta_1 \\ S\theta_1 & C\theta_1C\alpha_1 & -C\theta_1S\alpha_1 & a_1S\theta_1 \\ 0 & S\alpha_1 & C\alpha_1 & d_1 \\ 0 & 0 & 0 & 1 \end{bmatrix}=\begin{bmatrix} C\theta_1 & 0 & -S\theta_1 & 0 \\ S\theta_1 & 0 & C\theta_1 & 0 \\ 0 & 1 & 0 & 0 \\ 0 & 0 & 0 & 1 \end{bmatrix}$$

式(6-3-5)

$$A_2 = \begin{bmatrix} C\theta_2 & -S\theta_2 C\alpha_2 & S\theta_2 S\alpha_2 & a_2 C\theta_2 \\ S\theta_2 & C\theta_2 C\alpha_2 & -C\theta_2 S\alpha_2 & a_2 S\theta_2 \\ 0 & S\alpha_2 & C\alpha_2 & d_2 \\ 0 & 0 & 0 & 1 \end{bmatrix} = \begin{bmatrix} C\theta_2 & -S\theta_2 & 0 & a_2 C\theta_2 \\ S\theta_2 & C\theta_2 & 0 & a_2 S\theta_2 \\ 0 & 0 & 1 & 0 \\ 0 & 0 & 0 & 1 \end{bmatrix}$$

式(6-3-6)

$$A_3 = \begin{bmatrix} C\theta_3 & -S\theta_3 C\alpha_3 & S\theta_3 S\alpha_3 & a_3 C\theta_3 \\ S\theta_3 & C\theta_3 C\alpha_3 & -C\theta_3 S\alpha_3 & a_3 S\theta_3 \\ 0 & S\alpha_3 & C\alpha_3 & d_3 \\ 0 & 0 & 0 & 1 \end{bmatrix} = \begin{bmatrix} C\theta_3 & -S\theta_3 & 0 & a_3 C\theta_3 \\ S\theta_3 & C\theta_3 & 0 & a_3 S\theta_3 \\ 0 & 0 & 1 & 0 \\ 0 & 0 & 0 & 1 \end{bmatrix}$$

式(6-3-7)

$$A_4 = \begin{bmatrix} C\theta_4 & -S\theta_4 C\alpha_4 & S\theta_4 S\alpha_4 & a_4 C\theta_4 \\ S\theta_4 & C\theta_4 C\alpha_4 & -C\theta_4 S\alpha_4 & a_4 S\theta_4 \\ 0 & S\alpha_4 & C\alpha_4 & d_4 \\ 0 & 0 & 0 & 1 \end{bmatrix} = \begin{bmatrix} C\theta_4 & -S\theta_4 & 0 & a_4 C\theta_4 \\ S\theta_4 & C\theta_4 & 0 & a_4 S\theta_4 \\ 0 & 0 & 1 & 0 \\ 0 & 0 & 0 & 1 \end{bmatrix}$$

式(6-3-8)

根据式(6-3-4)可得机器人基座和末端执行器勺子之间的总变换为：

$$^R T_H = A_1 A_2 A_3 A_4 = \begin{bmatrix} C_1 C_{234} & -C_1 S_{234} & -S_1 & a_2 C_1 C_2 + a_3 C_1 C_{23} + a_4 C_1 C_{234} \\ S_1 C_{234} & -S_1 S_{234} & C_1 & a_2 S_1 C_2 + a_3 S_1 C_{23} + a_4 S_1 C_{234} \\ S_{234} & C_{234} & 0 & a_2 S_2 + a_3 S_{23} + a_4 S_{234} \\ 0 & 0 & 0 & 1 \end{bmatrix}$$

式(6-3-9)

而机器人最后的正运动学解是相邻关节之间的 4 个变换矩阵的乘积：

$$^R T_H = {}^0 T_4 = \begin{bmatrix} n_x & o_x & a_x & p_x \\ n_y & o_y & a_y & p_y \\ n_z & o_z & a_z & p_z \\ 0 & 0 & 0 & 1 \end{bmatrix} = \begin{bmatrix} C_1 C_{234} & -C_1 S_{234} & -S_1 & a_2 C_1 C_2 + a_3 C_1 C_{23} + a_4 C_1 C_{234} \\ S_1 C_{234} & -S_1 S_{234} & C_1 & a_2 S_1 C_2 + a_3 S_1 C_{23} + a_4 S_1 C_{234} \\ S_{234} & C_{234} & 0 & a_2 S_2 + a_3 S_{23} + a_4 S_{234} \\ 0 & 0 & 0 & 1 \end{bmatrix}$$

式(6-3-10)

式中：$^0 T_4$ 为机械臂末端执行器在基坐标系中的位姿矩阵；$[n_x\ n_y\ n_z]^T$ 为机械臂末端执行器的 X_4 轴在基坐标系中的方向矢量；$[o_x\ o_y\ o_z]^T$ 为机械臂末端执行器的 Y_4 轴在基坐标系中的方向矢量；$[a_x\ a_y\ a_z]^T$ 为机械臂末端执行器的 Z_4 轴在基坐标系中的方向矢量；$[p_x\ p_y\ p_z]^T$ 为机械臂末端执行器在基坐标系中的位置。

故得到助餐机器人的正运动学方程为：

$$
\begin{cases}
n_x = C_1 C_{234} & n_y = S_1 C_{234} & n_z = S_{234} \\
o_x = -C_1 S_{234} & o_y = -S_1 S_{234} & o_z = C_{234} \\
a_x = -S_1 & a_y = C_1 & a_z = 0 \\
p_x = a_2 C_1 C_2 + & p_y = a_2 S_1 C_2 + & p_z = a_2 S_2 + \\
a_3 C_1 C_{23} + a_4 C_1 C_{234} & a_3 S_1 C_{23} + a_4 S_1 C_{234} & a_3 S_{23} + a_4 S_{234}
\end{cases}
\qquad \text{式}(6-3-11)
$$

根据式(6-3-11)，在已知各关节运动角度的情况下，可以计算出机器人机械臂末端执行器勺子的位姿。

3）助餐机器人逆运动学方程

为了使机器人手臂处于期望的位姿，需要求逆运动学的解，也就是求解机器人的每个关节变量，以便机器人的控制器控制机器人的运动。求解逆运动学问题是已知机械臂末端执行器的坐标位置来计算机械臂各个关节的角度值，是正向运动学问题的反过程。由以上推导出的正运动学方程进行逆运动学的求解。根据机械臂的运动学正解，使用矩阵逆乘的解析法求解运动学逆解。

（1）求解关节角 θ_1 和 θ_3

使用解析法求解运动学逆解，由 A_1^{-1} 左乘机器人总变换矩阵得：

$$
A_1^{-1} {}^0T_4 = {}^1T_4 = A_2 A_3 A_4
$$

展开可得：

$$
\begin{bmatrix}
n_x C_1 + n_y S_1 & o_x C_1 + o_y S_1 & a_x C_1 + a_y S_1 & p_x C_1 + p_y S_1 \\
n_z & o_z & a_z & p_z \\
-n_x S_1 + n_y C_1 & -o_x S_1 + o_y C_1 & -a_x S_1 + a_y C_1 & -p_x S_1 + p_y C_1 \\
0 & 0 & 0 & 1
\end{bmatrix} =
$$

$$
\begin{bmatrix}
C_{234} & -S_{234} & 0 & a_4 C_{234} + a_3 C_{23} + a_2 C_2 \\
S_{234} & C_{234} & 0 & a_4 S_{234} + a_3 S_{23} + a_2 S_2 \\
0 & 0 & 1 & 0 \\
0 & 0 & 0 & 1
\end{bmatrix}
\qquad \text{式}(6-3-12)
$$

根据式(6-3-12)和式(6-3-13)中元素，整理可得：

$$
-p_x S_1 + p_y C_1 = 0 \qquad \text{式}(6-3-13)
$$

故 $\theta_1 = \arctan(\dfrac{p_y}{p_x})$ 或 $\theta_1 = \arctan(\dfrac{p_y}{p_x}) + 180°$，$\theta_1$ 最多可以有两个解。而在正运动学建模时考虑到建立的基坐标系和助餐机械臂的安全问题，规定 θ_1 的取值范围是 $[-90°, 90°]$，根据反正切函数的单调性可知，θ_1 只有一个解。

根据式(6-3-12)中(1,4)和(2,4)元素，可得：

$$
\begin{cases}
p_x C_1 + p_y S_1 = a_4 C_{234} + a_3 C_{23} + a_2 C_2 \\
p_z = a_4 S_{234} + a_3 S_{23} + a_2 S_2
\end{cases}
\qquad \text{式}(6-3-14)
$$

将方程组两边平方再相加，整理可得：

$$\begin{cases} C_3 = \dfrac{(p_x C_1 + p_y S_1 - a_4 C_{234})^2 + (p_z - a_4 S_{234})^2 - a_2^2 - a_3^2}{2 a_2 a_3} \\ S_3 = \pm \sqrt{1 - C_3^2} \end{cases}$$

式(6-3-15)

而根据式(6-3-11)可知，$C_{234} = o_z$，$S_{234} = n_z$，故可知：

$$\theta_3 = \arctan \frac{S_3}{C_3}$$

式(6-3-16)

由 θ_3 的求解过程可以看出，对应每个 θ_3 最多可以有两个解。

（2）求解关节角 θ_2 和 θ_4

由 $\boldsymbol{A}_1^{-1}$、$\boldsymbol{A}_2^{-1}$ 依次左乘机器人总变换矩阵可得：

$$\boldsymbol{A}_2^{-1} \boldsymbol{A}_1^{-1} {}^{0}\boldsymbol{T}_4 = {}^{2}\boldsymbol{T}_4 = \boldsymbol{A}_3 \boldsymbol{A}_4$$

式(6-3-17)

展开可得：

$$\begin{bmatrix} C_1 C_2 n_x + S_1 C_2 n_y + S_2 n_z & C_1 C_2 o_x + S_1 C_2 o_y + S_2 o_z & C_1 C_2 a_x + S_1 C_2 a_y + S_2 a_z \\ -C_1 C_2 n_x - S_1 C_2 n_y & -C_1 C_2 o_x - S_1 C_2 o_y & -C_1 C_2 a_x - S_1 C_2 a_y \\ -S_1 n_x + C_1 n_y & -S_1 o_x + C_1 o_y & -S_1 a_x + C_1 a_y \\ 0 & 0 & 0 \end{bmatrix}$$

$$\begin{bmatrix} C_1 C_2 p_x + S_1 C_2 p_y + S_2 p_z - a_2 \\ -C_1 C_2 p_x - S_1 C_2 p_y \\ -S_1 p_x + C_1 p_y \\ 1 \end{bmatrix} = \begin{bmatrix} C_{34} & -S_{34} & 0 & a_4 C_{34} + a_3 C_3 \\ S_{34} & C_{34} & 0 & a_4 S_{34} + a_3 S_3 \\ 0 & 0 & 1 & 0 \\ 0 & 0 & 0 & 1 \end{bmatrix}$$

式(6-3-18)

根据式(6-3-17)中(2,4)元素，整理可得：

$$-C_1 C_2 2 p_x - S_1 C_2 2 p_y = a_4 S_{34} + a_3 S_3$$

式(6-3-19)

故可知：

$$\theta_2 = \arcsin \frac{a_4 S_{34} + a_3 S_3}{-C_1 P_x - S_1 p_y}$$

式(6-3-20)

由于 $C_{234} = o_z$，$S_{234} = n_z$，故 $\tan \theta_{234} = \dfrac{n_z}{o_z}$，由此可计算得：

$$\theta_{234} = \arctan \frac{n_z}{o_z} \quad \text{或} \quad \theta_{234} = \arctan \frac{n_z}{o_z} + 180°$$

式(6-3-21)

既然 θ_2、θ_3 已知，则可计算出：

$$\theta_4 = \theta_{234} - \theta_3 - \theta_2$$

式(6-3-22)

因为(6-3-21)式中 θ_{234} 有两个解，所以 θ_4 也有两个解。

由以上计算可得助餐机器人逆运动学解为：

$$
\begin{cases}
\theta_1 = \arctan\left(\dfrac{p_y}{p_x}\right) \text{ 或 } \theta_1 = \arctan\left(\dfrac{p_y}{p_x}\right) + 180° \\[2ex]
C_3 = \dfrac{(p_x C_1 + p_y S_1 - a_4 C_{234})^2 + (p_z - a_4 S_{234})^2 - a_2^2 - a_3^2}{2a_2 a_3}, C_{234} = o_z, S_{234} = n_z \\[2ex]
S_3 = \pm\sqrt{1 - C_3^2} \\[2ex]
\theta_3 = \arctan\dfrac{S_3}{C_3} \\[2ex]
\theta_2 = \arcsin\dfrac{a_4 S_{34} + a_3 S_3}{-C_1 P_x - S_1 p_y} \\[2ex]
\theta_{234} = \arctan\dfrac{n_z}{o_z} \text{ 或 } \theta_{234} = \arctan\dfrac{n_z}{o_z} + 180° \\[2ex]
\theta_4 = \theta_{234} - \theta_3 - \theta_2
\end{cases}
$$

式(6-3-23)

4）运动学分析验证

为验证上文得到的运动学方程的准确性，本节将通过 SolidWorks 三维建模软件建立助餐机器人三维模型，且利用 SolidWorks 建模软件中的 Motion 模块，对助餐机器人的助餐机械臂在设定的运动轨迹下进行运动仿真。由于机械臂末端勺子在设定的轨迹下运动，使得勺子的位置坐标在不断变化，因而 4 个关节的角度值都将发生变化。

在进行运动仿真时，可以通过 SolidWorks 中的 Motion 分析模块，得到各关节的角度信息和机器人末端勺子的位置信息。由于在运动过程中无法提到末端勺子的姿态信息，因而在后面的计算验证过程中，只对末端勺子的位置方程进行验证。

在预设运动轨迹下验证起始和停止位置（见图 6-3-21）。预先设定在该段轨迹中，底座关节运动 30°，肩部关节运动 90°，肘部关节运动 45°，腕部关节运动 45°。

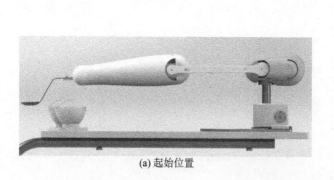 

(a) 起始位置   (b) 停止位置

图 6-3-21　验证轨迹的起始和停止位置

（1）正运动学方程验证

对于所设计的助餐机器人而言，正运动学方程就是已知关节和连杆变量求解机器人末端勺子的空间位姿。上一节中已经建立机器人的正运动学方程，接下来需要在 SolidWorks

中先模拟关节运动,从而得到相关变量信息,从而验证所建立的方程的正确性。

正运动学方程的验证主要通过对正运动学方程计算得到的机器人机械臂末端勺子的位置与在仿真中直接测量得到的机器人机械臂末端勺子的位置进行对比。通过在 SolidWorks 进行建模,设定 $a_2=268.5$ mm,$a_3=279.5$ mm,$a_4=160$ mm。将仿真过程中提取到的各关节角度值代入式(6-3-11)中的第 10、11、12 项中,计算得到机器人末端执行器的 p_x,p_y,p_z 大小。将计算得到的 p_x,p_y,p_z 的大小与直接通过 SolidWorks 获得的相对于基座坐标系的机器人机械臂末端勺子的位置在 MATLAB 分析软件中进行比较,得到其位置-时间曲线:在 X 轴上的位移-时间曲线对比图,如图 6-3-22 所示;在 Z 轴上的位移-时间曲线对比图如图 6-3-23 所示;在 Y 轴上的位移-时间曲线对比

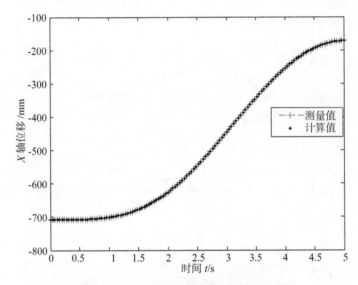

图 6-3-22　X 轴位移-时间曲线对比图

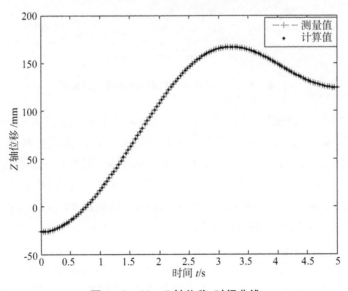

图 6-3-23　Z 轴位移-时间曲线

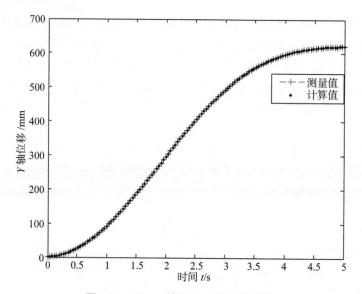

图 6 - 3 - 24 *Y* 轴位移-时间曲线对比

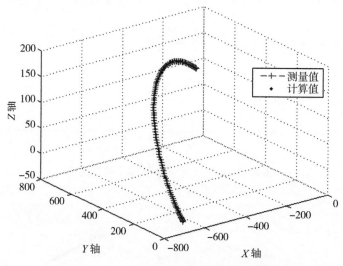

图 6 - 3 - 25 三维空间位移-时间曲线对比图

图如图 6 - 3 - 24 所示,三维运动轨迹的位移-时间曲线对比图如图 6 - 3 - 25 所示。

在设定的运动轨迹中,x、y、z 三个方向上的测量值和计算值基本相等(见图 6 - 3 - 22~图 6 - 3 - 25)。通过正运动学方程计算得到的机器人机械臂末端勺子的空间位置与利用 SolidWorks 直接获得的末端执行器的空间位置基本重合,误差很小。因此,验证了正运动学方程的准确性。经分析,误差产生的原因应该是由 MATLAB 的计算精度与在 SolidWorks 中的测量精度不同而产生的。

(2) 逆运动学方程验证

逆运动学方程的准确性将继续利用在 SolidWorks 建模软件下对助餐机器人进行运动仿真来验证。主要对比通过逆运动学方程计算得到的各关节角度和在仿真中所测量得到的各关节角度。

已知 $a_2 = 268.5$ mm, $a_3 = 279.5$ mm, $a_4 = 160$ mm,在机器人进行运动仿真时,提取各时刻机器人末端执行器的 p_x, p_y, p_z 的位置大小,将其代入公式(6-3-23)中,求出的各关节角度大小。将求出的各角度大小与在运动仿真中测量得到的各关节角度大小进行比较,得到底座关节角度-时间曲线对比图(见图 6-3-26),肩部关节角度-时间曲线对比图(见图 6-3-27),肘部关节角度-时间曲线对比图(见图 6-3-28),腕部关节角度-时间曲线对比图(见图 6-3-29)。

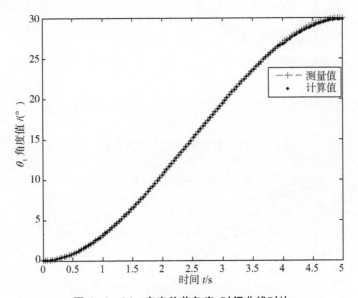

图 6-3-26　底座关节角度-时间曲线对比

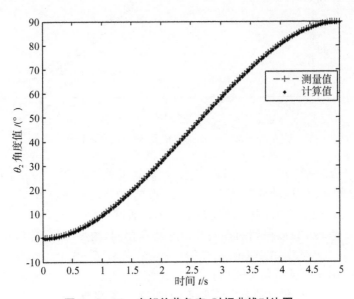

图 6-3-27　肩部关节角度-时间曲线对比图

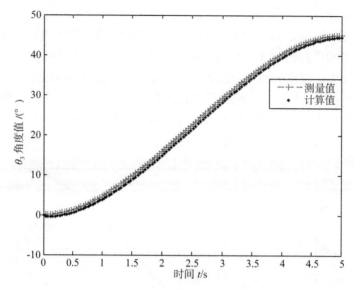

图 6 - 3 - 28　肘部关节角度-时间曲线对比图

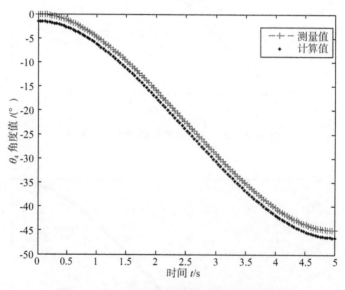

图 6 - 3 - 29　腕部关节角度-时间曲线对比图

从图 6 - 3 - 26～图 6 - 3 - 27 可以看到，θ_1 的运动范围在 $0°\sim30°$ 之间，θ_2 的运动范围在 $0°\sim90°$ 之间，θ_3 的运动范围在 $0°\sim45°$ 之间，θ_4 的运动范围在 $0°\sim-45°$ 之间，均在各关节的设定运动范围之内，满足活动范围要求。通过逆运动学方程计算得到的 θ_1、θ_2、θ_3 与通过 SolidWorks 直接得到的各关节角度基本相同，角度-时间曲线拟合度好（见图 6 - 3 - 26～图 6 - 3 - 28）。由式(6 - 3 - 22)可知，θ_4 在 θ_1、θ_2、θ_3 的基础上计算得到，因此会有累积误差，由腕部关节角度-时间曲线对比图（见图 6 - 3 - 29）看出，计算得到的 θ_4 角度值与测量得到的 θ_4 角度值最大误差不超过 $2°$，在误差范围内，验证了所建立的机器人逆运动学方程的准确性。

3．控制系统设计

助餐机器人的控制系统通过语音模块接收来自用户的命令,采集各关节处编码器的数据作为反馈数据,控制机器人机械结构中的四个驱动电机(底座电机、肩部电机、肘部电机、腕部电机)。所以本项目控制系统的研究重点在于如何准确识别用户发出的指令,准确采集各关节处编码器的数据,以及协调控制这四个直流无刷电机,使整个控制系统完成预定的助餐动作。本案例的控制系统由顶层使用者交互系统、控制系统和底层驱动组成。顶层使用者交互系统使用的是语音控制,主要负责人机交互和助餐方案的制定工作。控制系统则是整个底层动力系统的核心部分,由主控制器、各个关节的子控制器组成。它接收来自顶层用户控制系统的控制命令并精确地控制 4 个自由度运动所对应的直流电机,完成对四个关节的编码器数据的采集与处理,对四个电机进行调速,同时还要完成相应的通信功能以实现数据和指令的交换,按照预定好的最优的轨迹完成助餐动作。驱动系统主要驱动电机的转动和停止(控制流程见图 6-3-30)。

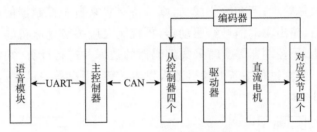

图 6-3-30　控制系统控制流程

根据以上的分析,控制系统要完成的任务比较复杂,需要和语音模块进行通信,接受控制指令,同时还要控制机械臂的正常运转。而机械臂的运动是一个 4 自由度的复合运动,控制系统在调速的同时还要协调机械臂的四个关节。考虑到程序编写以及功能划分的问题,在硬件结构方面,将控制系统规划成一主四从的结构。四个从机分别针对四个不同的关节进行电机的调速以及电机的速度反馈,而主机则作为机器的协调单元,负责对机械臂的空间解耦以及位置闭环控制,并且实现相应的取食、助餐功能。使用 CAN总线将对应关节的执行命令下发至各个从机(控制系统的结构见图 6-3-31)。

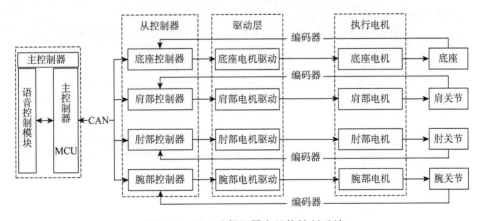

图 6-3-31　助餐机器人总体控制系统

主控制器通过 UART 通信的方式接收来自语音模块的控制命令,根据轨迹规划计算出各个关节点的运动参数,通过 CAN 通信的方式发送给各关节点的子控制器模块,从而协调各个关节精确地按照既定的轨迹进行运动。在实际运动过程中,主控制器模块首先要通电上电,然后自动初始化。若初始化失败,则判定为助餐机器人发生故障,用户需关机进行故障处理;若初始化成功,则等待使用者的语音指令。当接收到语音指令之后,主控制器进行语音指令处理,制定对应的轨迹规划和运动参数,通过 CAN 通信将参数发送给子控制器模块,并实时监测子控制器模块。监测过程中若助餐机器人发生故障,用户需关机进行故障处理[主控制器流程图见图 6 - 3 - 32(a)]。

从控制器通过 CAN 通信的方式和主控制器进行通信,接收到来自主控制器的运动参数后控制驱动器驱动对应关节处的电机进行运动,利用编码器采集到的数据计算各关节的运动状态,并将运动信息发送给主控制器进行协调。在实际操作过程中,从控制器模块首先要通电上电,然后自动初始化。若初始化失败,则判定为助餐机器人发生故障,用户需关机进行故障处理;若初始化成功,则等待接收来自主控制器的运动参数。当接收到运动参数之后,输出驱动信号给驱动器,再控制对应关节处电机的运动。在助餐机器人的运动过程中,子控制器需实时采集编码器的数据并进行计算,并将计算好的参数发送给主控制器。监测过程中若助餐机器人发生故障,用户需关机进行故障处理[从控制器流程图见图 6 - 3 - 31(b)]。

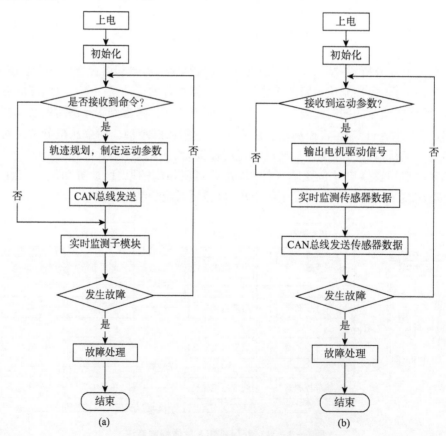

(a)   (b)

图 6 - 3 - 32   主、从控制器程序流程图

第四节 陪护机器人

一、陪护机器人基本概念

陪护机器人是指对人类起到陪伴照护作用的机器人,其主要作用是陪伴用户进行聊天及情感交流等活动,部分情感陪护机器人还集成了健康、生活服务等功能。

随着全球老龄化日趋严重,老年人的陪护问题变得十分重要。而随着人工智能技术的发展,智能型陪护机器人已经成为解决这一问题的有效途径,其不仅可以陪伴老人,而且可以承担一定的家庭服务工作(见图6-4-1)。可以预见,在不久的将来,人口老龄化日益突出与残疾人口居高不下将是世界各国的一个重要社会特征。除了面临病痛威胁之外,日常生活照料和精神抚慰将成为老年人面临的主要困难之一,未来需要大量护理机器人来照顾老人或承担服务的角色。因此作为精神照护的护理机器人、智能化的陪护机器人便由此应运而生。国内陪护机器人目前发展还不够成熟,在老龄化趋势下,陪护机器人将迎来较大发展机会。自21世纪以来,万物互联的加速到来与人工智能技术的迅速崛起,给智慧健康养老模式创造了新的机遇。

图6-4-1 陪护机器人

在中国的当代情境下,空巢家庭数量的不断增加已成为无法回避的现实。据统计,目前我国城乡空巢比率分别为49.7%和38.3%,预计到2030年,空巢率将达到90%,成为我国老年人家庭的主要形式。与此同时,随着计划生育政策与人们生育观念的转变,我国人口增速减缓,传统的扩展家庭向核心家庭转变,家庭户均规模从1982年4.41人逐步下降到不足3人。而且,我国存在大量失独老人。据卫生部统计,我国失独家庭每年会新增7.6万,子女每天忙于工作,陪伴老人的时间十分有限,老人的晚年生活中体验更多的是孤独感而不是天伦之乐。伴随着人口政策、劳动力人口的流动以及生活观念与居住方式等因素的变化,家庭结构逐渐核心化,代际支持减弱,再加上身体状况的恶化,空巢和失独老人往往感到被孤立,主要表现为失落感、孤独感、衰老感、痛苦、不适、焦虑和抑郁,且自我评价偏低。抑郁症成为老年人群中仅次于老年痴呆的常见精神障碍,严重影响空巢、失独老人的健康,大力推进智能陪护服务势在必行。2018年3月政府工作报告明确指出加强新一代人工智能在医疗、养老等多领域的应用。《"十三五"国家老龄事业发展和养老体系建设规划》明确繁荣老年用品市场,提升老年用品科技含量。

此外,对于少年儿童,全世界每天平均有2 000个家庭因为儿童意外伤害失去孩子,在中国每年有1 000万儿童遭受各种各样的伤害,约占中国幼儿总数的10%,全中国有6 800万留守儿童、1 000万城市留守儿童因为缺乏父母的陪伴和监护有可能面临同样的处境。而如今社会上,父母工作繁忙,没有时间和精力陪伴孩子并引导孩子的成长。这给能够24小时陪伴在孩子身边的智能陪护机器人提供了广阔的市场前景。

陪护机器人的技术难点不在结构设计上,而在于情感的交互和内容的生产以及机器人的自主学习能力上。陪护机器人的核心技术模块是人工智能,人工智能发展路径遵循计算智能、感知智能、认知智能。在计算智能方面,计算机已经超越了人类;感知智能也进入深度化层次;认知智能是未来努力的方向,其核心技术包括语音语义技术、环境识别、人脸识别、行为识别等。

二、陪护机器人主要类型

按照使用对象,目前陪护机器人主要可分为儿童陪护机器人和老年人陪护机器人。由于生活节奏的变快和劳动力的减少,小孩的看护、老人的陪护逐渐成为困扰年轻人的诸多问题之一,大力发展智能陪护机器人是未来机器人的发展方向之一。

(一)儿童陪护机器人

从总体来看,儿童陪护机器人按功能大致可分为教育、游戏与陪伴三种,随着人工智能技术以及人脸识别、视频交互等安防技术与家庭机器人主要应用场景高度耦合,智能机器人变得更加"拟人化",能够给用户带来更好的交互体验。

小忆机器人能主动识别家庭成员,具有四轴万向运动方式,可实现360°任意方向转动,随时随地观察宝宝在家动态,智能捕捉录制小视频,具有丰富的儿童教育资源,包含儿童童谣精选、儿歌、故事、笑话、百科内容。它具有400万像素的高清摄像头,可通过语音直接呼叫拨打视频通话,结合人脸识别和声音定位可主动跟随视频对象的方位,无论对话、拍照还是视频通话都可自动跟随人脸。

小优机器人是一款集成了语音识别、触控传感、远程监控、视频通话等技术,能从动作、语言、表情、情绪等多角度进行智能模拟,拥有多种功能及独特个性的机器人。它喜欢与人对话、做游戏,可以通过声控命令、感应器或智能手机去操控它,与它互动。它不仅上知天文,下知地理,还能唱歌、跳舞,在陪护儿童的同时,可与其一起学习、互动。系统中包括上万种针对各种生活场景的互动会话内容及6 500句声控文件,可以正确进行语音识别。

　　RK2 Pro 机器人集语音交互、视频监控、通话、教育等功能于一体,融合了安防、通讯、教育等功能。采用摄像头实现人体识别和视觉追踪功能,内置红外夜视灯,自动切换白天/黑夜监控模式,具备红外夜视、移动报警能力。可实现 5 m 内语音唤醒和自动应答,头部底端与颈部连接处内置了两轴云台,可以对机器人头部姿态进行控制,方便摄像机采集多角度的图像。支持 360°无死角旋转,底盘配备了超声波避障传感器、防跌落传感器、温湿度传感器。

(二) 老年人陪护机器人

1. TWENDY-ONE 陪护机器人

　　日本早稻田大学历时 7 年时间,为老年人开发了一款名为"TWENDY-ONE"的陪护机器人(见图 6-4-2),身高近 1.5 m,体重 110 kg,金属部分全部采用了镁合金。关节数量为手臂 7 个(单臂)、手指 13 个(单手)、躯干部 4 个、脖颈 3 个,共具有 27 自由度。该陪护机器人只靠手腕抬起可搬运的重量约为 22 kg,而使用整个前臂环抱搬运的重量可达到 34 kg,可向任意方向移动,可以自行判断、绕开障碍物。它不仅可以扶持老人起床,还会送饭、喂饭。它有硅胶制成的柔软手指,加上里面灵活的关节可巧妙地完成人手的工作,从生鸡蛋到面包片都可以取放自如。

2. 新松家宝

　　2017 年新松机器人推出了公司首款基于云计算的学习型养老机器人——新松家宝(见图 6-4-3)。该机器人不仅包含智能看护、亲情互动、远程医疗、家政服务等功能,还

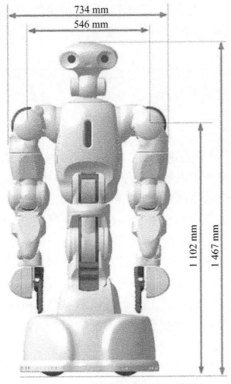

图 6-4-2　TWENDY-ONE 机器人

图 6-4-3　新松家宝

拥有强大的家庭卫士、环境感知、自主学习等能力,采用先进的 SLAM 算法加上红外辅助对环境进行建模,实现自主行走、避障、漫游、充电,同时内置语音识别模块,能够在 5 m 范围内轻松识别人类语言,进行语音交互。

三、陪护机器人设计方法

(一) 陪护机器人基本要求

以老年陪护机器人为例,其设计一般需要达到如下基本功能要求:

1. 跟随功能

要想达到最佳"陪护"效果,陪护机器人就得担当"贴身保镖"的角色,而这其中所涉及的不仅仅是移动的速度,还有人脸识别的技术。

2. 肢体交互功能

如果机器人能够用"手臂"与其进行肢体交互,则不仅能进行更好的互动,还能更好地引导被服务者的行为。比如在老年人走向危险环境的时候,机器人用手臂将其拉住,再用语音进行劝阻,确保陪护效果。

3. 自主学习功能

由于互联网的普及、服务对象的多样性,需要理解的内容很可能已经超过了它系统内部所添加的固定知识,此时将不能对被照顾者的分享进行回馈,久而久之,陪护机器人就失去了自己的作用。因而,作为一个陪护机器人,要想实现自己的价值,必然要具备自学的能力,才能跟上被照顾者的思维,真正实现高级的智能陪护。

4. 情感陪护功能

需要从智能计算中建立情感表示与情感度量之间的关系,开发出多模态信息融合的情绪识别算法和情绪调节干预技术,通过赋予机器人识别、理解和适应使用者情感的能力来建立和谐的人机环境,实现自然人机交互、人脸识别、情绪辨识及定位功能。

陪护机器人的系统采用嵌入式底层控制器、机载微型电脑的分布式体系架构,主要使用智能化语音交互、人脸识别、自主学习等先进技术。机器人系统主要由机器人本体的机械结构、图像处理系统、控制系统、语音辨识系统和各类传感器等构成。机器人的机械结构在各种驱动、传动装置及控制系统的协同配合下,在确定空间范围内运动;机器人的控制系统为智能控制方式,通过传感器获得周围环境的信息,并根据自身内部的知识库和算法做出相应的决策,而控制模式主要为触觉控制、视觉控制、听觉控制等;使用的传感器种类相当多,主要有温度传感器(感受冷热)、视觉传感器(识别文字、图像和景物等)、触觉传感器等,通过不同传感器信息的互相补充获得外界完整的信息。

一款合格的陪护机器人,首先要在"护"的层面上具备不错的家庭安全防护能力,比如当使用者单独在家且家人无时间看护时,不管在哪儿家人都能实时通过手机、电脑等设备清晰、流畅查看到使用者的动态,甚至可以实现清晰的语音、视频通话能力,不仅可以语音视频对讲,还能远程视频监控。其次,在"陪"的层面上,它还应成为沟通的工具,具备准确的语音识别及语言沟通能力。通过手机 App 可以远程看到家里实时的情况,也可以进行语音对讲。万一使用者在家遭遇突发情况,也可以通过语音呼救,或通过软件自动向家人的手机发送警报短信。再者,它的 AI 功能也要足够强大,从聊天交互、自学习等方面应具有能够成为使用者"知心朋友"的能力。

以老年人陪护机器人为例,需要以"马斯洛人类需求五层次理论"为基础,洞察用户身心需求,侧重用户感情进行设计。作为服务于老年群体的智能机器人,功能设计应符合老年人的生理与心理需求,操作应以简单方便为原则,并朝着多功能的方向发展,来满足老年人多方面、多元化需求。陪护机器人贴合老年人实际需求,功能板块包括日常照护、安全保健、情感陪护、文化娱乐四个方面(见图 6-4-4)

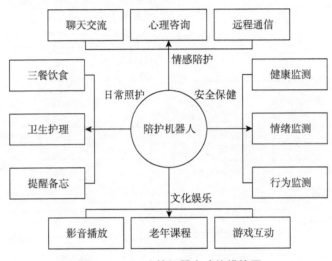

图 6-4-4　陪护机器人功能模块图

(二) 陪护机器人设计案例

这里通过阐述陪护机器人的一般关键技术内容来说明陪护机器人的设计原理。

1. 人机交互

1) 语音交互

语音交互包含三大关键技术,包括语音识别、自然语言理解及语音合成,具体可再细分为 6 个关键技术模块,如表 6-4-1 所示,详细介绍了各技术模块在语音交互系统的作用。

表 6-4-1　语音交互关键技术

序号	语音交互技术	作用
1	语音识别	完成语音到文字的转换
2	语音解析	将语音识别结果转换成机器语言
3	问题求解	完成解析问题的答案匹配
4	对话管理	语音交互信息中心

序号	语音交互技术	作用
5	语音生成	将机器语言转换成口语语言,解析的逆向过程
6	语音合成	完成口语语音的输出

陪护机器人语音交互系统的框架主要由语音识别模块、语音合成模块与语音处理模块组成,可实现语音对话、语音控制等功能(见图 6-4-5)。

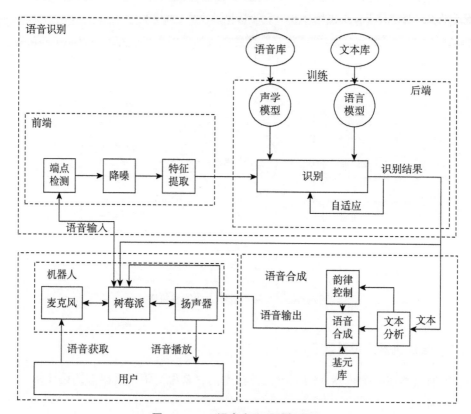

图 6-4-5　语音交互系统框架图

(1) 语音识别

语音识别系统是一种模式识别系统,主要由信号预处理、后端模式识别与模型训练组成。由于语音信号包含呼吸气流、外部噪声等干扰,所以需要先进行预滤波、采样、分帧加窗、端点检测、特征提取等预处理工作。预处理完成后,语音识别进入最重要的训练阶段与识别阶段。训练阶段包括声学模型训练与语言模型训练,主要工作为特征提取数据库中的语言样本,为每个词条建立一个声学模型和语言模型。声学模型训练根据特征提取模块输出的特征向量序列,采用一定的算法[例如,基于隐马尔可夫模型(HMM)和高斯混合模型(GMM)的方法,基于深度神经网络(DNN)和连接性时序分类(CTC)的方法,以及基于序列到序列(Seq2Seq)和注意力机制(attention)的方法]建立声学单元与特征向量之间的映射关系;语言模型训练利用文本数据,采用一定的算法(基于统计的语言模型、基于神经网络的语言模型等),建立文本单元之间出现概率关系。识别阶段主要工作为按照一定的准则和测度将识别样本特征与训练样本特征对比,并通过判定获取识别结果。

(2)语音合成

语音合成是按照语音处理规则将计算机产生的或外界输入的文字转换成自然流畅的语音信号,并通过声卡等多媒体设备将声音输出的技术。语音合成主要由四部分组成:① 文本分析;② 韵律控制;③ 语音合成;④ 基元库。

(3)语音交互

可采用语音识别工具 PocketSphinx,其在嵌入式系统开发方面识别速度快,占用率较低,完全能够满足陪护机器人的语音识别需求。可采用语音合成工具 Ekho,其工作过程为:首先读取文本字符,其次搜查字典匹配对应的音频信号数据,最后将音频信号通过 Pulse Audio 送入声卡发声。Ekho 工具具有合成不同年龄、性格与方言的个性化语音引擎,可以满足不同年龄段、地区的要求。

(4)语音控制

通过语音识别将语音指令识别生成对应的字符串,控制机器人运动。语音控制需编写语音控制的节点,订阅语音识别发布的"/recognizer/output"消息,根据消息中的具体信息发布速度控制指令。通过 Subscriber 订阅"recognizer/output"话题,接收到语音识别的结果后进入回调函数,并通过 Publisher 发布机器人运动控制指令。

2)视觉交互

家用陪护机器人人脸检测与识别系统作为家用陪护机器人视觉系统的重要组成部分,是实现机器人与人友好交互的一种关键技术。人脸检测与识别系统主要由图像处理模块、人脸检测模块、人脸样本采集模块和人脸识别模块组成。

图像处理模块从摄像头获得视频流信息,并在系统主界面进行动态显示,然后截取一帧视频流信息,将其转换成可读图片,对该图片做预处理后输出给人脸检测模块。人脸检测模块采用人脸识别算法,通过对人脸图像的特征提取、特征选择以及降维得到人脸的低维特征,由欧式距离分类器对该特征进行分类,对待识别图像中的人脸特征向量与每个人脸的特征向量进行相似度对比,得到最相似的人脸信息,输出人脸检测结果。

2. 导航

为了能够在家庭环境的各个位置实现陪护功能,家庭陪护机器人需要建立精准的环境地图且能够根据地图准确到达指定位置,因而需要完成 SLAM 与导航设计。SLAM 是指机器人通过自带传感器获取的数据从特定位置开始移动,并在移动过程中随时检测自身位置,以便获得增量式地图。导航的关键在于机器人定位和路径规划两个部分。定位的主要任务是确定机器人的位置并确保导航期间的准确性。路径规划包括全局路径规划和局部路径规划,其中全局路径规划基于 SLAM 构建的地图和定位获取的位置来规划总体路径,而局部路径规划则针对随时出现的障碍物而规划机器人在每个周期内应行驶的路线。

1)定位方案设计

考虑到家庭、敬老院等室内环境的情况,不适合对环境进行人工改造,因此不能采用铺设磁导轨或安装超声波发射装置等方式进行定位。基于激光扫描匹配的定位方法相对于视觉定位拥有着更高的定位精度,在 SLAM 技术中得到广泛的应用。因此在室内环境中使用激光扫描匹配是比较好的方法。本设计采用基于图优化的激光定位算法并运用回环检测,同时通过与里程计、IMU 的数据进行融合,减少动态特征的干扰和误匹配,增强定位的鲁棒性。

基于图优化的 SLAM 算法不仅能修正陪护机器人当前时刻的位姿,还通过回环检测技术来优化机器人之前时刻的位姿。其基本原理是利用已保存的传感器信息和它们之间的空间约束关系,通过各个时刻位姿间的约束来估计机器人的运动轨迹和地图。用节点来表示机器人的位姿,而节点之间的边表示位姿间的空间约束关系,这种节点和边构成的图被称为位姿图。完成位姿图的构造之后,通过对位姿序列进行优化,使其能够最优满足边的约束关系,得到的结果即机器人的运动轨迹和地图。

2）全局路径规划方案设计

智能陪护机器人在室内进行工作时,时常需要在各个工作点之间来回运动。同时,机器人需避开室内场景下的餐桌、床、沙发等家具。例如送水任务,应规划一条机器人从当前点出发,前往饮水机取杯倒水,并将水杯端送到茶几处的安全路径。为了使机器人能够安全避开静态障碍物,需要对其所处的地图进行建模。在机器人领域中,常用的地图表示方法主要有特征地图、拓扑地图、栅格地图和特征表示法。其中,栅格地图以栅格的形式描述地图环境,具有易构建、短路径、规划方便等优点。拓扑地图以拓扑结构图的形式描述地图环境,体现了关键点彼此之间的连接关系,具有数据量小、结构简单等优点,在这种简单的地图上可以直观地进行路径规划。针对陪护环境对两种方法进行比较分析,陪护机器人与巡检机器人不同,需要进行有效的人机交互。例如,对机器人发出"去床边""去门前"等指令。栅格地图在人机交互环境下的表示效果不好,因此采用拓扑地图可以更加有效地进行路径规划。

3）局部路径规划方案设计

完成全局路径规划以后,需控制机器人按照规划路径行驶。然而全局路径是一种理想的在静态环境下的路径。机器人在室内环境进行陪护时需考虑如下问题:进行陪护任务时,机器人会遇到行人或者临时多出来的椅子、生活用品、打扫工具等障碍物。针对这些在地图上没有体现出的环境信息,需采用额外的传感器来进行检测。常用的避障传感器有激光传感器、红外测距传感器、超声波传感器等。其中激光传感器价格较为高昂,不予考虑。超声波传感器可用于面检测,但超声波可能被吸声材料吸收,从而影响测量结果。红外传感器不受光照强度影响,白天夜晚均可使用,价格低廉,但只能检测单线的障碍物信息。经过分析比较,采用红外阵列的形式进行障碍物检测,在确保能够检测面信息的同时,也保障了成本。

由于机器人会遇到一些临时障碍物,在陪护过程中如果不进行相应的处理则会发生碰撞,因此需要进行局部路径规划来使机器人自主避开障碍物,再回到原有的路径上。主流的避障算法有模糊导航算法、动态窗口法、人工势场法等。其中模糊导航算法是基于规则的控制算法,通过将操作人员经验形成的语言规则直接转化为控制策略,适用于数学模型难以获取或者动态行为不易掌控的对象。动态窗口法需要遍历所有速度空间的可行解,对于已有的信息没有充分利用,当遍历的间距较小时,时效性较差。人工势场法则需要在环境中构造一个人工势场,势场包含引力源(目标点或希望机器人进入的区域)和斥力源(障碍物或禁止机器人进入的区域),机器人在势场中受到目标点引力以及障碍物斥力的共同作用,沿着它们合力的方向运动。人工势场法由于其数学计算上的简单有效被广泛运用于局部路径规划。但当引力和斥力的合力为零时,机器人可能陷入局部极小值点。此外,室内环境存在一些较窄小的廊形环境,这种环境由于障碍物较多,会使得机器人的运动不稳定,产生震荡。借鉴人工势场法的思路,可以采用临时避障点来完成局部路径规划。在没有临时避障点或者到达临时避障点以后,目标点类似于人工势场法,拥有对机器人的引力。这种方法可以解决人工势场法中的局部极小值以及震荡问题。

第五节 护理床机器人

一、护理床机器人基本概念

护理床机器人是通过将护理床与机器人技术相结合来解决长期卧床患者功能康复和护理问题的一种特殊的护理床。电动护理床实际上也可以称为广义上的护理床机器人。一般意义上的护理床机器人不仅拥有普通护理床的功能,还融合了机器人技术和康复技术,对患者进行日常生活自动护理,且有效预防各种长期卧床并发症的发生。有的护理床机器人还具有人体健康与安全监测等功能。

中国早已进入人口老龄化国家的行列,是世界上老龄化速度最快的国家之一。随着老龄化的发展,失能及半失能老人数量巨大,且医疗机构中需要康复的脑卒中等严重功能障碍患者迅速增长,康复及护理问题成为医疗机构及家庭面临的巨大挑战。卧床患者不仅需要医疗康复手段,还需要生活护理,这导致我国医疗资源紧张,护理人员缺乏等现象。护理床机器人为应对这些问题提供了重要途径。

最初的护理床多采用医用多功能双摇床、医用单摇床,被称为手动护理床,能实现的功能也比较单一。近年来,这种传统的手摇驱动床已逐渐被电机驱动取代,出现了许多国产电动护理床。目前我国的护理床的结构和动力系统都有了改善,逐渐用电机驱动的电动护理床、多功能护理床替代了手动护理床,现在的多功能护理床能够提供翻身、起身、屈腿等多种服务。而且,通过辅助设施还能实现洗头、坐便等功能。其中多体式智能康复护理床不仅具有日常护理与康复训练功能,还具有移动功能,将电动智能轮椅、护理床、康复训练、卫生处理等多方面技术进行集成,以缓解长期卧床患者所带来的医疗资源紧张、护理人员短缺的现状,提升康复效果和减轻社会负担。

护理床机器人的特点主要有:① 护理功能完善,具有许多自动护理功能;② 具有适应功能障碍者的智能交互功能;③ 结构设计适应自动控制要求;④ 具有二便处理、辅助坐起或站立等高级护理功能;⑤ 具有康复训练等其他附加功能。

目前我国的失能老人已经达到 4 200 万左右,预计 2030 年将达到 6 000 万。患有常见的帕金森病、脑卒中、老年痴呆、下肢骨折或残疾等疾病的老年人,在完成患病初期医院治疗后,往往需要对其进行长期的卧床护理。长期卧床患者可能导致一系列生理变化,包括骨骼脱钙、肌肉萎缩、关节挛缩、心血管和呼吸系统变化、肺炎、压疮、泌尿系统疾病等,对出院后的老年人的护理工作主要由家庭以及养老机构等承担,但目前对长期卧床老人的护理工作面临护理水平较低、养老机构服务门槛高等问题。失能患者除了不具备日常生活自理能力(ADL)与工具性日常活动能力(IADL)之外,无法独立移动是长期卧床患者最明显的特征。长期卧床患者的护理工作给社会与患者家属带来巨大的压力。传统的卧床患者床椅转移过程极大地消耗护理人员体力,也极易造成患者的二次伤害,长期自主移动性受限也对患者的心理与生理造成了严重危害。

很多护理床机器人具有翻身起背等功能,能够有效地缓解患者的褥疮与肺部感染等常见的并发症。可分离式护理床从一定程度上解决了长期患者床椅转移的问题。可分离式护理床由床体部与轮椅部组合而成,二者处于合并状态时,呈现传统的护理床状态;当患者需要进行转移时,可以将轮椅部变换为轮椅状态进行转移,极大简化了床椅转移的过程。此外,集自主移动、护理及排泄等各种功能于一体的分体式多功能护理床对偏瘫患者或者长期卧床者的护理也具有重要意义。

二、护理床机器人主要类型

护理床是一种为了方便照顾残障者而发明的护理产品,其分类方式较多。例如按驱动方式可分为手动和电动护理床。按护理的对象病况可分为重症护理床(critical care beds)、强化护理床(intensive care beds)、中期护理床(intermediate care beds)、儿童护理床(paediatric care beds)等。按床板的拆分的块数可分为二折床、三折床、四折床等,通常情况下床板的折数越多,它的机械功能越复杂,能实现的护理功能越多。例如二折床通常只能实现患者起背和平躺的功能,而七折床可以实现起背、抬腿、翻身、排便处理等诸多功能。目前在国内的相关企业和研究所中,对护理床的机械功能研究基本已经十分完善,并不弱于欧美国家。但我国缺少的是智能控制技术、人机交互和传感器融合技术,这些关键技术的缺失导致高智能化的护理床技术只掌握在发达国家手中。而国内市面上高智能化护理床难觅踪影或者价格让大多数需要的家庭难以承受。对于患者和家庭来说,护理床是十分重要的,高智能化护理床能增强护理能力,减轻家庭和社会负担,帮助患者早日回归社会。智能护理床可以智能地辅助患者进行翻身、起背、屈伸腿等活动,防止褥疮,也可以智能地辅助患者排便,便于清洁,减轻护理强度。

由于目前护理床功能概念划分模糊,还没有统一的分类方法。这里对护理床机器人按照功能、结构、控制方式进行分类(见图 6-5-1)。

(一) 按功能分类

护理床机器人(包括电动护理床)按照功能可以分为医疗辅助类护理床和生活护理类的护理床。

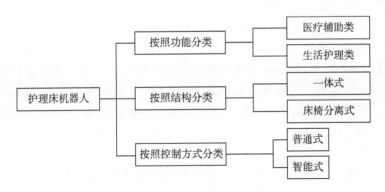

图 6 - 5 - 1　护理床机器人分类

1. 医疗辅助类

对于医疗辅助类护理床机器人,美国市场产品发展较好,美国市场产品基本品类分为两种:第一种是重症监护病房用医疗护理床 ICU(intensive care units)bed。适合专业人员长时间看护加紧急医疗处理。这种护理床高度技术化,功能齐全,满足重症看护所需特殊要求,基本实现全电动化,但价格高昂。第二种是医疗护理床 Medical/Surgical bed,其适用范围广,从医院到专业看护机构,再到家庭看护,均能适用,技术性与功能性相对较低,电动/手动都有产品,多样化程度高,价格较低。ICU bed 需要尽可能地实现多功能,需要为各种需要紧急处理的人员和器械运用留出足够安全和便捷的空间,能实行如心肺复苏等紧急医疗处理,也要求具有足够的机动移动能力,适合应用在不同医疗科室环境。比如直接使用全身 X 光或者 CT 扫描,有时需要特殊设计,例如床架的形状,以直接与各种医疗器械配合使用。医疗护理床多带有康复训练功能,华南理工大学开发了一款多功能护理床机器人,它可以通过按键、语音交互两种方式完成基本的肢体训练动作,同时还将基于 ARM 的多生理参数嵌入式监护系统集成到该护理床上,实现了对包括心电、呼吸、无创血压、血氧饱和度、体温在内的五个参数的实时监测。同时这些参数的二次数据还可提取心率、心律失常、呼吸率、收缩压、舒张压、平均压及脉率等参数,可以较全面地评估循环系统和呼吸系统的功能。

由奥都纽斯医疗器械公司研发的专利产品摇篮式自动护理床属世界上首例专用于被动体位失能患者的全自动通用医疗护理床(见图 6 - 5 - 2)。可广泛使用于临床治疗中

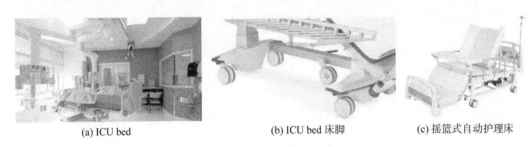

(a) ICU bed　　　　　　　(b) ICU bed 床脚　　　　　(c) 摇篮式自动护理床

图 6 - 5 - 2　医疗辅助类护理床

的昏迷、瘫痪、呼吸功能衰减、严重烧伤、外伤、骨科等重症患者的自动化专业医疗护理；也可以用于卧床不起、生活无法自理的患者及严重失能老人的自动化日常护理。除了基本坐起、收腿、翻身功能外，摇篮式自动护理床设有褥内负压通风装置，利用负压气流渗透性好、穿透力强的特点，有效地对身体重压区域降温除湿，消除汗腺排放造成的床面污秽和热积聚。摇篮式自动护理床的大小便处理采用负压密封及引流导向的新技术，创建了包括自动密封接便、负压温水冲洗、热风吹干在内的护理系统，使患者得到清洁、卫生、安全、有尊严的照料。

2. 生活护理类

生活护理类的护理床机器人可以方便患者的日常活动。国内对生活护理类护理床的研究近几年来持续不断，研究的方向更倾向于将二便、洗头等护理功能更好地加入护理床结构中，以满足患者的生活需求，同时减轻医护人员和家人的护理负担，如"机械保姆"家用多功能电动床[见图 6-5-3(a)]，可实现躺姿—坐姿—侧翻的姿态变换功能，采用柔软床垫与防滑布料，在防止对用户背部形成挤压的同时也防止用户下滑。此外，还集成了电动坐便器、手动洗头盆、手动护栏升降、移动餐板、伸缩输液架，实现多样化护理。另外，也有部分将轮椅的设计理念加入护理床的设计中，将护理床变得更加轻巧，以方便行动不便的患者更好地在房内移动。泛用型护理床通常的使用环境是较稳定的固定场所，全天候的专业护理条件较少；各种护理和生活用附件（输液架、用餐小桌板、夜用照明等）功能和易用性要求较高；使用者生理和心理两方面的需求都应考虑，即更多地将考虑的重点放在使用者的舒适性和自由性上。例如，他们大多拥有低矮的床架设计：美国市场上大部分产品床架高度在 300～400 mm 以下，并且可调节高度，原因是由于可能缺乏长时间的全天专人监护，一旦患者不慎跌下床，低矮的床架可使危险降至最低，同时患者上下床也更加容易。最近，泛用型医疗护理床（med/surg bed）中单独衍生出了一类名为泛用型长期护理床[long term care (LTC) med/surg bed]的产品，其设计考虑了长期卧床患者的需求[见图 6-5-3(b)]。

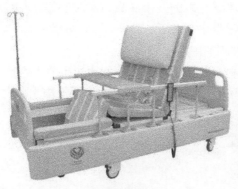
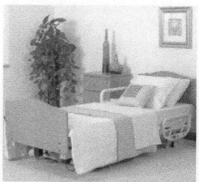

(a) 机械保姆   (b) 泛用型长期护理床

图 6-5-3 生活护理类护理床

（二）按结构分类

护理床按照结构可以分为一体式护理床和床椅分离式护理床。

1. 一体式护理床

早期生产的护理床大多是一体式的,不能进行床椅分离。如 InTouch 护理床就是一体式护理床[见图 6-5-4(a)],但它除了有普通护理床的起背、升降、安全护栏等功能以外,独特集成了可播放 24 种语言的临床短语,便于诊治各国患者。并且能够记录多达 50 位患者的体重变化图,护理人员能够据此调整护理计划,最大地帮助患者。该护理床还能够定时自动清洁和翻身以改变患者体位,且内置压疮评估量表 Braden Scale,方便医生和护理人员了解患者的情况,定制不同的康复计划。还可以播放音乐和自然中美妙的声音,缓解患者的压力。在 ICU 病房使用 InTouch 护理床可以实现数据同步。分体式护理床出现以后,功能更加丰富。美国 Hill-Rom 公司研发了一款多功能康复护理床[见图 6-5-4(b)],具有坐—卧两种姿态。但是该护理床也是一体式护理床,没有解决患者移动转移的难题,同时不具备翻身等功能,不能有效缓解护理人员的工作强度。

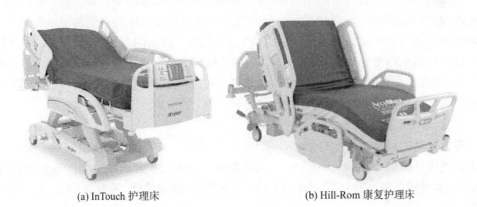

(a) InTouch 护理床　　　　　　　　(b) Hill-Rom 康复护理床

图 6-5-4　一体式护理床

2. 床椅分离式护理床

床椅分离式护理床是指由电动轮椅与床体组合而成的一种护理床机器人,可以实现患者多位姿变换及无障碍移动护理等功能。2009 年松下公司研发了一款新型护理床[见图 6-5-5(a)]。该护理床可以转换成轮椅,帮助老年人或残疾人独立起床。护理床的一半可以转变成轮椅,床体具有自动升降功能。移动时该轮椅可以检测障碍物,协助使用者避开障碍。此外,该护理床配有一个屏幕,可以和用户进行人机交互,也可以作为监控显示设备。北京航空航天大学开发了一种模块化、多姿态变换的多功能护理床系统[见图 6-5-5(b)],采用激光雷达对接与巡线对接的方式,并结合开门式、旋转座椅式、旋转底盘式等轮椅姿态变换动作实现床椅的自动对接。该团队先后进行了四款可分离式智能护理床的研发,并在敬老院中实际进行示范应用。上海理工大学康复工程团队在 2013 年研发了一款具有位姿变换、翻身、二便护理及床椅全自动对接分离的新型床椅分离式护理床机器人 i-Bed[见图 6-5-5(c)]。

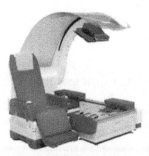
(a) 松下护理床机器人

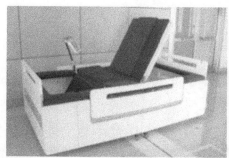
(b) E-Bed I 护理床机器人

(c) i-Bed 护理床机器人

图 6 - 5 - 5　床椅分离式护理床机器人

(三) 按控制方式分类

护理床按照控制方式可以分为普通电动护理床与智能护理床。

以前的护理床大多是简易手动护理床,后来在护理床上加护栏、餐桌,再后来加上二便护理功能、移动功能等,现在产生了很多集多功能护理为一体的多功能电动护理床,极大地提高了患者的康复护理水平,也为护理人员提供了极大的方便,操作简单、功能强大的护理产品越来越受到欢迎。目前的护理床加入了智能控制技术、人机交互和传感器融合技术,出现了高智能化的护理床。智能护理床可以智能地辅助患者进行翻身、起背、屈伸腿等活动防止褥疮,也可以智能地辅助患者排便,便于清洁,减轻护理强度。

1. 普通电动护理床

普通电动护理床大多没有智能控制功能。例如,日本生产的 HF908 护理床及八乐梦多功能康复护理床(见图 6 - 5 - 6)。八乐梦多功能康复护理床由主床体与电动轮椅结合而成,但是该护理床只具有一般的坐姿—卧姿变换控制功能,不具备翻身与二便处理功能,且成本较高。

(a) HF908 护理床

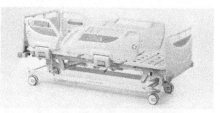
(b) 八乐梦多功能康复护理床

图 6 - 5 - 6　普通电动护理床

2. 智能护理床

现在的多功能护理床能够提供翻身、起身、屈腿等多种服务。由日本 SANYO 公司生产了命名为 Patient-Care Robot 的智能护理床。该设备能够将患者和残障人员从床上扶起,并将他们送到浴室或其他地方。在 20 世纪 90 年代,Stephen Mascaro 提出了可重构的轮椅床系统,床体采用双边结构,轮椅位于床体中部,通过姿态变换实现床椅系统的重构。并提出了基于力传感器的对接控制策略,通过力传感器逐步地调整床体的姿态,从而实现床椅对接。而且,通过辅助设施还能实现洗头、坐便等功能。

(四) 按使用场合分类

护理床机器人按照使用场合可以分为居家型护理床机器人和医护型护理床机器人。

1. 居家型

居家型护理床机器人主要以方便患者的日常活动为基础,如日本 Panasonic 公司开发了一款 Robotic bed(见图 6-5-7),它依照人机工程学的设计,让床体可以像轮椅一样带动使用者坐起并开出床框,预防褥疮的同时也拓展了患者的活动空间。此外,这款护理床也包含了一个先进的家电控制器和屏幕以及第三方的视频监护设备。这种床大大减少了护理人员的工作强度。

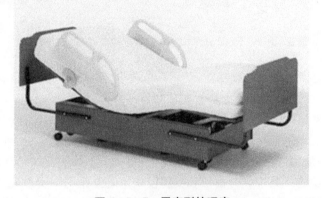

图 6-5-7　居家型护理床

2. 医护型

医护型护理床机器人是指在医疗机构使用的护理床机器人,其一般具有基于 ARM 的多生理参数嵌入式监护系统,实现对包括心电、呼吸、无创血压、血氧饱和度、体温等在内的生理参数的实时监测。同时这些参数的二次数据还可提取心率、心律失常、呼吸率、收缩压、舒张压、平均压及脉率等参数,可以较全面地评估循环系统和呼吸系统的功能。此外,医护型护理床机器人一般还带有康复训练等功能。

三、护理床机器人设计方法

(一) 护理床机器人设计要求

上海理工大学康复工程与技术研究所研发了一款基于 ROS 机器人操作系统及多传感器融合的分体式多功能智能护理床机器人 i-Bed(见图 6-5-8)。这里以此护理床为例说明护理床机器人的设计要求。本护理床机器人设计需要满足如下几方面的要求:

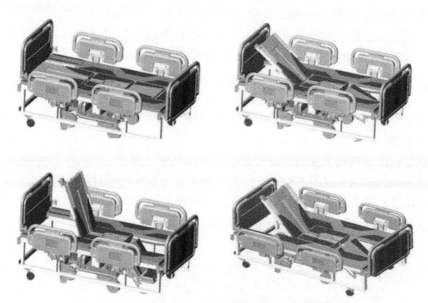

图 6 - 5 - 8   i-Bed 分体式多功能智能康复护理床机械系统

（1）具备传统护理床的基础功能，新增多位姿变换、翻身、移动、站立、二便自动护理等一体化功能。

（2）具有床椅分离功能，进行中央嵌入式多姿态轮椅及床架机构的模块化设计。多功能辅助护理系统机构部分包括多姿态轮椅及床架。通过功能分析，将多姿态轮椅分为起背模块、抬腿模块、翻身模块、床体模块、轮椅模块等，不同的模块相互配合用于实现多姿态变换和翻身功能。其中起背模块和抬腿模块协同工作用于实现坐姿与平躺的转换，平躺状态下，起背模块可以实现平躺到坐躺转换；起背模块、抬腿模块等协同运动可以实现由坐姿到站姿的转换；翻身模块可以实现翻身功能。

（3）对各模块机构参数进行优化设计并进行运动学分析，确定各个模块机构能否满足多姿态轮椅所需要的运动规律和空间位置要求。

（4）护理床与轮椅具有自主导航和自动对接功能。通过在多姿态轮椅上安装激光雷达、超声波及深度相机等多种传感器，采用基于视觉传感器的 SLAM 导航算法，实现多姿态轮椅在室内环境下的精确导航定位，此外可以根据患者需求更改智能轮椅导航偏好，以达到更好的实用性。基于激光雷达、超声波及深度相机多传感器融合，实现人机共存环境下可靠避障，保障人机安全性。

（5）进行人因工学设计，对老年人的多功能辅助护理系统形态偏好进行研究，为多功能辅助护理系统功能、结构和造型的设计提供方向和依据。按照人因工程学相关标准，确定半失能老人辅助护理系统基本尺寸参数，然后采用人机工程分析软件对舒适性、静态力、人体可达域等参数进行分析验证。

（6）具有二便自动护理功能，集成非接触式二便自动识别及二便自动护理模块。

（7）具有基于液晶触屏、视觉与语音识别的无障碍人机智能交互系统。

(二) 护理床机器人设计案例

1. 机械结构模块

长期卧床患者不同于普通的卧床患者,他们面临的问题要比一般卧床患者面临的问题更加复杂。应通过研究临床上长期卧床患者常见的并发症,分析各种并发症的原因和护理措施,针对不同的病因和护理措施设计系统功能与具体实施方案。除了满足患者的生理需求之外,他们的心理需求也需要得到满足,上海理工大学研究的这种新型康复护理床系统,机械部分采用多模块设计并实现多功能集成,如表6-5-1所示,可以分为两大机械部件:轮椅部分与床体部分。具有轮椅移动功能、站立训练功能、护理床功能(包括翻身、起背等不同姿态转换)以及大小便卫生自动处理功能(具有自动检测、清洁、烘干、除臭等功能)。特别是无需护理人员搬运的个人移动与站立训练功能,能极大地改善患者心肺、泌尿及肌骨系统的功能,提高临床康复效果与护理效率。还采用多姿态轮椅与护理床及其模块化结构设计,用于实现康复与护理功能;为了实现在一定误差范围内轮椅与护理床良好分离对接,设计了轮椅车与护理床分离对接结构。此设备所设计的机构方案既简单高效,又安全稳定且易于工程实现。

表6-5-1 轮椅部分各个模块功能

序号	模块	功能
1	靠背模块	起背、翻身
2	基座模块	翻身、站立、二便处理
3	腿部模块	抬腿、传感器数据采集
4	车体模块	轮椅承重、移动

此外,研究了分体式智能康复护理床各个机构的运动特性,针对不同机构的运动特点采用不同的方法建立了对应的数学模型,并且分析了各个机构的运动规律,进行运动仿真,对轮椅移动平台的安全性能进行评估与研究。为了保证轮椅移动的安全性和平稳性,首先对重要零部件进行力学分析和强度分析,确保理论上是安全的;其次对车体的倾覆能力进行了详细研究,分析了车体的倾覆角度和倾覆力矩,确定了车体的越障能力。基于多体式智能康复护理床系统样机的功能测试与分析,对原理样机各个功能进行测试分析,验证了设备的可行性。多体式智能康复护理床的机械总体设计满足了以下要求:

(1) 同时具有智能护理床的康复护理功能和智能轮椅的移动功能,具有安全可靠的床椅对接机构。

(2) 采用中央分离式床椅分离对接设计,轮椅与床体的分离对接一键自动完成,不需要人工干预,提高了患者移乘效率。采用激光导航实现自动对接和分离,对接精度高,过程平稳。

(3) 床椅可以锁定,防止对接后床椅产生晃动等情况。

(4) 采用模块化设计,可拆卸,方便运输,各模块采用冷轧钢管焊接而成。

（5）轮椅采用锂电池供电，两种充电模式：合并后自动充电、外接电源，采用专业轮椅控制摇杆，操作方便，不同状态之间切换方便。

（6）轮椅配有自动冲洗和烘干的智能化二便处理系统。

（7）采用医疗专用的电机，高效低噪，安全可靠。

（8）本体自重：<60 kg。

机械结构主要有以下创新性：

（1）中央嵌入式床椅分离对接机构设计与应用。长期卧床患者由护理床向轮椅转移十分困难，而且很容易导致二次伤害，为了解决这一难题，将护理床与智能轮椅有机结合。中央分离式床椅分离对接机构使床椅对接更加方便、快速，轮椅位于床体中央，便于患者转移至轮椅。

（2）具有翻身功能轮椅结构设计研究与应用。目前电动轮椅产品和研究成果都不具备翻身功能，而翻身功能对于预防患者并发症、改善患者护理环境具有重要意义。具有翻身功能的多姿态电动轮椅与护理床体有机结合后将为患者提供集姿态变换、翻身、二便处理和便捷移动为一体的使用体验。

车架部分要承担车体所有重量，设计时必须保证安全可靠（基本三维结构见图6-5-9）。

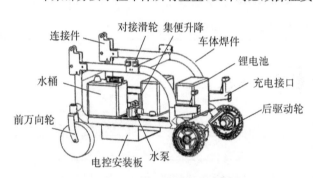

图6-5-9 车架模块三维结构图

车体的基本框架由圆管焊接而成，采用圆管不仅美观时尚，而且易于加工折弯；采用焊接工艺可以最大限度保证强度，而且加工制造方便。车架部分通过连接件与其余部分相连接，图6-5-9中连接件可以与基座模块和腿部模块相连接，由于该连接件受力集中，因此厚度需要增大，采用5 mm板材可以满足设计需要。

基座模块包括基本结构、翻盖机构、翻身机构，其中基本结构包括左、右翻身板，基座-背部连接件，基座框，起背电机连接件，支撑等，基座模块集成了翻身机构[见图6-5-10(a)]，二便处理机构[见图6-5-10(b)]，翻身机构主要由推杆电机AC，翻身导杆EF组成[见图6-5-10(c)]，当推杆电机推拉时，可以带动基座面板完成左右翻身动作。二便处理机构可以完成冲洗、接便和烘干功能，冲洗时采用温水，烘干采用暖风，其中冲洗头和烘干风扇集成在基座下部，既节约空间，又可以达到最佳工作角度。

腿部模块三维结构上（见图6-5-11），腿部托板和长连杆连接在车架模块的连接件处，在腿部托杆上焊接连接件，该连接件与抬腿电机连接。通过脚踏板、腿部托板和长连杆组成的平行四边形机构[见图6-5-11(b)]，腿部机构可以实现坐—躺的位置变换。该平行四边形机构由1个电动推杆推动，实现抬起和放下动作。

翻身机构由翻身电机、导杆、安装架、翻身轮组成（见图6-5-12）。翻身电机安装在基座框上，另一端与导杆相连，当电机推拉时，导杆随之移动，进而带动翻身轮推动翻身板动作。该机构设计简单有效，加工组装十分方便。

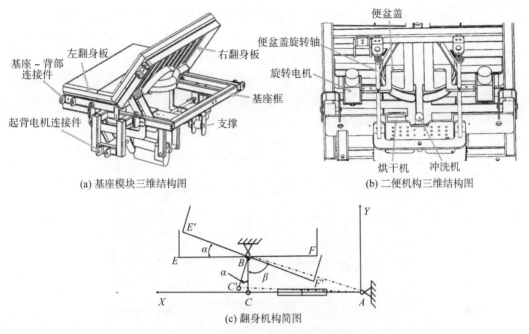

(a) 基座模块三维结构图

(b) 二便机构三维结构图

(c) 翻身机构简图

图 6 - 5 - 10 基座模块三维结构图

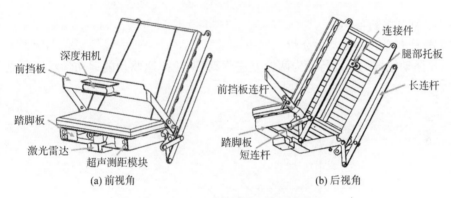

(a) 前视角

(b) 后视角

图 6 - 5 - 11 腿部模块三维结构图

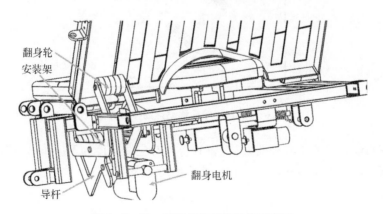

图 6 - 5 - 12 翻身机构三维结构示意图

位于基座部分的二便护理机构由便盆盖、便盆盖旋转轴、旋转电机、烘干机、冲洗机组成(见图6-5-13)。旋转电机具有断电自锁能力,该机构具有2个旋转电机分别控制左右2个便盆盖开合,旋转电机通过绳索拉动便盆盖打开;旋转电机反转,在重力作用下,便盆盖闭合。便盆盖安装在旋转轴上,可以绕旋转轴旋转。烘干机和冲洗机安装在基座框上,烘干机可以提供合适温度和风速的暖风用于烘干后臀部,冲洗机可以通过往复伸缩冲洗臀部,使臀部保持洁净。

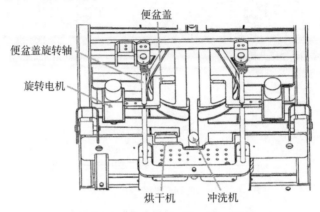

图6-5-13 二便护理机构三维结构示意图

2. 运动学分析与仿真

1) 轮椅部分移动运动学分析

后轮驱动轮椅的运动特性为两轮差速驱动(两轮差速驱动的运动学示意图见图6-5-14)。

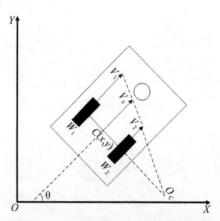

图6-5-14 轮椅移动运动学示意图

设其左右驱动轮的中心分别为 W_1 和 W_2,且对应线速度为 V_1 和 V_2,该值可以通过电机驱动接口输出的角转速 ω_1, ω_2 和驱动轮半径 r 求得,即:

$$V_1 = \omega_1 \times r \qquad \text{式(6-5-1)}$$

$$V_2 = \omega_2 \times r \qquad\qquad \text{式}(6-5-2)$$

取两驱动轮中心连线的中点为 C，C 点在大地坐标系 XOY 下坐标为 (x,y)，假设轮椅的瞬时速度为 V_C，则轮椅的姿态角 θ 为 V_C 与 X 轴夹角。轮椅的位姿信息可用矢量 $\boldsymbol{P} = [x,y,\theta]^{\mathrm{T}}$ 表示。轮椅的后轮做同轴圆周运动，左右轮角速度相同，$\omega_1 = \omega_2 = \omega_C$，到旋转中心的半径不同。瞬时速度 V_C 可以表示为：

$$V_C = \frac{V_1 + V_2}{2} \qquad\qquad \text{式}(6-5-3)$$

令 W_1 和 W_2 的距离为 l，且轮椅转动中心为 O_C，转动半径 C 到 O_C 的距离为 R，则轮椅转弯时的角速度 ω_C 可以表示为：

$$\omega_C = \frac{V_2 - V_1}{l} \qquad\qquad \text{式}(6-5-4)$$

联立两式，利用 V_1 和 V_2 求出轮椅的转动半径：

$$R = \frac{V_C}{\omega_C} = \frac{l}{2} \times \frac{V_1 + V_2}{V_2 - V_1} \qquad\qquad \text{式}(6-5-5)$$

差速驱动方式，即 V_1 和 V_2 间存在的速度之差决定了其具备不同的三种运动状态（见图 $6-5-15$）：

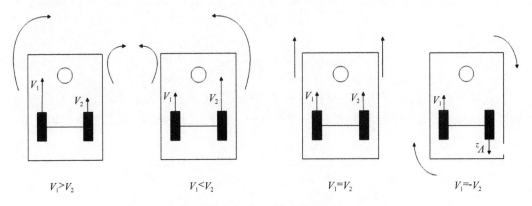

图 6-5-15　三种运动状态

当 $V_1 > V_2$ 时，轮椅顺时针做圆弧运动；

当 $V_1 < V_2$ 时，轮椅逆时针做圆弧运动；

当 $V_1 = V_2$ 时，轮椅做直线运动；

当 $V_1 = -V_2$ 时，轮椅以左右轮中心点为圆心做原地旋转。

2）腿部模块运动学分析

对抬腿机构进行运动学分析并构建运动示意图（见图 $6-5-16$），其中 KL 段为电动推杆的长度，设 IK 段为 L_1，IL 段为 L_2，KL 段为 L_3，α 为抬腿角度，$\angle LIK = \beta$，$\angle KIJ = \gamma$，由机构的几何关系可得：

$$\alpha = \beta - \gamma \qquad \text{式}(6-5-6)$$

由三角形余弦定理可以求解边长与角的关系,可得:

$$\cos\beta = \frac{L_1^2 + L_2^2 - L_3^2}{2L_1L_2} \qquad \text{式}(6-5-7)$$

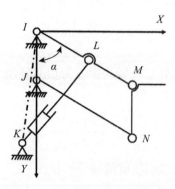

图 6-5-16 抬腿机构运动学示意图

由机械结构具体尺寸可知:$L_1 = 420$ mm,$L_2 = 160$ mm,$\gamma = 8°$,L_3 的取值范围为 $[325,475]$(mm),故抬腿角度与推杆长度的关系为:

$$\alpha = \arccos\left(\frac{L_1^2 + L_2^2 - L_3^2}{2L_1L_2}\right) - \gamma$$

$$= \arccos\left(\frac{420^2 + 160^2 - L_3^2}{2 \times 420 \times 160}\right) - 8° \qquad \text{式}(6-5-8)$$

式(6-5-8)揭示了抬腿电动推杆长度与抬腿角度的数学关系,通过进一步建模分析可得抬腿角度与运动时间的关系图(见图 6-5-17),经过分析可知,抬腿动作匀速、稳定,符合设计要求。

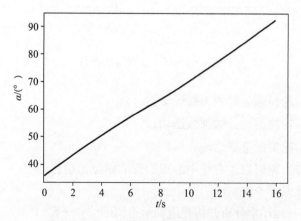

图 6-5-17 抬腿角度与运动时间关系图

3）基座模块翻身机构运动学分析

对翻身功能机构进行运动学分析并构建运动学示意图（见图6-5-18），本案例将其从总体结构中独立出来，进行针对性处理。其中 AC 段为翻身电动推杆的长度，设 BC 段为 L_1，AB 段为 L_2，AC 段为 L_3，α 为翻身角度，翻身机构起始角度 $\angle CBA = \beta$，电机工作后翻身机构角度 $\angle C'BA = \gamma$，由机构的几何关系可得：

$$\alpha = \gamma - \beta \qquad\qquad 式(6-5-9)$$

$$\cos\gamma = \frac{L_1^2 + L_2^2 - L_3^2}{2L_1L_2} \qquad\qquad 式(6-5-10)$$

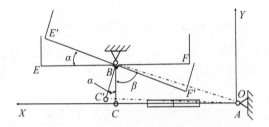

图6-5-18　翻身机构运动学示意图

由机械结构具体尺寸可知：$L_1 = 50$ mm，$L_2 = 216$ mm，$\beta = 76°$，L_3 的取值范围为 $[180, 240]$（mm），故翻身角度与翻身电动推杆长度的关系为：

$$\alpha = \arccos\left(\frac{L_1^2 + L_2^2 - L_3^2}{2L_1L_2}\right) - \beta$$

$$= \arccos\left(\frac{50^2 + 216^2 - L_3^2}{2 \times 50 \times 216}\right) - 76° \qquad\qquad 式(6-5-11)$$

式(6-5-11)揭示了翻身电动推杆长度与翻身角度的数学关系，通过进一步建模分析可得翻身角度与时间的关系图（见图6-5-19），翻身过程稳定、可靠，运动速度保持稳定，满足用户使用需要和设计要求。

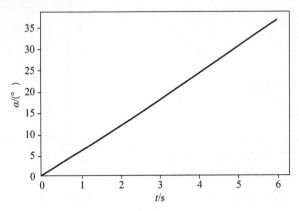

图6-5-19　翻身角度与运动时间关系图

4）起背机构运动学分析

对起背机构进行运动学分析并构建运动学示意图（见图6-5-20），本案例将其从总体结构中独立出来，进行针对性处理。其中 BC 段为起背电动推杆的长度，设 AB 段为 L_1，AC 段为 L_2，BC 段为 L_3，α 为起背角度，$\angle EAB = \eta$，$\angle BAC = \gamma$，由机构的几何关系可得：

$$\alpha = \gamma - \beta + \eta \qquad \text{式}(6-5-12)$$

$$\cos\gamma = \frac{L_1^2 + L_2^2 - L_3^2}{2L_1L_2} \qquad \text{式}(6-5-13)$$

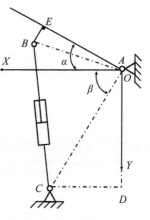

图 6-5-20　起背机构运动学示意图

由机械结构具体尺寸可知：$L_1 = 451$ mm，$L_2 = 166$ mm，$\beta = 61°$，$\eta = 6°$，L_3 的取值范围为 $[360, 545]$（mm）. 故起背角度与起背电动推杆长度的关系为：

$$\begin{aligned}\alpha &= \arccos\left(\frac{L_1^2 + L_2^2 - L_3^2}{2L_1L_2}\right) - \beta + \eta\\ &= \arccos\left(\frac{451^2 + 166^2 - L_3^2}{2 \times 451 \times 166}\right) - 61° + 6° \qquad \text{式}(6-5-14)\end{aligned}$$

式（6-5-14）揭示了起背电动推杆长度与起背角度的数学关系，通过进一步建模分析可得起背角度与运动时间的关系图（见图6-5-21），整个起背过程速度平稳、可靠，符合设计要求与使用要求。

5）站立机构运动学分析

对站立机构进行运动学分析并构建运动学示意图（见图6-5-22），本案例将其从总体结构中独立出来，进行针对性处理。其中 BC 段为电动推杆的长度，设 AB 段为 L_1，AC 段为 L_2，BC 段为 L_3，α 为站立角度，$\angle EAB = \beta$，$\angle BAC = \gamma$，$\angle CAD = \eta$，由机构的几何关系可得：

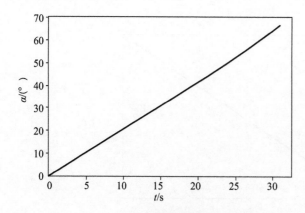

图 6-5-21　起背角度与运动时间关系图

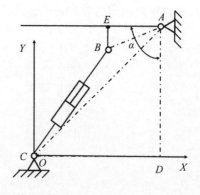

图 6-5-22　站立机构运动学示意图

$$\alpha = \beta + \gamma + \eta \qquad \qquad \text{式}(6-5-15)$$

$$\cos\gamma = \frac{L_1^2 + L_2^2 - L_3^2}{2L_1L_2} \qquad \qquad \text{式}(6-5-16)$$

由机械结构具体尺寸可知：$L_1 = 122 \text{ mm}$，$L_2 = 444 \text{ mm}$，$\beta = 23°$，$\eta = 32°$，L_3 的取值范围为$[340,505]$（mm），故站立角度与推杆长度的关系为：

$$\alpha = \beta + \arccos\left(\frac{L_1^2 + L_2^2 - L_3^2}{2L_1L_2}\right) + \eta$$

$$= 23° + \arccos\left(\frac{122^2 + 444^2 - L_3^2}{2 \times 122 \times 444}\right) + 32° \qquad \text{式}(6-5-17)$$

式（6-5-17）揭示了站立电动推杆长度与站立角度的数学关系，通过进一步建模分析可得站立角度与运动时间的关系图（见图6-5-23），站立过程缓慢、稳定，速度基本处于匀速状态，保证运动过程安全性和稳定性。

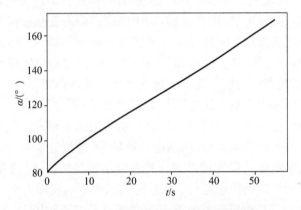

图6-5-23 站立角度与运动时间关系图

3. 控制系统及导航对接模块

底层控制系统主要分为（见图6-5-24）：电源模块、感知模块、主控模块、电机控制模块以及姿态变换模块。其中电源模块实现了对整个系统进行供电，由于系统中不同的元器件与模块额定电压不同，电源模块中分别有24 V、12 V、5 V电源输出；主控模块为系统核心处理器，负责接收传感器数据并发出控制指令，是整个系统的核心处理单元；感知模块包括对摇杆、编码器等传感器的信号采集与处理；电机控制模块主要包括电机驱动以及轮椅的姿态变换的功能实现。

为满足不同模块的供电需求，对24 V锂电池通过降压模块进行降压处理[降压模块见图6-5-25（a）]，实现24 V至5 V与24 V至12 V的降压处理。降压功耗、降压后纹波、降压后电平稳定性以及降压的功率都是降压过程中的重要参数，该系统需供电的功率较大且存在激光雷达等对电压稳定性需求较高的精密器件，应采用成熟的降压模块实现对24 V至5 V与24 V至12 V的降压。该模块体积小，自带散热壳，且经过测试，输出电压稳定性较高，纹波较少。

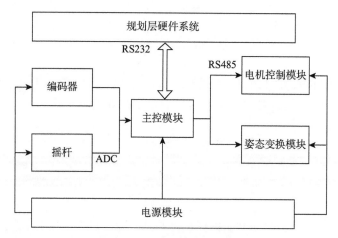

图 6-5-24　控制系统硬件框图

　　各个模块中,推杆电机是起主要作用的动力部件,是各个模块的核心。其主要包括起背电机、翻身电机、站立电机、抬腿电机,用于实现多姿态变换和翻身功能。其中起背电机和抬腿电机协同工作用于实现坐姿与平躺的转换,平躺状态下,起背电机可以实现平躺到坐躺转换;起背电机、站立电机和抬腿电机协同运动可以实现由坐姿到站姿的转换;翻身电机可以实现翻身功能。无刷减速电机可以提供稳定可靠的转速,作为轮椅移动的驱动电机。系统采用无刷直流电机驱动器[见图 6-5-25(b)]。该驱动器电压范围为 9~36 V,能够通过的最大电流为 10 A,满足所采用的无刷直流电机的功率需要。该电机驱动器能够接收多种控制信号,包括电位器信号、模拟量信号、开关信号、RS485 串口通信信号等。该电机驱动器使用电机回路电流精密检测技术,可精准实现对电机启动、制动、换向过程和堵转保护的控制。且电机响应时间短,反冲力小,能够对输出电流进行实时监控,从而有效保护电机和驱动器,较好地满足了护理床中电机对驱动器的要求。

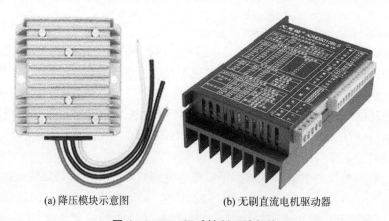

(a) 降压模块示意图　　　　　　　(b) 无刷直流电机驱动器

图 6-5-25　运动控制系统部件

　　由机械系统可知,编码器安装于无刷直流电机内,用于测量电机转速。采用增量式编码器[见图 6-5-26(a)],其分辨率为 2 000 PPR,通过该编码器输出的 A、B 相信号的倍频可以实现 8 000 PPR。通过对 A、B 信号的处理可以得到当前电机的正反转信息。

摇杆作为传统电动轮椅的输入信号,实现了对轮椅运动状态的操控,在有人驾驶情况下可以通过操控摇杆实现轮椅的前进转向与后退等。采用摇杆作为备用操控装置,在遇到特殊情况如智能轮椅失去控制等,方便人为介入,操作机器人回到正常使用场景。摇杆传感器本质为霍尔传感器,通过摇杆位置的不同,改变摇杆输出的电压。采用的摇杆传感器[见图 6-5-26(b)]能够输出 X 与 Y 两个方向的电压信号,通过对这两路信号的处理可实现对轮椅的运动控制。

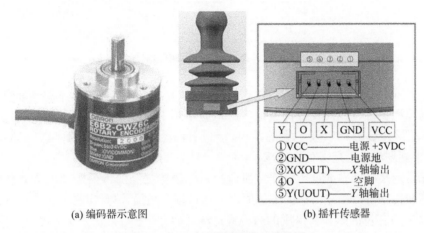

(a) 编码器示意图　　　　　　　(b) 摇杆传感器

图 6-5-26　控制系统感知传感器

1) 导航模块

机器人自主导航的实现往往需要解决"我在哪""要去哪"的问题,这通常需要解决机器人的定位、建图以及路径规划等问题。机器人的定位、地图构建以及路径规划控制共同实现了机器人的综合探测的功能,SLAM 技术旨在实时的定位与地图构建技术,在实现定位的同时完成对环境地图的构建是目前机器人室内定位实现的重要手段。机器人通过本征传感器与外界传感器实现对外界与自身的感知,通过传感器融合技术以及 SLAM 实现对环境地图的构建与自身定位,并通过路径规划算法实现对前往目的地的路线规划,最终通过控制系统,控制机器人本体实现机器人自主导航。

自主移动主要包含智能轮椅的自主导航与床椅自动对接。该系统借助机器人操作系统(ROS)框架,在其基础上搭建具有自主导航功能的智能轮椅,建立了机器人模型以实现对机器人运动的仿真与模拟,并利用传感器感知机器人本体与外界环境数据。通过前置激光雷达、IMU 以及编码器实现对自身与环境的感知,利用 SLAM 算法框架实现基于 Gmapping 的环境栅格地图的构建,利用 ROS 中导航包以完成机器人的路径规划。然后将控制指令发送到底层控制系统,完成智能轮椅的控制实现,最后基于 Move_base 导航包并借助智能轮椅实现对实验室环境的建图与导航。决策规划层是该设备进行自主导航与自动对接算法实现的部分,但是依然需要硬件环境的支撑。导航控制系统硬件主要包括:工控机、IMU、前后两个激光雷达(见图 6-5-27)。其中 IMU 通过串口转 USB 装置与工控机相连,激光雷达通过网口与工控机相连,工控机通过 RS232 与控制层进行通信。

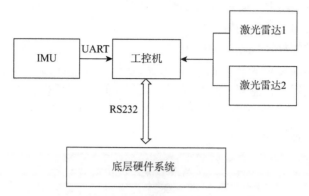

图 6-5-27　导航控制系统硬件结构框图

工控机,即工业控制计算机[见图 6-5-28(a)],具有计算机的基本属性和特征。但是由于其体积较小与嵌入式等特点被广泛地应用到工业控制中。采用的工控机具有酷睿 i5 处理器与 8G 内存以及丰富的接口,接口有两个网口、四个 USB 接口、VGA 接口等,满足了规划决策层任务处理需求。

激光雷达是一种靠测量传感器发射器与目标物体之间的传播距离的方式侦测周围环境的感知传感器。激光雷达的工作原理为通过逐点扫描,测量出每一个点到观测点的距离,完成 2D 环境的感知。采用的激光雷达产品拥有半径 10 m、270°的测量范围,并具有 DC 12 V/24 V 的输入[激光雷达见图 6-5-28(b)]。该系统涉及两个激光雷达,分别放置在智能轮椅的前后两个位置。前侧激光雷达用作智能轮椅自主导航的感知传感器,而后向激光雷达则用于床椅自动对接。

惯性测量单元(IMU)是测量物体三轴姿态角(或角速率)以及加速度的装置[见图 6-5-28(c)]。IMU 内装有三轴的陀螺仪和三个方向的加速度计,以测量物体在三维空间中的角速度和加速度,并以此解算出物体的姿态。本设备采用的 IMU 通过串口进行数据输出,并能通过上位机设置传输数据内容,如传感器的加速度、角加速度、欧拉角等数据输出。

(a) 工控机　　　　(b) 激光雷达　　　　(c) IMU

图 6-5-28　规划决策层器件示意图

该系统的传感器都是机器人运动状态的传感器,在定位的过程中起到了至关重要的作用。例如编码器与 IMU 提供了机器人的里程计信息,而里程计信息在 SLAM 建图过程是至关重要的。基于多传感器进行信息融合可以成功实现护理床的自动导航与对接。

轮式移动机器人的位姿通常可以用(x, y, θ)表示，则$(\mathrm{d}x, \mathrm{d}y, \mathrm{d}\theta)$为运动学解算增量。差速机器人的运动位置通过一个已知的位置开始，并采用对其运动进行积分的方式评估，在离散系统中积分常采用行走距离增量求和的方式求得（见图6-5-29）。

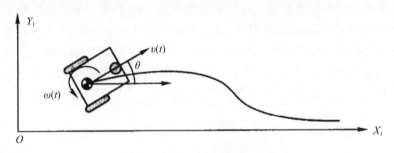

图6-5-29　差速机器人运动

对当前位姿的估计可以通过上一时刻进行估计，表示为：

$$\begin{bmatrix} x' \\ y' \\ \theta' \end{bmatrix} = \begin{bmatrix} x \\ y \\ \theta \end{bmatrix} + \begin{bmatrix} \cos\theta & -\sin\theta & 0 \\ \sin\theta & \cos\theta & 0 \\ 0 & 0 & 1 \end{bmatrix} \begin{bmatrix} \mathrm{d}x \\ \mathrm{d}y \\ \mathrm{d}\theta \end{bmatrix} \qquad 式(6-5-18)$$

在这里$(\mathrm{d}x, \mathrm{d}y, \mathrm{d}\theta)$可以表示为：

$$\mathrm{d}x = \mathrm{d}s\cos\left(\theta + \frac{\mathrm{d}\theta}{2}\right) \qquad 式(6-5-19)$$

$$\mathrm{d}y = \mathrm{d}s\sin\left(\theta + \frac{\mathrm{d}\theta}{2}\right) \qquad 式(6-5-20)$$

$$\mathrm{d}\theta = \frac{\mathrm{d}s_l - \mathrm{d}s_r}{d} \qquad 式(6-5-21)$$

$$\mathrm{d}s = \frac{\mathrm{d}s_l + \mathrm{d}s_r}{2} \qquad 式(6-5-22)$$

其中，$\mathrm{d}s_l$、$\mathrm{d}s_r$分别为左右轮行走的距离，d为差速驱动机器人两个轮子之间的距离。其中轮间距d为已知信息，因此我们在进行航迹推算与里程计计算的过程中只需得知左右轮位移$\mathrm{d}s_l$，$\mathrm{d}s_r$，通过底层控制系统获取编码器数据$\mathrm{d}e_l$、$\mathrm{d}e_r$，则$\mathrm{d}s_l$、$\mathrm{d}s_r$可以表示为：

$$\mathrm{d}s_l = \frac{2\pi r \mathrm{d}e_l}{8\,000t} \qquad 式(6-5-23)$$

$$\mathrm{d}s_r = \frac{2\pi r \mathrm{d}e_r}{8\,000t} \qquad 式(6-5-24)$$

而基于编码器的里程计算常常由于环境的不完备模型导致误差的出现。例如机器人没有正对地面,造成机器人倾斜、轮子打滑,或是人为推动等。这些不建模的误差因素会造成机器人物理运动、机器人意愿运动和本征传感器运动估计之间的不准确性。IMU能够实现对载体的运动速度、加速度,特别是运动欧拉角的测量,这在一定程度上弥补了编码器对机器人运动估计的不足。该系统的 IMU 模块直接通过串口转 USB 设备与工控机相连,采用独立的 ROS 节点通过对串口数据的解析实现对加速度、角加速度、欧拉角的获取。并通过 Topic 将数据发布到数据融合节点以实现对运动估计精度的进一步提高。ROS 仿真软件可通过调用 IMU 节点发布的消息显示 IMU 的状态与数据。

该设备采用扩展卡尔曼滤波(EKF)对编码器与 IMU 的数据进行融合。假设当前状态的分布概率是关于上一状态和将要执行的控制量的二元函数,叠加一个高斯噪声测量值,测量值同样是关于当前状态的函数叠加的高斯噪声,且可为非线性系统。

$$x_t = g(x_{t-1}, u_t) + \varepsilon_t \qquad\qquad 式(6-5-25)$$

$$z_t = h(x_t) + \delta_t \qquad\qquad 式(6-5-26)$$

对 $g(x_{t-1}, u_t)$ 和 $h(x_t)$ 进行泰勒展开,将其线性化,仅取一次项为 EKF 滤波。

$$g(x_{t-1}, u_t) \approx g(u_{t-1}, u_t) + g(u_{t-1}, u_t)(x_{t-1} - u_{t-1}) \quad 式(6-5-27)$$

$$h(x_t) \approx h(\overline{u}_t) + h(\overline{u}_t)(x_t - \overline{u}_t) \qquad\qquad 式(6-5-28)$$

$g(x_{t-1}, u_t)$ 在上一状态最优解 u_{t-1} 处取一阶导数,$h(x_t)$ 在当前的时刻预测值 $\overline{u}_t$ 处取一阶导数,得到 G_t, H_t。结合通用的卡尔曼滤波算法,公式如下:

预测过程:

$$\overline{u}_t = g(u_{t-1}, u_t) \qquad\qquad 式(6-5-29)$$

$$\overline{\boldsymbol{\Sigma}}_t = \boldsymbol{G}_t \boldsymbol{\Sigma}_t \boldsymbol{G}_t^{\mathrm{T}} + \boldsymbol{R}_t \qquad\qquad 式(6-5-30)$$

更新过程:

$$\boldsymbol{K}_t = \overline{\boldsymbol{\Sigma}}_t H_t^{\mathrm{T}} (\boldsymbol{H}_t \overline{\boldsymbol{\Sigma}}_t \boldsymbol{H}_t^{\mathrm{T}} + \boldsymbol{Q}_t)^{-1} \qquad\qquad 式(6-5-31)$$

$$u_t = \overline{u}_t + \boldsymbol{K}_t [z_t - h(\overline{u}_t)] \qquad\qquad 式(6-5-32)$$

$$\boldsymbol{\Sigma}_t = (\boldsymbol{I} - \boldsymbol{K}_t \boldsymbol{H}_t) \overline{\boldsymbol{\Sigma}}_t \qquad\qquad 式(6-5-33)$$

而多传感器系统模型如下:

$$x(k+1) = Ax(k) + Bu(k) + \varepsilon \qquad\qquad 式(6-5-34)$$

$$y_1(k) = C_1 x(k) + \delta_1 \qquad\qquad 式(6-5-35)$$

$$y_n(k) = C_n x(k) + \delta_n \qquad\qquad 式(6-5-36)$$

和传统的卡尔曼滤波系统模型相比,多传感器系统的观测方程有多个,每个传感器的测量都可以不同。单个系统模型:

$$\overline{x}(k+1) = A\overline{x}(k) + \boldsymbol{B}u(k) + \boldsymbol{K}[y(k) - \boldsymbol{C}\overline{x}(k)] \qquad\qquad 式(6-5-37)$$

$$\mathbf{\Sigma}(k+1)=(\mathbf{I}-\mathbf{K}C)(A\mathbf{\Sigma}(k)A^{\mathrm{T}}+Q)$$

卡尔曼滤波的核心为卡尔曼滤波系数 K 的选取。对于多传感器系统 $y(k)-C\overline{x}(k)$ 无法直接计算。多传感器信息融合的状态预测方程依然为：

$$\overline{x}(k+1)=A\overline{x}(k)+Bu(k) \qquad 式(6-5-38)$$

第一个传感器的观测方程更新后得到系统的状态量 $x(k)$ 及系统方差矩阵 $\mathbf{\Sigma}(k)$。将二者作为下个传感器更新过程的系统预测状态 $\overline{x}(k)$ 和系统预测方差矩阵 $\overline{\mathbf{\Sigma}}(k)$ 进行状态更新。将最后一个传感器更新后得到的系统的状态量 $x(k)$ 以及系统协方差矩阵 $\overline{\mathbf{\Sigma}}(k)$ 作为融合输出结果，并将二者用于预测过程，进行下一时刻的迭代。

该系统采用拓展卡尔曼滤波工具包，通过 Topic 信息分别获取轮式里程计、IMU 观测值与观测协方差矩阵，运用多传感器信息融合的原理对系统状态进行更新，从而发布更新后的状态量与协方差矩阵作为融合后的信息实现对原本基于轮式编码器的里程计的校准。

导航是找到机器人系统从一种配置（或状态）到另一种配置（或状态）的无碰撞运动的问题，即路径规划问题，它要求依据某个或者某些优化准则，如行走距离最短、行走时间最短等，在工作空间中找到一个从起始状态到目标状态能避开障碍物的最优路径。在机器人自主导航的过程中，路径规划算法有全局路径规划与局部路径规划算法。其中全局路径规划算法常用于运动开始前规划一条由起点到终点的路线，局部规划算法则是偏向于应急型的机器人避障算法。

该系统采用 A * 全局路径规划算法与动态窗口局部路径算法实现机器人的导航与避障功能，并借助 ROS 中 Move_base 核心包实现机器人自主导航功能。

ROS 中提供了自主导航的软件包 Move_base（见图 6-5-31），Move_base 的功能包的输入信息主要包括定位信息与地图信息两大类，其中定位信息包括 AMCL、传感器的坐标变换，以及机器人的里程计信息；地图信息包括环境的栅格信息，以及传感器的点云信息。传感器信息配置完成之后，在接收到目标点坐标位置后便可以自动输出机器人当前的期望速度值，通过底层控制系统控制机器人的运动。

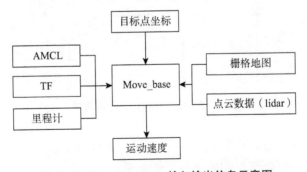

图 6-5-31　Move_base 输入输出信息示意图

在定位信息的输入中主要包含两种信息的输入：ACML 定位与里程计定位。里程计定位是本章感知部分所介绍的基于 EKF 的 IMU 与轮式编码器融合的里程计信息，该定位信息提供了机器人本体与里程计之间的变换。

栅格地图与激光雷达的深度信息为 Move_base 提供全局地图与局部地图的构建。Move_base 包的核心组件,包括了全局代价地图、局部代价地图、全局规划器与路径规划器,以及行为恢复组件。接收到目标坐标指令后,通过全局规划器中 A * 算法实现全部路径的规划。在运动过程中通过全局地图与深度信息进行局部代价地图的生成并进行局部路径的规划。从而将机器人运动速度的指令发给下位机实现对机器人自主移动控制。

2)对接

该系统采用后置激光雷达的数据匹配实现对床椅相对位姿的实时获取,对轮椅进行局部定位。在精准定位的基础上利用 PID 算法自动调节轮椅的位姿状态实现床椅的自动对接。利用后置激光雷达采集预置人工标志,并利用合并分割 2.0 算法完成特征提取以实现局部定位,然后根据定位信息控制轮椅运动,完成床椅自动对接。现有的轮椅式护理床多采用单侧床椅对接方式,可使患者在轮椅与护理床之间转换,但运用此种对接方式的护理床,使者在转移过程中有跌落的风险,且无法在床上进行翻身而极易产生褥疮等疾病;采用中央嵌入式对接方式可使对接更加平稳,并可由患者独立操作实现,该技术需更高的定位精度及更加智能的人机交互技术。

激光的扫描匹配即通过求解坐标转换关系,将连续扫描的两帧或多帧激光点云统一到同一坐标系中(scan-to-scan),或者将当前扫描点云与已建立的地图进行配准(scan-to-map),从而最终恢复载体的位置和姿态的变化。常见的激光雷达直线数据提取算法主要有分割合并算法、增量法、线性回归法、随机采样法、霍夫变换法以及最大期望法等,本案例系统采用分割合并算法,实现的步骤主要包含 6 个(见图 6-5-32):

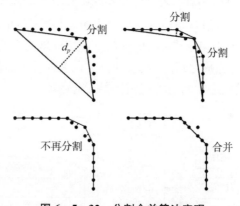

图 6-5-32 分割合并算法实现

(1)初始化集合 S_1 由 N 个点组成,将 S_1 放入列表 L;

(2)将一条直线拟合到 L 中的下一个集合 S_i;

(3)检测距离直线最远距离 d_p 的点 P;

(4)如果 d_p 小于一个阈值,继续[转到步骤(2)];

(5)否则将在 P 的 s_i 裂为 s_{i1} 和 s_{i2},并以 s_{i1} 和 s_{i2} 取代 L 中的 s_i,继续[转到步

骤(2)〕；

（6）当 L 中的所有集合（直线段）都被检测出，合并共线段。

在合并共线段的过程中常采用的方法为基于最小二乘法的一元线性拟合，最小二乘问题本质上为优化问题。假设一元线性回归方程为 $\hat{y}=\alpha x+\beta$，数据样本点为 (x_1,y_1)，$(x_2,y_2),\cdots,(x_n,y_n)$，要使得 n 个样本点落在一元线性回归方程附近。假设系统误差为 ε，每个样本点都落在一元线性回归方程上使得 $\hat{y}_i=y_i+\varepsilon_i$ 恒成立。因此回归直线应满足全部观测值与对应的回归估计值的误差平方和最小的条件，即：

$$\underset{\alpha,\beta}{\arg\min}\sum_{i=1}^{n}\varepsilon_i^2=\underset{\alpha,\beta}{\arg\min}\sum_{i=1}^{n}(y_i-\hat{y}_i)^2$$

$$=\underset{\alpha,\beta}{\arg\min}\sum_{i=1}^{n}(y_i-\alpha x_i-\beta)^2 \qquad 式(6-5-39)$$

使得 $J(\alpha,\beta)=\sum\limits_{i=1}^{n}(y_i-\alpha x_i-\beta)^2$ 的问题就转化为求二元函数的极小值的问题：

$$\nabla_{\alpha}J(\alpha,\beta)=-2\sum_{i=1}^{n}(y_i-\alpha x_i-\beta)x_i$$

$$=-2\sum_{i=1}^{n}x_iy_i+2\alpha\sum_{i=1}^{n}x_i^2+2\beta\sum_{i=1}^{n}x_i \qquad 式(6-5-40)$$

$$\nabla_{\beta}J(\alpha,\beta)=-2\sum_{i=1}^{n}(y_i-\alpha x_i-\beta)$$

$$=-2\sum_{i=1}^{n}y_i+2\alpha\sum_{i=1}^{n}x_i+2n\beta \qquad 式(6-5-41)$$

然后令 $\nabla_{\alpha}J(\alpha,\beta)=0$ 和 $\nabla_{\beta}J(\alpha,\beta)=0$，即可求出 α、β 的值。

$$\nabla_{\beta}J(\alpha,\beta)=0$$

$$\Rightarrow\sum_{i=1}^{n}y_i=\alpha\sum_{i=1}^{n}x_i+n\beta$$

$$\Rightarrow\overline{y}=\alpha\overline{x}+\beta \qquad 式(6-5-42)$$

$$\nabla_{\alpha}J(\alpha,\beta)=0$$

$$\Rightarrow\sum_{i=1}^{n}x_iy_i=\alpha\sum_{i=1}^{n}x_i^2+\beta\sum_{i=1}^{n}x_i$$

$$\Rightarrow\alpha=\frac{\sum\limits_{i=1}^{n}(x_iy_i-\overline{y}x_i)}{\sum\limits_{i=1}^{n}(x_i^2-\overline{x}x_i)}=\frac{\sum\limits_{i=1}^{n}x_iy_i-\frac{1}{n}\left(\sum\limits_{i=1}^{n}x_i\right)\left(\sum\limits_{i=1}^{n}y_i\right)}{\sum\limits_{i=1}^{n}x_i^2-\frac{1}{n}\left(\sum\limits_{i=1}^{n}x_i\right)\left(\sum\limits_{i=1}^{n}x_i\right)}$$

$$=\frac{\sum\limits_{i=1}^{n}(x_i-\overline{x})(y_i-\overline{y})}{\sum\limits_{i=1}^{n}(x_i-\overline{x})^2} \qquad 式(6-5-43)$$

该系统在轮椅床框中预设了 V 型人工标志,在完成激光雷达数据滤波后,采用分割合并的方法能够快速而简洁地对激光雷达目标特征进行提取。通过对激光雷达坐标系中的激光雷达数据以及人工标志的位置使用分割合并算法后,采用最小二乘法对激光雷达数据进行数据拟合,从而得到激光雷达坐标系中预置人工标志中两个边的直线方程 L_1,L_2。并通过对直线方程的处理获得 L_1,L_2 的交点 O 的坐标,即人工标志中的直角在激光雷达坐标系的坐标,以及 L_1,L_2 两直线夹角的角平分线 L_p。并可以获得直线 L_p 与轮椅目标位姿之间的夹角 θ,这是进行轮椅对接运动控制的重要参数(见图 6-5-33)。

利用分割合并算法实现了对激光雷达的数据处理,为进一步实现机器人局部定位,即智能轮椅与床体框架的相对位置,需要进行激光雷达坐标系与机器人坐标系之间的坐标转换。位姿变换后(见图 6-5-34),以床体框架为中心建立直角坐标系,则机器人在该坐标系下的位姿坐标可以用 (x,y,θ) 进行表示,坐标中的 (x,y,θ) 与图(6-5-33)中的 (x,y,θ) 一致,经过坐标系变换之后保持了一致性。可以看出,θ 表示了智能轮椅朝向与理想位姿的角度偏差,x 表示智能轮椅和理想位姿的水平偏差,而 y 表示了智能轮椅与理想位姿的垂直距离偏差。至此便获得智能轮椅与床体的相对位姿关系,通过运动控制算法便可实现床椅的自动对接。

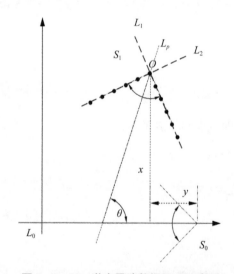

图 6-5-33　激光雷达数据处理示意图

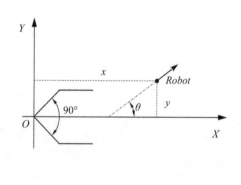

图 6-5-34　局部定位示意图

4. 系统集成与测试

为了保证样机加工制作的准确性,降低因人为原因导致的加工问题,进行系统整体测试:

(1)多姿态变换功能包括站姿、坐姿、躺姿三种姿态。各个姿态变换时动作连贯,多电机协同运动配合良好,角度、速度符合功能要求和安全要求。

(2)自主分离对接功能:轮椅在误差范围内到达床体时可以良好地完成对接,对接过程部件配合良好,完成对接所需时间在合理区间;分离过程流畅,所需时间和速度合理。

（3）二便处理功能：冲洗时水流温度合理，烘干时的温度合理，风力大小合理。

（4）移动功能：移动速度快，转弯半径小，停止及刹车能力强，紧急状态安全性高，冲击能力小，越障能力强，倾覆能力强。

（5）翻身功能：翻身速度合理，翻身角度合理，翻身运动平稳性高。

为验证床椅对接的有效性，该系统从两个方面进行了定性的验证。床椅对接的过程依然基于 ROS。床椅对接可以分为自主导航与精准对接两部分（见图 6-5-35）。当接收到自动对接指令后，对接系统自动发布目标坐标即床体框架正前方位置，智能轮椅完成自主导航后发布导航完成指令，完成自主导航动作。精准对接流程中主要包括激光雷达数据处理、坐标系转换、智能轮椅运动控制。其中激光雷达数据处理环节包括激光雷达数据获取、数据滤波、特征提取，坐标系变换则是从激光雷达坐标系到床体坐标系的转换。

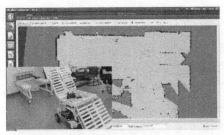
(a) 完成自主导航动作

(b) 开始床椅对接动作

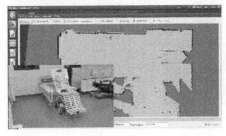
(c) 进入床体

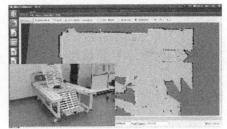
(d) 完成对接

图 6-5-35　床椅对接过程

床对接过程中，床椅通过自主导航运动到床体前方[见图 6-5-35(a)]，并开始自动对接过程。开启对接动作后，对激光雷达数据进行处理并获得智能轮椅局部定位信息即床椅相对位姿，通过 PID 算法进行自身位姿调节[见图 6-5-35(b)]，智能轮椅以较快的速度平稳地向床体中心位置靠拢，通过不断地调整自身位姿，顺利进入床体。整个过程中智能轮椅保证平稳运行[见图 6-5-35(c)]，最终完成床椅的对接动作。完成对接后智能轮椅位于床体中部，并与床体保留较小的间隙[见图 6-5-35(d)]。

第六节 移位机器人

一、移位机器人基本概念

移位机器人是服务机器人的一种,其功能是辅助护理人员对失能患者进行短距离转运或换乘。现代社会随着老龄化问题的加剧,需要急救搬运的患者的数量也越来越多。传统的搬运患者的方式主要依靠人力或简单的担架等设备,不仅耗时耗力,而且在搬运途中很可能造成对患者的二次伤害。移位机器人作为一种智能机器人,开启了安全搬运的新时代,并随着科技的发展不断完善。

移位机器人技术主要用于对行动不便人群的人体移位和康复,主要有以下几个特点:

(1) 用于医院、养老院、家庭等场合,具有辅助移位功能;

(2) 使用对象主要是行动不便、生活能半自理或者不能自理的人群,需综合人体工程学、医学、生物学、社会学等各学科领域进行研究;

(3) 其结构设计以及材料选择必须符合人体工程学,以容易灭菌和消毒为前提;

(4) 由于使用对象是行动不便患者,故其性能要求必须满足对环境的适应性、人体的舒适性、作业的稳定性等。

二、移位机器人主要类型

移位机器人按照工作方式主要可分为腋下式、吊栏式、轮椅式、床板式和拟人式移位机器人。

1. 腋下式移位机器人

腋下式移位机器人是最常见的移位辅助机器人(见图 6-6-1)。它将带软垫的双机械臂置于转运对象腋下,并将承重绑带置于转运对象臀部,转运对象脚部放置于机器人底板上,然后护理人员操作升起按钮进行身体起吊,从而把人体从坐位升起至半站立位,实现转运对象的移位。

2. 吊栏式移位机器人

吊栏式移位机器人指通过吊袋配合电动移位机将转运对象移动至目标位置的机器人。

电动移位机采用了电动起吊的方式(见图 6-6-2)。该机构底部设有滚轮,底部的两支腿之间存在一定的宽度,设计过程中考虑到该装置的占地面积,采用了一种联动机构实现两支腿的合拢、张开动作,方便使用。同时该电动移位机具有良好的自锁性,基于人体工程学设计了符合人体尺寸的吊袋式转运方式,即在转运过程中,调整好转运对象位姿以后,将吊袋合理地"穿"在转运对象身上,随着电动移位机的运动,实现对转运对象的转运。

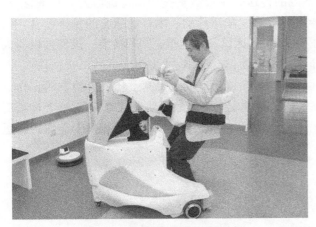

图 6 - 6 - 1　腋下式移位机器人

图 6 - 6 - 2　吊栏式移位机器人

3. 轮椅式移位机器人

轮椅式移位机器人指将坐在轮椅上的照护对象通过轮椅的运动转运至护理床或其他照护位置,以达到移位目的的机器人。

移位轮椅通常具有高度调节和坐板滑移两个主要功能(见图 6 - 6 - 3)。在转运对象从轮椅到床的移位过程中,护理者首先将轮椅推到靠近床身并与之平行的位置,然后向下压安装在轮椅侧面的手柄,调节轮椅的座位高度,使得高度与床面等高。此时转运对象只需往上抬动小腿,护理者通过将轮椅坐板向侧面滑移,即可实现对转运对象的人体移位过程。

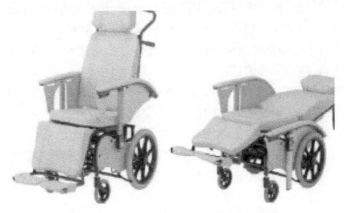

图 6 - 6 - 3　可用于人体移位的功能轮椅

4. 床板式移位机器人

床板式移位机器人指将躺在床板上的转运对象,通过床板的运动进行位置转移的机器人。

"C-Pam"移位机器人由日本教授 Fumio Kasagami 设计研制（见图 6 - 6 - 4）。该转运装置与车体相互独立，安装设置在导轮推车上。其分为上、下两部分，均安装有传送带，驱动方式为电机驱动。安装在下方的传送带主要负责整个移位机器人的水平移位，上方的传送带通过电机驱动与机器人下方产生相对移动。因移动速度的差异配合，上、下两传送带能有效实现使用对象在手术床、病床以及转运车之间的换乘。该移位机器人的操作只需由一个操作人员完成即可。一方面，它能有效减少伤病员的二次损伤痛苦；另一方面，也有效减少医护人员的搬运压力，在很大程度上提高了伤病员换乘的工作效率。整体式移位技术能将行动不便的转运对象安全舒适地移动到目的场合，整个过程简单舒适，一气呵成，但由于床板面积过大，床板全部插入人体部位以下相对于分离式转运床板会稍显困难。

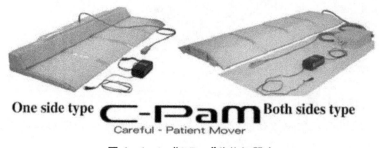

图 6 - 6 - 4   "C-Pam"移位机器人

"C-Pam"移位机器人的转运流程操作可分为四个步骤：将移位对象从床上抬起[见图 6 - 6 - 5(a)]；将移位对象从床上移位至担架上[见图 6 - 6 - 5(b)]；将移位对象从担架移位至床上[见图 6 - 6 - 5(c)]；将移位对象放置在床上[见图 6 - 6 - 5(d)]。

将移位对象从床上抬起时，上单元和下单元同时移动，上单元传送带逆时针方向转动，下单元传送带沿顺时针方向转动。该移位过程中，移位对象与上传送带保持相对静止，通过下传送带的运动能实现移位对象在静止状态下的抬起。

将移位对象从床上移位至担架上时，下单元传送带沿逆时针方向转动，整个移位装置向担架方向移动，即完成移位过程。

将移位对象从担架移位至床上时，与图 6 - 6 - 5(b)流程相反，下单元传送带沿顺时针方向转动，整个移位装置向床面方向移动，即完成移位过程。

将移位对象放置在床上时，上单元和下单元同时移动，此过程与将移位对象从床上抬起时的流程相反，上单元传送带沿顺时针方向转动，下单元传送带沿逆时针方向转动。该移位过程中，移位对象与上传送带保持相对静止，通过下传送带的运动实现将移位对象放置在床上。

松下公司研发了一款床板式协助移位机器人（见图 6 - 6 - 6）。该机器人将用于人体移位的床板分为两个部分，并分别在床板上面安装了移位传送带，每个床板由相应的操作手柄控制，用于实现通过调节两个床板部分的角度来实现人体位姿的调整。此外，该协助移位机器人还在移动底盘下方设计了用于调节重心的伸缩模块。

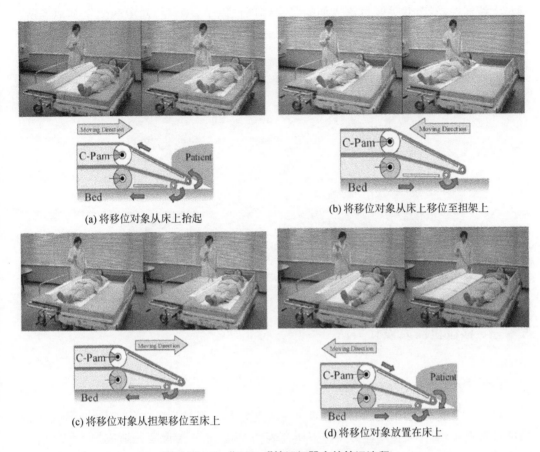

(a) 将移位对象从床上抬起

(b) 将移位对象从床上移位至担架上

(c) 将移位对象从担架移位至床上

(d) 将移位对象放置在床上

图 6-6-5 "C-Pam"转运机器人的转运流程

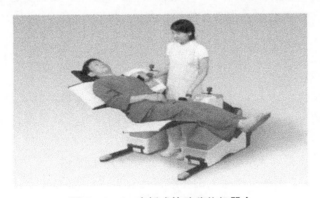

图 6-6-6 床板式协助移位机器人

5. 拟人式移位机器人

日本科学家研制了一款拟人式护理机器人 RIBA(见图 6-6-7)。设计该产品的初衷是希望借此机器人减少移位伤病员二次损伤概率,缓解医院医护人员短缺的状况。该护理机器人采用双手臂拟人化设计,安装有图像识别系统、红外传感、麦克风等装置,可通过无线遥控操作,双手臂可深入伤病员身体部位以下,将移位对象转运至其他场所。其主要辅助的对象是行动不便的人群以及残障人士。

图6-6-7 拟人式护理机器人 RIBA

三、移位机器人设计方法

(一) 移位机器人设计要求

对护士来说,人工抬起和复位患者是一项非常具有挑战性的工作,因为这是一项持续的日常工作,需要大量的体力。许多研究表明,抬举和复位患者是造成护士肌肉骨骼损伤的直接原因。根据美国劳工统计局的职业数据库,护理已经超过了建筑业、采矿业、制造业,并不断被列为导致与工作相关的肌肉骨骼损伤的十大职业之一。因此,大多数护理指南建议减少或甚至消除人工移位的次数。

这里以拟人式移位机器人为例说明移位机器人设计的基本要求:

(1)移位机器人可应用于各种场景的移位任务,并且首先应当满足床与轮椅之间的移位这种应用最多的场景。

(2)拟人式移位机器人可以在许多患者之间共享。移位机器人要具有高的工作效率。如果机器人在短时间内抬起患者但没有放下,则机器人被患者长时间占用,不能与其他患者共享。

(3)拟人式移位机器人应当设计可以插入躺在床上的患者下方的小空间的人形手臂,这种插入方式比使用移位机器人的环形带花费更少的时间。患者的移位通常是由多个护理人员共同协作完成,而设计拟人式移位机器人仿照护理人员搬运患者场景,能够更好地辅助护理人员承担移位搬运任务。

(4)人型机器人在设计时应当保证搬起患者后的重心位于支脚范围之内,以确保机器人的稳定性与安全性。

(5)拟人式移位机器人系统设计的人形手臂应保证足够的强度及支撑力矩,还要满足患者的心理需求,例如,通过穿戴卡通外观的皮肤,使者在被提举过程中感到心理上的放松。

(二) 移位机器人设计案例

这里以一款国产拟人式移位机器人 RoNA 为例说明移位机器人的设计方法。

1. 机械系统

RoNA 是一款自主移动的移位机器人(见图6-6-8),像人的身体结构一样,其具有驱动系统、机械上臂、机械前臂、头部模块、下身模块、胸部模块和移动平台。

RoNA 移位机器人的上半身模块(见图6-6-9)可模拟人体抬人的动作,其采用了一系列弹性驱动机构(SEA),包括电动紧凑型旋转 SEA、液压传动电动 SEA 和蜗杆驱动电动 SEA,以实现上半身抬举的功能。

图6-6-8　RoNA 移位机器人

图6-6-9　RoNA 上半身模块设计

驱动系统采用蜗杆系列弹性执行机构(蜗杆系列弹性执行机构在上躯干上有两种不同类型):包括每只手臂的一个大蜗杆弹性执行机构,其提供了肩膀的主要升力。

机械上臂装置由三个较小的 SEA 制动器模块组成,排列在一个串联的运动链中,形成下肩部和肘部。每个模块都有一条穿过其旋转中心的电缆,便于将电源和控制电缆布线到小臂装置。

当举起患者时,机械前臂将是主要的接触面。因此,它应该紧凑、安全且符合人体工程学设计。相比于上臂,小臂单元负载要求较低,但需要实时监测末端接触力以避免碰撞,同时实时规划运动轨迹,才能让 RoNA 安全地引导它的手臂至俯卧的患者下方。

RoNA 有一个5自由度的能显示表情的头部,便于人机交互,并为远程操作员提供视觉反馈。头部有一个可控的颈部、眼睛和眼睑,两个网络摄像头位于眼壳后面[见图6-6-10(a)]。整个机械装置被安置在一个面容亲和的头部里,头部的外观设计给用户一种和善可爱、平易近人的感觉[见图6-6-10(b)]。

下身模块与胸部模块是相对简单的结构,主要提供机械臂及驱动、传感系统的支撑。

移动平台:患者有可能身处狭小和受限的房间中,这就要求平台设计较小的占地面积和完善的控制策略。为使平台能够在空间内完成前进后退、横向移动和原地旋转,将

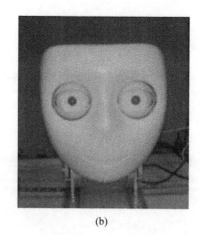

(a)   (b)

图 6 - 6 - 10　RoNA 的头部结构

改进的 Segway 机器人移动平台集成到 RoNA 系统中。

2. 控制系统

　　RoNA 系统可在三种控制模式下工作:笛卡儿控制模式、姿态调整控制模式和轨迹跟踪控制模式。在笛卡儿控制模式下,护士可以通过操纵杆或触觉皮肤在笛卡儿工作空间内对前臂末端进行前后、上下定位。在姿态调整控制模式下,两个 RoNA 手臂在重力补偿模式下运行,可以很容易地向后驱动到任何姿势,以辅助提升。在轨迹跟踪模式下,RoNA 提前采集提升环境的三维点云,然后在计算机中生成预定义的提升轨迹,在提升过程中,护士可以控制 RoNA 沿提升轨迹跟随一组路径点进行提升。

　　控制系统还采用了重力补偿控制模式的设计,使护士可以轻松地将 RoNA 系统放置在病床或轮椅上进行提升。重力补偿控制器由一个内部速度控制器和一个外力控制器组成。内部速度控制器是可选的,添加它是为了保证患者的安全,这是因为速度环路使控制系统更稳定。重力补偿模块能够实时读取机器人关节的位置和速度,计算出补偿重力和手臂动力学所需的关节力矩,并将力矩偏移反馈给外力控制器。外力控制回路基于转矩误差计算驱动电机所需的速度,从而达到相应时间的所需位置,以提供所需的转矩来补偿重力和手臂动力学。

　　RoNA 实现了基于远程呈现的控制和直接控制的方式(总体控制策略见图 6 - 6 - 11,RoNA 的控制系统框图见图 6 - 6 - 12)。RoNA 采用分布式和网络化的计算和数据管理系统。OCU(操作员控制单元)电脑是一台 Windows 笔记本电脑,配有一个麦克风、两个操纵杆和一个紧急停止按钮。图形用户界面向用户呈现机器人状态,并通过 ICE 中间件与 RoNA 机器人上的用户界面进行 PC 通信。用户界面电脑是一台视窗电脑,负责机器人的触摸屏界面,以及机器人与 OCU 的远程呈现连接。它还充当两台控制计算机的代理。高级控制计算机是一台运行 ROS 的 linux 计算机,负责协调所有高级控制功能。本地反馈、语音控制、计算机视觉和与各种子系统的接口都由这台机器处理。低级控制计算机是一个实时的 linux 电脑,专门负责驱动 SEA,它接受指令,并通过 ROS 向高级控制计算机传输返回状态。

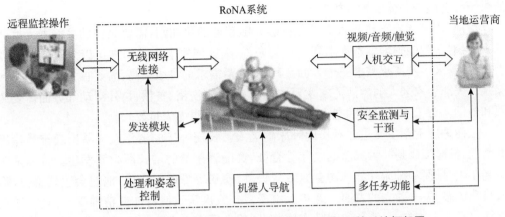

图 6 - 6 - 11　RoNA 基于远程呈现的控制和直接控制的系统框架图

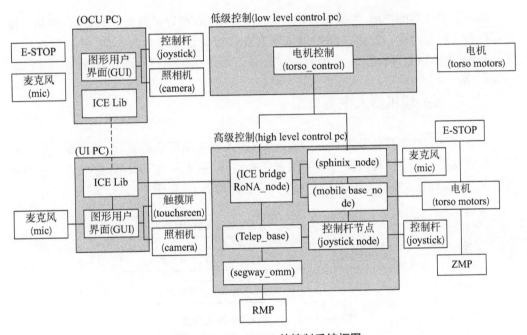

图 6 - 6 - 12　RoNA 的控制系统框图

第七节　二便护理机器人

一、二便护理机器人基本概念

二便护理机器人即个人卫生护理机器人,是一种集大小便检测、清理、除臭、身体清

439

洁烘干等功能于一体的护理机器人。

目前,很多国家已经进入老龄化社会。随着老龄化加剧,需要照护的失能老人群体巨大,且对于智能护理设备需求高。总的来说,失能居家老人的需求可以划分为生活需求、医护需求以及情感需求三个方面。其中,生活需求的等级最高,需要首先得到解决和满足。失能居家老人的生活需求主要体现在大小便、洗浴、餐饮、户外活动等方面需要照顾和辅助。对于不能自理的老人来说,大小便护理显得尤为重要。

二便护理工作主要是针对长期卧床的老人。长期卧床的老年人容易出现排泄障碍的情况,排泄障碍是一种典型的老年综合征,会随着年龄的增长而频繁发生。特别是对于老年人,排便和排尿功能障碍会导致尿失禁、便秘等障碍的出现,他们会感到羞愧,陷入自我厌恶,失去独立的意愿。老年人由于意外或疾病致使身体或精神受到损伤,导致生活自理能力丧失,只能长时间卧床休养,这就必须要有人或专用器具进行贴心的排泄护理。

随着科学技术的发展,为满足长期卧床老人的需求,减轻护理人员的负担,智能二便护理机器人应运而生。智能二便护理机器人能够自动检测患者大小便,并进行自动冲洗、清洁及人体烘干等操作。

二、二便护理机器人主要类型

从 20 世纪 80 年代中期开始,二便护理机器人越来越受到重视,近年来相关技术有了长足的发展。二便护理机器人从使用方式来划分,主要分为三大类:穿戴式二便护理机器人、护理床用二便护理机器人及床旁二便护理机器人(见图 6-7-1)。

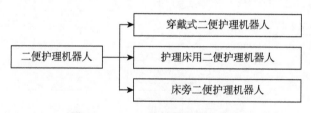

图 6-7-1 二便护理机器人分类

(一)穿戴式二便护理机器人

穿戴式二便护理机器人是一种由主机及穿戴在患者身上的集便工作头组成的二便护理机器人。这类护理机器人产品是目前主流的产品形态,如韩国的天使之翼、Curaco、日本的 minelet、n-biosystem 以及国内的苏州伊利诺等品牌产品。这类产品主要是以可以直接在床上使用为出发点设计的,所以产品的集便工作头一般小巧、轻便、易于安装。此类产品都是将水、电、气、信号探测和控制一体化集成,核心是微电子控制技术和涡旋流清洁系统,通过智能检测患者大小便排泄情况,自动或手动实现排泄物抽吸清理、温水清洗患者身体、暖风烘干、过滤除臭等功能,最终实现对患者排泄物的处理。处理过程安全、清洁、舒适、无异味、低噪声,帮助患者轻松解决排泄护理难题。

这类护理机器人也有着明显的缺点：

（1）机器人集便工作头高于床垫，由于穿戴式机器人需要和患者紧密贴合，所以患者在使用时臀部会靠在集便工作头上，使得人体的腰部和臀部之间有一部分处于悬空状态，使用舒适感差。

（2）为了在使用时防止液体外漏，会在集便工作头外面包一层包裤。由于患者需要长时间使用，所以，包裤需要经常更换，因为长时间使用，包裤会沾染大小便，若不经常更换，会对患者皮肤产生刺激和感染。

（3）这种护理机器人的集便工作头需要根据患者尺寸特殊设计，工作头设计过大会导致液体外漏，工作头设计过小会导致患者无法佩戴或对患者下肢造成摩擦，损伤皮肤。

（二）护理床用二便护理机器人

护理床用二便护理机器人主要分为两类：一类是带有二便处理功能的护理床，另一类是床体分离式二便护理床。

1. 带有二便处理功能的护理床

这类护理机器人的护理床和床垫带有排泄孔，床体内部配合有打包装置、移动式便桶等二便收纳、处理装置。此类机器人通过护理床上预留的排泄孔和相应的二便护理装置来解决患者的二便问题。应用这类技术比较典型的是机械保姆系列产品，这类产品对于患者大小便的处理方式有三种：

（1）在护理床排泄孔下面预先放置一次性便袋，在患者结束大小便后将便袋打包丢弃；

（2）使用升降式便盆，通过便盆的移动来完成对排泄物的收集；

（3）使用智能二便护理设备，用导管将护理床上的排泄孔和大小便收集装置连接，利用排泄孔上的感应装置检测患者的排泄物，患者排出的排泄物会顺着导管进入收集装置，在患者排泄结束后，在排泄孔上安装的清洗装置会自动清洗患者身体，接着暖风烘干患者。

第一种和第二种护理机器人缺乏对便后患者的清洁功能，因此患者在便后依然需要护理人员手动清洗患者私处，护理人员的劳动强度依然很高。第三种护理机器人革除了第一种和第二种护理机器人的弊端，但也出现一种问题，因为需要将人固定在护理床上的复杂操作，必须搭配特定床体使用。

整体来说，带有二便处理功能的护理床在辅助患者排泄时，需要护理人员的帮助，将床上的排泄孔打开，在床下将集便器安装好。在这种情况下，患者是清醒的，护理人员帮助患者移位和戴上尿布，不可避免地会让患者感到尴尬，觉得隐私受到侵犯，这也是此类产品存在的最大问题。另外，由于需要搭配护理床使用，在患者购买时，就必须将集便装置和配套护理床一起购买，增加了患者的经济负担。

2. 床体分离式二便护理床

此类护理机器人本身不具备二便收集和处理装置，但是床体可以实现床主体和床架的分离，从而实现从护理床到轮椅的转变，然后通过轮椅将患者转移至卫生间解决患者的二便问题。这类护理机器人采用可变形床椅分离式设计，通过手动控制实现护理床和轮椅之间的转化。护理床本身的坐椅上没有二便功能,轮椅车自动移动或者由护理人员推送患者至卫生间马桶上,此时的轮椅可以当成坐便器使用,省去了护理人员清洁排泄物的工作,在一定程度上缓解了护理人员的压力。同时患者还可以通过轮椅外出,不需要长时间卧床,缓解了患者长期处于室内的烦闷感。因此,此类二便护理设备一定程度上缓解了护理人员的压力。

(三)床旁二便护理机器人

这类机器人最初是由日本 Nihon Safety 公司为解决老年人二便护理问题、减轻看护人员负担和老年人如厕心理负担而设计的一款床旁便携式如厕设备,它采用热压密封及热压切割的方式,实现床旁的二便收集。

床旁二便护理机器人对于二便收集的打包密封和切割技术要求比较高。此类护理机器人的核心技术在于当二便落入包装袋内时,对包装袋采取何种方式和技术进行打包封口与切割。

目前,中科院苏州医工所正在研发一种智能可移动二便护理机器人,采用模块化的设计理念。老人产生二便需求后,能够远程呼叫二便护理机器人。机器人通过路径规划移至床旁,使得老人能够通过移运装置移动到二便护理机器人上。随后二便护理机器人自动完成二便的收集、密封打包和存储等动作,再自动返回至原始位置。这款智能二便护理机器人主要分为三个功能模块:智能二便处理模块、自主导航模块、装运模块。此外,广州柔机人公司研发了一款床旁护理机器人,能够自动转移卧床患者到卫生间如厕及洗浴,减轻了护理人员工作量。

三、二便护理机器人设计方法

(一)二便护理机器人设计要求

目前,市场上的二便护理机器人产品以分体穿戴式(穿戴式集便器与主机分体设计)为主,其基本功能包括:感应、清洗、清洁、烘干除湿。

(1)感应:当患者排出二便时,集便工作头底部安装的传感器会产生电信号传输给主控制器(此阶段反应时间为数秒钟),并由主控制器判断二便的类型。

(2)清洗:在集便工作头底部的传感器检测到二便给主控制器发送电信号后,主控制器会根据二便类型,开启二便护理机器人清洗水阀门,将二便迅速且强劲地收集到污物桶中。同时运行的还有强大的杀菌、除臭功能,可以迅速清洁集便工作头及主机设备。根据识别的二便状态,二便护理机器人可分别开启小便清洗、大便清洗及大小便清洗功能。

(3)清洁:大小便清洗收集结束后,主控制器会自主开启使用者排泄部位清洁功能,清洁的净水温度设定在 36℃,对患者的排泄部位进行清洗。

(4)烘干除湿:清洗功能结束后,主控制器开启烘干功能,通过向集便工作头内输送暖风,对患者排泄部位进行干燥处理。

日本二便护理机器人产品舒服宝是最早投放市场的产品之一(见图6-7-2),这里以此产品为例,说明其主要设计功能要求:

 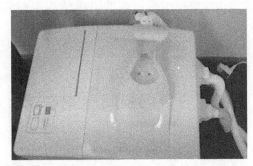

图6-7-2 舒服宝智能二便护理机器人

(1)减少纸尿裤的使用频率。一般情况下,每间隔24小时更换一次纸尿裤即可,无论是左、右翻身还是起坐,均没有遗漏的后顾之忧,纸尿裤还可继续使用。

(2)舒适感好。患者穿戴在身上的集便工作头使用超软型硅胶制成,无异味,弹性好,不会对患者与集便工作头接触部位的皮肤造成任何伤害。集便工作头分为大、小两种型号,能够根据不同身材的患者自行匹配,让患者用得舒心。同时工作头采用扁平设计,人体不容易出现红疹及褥疮。工作头还可以进行24小时间断的微风干燥处理,消除残余的湿气及汗水,提高患者使用的舒适性,保证患者使用的健康。

(3)应用场景广。集便工作头采用扁平化设计,使用柔软不伤肤材质,让集便工作头的使用能够脱离床垫,使患者不仅能够在医院护理床上使用,也可以在自家床上轻松上手。

(4)操作方便。操作屏上手简单,语音提示及控制面板协力操作,患者可以左、右翻身变换各种姿势,不受限制,使得患者和护理人员在晚间可以安心休息,产品保证不存在任何泄露,适用于各种床上用品。

(二)二便护理机器人设计案例

这里以上海理工大学康复工程与技术研究所2021年研发的分体穿戴式二便护理机器人i-Care为例来介绍其工作原理。

1. 总体设计要求

通过对各种医院、护理院内的老人,下肢截肢患者,以及预期使用者家属等各类人群的调查,收集到了产品的共性需求,确立了产品的开发意向。二便护理设备应具有以下功能:

(1)能自动检测患者排泄物,区分出大小便。

(2)能自动处理排泄物,收集和除臭。

(3)能够对使用者进行冲洗清洁并烘干。

(4)对于长期使用二便护理设备的人群,能够保证使用的舒适性。

(5)针对行动不便的使用者,要有语音提示和报警功能,便于护理人员及时应对;同时设有手动模式,可以供护理人员手动操作控制。

2. 机械系统设计

穿戴式二便护理机器人的机械结构主要包括集便工作头和主机两部分(见图6-7-3)。

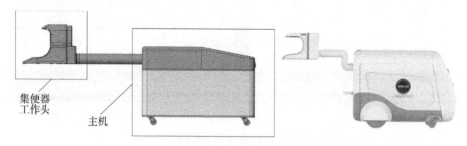

图6-7-3　分体穿戴式二便护理机器人三维设计图

工作头包括大小便斗、大小便检测传感器、冲洗水路与喷头、清洗水路与喷头、烘干风路与喷头、排污管道及外部包裹的软胶等元件(见图6-7-4)。工作头大小便斗由工作头内部上壁、后壁、侧壁和底部组成。其底部设计为光滑的圆弧状,且与水平面保持一个5°的倾角,负责收集使用者排出的大小便。大小便检测传感器使用温湿度和氨气浓度传感器,分别安装在便斗后壁和排污管路口。便斗后壁背后安装有角度传感器,检测患者侧身角度。冲洗水路、清洗水路及其喷头安装在便斗后壁,冲洗喷头采用锥形和矩形两种不同类型,矩形喷头用于冲洗小颗粒大便和尿液,锥形喷头由于喷出的水压较大,用于击碎难以冲洗的大便。烘干风路安装在便斗后壁上方,风路后面还安装有风机和加热器。排污管路与便斗后壁相连,用于将便斗收集的大小便排入污物桶。软胶包裹在便斗外侧的凸槽上,减缓人体与工作头硬壳之间的摩擦力和压力。

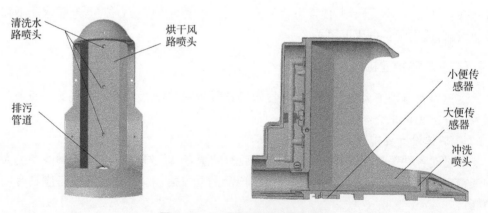

图6-7-4　集便工作头示意图

主机是二便护理设备的执行机构,主机内部安装有护理机器人的执行元件和主控制器,主要负责污物回收、净水消毒、净水加热、负压抽吸、负离子除臭、中枢控制等主要功能。主机内部结构图包括净水水泵、紫外线消毒器、真空泵、净水桶,污水桶、清洁盒、电磁阀等元件(见图6-7-5)。净水水泵安装在主机内部底层,通过水管管路与净水桶和紫外线消毒器相连接,将净水从净水桶抽出送至紫外线消毒器消毒。紫外线消毒器安装在主机内部后壁,通过水管管路与净水水泵和管路喷头相连。真空泵、污物桶安装在净水水泵侧面,污物桶通过导管与真空泵、清洁盒和排污管路相连。污物桶储存收集的大小便及脏水。真空泵负责在污物桶内抽负压,将大小便从工作头便斗通过排污管路抽入污物桶。清洁盒装在主机底部侧面,盒内部装有除臭活性炭。活性炭与污物桶管路相连,负责吸附臭气。四路电磁阀安装在隔板上,负责水路的通断控制,水路共分为四路,分别是冲洗小便水路、冲洗大便水路、清洗小便排泄部位水路和清洗大便排泄部位水路,在执行不同功能时,打开对应的电磁阀工作。为避免主机内部元件运行时造成噪声污染,在主机外壳内铺设有一层隔音海绵用来吸附噪声,降低噪声对外界环境影响。主机下方还安装有脚轮,方便护理人员移动护理机器人,具有较强的实用性(整体设计样机见图6-7-6)。

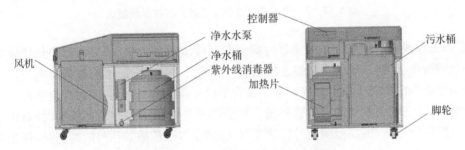

图6-7-5　二便护理机器人主机示意图

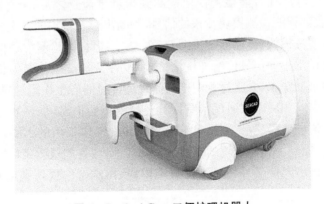

图6-7-6　i-Care二便护理机器人

3. 控制系统设计

穿戴式二便护理机器人控制系统(见图6-7-7)大体分为以下几个模块:主控模块、智能检测模块、冲洗清洗模块、烘干模块、显示模块、Wi-Fi模块、智能侧身检测模块、温湿度检测模块、液位警示模块、电源模块。

1)智能检测模块:利用装配在集便工作头上的大便传感器和小便传感器分别对患者的排泄物进行检测。当大便传感器检测到患者排出大便时,将反馈给主控模块一个电

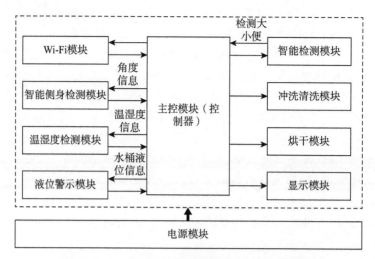

图 6-7-7　穿戴式二便护理机器人控制系统模块

平信号,主控模块收到此电平信号就会知道患者排出的是大便。同理,当小便传感器检测到患者排出小便时,也会反馈给主控模块一个电平信号,主控模块收到此电平信号就会知道患者排出的是小便。目前很多厂家为了确保检测的准确性、实时性会多加几个检测传感器,并在程序中加入多传感器融合算法来提高传感器检测的准确度,并对传感器检测电路进行改进,提高检测信号传输速度,以确保多个传感器信号同时到达,做出实时响应。

　　2)冲洗清洗模块:在智能检测模块检测到患者排泄物之后,会传递信号给主控模块,主控模块接收到智能检测模块传来的信号,判断出患者排出的是大便还是小便,进而发出信号给冲洗清洗模块(工作原理见图 6-7-8)。当智能检测模块检测到小便时,主控模块会将患者排出小便信号传给冲洗清洗模块,冲洗清洗模块中的相应电磁阀打开,并利用水泵从净水桶泵水,泵水过程中检测流量的传感器产生作用,控制水泵工作,将水压控制在合适范围。之后净水通过水路导管经过消毒器消毒,加热器加热,最终净水从集便工作头冲洗清洗喷嘴喷出,利用足够的水压冲洗工作头内的小便,不断转换水压来清洗患者的下身,提升了患者使用的舒适感。同样地,当智能检测模块检测到大便时,主控模块会将患者排出大便信号传给冲洗清洗模块,冲洗清洗模块利用水泵从净水桶泵

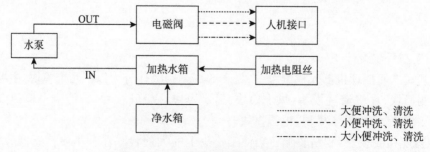

图 6-7-8　冲洗清洗模块工作原理图

水,水压也会被流量传感器检测和控制,冲洗清洗流程操作基本相同。区别在于大便冲洗较小便冲洗水压更大、冲洗时间更长。

3) 烘干模块:在结束冲洗清洗后,主控模块会对烘干模块发出信号。烘干模块在接收到主控模块信号后,会启动鼓风机和加热器,通过加热器将鼓风机鼓出的风转变成热风吹出,顺着气路导管从集便工作头喷出,实现对患者清洗后的下身烘干的功能。保证了患者下肢干燥,避免滋生细菌(烘干模块工作原理见图6-7-9)。烘干模块在患者大小便时的操作流程基本相同,区别在于患者大便时,烘干花费时间相对于小便更长。

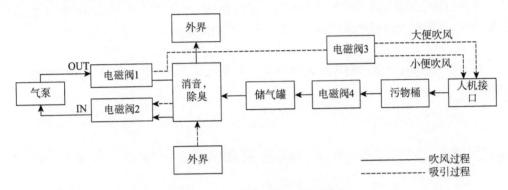

图6-7-9　烘干模块工作原理图

4) 显示模块:主要由显示器及其相关电路构成,大多数产品的显示器同时也是护理机器人的主控板。护理人员或患者需要在显示器主控板上选择护理机器人操作模式(手动模式或自动模式)。选择自动模式后,患者和护理人员可以看到集便工作头内温湿度、患者的大小便次数、水桶内部水位状况、患者侧身角度等信息。这可以帮助护理人员实时了解护理机器人使用状况。选择手动模式后,护理人员能够主动控制护理机器人执行冲洗、清洗、烘干流程,并通过显示器了解相关信息。显示模块是人机交互的重要渠道,便利了护理人员的看护流程,极大地减轻了护理人员工作压力。

5) Wi-Fi模块:主要由Wi-Fi收发芯片及其相关电路组成。护理机器人所检测到的集便工作头的信息能够通过Wi-Fi收发器发送至物联网云端,从而在手机端显示出来,护理人员可以用手机访问云端来读取这些信息。反之,护理人员通过手机操作,可以将操作指令发送至云端,再经过云端传输给主控制器,主控制器接受指令并操作护理机器人执行指令。Wi-Fi模块进一步简化了护理人员的工作,使护理人员不需要时刻陪护在患者身旁。

6) 智能侧身检测模块:智能侧身检测模块主要由角度传感器及其相关电路和语音提示电路组成。角度传感器能够检测到患者穿戴上二便护理机器人的集便工作头后在床上的侧身角度,当患者侧身角度超过能够正常使用集便工作头的角度范围时,就会有语音提示,让护理人员能够及时帮助患者调整侧身角度,以便于护理机器人能够正常工作。智能侧身检测模块是为了让护理人员在帮助患者侧身的同时还能兼顾护理机器人正常使用而设计的。

7) 温湿度检测模块:温湿度检测模块主要由温度传感器和湿度传感器及其相关电

路组成。温度传感器和湿度传感器能够检测集便工作头内部的温度和湿度,并将这两个数据信息传输给主控模块。在温湿度达到所设置的阈值之上时,主控模块能够发出指令,让烘干模块工作,保证了集便工作头内部温湿度适宜和患者下身干燥,避免滋生细菌,产生感染。

8)液位警示模块:液位警示模块主要由液位传感器及其相关电路和警报灯电路组成。液位传感器检测到水桶液位信息并将此信息传递给主控模块,主控模块得到污物桶液位过高或净水桶液位过低的信息,就会立刻发送指令给报警灯电路,警报灯亮,并会有语音提示,提醒护理人员及时补充净水和更换污物桶。当护理人员在远程控制手机端看护患者时,也能够及时得到提醒,前往患者身旁更换水桶。

9)电源模块:负责为其他模块电路供电,使其他模块能够正常工作。

10)主控模块:以微控制芯片为核心搭设外围电路组成,是接收信号和发送指令的关键所在。

参考文献

[1]许朋,喻洪流,石萍.一种智能饮食护理机器人研究[J].软件,2020,41(9):56-59.

[2]Liu F, Xu P, Yu H L. Robot-assisted feeding:A technical application that combines learning from demonstration and visual interaction[J]. Technology and Health Care:official Journal of the European Society for Engineering and Medicine, 2021, 29(1):187-192.

[3]Liu F, Yu H L, Wei W T, et al. I-feed:A robotic platform of an assistive feeding robot for the disabled elderly population[J]. Technology and Health Care:official Journal of the European Society for Engineering and Medicine, 2020, 28(4):425-429.

[4]魏文韬,刘飞,秦常程,等.基于改进Faster R-CNN的嘴部检测方法[J].计算机系统应用,2019,28(12):238-242.

[5]陈新宇,胡冰山,苏颖兵,等.二便护理机器人的方案设计[J].生物医学工程学进展,2021,42(3):141-143.

[6]Zhu Y D, Meng Q L, Yu H L, et al. Wheelchair Automatic Docking Method for Body-separated Nursing Bed Based on Grid Map[J]. IEEE Access, 2021, 9:79549-79561.

[7]张祥.饮食护理机器人机械结构设计及轨迹规划[D].上海:上海理工大学,2016.

[8]Mac Aulay M, ran den Heuvel E, Jowitt F, et al. A noninvasive continence management system:development and evaluation of a novel toileting device for women[J]. Journal of Wound, Ostomy and Continence Nursing, 2007, 34(6):641.

［9］李素姣,杨皓文,孟巧玲,等.基于激光雷达的嵌入式护理床自动对接系统[J].生物医学工程研究,2021,40(1):54－59.

［10］王珏.康复工程基础:辅助技术[M].西安:西安交通大学出版社,2008.

［11］喻洪流,石萍.康复器械技术及路线图规划[M].南京:东南大学出版社,2014.

［12］张祥,喻洪流,雷毅等.国内外饮食护理机器人的发展状况研究[J].中国康复医学杂志,2015,30(6):627－630.

［13］Zhang X, Wang X Y, Wang B, et al. Real-time control strategy for EMG-drive meal assistance robot—my spoon[C]//2008 International Conference on Control, Automation and Systems. October 14－17, 2008, Seoul, Korea(South). ICCAS, 2008:800－803.

［14］Soyama R, Ishii S, Fukase A. 8 Selectable Operating Interfaces of the Meal-Assistance Device "My Spoon"[C]//Advances in Rehabilitation Robotics:Human-friendly Technologies on Movement Assistance and Restoration for People with Disabilities. Berlin, Heidelberg:Springer Berlin Heidelberg, 2004:155－163.

［15］Dang Q V, Nielsen I, Steger-Jensen K, et al. Scheduling a single mobile robot for part-feeding tasks of production lines[J]. Journal of Intelligent Manufacturing, 2014, 25(6):1271－1287.

［16］Nielsen I, Do N A D, Nielsen P. Scheduling Part-Feeding Tasks for a Single Robot with Feeding Quantity Consideration[C]//Distributed Computing and Artificial Intelligence, 12th International Conference, Cham:Springer, 2015:349－356.

［17］杜志江,孙传杰,陈艳宁.康复机器人研究现状[J].中国康复医学杂志,2003,18(5):293－294.

［18］王年文,苑莹.老年人陪护机器人服务系统设计研究[J].包装工程,2017,38(18):72－76.

［19］钱艺倩.基于人工智能的养老机器人功能设计及发展研究[J].智能计算机与应用,2020,10(7):292－293.

［20］毕翼飞,王年文,朱亦吴.基于感性工学的老年陪护机器人造型设计[J].包装工程,2018,39(2):160－165.

［21］陈永彬.基于语义SLAM的陪护机器人场景感知技术研究[D].广州:广东工业大学,2019.

［22］吕国娜.助老机器人关键技术研究[D].青岛:山东科技大学,2019.

［23］曹培叶,赵庆华,肖明朝,等.护理院失能老年人长期照护需求评估问卷的编制及信效度检验[J].护理学杂志,2018,33(12):84－88.

［24］罗奕中.CLINITRON Ⅱ悬浮床的治疗原理及常见故障3例[J].医疗卫生装备,2005,26(8):94.

［25］Kume Y, Tsukada S, Kawakami H. Design and Evaluation of Rise Assisting Bed "Resyone®" based on ISO 13482[J]. Journal of the Robotics Society of Japan, 2015, 33(10):781－788.

449

[26] 胡木华,刘静华,陈殿生,等.床椅一体化多功能护理床——实现卧床老人生活自理的梦想[J].机器人技术与应用,2013(2):42-46.

[27] 李秀智,梁兴楠,贾松敏,等.基于视觉测量的智能轮椅床自动对接[J].仪器仪表学报,2019,40(4):189-197.

[28] Zou W, Ye A X, Lu T, et al. Contour detection and localization of intelligent wheelchair for parking into and docking with U-shape bed[C]// 2011 IEEE International Conference on Robotics and Biomimetics. December 7-11, 2011, Karon Beach, Thailand. IEEE, 2012:378-383.

[29] Ye A X, Zhu H B, Xu Z D, et al. A vision-based guidance method for autonomous guided vehicles[C]//2012 IEEE International Conference on Mechatronics and Automation. August 5-8, 2012, Chengdu, China. IEEE, 2012:2025-2030.

[30] A MIZUHO Torancemover system used for patient transfer in hospital[J]. The Japanese Journal of Medical Instrumentation, 1994, 64(11):517.

[31] 施永辉,茅志玉.电动移位机的设计与分析[J].南通纺织职业技术学院学报,2006,(4):1-4.

[32] 王若菲.面向老龄人群的产品设计探索与研究[D].沈阳:沈阳理工大学,2017.

[33] Ding J N, Lim Y J, Solano M, et al. Giving patients a lift-the robotic nursing assistant (RoNA)[C]. //2014 IEEE International Conference on Technologies for Practical Robot Applications (TePRA). April 14-15, 2014, Woburn, MA, USA. IEEE, 2014:1-5.

[34] 刘厚莲.世界和中国人口老龄化发展态势[J].老龄科学研究,2021,9(12):1-16.

[35] 肖晓花.大小便失禁的护理[C]//中华护理学会.全国外科护理学术交流暨专题讲座会议论文汇编,北京:2008:273-274.

[36] マフレン株式会社.介護自動排泄装置[P].日本:6674670,2019.09.25.

[37] 三洋テクノソリューション,ズ鳥取株式会社.自動排泄物処理装置[P].日本:260289A,2007-10-11.

[38] 宋英,罗椅民,周王安,等.智能床机一体大小便护理装置(铱鸣)[P].中国:CN306360696S,2021-03-02.

第七章 移动辅助机器人

第一节 概　述

一、移动辅助机器人概述

区别于第六章中所述的移位机器人只用于功能障碍者(失能者)患者短距离转运或转乘,移动辅助机器人主要是用来辅助失能者特别是中重度失能者行走或代偿行走的机器人,也属于康复机器人的一种。不同于传统的移动辅助设备(如助行杖、助行架、轮椅等),移动辅助机器人是一种计算机控制的机电一体化移动辅助设备。

移动能力下降会加速机体衰弱,随之给身体带来一系列严重问题。解决移动问题的一个重要方案是使用移动辅助器具。移动辅助器具在以下三个方面有着十分重要的作用:① 对于运动功能障碍者自身,当移动辅助设备融入正常生活时,移动辅助设备能促进其活动和社会参与,从而改善他们的生活质量;② 对于护理人员而言,可以减轻照护的负担;③ 对于康复医师,辅助患者行走也是一种很重要的康复训练方法,可以促进功能障碍者的康复。

移动辅助机器人一般具备以下特征:

1. 移动辅助

辅助失能者进行人体移动辅助是移动辅助机器人的首要功能,现阶段该类机器人更多的是在传统移动辅助设备的基础上进行升级改造,所以外观上与传统辅助器具较为相似。

2. 自动控制

该类机器人具备三个要素:感知(认识周围环境状态)、思考(根据所得环境信息思考下一步动作)和反应(对外界做出反应性动作)。移动辅助机器人一般应当配备多种传感器,并结合计算机控制系统对设备自身所收集的传感器信息进行处理,从而对设备进行自动或智能控制。

3. 康复训练

移动辅助机器人作为康复机器人的一种,主要是辅助或代偿失能者进行行走。因此除了具备基本的移动辅助功能之外,一般还应具备康复训练功能。

移动辅助机器人的研究涉及了康复医学、生物力学、机械学、电子学、材料学、计算机科学、机器人学及人工智能等诸多领域,是康复机器人学的重要研究方向。

二、移动辅助机器人分类

移动辅助机器人主要可分为如下三大类型:

(一) 智能轮椅

传统轮椅无论是手动还是电动的,大都只具备辅助移动的功能。然而,轮椅使用者往往还需要一个护理人员来帮助其进行移动、引导避障以及从轮椅到其他生活设施的转移。除此之外,久坐对使用者造成的压疮及一系列并发症都将严重危害其身体健康。智能轮椅的智能人机交互、自主导航及体位变换等功能可以很好地解决上述问题(见图 7-1-1)。

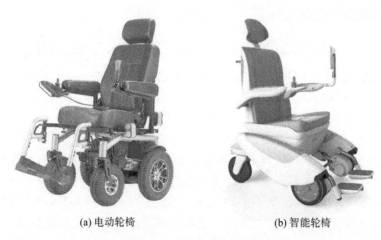

(a) 电动轮椅　　　　　　　　(b) 智能轮椅

图 7-1-1　电动轮椅与智能轮椅

从某种程度上说,智能轮椅就是一种轮椅式康复机器人。智能轮椅是将智能机器人技术应用于电动轮椅,包括机器视觉、机器人导航和定位、模式识别、多传感器融合及用户接口技术等,因此也可以称作智能轮椅式移动机器人。智能轮椅和传统轮椅相比,增加了"大脑""眼睛""耳朵",它们分别是计算机控制系统、摄像头和激光探测器以及麦克风等。

(二) 智能助行器

助行器是用于辅助使用者进行步行和站立活动的器具,属于助行康复辅助器具,能够有效地帮助使用者改进和提高行走能力。然而,传统的助行器主要是借助人工力量或者简单器械带动患肢或患者进行移动,该方式仅能起到被动支撑辅助作用,功能单一且在日常活动或康复训练中会消耗使用者大量的体力。

智能助行器是指在使用者长时间的移动行走过程中具有导航避障、行走辅助支撑、安全制动及助力等辅助功能的一类移动式机器人,部分机器人形态上类似于传统助行设备中的助步架、拐杖。智能助行器可以针对不同环境情形下的助行需求,通过不同的功能对使用者给予不同的助行援助(见图7-1-2)。

从广义上来讲,智能助行辅具的主要功能是能够利用科技手段帮助使用者在一定程度上突破原有的行走能力限制,提高其活动能力,从而满足他们的生活需求。

随着科学技术的发展,智能助行器不再单一地提供辅助支撑功能,开始逐渐能够满足使用者日常行走或康复训练中的多样化需求。

智能助行器还包括一种导盲用智能助行器,其主要针对具有一定行走能力但视力较弱的人群,在功能设计上以导航避障功能为主(见图7-1-3)。移动式导盲智能助行器建立在移动机器人的基础上,在进行硬件设计时不需要考虑对用户造成的重量负担,一般都装备有多种传感器和计算能力强大的控制计算机,且方便在原配置的基础上直接扩充硬件,从而保证了其功能的实用性和丰富性。

图7-1-2　智能助行器

图7-1-3　导盲智能助行器

(三) 多功能移动辅助机器人

该类机器人是指集多个功能于一体的移动辅助机器人,不仅可以进行移动辅助,还可以实现平衡训练、减重行走、姿态变换、移位等多种康复功能。

目前,国内外研发了多种多功能移动辅助机器人,主要可以分为以下几个类型:外骨骼式、悬吊减重式、平衡辅助式、手扶式、乘坐式等(见图7-1-4)。

(1) 外骨骼式:运用外骨骼机械腿来给使用者提供支撑,并带动使用者的腿步行与进行训练。

(2) 悬吊减重式:利用悬吊机构辅助使用者抵抗重力,帮助患者进行移动或减重步行训练。现有悬吊减重式多功能移动辅助机器人具有人体自动跟随功能。

(3) 平衡辅助式:在盆骨处进行减重及平衡支撑辅助,帮助使用者进行行走训练。

(4) 手扶式:机器人整体类似框式助行器结构,一般带有座椅功能,可在使用者需要

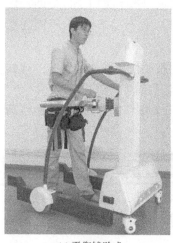
(a) 平衡辅助式

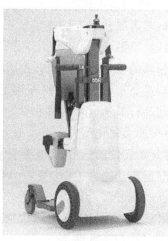
(b) 乘坐式

(c) 悬吊减重式

图 7 - 1 - 4　典型多功能移动辅助机器人

休息时从助行器转变为座椅。

（5）乘坐式：这种移动辅助机器人多用于脊髓损伤等造成的下肢瘫痪患者，可以帮助患者进行室内外移动、室内移位以及康复训练等。用户使用这种移动辅助机器人时一般采用站位与坐位的乘坐方式。

第二节　智能助行器

一、智能助行器基础知识

智能助行器指基于机器人技术开发的用来支持移动功能障碍者（包括视觉功能障碍者、认知功能障碍者以及平衡能力和肌肉能力下降的老年人等）进行室内外的行走，并确保行走安全性的助行机器人，是一种典型的功能辅助机器人。这里的智能助行器是一个广义的概念，泛指基于微处理器控制的具有机器人特性的助行器。而狭义的智能助行器则是指具有智能导航、智能路况适应及智能安全保护等智能化功能的助行器。

智能助行器主要适用于具有站立、平衡及一定行走能力的患者，起到辅助患者自主行走的作用。智能助行器的结构与传统助行器基本相同，但为了辅助使用者获得健康步态，智能助行器集成了驱动模块和智能控制模块。在设计助行器时，不仅需要考虑使用者的运动功能障碍，还应考虑其认知功能和感觉功能的障碍。此外，有的智能助行器还具备运动感知、步态评估和矫正功能，如感知和评估使用者的异常步态，并加以矫正。智能助行器还应考虑可用性问题，包括安全性、舒适性和易操作性。

智能助行器一般包括五种典型的技术模块：身体支持系统、环境感知系统、智能定位与导航(认知辅助)系统、健康监测系统和人机交互系统。

(一) 身体支持系统

为了给使用者提供更好的步态稳定性，几乎所有的智能助行器都具备身体支持功能。身体支持功能主要有两种类型：被动支持和主动支持。被动支持功能是通过机械结构增强人体的平衡能力，提高行走过程的稳定性。通常，通过增大智能助行器底座面积或放置配重元件(电机、电池、电子设备等)来增加其动态稳定性。对于上肢运动功能较弱的使用者，前臂支撑平台会被继承到扶手的结构设计中。这种增加前臂支撑平台的设计不但增加了使用者的行走平衡稳定性，使其更易推动助行器，而且重力的增加也增大了系统摩擦部件的阻尼，降低使用者摔倒的风险。

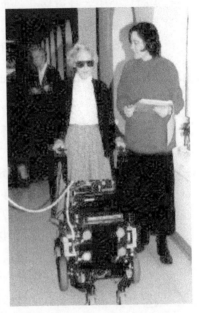

图 7-2-1 PAM-AID 自适应智能助行器

主动支持功能是智能助行器根据人体危险运动意图的检测与识别做出主动安全防护措施(如刹车系统)，从而提高用户行走过程的安全性和稳定性。对于轮式智能助行器来说，主动支持成为预防用户摔倒的必要功能。目前常见的主动支持手段是将驱动电机安装在智能助行器的轮子上，通过对驱动电机的控制，补偿倾斜地面上的重力，并提供移动装置所需的推动能量。例如，PAM-AID 自适应智能助行器(见图 7-2-1)通过对助行器驱动轮的控制，从而为使用者提供其使用设备期间的智能支撑与行走辅助。

(二) 环境感知系统

为保证智能助行器在使用过程中的平稳性和安全性，环境障碍物检测是非常重要的。受到平衡功能障碍的影响，路况的突然变化有时会给使用者的安全行走带来严峻的挑战。因此，智能助行器需要进行避障，通常选用感觉传感器(超声波、视觉或红外传感器等)来检测静态和动态障碍物。智能助行器还可以通过声音、振动警报或直接操作设备的执行器来提示用户避开障碍物，从而改变用户行走的路径。这种通过信号报警等方式的避障功能常被用于帮助视觉功能障碍者或认知功能障碍者在有多个障碍物的环境中引导其安全行走。PAM-AID 采用了声呐(导航和防撞)、红外接近传感器(接近检测)和保险杠开关(碰撞检测)三种传感器来构建周围环境的信息。助行器获取环境信息后以语音信息的形式提供给用户，语音信息描述周围环境并警告出现障碍物。然而，除了提供信息警告的功能外，智能助行器更应确保被辅助用户在使用过程中的安全性，所以除了利用感官传感器对环境进行构建外，还需要自动引导使用者在安全路径上行走。例如 Nomad XR4000 智能助行器采用了两个圆形阵列的超声波传感器、两个圆形阵列的

Nomadics 红外近距离传感器、三个大型触摸感应传感器和一个激光测距仪来检测行驶空间内不同高度的障碍物,根据障碍物的特征与位置重新进行路径规划,保证使用者在安全路径上行走。

然而,大多数智能助行器的环境感知系统还不能避免在使用者引导助行器或助行器停止时可能发生的跌倒或其他事故的风险。因此,助行器的感知系统还必须具有预测和避免摔倒或类似情况的能力,当检测到用户跌倒风险特征时立即执行驻车,避免助行器在行走时从使用者身边移开。通常,通过使用位移传感器(如红外传感器)来评估使用者相对于助行器的距离来判断跌倒趋势。除此之外,还可以在助行器扶手上建立一个接触式传感器系统,确保用户用双手有效地引导助行器。

(三) 智能定位与导航(认知辅助)系统

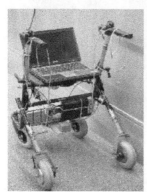

智能助行器针对有认知功能、记忆功能和方向功能相关障碍的使用者提供其所在的结构环境和户外(例如使用 GPS)环境的导航和自定位功能。例如,一些临床上使用的智能助行器会在临床环境中建立地图,设定固定安全路径,来辅助使用者在规定空间内安全、自由地移动。自定位也方便使用者或护理人员确认使用者位置。智能助行器还可以通过视觉界面或语音命令与用户双向通信,接收来自用户的指示,或通知用户地图中的当前定位和环境条件。例如,iWalker 智能助行器(见图 7 - 2 - 2)具有向用户配置环境地图及自定位和导航服务,可以定义规划到某个目的地的路线,并实时通过语音指示使用者跟随规划好的路线。如果导航被无法避免的障碍物中断,系统还可以建议一条新路线或向护理人员寻求帮助。

图 7 - 2 - 2 iWalker 智能助行器

(四) 健康监测系统

智能助行器也可以用来监测用户的健康信息。该健康信息可以在检测到紧急情况时通过无线通信网络通知健康中心或医务人员,也可以作为用户的病史被保存。例如 PAMM 智能助行器(见图 7 - 2 - 3)特别关注老年用户对护理设施的需求。在为用户行走提供辅助的同时,还监控其健康状况(如心电图),并通知用户所设定的任务(如服药)完成情况。这些功能的开发都能使老年人更加独立地生活。

(五) 人机交互系统

人机交互系统是智能助行器实现智能化、友好化的重要系统模块,是人和助行器的交互桥梁与接口。在人机交互系统中,传感器起到了至关重要的作用,它们可以测量环境、机器和人之间的交互情况,并将信息传输给主控系统,以便智

图 7 - 2 - 3 PAMM 智能助行器

能助行器能够完成预设任务。

通常,智能助行器有两种交互接口:直接接口和间接接口。直接接口是将用户的命令或者意图直接传递给设备。例如,操纵杆以其易控性的特点常被应用在轮椅的控制中,但对于视觉障碍者来讲,不需要助行器提供身体支撑功能,却可以通过操纵杆来向电机传递运动方向意图,并通过操纵杆的力反馈系统,识别前方障碍物,从而更安全地行走。此外,力传感器也常被用于直接接口的意图识别中。它的控制原理类似于操纵杆,通过物理交互来检测用户的意图。如前所述的 Nomad XR4000 智能助行器,将两个力传感器嵌入扶手中,通过在扶手中的力传感器识别用户运动意图和用户状态。间接接口通常包括语音控制及基于下肢运动视觉检测的控制等。

二、智能助行器分类

随着社会老龄化的日益加剧,辅助老年人日常生活的康复技术日益成为科技者们研究的热点,特别是辅助老年人维持/改善身体机能的智能助行器的研发。智能助行器可以按照辅助方式、辅助对象等方式进行分类。

按照辅助方式,智能助行器主要可以分为如下四类:

(1)手扶式智能助行器:具有外动力辅助的、能够分别进行上下坡助力与制动的电动轮式框架助行器。这种助行器主要用于老年人或步行功能障碍者的步行辅助,部分具备智能导航与避障功能。

(2)悬吊减重式智能助行器:一种可以移动行走的、具有基于智能导航技术的人体自动跟随功能的悬吊减重步行训练装置,可用于居家或康复医疗机构的步行康复训练。

(3)平衡减重式智能助行器:利用在人体骨盆部位的自适应平衡辅助机械臂来对人体进行减重与步行保持平衡,辅助无法安全站立及步行的患者进行行走或康复训练。这种助行器也可以同时在髋关节处增加动力外骨骼助力装置。

(4)外骨骼式智能助行器:一种具有人体智能柔顺交互功能的动力髋关节外骨骼行走助力装置,如 CES Asia 老人髋部助力外骨骼等。

按照辅助对象的功能障碍的类型可以分为如下四种:

(1)导盲智能助行器:一种帮助低视力或盲人行走的、具有自动导航功能的轮式助行器。

(2)认知辅助智能助行器:一种帮助具有认知障碍患者行走的轮式助行器,这种助行器不仅可以帮助用户独立行走,还具备面部表情识别功能,并可以有效探测用户周围的环境,从而为用户提供认知和情绪上的帮助。

(3)康复训练智能助行器:一种帮助具有运动功能障碍患者居家或在康复医疗机构进行步行训练的助行器。

(4)行走辅助智能助行器:一种专门用于体弱的老年人或运动功能障碍患者行走的、具有智能助力与制动等功能的电动助行器。

三、智能助行器系统设计案例

（一）智能助行器设计要求

智能助行器目前已结合多种现代机器人技术，涉及计算机、通信、机械设计及人体工学设计等多个学科。对于一台成熟可靠的智能助行器，其包含多个不同类型的功能模块，如通信与数据互连模块、供电模块、人机交互模块、控制模块、驱动模块和感知模块等。由于人体步行的复杂性，能够达到实用水平的研究还很少，该领域仍有较大的研究空间。这里以上海理工大学自主研发的多模态智能助行器 PoWalk 为例，阐述智能助行器的一般设计要求。

PoWalk 智能助行器是一款手扶式智能助行器，具有外动力辅助，并且能够分别进行上下坡助力与制动。

这种助行器主要用于老年人或步行功能障碍者的步行辅助，其基本设计要求如下：

（1）具备智能导航与避障功能。针对应用环境动态与非结构化、人机紧密耦合、患者健康状态和失能情况多样性等突出特点，助行器应集成驱动控制、姿态调节、人机接口、环境感知、自主导航等系统模块。

（2）具备上坡助力、下坡控速、康复训练等功能。

（3）需要在室内与室外进行运动，要适用于不同路面情况并且需要具备越障能力，要求能够越过一些小的台阶和障碍物。

（4）采用环境感知、物体的自动检测和识别、人机交互、智能爬坡与智能运动等关键技术，提升助行器的移动灵活性、能源高效化和多种路面适应性。

（5）扶手模块的设计为高度可调式，降低使用者操作的难度，并对助行器使用方式进行限定。

（6）驱动电机需具备良好的制动功能，且要求噪声低，并能根据助行器使用环境来确定其前驱、后驱的方式。

（二）智能助行器设计案例

本节以 PoWalk 智能助行器为例，阐述智能助行器机械系统与控制系统的设计方法。

1. 机械结构设计

1）助行机器人结构总体设计

本案例介绍的多模态智能助行机器人综合考虑了市面上助行器与行走障碍人群的需求，针对助行机器人的骨架部分进行了改良设计。助行器的骨架承担了助行器整体与人体的大部分重量，并结合驱动电机驱动助行器运动。助行器的驱动方式可以按照驱动轮位置在机器人前部还是后部分为前轮驱动（见图 7-2-4）和后轮驱动（见图 7-2-5）。一般前轮驱动具有较好的操控性，且越障能力更好；后轮驱动具有较好的平稳性和舒适性，但不大适合较为湿滑路面的行驶。

图7-2-4　前轮驱动　　　　　　　　图7-2-5　后轮驱动

　　本案例设计的多模态智能助行器需要在室内与室外进行运动,要适用于不同路面情况并且需要具备越障能力。综合以上情况的考虑,该多模态智能助行机器人的骨架选择前轮驱动的方式,配合后部脚轮实现该机器人的移动。

　　车架的设计根据人体相关尺寸和质量来对具体的尺寸进行确定,人体尺寸参照《中国成年人人体尺寸》(GB 10000—1988)进行确定,本案例选取了36～60岁,百分位数为99%的指标作为本台多模态智能助行器的设计参数。具体的设计尺寸为身高1 751 mm、体重80 kg,上臂长349 mm,前臂长268 mm、大腿长523 mm。在设计助行机器人的过程中,确保了助行机器人的尺寸符合大部分老年人与行走功能障碍患者的实际使用要求,保障了使用的适应性与舒适性。同时考虑到老年人在行驶时需要地图的导航与语音交互,因此在前部面板上设计了镶嵌于其中的平板电脑作为上位机。

　　轮子的尺寸大小则根据《双臂操作的助行器要求和试验方法第2部分:滚动器》(ISO 11199—2:2005)中对轮子的尺寸要求:前轮直径不应小于75 mm,室外型滚动器的前轮直径不应小180 mm,室外型滚动器的前轮宽度不应小于180 mm。所以选择直径200 mm的轮子作为驱动轮。该多模态智能助行机器人机械结构总体设计方案分为两种(见图7-2-6),这里采用方案一为例进行阐述。

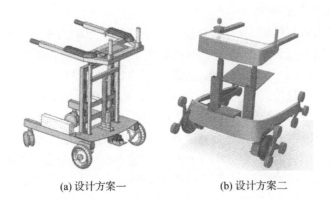

(a) 设计方案一　　　　　　　　　(b) 设计方案二

图7-2-6　PoWalk多模态智能助行机器人总体结构设计图

此外,考虑到使用者大多身体虚弱,长时间使用助行机器人行走可能会引起疲劳,导致潜在的安全风险提升,因此在助行器前部增加了一对垂直握把,当使用者感觉身体疲劳的时候,可以将使用方式从推行转换为趴行,降低使用时的体力消耗。

2) 助行机器人高度调节模块

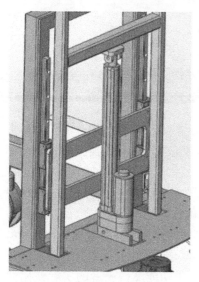

图7-2-7 助行机器人主体机架设计

该多模态智能助行机器人需要满足不同人群的使用需求,为保证其可以面向多种身高和体型的使用者,总体设计方案一有针对性地设计了高度调节模块。该模块将助行机器人的主体机架设计为两部分。其中内侧部分安装导轨,外侧部分安装四个滑块,左右部分各两个,使用电机推杆驱动,产生一个向上的推力,从而推动滑块,使助行机器人上部平台上移,起到调节助行机器人高度的功能(见图7-2-7)。针对加工中存在的四个滑块难以保证平行度的问题,针对性地在机架之上焊接一块口字型垫块,将四个滑块安装于同一垫块之上,以保证平行度。

由于电机推杆的安装要求较高,同时机架加工的方式大多为焊接,焊接的精度相对较低,因此在设计推杆的固定方式时,需要考虑焊接时带来的误差,最好在设计时留下1~2 mm的余量。通过对不同使用人群的身高进行调研之后,将助行机器人整体高度设计为950 mm,最大可调范围为200 mm,即助行机器人最高高度为1 150 mm。

助行机器人的自适应高度调节功能是通过对推杆电机的控制实现的。推杆电机的工作原理就是将电机正反转的旋转运动经过减速齿轮变为推杆上下的直线往复运动。该助行机器人选择小型推杆电机,采用铝合金接头和内外管身,便于连接上下伸缩杆,且具有轻密度防腐蚀功能。此外,借助内部霍尔传感器达到位置信号反馈伸缩,顶部和底部设有限位开关可以自动停止,同时,可在任意位置实现个性化自锁停止。

3) 助行机器人意图识别模块

当使用者使用助行机器人行走时,使用者会施加一定的力来握住握把,助行机器人通过握把上的使用者施加的力来控制驱动轮电机的速度。使用的力传感器是FSR402(force-sensing resistors)压力传感器。在握把压力传感的设计中采用了10个压力应变片,按上下两排排列,每排五个组成压力应变片矩阵,然后将采集到的使用者施加在握把上的力信号经过转换后转化为驱动轮电机的速度。助行机器人通过手柄压力传感器获取用户运动意图,让使用者通过握把对助行机器人进行力传感控制。使用者不同的意图将在手柄上产生不同的数据,通过同一列压力传感器前后的差值,利用导纳控制算法与机器人的共享控制算法的权重相结合,从而得到助行机器人的运动速度。使用者握住握把,给助行机器人传递行走的意图信息,助行机器人通过控制系统的调节和PID控制即可带领使用者进行平地稳速运动,实现上坡助力和下坡阻力。当在坡道行走时,如果助行机器人检测到使用者松开双手有危险,助行机器人的驱动电机会立即抱紧,自动进行自锁,使其停驻在坡道上,从而保障使用者的安全。

4) 助行机器人防跌倒模块

由于该多模态智能助行机器人的使用人群为老年人与行走功能障碍患者,所以要求该助行机器人除了功能强大、路面适应性强、便于使用外,其使用的安全性也是至关重要的。该款多模态智能助行机器人设计了防跌倒模块。在该款多模态智能助行机器人的内侧共放置了 7 个超声测距传感器,其中下侧放置了 4 个,位于助行机器人骨架的两边。2 个与水平方向成 45°,2 个位于助行机器人底架的横梁之上。这样放置可以使得超声测距传感器在空间范围内最大限度地采集人体的位置,分析人体与助行机器人的相对位置,即建立空间直角坐标系,对使用者行走过程中人体双脚相对于助行机器人骨架内侧的位置进行精准确定。此外,在考虑结构和使用便利性的情况下,在上侧的中央放置 1 个、两边各放置了 1 个超声测距传感器,以最大限度地确定人体腰部相对于助行机器人的精准位置。最终,结合这 7 个超声测距传感器,通过确定与分析人体腿部与腰部的位置,即可实时确定人体在使用助行机器人时的行走状态。如果使用者身体的位置情况发生突变,超过设定的安全系数,则助行机器人的电动轮会紧急抱死自锁,使其安全地处于停止状态,以确保使用者的使用安全。

5) 助行机器人驱动电机模块

一般常用的驱动电机分为有刷直流电机和无刷直流电机,这两种电机的区别在于:有刷直流电机采用机械换向,当电机工作的时候,线圈和换向器旋转,磁钢和碳刷不转,线圈电流方向的交替变化是随电机转动的换相器和电刷来完成的。但它具有结构较为复杂、可靠性较差、寿命较短等性质。而无刷直流电机由电动机主体和驱动器组成。它工作时采取电子换向,线圈不动,磁极旋转。工作时是通过霍尔元件来对永磁体磁极的位置进行感应。使用电子线路适时切换线圈中电流的方向,保证产生正确方向的磁力来驱动电机,从而消除了有刷电机的缺点。并且无刷直流电机工作时更为平稳,不会产生振荡,制动性能也更为理想。通过以上分析,以及结合实际需要,最终确定该多模态智能助行机器人采用无刷直流电机。该种类电机运行稳定,工作噪音小,寿命长,制动性能良好。选用的电机驱动器的电压范围为 9~36 V,能够通过的最大电流为 10 A,能较大程度地满足所采用的无刷直流电机的功率需求。其能够接收多种控制信号如电位器、模拟量、开关、RS485 通信信号等对无刷电机进行控制。该驱动器使用了电机回路电流精确检测技术,可较为精准地实现对电机启动、制动、换向过程和堵转保护的控制。且该驱动器响应时间短,反冲力小,能够对输出电流进行实时监控,从而有效保护电机和驱动器,较好地满足了电机驱动器的要求。

一般情况下,移动类的机器人需要将编码器与控制器进行配合,编码器可以对信号或数据进行编制、转换,同时在控制系统中需要对驱动轮的电机信息进行测量与输出。结合实际需求,本案例最终选择了 E6B2-CWZ6C 光电增量式编码器共 2 个,编码器的分辨率为 2 000 PPR,通过对编码器的输出信号进行处理,得到当前前轮电机驱动轮的正反转信息,进而对助行机器人的速度更好地进行控制。

智能助行机器人中需要供电的电子设备较多,同时考虑到室外使用,需要的电池容量较大。通过对比铅蓄电池与锂电池的优劣之后,最终选用锂电池,其相比于铅蓄电池能量比高,是铅蓄电池容量的 6～7 倍,且体积小巧,便于安装和更换。综合对比之后,选择电压为 24 V,容量为 12 Ah,最高充电电压为 29.4 V 和最大充电电流为 3 A 的加强型锂电池 2 组。锂电池组的尺寸根据助行实际情况的需要,确定为 70 mm×40 mm×300 mm。

2. 运动学分析

1)机器人运动学

运动学是从几何的角度来描述和研究物体位置随时间的变化规律的力学分支,机器人运动学描述的是机器人的末端和各个关节位置的几何关系。解析法又被称为分析法,它是利用解析式的方式来求解机构运动的数学模型的方法。解析法求解的步骤是:首先建立机构的运动坐标系,然后对机构相关点的轨迹用几何解析式进行研究,最后将方程的性质转换成几何语言来进行描述,得到该机构的运动学特性。在机械领域,各个零部件之间的运动和受力可以通过几何解析法进行求解,运用几何解析法求解机构运动学方程十分便捷,只需要知道各个部件之间的机械几何关系即可对方程求解。

2)助行机器人运动学分析

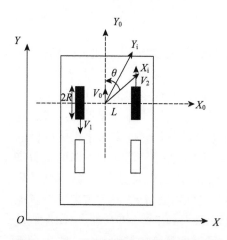

图 7-2-8 助行机器人移动差速运动学示意图

PoWalk 多模态智能助行机器人采用的是前轮驱动,其运动特性为两轮差速驱动,其移动的轮系坐标系可以进行简化(见图 7-2-8)。X-Y 表示该多模态智能助行机器人质心的二维直角坐标系,Y_0 轴正方向表示助行机器人运动的正面方向。V_1 和 V_2 分别表示助行机器人两驱动前轮的线速度,R 为两驱动前轮的半径,L 为两驱动前轮的中心距,ω_1、ω_2 分别为两驱动前轮的角速度,可通过电机驱动接口输出的角转速得到。其驱动方式满足机器人普遍具有的刚体运动规律,可以得到:

$$V_1 = \omega_1 \times R \qquad 式(7-2-1)$$

$$V_2 = \omega_2 \times R \qquad 式(7-2-2)$$

通过两驱动前轮连线的中心可建立新的直角坐标系,设该助行机器人的速度为 V,助行机器人的姿态角 θ 为助行器移动速度 V 与两轮中心连线所成的角度。因为助行机器人的后轮没有动力,所以后轮也与前轮做同轴的圆周运动,且左右两轮的角速度也相同。此时助行机器人的速度 V 即可用下式来进行表示:

$$V = \frac{V_1 + V_2}{2} \qquad 式(7-2-3)$$

当助行机器人转弯时,可以通过下列式子计算求得转弯时的角速度 ω。

$$\omega = \frac{V_1 - V_2}{L} \qquad 式(7-2-4)$$

联立式(7-2-3)与式(7-2-4)即可求出助行机器人运动转弯时的转动半径 R：

$$R_{转动半径} = \frac{V}{\omega} = \frac{L(V_1 + V_2)}{2(V_1 - V_2)} \qquad 式(7-2-5)$$

如果需要控制助行机器人以确定的速度运动，通过式(7-2-5)也可以获得助行机器人运动的角速度。其移动的质心方程为：

$$x' = V \cdot x \cdot \sin\theta \qquad 式(7-2-6)$$

$$y' = V \cdot x \cdot \cos\theta \qquad 式(7-2-7)$$

$$\theta' = \omega \qquad 式(7-2-8)$$

式子之中的 (x', y', θ') 表示助行机器人在当前坐标系的运动速度，联立上述方程可得：

$$\begin{bmatrix} x' \\ y' \\ \theta' \end{bmatrix} = \begin{bmatrix} \dfrac{R\sin\theta}{2} & \dfrac{R\sin\theta}{2} \\ \dfrac{R\cos\theta}{2} & \dfrac{R\cos\theta}{2} \\ \dfrac{R}{L} & -\dfrac{R}{L} \end{bmatrix} \begin{bmatrix} \omega_1 \\ \omega_2 \end{bmatrix} \qquad 式(7-2-9)$$

对于该矩阵进行求解，由于 θ 只与质心的角速度 ω 有关，x'，y' 只与质心的线速度有关，因此式子中的控制变量可以转变为质心的角速度与线速度。将助行机器人的两个前轮驱动轮的角速度变成为质心的角速度和线速度，如下式：

$$\omega_1 = \frac{1}{R}V - \frac{L}{2R}\omega \qquad 式(7-2-10)$$

$$\omega_2 = \frac{1}{R}V - \frac{L}{2R}\omega \qquad 式(7-2-11)$$

由式(7-2-10)、式(7-2-11)可知，在实际应用中通过给定的多模态智能助行机器人的质心线速度与其角速度即可求出助行机器人两轮的实时角速度。

通过助行机器人的差速驱动方式(两前驱动轮不同的速度和方向)就可实现助行机器人的不同的运动状态。

由图7-2-9可知，当助行机器人两前轮驱动轮速度 $V_1 = V_2$ 时，助行机器人做直线运动：水平向前或者向后运动。

由图7-2-10可知，当助行机器人两前轮驱动轮速度 $V_1 > V_2$ 或者 $V_1 < V_2$ 时，助行机器人进行转弯行驶。

当助行机器人两前轮驱动轮速度 $V_1 = -V_2$ 时，助行机器人便以左右轮的中心点为中心做原地旋转运动。

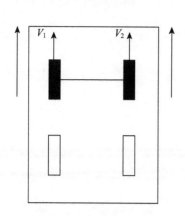 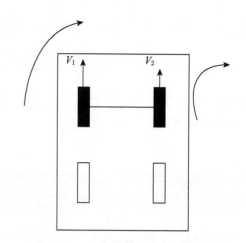

图 7 - 2 - 9　助行机器人两前
轮速度相同状态

图 7 - 2 - 10　助行机器人两轮速度不同
$V_1 > V_2$ 或 $V_1 < V_2$（图示为 $V_1 > V_2$）

3. 控制系统设计

STM32 微处理器用于实现对压力信号的采集和处理，并根据压力大小来控制助行机器人的运动速度。同时根据压力和激光测距模块测到的数据通过序贯算法来进行防跌倒控制。控制板还需要与工控机进行通信，将速度和 MPU6050 姿态传感器测得的偏航角等信息传输到工控机。在导航模式中，工控机将控制机器人的运动状态，实现自主移动。

硬件结构以主控制器为核心，搭配人机交互模块、感知采集模块、自主导航模块、电机驱动模块和电源模块（见图 7 - 2 - 11）。助行机器人控制系统的基础在于车体的移动，电机驱动模块可以控制车体的运动状态。感知采集模块负责检测车体的位姿信息以及用户的运动趋势。自主导航模块负责实现对环境深度信息的处理以及自主导航算法的

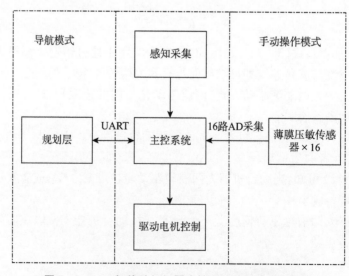

图 7 - 2 - 11　智能助行机器人控制系统总体设计框图

部分。电源模块负责为整个硬件系统提供稳定的供电电压。主控制器通过 RS 485、UART、Wi-Fi 和 IIC 等通信接口与控制系统的各模块进行通信,最终,主控制器的软件对各层数据信息进行综合处理,得到助行机器人在各个时刻的运动控制速度,向电机驱动模块下发控制指令控制电机转速。

1) 主控系统

主控制板采用意法半导体公司出产的基于 ARM Cortex-M3 内核 STM32F1 系列芯片。本设计的底层控制电路中涉及传感器信号的采集、电机驱动控制、算法的判断与上位机的通信等功能,需要处理的任务繁重,而主控片上外设的资源足以满足本设计的需求。其中主控制器的电源系统实现了对整个助行机器人系统的供电,由于助行机器人系统中不同元器件与模块的额定电压不同,电源系统中分别有 24 V、12 V 和 5 V 的电源输出。

程序运行时,对程序所需端口、定时器进行配置,然后读取八个 FSR 压力传感器的数据,利用导纳控制和 FSR 压力传感器得出的运动意图,通过速度闭环调节换向频率进行控制,实现对 MT25 驱动电机的控制。程序在运行时会持续监控用户的身体状态,通过助行机器人内部七个超声波传感器来接收超声波传感器数据,利用多传感器融合跌倒检测算法,若检测到用户有跌倒的倾向,机器人会进行主动防护(控制流程见图 7-2-12)。

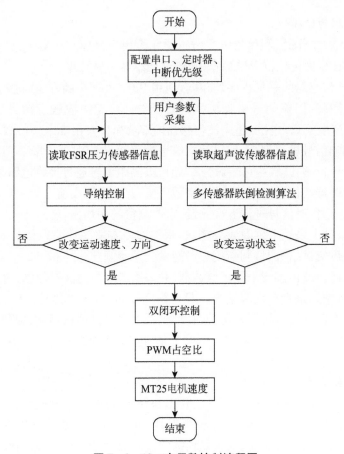

图 7-2-12　主函数控制流程图

2）人机交互模块

人机交互模块是实现人与计算机之间信息交流的重要接口,力感知系统能获取助行机器人作业时与用户之间的相互作用力。智能机器人广泛使用的力、力矩传感器都基于电阻式检测方法,其中又以应变电测和压阻电测最为常见。针对 PoWalk 助行机器人的使用特点,在测试样机的每个操作手柄处设计八个应变片,采用一维压力传感器组成的力传感矩阵以获取用户的意图力。即将 FSR 压力传感器均匀分布在每个操作手柄上(见图 7-2-13),当用户使用助行机器人时,用户操作手柄,机器人可根据用户施加在机器人手柄上的作用力,修正助行机器人的速度。为保证传感器的感应区域和手柄有效接触,在每个传感器的压敏层都粘贴了垫片。

图 7-2-13 八个 FSR 压力传感器组成的压力传感矩阵

3）跌倒检测防护模块

助行机器人在工作时,利用超声波传感器获得用户身体与机器人之间的距离,采集的数据包括 FSR 压力传感器上肢数据、超声波传感器下肢数据。

七个超声波传感器的采集程序均相同,使用 IO 口外部中断和定时器中断,需要对定时器、触发信号引脚、回响信号引脚机型进行配置。对超声波触发信号(Trig 端口)置位,延时 15 μs 产生 TTL 电平,超声波传感器内部会循环发出 8 个 40 kHz 的脉冲,触发信号复位;对回响信号进行判断,如果回响信号为 1,产生定时器中断,打开定时器;一直检测回响信号(Echo 端口),一旦端口为 0,超声波测距信号通过接收电路采集距离,关闭定时器,获取定时器数值,计算超声波测得距离值,并输出距离值。为保证测量数据的稳定性,在检测信号时,对信号进行五次测量,求取测量的平均值[见图 7-2-14(a)]。

跌倒防护设计上采用卡尔曼滤波算法,根据多序贯概率比防跌倒检测算法,在下肢运动过程中,速度突然增大时,判断用户可能发生跌倒倾向[见图 7-2-14(b)]。在用户使用机器人时,超声波传感器采集下肢数据,并采用卡尔曼滤波对数据进行滤波处理,对滤波后的数据判断其是否有跌倒倾向。若无跌倒倾向,持续采集超声波传感器数据;若有跌倒倾向,保存前一时刻机器人运动速度,机器人立即自锁;然后根据腰部、腿部、机器人三者之间的距离,修改电机换向频率,当三者距离相同时,机器人再次自锁完成跌倒防护。

4）自主导航模块

自主导航控制模式采用基于 ROS 的建图与导航方法,通过激光雷达、姿态角传感器以及轮式编码器实现对自身与环境的感知,利用 Gmapping 算法建立周围环境的二维栅格地图。当医生为患者指定了主动康复训练的目的地时,工控机会根据激光雷达的传感

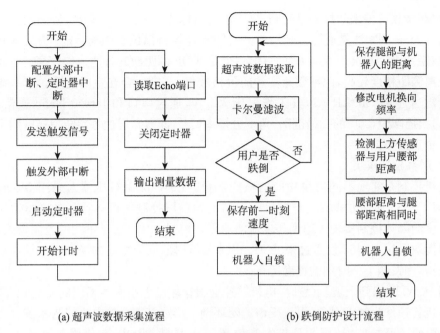

(a) 超声波数据采集流程　　　　(b) 跌倒防护设计流程

图 7-2-14　防跌倒监测模块

器信息与已有的地图信息,基于路径规划算法为用户规划出一条安全的康复训练路径。上位机会根据激光雷达的点云信息实时更新地图信息进行动态避障(见图 7-2-15)。

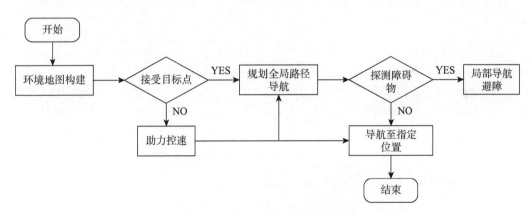

图 7-2-15　自主导航控制流程图

　　自主导航模块由上位机控制器和激光雷达两部分组成,其中激光雷达通过高速USB 直接与控制器相连。本系统选用 Jetson Nano 作为上位机控制器。Jetson Nano 采用四核 64 位 ARM CPU 和 128 核集成的 NVIDIA GPU,提供的强大计算性能,可以保证自主导航算法的流畅运行。Jetson Nano 拥有 4 个 USB 3.0 端口、1 个网口和 1 个HDMI 接口等丰富的外设接口,满足了决策规划的硬件通信接口要求。激光雷达是通过激光测距的方式来探测周围环境的设备。目前常见的激光测距的计算方法有相位测距法、TOF 测距法和三角测距法。相位测距法是将一调制信号对发射光波的光强进行调制,通过测量相位差来间接测量时间,进而求得目标位置距离,大部分短程测距仪都采用该方法。TOF 测距法是通过激光的传播时间来计算目标位置距离,该方法具有测距精度高、测距范围广和抗干扰能力强等优点,但是 TOF 测距激光雷达造价较高。三角测距法短距离测距精度较高,此种激光雷达的价格较低,非常适合在室内使用。本系统使用的激光雷达是 RPLIDAR A1,其工作电压为 5 V,通过串口和 Jetson Nano 通信,拥有12 m 的扫描测距,360°的扫描范围,角度分辨率≤1°,即激光雷达每旋转扫描一周可以接受 360 个点云数据。

5)电机控速模块

电机控制是实现不同模块功能的核心部分。PoWalk 助行机器人采用 ModBus 协议,通过 RS485 通信方式实现与电机驱动器的通信以控制电机运动。电机驱动对电机运行速度的闭环控制实现了速度与电流的双闭环控制方式。对于不同的控制模式,电机驱动器读取通过 RS485 发送过来的 ModBus-RTU 帧,获取对应的换向频率。如果没有数据发送,则按照上一时刻的速度运行。

当 PoWalk 遇到上坡、下坡时,电机转速会根据坡度大小发生相应的变化,底层控制器将电机转速作为被控对象,引入反馈的闭环调节形成高精度的电机控制系统。闭环控制分为电流闭环控制、速度闭环控制和位置闭环控制。PoWalk 使用双闭环进行调节(见图 7 - 2 - 16),速度环将电机实时转速作为反馈,与设定换向频率求取偏差,通过 PID调节;电流环采用电流滞环控制实现,对电机进行控制。双闭环具有控制精度高、调节速度快的特点。

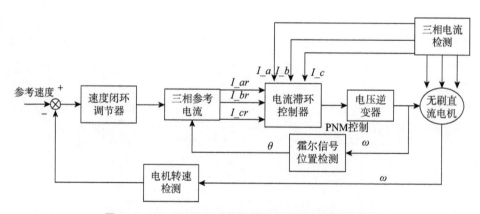

图 7 - 2 - 16　PoWalk 助行机器人双闭环控制基本框图

第三节　智能轮椅

随着社会的发展和科学技术的进步,智能移动辅助机器人给人们的生活带来了极大的便利。特别是残疾人迫切需要更多高新技术来改善他们的活动能力和生活质量。目前,智能轮椅是智能移动辅助机器人的重要组成部分,智能轮椅的应用对于在移动辅助机器人领域的学术研究以及改善人们的生活方面来说都是非常重要的。

随着我国老龄化进程的加快以及意外情况发生率的提升,每年的致残人数呈现递增的趋势。因交通事故、工伤事故和各类疾病等原因造成每年有成千上万的人丧失一种或多种能力(如行走、动手能力等),这对整个社会的稳定发展有很大的影响。因此,用于辅助残障人移动或代步的智能轮椅逐渐成为当今人们使用最频繁的智能移动辅助设备,也成为当今移动辅助机器人领域的研究热点。智能轮椅因其运行可靠、功能完善,且能够提高残疾人及老年人的生活质量,具有非常重要的社会意义。

一、智能轮椅基本概念

轮椅是为行走困难者提供轮式移动和座椅支撑的设备。轮椅使用的主要目的是满足轮椅使用者在安全可靠的条件下的移动与支撑需求。根据我国《康复辅助器具　分类和术语》(GB/T 16432—2016/ISO 9999:2011),轮椅根据其动力源可分为手动轮椅和电动轮椅。

智能轮椅是指具有智能感知或智能控制功能的电动轮椅,如具有智能人机交互功能的声控、眼控、脑控电动轮椅,具有自动导航及避障功能的电动轮椅等。智能轮椅的出现为残疾人、老年人等弱势群体带来了便捷生活与自主生活的可能和希望。智能轮椅在控制系统设计上以人为中心,因此,其控制系统考虑到使用者的自身特点,尽可能地弥补使用者的不足,充分发挥他们的自主性,以实现轮椅与使用者之间的无障碍人机交互。随着人机接口技术的迅猛发展,除了传统的摇杆按键控制之外,还有语音、呼吸、手势、生物信号等新兴的智能人机交互方式。新兴智能人机交互方式在智能轮椅上的应用不仅在生理上帮助患者解决了基本生活需求,更注重患者心理上的体验感,减少患者因生理障碍而产生的负面情绪,为这些弱势群体带来了福音。随着智能控制技术的发展,自动行驶(或无人驾驶)的电动轮椅也已经出现。总之,智能轮椅极大地方便了使用者的日常生活活动,满足了使用者的生理与心理需求。

二、智能轮椅分类

智能轮椅融入了康复医学、机械科学、人因工程学、自动控制、信息科学、人工智能等多门学科。想要深层次多角度地研究多功能智能轮椅,既需要加深学科的纵向深度,还要融合多学科的知识体系。目前学术界对智能轮椅的概念没有非常严格的界定,智能轮椅泛指集成、融合一种或多种非轮椅特征功能的电动轮椅。因此,这里主要按照人机交互方式、导航控制方式以及结构特征对智能轮椅进行分类。

(一) 按人机交互方式分类

人机交互接口技术是智能轮椅技术中最关键的技术之一,其主要包括摇杆按键控制、语音控制、脑电控制、手势控制、眼动与视线控制、头部姿态控制和移动设备远程遥控等类型。对人机接口进行设计时,要把握好人性化、多样化的原则。设计者需要对用户的身体状况、心理状况、认知能力等进行全面考虑,对轮椅自身的不足进行改善与弥补,将主动性充分发挥出来,实现用户和智能轮椅之间的完美合作。

1. 摇杆按键控制型

摇杆按键控制型是最为基本的交互类型,市面上几乎所有的智能轮椅上都具备摇杆按键控制器,使用者可以使用该控制器对智能轮椅的行驶模式、姿态变换模式或其他附加功能模式进行手动操作(见图7-3-1)。

2. 语音控制型

语音识别技术的出现让智能设备具有听懂人类语言的功能,它是一门涉及数字信号处理、人工智能、语言学、数理统计学、声学、情感学及心理学等多学科的科学技术。语音识别是近十年以来发展最快的技术之一,同时随着人工智能、深度学习的兴起,语音识别技术在理论和应用方面都取得了

图7-3-1 摇杆按键控制型智能轮椅

大突破,语音识别开始从实验室走向市场,逐渐走进我们的日常生活。

上海交通大学设计的"交龙"智能轮椅能够利用显示屏、麦克风等多种方式与使用者实现交互[见图7-3-2(a)]。该轮椅可以利用搭载的相机获取当前的路面实时状况,通过图像特征识别算法进行分析判断,再配合激光探测器,实现轮椅智能避障和自主路径规划等功能。同时,可借助安装在智能轮椅上的麦克风实现使用者对智能轮椅的控制交互。

德国不莱梅大学研究了一款名为FRIEND的智能轮椅[见图7-2-2(b)]。为了使上肢受损的用户能够依靠轮椅独立生活,FRIEND轮椅安装有一个机械手臂MANUS,使用者通过显示屏和语音实现对机械臂的控制。机械手臂的控制模式有三种:全自动模式、半自动模式与人工模式。全自动模式用于完成一些事先设定的动作,例如倒水或从

(a) "交龙"智能轮椅　　　　(b) FRIEND 智能轮椅

图7-3-2 语音控制型智能轮椅

盘子里抓取食物等。半自动模式和人工模式可以帮助使用者来实时完成更复杂的动作,如用户可通过语音命令控制机械手臂接近目标后再利用命令使机械手臂自动完成任务或配合人工操作完成任务。

3. 脑电控制型

人脑在思考时会产生电信号,采集并识别该信号可以将大脑活动转化为指令,从而实现"意识"操控轮椅,尤其适用于无法操纵摇杆和按键的上肢功能障碍患者。脑电传感器已广泛应用于许多设备中,这些设备可以帮助提高人的大脑健康水平,如可以提高注意力、放松能力、记忆力及大脑的敏锐度,同时还能进行冥想及放松监测。

瑞士联邦理工学院利用非侵入式异步脑电信号实现了对轮椅的实时控制(见图7-3-3)。脑机交互界面根据用户大脑不同的活动模式将其划分为左转、右转、前进三种控制命令。轮椅通过接收脑机交互界面的控制信号并结合轮椅上环境传感器的检测信号及轮椅的当前运动状态控制轮椅的运动。

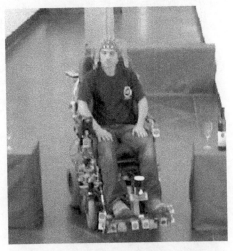

图7-3-3 瑞士脑电控制型智能轮椅

4. 手势控制型

手势交互控制是人机交互领域的研究热点,它能够自然、直观地实现人机交互功能,符合人类的行为习惯。同时,根据手势交互系统的传感器特性,手势动作相较于传统摇杆操作更容易实现远距离控制。因此,基于手势识别的智能轮椅系统能够通过安装无线传输装置实现患者对轮椅的远距离操控,可以更好地辅助行动不便患者的日常起居与活动。

国内外对于智能轮椅的手势识别控制技术都有着较多的研究。目前,主要的手势识别系统有三种:基于视觉图像的手势识别系统、基于数据手套的手势识别系统以及基于惯性传感器或生物电信号的手势识别系统。

1) 基于视觉图像的手势识别系统

该系统利用视觉捕获设备对物体状态进行捕获,并可以处理物体运动或静止状态的图像。在进行图像采集时,受试者不需要穿戴动作捕捉设备,图像传感器便可以对受试者的动作进行捕捉和处理,因此设备的使用者可以通过手势动作、面部动作以及步态动作等肢体动作对电子设备进行控制。

2) 基于数据手套的手势识别系统

数据手套可以实时跟踪手部在进行动作时的位置、角度和力信号,并将多种信号的数据反馈至接收设备,设备可根据数据绘制手部运动轨迹。这种方法的识别精度高但造价高昂,并且进行手势动作的人需要穿戴复杂的数据手套和位置跟踪器,操作较为复杂,难以普及使用。

3) 基于惯性传感器或生物电信号的手势识别系统

该系统合理利用了多源传感器的信息融合特性,根据各传感器信息对手势识别结果的影响程度,调整各传感器对于系统输出结果的判决权值,从而对系统结果进行优化,极大地提升了手势的识别性能和准确性。

天津工业大学曾研发了一种手势控制型智能轮椅,其选用肌电信号、加速度信号以及角度信号进行传感器数据融合,构建可以识别静态手势、小幅度手势以及大幅度手势的手势识别系统。

5. 眼动与视线控制型

美国麻省理工学院智能实验室 Wheelesley 智能轮椅项目的系统主要由轮椅和人机接口两部分组成(见图 7-3-4)。轮椅部分提供低级控制,值得一提的是,中轮驱动的设计可实现机器人原地转动。轮椅和使用者之间的人机接口部分提供高级控制。为了感知环境,该轮椅有 12 个 SUNX 接近传感器,6 个超声波测距传感器,2 个轴编码器和 1 个仪表前置保险杠。该智能轮椅还搭载了一台计算机,并开发了一个图形用户界面。用户不仅可以通过点击界面按钮实现多个方向的移动,还可以利用计算机结合虹膜扫描识别技术。电极片检测使用者眼球移动方向和轨迹对使用者的行为做出预判,并搭配里程计、红外和超声波传感器进行环境感知并构建环境模型,从而实现室内的自主导航。它能够为用户完成简单的自动导航任务,例如前进右转、后退左转、爬坡、推拉物品等。用户通过界面选取当前需要完成的任务,轮椅将自动行进,无需用户实时控制轮椅的具体运动。

图 7-3-4　美国 Wheelesley 智能轮椅

6. 头部姿态控制型

目前国内外常用的头势识别方法主要有:基于知识的头势识别方法、基于特征的头势识别方法、基于三维空间的头势识别方法以及基于相对位置的头势识别方法。

1) 基于知识的头势识别方法

这是一种基于规则的人脸检测方法,规则来源于研究者关于人脸的先验知识。这种方法对人脸进行编码,将典型的人脸形成规则库。通过面部特征之间的关系进行人脸定位,一般先确定人脸的某些特征,如眼睛、嘴巴、眉毛、鼻子。通常头势水平的时候两个眼睛的位置是水平的,眼睛与嘴巴、眉毛之间的距离有一定比例。将这些五官特征的灰度值投影到坐标系中,这些特征就会在坐标轴上某些位置显示出这些五官的位置,这些五官特征的投影位置分布情况很大程度上取决于头势,且都包含了人的面部的形状信息,对解决人脸识别或者头势都是十分有用的。这种方法的优点在于识别方法简单,计算量小,易于理解,缺点就是头势变化不大的情况下不容易识别,识别精确度不高。

2) 基于特征的头势识别方法

(1) 基于几何特征的头势识别方法

该方法一般是根据脸型特征构造一个带可变参数的几何模型,并且为了度量模型与被检测区域的匹配度,会设定一个相应的评价函数,然后通过不断调整参数使人脸的几何模型逐渐收敛于待定位的脸型特征。

(2) 基于不变特征的头势识别方法

该方法先提取一个二维面片,再通过学习头部在旋转时的一组基的变化方式,来完成头势的识别。这种方法在头势识别方面具有很好的鲁棒性,但是标志点的定位比较困难,尤其是在头势和光照条件同时变化的情况下。

(3) 基于特征定位的头势识别方法

人脸的特征定位与姿态估计并非两个独立的问题,人脸区域上诸如眼、鼻、嘴等特征的位置数值,与人脸的姿态角度之间有很大的相关性。特征的位置很大程度上取决于姿态角度,确定特征的位置也对估计姿态角度有很大的帮助。这两类数值中都包含了人的面部的形状信息,对解决人脸识别,特别是多姿态人脸识别问题都是十分有用的。人脸识别算法的性能好坏也很大程度上依赖于特征定位与姿态估计的精度。

3) 基于三维空间的头势识别方法

三维空间的头势识别是通过建立姿态角与头势之间的关系模型,将不同头势特征模式之间的测度与姿态角解耦。但是,多姿态的头势数据不容易获取,这在很大程度上限制了该类方法的应用范围。尽管该方法可以通过建立头部的三维几何模型进行头饰识别,但是需要大量的训练样本和大量的计算。比较好的解决办法是将所有同一姿态下的头势图像作为高维空间的一个数据集,通过学习获取正面与非正面头势所对应的数据集之间的映射函数,最后通过一系列的数学模型推导得出头势。

4) 基于相对位置的头势识别方法

该方法首先检测出人脸的一个或者几个五官特征,然后预先设置一个对比物体,根据对比物体与检测到的五官相对位置来判断头势状态。尽管这种方法计算简单,便于操作,且不需要进行样本模板的训练,但是这对光照的要求比较高,同时背景要求相对单一,且头势识别的精确度与算法密切相关。

7. 移动设备远程遥控型

随着全球化的深入和信息技术的高速发展,物联网技术实现了飞速的发展,现如今的机物信息交互可以第一时间反应控制信息节点。智能轮椅通常安装不同类型的外置传感器,比如心率传感器、体温感应、监控感应灯等,可以实时监控使用者的身体状态,最大限度地保障使用者的安全。并可通过接入 Wi-Fi、蓝牙模块的 MCU 处理器进行无线智能操作,如果用户操作不便,则可以由其他人操控轮椅。

(二) 按导航控制方式分类

导航系统的工作方式是利用传感器检测环境信息,创建环境空间模型,对轮椅的具体位置及方向进行获取,进而对运动路径进行有效的规划,对运动路径进行适时调整,同时对运动路径进行实时跟踪。

1. 全自动导航型

1996 年,西班牙 SIAMO 项目,设计了一款基于使用者的患病程度和不同需求的多功能智能轮椅系统。该系统主要包括设计轮椅的机械本体原型和一套控制系统[见图

7-3-5(a)],其中 SIAMO 轮椅的模块化电子引导系统能够实现基于环境和障碍程度的用户全自动导航服务。轮椅系统还包含创新的人机交互界面、次级传感系统以及高级导航和控制系统,不仅包括基于语音的人机对话界面、摇杆控制器,还配备超声波和红外传感器,以此来检测障碍或意外情况,从而应对不同的环境。

日本的 WHILL NEXT 智能轮椅产品,加入了自主研发的自动停止功能和允许访问目标对象的两步逼近技术,已在日本成田机场实地测试全自动驾驶轮椅服务并成功投入运行[见图 7-3-5(b)]。

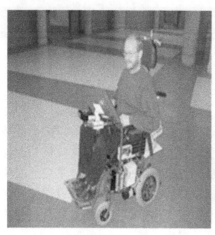 

(a) 西班牙 SIAMO   (b) 日本 WHILL NEXT

图 7-3-5　全自动导航型智能轮椅

2. 半自动导航型

法国 VAHM 轮椅的设计目标是利用移动机器人技术实现智能轮椅驾驶的智能辅助。该轮椅主要由执行器、两台驱动后轮的直流电机和传感器组成,并配有在 PC486 显示的人机交互界面(见图 7-3-6)。该轮椅具有手动、辅助手动、自动三种运行模式,在手动模式状态下,智能轮椅的经典控制与人机界面或防撞安全系统相适应;在辅助手动模式下,可以调用如"墙壁跟踪"或"避障"等局部指令;在自动模式下,轮椅执行全局的路径规划和局部避障。为了更好地了解和满足使用者的需求,该项目的研发人员在康复训练中心做了进一步的调查,最终总结出智能轮椅整体系统应具备较多的功能,不应单单具备适应外部环境的结构和形态,更需要拥有适合残障人群生理和认知状态的功能。

图 7-3-6　法国 VAHM 智能轮椅

3. 动态随机避障型

德国乌尔姆大学在商业轮椅的基础上研制了一款轮椅机器人 MAID,其目标是使智能轮椅能够克服在狭窄杂乱或宽阔拥挤的环境的导航困难(见图 7-3-7)。根据周边环境的不同,轮椅工作模式分为:窄区域导航和宽区域导航。窄区域导航是半自动模式,宽区域导航是全自动模式,用户只需给出目标位置,轮椅将自动运动到指定位置。在 1998 年,MAID 在乌尔姆市中心车站的客流高峰期和汉诺威工业商品博览会的展览大厅进行了实地测验。该轮椅机器人成功地在人群拥挤的公共场所运行了 36 小时,在此现场环境中,轮椅能够自动判断出行驶的方向上是否有障碍物,当遇到行驶不通的情况时,将自动从旁边绕开,它甚至能够判断出障碍物是否是人,并发出信号来提醒挡路的行人为其让路。

图 7 - 3 - 7　德国 MAID 智能轮椅

(三) 按结构功能分类

1. 普通型

普通型智能轮椅是一种仿照人体坐姿的智能电动轮椅,结构主要包括:座椅升降、座面前倾、座面后倾、腿托活动、靠背倾躺、前轮驱动以及后轮驱动等。

2. 多姿态型

多姿态型智能轮椅是一种具有站—坐—躺姿势变换功能的智能轮椅(见图 7 - 3 - 8)。国内很多科研机构及企业自 2010 年后也相继研发了多种多姿态型智能轮椅。

(a) 瑞典 Permobil　　　　　　　　　　(a) 德国 Ottobock

图 7 - 3 - 8　多姿态型智能轮椅

3. 康复训练型

康复训练型智能轮椅是指在满足智能轮椅特征的基础上增加了下肢的康复训练功能,在辅助移动的同时还可以进行下肢关节运动训练、站立平衡训练或坐站训练等。如浙江大学结合临床经验,设计了一款轮椅式的下肢外骨骼系统,通过将轮椅作为下肢外骨骼的载体,既增加了训练的舒适性,也延长了训练时间,提高了训练强度。该设计可以通过驱动患者膝关节做模拟斜躺蹬单车的运动,同时记录下肢的生理数据以方便治疗师分析,从而制定更为个性化、数字化的训练模式。哈尔滨工程大学基于人体髋膝关节的步态运动规律研制了一台多功能的助行康复机器人,该机器人设计有一个升降机构和一个腿部助力机构来辅助下肢功能障碍患者进行助行康复训练。除了助行康复训练外,该机器人还可实现起坐功能的康复训练。上海理工大学研发了一款多姿态的下肢康复训练轮椅,可以进行下肢的平衡训练与关节运动训练。

三、智能轮椅系统设计案例

(一) 智能轮椅设计要求

智能轮椅技术涵盖了很多门学科,是集导航、通信、计算机、机电、传感和控制为一体的一种复杂测量控制系统。智能轮椅一般包含了多种功能模块,比如机械本体、人机交互模块、控制模块、驱动模块、感知模块、通信与数据互连模块、供电模块等。机械本体设计要求美观、实用,而电气系统最为核心的是控制和感知,不同的模块又包含了很多个不同的子模块。

在智能轮椅的功能中,最为基础也是最为重要的功能就是移动,其他可选功能主要包括越障功能、训练功能、陪护功能、出行管理功能、数据互联功能、多媒体功能、健康监测功能、安全管理功能等,这些功能可以实现智慧养老,为使用者提供全面的服务。综上所述,智能轮椅的基本功能要求包括:

(1) 自动移动功能:轮椅可以在室外及室内自主安全移动,且可以调节移动速度。轮椅可以在不同的环境下运行,比如室内的复杂环境,室外的草地、沙地、坡地等。

(2) 安全防护功能:在轮椅前后都安装有机械防撞杆,确保使用轮椅的时候不会受到碰撞。此外,轮椅需要采取安全避障的措施,能够有效规避前方的障碍物。如果前方有障碍物,则轮椅会依据实际情况进行准确判断。例如,如果障碍物不超过 80 mm,就会采取跨越的方式;如果超过 80 mm,轮椅就会根据规划自动绕过障碍物。另外,在设计电池的时候,应当充分考虑过流保护、短路保护以及过充保护,提高供电安全性。同时,如果轮椅出现异常行为,应当第一时间发出警报,从而采取针对性的措施进行处理,同时利用无线信号传输把危险信号发送给轮椅使用者家人或附近社区医院。

(3) 数据互联与共享功能:在轮椅中添加数据共享功能,以便发生危险情况的时候,轮椅第一时间向家属传递警报信息。此外,轮椅使用者还可以利用互联网与家属进行通话、视频,使使用者的身体健康得到最大程度的保障。

(4) 出行管理功能:该功能主要指的是定位和导航功能,如果使用者需要导航,就可以通过专用 App 进行导航。并且,触屏上配备专用的 GPS 定位器,家属可以通过 App 查看轮椅的实际位置,尽可能地保障轮椅使用者的出行安全。

(二) 智能轮椅设计案例

这里以上海理工大学康复工程与技术研究所研发的 i-Chair 多姿态下肢康复训练轮椅为例阐述智能轮椅的一般设计方法。

1. 机械结构总体设计

i-Chair 多姿态下肢康复训练轮椅的机械结构采用模块化设计,这里从功能上划分为行驶模块、姿态变换模块、下肢康复训练模块和其他辅助模块。其中下肢康复训练模块包含膝关节屈曲伸展训练和平衡训练子模块;姿态变换模块包含坐、站立和平躺三种模式。整体结构设计以车架底盘为基础,在其上加入椅座部件,腿托与靠背均融合在椅座中(见图 7-3-9)。

由于轮椅式下肢康复训练设备在使用时是直接作用于人体各部位的,因此在设计时需要充分考虑设备适配人体各部位的尺寸及运动特性。人体的生理尺寸参数是设计者确定设备机械结构尺寸的最重要的依据,只有充分了解人体的各部位尺寸,才能够针对设备的功能对其机械结构进行设计。同时机械结构的运动也必须严格符合人体肢体的运动特性与力学特性,只有这样才能确保功能的有效完整以及患者康复训练过程的安全。

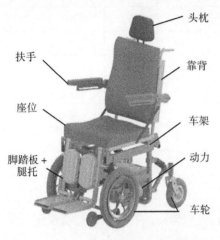

图 7-3-9　i-Chair 智能轮椅结构框架图

下肢康复训练机器人的结构设计需要以人体下肢骨骼的结构特征为基础,并以下肢各关节的运动特性为依据。本案例所涉及的下肢训练主要参考人体的下肢骨骼结构和运动特性。

根据人因工程学的要求,参考《中国成年人人体尺寸》(GB 10000—1988)的坐姿人体尺寸和人体水平尺寸,选取相关参数作为轮椅尺寸设计依据(见图 7-3-10)。表 7-3-1 列出我国成年人人体坐姿尺寸的具体数值,包括坐高、坐姿肘高、小腿加足高、坐姿大腿厚、坐深等。

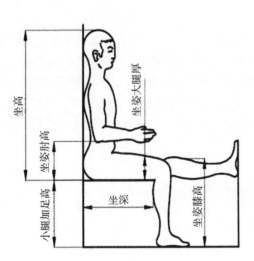
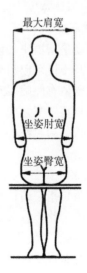

图 7-3-10　人体坐姿尺寸图

表 7 - 3 - 1　人体坐姿尺寸表

测量项目	男(18～60 岁)				女(18～55 岁)			
	P5	P50	P90	P95	P5	P50	P90	P95
坐高/mm	858	908	947	958	809	855	891	901
坐姿肘高/mm	228	263	291	298	215	251	277	284
小腿加足高/mm	383	413	439	448	342	382	399	405
坐姿大腿厚/mm	112	130	146	151	113	130	146	151
坐深/mm	421	457	486	494	401	433	461	469
坐姿膝高/mm	456	493	523	532	424	458	485	493
最大肩宽/mm	398	431	460	469	363	397	428	438
坐姿肘宽/mm	371	422	473	489	348	404	460	478
坐姿臀宽/mm	295	321	347	355	310	344	374	382

通过将表 7 - 3 - 1 作为轮椅几何尺寸的确定依据,对轮椅的有关参数进行设定:

1) 椅座高度

椅座高度一般是指轮椅在行驶时,椅座面距离地面的高度。通常椅座高度的设计要求使用者的腿部接近水平放置,以保证大腿不受椅座挤压,同时小腿可以自然垂放,双脚可以自由地放置在踏板上。参照表 7 - 3 - 1 中小腿加足高尺寸,选择 448 mm 作为设计基准,考虑踏板距离地面的高度为 60 mm,最终确定椅座高度为 595 mm。

2) 椅座宽度

椅座宽度是指轮椅椅座的左右端面距离。设计要求轮椅椅座必须大于使用者的臀部宽度,以便能够自如地调整坐姿。但过宽的椅座也会导致使用者在坐姿状态下无法掌握侧向支撑点,久之产生臀部不适感。参照上表中坐姿臀宽,选择最大的 382 mm 为设计依据,确定椅座宽度为 440 mm。

3) 椅座深度

椅座深度是指椅座的前端面与轮椅靠背之间的距离。椅座深度的设计能够确保使用者的臀部及腰椎可以得到充分的支撑。椅座深度的设计参数要求椅座的前端面与膝关节之间需要留有间隙,以便小腿可以自由活动,同时大腿不会受到来自椅座的压迫。椅座前端面与膝关节之间的间隙如果过大,则会导致使用者的大腿缺乏支撑,久之对臀部产生不适感。因此在确定椅座深度时,选择中等偏小的数据作为依据,最终确定椅座深度为 430 mm。

4) 座椅倾角

座椅倾角是指座椅椅面与水平面的夹角。通常座椅椅面会向后倾斜以保证使用者向前滑出轮椅。此外,后倾的椅面可以使使用者的臀部自然地向后滑动,以提高人体与座椅靠背的接触,让使用者的背部得到足够支撑,增加舒适性。但若座椅倾角过大,则会导致使用者的靠背受压过大,从而造成脊椎伤害,因此最终确定座椅倾角为 3°。

5）靠背的高与宽

靠背的高度确定需参考人体坐高尺寸,靠背的宽度确定需参考人体的最大肩宽尺寸。此外,由于国标对于轮椅的外形尺寸要求总高不超过 1 090 mm,因此最终确定的靠背高度为 500 mm,宽度为 400 mm。

（6）靠背角度

靠背的角度是指靠背在坐姿状态下与水平面所成的夹角,通常在 95°～ 120°之间。研究表明,当角度为 115°时,人的脊柱处于自然伸展状态,舒适度为最佳。因此轮椅在设计时,靠背角度确定为 115°。

7）扶手高度和间距

扶手高度是指椅座面到扶手上表面的距离,这个距离的确定需要参考人体坐姿的肘高尺寸;扶手间距是指左右扶手之间的跨距,可以参考人体坐姿的肘宽尺寸。参照表 7-3-1,最终确认扶手高度为 250 mm,扶手间距为 520 mm。

除了参考人体尺寸以外,轮椅车的外形尺寸还需要满足《轮椅车 第 5 部分:尺寸、质量和操作空间的测定》(GB/Z 18029.5—2021)和《轮椅车 第 7 部分:座位和车轮尺寸的测量》(GB/T 18029.7—2009)中对与轮椅车相关的定义与测量方法,以保证设计符合国家标准,适用于大多数场合且适合绝大多数患者使用。因此结合国标中对人体尺寸与轮椅尺寸的定义,总结出了在设计中所需要控制的尺寸参数如表 7-3-2 所示。

表 7-3-2 轮椅外形尺寸定义

轮椅参数名称	参考尺寸数值
总长度	1 200 mm
总宽度	670 mm
总高度	1 090 mm
椅座平面角度	3°
椅座深度	430 mm
椅座宽度	440 mm
靠背角度	115°
靠背高度	500 mm
靠背宽度	400 mm
脚托到椅座高度	535 mm
脚托离地高度	60 mm
扶手高度	250 mm
扶手间距	520 mm

2. 姿态变换模块设计

姿态变换模块主要包含辅助使用者实现从坐姿到站立以及从坐姿到平躺两个动作的变换。为了确保机构执行的稳定性和安全性,模块设计采用了单自由度连杆结构。

电动轮椅由坐姿变换到站立时,站立推杆电机推动椅座绕着车架上的铰接点做回转运动,站立推杆电机一端连接在车架上,另一端与椅座相连接。椅座与靠背之间设计了平行四连杆结构连接,这样做的目的是在执行站立动作时,椅座在绕着车架铰接点做回转运动的同时保持靠背与地面之间的角度始终不变,在提高动作执行安全性的同时也提高了使用者体验的舒适度。此外,由于从坐姿到站立的过程中人体重心的前移带动了轮椅整体的重心前移,为了防止轮椅出现前倾或侧倾等危险状况,特在轮椅前轮的前部位置设计了支撑脚轮,在站立动作执行前先行向下支撑轮椅。人体在站立时的足-背高度会相对坐姿时有所增加,在常规的站立轮椅设计中往往忽视这一细小变化。因此,市面上的站立轮椅患者在使用时背部会与椅背相互摩擦,久而久之患者会产生不适感。故本设计在椅背处特别设计了滑动装置,用于提高使用的舒适度及安全性,这样的设计也大大提高了姿态变换机构执行的稳定性和平顺性(见图 7-3-11)。

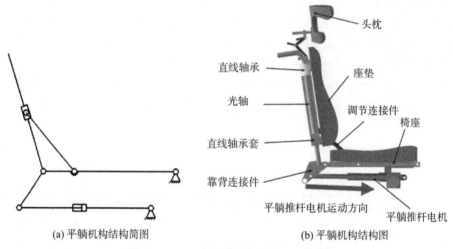

(a) 平躺机构结构简图　　　　　　(b) 平躺机构结构图

图 7-3-11　姿态变换平躺模型示意图

电动轮椅由坐姿变换到平躺时,需要平躺推杆电机与腿部推杆电机协同完成。平躺推杆电机拉动靠背连接件绕着椅座铰接点做回转运动,使得靠背向下转动,同时,腿部推杆电机推动腿部支撑完成平躺动作。同样,由于人体膝关节屈曲与伸直会导致髋关节-足底的长度变化,因此在设计时特别设计了腿部伸长装置,这样既保证了使用者在平躺时腿部与设备的贴合,也便于后期进行下肢康复训练(见图 7-3-12)。

3. 下肢康复训练模块设计

本案例的下肢康复训练模块主要为膝关节运动训练子模块以及站立平衡训练子模块。

1) 膝关节运动训练子模块

膝关节属于滑车关节,是人体最大且最复杂的关节。本案例所研究的膝关节康复训练主要包括膝关节的屈曲伸展训练以及站立训练。正常人体的下肢膝关节屈曲伸展的活动范围为 $10°\sim130°$(见图 7-3-13)。考虑到患者肢体运动的安全性及机械结构的限制,所设计的下肢康复训练设备腿托可带动下肢膝关节的运动范围设定在 $40°\sim80°$。

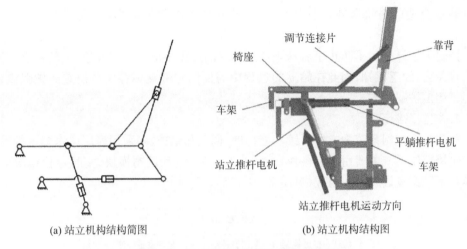

(a) 站立机构结构简图　　　　(b) 站立机构结构图

图 7-3-12　姿态变换站立模型示意图

　　下肢康复训练模块主要由两个独立的腿托和踏板组成,单个腿托部分包含下肢运动推杆电机和下肢伸缩机构(见图 7-3-14)。下肢运动推杆电机用于实现患者的膝关节屈曲/伸展训练,其安装在腿托支撑与车架之间。下肢伸缩机构安装于腿托下,既用于腿托的长度调节以满足不同身高患者的使用需求,提高使用舒适度,又可与下肢训练推杆电机配合联动,实现患者站立时的模拟脚踏车训练。另外,还增加了腿部延伸锁止开关用于固定腿托长度,保证设备的使用安全。

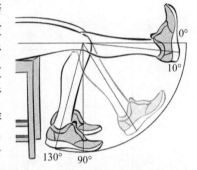

图 7-3-13　下肢膝关节屈伸活动范围

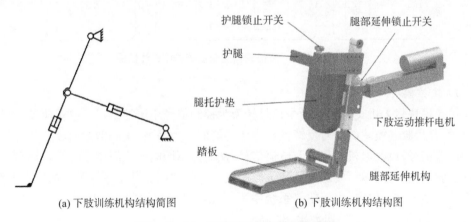

(a) 下肢训练机构结构简图　　　　(b) 下肢训练机构结构图

图 7-3-14　下肢训练腿部模型示意图

2) 平衡训练

　　为了满足下肢障碍患者康复训练的多样性,在下肢康复模块的左右踏板中还各安装有一个足底压力传感器,用于监测患者的左右足底压力,及时掌握患者的平衡状态。患者可通过合适的情景游戏,利用踏板及压力传感器测得的数据,自主进行平衡方面的训练。

护腿的设计是为了防止患者从坐姿到站立的过程中出现前移现象,下肢功能障碍患者下身无力,缺乏感知,因此在站立的过程中需要固定件支撑膝关节位置。护腿锁止开关用于固定护腿状态。

4. 控制系统设计

智能轮椅控制系统为方便后续功能拓展、调试和维护,多采用模块化思想进行设计。智能轮椅控制系统主要由主控模块、人机交互模块、运动控制模块、实时定位模块、姿态变换和下肢康复训练模块组成(见图7-3-15)。

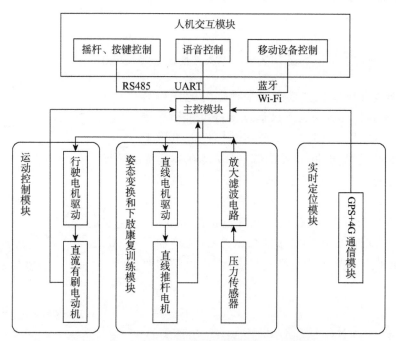

图7-3-15 智能轮椅控制系统总体设计框图

1) 主控模块

主控模块将人机交互模块指令信号转换为控制信号用于控制行驶电机驱动、直线电机驱动,并接收各模块的信号反馈如压力传感器的压力信号、编码器的速度信号、限位开关的位置信号,以及电机的位置及电流信号,从而使不同电机之间相互配合,进而实现轮椅的行驶、"站—坐—躺"姿态变换和下肢康复训练的功能。其中主控模块的电源系统对整个轮椅系统进行供电,由于轮椅系统中不同元器件与模块的额定电压不同,电源系统中分别有24 V、12 V、5 V电源输出。

当主控制面板(摇杆控制器)的电源按键按下时系统上电,多姿态下肢康复训练轮椅控制系统进入工作状态(见图7-3-16)。首先是对主控芯片自身进行设置,如对各个I/O端口、定时器、ADC和其他模块外设(如蓝牙、Wi-Fi、语音交互模块、实时定位模块)进行初始化。初始化成功后,通过获取摇杆按键的相关数据,判断是否有操作指令,并对操作指令进行判断确定工作模式,进而执行指令,控制执行机构做出相应的响应动作。在整个过程中都会对系统的状态如外设初始化、工作情况、系统电流等进行检测,如果出现异常情况,则会通过 LED 闪烁提示或通过语音播报。

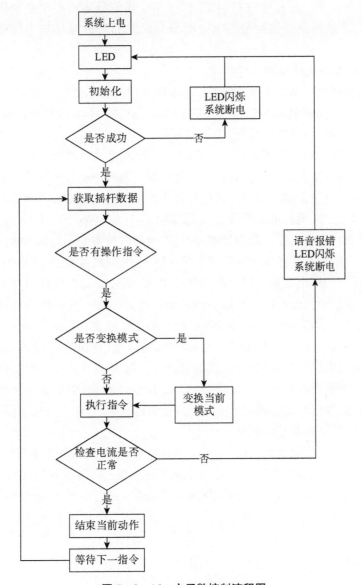

图 7 – 3 – 16　主函数控制流程图

主控模块对于不同的工作模式有着不同的处理流程和方式。系统在一开始默认运行在行驶模式,主要是获取摇杆按键控制器的数据和信号,通过 RS485 通信将速度、方向信息传输给主控芯片,结合光电编码器和模糊 PID 控制算法,实现行驶功能。若是转变到非行驶工作模式,语音识别控制和移动设备控制功能开启,摇杆按键、语音交互、移动设备都可以通过不同的操作指令配合传感器和执行机构实现对姿态变换、下肢康复训练的控制。

2) 人机交互控制模块

i-Chair多姿态下肢康复训练轮椅的人机交互方式包括摇杆按键控制、语音交互控制以及无线设备控制。摇杆按键控制采用 RS 485 通信标准将控制命令传输给主控模块;语音交互、无线设备控制则分别通过有线与无线的串口通信与主控模块进行数据传输。

(1) 操纵杆基本工作原理

电动轮椅操纵杆主要分为可变电阻式、编码盘式及霍尔效应式操纵杆。其中,可变电阻式操纵杆是在控制电流不变的情况下,根据控制杆的运动,改变电路的电阻值,输出与控制杆运动位移相对应的电压值,进而得到使用者的控制指令。虽然价格便宜,但解析度和灵敏度不高。对于手部灵活度不高的人容易出现控制操纵杆获得错误控制指令的情况,使控制性能变差。编码盘式操纵杆是根据控制杆的位置与两个垂直编码盘读数一一对应的关系,通过读取编码盘的码值计算出操纵杆所在的位置。编码盘式操纵杆精度较高,但是增大了操纵杆的体积和重量,实现电路比较复杂,因此没有得到广泛应用。霍尔效应式操纵杆是根据霍尔效应原理,使得控制杆的位置变化与霍尔效应传感器的输出电压值成对应的关系。霍尔效应传感器具有体积小、灵敏度高、功率小等优点,但价格较高,增加了用户的经济负担。用户在使用轮椅时,通过摆动操纵杆向控制器发出伴随位置变化的电压信号。前后摆动可以实现轮椅的前进、后退,左右摆动可以实现轮椅的左右转弯,并且轮椅运动速度大小与操纵杆摆动的幅度有关。这是由于控制器在原理上产生矩形脉冲,靠脉冲的占空比来调节电动机的转速,电动机的转子是线圈,定子是永磁铁,脉冲波被线圈电感整流,就变成平稳的直流电。脉冲的占空比由控制器的调速按钮来控制,调速按钮里面有一个发光二极管和一个接收二极管,中间由一块透明度从浅到深的隔板挡着,这样信号就会由弱到强输送到控制器,从而产生占空比不同的矩形脉冲。

(2) 按键控制器基本工作原理

按键的基本原理是设置单片机 IO 口为输入状态,单片机检测按键端口的状态,当端口为电平发生变化时(即按键按下),则实行相应的动作。实际使用时按键会有抖动(见图 7-3-17),抖动时间的长短由按键的机械特性决定,一般为 5～10 ms,所以要进行按键

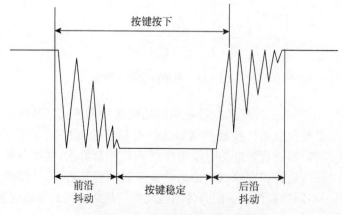

图 7-3-17　按键波形示意图

消抖。根据按键的原理及特性,在单片机程序中,对多个键的处理应包括以下四项内容:

键输入:检查键盘是否有键被按下,并消除按键抖动(硬件消抖、软件消抖)。

键译码(扫描法或反转法):获取是哪个键被按下,得到按键的行号和列号;有时还需计算键码。

键结束:检查按键是否抬起,这样使得一次按键只作一次处理。

键处理:根据键码执行不同按键处理程序段。

(3)语音交互基本工作原理

通过语音对机器设备进行控制的方法已然发展成一种成熟、简便的智能人机交互途径,它能够较大程度地解放使用者的双手,使用户对设备的操作变得更加快捷。语音控制模块的最小系统需要包含以下几个主要组成部分:UART接口、语音识别、语音合成、语音唤醒、喇叭、麦克风以及功率放大器等(见图7-3-18)。

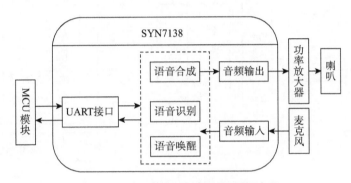

图 7-3-18 语音交互控制原理示意图

语音交互控制原理是 MCU 模块通过串口通信与语音识别芯片连接,用指令控制语音识别芯片的语音识别、语音合成和语音唤醒三大功能模块,并触发语音识别芯片搭载的外设如麦克风、喇叭等执行相应对的功能,最终达到通过语音控制智能轮椅进行姿态变换、康复训练或其他功能的目的。

语音交互模块执行用户指令时,在控制流程(见图7-3-19)上,首先需要将设备的工作模式设定在非工作模式,此时主控模块对语音模块进行初始化,等待语音唤醒成功后,语音识别与交互控制功能启动;在接收到控制指令时,语音识别模块会将接收到的语音信息与预先设定的词条进行比对,当无法匹配预设词条时或未听清时,通过播报对用户进行提醒,并等待下一指令;在语音信息成功匹配后,语音播报复述指令提醒用户,并执行控制指令,同时随时准备接收下一指令。

(4)无线设备控制原理

手机、平板电脑和个人电脑(PC)作为人们日常生活中被广泛使用的移动通信设备,有着强大的功能与资源。无线设备控制的原理主要是基于手机、平板或电脑的操作系统设计一款适合智能轮椅的应用程序(App)。使用者能通过 App 实现对智能轮椅进行控制、调试和数据获取,并可以对轮椅的位置和运行状态进行实时监测和显示。i-Chair 多姿态下肢康复训练轮椅设计的 App 可以实现对智能轮椅的无线控制以及状态显示。主要功能如下(见图7-2-20):

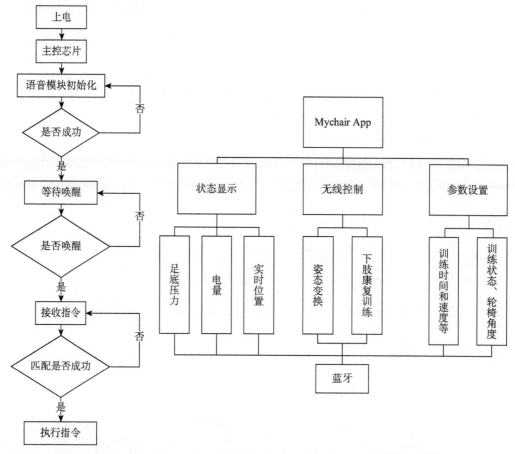

图 7 - 3 - 19　语音交互控制流程图　　　图 7 - 3 - 20　智能轮椅 App 主要功能结构图

① 通过移动终端,与多姿态下肢康复训练轮椅建立基于 Bluetooth 的 Socket 连接,并实现控制指令的发送及运行状态的接收等;

② 控制多姿态下肢康复训练轮椅,实现站立、躺下、坐下姿态变换和下肢康复训练;

③ 可以设置被动训练模式,具有不同的训练速度和训练时间;

④ 减重训练模式下可以设置轮椅的角度;

⑤ 平衡训练模式下可以监测足底压力;

⑥ 可以获得轮椅的实时位置和电量。

3)居家环境无障碍人机交互系统设计

通过对居家环境无障碍人机交互系统的发展现状进行研究后发现,大多数装置体积较大,需安装在固定的位置,仅仅局限于卧床患者使用。更主要的是在这些居家环境中,语音控制人机交互系统没有信息反馈功能,不能适应重残患者需要反馈信息确认控制结果的要求。

本案例提出将语音识别控制技术、无线通信技术和居家环境中的灯具、电控门、报警器等电器设备以及多模块康复轮椅构成一个局域网物联系统,为行动障碍人士提供语音识别、触控终端以及轮椅控制面板等交互接口,方便其坐在轮椅上无线控制居家环境中的各种电器设备,并可以通过轮椅显示面板和平板电脑查看智能家居的状态,从而构建一个基于轮椅平台的重残患者居家环境无障碍交互系统。该人机交互系统使用简单,能够更好地满足行动障碍人士的居家环境需求,为提高他们的生活质量提供一个有效的解决方案。

本案例的居家环境无障碍人机交互系统由交互接口、无线网络传输系统、执行终端节点系统构成(见图 7-3-21),其中交互接口包括远程互联网、触控终端(如平板)和轮椅控制平台(按键,摇杆,语音识别等);无线网络传输系统采用 SI4432 无线模块进行组网,它的传输距离最大可达 100 m;执行终端节点系统是对普通交流插座、家电进行简单的改造。

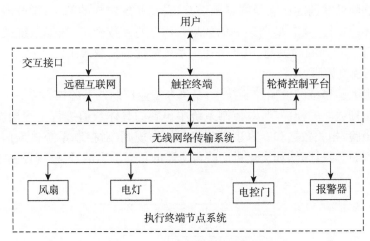

图 7-3-21　智能家居系统结构图

4) 运动控制模块基本工作原理

运动控制模块主要包括以下三个主要的环节:数据采集、数据处理与运动控制。数据采集包含利用单片机 AD 中断实现对 AD 口的电压数据的采集,并通过 DMA 数据传输方式将数据传输到内部预留的内存区域中;数据处理包含对摇杆数据的预处理以及将摇杆信号转化为电机运动的速度指令;运动控制则是对数据处理环节中解析得到速度数据通过运动学分析转化为左右电机实际的运动速度,并通过电机控制接口将控制信号发动到电机驱动器中。

智能轮椅作为一种移动辅助设备,其自身的运动性能和产品体验,应成为研发关注的一个主要方面。运动性能的好坏,很大程度上与选择何种运动控制算法有关。下面对一些常用的运动控制算法及控制器的结构和优缺点进行介绍和比较分析。

(1) PID 控制原理

比例、积分、微分参数调节控制器,在工程控制系统中有着十分广泛的应用,简称 PID 控制。在 PID 控制器的设计与应用的发展过程中,因其控制结构(见图 7-3-22)简便,工作时稳定可靠,修改调节参数便捷,逐渐成为工业控制的重要技术之一。当控

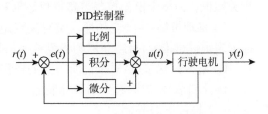

图 7-3-22　常规 PID 控制结构图

制系统的被控对象的结构和参数无法完全确定,又或者系统数学模型无法精确描述时, PID 控制技术就会发挥巨大作用。

$$u(t) = K_p \left[e(t) + \frac{1}{T_i} \int_0^t e(t) \mathrm{d}t + T_d \frac{\mathrm{d}e(t)}{\mathrm{d}t} \right] \qquad 式(7-3-1)$$

常规的 PID 数学模型表达式如式(7-3-1)所示,式中 $u(t)$ 代表调节器的信号输出,$e(t)$ 代表调节器通过传感器测得的电动机速度 $y(t)$ 和 $r(t)$ 的偏差,K_p、T_i、T_d 三个变量分别代表比例系数,积分时间常数微分时间常数。

比例系数保证了系统具有较快的响应速度,并对系统的输出量起着重要作用;积分时间常数能够降低并消除所获得的累积误差,提高系统结构的精度;微分时间常数保证了系统的整体稳定性,具有早期控制的效果。PID 的参数确定,根据系统的要求不断合理调节是进行 PID 控制的关键,以此来达到系统最优的控制效果。

(2)模糊控制原理

模仿人类大脑思维的模糊控制技术,是当今工业控制技术的核心之一。模糊控制的基础是建立模糊数学的模糊集,对控制系统中得到的具体数值进行不同层次的分类,结合操作者的经验、相关数据和专家事先制定的模糊规则,对控制系统输入信号的模糊概念进行理解判断,通过归纳和优化进而获得所需的目标输出信号(模糊控制结构见图 7-3-23)。

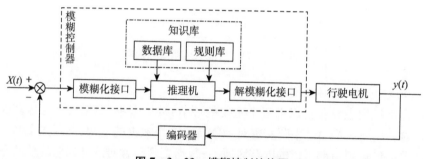

图 7-3-23　模糊控制结构图

其中模糊控制器对一个模糊控制系统起到了决定性的作用,其主要包括模糊化接口、知识库、推理机制、解模糊化接口四个关键部分。其主要意义和作用如下:

① 模糊化接口:测量与接收控制系统的输入输出变量,将输入值以适当的比例映射到论域的范围内,并按照模糊子集合求该值相对应的隶属度。

② 知识库:包括数据库与规则库两部分,主要涉及模糊控制应用领域和控制目标的相关知识。为整个模糊控制策略提供数据和理论规则支持。

③ 推理机制:主要是仿照人类对决定做出判断时的模糊思想,调用蕴含模糊逻辑和推论规则进行推演,最终获取到模糊控制信号。

④ 解模糊化接口:对推论所得到的模糊控制信号进行解模糊化,将其转换为精确非模糊的控制信号,进而起到精确控制的作用。

(3)模糊 PID 控制原理

通过使用模糊控制规则算法,并依照系统性能要求设置的模糊规则对传统 PID 调节器的比例、积分、微分等系数实现跟随修改和优化,以此获得更加理想的控制效果的方法,即为模糊 PID 控制。模糊 PID 调速控制的实现过程是在传统 PID 控制器的基础上增加模糊控制器进行模糊推理的过程(见图 7-3-24),即计算机依据用户所预设轮椅行驶速度的输入值和传感器得到的实际反馈值,计算当前轮椅速度的实际偏差 e 和偏差变化率 ec,在模糊规则的基础上推理,并对模糊参数实施解模糊处理,进而输出经过优化了的 PID 控制器的比例、积分、微分的系数,最终获得稳定理想的行驶速度。模糊 PID 控制器主要包括结构选择、规则确定、模糊化和解模糊化策略制定等方面。

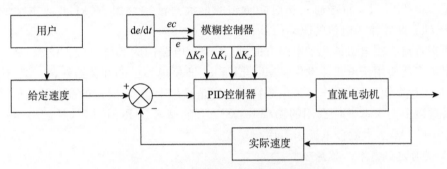

图 7-3-24 模糊 PID 调速控制结构图

模糊 PID 控制通过偏差或偏差率不断地对 PID 参数进行自动调整,具体整定参数的公式如下:

$$K_p = K_{p0} + \Delta K_p$$
$$K_i = K_{i0} + \Delta K_i \qquad \text{式}(7-3-2)$$
$$K_d = K_{d0} + \Delta K_d$$

式(7-3-2)中,K_{p0}、K_{i0}、K_{d0} 为 PID 控制器的初始值,ΔK_p、ΔK_i、ΔK_d 是经过模糊控制得出的变化量,同时是 PID 控制器最终的输入量。

5) 行驶模块硬件设计

行驶模块是整个轮椅控制系统中必不可少的子系统,它负责整个轮椅的行驶任务。它主要由行驶控制器、电机驱动电路、过流保护电路、速度检测电路,以及执行机构——有刷直流电机组成(见图 7-3-25)。

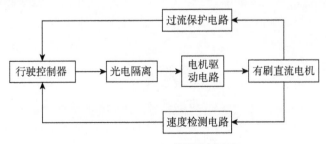

图 7-3-25 行驶模块原理图

本案例设置两个有刷直流电机作为行驶电机分别驱动轮椅的左右两个轮,单个行驶电机额定功率是 300 W,额定电压是 24 V,额定电流是 4.5 A。

本设计对直流电机采用电枢调压控制方式,并利用不同占空比的 PWM 脉冲来改变电枢上的平均电压的大小,实现对电枢电压的调节,从而达到调速的目的。

在确定了直流电机调速方式为 PWM 调速以后需要确定其信号频率。由于电机在运行的过程中会产生噪声,俗称"啸叫",而这种"啸叫"的声波频率一般与给定信号的频率一致。患者在听到这种噪音时,难免会有不舒适感。由于人类能够听到的声波的频率范围是 20~20 kHz,而普通人一般能听到的最大声波频率为 16 kHz,故本案例选用 20 kHz 的 PWM 作为电机的驱动信号。

而在直流有刷电机的驱动电路方面,H 桥驱动电路因为其能提供大电流、高开关动作频率被广泛应用于电机驱动中。MOSFET 是 H 桥电路中的开关器件,它具有输入阻抗大、开关速度快、无二次击穿现象等特点。完全满足上述 20 kHz 的高速开关信号的需求。根据以上要求本设计选用的功率 MOSFET 的型号是 IRFB3077,其最小漏极电压为 VDS=75 V,最大漏极电流为 ID=210 A。

6)实时定位基本工作原理

轮椅使用者多为偏瘫、截瘫的下肢功能障碍患者和老人,独自出行可能会发生意外情况。为方便家属随时了解使用者的位置信息,智能轮椅需要设计实时定位模块。利用 GPS 定位技术,使用者能够在世界方位内实现连续、全天候、实时的定位与测速。GPS 目前采用 WGS84 坐标系统,协议规定用 WGS84 某一时刻的北极点指向的位置。

GPS 定位技术的基本原理是将卫星高速运动中的瞬时位置定义为初始的起算数据,一般需要使用四颗卫星,通过空间距离后方交会法,并结合已知的卫星的星历、钟差等参数,从而确定被测点的实际位置(见图 7-3-26)。

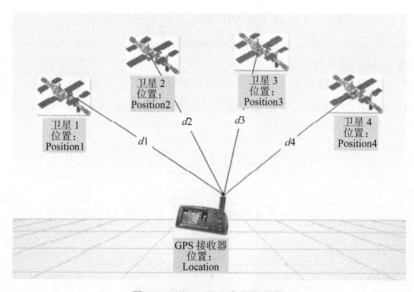

图 7-3-26　GPS 定位原理图

实时定位功能模块在系统通电后就进行初始化,然后进入工作状态。GPS 定位模块持续获取轮椅当前的位置信息,并进行不断更新。当收到用户获取位置或发送位置的请求时,GPS 位置信息发送给主控芯片,主控模块通过蓝牙或 4G 模块发送给本地或远程用户接收端(见图 7-3-27)。

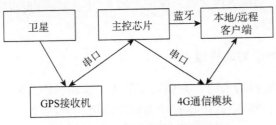

图 7-3-27　实时定位控制结构图

GPS 定位模块在上电后就会工作,并且会按照一定的时间间隔返回带有格式的数据信息,并对 GPS 返回的 GPPGGA 格式数据信息进行了软件解码,获得关键的经纬度、日期、时间和海拔等信息。对于用户,其关注更多的是位置,所以将解码好的经纬度信息传送到用户。

第四节　多功能移动辅助机器人

一、多功能移动辅助机器人基本概念

前面两节我们讲解了智能助行机器人及智能轮椅两种常用的移动辅助机器人。实际上,除了这两种主要的类型之外,还有很多特别设计的多功能移动辅助机器人,以适应不同患者、不同阶段、不同环境的康复需求。

多功能移动辅助机器人是一种具有帮助下肢功能障碍患者完成身体移动、主动站立/坐蹲训练、生活自理等多种功能的智能移动辅助机器人。

这类机器人的特点是除了具有通常的移动辅助功能以外,还拥有其他多种功能。例如:对使用者进行康复训练,帮助患者提高肌力,减少肌张力,提升关节活动度的功能;帮助使用者在地面、轮椅、马桶、高床、浴室之间进行安全移位,并进行简单的生活自理功能等。

目前,国内外的多功能移动辅助机器人种类较多,下文将对多功能移动辅助机器人进行简单分类,并就典型案例对多功能移动辅助机器人的原理进行介绍。

二、多功能移动辅助机器人分类

多功能移动辅助机器人大致分为以下几个类型:外骨骼式移动辅助机器人、悬吊减重式移动辅助机器人、平衡支撑式移动辅助机器人、手扶式/行走跟随式移动辅助机器人和乘坐式移动辅助机器人。

(一) 外骨骼式移动辅助机器人

外骨骼式移动辅助机器人通常为移动穿戴式。这种机器人不仅可以帮助患者进行康复训练以恢复肢体功能,而且还具有功能辅助作用。例如,外骨骼机械腿式减重步行康复训练机器人通常通过外骨骼引导患者大腿和小腿协调运动完成下肢步行动作,在第六章康复训练机器人中的外骨骼式康复训练机器人中已经有详细的介绍。

下肢步行辅助训练机器人依托步态检测分析系统和动态足底压力检测分析系统,以多关节、多自由度、多速度的模式为下肢运动功能障碍患者提供主被动结合的康复训练(见图7-4-1)。其适用于下肢功能障碍者早期与中期的康复训练,对脊髓损伤、脑损伤、神经系统疾病、肌无力、骨关节术后等因素导致的下肢运动功能障碍有着显著的治疗作用,为失能人群的站立行走提供安全可靠的恢复训练。

图7-4-1 下肢步行辅助训练机器人

(二) 悬吊减重式移动辅助机器人

悬吊减重式移动辅助机器人是指利用悬吊机构减轻一部分重量,帮助患者进行移动辅助以及减重步行训练(body weight-supported training, BWST)的多功能移动辅助机器人。

例如,智能减重辅助步行训练机器人作为一种电动支架辅助设备(见图7-4-2),可将患者从座椅带到站立位置,并提供保护安全带。当患者遵循正确的生物力学站立时,其重心仍在设备的支撑范围内。这种智能减重辅助步行训练机器人为治疗师和患者提供了安全的环境,没有跌倒的恐惧,患者可以更专注于他们的步态和平衡训练任务。

又如,芝加哥康复研究中心与民营企业合作研发的一种用于步态康复训练的腰部运动控制机器人KineAssist就是一种典型的悬吊减重式移动辅助机器人(见图7-4-3),它的主要作用是帮助行走不便的训练者进行行走锻炼。轮式驱动行走的机器人框架位于训练者后面,支撑训练者稳定行走,同时使训练者具有较大的活动空间,极大地提高了舒适性。同时,该机器人的腰部运动控制机构主要包括束缚装置、连接臂和支撑系统。支撑系统前端驱动装置能够控制腰部沿前后、左右的移动和绕三个坐标轴的转动,而后端的助力装置能够控制人体进行腰部提升、躯干前倾、躯干转动以及左右摇摆等动作。

整个腰部运动控制机构可以使训练者拥有充分的运动空间,并且保证了训练者行走时的安全性要求,可以实现行走、平衡、减重、摇摆等训练模式,系统功能齐全。该机器人在机构设计上的最大特点是主被动运动控制相结合,这种结构形式可以适应训练者自身的主动运动,避免了康复训练过程中对训练者造成强迫性约束,为康复训练机器人的方案设计提出一种新的设计思想。

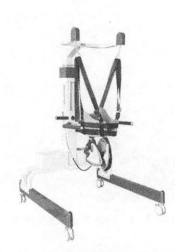

图7-4-2　智能减重辅助步行训练机器人　图7-4-3　KineAssist移动辅助机器人

(三) 平衡支撑式移动辅助机器人

平衡支撑移动式辅助机器人的原理与上面介绍的固定式平衡辅助训练机器人类似。例如,国产 iReGo 智能减重训练机器人就是一种典型的平衡支撑式移动辅助机器人(见图7-4-4),同样适用于脑卒中患者恢复期的训练。iReGo智能减重训练机器人的核心是设计有机械臂帮助患者在髋部进行支撑(包括减重)和平衡保护。患者可以解放双手进行行走,机器人可以保证行走的安全性,以防突然跌倒。这种机器人还集成了游戏训练系统,可以提高患者的参与度,满足中后期脑卒中康复需求。

图7-4-4　iReGo智能减重训练机器人

(四) 手扶式/行走跟随式移动辅助机器人

除上述介绍的类型之外,下肢移动辅助机器人还包括手扶式智能助行训练机器人、自由行走辅助训练机器人等。

例如,电动助动式轮式助行架就是一种手扶式移动辅助机器人(见图7-4-5)。该机器人是由运动机构、传感器系统、微型计算机和机械结构构成的助动式助行架,可以帮助患者进行起坐和行走训练。通过传感器收集到人的行走状态数据来进行分析判断,从而获取人的运动意图。当机器人通过力/力矩传感器感知到人体施加的外部作用力时，还可以根据受力大小和方向动态控制自身加速度和速度。

行走跟随训练机器人是一种具有跟随保护功能的、辅助患者自由行走的训练机器人（见图7-4-6）。该机器人设计有激光雷达传感系统，可以控制机器人跟随人的步伐行走及转向，从而实时伴随人体提供保护。在患者将要跌倒时，绑在人体上的吊索会悬吊住身体以防突然跌倒。

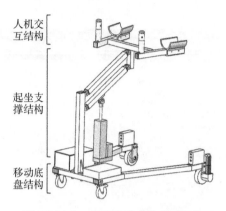

人机交互结构

起坐支撑结构

移动底盘结构

图7-4-5 电动助动式轮式助行架

图7-4-6 行走跟随训练机器人

（五）乘坐式移动辅助机器人

邦邦乘坐式智能辅助移动机器人是一种特别设计的新型多功能辅助式移动辅助机器人（见图7-4-7）。邦邦机器人具有移动辅助、移位辅助、站立训练等多种功能。其拥有高性能运动控制系统、多传感器融合技术、人工智能交互与康复数据服务平台、机器人自检与诊断系统、基于柔性穿戴与辅助站立机构的人体外骨骼技术以及高度集成化的机电一体化技术。该机器人通过柔性穿戴连接到辅助站立机构上，实现使用者自主站立，并解放双手；在辅助站立机构中，通过平行四连杆技术，实现机器护胸在站立过程中始终竖直，保证站立过程的舒适性；上层摆臂转点、摆臂头部转点分别对应人体的膝关节、髋关节，以人体外骨骼技术，通过机械及电动助力实现站立。通过电机驱动技术控制电机运动，从而实现座椅结构伸缩运动，便于用户安全转移；通过机械或电动助力技术实现站姿、坐姿的往复切换，实现蹲下/站起康复训练；通过电机驱动技术控制脚踏斜板机构往复运动，实现跟腱拉伸康复运动。

图7-4-7 邦邦乘坐式智能辅助移动机器人

三、多功能移动辅助机器人设计案例

（一）移动辅助机器人设计要求

移动辅助机器人的设计要求可以总结为以下几点：

1. 辅助移动功能

移动辅助机器人的设计出发点是辅助由于脑卒中或其他原因造成的无法依靠自身力量进行正常移动行走的患者完成日常行走。

2. 其他辅助功能

多功能移动辅助机器人除了上述主要的移动辅助功能之外，一般还可以集成移位、起立、平衡、坐站训练、如厕、洗浴等日常生活方面的辅助功能。此外，通常在设计时为患者提供一个支撑平台，并可根据患者的身高进行高度的调整。同时，为了进一步辅助移动，在机器人底部会设计便于移动的轮子，通常会选择万向轮或麦克纳姆轮等。

3. 安全保护功能

移动辅助机器人在辅助患者移动的同时要确保患者使用过程中的安全性。由于使用过程中患者具有主观意识，会对机器人进行操控，这时需要通过传感器来针对患者的行为或环境进行感应，如出现行进过程患者倾倒、起立时患者后仰等情况，此时需要借助机器人自身配备的力传感器、加速度传感器等确保机器人不会随患者的危险动作方向进行移动，造成患者无法借助移动辅助机器人进行借力。同时，需要在显眼的位置设置机器人急停按钮，确保机器人失控时能够保证患者使用的安全性。

4. 人机交互功能

人机交互功能是患者在使用过程能够及时通过语音、图像等功能获取机器人使用状态与传递控制指令等的功能。这一功能的设计可按需加入可交互操作的显示屏，如平板电脑等。可视化的交互能够大幅度地提升患者在使用移动辅助机器人时的体验感。除此之外，简便的操作杆或手柄能够更为方便地进行人机交互操作。

（二）移动辅助机器人设计案例

悬吊减重式移动辅助机器人通常使用悬吊的方式帮助患者进行站立及进行行走康复训练，这里以天轨悬吊减重步行训练机器人系统为例对其工作原理进行介绍（见图 7-4-8）。

1. 天轨机械结构设计

1）减重系统结构

减重支撑系统（partial body weight support, PBWS）是减重康复机器人当中非常重要的部分，其作用是帮助患者卸去一部分负载，对患者

图 7-4-8　天轨悬吊减重步行机器人系统

进行部分减重。主机的核心功能是水平方向的跟随和竖直方向的减重,其中,在水平方向上保持跟随主机始终处于患者正上方,使摆动机构倾角为零;在竖直方向上,维持设定的减重重量。

患者在地面上进行减重步行训练的时候,存在患者自身无法承重的力,这就需要减重机构去卸载。减重控制要能够实现对患者的恒力减重,不能忽大忽小,波动变化。患者所需要的减重力,在治疗期和恢复的不同阶段是不一样的,不同患者所需的减重力存在差异。这就需要具有丰富的临床康复训练的医师来为患者亲自制定减重计划。减重控制系统的任务就是在医生提供减重力数据的情况下,控制系统能够产生并且保持恒定大小的减重力。这就需要一个恒力的闭环控制系统。所以将称重(力)传感器作为采集工具,将当前的数据采集并且反馈给控制系统。控制系统将现场采集到的力与预先设定的力进行比较,如果出现偏差,那么控制系统驱动电机动作,消除偏差。此外,电机的运转需要驱动器驱动,所以将控制系统直接与驱动器相连接(见图7-4-9)。在减重康复机器人使用过程中会将给定的减重力与实际的减重力不断地进行比较得到偏差,控制系统通过得到的偏差不断地调节减重力,从而形成了一个力闭环控制系统。

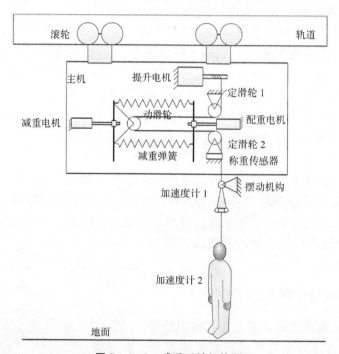

图 7 - 4 - 9　减重系统机构图

2)轨道结构设计

轨道设计的材料选用工字铝型材,型号为 6063-T5,已确定屈服应力为 145 MPa,理论截面积 25.46 cm²,y 方向惯性矩为 130.44 cm⁴。

3)主机结构设计

主机结构分为偏移电机、减重电机、摆动机构、力传感器、减重弹簧、配重电机以及轨道(见图7-4-10)。

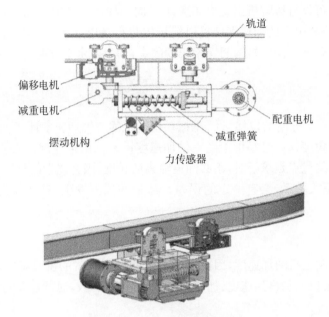

图 7 - 4 - 10　主机结构设计图

根据资料分析人行走时重心波动范围不超过 100 mm,弹簧受力增加 900 N,等于减重电机需提供的牵引力(推力或拉力)。人迈一步重心下降所用时间 0.25 s。假设绳子牵引力恒定作用在人身上,则可以估算电机功率为 360 W,综合计算,对电机进行选型。

2. 运动学分析

天轨悬吊减重步行训练系统最主要是对减重支撑系统进行运动学分析并进行建模。首先对患者进行步行训练时任意时刻的绳索状态进行分析,如图 7 - 4 - 11 所示。当患者进行步行训练时,由于摆动机构与步行马甲间的绳索产生摆动,通过位于摆动机构上

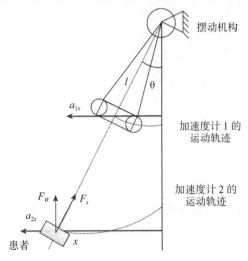

图 7 - 4 - 11　患者步行时任意时刻绳索状态

的三轴加速度计可以直接解析出此加速度计 x 向的加速度和绳索的偏摆角度。与此同时,通过位于步行马甲上的加速度计可以解析出步行马甲的水平方向的加速度,即患者水平方向上的加速度。摆动机构间绳索长度固定,则患者水平方向的位移为:

$$s(t) = \frac{a_{2x} l \sin\theta}{a_{1x}} \qquad \text{式}(7-4-1)$$

$s(t)$ 为患者水平方向的位移,a_{1x} 是摆动机构上的三轴加速度计 x 向的加速度,θ 是摆动机构的摆动角度,a_{2x} 是马甲上的三轴加速度计 x 向的加速度,l 是摆动机构间绳索的长度。这样做的优点是求解时,不必知道绳索的长度,因为绳索的长度跟患者身高、运动、挂点位置有很大关系,会有一定的误差。绳索的拉力发生,患者预设的减重重量为 F_w,因此有

$$F_s = F_w \cos\theta \qquad \text{式}(7-4-2)$$

考虑到要控制主机的加速度,因此需要建立四次多项式的位移函数,通过对多项式进行多次求导,可以分别得到速度、加速度、加加速度的函数,通过合理的边界条件,可以求得各个参数。

建立位移函数为如下的四次多项式:

$$s(t) = k_0 + k_1 t + k_2 t^2 + k_3 t^3 + k_4 t^4 \qquad \text{式}(7-4-3)$$

t 代表时间,τ 为时间变量,有

$$t = \frac{\tau}{t_m}, 0 \leqslant t \leqslant 1, 0 \leqslant \tau \leqslant 1 \qquad \text{式}(7-4-4)$$

假设加减速段的开始位移为 0,即

$$s(0) = 0 \qquad \text{式}(7-4-5)$$

可得

$$k_0 = 0 \qquad \text{式}(7-4-6)$$

对位移求导的速度函数

$$v(t) = s(t)' = \frac{1}{t_m}(k_1 + 2k_2 t + 3k_3 t^2 + 4k_4 t^3) \qquad \text{式}(7-4-7)$$

求位移的二阶导数,得到加速度函数

$$a(t) = s(t)'' = \frac{1}{t_m^2}(2k_2 + 6k_3 t + 12k_4 t^2) \qquad \text{式}(7-4-8)$$

求位移的三阶导数,得到加加速度函数

$$J(t) = s(t)''' = \frac{1}{t_m^3}(6k_3 + 24k_4 t) \qquad \text{式}(7-4-9)$$

边界条件为:

$$v(0) = v(1)$$
$$v(1) = v_2$$
$$a(0) = 0$$
$$a(1) = 0$$

得到位移、速度、加速度以及加加速度的函数公式：

$$s(t) = t_m v_1 t + (v_2 - v_1) t_m t^3 + 0.5(v_1 - v_2) t_m t^4 \qquad 式(7-4-10)$$

$$v(t) = v_1 + 3(v_2 - v_1) t^2 + 2(v_1 - v_2) t^3 \qquad 式(7-4-11)$$

$$a(t) = \frac{6}{t_m}(v_2 - v_1)(t - t^2) \qquad 式(7-4-12)$$

$$J(t) = \frac{6}{t_m^2}(v_2 - v_1)(1 - 2t) \qquad 式(7-4-13)$$

接下来需要确定 t_m。A_{max} 假设为系统的最高加速度，J_{max} 为最高的加加速度，联立上式可得：

$$t_m \geqslant \max\left(\frac{3|v_2 - v_1|}{2A_{max}}, \sqrt{\frac{6|v_2 - v_1|}{J_{max}}}\right) \qquad 式(7-4-14)$$

(三) 控制系统设计

天轨悬吊减重步行训练系统的总线控制系统作为控制系统的中枢，搭载了主机系统和多环境康复训练平台系统。它接收主机系统和多环境康复训练平台系统所采集到的各种信号，然后把这些采集的信号整理打包之后发送到上位机。同时总线控制系统接收上位机发送给它的命令，并把命令解析之后传递给搭载在其上面的跟随主机控制系统以及多环境康复训练平台系统(见图7-4-12)。

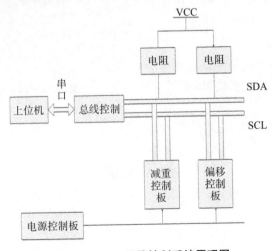

图7-4-12　总线控制系统原理图

减重系统在控制系统设计方面(见图7-4-13),首先通过多环境康复训练平台输入数值确定患者需要减轻的重量。然后,提升电机开始自动调节,使患者处于合理的训练高度上,此时称重传感器反馈的数值等于训练平台输入的数值。同时配重电机也开始自动调节,根据减重弹簧的弹性模量调节至相应的减重值。此时动滑轮在减重弹簧的推力及钢丝绳的拉力下达到力平衡。步行训练开始后,随着患者的重心起伏,称重传感器反馈的数值开始变化,因此减重电机开始工作。

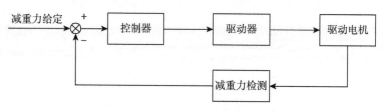

图7-4-13　减重系统控制图

(四) 系统集成与测试

为了验证系统的运行功能,进行三个实验对系统进行测试,通过测试结果对系统情况进行评估。

1) 极限减重实验

极限减重实验的目的是验证在水平方向静止、竖直方向极限载荷减重工况下,力传感器的反馈性能。

2) 水平跟随性能实验

水平跟随性能实验通过采集主机力传感器的值,以及摆动机构上三轴加速度计的角度值验证水平方向跟随的性能。

3) 动态减重实验

动态减重实验的目的是测试在患者动态行走的情况下的动态减重效果(见图7-4-14)。

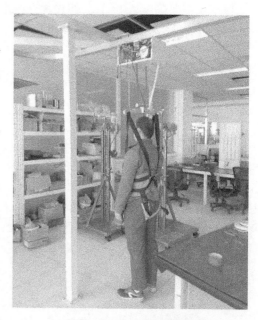

图7-4-14　动态减重实验

参考文献

[1] 胡杰,喻洪流,石萍,等.一种多功能智能轮椅的控制系统设计[J].中国康复医学杂志,2016,31(11):1246-1249.

[2] 李素姣,朱文杰,孟巧玲,等.基于轮椅的多姿态下肢康复训练系统的设计与仿

真模拟分析[J].中国康复医学杂志,2020,35(11):1351-1355.

[3]雷洪波,喻洪流,孟利国.用于老人与步行不便者的智能助行器设计[J].机械设计与研究,2021,37(2):13-15.

[4]孟利国,喻洪流,孟巧玲,等.智能多姿态下肢康复训练设备控制系统研究[J].软件导刊,2021,20(1):142-147.

[5]张钰文,王亚刚,丁大民,等.智能助行器防跌倒柔顺控制研究[J].电子科技,2022:1-8.

[6]Meng Q L, Jiang M P, Jiao Z Q, et al. Bionic design and analysis of a multi-posture wheelchair[J]. Mechanical Setence, 2022, 13(1): 1-13.

[7]张晓玉.智能辅具与机器人技术[J].机器人技术与应用,2011(5):6-13.

[8]陶春静,晏箐阳,马俪芳,等.残疾人智能移动助行器的发展现状及趋势[J].科技导报,2019,37(22):37-50.

[9]蒋梦蝶,戴付敏,徐娟娟,等.老年人移动辅助器具的使用现状及影响因素[J].护理学杂志,2019,34(1):23-27.

[10]武塈晗,荣学文,范永.导盲机器人研究现状综述[J].计算机工程与应用,2020,56(14):1-13.

[11]Hidler J, Wisman W, Neckel N. Kinematic trajectories while walking within the Lokomat robotic gait-orthosis[J]. Clinical Biomechanics, 2008, 23(10): 1251-1259.

[12]宋畅.基于人工神经网络的高龄者产品意象研究:以老人助行器为例[D].成都:西南交通大学,2012.

[13]Hu J S, Lin X C, Yin D J, et al. Dynamic motion stabilization for front-wheel drive in-wheel motor electric vehicles[J]. Advances in Mechanical Engineering, 2015, 7(12).

[14]Sun T, Gong X W, Li B, et al. A novel torque vectoring system for enhancing vehicle stability[J]. International Journal of Vehicle Autonomous Systems, 2019, 14(3): 278.

[15]冯威.电动轮椅控制系统设计[D].天津:河北工业大学,2012.

[16]Simpson R C, Poirot D, Baxter F. The Hephaestus Smart Wheelchair system[J]. IEEE Transactions on Neural Systems and Rehabilitation Engineering: A Publication of the IEEE Engineering in Medicine and Biology Society, 2002, 10(2): 118-122.

[17]陈成.基于外骨骼的可穿戴式下肢康复机器人结构设计与仿真[D].南京:南京理工大学,2017.

[18]Lefebvre T, Xiao J, Bruyninckx H, et al. Active compliant motion: a survey[J]. Advanced Robotics, 2005, 19(5): 479-499.

[19]Nayak S K, Dutta P. A comparative study of speed control of D.C. brushless motor using PI and fuzzy controller[J]. 2015 International Conference on

Electrical，Electronics，Signals，Communication and Optimization（EESCO）. January 24-25，Uisakhapatham，India. IEEE，2015：1-6.

[20] Lee C H T，Chau K T，Liu C H，et al. Overview of magnetless brushlessmachines[J]. IET Electric Power Applications，2018，12(8)：1117-1125.

[21] 寇宝泉，谢大纲，程树康，等. 磁力线开关型混合励磁磁阻电机的转矩特性[J]. 中国电机工程学报，2007，27(15)：1-7.

[22] 孙佃升，高联学，白连平. 电流滞环跟踪控制的永磁无刷直流电机回馈制动的研究[J]. 电子技术应用，2011，37(6)：138-140.

[23] 赵伟雄. 全方位移动机器人控制系统研究与实现[D]. 邯郸：河北工程大学，2016.

[24] 刘亚恒. 两轮式随动支撑装置控制系统研究[D]. 石家庄：河北科技大学，2018.

[25] 霍海波. 基于单片机的高精度超声波测距系统研究[J]. 海峡科技与产业，2019(9)：87-89.

[26] Grigorie T L，Khan S，Botez R M，et al. Design and experimental testing of a control system for a morphing wing model actuated with miniature BLDC motors[J]. Chinese Journal of Aeronautics，2020，33(4)：1272-1287.

[27] Grisetti G，Stachniss C，Burgard W. Improved Techniques for Grid Mapping With Rao-Blackwellized Particle Filters[J]. IEEE Transactions on Robotics，2007，23(1)：34-46.

[28] 胡春旭，熊枭，任慰，等. 基于嵌入式系统的室内移动机器人定位与导航[J]. 华中科技大学学报（自然科学版），2013，41(S1)：254-257.

[29] 曲振波，王飞，张宏扬. 智能轮椅的发展与设计趋势探析[J]. 工业设计，2020，173(12)：113-114.

[30] 孙楚杰. 智能轮椅运动控制和自动避障系统研究[D]. 武汉：湖北工业大学，2020.

[31] 段侣，平雪良，朱盛杰，等. 基于移动机器人技术的智能轮椅控制器[J]. 机电一体化，2020，26(4)：51-56.

[32] Pruski A，Ennaji M，Morere Y. VAHM：a user adapted intelligent wheelchair[C]//Proceedings of the International Conference on Control Applications. September 18-20，2002，Glasgow，UK. IEEE，2002：784-789.

[33] 李海. 机器人让生活更美好[J]. 机器人技术与应用，2010，(3)：17-30.

[34] Martens C，Ruchel N，Lang O，et al. A FRIEND for assisting handicapped people[J]. Robotics & Automation Magazine，IEEE，2001，8(1)：57-65.

[35] Millan J D R，Galan F，Vanhooydonck D，et al. Asynchronous non-invasive brain-actuated control of an intelligent wheelchair[C]//2009 Annual International Conference of the IEEE Engineering in Medicine and Biology Society，2009. IEEE，82009：3361-3364.

[36] 韩志昕. 基于多源信息融合的智能轮椅交互技术研究[D]. 天津：天津工业大

学,2020.

[37] Yanco H A. Wheelesley: A robotic wheelchair system: Indoor navigation and user interface[C]//Assistive Technology and Artificial Intelligence: Applications in Robotics, User Interfaces and Natural Language Processing, 1998. Springer Berlin Heidelberg, 1998: 256 - 268.

[38] 李林. 基于头势的智能轮椅无障碍人机交互[D]. 重庆:重庆邮电大学,2011.

[39] 吕呈. 基于头姿识别的机器人轮椅智能交互系统[D]. 南京:南京邮电大学, 2017.

[40] Prassler E, Scholz J, Fiorini P. A robotics wheelchair for crowded public environment[J]. IEEE Robotics & Automation Magazine, 2001, 8(1): 38 - 45.

[41] Bourhis G, Agostini Y. The vahm robotized wheelchair: System architecture and human-machine interaction[J]. Journal of Intelligent and Robotic systems, 1998, 22(1): 39 - 50.

[42] Prassler E, Scholz J, Elfes A. Tracking Multiple Moving Objects for Real-Time Robot Navigation[J]. Autonomous Robots, 2000, 8(2): 105 - 116.

[43] 张轩磊. 基于坐姿及多传感融合的智能轮椅控制[D]. 广州:广东工业大学, 2016.

[44] 杨辉,章亚男,沈林勇,等. 下肢康复机器人减重支撑系统的研究[J]. 机电工程,2009,26(7):28 - 31.

[45] 严华,杨灿军,陈杰. 上肢运动康复外骨骼肩关节优化设计与系统应用[J]. 浙江大学学报(工学版),2014,48(6):1086 - 1094.

[46] 张立勋,秦涛,宋承盈,等. 踏板式步行康复机器人样机研制与实验研究[J]. 高技术通讯,2013,23(9):859 - 865.

[47] 张立勋,孙洪颖,钱振美. 卧式下肢康复机器人运动学分析及仿真[J]. 系统仿真学报,2010,22(8):2001 - 2005.

[48] 黄高,张伟民,Marco Ceccarelli,等. 一种新的康复与代步外骨骼机器人研究[J]. 自动化学报,2016,42(12):1933 - 1942.

[49] 姚莉君. 三自由度平动并联机构的动力学与控制系统研究[D]. 南京:南京航空航天大学,2012.

[50] 申鹏,王麒宣,褚昊霖,等. 基于模糊 PID 算法吸附机器人转向控制[J]. 软件, 2020,41(4):207 - 210.

[51] 闫中文. 无刷直流电机自抗扰控制系统研究[D]. 淮南:安徽理工大学,2020.

[52] 罗娜,朱江,李燕. 基于智能 PID 的直流电机控制算法仿真分析[J]. 红外技术, 2020,42(3):218 - 222.

[53] Stauffer Y, Allemand Y,Bouri M, et al. Pelvic motion measurement during over ground walking, analysis and implementation on the WalkTrainer reeducation device [C]//2008 IEEE/RSJ International Conference on Intelligent Robots and Systems. September 22 - 26, 2008, Nice, France. IEEE, 2008:2362 - 2367.

［54］Stauffer Y，Reynard F，Allemand Y，et al. Pelvic motion implementation on the WalkTrainer［C］//2007 IEEE International Conference on Robotics and Biomimetics (ROBIO). December 15 - 18，2007，Sanya，China. IEEE，2008：133 - 138.

［55］嵇建成.基于人机耦合动力学建模的康复助行机器人研究［D］.上海：上海大学，2019.

［56］王人成，王爱明，贾晓红，等.一种减重步行康复训练机器人［P］.中国：CN101530367B，2011 - 01 - 05.

［57］韩朝慧.天轨悬吊减重步行训练系统的研究［D］.北京：北京工业大学，2018.

［58］李刚，王玉娟，兰凤文，等．面向半失能老人的移动辅助机器人设计与实验［J］.机械传动，2021，45(4)：142 - 151.

第八章　中医康复机器人

第一节　概　述

一、中医康复机器人基本概念

康复医学自 19 世纪 80 年代传入我国,临床康复手段多以西医康复技术为主,而中医康复疗法以其历史悠久、理论系统以及医疗方法丰富多彩闻名于世,近年来在国内外医学界逐渐引起重视。在经过不断挖掘、整理、研究,广泛吸取各国现代康复医学的理论和技术后,康复医学融入中医学的康复方法,逐步发展成具有中国特色的"中医康复学"。

在治疗手段方面,西医康复在治疗方案的选取上多是以物理疗法(PT)、作业疗法(OT)、言语疗法(ST)为主,通过声、光、电、热、磁、矫形器等方式进行治疗,虽然见效快,但成本较高。中医康复通常采用的治疗方案大多操作简便、成本低廉,如功法锻炼、针灸推拿、情志疗法等,这些方法不仅简单、易操作,而且在临床上均取得了很好的疗效。相比于现代康复医学中的物理因子疗法所涉及的康复器械,现有中医康复疗法器械并不多,目前常用的有电针、穴位经络透药仪、艾灸器等。比如属于针灸器具的梅花针,其操作起来费时费力,且不同施术者对于运针力度、破皮深度、叩刺频率等治疗参数的把握不尽相同,因此量化标准有待进一步研究。这类器械普遍存在智能化程度不高、操作步骤不够简洁的问题。除此以外,目前各大医院的中医康复治疗仍由富有经验的治疗师人工进行,很多项目(如推拿、牵引)对医生体力要求也较高,使人数本就有限的中医治疗师渐渐不堪重负。在科技的帮助之下,开发出患者认可度高、实用性强、疗效显著的中医康复器械,是中医康复未来发展的新方向。

中医康复机器人作为一种服务型机器人借助了机器人、传感和信息学等科学技术,在康复治疗方面具备人工康复治疗所不具备的优势,即机器人不仅可以对患者肢体施加精确的力与运动控制,也可以记录翔实的操作数据及图形。中医康复机器人能够为临床康复医生提供客观、准确的治疗和评价参数,以改善康复效果和提高康复效率;同时它还可以排除人为因素,即不会受到治疗师水平的影响,保证了操作过程中的效率和强度,实现长期、稳定的重复训练,有利于提高中医康复的效果。

二、中医康复机器人基本类型

(一) 针灸机器人

针灸疗法是一种传统的理学疗法，包括针刺和艾灸两种疗法。针灸在中医康复医学中越来越受到重视，已成为现代康复医学的重要组成部分。针灸是中医特有的康复治疗方法。近年来，随着现代科学技术的发展，电针、电灸、铍针、火针、头针、耳针、穴位磁疗、超声波针等相继问世，大大丰富了针灸疗法的内容。针灸康复疗法简洁、便利、易操作、安全性高，副作用小，效果明显。然而，由于传统的针灸疗法都是靠人工实行的，一方面需要足够有经验的专业人员，另一方面长时间针灸治疗给针灸师造成较大的体力负担。针灸机器人是一种利用人工智能技术，对针灸穴位自动定位、自动扎针或施灸的机器人，包括针刺机器人和艾灸机器人。目前国内外对针灸机器人的研究仍处于起步阶段，但国内已有多个研究团队研发了相关机器人样机。

(二) 推拿/按摩机器人

传统的推拿/按摩疗法是以藏象经络为基础，近些年受到了大众的喜爱。推拿/按摩疗法结合了中西医的优势，充分利用了现代神经生理学和解剖学的原理，在推拿/按摩手法上也是不断地创新改革，治疗效果较好。推拿/按摩机器人是一种以仿人手法替代治疗师对患者自动进行推拿/按摩的机器人。例如，上海理工大学康复工程团队等研发出的新型多维牵引推拿机器人，其中融合了中医推拿师腰椎推拿/按摩手法对患者进行康复治疗。

第二节　针灸机器人

一、针灸机器人基本概念

针灸是针法和灸法的总称。针法是指在中医理论的指导下把针具(通常指毫针)按照一定的角度刺入患者体内，运用捻转与提插等针刺手法来对人体特定部位进行刺激从而达到治疗疾病的目的。刺入点称为人体腧穴，简称穴位。根据最新针灸学教材统计，人体共有 361 个正经穴位。灸法是以预制的灸炷或灸草在体表一定的穴位上烧灼、熏熨，利用热的刺激来预防和治疗疾病。通常以艾草最为常用，故而称为艾灸，另有隔药灸、柳条灸、灯芯灸、桑枝灸等方法。如今人们生活中经常用到的是艾灸。

目前针灸临床实践、科研及教学方面存在着诸多问题：一是医疗资源分配不均，针灸治疗与服务难以惠及所有有需要的患者；医务人员培养周期长，掌握针灸的临床医生不堪重负;二是虽然针灸学在两千多年前就已形成了系统的理论体系,但仍存在诸多问题如人工取穴具有主观性针刺手法难以标准化、针刺刺激量具有不确定性、试验可重复性差等针刺教学只可意会、不能言传的内容多,学生的学习效果参差不齐,临床疗效难以保证等。市场上原有的一些针灸设备艾灸设备为主。然而,找准刺激的穴位是灸法达到较好治疗的基础,而现有艾灸设备目前绝大部分都不具备穴位定位功能。传统的艾灸需要人工操作,存在诸多问题,如治疗时温度难以控制,艾火容易掉落,艾草燃烧时有烟雾刺激等,而这些问题就需要艾灸机器人来弥补。艾灸机器人的核心技术大多集中在温度感应与控制方面,既要防止艾条离患者过近而烫伤皮肤,又要防止距离过远降低温度,从而影响疗效。但目前市面上的产品大多以家用为主智能化不足,高度自动化水平的艾灸机器人很少

在上述背景下,针灸机器人应运而生。针灸机器人是一种替代现有针灸师工作,具有基于人工智能技术进行自动寻穴、自主进针或治疗手法模拟功能的机器人。针灸机器人按中医疗法的不同可分为针刺机器人和艾灸机器人两类。

针刺机器人以针刺治疗为核心功能,有时候还包括穴位诊断、经络诊断等功能。目前,针机器人进针与手法模拟技术已经相对较为丰富,穴位定位、穴位诊断算法和辨证配穴功能也取得重要进展。然而,目前还需要通过大量数据分析并临床验证才能相对客观地证实针刺机器人的有效性,这也是目前的难点之一。除此以外,力学反馈也是核心技术。力学反馈设备不仅是针感获"得气"效应最为直接的展示,更涉及人机交互技术,也是针刺机器人的难点。

随着针灸在国内外的广泛应用,研究标准化、国际化的重要性日益突显,研发智能针灸机器人也成为一种趋势,并有望带动针灸治疗走向标准化与现代化。

二、针灸机器人分类

(一) 针刺机器人

目前针刺机器人多为架式结构,且机械手多采用半自动的方式,即先手动夹取针具和棉签,固定位置后,利用架式结构进行进针操作,难以模拟针刺手法。还有部分设计采用特制的自动进针机构,但是复杂的机械结构出错率高且时效性较差。

南京中医药大学研发的数字经络智能针灸机器人系统 Acubots(见图 8-2-1),具有自动定位穴位、智能配伍穴位、扎针、模拟人的手法等功能。Acubots 由一个小的手术模块组成,能够根据激光标记对准针,在密闭空间中操纵针。它的结构导致了即使在人体部位差异化和不同的成像方式造成的干预下仍然保持了灵活性。这种灵活性也适用于针灸。该机器人可自动移动,以预定的角度将针尖定位在皮肤入针点。

北京石油化工学院研发的医用经皮穿刺机器人自动进针机构,能够与辅助医疗机器人紧密配合,实现微波电极针自动定位与主动进针,满足对机器人整体功能、易操作性、安全性、可靠性等诸多方面的要求。机器人自动进针机构的功能主要是按照一定的进针力和速度将穿刺针自动推进病灶点,目前较常见的机构主要是偏心摩擦轮式结构、带导

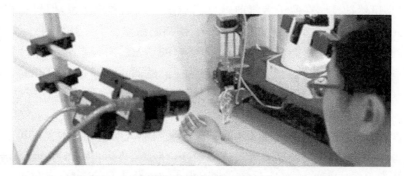

图 8 - 2 - 1　数字经络智能针灸机器人系统 Acubots

轨的拉线式结构和小锥齿轮组变向结构。该团队采用两杆结构,能在穿刺时实现自动、匀速、直线进针。

天津大学设计了一款用于执行针刺操作中基本的提插和捻转手法的机器针刺手,能够根据上位机所设定的动作模式和动作参数准确完成针刺动作,并实现对针刺捻转补法、捻转泻法、提插手法等基本针刺手法的模拟及量化。北京信息工程大学于 2020 年公开了一种能进行穴位测量和穴位点击按摩的针灸辅助机械臂以实现腹部针灸。

(二) 艾灸机器人

艾灸是中医针灸疗法中的灸法,是利用由艾叶制成的艾灸材料产生的艾热刺激体表穴位或特定部位,通过激发经气的活动来调整人体紊乱的生理生化功能,从而达到防病治病目的的一种治疗方法。常用方法是悬灸,包括温和灸、雀啄灸及回旋灸。在传统艾灸治疗过程中,普遍由医务人员手持灸盒对准相应穴位艾灸或沿着经络艾灸数个穴位一段时间,医务人员还要根据病人对艾柱燃烧温度的感觉调整好距离,这就相应增加了艾灸治疗的难度和劳动强度。此操作过程费时费力,不利于医疗资源的充分利用。为了解决这一问题,采用智能艾灸机器人来执行重复性的灸疗作业流程就变得十分必要。艾灸机器人的核心技术集中在穴位定位、温度感应与控制方面。找准刺激的穴位是灸法达到较好治疗效果的基础,在这基础上既要防止艾条离患者过近而灼伤皮肤,又要防止距离过远而降低刺激的温度。

目前国内有多个科研团队在研发艾灸机器人。南昌大学公开了一种 4 自由度智能化艾灸辅助机器人(见图 8 - 2 - 2)。该机器人由 4 个转动关节构成:关节 1 带动底部平台旋转,关节 2 带动大臂旋转,关节 3 带动小臂旋转,关节 4 带动末端旋转。为了减轻机器人的整体重量及便于整理排烟管道,机器人的杆件被设计为中空式结构。小臂的内部设置有连杆机构,并将末端夹具设置成三角形,利用几何性质确保在运动过程中末端夹具的姿态保持不变。

发明专利 CN 112641625 A 公开了一种智能艾灸机器人(见图 8 - 2 - 3),其包含力矩拖动、高度检测及温度检测等功能。医护人员可以通过拖动触发按钮来激活系统拖动功能;力矩传感器通过采集力矩数据传输给控制系统,实现关节机器人的力位混合控制,满足关节机器人的拖动示教和碰撞检测功能;可通过温度传感器、距离传感器来实时测量人体体表穴位、人体体表与灸头体之间的距离;控制系统根据温度传感器、距离传感器的数据结合控制算法控制关节机器人,在保证安全的前提下随着患者身体轮廓起伏运动,确保灸头体与患者的身体表面的距离保持在有效的灸疗距离,避免患者因艾灸温度过高而被灼伤。

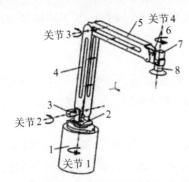

1—底座;　2—底部平台;　3—电机;　4—大臂;
5—小臂;　6—末端夹具;　7—电机;　8—灸条夹具

图8-2-2　4-DOFs智能化艾灸辅助机器人

图8-2-3　智能艾灸机器人

三、针灸机器人系统设计案例

(一) 针灸机器人设计要求

这里以针刺机器人为例阐述针灸机器人设计的主要技术要求。针刺机器人(以下称针灸机器人)的主要技术要求如下:

1. 智能选穴

智能选穴技术的研究目前主要集中在三个方面,分别是循证决策、经络辅助诊疗系统和基于图论的智能选穴,这些研究均取得了一定的成果。例如:① 任玉兰等基于循证医学方法和现代信息技术,开发了具有人工智能特征的针灸临床循证决策支持系统,包括疾病诊断、治疗方案优化、病历和处方优化、临床参考知识4个模块。② 程莘农智能经络辅助诊疗系统,对经络辨证学术思想及临床经验进行深度学习,能智能解读、多诊合参,以求实现标准化复制,但2017年后暂无公开报道。③ 刘震等根据"穴—症小世界效应"与"涌现计算"构建经穴主治定量分析模型,建立穴位—主治网络,并以此为基础开发辅助选穴系统,其最主要的功能为识别用户输入症状组,经由算法处理反馈给用户组治疗对应症状的有效穴位。

人工智能技术可将个性化、碎片化的针灸临床经验转换为数据并通过科学方式呈现出来,但关于智能选穴早年的研究较为分散和模糊,且技术尚未成熟,诸多研究围绕的是基于深度学习或数据挖掘等来获得腧穴的配伍规律,尚未能较好地实现将获得的规律反向运用于指导临床。这是未来的研究中仍需注意的一大问题。

2. 穴位标定

穴位标定是智能针灸机器人实现针刺操作的首要前提。自 20 世纪 90 年代起，国内就穴位标定做了诸多研究，如简易人体穴位识别治疗仪、穴位定位与跟踪系统、中医腧穴智能定位系统、人体定穴体表标志定位测量系统、自动寻穴光学仪等。

当前定位系统面临着复杂多变的场景、较大的光照条件变化及高度动态的运动环境等挑战性难题，未来的解决趋势需要多传感器融合、多特征融合、基于特征的方法与直接方法的融合、与语义的融合等技术的整合。

3. 安全无痛进针

穴位定位完成后，如何快速、安全、无痛地进针是智能针灸机器人研发的关键技术之一。智能针灸机器人要求最大程度地规避意外及减轻疼痛，确保在安全和舒适的环境下完成任务。

在针刺治疗的过程中，安全无痛进针是避免产生应激因素、提高治疗效果的重要环节，是取得患者认可、建立医患互信关系的重要基础。古时医者对无痛进针法已有研究，如"针入贵速，既入徐进""随咳进针"等，虽然近年来临床中已有大量探索，但安全无痛进针仍是未来研究的重点之一。

4. 针刺手法量化

不同的针刺手法与不同量的刺激对疾病和机体有不同的影响，传统的针刺常由针灸医师根据自身的知识、经验和习惯施术，因此针刺刺激量因人而异，规范程度不高。石学敏院士提出"针刺手法量学"的概念及对针刺手法的要素进行科学界定后，针刺手法量学的概念至今已经演变成一个包括针刺时间、频率、角度、力度、幅度、深度等众多因素的综合范畴。目前，研究针刺手法定性和定量的实验较少，但已有许多国内学者从针刺手法的速度和频率等物理量来进行测定研究，从而优化进针操作。

针刺手法参数的研究思路在不断拓宽，手法测试仪的数据采集和分析功能也在不断完善，然而从整体研究现状来看，针刺手法参数研究还处于初步阶段，尚未达到指导临床、提高疗效的程度。

5. 针刺效应检测

制定针刺效应检测方法和技术，是智能针灸机器人进针操作优化方面的重要内容。目前针灸的确切机制尚不明确，但以神经生物学为基础的现代针灸学体系的轮廓已初步形成。研究表明，针刺效应的产生取决于穴位与靶器官之间神经功能的完整性，针感产生与神经系统关系密切，不同性质的针感可能与各种组织内的感受器和神经纤维类型的不同有关。通过对在伤科患者的伤口直接刺激的观察表明，刺中神经干多为麻感，血管多为痛感，肌腱骨膜多为酸感，肌肉多为胀酸感，根据各类纤维动作电位波形特征，人体微电极记录到不同针感与纤维类型的对应关系为：抽麻感多为兴奋 II 类纤维，重胀感多为 III 类纤维，酸感多为 IV 类纤维，I 类纤维是很轻微的针感，大多没有针感。动物实验证明手针可兴奋全部四类纤维，电针轻刺激以兴奋粗纤维（II 类）而产生麻电感为主，但电针引起肌肉抽动时，无疑也兴奋了运动纤维。由此可见，智能针灸机器人可以通过微电极探测不同纤维兴奋来获取针感及"得气"信息。在神经纤维检测方面，感觉神经定量检测仪 Neurometer® CPT/C 声称可测定任何部位的皮肤和黏膜的感觉和神经功能，以迅速评估感觉神经的功能改变及异常。

此外,针灸机器人与传统的针灸治疗相比,其存在的一大天然缺陷是目前的机器人不能做到医患的情感交流。机器人不能像医生那样给予患者关怀和安抚,不能对患者的一些主观综合感受给予及时的交流和反馈,这些主观综合感受对病情的诊治往往是较为重要的,而机器迄今为止无法实现。针灸机器人的操作能否使患者"得气"和达到传统针灸"治神"的境界等,也是针灸机器人需要考虑的环节。因此,如何提高针灸机器人的智能化程度,如何建立亲密的人机关系和及时的人机对话使得患者愿意接受针灸机器人治疗等也是未来需要解决的难题。未来智能针灸机器人在临床应用的发展方向应是提高智能选穴准确度和穴位标定精确度,提高安全无痛进针技术、针刺手法量化和针刺效应检测技术,保障智能针灸机器人的治疗质量等。在实现方式上可以着重提高算法精度,充分利用计算机信息处理技术,增大检测的数据量,寻求信息的一般规律,将临床、科研与教学有机结合,寻找新思路,注重开发仪器的实用性和人性化,从而推动智能针灸机器人的研发和推广。

(二) 针灸机器人设计案例

针灸机器人的研发目前仍处于前期准备阶段和实验室阶段,这里以一激光针灸机器人(以下统称针灸机器人)为例阐述其一般设计方法。

1. 穴位定位和跟踪系统设计

穴位的自动定位及智能配穴等是智能针灸机器人研发的关键技术和难点。人体的穴位点,仅仅依靠视觉传感器进行辨认是一件非常困难的事情,即使是有多年针灸经验的针灸师有时也要依靠一些辅助手段对穴位进行定位。如何能让针灸机器人快速地对穴位点进行识别和定位是机器人视觉系统亟待解决的问题。本设计案例结合人工地标的特点、图像处理和模式识别技术,提出基于人工标志的穴位定位方法。

1) 人工标志的选择

每个人都有独特的体型特征,且每个穴位点没有明显的特征可以提取和分割,直接利用普通摄像机捕捉图像,然后通过图像处理和模式识别等算法很难对穴位进行有效识别,因此,本案例采用在穴位处贴放人工标志的方法实现穴位自动识别和定位。人工标志即人工地标,常用于机器人导航,人工地标可以为移动机器人提供导航、定位、识别的信息。由于人工地标具有信息量大和易于检测的优点,地标技术正成为机器人导航技术的主流方法。本案例充分利用了人工地标其易于识别的优点,根据不同人体的体型特征将人工标志放置于人体穴位点上。

由于人体表面是一个曲面,人工标志放置在上面势必会产生不同程度的倾斜和旋转。为了满足人工标志的尺度不变性、仿射变换和自相似性的要求,本案例选择了红色圆形人工标志,模板图像为内接该圆形的正方形图像,同时为了降低环境噪声带来的影响,模板图像圆形内部为红色,其他部分为白色。该人工标志的优点是:首先,红色较其他颜色可以降低光照变化的影响;其次,圆形可以降低目标旋转带来的影响。

2) 基于轮廓的目标检测与识别及追踪算法的穴位识别和定位

对图像进行滤波以减少图像噪声点的影响,滤波后对图像进行二值化处理,在二值图上进行连通轮廓检测,轮廓里包含能表征该轮廓像素点位置的信息。为了辨识这些轮廓是否为人工标志的轮廓,本设计案例提取轮廓不变矩的特征来计算轮廓和人工标志的相似度。通过以上步骤,机器人具备了从视野范围内提取人工标志的能力。

为了甄别视野里多个人工标志,基于视频流中前后帧图像之间存在相互耦合的事实,可以使用物体跟踪算法利用连续图像的相关性来解决多人工标志甄别问题。本案例在摄像头进行运动的时候选取距离 KCF 追踪算法追踪目标最近的轮廓作为最终伺服任务控制的信息。人工标志的圆心可以很好地表征像素的位置,圆心可以用轮廓点的均值计算。

2. 激光针灸治疗过程中机器人柔顺控制策略

为了在保障治疗有效性的同时考虑用户的安全性和舒适性,需使机器人与人体柔顺接触。本案例采用阻抗控制方案。阻抗控制是通过设置适当的阻抗参数(惯性参数、阻尼参数以及刚度参数)来实现机器人末端接触力与位置的控制,根据阻抗模型以及机械臂的动力学模型就可以得到阻抗控制方法控制力的控制率。

将机械臂的雅克比矩阵分解为操作空间的雅克比矩阵与零空间的雅克比矩阵,将关节速度分解为操作空间关节速度与零空间关节速度,根据拉格朗日方法构建机械臂的动力学方程,并将操作空间与零空间的动力学解耦。根据操作空间动力学方程与阻抗方程,可以得到机械臂加速度的控制输入和关节控制力矩。

鉴于在激光治疗过程中,激光针灸治疗仪与人体接触,人体的刚度会随之改变,为此采用一种自适应方法来实现阻抗模型的在线更新,调整接触过程中机器人加速度的控制力矩输入和机器人在关节空间中的自适应阻抗控制力矩输入。在激光针灸治疗仪与人体接触的过程中,激光针灸治疗仪还会受到接触力的影响。这些干扰因素可以在控制回路中通过前馈控制将其抵消。

3. 基于视觉的针灸机器人控制系统设计

整个系统由三部分组成:上位机、运动控制系统、图像采集和处理装置。图像采集和处理装置获得图像并进行处理,将结果上传给上位机;上位机发送控制命令到运动控制系统,运动控制系统将圆心的位置信息转换成相应的控制命令,通过驱动电路驱动各个关节运动到目标位置,调整末端执行器姿态,完成针刺动作。运动控制系统将针的空间位置、姿态、力传感器数据上传到上位机,以实现对针的状态进行实时监控。

1) 系统功能介绍

(1) 运动控制器和上位机的交互

运动控制器通过以太网和上位机连接,除接收上位机发送的运动指令外,还需实时上传力传感器的当前值、机械臂和机械手的运行状态、各限位开关是否触发等信息。

(2) 穴位识别与定位系统

利用视觉传感器采集目标图像,上传至上位机;利用穴位识别与定位系统,计算出所需控制量。

(3) 保护措施的实现

安全性能是运动控制系统首先考虑的指标,运动控制系统提供急停触发保护、受力过大保护、驱动器过流保护、限位触发保护、上位机急停保护等功能。

2）硬件部分

硬件部分主要由以下部分组成：机器人主控系统、穴位识别与定位模块、机器人本体机构、多模态人机交互控制模块、安全保障模块等。

运动控制系统以控制器为主控单元，通过以太网接口和上位机相连接。机械臂的各个关节选用松下的伺服电机，伺服电机由运动控制器直接驱动。

本案例所使用的摄像机为 uEye 品牌的 UI-1555LE-C 专业相机，通过 USB 接口，uEye-LE 系列相机可方便地应用于众多的不同领域，如医疗、显微、工业等。uEye-LE 系列相机配备了非常精巧的高速 CMOS 传感器，可进行最大帧率为每秒 15 帧的连续拍摄，拍摄精度和速度满足要求。

3）软件系统

（1）主控系统：主要作用是人机交互，给各模块分配任务，并对各模块实时控制，以实现针灸机器人的协调工作。主控系统可按功能划分为以下几个主要模块：控制通信模块、视觉模块、机器人本体、状态报警处理、患者信息管理等。其应用软件主要完成以下功能：① 视觉系统周期性检测出穴位位置，实现对人体穴位的识别和定位；② 接收传感器检测信号，根据反馈信号调度电机控制模块及安全保障装置；③ 嵌入三维模型模块，并实现三维模块与真实坐标值的对应；④ 与电机控制模块通信，按照针灸预案或者临时需求发送指令给控制模块；⑤ 掉电保护，使用非易失性存储器。

（2）底层控制：针灸机器人控制系统依托控制局域网作为通信连路，各底层功能模块协调工作。上位机通过网线连接到控制柜上，控制柜通过 CAN 总线连接各个底层模块。上位机通过运动控制器交互信息，控制柜中的运动控制器接受各底层模块的信息。根据控制算法与作业任务要求，上位机实时生成关节轴系的规划作业任务数据，并通过数据传输总线送至各底层运动控制器来控制各模块的转动。

第三节 推拿牵引机器人

一、推拿牵引机器人概述

（一）推拿机器人基本概念

中医推拿按摩已经有 2 000 余年的历史，是人们预防、保健、医疗与康复的重要手段，是中医学的重要组成部分。随着如今社会的发展，中医推拿按摩仍然发挥着比较重要的作用。中医推拿通常是指专业医师用双手作用于体表的穴位、不适部位或疼痛部位，采用捏、按、点、揉、拿等手法，以适当的力度进行推拿按摩，以调节机体生理、病理状况，达到理疗目的的一种物理治疗方法。但迄今为止，中医按摩手法的操作仍需人工进行，长时间进行中医按摩对于医师的体力消耗较大，并且推拿按摩疗效与推拿按摩医师的水平和工作态度密切相关,按摩质量不统一,推拿按摩手法因人而异,很难标准化。

中医推拿机器人是服务机器人的一种,是针对退行性疾病和慢性疾病对中医推拿的临床需求而研制的保健康复设备。中医推拿机器人是中医按摩手法与现代康复医学、人工智能、智能感知及机器人等科学技术领域相互渗透与结合的高技术产物,其可辅助或替代中医推拿按摩医师完成常规的按摩手法,将医师从繁杂的体力劳动中解放出来,通过其精确的力/位反馈控制,使按摩手法更加规范,按摩治疗效果更加显著。

目前关于推拿力的论述多以推测为主。推拿时患者感受最明显的就是医师推拿按摩时的推拿力,推拿疗效也主要取决于医师对推拿力的合理使用,具体如何合理使用全凭推拿按摩医师的经验而定。中医理论认为,推拿手法的基本要求是持久、有力、均匀、柔和、深透。在此基础上,根据推拿力的轻、中、重等将推拿力分为 I ~ IV 级,中医认为推拿治疗中,不论何种疾病,总的原则是先轻后重,手法的级别也是循序渐进,不同部位手法的力度和幅度也不尽相同。还有根据人体由表及里的皮脉肉筋骨脏腑七个层次进行划分,表层用较轻力的手法,腑层用较重力的手法。另外,依据手法的力度估计手法所能达到的层次,将手法分为五类:① 轻度手法,用力很轻,仅能达到患者的体表或者皮毛,能产生放松、柔软、舒适感;② 较轻手法,用力较轻,可达皮下、血脉组织,有行气活血作用,能产生酸、麻、胀等感觉;③ 中度手法,用力适中,可达肌肉组织,有解痉镇痛,清除肌肉组织代谢产物作用,并能产生可忍受的酸胀沉重感;④ 重度手法,用力较大,可达深层组织、筋骨或者脏腑组织,能刺激神经,松解粘连,促进内脏活动,并有明显酸麻胀痛感、电击感;⑤ 特重手法,用力较大,或使用突然的爆发力,促使骨关节位置发生改变,能产生理筋整复、纠正错位功效。这些都是从中医基础理论和经典力学理论得出的对于推拿力的推断。

关于推拿疗法在中医中的重要性,有一些重要的概念,如《黄帝内经》中提到"经络不通,病生于不仁,治之以按摩"。实际上,中医推拿疗法的主要功能是疏通经络,调和气血,提高免疫力。而机器人在推拿疗法中的应用尚处于起步阶段,研究人员一直致力于开发基于推拿疗法的高度智能的推拿设备或机器人,以提高其疗效和安全性。通过开发具有完整的弹性关节的多自由度仿生机械臂,并对采用的中医按摩技术进行编程,可以根据个体症状智能实施相应的治疗技术,实现推拿治疗与机器人有效组合。

目前,推拿机器人在设计上将人工智能技术和传统治疗方法相结合,使得推拿按摩智能系统功能丰富。通过结合如路径规划一类的有效算法可以提高推拿区域的覆盖范围,并增强推拿效果。值得一提的是,随着按摩技术精度的提高,推拿机器人的使用率正在迅速提高,这使得医生可以进行更关键的医疗服务,也为医疗资源的合理配置带来了便利。但推拿机器人在辨证治疗方面的灵活性仍有待提高,这方面可以从动态分析中考虑,例如,在推拿机器人的设计中加入串并联混合结构有助于实现推、揉、压、滚等技术的灵活性,同时又可保证机器人具有足够的刚度和精度。在研究中,我们可以学习和分析人体工程学的关键特点,以设计具有智能控制、精确传感和其他基本特征的高性能推拿机器人。

当前,市面上已出现一些能够简单模仿推拿手法的装置或器材,如推拿椅、推拿枪等,它们大多是通过简单的机械滚动、挤压或振动等方式使肌肉放松,所能模拟实现的手法较为单调,若把它们用于缓解疲劳、强身健体、帮助睡眠等方面,的确可以起到一定的作用,但是若用于临床治疗则捉襟见肘。

推拿机器人作为把机械设计、智能检测、人工智能等技术综合在一起的产物,可替代推拿技师进行中医推拿操作。不但可有效避免推拿效果因人而异、按摩质量参差不齐的现象,同时,还可在一定程度上降低推拿医师进行手法操作时的难度,亦可使按摩手法趋于规范化、标准化,实现中医推拿智能化、及机械化。

(二) 牵引机器人基本概念

牵引(traction)一词源自拉丁语"tractico",表示拉和拖的过程。牵引疗法按照部位分为脊椎或四肢关节的牵引,中医常利用牵引对腰椎疾病、四肢肢体痉挛、酸痛等进行治疗。临床上,经常使用的治疗方法为脊椎牵引。牵引治疗有着非常久远的历史,有记录显示最早使用牵引疗法治疗脊柱疾病的正是"医学之父"希波克拉底,他曾采用牵拉和按压背部的方法治疗腰痛和脊柱变形。

牵引机器人是基于牵引疗法原理进行设计的、能够自动进行牵引治疗的电动牵引设备。牵引是应用力学中作用力与反作用力的原理,通过徒手、机械或电动牵引装置,对身体某一部位或关节施加牵拉力,使关节面发生一定分离,周围软组织得到适当的牵伸,从而达到复位、固定、减轻神经根压迫、纠正关节畸形的物理治疗方法。适合治疗颈椎曲度变直、颈椎椎间盘突出、腰椎间盘突出症等。

牵引机器人的动力来源于电机,通过电脑控制驱动电机及传动结构完成牵引等治疗动作,自动化程度高,牵引力和牵引角度控制精确,牵引模式多。然而,现有的牵引机器人大部分维度单一,仅有少部分有三维组合牵引功能,未能达到仿中医推拿按摩的功能。牵引机器人按牵引维度可分为一维、二维、三维和多维牵引装置,由于中医手法的复杂性,维度越多,越能贴近中医牵引手法。

牵引的生理效应可总结为以下内容:制动消炎,缓解疼痛,促进组织修复;牵伸挛缩的软组织,增大和恢复颈椎关节活动度;增大椎间隙及椎间孔,减轻突出物或骨赘对神经根椎动脉的压迫;纠正椎间小关节的紊乱,恢复脊柱的正常排序。脊柱牵引的主要治疗作用是调整脊柱关节位置的异常改变,使脊柱关节嵌顿的滑膜或突关节的错位得到复位,这可能会拉伸韧带、肌肉和其他部位的关节。同时,它可以减少椎间盘压力,并有助于椎间盘恢复原始状态。脊柱牵引根据牵引持续时间不同,可分为持续牵引与间歇牵引。持续牵引是指对牵引部位提供持续一定时间的牵引力负荷,这种牵引治疗方式有利于组织充血、水肿的消退。同时,牵拉可以增大椎间隙和椎间孔,减少对椎间盘的内压力,使神经根所受的刺激和压迫得以缓和,扭曲于横突孔间的椎动脉得以伸张,有利于解除肌痉挛,可以恢复颈椎椎间关节的正常列线,调节和恢复已破坏的颈椎内平衡。而间歇牵引则是通过有节奏地提供牵引力负荷使脊椎做有节律的、反复的被拉紧和放松的动作,这样松、紧交替的动力,使脊柱韧带的结构通过牵引被拉伸。同时因为有间歇,减轻了牵引对枕、颌部位的压迫,不易引起项背肌疲劳等不良反应,患者易于接受,而且促进小关节的运动。做间歇牵引时牵引力负荷的加载应缓慢且舒适,因为缓慢的加载速率使脊柱韧带得以延长。韧带缩短的患者,由于受伤或长期不良姿势,牵引力可能会降低,间歇性的牵引则有利于恢复脊柱韧带的正常长度。同时,应提供有助于韧带在运动中做出适应性改变长度和强度的牵引力,帮助脊柱韧带恢复,但要避免因牵引力过大而损坏韧带。临床表明,牵引力产生的机械力对椎间盘突出和椎间盘相关疼痛有极好的疗效。

二、推拿牵引机器人主要类型

(一) 推拿机器人类型

1. 机械手式推拿机器人

日本的 Masao Kume 等人设计了一个机械疗法单元 MTU (mechanotherapy unit),验证了智能按摩机器人的可行性。相比人手的三个指节,它采用的是单指节式机械手。它改进了传统的机器在提供接近人类治疗时造成的舒适性方面的缺点,通过基于位置力混合控制器来进行控制。该机器人还使用了学习或自适应机制的新概念。

日本丰桥技术科学大学和日本岐阜工业高等专门学校的 Panya Minyong 等设计了一种多指、多关节的按摩机器人。该机器人模仿人手形态进行设计,其中,拇指负责按压,其余四指用于抓握。该机器人在设计上提出了一种基于多指机械手混合阻抗控制的智能按摩控制系统,该系统能够产生让机器人进行人体按摩的运动和力。因此,利用阻抗控制方法可以控制各种按摩点,如根据人体皮肤肌肉刚度的变化改变按摩点位置。混合阻抗控制包括基于位置的阻抗控制和基于力的阻抗控制两种方法。一方面,基于位置的阻抗控制用于控制按摩在人体皮肤肌肉上的横向位置。另一方面,基于力的阻抗控制用于控制垂直方向对人体皮肤肌肉的作用力。

同时,该系统提出了通过机器人感知人体皮肤肌肉的阻抗来确定阻抗控制器的参数的解决方案。还提出了一种利用阻抗控制实现自适应控制系统的控制策略,该控制策略在人体软、硬皮肤肌肉条件发生变化时起作用。通过推拿和按摩的实际实验,验证了采用多指机械手混合阻抗控制的按摩控制系统的有效性。

2018年,日本丰桥技术科学大学与第三方公司开始联合研发人工智能按摩机器人(见图8-3-1)。该机器人利用 AI 技术学习按压强度和位置,重现按摩师的技艺。除了服务于因身体酸痛而烦恼的人群外,还可以应用于按摩店,有助于减轻按摩师负担和缓解人手不足等。该设备通过摄像头确定按摩的位置,AI 不断地学习人类按摩师的技术,重现人手在肌肉上的压力分布。同时,在人机交互方面,AI 也可以学习被按摩者酸疼部位的状态,让使用者无须开口就能找到酸疼部位。此外,它还能做到人类技师无法完成的工作。据称机器人在多次按摩后会利用 AI 调整力度或读取心率、表情和声音等,配合使用者的情况进行按摩。同时能够通过测量人体的各项指标,将人类的感觉量化,并施加不同的力度。

安徽工业大学设计出了一款针对人体颈肩的按摩机器人(见图8-3-2)。该按摩机器人同样采用单手式机械手,其中手臂移动和转动依靠电机驱动,手臂的伸缩和手指的运动依靠气压驱动,手掌的回转运动依靠回转减速机完成,整个机械手通过万向轮调节

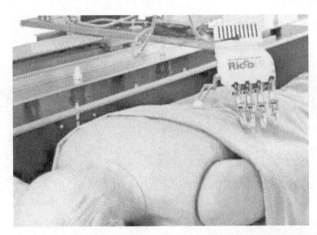

图 8 - 3 - 1　日本丰桥技术科学大学和 Ricoh 公司联合研发人工智能按摩机器人

上下方向运动,总共有 6 个自由度。该按摩机器人可实现指揉、指按、指捏、震动四个按摩动作。

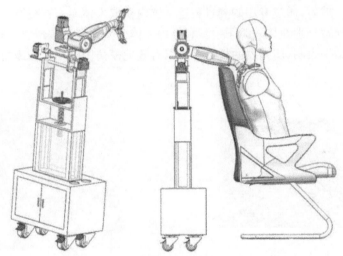

图 8 - 3 - 2　安徽工业大学按摩机械手示意图

2. 机械臂型推拿机器人

新加坡南洋理工大学于 2016 年研发出机械臂型推拿机器人 EMMA(expert manipulative massage automation)(见图 8 - 3 - 3)。EMMA 配备了传感器来测量肌肉硬度,并使用 3D 视觉技术来分析患者的身体。这些数据可以增强患者对病情的了解,并使医生能做出更准确的判断。与按摩治疗师治疗相比,EMMA 的治疗以较低的成本保证在整个过程中甚至在疗程之间保持不变的精确度和效果。使用者的安全对机器人的设计也是至关重要的,EMMA 采用了相关技术以提高患者的安全性。除了在硬件和软件中拥有多层安全机制外,还开发了自己的专有技术和算法,并严格遵守现有的协作机器人全球安全标准。EMMA 施加的力被限制 100 N 以内,这种冲击比被电梯门撞击

（通常为 150 N）温和许多。机器人在按摩过程中施加的力仅在 20~80 N 之间，当作用力在 60 N 时可为用户提供最佳体验。

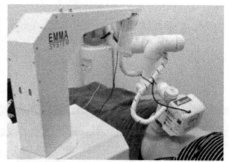

图 8-3-3　机械臂型推拿机器人 EMMA

　　北京理工大学为了再现中医理疗按摩的手法，同时保证安全性，开发了一种集成弹性关节的 4 自由度拟人 BIT 软臂（见图 8-3-4）。由于它们的串联弹性，集成关节可以最大限度地减少意外撞击时产生的大的力，此外，还可以提供更准确和稳定的力控制和能量存储能力。然后，通过专用的测量装置从体内获取人体专家在按摩治疗过程中的指尖受力曲线。软臂分别在体外躯干模型和体内人体模型上实现按压、揉捏和拔毛三种按摩手法。实验结果表明，所开发的机械臂可以有效地模仿中医治疗按摩技术。

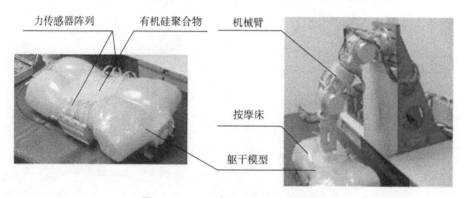

图 8-3-4　4 自由度拟人 BIT 软臂

法国研发了一款集成 KUKA LBR Med 的 iYU 按摩机器人（见图 8-3-5）。有一

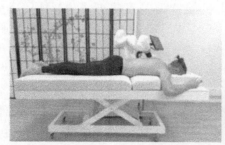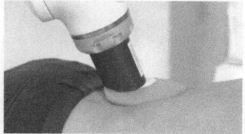

图 8-3-5　iYU 按摩机器人

个装载了传感器和摄像头的机械臂,并由开发人员将一系列按摩方案通过编程植入机器人系统,所以可提供不同的按摩套餐供用户选择。iYU 原型于 2018 年底完成开发,能够复制真实人的形态并进行专业按摩。

3. 串并联推拿机器人

江苏大学研制了一款基于串并联结构的中医医用推拿机器人(见图 8-3-6)。并联机构虽可很好地模拟中医按摩的各种手法,但其工作空间小,不能提供足够的空间来适应不同患者的身高和体型。为此,该机器人采用串并联结构,由串联机械臂提供按摩的位置和姿态,并联机构作为推拿末端执行器。通过结合串并联机构的优点,保证足够的刚度、精度,使并联机构可在更大空间内完成推拿动作。该机器人的设计提出了一种实用中医推拿机器人的解决方案,即通过串联机械臂和并联末端执行器共同作用,实现推拿手法,同时保证执行机构有较大的工作空间。

图 8-3-6　江苏大学按摩机器人

(二) 牵引机器人类型

1. 颈椎牵引机器人

1) 可穿戴式牵引器

北华大学机械工程学院研发了一款智能气囊式颈椎牵引器(见图 8-3-7)。该智能气囊式颈椎牵引器主要由本体结构、气压系统和控制系统三部分组成。气囊式颈椎牵引器具有质量轻、柔软性好、使用舒适等特点。用户可根据自身情况设定牵引时间和牵引重量,另外实现了人工智能引导,能够大大减小用户错误使用的概率。同时,采用双重保护措施,避免用户使用过程中发生意外伤害。

2017 年同济大学团队开发了一种可穿戴智能颈部治疗装置(见图 8-3-8),该智能颈部治疗装置包括机械支撑及传动单元、驱动单元、传感测试单元和控制单元,通过肌电

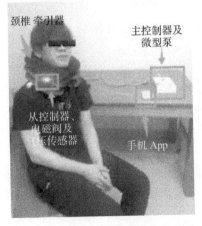

图 8-3-7　智能气囊式颈椎牵引器

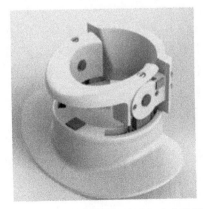

图 8-3-8　可穿戴智能颈部治疗装置

传感装置及力学信号的反馈,实现了以牵引为主附加旋转提拉的功能,同时辅以热敷的治疗方案,从而提高了疗效及牵引治疗的智能化程度。

2) 吊挂式颈椎牵引器

吊挂式颈椎牵引器是将绳索绕过安装在门上的滑轮和把手来连接重物,对颈部进行牵引;而珑抬头则是将肩托结构坐在患者的肩膀,通过调节上面的升降旋钮,改变牵引带对患者的牵引力,珑抬头既可以坐着牵引也可以躺着牵引。以上两种比较适合家用,且轻便易操作,价格便宜,但是牵引角度单一,牵引位置精确度不足(见图 8-3-9)。

土耳其贝塞尔大学设计了一款新型的机械牵引式颈椎治疗仪(见图 8-3-10),主要包括吊带、支撑架等,是按照人类的颈椎骨髓模型设计的,可以实现倾斜式的牵引方式。在这项研究中,机动牵引装置已经通过使用负载传感器、直流电机和机械结构完成了装置的设计与搭建。该系统通过微控制器进行控制,利用来自传感器的反馈为患者提供精确的牵引力,还实现了在价格上比其他牵引设备更便宜的目标。

  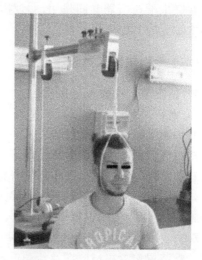

图 8-3-9 吊挂式颈椎牵引器和珑抬头颈椎牵引器

图 8-3-10 土耳其贝塞尔大学机械牵引式颈椎治疗仪

3) 牵引椅式颈椎康复机器人

牵引椅式颈椎康复机器人(见图 8-3-11)结合了颈椎中西康复治疗理论以及人机共融技术、力控伺服技术、机器人技术、人工智能技术等。该机器人主要用于颈椎疾病的智能精准康复和辅助治疗,可实现对颈椎病的精准、定量、标准和智能化康复治疗。该机器人兼具穴位按摩、磁疗、热疗功能,还可以可视化、数据化地实时监测和记录康复进程,并提供量化康复效果评定报告和电子病例。

日本神户大学于 2016 年提出了一种自动牵引装置(见图 8-3-12),该装置中有压力传感器、触摸屏、微控制器、电机和机械结构,是一台能根据病人需求进行自动调整的牵引设备。

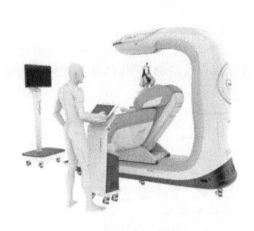
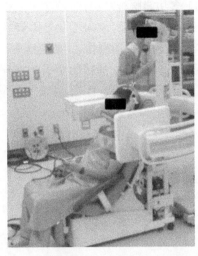

图 8 - 3 - 11　牵引椅式颈椎康复机器人　　图 8 - 3 - 12　日本神户大学研发的自动牵引装置

2. 腰椎牵引机器人

腰椎牵引机器人中最为普遍的就是牵引床,按牵引力来源分类可以将牵引床分为以下三种类型:

(1) 机械式牵引床:一般包括两段式牵引床体、床体支架(包括滑道)及床体角度调节机构等部件。通过床体角度调节机构改变牵引部位的角度,通过绑带和机械结构来对脊椎进行牵引。

(2) 电动式牵引床:主要由床体、控制系统、计算机等组成。计算机通过串口通信将控制命令传给下位机,从而驱动执行机构(液压系统或电机)执行牵引。

(3) 自重式牵引床:通过悬挂等方式,利用被固定患者的自身重力达到牵引的目的。

按牵引维度分类可以将牵引床分为四种类型:① 一维牵引床;② 二维牵引床;③ 三维牵引床;④ 多维牵引床。牵引的维度包括纵向牵引、上下成角牵引、左右旋转牵引(侧扳复位)、左右成角牵引(纠正脊柱侧弯)、局部推顶等。

腰椎牵引治疗装置在国内的研究首先从高校、研究所和医院开始。1980 年,中国首台液压驱动牵引床诞生,这台型号为 YSC1 型的牵引床首次以液压缸作为驱动完成了水平方向上腰椎的快速牵引。1991—1994 年,根据张吉林医师的成角治疗思想和三维位移学说,山东省医疗器械研究所针对定点牵引力作用点改进研发了 JQX-IA 型成角牵引床。2000 年后,腰椎牵引床工作形式增加。2001 年,斯扬等人研制出带专家系统的智能液压牵引床。2004 年,采用人体自重牵引的立卧位牵引床由莱芜人民医院的刘英才研发制造出来,该牵引床还可利用摇柄经过齿轮传动进行单维度牵引。2010 年,刘治华等人通过人体腰椎 CT 图,使用 SolidWorks 和 Mimics 软件对人体腰椎进行了建模,通过仿真分析发现椎间盘的病变部位可以通过一定的牵引角度进行针对性治疗。2014 年,贺鑫等人研制了一台脊柱牵伸床,该床另辟蹊径,通过高级记忆海绵和多个气囊按摩柱支撑人体,通过对气囊柱中气体的充放完成牵伸手法的模拟,临床试验效果较佳。随着人们对牵引床的需求不断增大,相关公司开始研发并量产牵引床。华信高科公司生产了

QC111多功能腰椎牵引床,该床采用机械手轮驱动牵引,通过转动手轮使上下两块床板分离达到牵引效果,该床还可先调节一定的成角角度再进行水平牵引,该牵引床结构简单,牵引过程需手动操作,无法明确牵引时的位移和牵引力。

美国 KF-115A 多功能牵引治疗床(见图 8 - 3 - 13)牵引模式较多,可以进行腰部牵引、颈椎牵引、手臂牵引、肩关节被动和双臂牵引以及踝部牵引,还具有加热振动的功能。

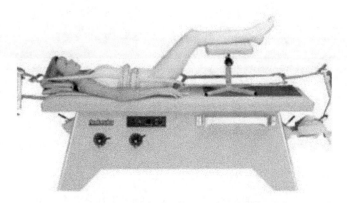

图 8 - 3 - 13　美国 KF-115A 多功能牵引治疗床

美国 DJOTru-Trac 牵引理疗系统(见图 8 - 3 - 14)具有静态牵引、间歇牵引和循环牵引三种模式,并配有疼痛量表和疼痛分布图用于记录病人疼痛状况。

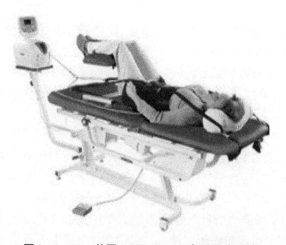

图 8 - 3 - 14　美国 DJOTru-Trac 牵引理疗系统

美国 Saunders 三维多功能牵引床(见图 8 - 3 - 15)可以调节腰部成角角度,可以实现平滑侧屈,采用气动驱动,运转平稳,还可选择手臂控制或者足部控制。

美国 Axiom DRX 系列非手术减压系统(见图 8 - 3 - 16)取失重下的腰椎结构数据为基础,配合高精度传感器,通过阵列按摩装置给腰部肌肉和椎间盘牵引按摩。配合 18 次泵式负压牵引,患者会获得更舒适的治疗体验。该系统还配备有影音装置,能使患者在舒适放松的环境下接受治疗。

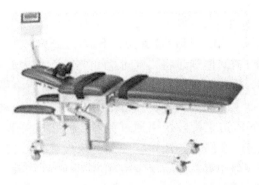

图 8‐3‐15　美国 Saunders 三维多功能牵引床

图 8‐3‐16　美国 Axiom DRX 系列非手术减压系统

三、推拿牵引机器人设计

(一) 推拿牵引机器人设计要求

上海理工大学康复工程与技术研究所在分析国内外腰椎牵引治疗装置现状与临床需求的基础上,基于腰椎生物力学及中医手法理论,研发出了一款新型多维腰椎推拿牵引机器人。这里以此设备为例讲述推拿牵引机器人的基本设计要求。

该治疗装置将中医牵引推拿手法中的骨盆牵引法、腰部斜扳法、腰部背伸法、按压叩击法等分别对应为水平快慢速牵引、旋转牵引、摆角牵引、成角牵引和腰部推顶五个动作。该机器人的水平快慢速牵引、旋转牵引、摆角牵引、成角牵引及腰部推顶五个动作的参数指标要求见表 8‐3‐1。

表 8‐3‐1　床姿调节功能及参数

功能	参数	运动方向
成角牵引	$-25°\sim 5°$	以 OY 轴为轴心旋转
摆角牵引	$-25°\sim 25°$	以 OZ 轴为轴心摆动
旋转牵引	$-25°\sim 25°$	以 OX 轴为轴心旋转
水平快慢速牵引	$0\sim 70$ mm	沿 XO 方向运动
腰部推顶	$2\sim 5$ Hz	沿 OZ 轴上下运动

因此在整体设计中,为了完成设备的功能要求,首先要进行床体设计。患者仰卧在牵引床上,床体以患者腰椎中部为界分为上床板和下床板两部分,并分别在上、下床板上进行绑带设计。上床板一条绑带穿过腋下,在腋下有加厚的受力设计,此绑带露出患者胸腔,在患者肋下绑紧,绑带的受力点为两腋下和胸腔肋骨下方腰椎上方位置。下床板一条绑带固定住患者的骨盆处,受力点为髂嵴处,绑带有一定的弧度,确保患者在牵引过

程中不会滑动。

中医的骨盆牵引法对应的是水平快慢速牵引,该牵引通过上床板水平方向上的移动,带动患者的上半身进行纵轴方向的牵拉。由于绑带位置在肋下,对应到胸椎 T12 的位置,因此牵引对应到腰椎沿纵轴方向上的拉伸,通过将腰椎间盘间隙拉大,增大髓核内的负压回吸力,缓解疼痛,纠正关节位移。腰部斜板法对应的是摆角牵引和旋转牵引,摆角牵引通过下床板绑带带动腰椎在水平面上左右摆动,使关节囊受牵伸,小关节松动,能调整根管的容积,减轻突出物对神经根的压迫。旋转牵引通过剪切力使腰椎关节突张开,解开神经根管内容物与小关节的粘连。腰部背伸法对应的是下床板进行的成角牵引,通过下床板将腰椎背伸,对腰部软组织痉挛有良好治疗作用,在不挤压神经的情况下将腰椎适当过度背伸,使其运动到超生理范围,迫使椎间结构发生一定变化,改变原来在腰椎间盘突出状态下的椎间应力状态,重建运动节段的稳定性。按压叩击法对应的是腰部推顶,在上、下床板中间有一对腰部推顶装置,推顶装置正对腰椎两侧横突与棘突之间的肌肉,装置反复推顶来模拟手法的反复震荡冲击,这样帮助缓解放松处于痉挛状态的腰肌,促进异常肌肉恢复正常,缓解腰部紧张与疼痛。

根据腰椎生理结构分析,参照正常人体腰椎生理活动度,参考腰椎间盘突出症和腰椎牵引治疗相关医学研究,并结合合作单位岳阳医院康复科多年治疗腰椎间盘突出中医手法治疗经验,上海理工大学康复工程与技术研究所确定了新型多维腰椎牵引治疗装置的具体治疗参数。该装置将实现水平快慢速牵引、旋转牵引、摆角牵引和成角牵引的多维牵引运动和仿生腰部推顶按摩的竖直推顶动作。

由于中医牵引手法的种类多,手法复杂,本装置仿生中医手法需要进行多项动作组合来形成多模式牵引治疗。根据不同患者的实际情况,可以采用多种牵引治疗模式,目前分为手动牵引、水平快速牵引、单腰部推顶、组合慢速牵引这四种模式。水平快速牵引是在较小的位移内有较大的牵引力同时有较大的牵引速度,牵引力最高可达到患者体重的 3 倍,由于牵引距离较短,牵引力很大,往往有较好的拉开椎间盘间隙的效果。组合慢速牵引速度一般不快,以仿生手法为主,牵引力根据医嘱制定,一般为体重的 30%,组合手法有多种,比如先成角再水平牵引或同时摆角和旋转再牵引,模块化设计可以让医生根据需要随意搭配。单腰部推顶主要仿生腰部按压叩击法。手动牵引可以由医生手动实时调节牵引时间与牵引角度等参数,通常用于第一次牵引时结合诊断结果评估患者的状态。

(二)推拿牵引机器人设计案例

这里以上海理工大学康复工程与技术研究所研发的一款新型多维腰椎推拿牵引机器人为例阐述推拿牵引机器人的设计过程与方法。

1. 机械结构设计

机械动力系统中,电机、气动、液压三种驱动方式各有优缺点。电机驱动适用性强,控制方便,但转速范围小,机械效率低,抗干扰性弱;气动驱动结构简单,气源易获得,但由于结构体积较大,速度不均匀;液压驱动的优点是传动平稳,控制简单,配合电控液压阀能实现复杂的工作,瞬时力矩大,反应速度快,元件使用寿命长,但液压油的泄露会影响系统传动的准确性,油温的变化也会对工作状态造成影响。

由于此机器人需要进行快速牵引,需要瞬时输出较大的驱动扭矩,因此,本设计最终选择液压驱动为主、电机驱动为辅的驱动方式,根据各个牵引按摩动作的不同,选择不同的驱动方式。其中液压驱动水平快慢速牵引、旋转牵引、摆角牵引模块,电机驱动成角牵引模块,液-电混合驱动腰部推顶按摩模块。水平快慢速牵引动作为上床板沿 XO 方向运动;旋转牵引动作为下床板以 OX 轴为轴心旋转;摆角牵引动作为下床板以 OZ 轴为轴心摆动;成角牵引动作为下床板以 OY 轴为轴心旋转;腰部推顶模块沿 OZ 轴上下运动。将各模块组合到上、下两张床板下方,完成机械结构总体设计(床体整体结构和运动分解见图 8-3-17,腰椎牵引治疗装置模块布局见图 8-3-18)。

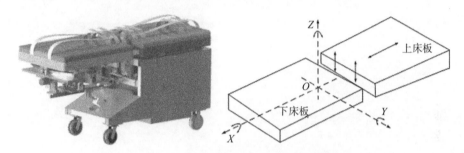

图 8-3-17　床体整体结构和运动分解图

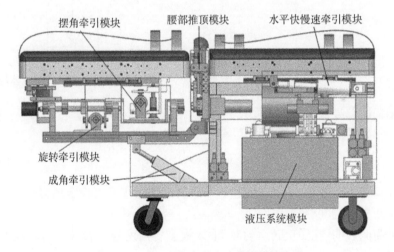

图 8-3-18　腰椎牵引治疗装置模块布局

1) 水平快慢速牵引模块

水平快慢速牵引模块的功能是实现仿中医手法的腰部纵向牵引,对应到牵引床上要求为牵引力可调,牵引力变化时间可控,因此能实现慢速牵引与快速牵引。在快速牵引时,要求的是上床板在 0.4 s 内行程达到 70 mm;慢速牵引时,要求上床板在达到 70 mm 行程时所花时间大于 4 s,并且可以在行程内速度降到 0 mm/s。

水平快慢速牵引的主要动力元件为水平牵引液压缸,位于上床板下方。活塞杆与上床板相连,缸体与床架相连,上床板与床体之间设置直线导轨与滑块,导轨固定在床体上,两对滑块与上床板相连。通过水平牵引液压缸的活塞杆运动,带动上床板的运动,再由上床板上固定患者的绑带实现患者腰椎水平方向上的牵引。

2) 旋转牵引模块

旋转牵引模块的功能是实现腰椎的旋转牵引,对应到牵引床上的要求就是下床板能围绕一个与脊柱平行的旋转中心进行旋转动作,通过上床板用绑带固定住患者的上半身,下床板固定住患者腰椎以下的下半身,利用下床板的旋转运动来实现患者的腰部旋转。旋转的角度要求是$-25°\sim25°$。

该模块的核心设计为将液压缸活塞的直线运动转化成绕轴旋转运动(旋转牵引模块的结构见图 8-3-19,下床板与液压缸缸体的运动简图见图 8-3-20)。

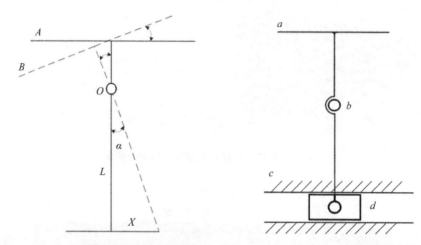

图 8-3-19　旋转牵引模块的结构简图　　图 8-3-20　下床板与液压缸缸体的运动简图

根据结构简图进行机构自由度计算,活动构件为下床板 a,旋转拨叉中心 b,旋转液压缸缸体 c 和旋转液压缸的活塞杆 d,有四个低副。

$$F=3n-2P_L-P_H \qquad 式(8-3-1)$$

根据计算得 $F=1$,该机构自由度为 1,即通过该机构可以稳定地将液压缸的直线运动转化为下床板的绕轴旋转运动。

由运动简图表明,在做旋转运动时,下床板旋转角度与旋转液压缸移动距离之间的关系表达式为:

$$\tan\alpha=\frac{X}{L} \qquad 式(8-3-2)$$

为了保证旋转牵引模块结构受力的稳定性,使用了三个支撑梁,确保旋转牵引模块和上方的摆角模块运行平稳。

3) 摆角牵引模块

摆角牵引模块(见图 8-3-21)的功能是仿生中医手法中的腰部斜扳法,通过控制下床板的绕轴运动实现腰椎的左右摆角动作。为了使摆角牵引模块与旋转牵引模块独立开,本节将摆角牵引模块设计在旋转牵引模块上方,通过改变摆角拨叉的放置空间位置,使摆角动作与旋转动作保持独立性,可单独进行摆角动作或者单独进行旋转动作,也可合并进行组合动作。摆角牵引模块结构件包括摆角牵引模块液压缸、连接件、摆角轴、摆角拨叉、拨叉滑槽、滑块、导轨等。摆角的活动角度要求是$-25°\sim25°$。

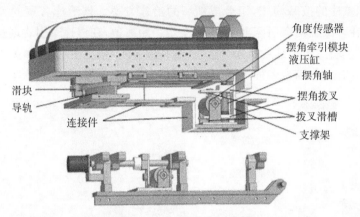

图 8 - 3 - 21　摆角牵引模块

4）成角牵引模块

成角牵引模块(见图 8 - 3 - 22)的功能是仿生中医手法中的腰部背伸法,通过下床板绕旋转轴旋转,带动人体腰椎以下背伸完成成角牵引动作。成角牵引模块如图 8 - 3 - 22所示,成角牵引模块的动力来源是直线推杆电机,电机支架安装在床架下方,电机与电机支架旋转连接,推杆上连接的推杆支架与下床板支臂连接,支臂支撑整个下床板,支臂的旋转轴在床架中部。该结构为一个三轴的连杆机构,其中电机推杆可以伸长,通过改变电机推杆的长度完成支臂绕成角旋转轴旋转的动作。

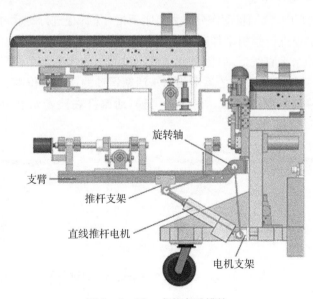

图 8 - 3 - 22　成角牵引模块

5）腰部推顶模块

顶腰按摩机构由一个可在平面上运动的底座结构和一对顶腰结构组成,底座结构通过两组导轨可以灵活调节前后左右的位置,可以准确对接到患者的背伸肌,进行精确的推顶按摩。腰部推顶模块（见图8-3-23）将传统的板法和点法结合起来,在腰椎牵引过程中增加模拟点法的按摩模式,组合成新型的治疗方案。该治疗方案的具体实施步骤为:患者仰卧在多维腰椎牵引床上,给定一个牵引距离值,在慢速牵引逐渐达到这个距离时,牵引力发生变化,牵引速度减慢,此时点法顶腰介入,幅度由小到大,并配合频率的变化。对于不同的患者,结合多种不同的参数设置方案,减缓腰椎压力。

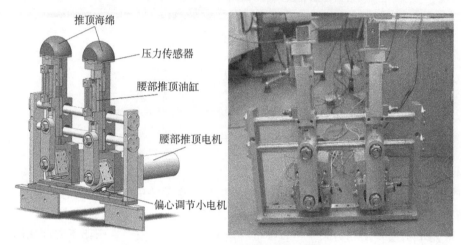

推顶海绵
压力传感器
腰部推顶油缸
腰部推顶电机
偏心调节小电机

图 8-3-23　腰部推顶模块和实物图

2. 有限元分析

1）各模块的运动学仿真

在水平牵引仿真中,我们将动作分解为上床板相对下床板进行的运动（见图8-3-24）。由于上下床板在单独进行牵引动作时是在同一水平面且不发生旋转动作,仅仅为下床板沿中线 OX 方向的水平直线运动,因此此运动可以简化为水平牵引液压缸的活塞进行的直线运动,下床板带动患者进行的运动相当于活塞运动的速度和位移。因此本仿真分析为活塞运动的位移与时间的关系。由仿真可得,活塞杆在快牵时在 0.4 s 时达到位移 70 mm,慢牵时 4 s 位移 70 mm。

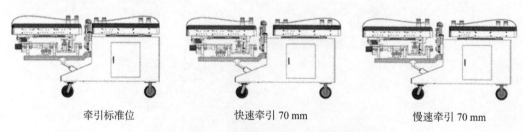

牵引标准位　　快速牵引 70 mm　　慢速牵引 70 mm

图 8-3-24　上床板水平快慢速牵引过程图

在旋转牵引仿真中,运动方式为上床板不动,下床板相对上床板运动。在初始位置时,下床板和上床板在同一水平面,因此动作为下床板绕中轴线 *OX* 进行旋转运动,驱动为旋转牵引模块液压缸,因此在 SolidWorks 的 Motion 模块中给旋转牵引模块液压缸运动速度设置为 3 mm/s(旋转动作时下床板旋转动作过程图见图 8 - 3 - 25)。

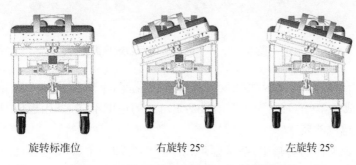

旋转标准位　　　　　右旋转 25°　　　　　左旋转 25°

图 8 - 3 - 25　下床板旋转动作运动过程图

从图 8 - 3 - 25 可以看出,动力来源于液压缸时,下床板角位移曲线几乎呈直线,说明旋转运动过程无卡死突变,下床板大约在 8.2 s 的时候到达最大角度 25°,图中运动过程表明该结构可以平稳完成旋转动作,动作范围达到设计要求。

在摆角牵引仿真中,运动方式为上床板相对床体不动,下床板相对上床板转动。在初始位置时,下床板和上床板在同一水平面,因此动作为下床板绕转动中心 *OZ* 轴进行水平面上的旋转动作,驱动为摆角牵引模块液压缸,因此给旋转牵引模块液压缸添加等速运动,速度设置为 4 mm/s(下床板在摆角动作中角位移随时间的变化和摆角动作的运动过程见图 8 - 3 - 26)。

摆角标准位　　　　　右摆角 25° 动作　　　　　左摆角 25° 动作

图 8 - 3 - 26　摆角动作运动过程图

从图 8 - 3 - 26 中可以看出,动力来源于液压缸时,下床板角位移几乎为直线,说明摆角运动无卡死突变,下床板大约在 6.3 s 时到达设定最大角度 25°。图中运动过程表明该结构可以平稳完成摆角动作,动作范围达到设计要求。

在成角牵引仿真中,运动方式为上床板相对床体不动,下床板相对上床板运动。在初始位置时,下床板和上床板在同一水平面,因此动作为下床板绕支臂转动中心 *OY* 轴进行竖直面上的旋转动作,驱动为成角直线电机,因此在 SolidWorks 的 Motion 中给定直线电机不同的运动速度,上成角为 2 mm/s,下成角为 5 mm/s(成角动作时下床板的运动过程见图 8 - 3 - 27)。

从图 8 - 3 - 27 中可以看出,由电机驱动的下床板角位移曲线平稳且近乎直线,说明

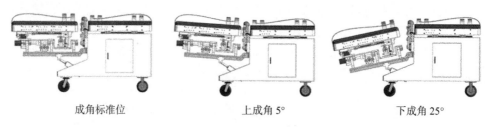

成角标准位   上成角 5°   下成角 25°

图 8 - 3 - 27　成角动作运动过程图

成角结构设计合理,运动无卡死突变。从标准位置起,下床板到达上成角 5°的时间为 4.3 s,到达下成角 25°的时间为 4.3 s,且给定电机的速度不同,下床板依旧平稳运行,符合设计角度与速度的要求。

在腰部推顶动作的仿真中,给腰部推顶旋转框添加一个旋转马达,设置马达为等速运动,即可看到在旋转马达的驱动下,腰部推顶模块的上部海绵进行上下往复运动,运动平稳无突变。

2)关键部件的有限元分析

在设计机械结构之初,首先对各零件尺寸进行大致计算,但在加工前还需要对定下具体尺寸的零件进行有限元分析,以验证本文机械结构的合理性与选材的正确性。调用 SolidWorks 的 Simulation 模块对选取的关键零部件进行静应力分析。

在水平牵引模块中,水平液压缸提供的最大牵引力为 3 000 N,此时关键受力点为固定水平液压缸的轴销件,因此对轴销进行仿真分析。轴销的材料使用的是普通碳钢,在 Simulation 中设定材料为普通碳钢,然后设定夹具,设定轴销受载荷为 3 000 N,进行网格化处理,得到轴销的应力、应变和位移。

轴销应力最大处的应力为 2.876×10^6 N/m²,使用材料普通碳钢的屈服强度为 2.206×10^8 N/m²,最大应力远小于材料屈服强度,最大合位移和最大应变也满足要求,据此判断轴销件设计选材正确。

在旋转模块中,由于动力传动由直线液压缸经传动机构变为床板的转动,在此运动过程中,关键部件为传动机构中的旋转和摆角拨叉以及配合的滑槽件,因此对旋转拨叉和滑槽进行静应力分析。拨叉选择的材料为合金钢 SS,在 Simulation 中设置材料,设定夹具,设定拨叉内侧所受载荷为 1 000 N,网格化处理后得到拨叉的应力、应变和位移。

拨叉最大应力为 3.451×10^7 N/m²,材料合金钢 SS 的屈服应力为 6.204×10^8 N/m²,最大应力远小于材料屈服应力,最大位移和最大应变也在正常范围内,实际使用的拨叉件经过淬火处理,硬度更大,据此判断拨叉件设计选材正确。

滑槽选择的材料为铸造合金钢,夹具选择内轴固定,载荷设置为 1 000 N,网格化处理后得到滑槽的应力、应变和位移。

有限元分析得到滑槽的最大应力为 3.451×10^7 N/m²,所选材料的屈服强度为 6.204×10^8 N/m²,最大应力远小于材料屈服强度,最大合位移和最大应变也满足要求,据此判断滑槽件设计选材合理。

成角运动时关键受力件为支撑直线推杆电机和整个下床板的电机支架,电机支架选用的材料为合金钢,计算整个下床板的全部重量为 98 kg,加上人体下半身的重量,设定电机支架的载荷为 2 000 N,经网格化后计算得到电机支架的应力、应变和位移。

电机支架最大应力为 1.146×10^8 N/m²,小于材料屈服强度 6.204×10^8 N/m²,最大合位移和最大应变也满足要求,据此判断电机支架能支持使用。

腰部推顶动作时,关键受力件为旋转框,旋转框材料为普通碳钢。旋转框一直受到扭转力的作用,因此对旋转框施加 500 N 的载荷,经有限元仿真后可得旋转框的应力、应变与位移。

有限元分析得到旋转框的合位移和应变很小,最大应力为 1.036×10^2 N/m²,远小于材料屈服强度 2.206×10^8 N/m²,因此旋转框设计合理,选材正确。

3. 液压系统设计

液压系统的工作流程如图 8-3-28 所示,三相电机驱动液压泵 3,液压泵 3 经滤油器 2 将油箱 1 中的油泵出,油干路上有溢流阀 5 和压力表 4,用于调节和显示系统的总压力大小。油路分两路,一路为高压路,一路为低压路,高压路执行水平快慢速牵引工作,低压路执行旋角牵引、摆角牵引、腰部推顶工作。高压路与低压路的压力使用单向阀 8 和单向阀 6 分隔开,高压路经单向阀 8 后,支路上并联有电控调压阀 9,用于实时调节压力大小,经调压 9 阀调压后经过三位四通电磁换向阀 14 控制进入液压缸 19。低压路经单向阀 6 后,支路上并有溢流阀 7,用于调节此支路较小压力,然后分 4 路,分别经过节流阀 10~13,进入电磁换向阀 15~18,再进入液压缸 20~23,液压缸 20 给旋角牵引模块供能,液压缸 21 给摆角牵引模块供能,液压缸 22、23 分别给左、右两个腰部推顶模块的上升部件供能。

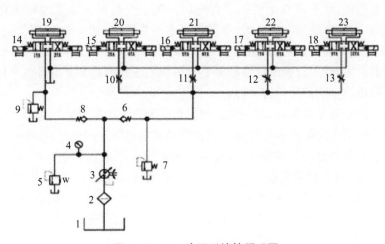

图 8-3-28　液压系统的原理图

其中电控调压阀 19 为自制,通过调节高压路压力大小来实现对牵引力大小的改变。节流阀 10~13 为手动,经过系统调试后找到合适的流量并锁定,保持旋转摆角动作速度的稳定性。14~18 为三位四通电磁换向阀,通过控制该阀上的电磁铁即可让该阀的油的流向发生改变,从而改变液压缸的运动方向,实现换向功能。如表 8-3-2 所示为液压系统完成各牵引推拿动作和停止时的电磁铁动作表,其中"+"代表通电,"-"

代表断电。

表 8-3-2　液压系统完成各牵引推拿动作和停止时的电磁铁动作表

电磁铁动作	1YA	2YA	3YA	4YA	5YA	6YA	7YA	8YA	9YA	10YA
水平拉	+	−	−	−	−	−	−	−	−	−
水平回	−	+	−	−	−	−	−	−	−	−
旋转左	−	−	+	−	−	−	−	−	−	−
旋转右	−	−	−	+	−	−	−	−	−	−
摆角左	−	−	−	−	+	−	−	−	−	−
摆角右	−	−	−	−	−	+	−	−	−	−
推顶左向上	−	−	−	−	−	−	+	−	−	−
推顶左向下	−	−	−	−	−	−	−	+	−	−
推顶右向上	−	−	−	−	−	−	−	−	+	−
推顶右向下	−	−	−	−	−	−	−	−	−	+
停止	−	−	−	−	−	−	−	−	−	−

4. 控制系统设计

控制系统是本设计的重要组成部分(见图 8-3-29),配合完整稳定的控制系统才能使多模式的牵引治疗装置稳定运行发挥作用。控制系统的要求是保证牵引治疗装置的运动严格按照设定要求,在牵引过程中运动平稳,角度与速度可控,能将治疗数据实时保存并上传至上位机,便于建立患者的治疗病历。整个控制系统均采用模块化的思路设计,按照腰椎牵引治疗装置功能分类,需要完成水平快慢速牵引、旋角牵引、摆角牵引、成角牵引、腰部推顶的功能,具体驱动部分需要驱动液压阀门和电机两大部分,数据采集部分需要传感器采集数据,设置治疗参数需要上位机系统。因此本案例将整个控制系统分为牵引和腰部推顶系统模块进行设计。

电源模块是整套系统的总动力来源,稳定且安全有效的电源模块是整个装置运行的基础。实现牵引治疗的装置驱动部分由液压驱动和电机驱动组合而成,同时设有复杂的传感器。为了确保控制操作的安全性,将电源模块分成强电和弱电两部分设计(强电模块见图 8-3-30,弱电转换见图 8-3-31)。在设计整体电路过程中,既要满足三相电 380 V 交流电,又要考虑到控制主板需要 5 V 直流电,继电器组和电机驱动 24 V 直流电。因此从三相交流电中取出 220 V 交流电连接开关电源,获得 5 V 和 24 V 直流电。

5. 控制系统软件设计

1)多维牵引控制模块整体设计流程

腰椎多维牵引软件主体控制流程如图 8-3-32 所示,通过给控制主板上电,软件启动,内部程序开始系统和外设的初始化,系统处于工作状态,外设硬件驱动自动配置完成。初始化完成,系统处于等待外部控制指令状态,通过 RS485 通讯接收到指令后,按通讯协议解析指令,进入功能选择部分,有四个功能选择:设置多维牵引参数、手动模式直接操作多维牵引、采集数据和设备复位。之后,确认并执行所选功能,完成动作后,向

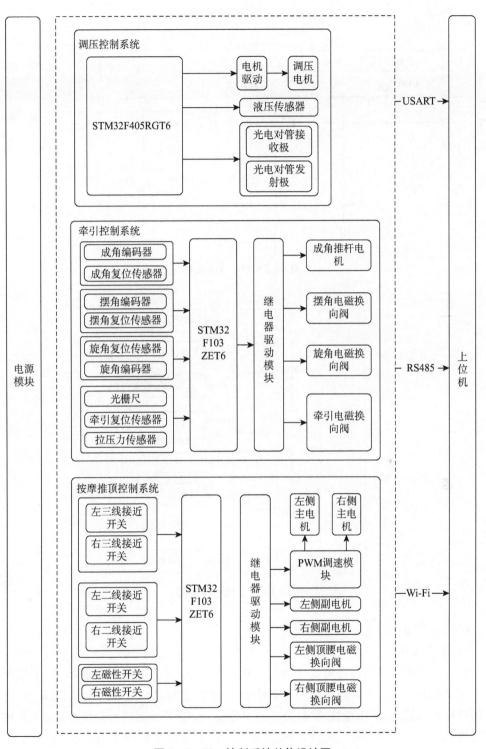

图 8-3-29　控制系统总体设计图

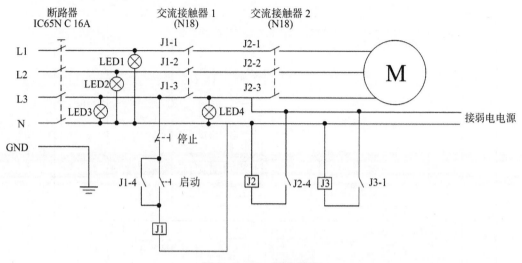

图 8 - 3 - 30　强电模块

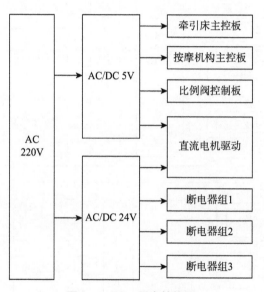

图 8 - 3 - 31　弱电转换图

上位机发送功能执行完毕指令。

2) 现实运动角度软件设计

本案例的多维牵引设备整体分为上床板和下床板,上床板进行牵引运动,下床板能够实现多维的角度变换。以床体中心为原点 O 建立空间直角坐标系,上床板沿 X 方向平移进行牵引运动,下床板绕 X 轴旋转为旋角运动,绕 Y 轴旋转为成角运动,绕 Z 轴旋转为摆角运动。在 X 轴、Y 轴和 Z 轴方向上各自装有一个增量式编码器,上床板沿 X 轴方向上装有光栅编码器,微控制器通过采集分析编码器信号来确定运动角度和牵引距离(运动分解见图 8 - 3 - 17)。

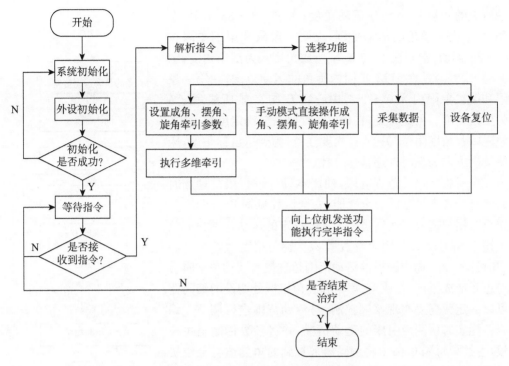

图 8 - 3 - 32　牵引治疗功能软件流程图

对下床体的多维运动建立坐标系(见图 8 - 3 - 33)。图中所画的是在 *XOZ* 平面内成角的运动范围,在第一象限内为 0°~5°,第四象限内为 0°~25°,*L* 为床体中心线,与 *X*

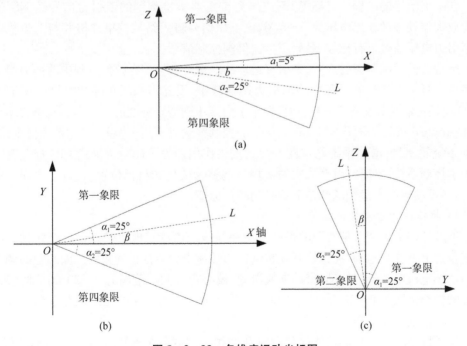

图 8 - 3 - 33　各维度运动坐标图

轴所成的角度 b 为实际运动角度；图 8 - 3 - 33(b)是在 XOY 平面内摆角的运动范围，在第一象限和第四象限按 $0°\sim25°$ 摆动，中心线 L 与 X 轴所成角度 b 为摆角角度；图 8 - 3 - 33(c)是在 YOZ 平面内旋角的运动范围，在第一象限和第二象限内为 $0°\sim25°$，中心线 L 与 Z 轴所成角度 b 为旋角角度。由此可见，在确定角度时需要确定度数、所在象限以及角度限位，另外，还需要注意，为到达目标角度，床体运动方向为顺时针还是逆时针。

患者腰椎运动范围有限，使用本设计进行康复理疗时需要充分考虑设备的安全性能（安全流程见图 8 - 3 - 34），防止对用户造成二次伤害。本系统设定的运动范围为成角上摆 5° 和下摆 25°，摆角左右摆 25°，旋角角度为顺时针和逆时针各 25°，而当腰椎的活动范围超过最大运动角度时会对患者造成损伤，在成角、摆角和旋角机械处增设的编码器可以一定程度上实现柔顺控制，对活动范围进行调节。编码器能实时检测牵引床的运动情况，并将参数传输至主控板，主控板每隔 0.01 s 将编码器采集到的角度值与上位机设定的角度阈值进行比较。当检测到牵引床运动角度大于阈值时，立即进入中断程序，控制驱动板上相应的继电器停止工作。

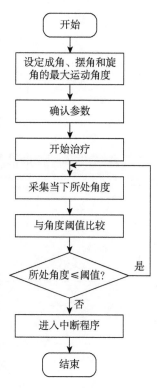

图 8 - 3 - 34　现实运动角度安全流程图

3）基于 PID 控制算法的纵向牵引模型构建

在牵引治疗的过程中，NS-WL5 拉压力传感器将检测到的牵引力信号经 NS-A003 应变放大器处理后输出电压为 $0\sim5$ V，该电压信号输入给从控单片机并与上位机设定的牵引力电压信号进行比较，最后产生比例阀控制信号。

患者腰椎周围肌肉的疲劳、牵引床运动的摩擦力和绑带在拉伸过程中的弹力都会使给患者进行牵引治疗的过程中的牵引力逐渐减小，因此需采用正确的"反馈"调节措施（PID 反馈控制流程见图 8 - 3 - 35），在牵引力减小到需要补偿时及时做出调整。增量式 PID(proportion integration differentiation)控制算法对于纠正偏差、消除系统稳定误差、减少系统超调量、增加系统稳定性可起到重要作用。为了使得增量式 PID 控制算法适用于本控制系统，本研究将算法中的被控量调整为变化的目标位置，在每一次误差值计算时，与反馈牵引力值相减的是下一时刻的目标值。

4）推顶按摩控制软件设计

顶腰结构由可调节偏心距的连杆及滑块组成。由旋转电机带动偏心轮转动形成推顶装置的上下往复运动，通过控制旋转电机的转速来调节推顶的频率。偏心距的调节是由一个小电机带动丝杆转动，带动滑块滑动，偏心距可调节范围为 $0\sim20$ mm，对应顶腰装置的振幅范围为 $0\sim50$ mm，可以满足要求。通过一对顶腰机构的往复运动可以实现对患者的推顶按摩动作。

推顶按摩系统的核心功能就是调频和调幅。调频就是对推顶按摩的频率进行 0～

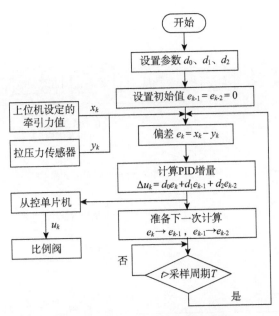

图 8-3-35　PID 反馈控制流程图

5 Hz 的调节;调幅是指调节推顶按摩的幅度,当幅度不同时,挤压力度也会随之改变。对该部分具体运动过程建立运动简图(见图 8-3-36),运动简图展示了推顶的一个运动周期,运动周期所花时间越短,按摩频率越快;而振幅的调节是通过调节 r 的大小来实现的,从图 8-3-36 中显而易见,推顶最大位移 $D=2r$。实际调节时,就是对调频电机和调幅电机进行控制,两者配合能够实现多种按摩动作。

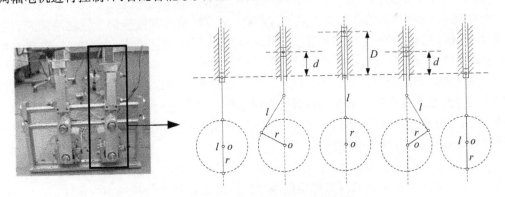

图 8-3-36　现实运动角度安全流程图

　　腰部推顶按摩系统软件控制流程如图 8-3-37 所示。通过对系统上电初始化,系统不断循环等待上位机下达指令。接收到指令以后,根据 ModBus 通信协议解析指令,获取功能码,进入指令选择状态,包括设置左侧按摩频率、设置左侧振幅、设置左侧顶腰高度、设置右侧按摩频率、设置右侧振幅和设置右侧顶腰高度。校验参数和指令,校验正常后执行功能,最后进入指令等待状态,等待下一条指令或是结束整个治疗。

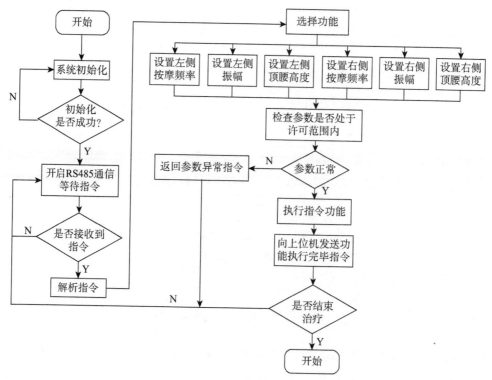

图 8 - 3 - 37　腰部推顶按摩系统软件控制流程图

5）通信网络启动过程和 RTU 报文处理

RS485 通信网络启动流程简单快速（RS485 通信网络启动流程见图 8 - 3 - 38）。首先给控制系统供电，多维牵引控制系统、推顶按摩控制系统和液压调节控制系统三大系统对 RS485 硬件部分进行初始化，使得 RS485 通信能够正常使用。接着，对软件中 ModBus 协议部分进行初始化，启动协议。然后，上位机会监测是否收到 A1、A2 和 A3 三个系统的启动指令，当三组指令都收到后，表示三个通信站点都正常启动，RS485 通信网络能够开始正常通信。每个站点都会保持等待接收指令的状态，在接收到对应的指令后，对指令报文进行解码，解码依据便是 ModBus 协议以及设计的功能库，直到最后完成指令规定动作，进入等待循环。

ModBus-RTU 报文分为主机对从机写数据操作和主机对从机读数据操作（见图 8 - 3 - 39）。主机对从机写数据也就是微控制器接收到上位机的指令报文，在上位机发出报文后，只有设备地址正确的下位机才能接收该报文，再由功能码决定是写操作还是读操作，接着分析数据格式（包括了寄存器地址和对应的数据位信息）。最后，还需要进行 CRC 校验，保证报文的准确性。主机对从机进行读数据操作，也就是微控制器发送给上位机的报文，除了数据位发送数据内容不同，其他流程相同。

6. 人机交互模块设计

由于每个人的体重、腰椎病变位置、肌肉和韧带的弹性等因素都有差异，因此，需要康复治疗师针对患者的每一次理疗的实际情况，设定牵引的具体参数，同时采集患者牵

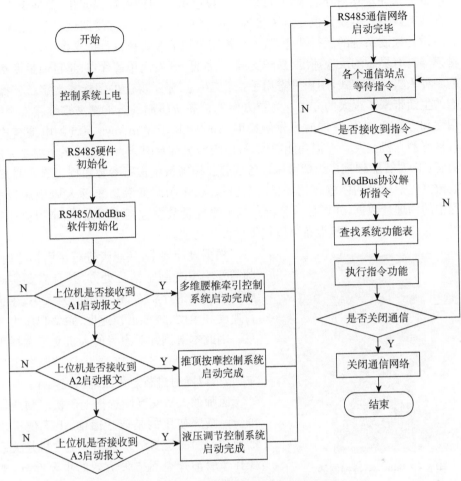

图 8 - 3 - 38　RS485 通信网络启动流程图

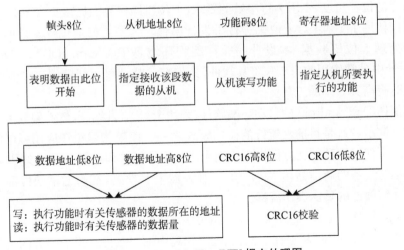

图 8 - 3 - 39　ModBus-RTU 报文处理图

引治疗的数据来评定其治疗效果,并可以实时观察每一周期的数据变化,保证牵引治疗的安全性和有效性。本设计也提供了多种人机交互方式,不仅方便调试设备,还能更直观地查看设备控制系统的运行性能,从而对控制系统的改善提供数据支撑。

触摸屏具有灵敏的反应速度、易于交流、成本低、开发简单等优点,是目前最便捷、最简单的一种人机交互方式,用户只需用手指轻轻一点显示屏上的图标或文字就能操作,给人们的生活带来了很大的方便。为更方便地扩展所研制的智能新型多维腰椎牵引床的使用性和方便性,本研究同时开发触摸屏 App 和基于 Windows 系统的电脑客户端,以进行良好的人机交互。根据功能需求,智能腰椎多维牵引床人机交互系统需要完成以下的功能:① 对智能腰椎多维牵引床设备的底层控制系统进行参数数据设置及调整,其中参数数据包括患者的体重、牵引位移、牵引角度、牵引时间等。② 采集牵引床设备运行过程中的物理量数据,并可显示分析。其中物理量数据包括牵引角度、牵引位移和牵引力等。③ 支持固态升级,设备可以提供更多的功能。

图 8-3-40　手持控制器

根据设计要求,在患者进行牵引治疗时,医师需要给患者制定治疗处方,并且需要实时了解到患者的治疗状态,包括牵引力大小、床板运行速度和角度、腰椎推顶速度、频率和压力等信息。因此本案例针对患者的人机交互选择手持控制器(见图 8-3-40),该手持控制器由患者拿住,可以随时进行急停断电系统操作。

医师的人机交互则选择上位机电脑或触摸屏。触摸屏使用的是蓝牙通信,上下位机之间的通信采用的是 RS485 通信。上位机是关系到操作牵引治疗是否方便有效的重要部分,本节上位机设计采用的是 PyQt 进行编程工作,上位机的设计需要满足能建立患者的病历,能分两种操作模式进行牵引参数的设定,能实时记录下患者的位移角度、牵引力等参数的要求(上位机操作界面见图 8-3-41)。

牵引床使用了 PyQt 对上位机进行了设计编程。为了更好地设计友好的人机交互界面以及处理上位机数据,本设计的软件编程环境是 PyCharm IDEA。PyCharm 是 Python 设计中最常使用的 IDEA 工具软件,其带有一整套可以帮助用户在使用 Python 语言开发时提高其效率的工具。

本案例还配套 Android 的移动终端软件,采用 Java 语言编写,软件架构为 MVP(模型—视图—演示者),是目前最流行的架构模式之一。该架构避免在应用程序的可维护性、可读性、可伸缩性和重构方面出现移动应用程序的维护和扩展方面出现困难的情况。

移动端与设备的通信是由 Wi-Fi 串口服务器来实现的,在第七章硬件部分已做介绍。下面介绍软件的具体操作流程。

(1) 连接上 Wi-Fi 串口服务器,打开"牵引床"软件,点击开始使用。

(2) 弹窗"牵引复位"从上往下依次点击(偏离中轴线则停止换另一方向进行发送),复位完成,其余按钮不可点击。

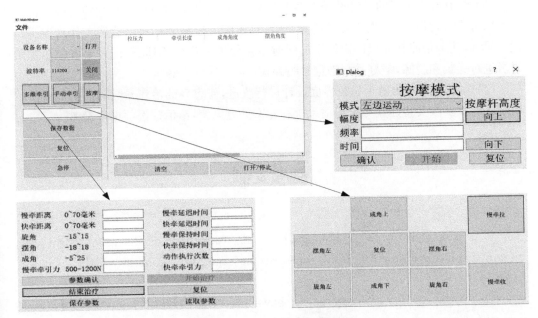

图 8 - 3 - 41　上位机操作界面

（3）复位完成后进行牵引角度与长度设定。

（4）牵引数据完成后点击下方"按摩"按钮切换至按摩模式。

（5）待复位完成后，通过最下方四个按钮调整左右两侧筋膜枪高度。注意点击停止设定至合适位置。

（6）设置左右两侧按摩参数，并且以确定键结束。

（7）设置时间（最长 1 200 s）。

（8）点击"开始"。

（9）待训练完成点击复位（若不复位无法进行新的参数训练，须点击下方"复位"按钮进行复位，不复位可重复上一次参数训练）。

（10）须调整牵引长度或角度，点击下方手动牵引，初始化后重新设定。

（11）训练结束须将推顶位置调至最低。

一台能进入市场的智能新型多维腰椎牵引治疗装置的设计需要基于严格扎实的现代医学理论和丰富的中医手法治疗经验，需要完整的机械结构设计、液压系统设计、加工工艺设计和材料选取来完成样机设计，需要智能控制理论和多传感器技术结合的控制系统，还需要后期投入使用前的工业设计和人因工程学设计。因此本设计初步完成了一代样机的设计与装配，并进行了一定的功能实验，基本达成了设计目标，但还有后续问题需要改善：

（1）结构的原理设计能完成功能需求，但工业设计并不美观，对能精简的结构部分可进行改进性设计。

（2）良好的工业设计能缓解患者治疗时的不适，本节的工业设计并不完备，需要考虑到患者治疗时的心情和实际应用时的突发情况。

（3）牵引治疗装置的绑带设计也是重要的环节，目前绑带设计是根据现有的大部分牵引床绑带进行设计的，主要考虑功能要求，只要能固定患者即可。后期工作可以进行优化设计，使绑带能在完成固定作用的同时不会使患者产生不适感，同时要方便医师给患者进行穿戴和脱卸，最好是一键穿戴脱卸式。

（4）对腰部牵引力的上位机界面设计进行改进，使患者的治疗参数和历史记录简洁明了。通过多次实验建立专家评估系统和专家处方系统，给治疗医师更多参考。

参考文献

[1] Huang Y C, Li J, Huang Q, et al. Anthropomorphic robotic arm with integrated elastic joints for TCM remedial massage[J]. Robotica, 2015, 33(2): 348-365.

[2] Minyong P Y, Mouri K, Kitagawa H, et al. Hybrid impedance and force control for massage system by using humanoid multi-fingered robot hand[C]//2007 IEEE International Conference on Systems, Man and Cybernetics. October 7-10, 2007, Montreal, QC, Canada. IEEE, 2008: 3021-3026.

[3] Mouri K, Terashima K, Minyong P Y, et al. Identification and hybrid impedance control of human skin muscle by multi-fingered robot hand[C]//2007 IEEE/RSJ International Conference on Intelligent Robots and Systems. October 29-November 2, 2007, San Diego, CA, USA. IEEE, 2007: 2895-2900.

[4] Kume M, Morita Y, Yamauchi Y, et al. Development of a mechanotherapy unit for examining the possibility of an intelligent massage robot[C]//Proceedings of IEEE/RSJ International Conference on Intelligent Robots and Systems. November 8-8, 1996, Osaka, Japan. IEEE, 1996,341: 346-353.

[5] Terashima K, Kitagawa H, Miyoshi T, et al. Modeling and massage control of human skin muscle by using multi-fingered robot hand[J]. Integrated Computer-Aided Engineering, 2006, 13(3): 233-248.

[6] Lu S Y, Gao H B, Liu C G, et al. Design of Chinese medical massage robot system[C]//2011 International Conference on Electrical and Control Engineering. September 16-18, 2011, Yichang, China. IEEE, 2011: 3882-3885.

[7] Feng C W, Zhou S Y, Qu Y Y, et al. Overview of Artificial Intelligence Applications in Chinese Medicine Therapy[J]. Evidence-Based Complementary and Alternative Medicine: ECAM, 2021, 2021: P. 6678958.

[8] 严泽宇,喻洪流. 腰部推顶牵引治疗装置控制系统研究[J]. 软件导刊,2021,20(3):182-188.

[9] 杜妍辰,周琦,喻洪流. 一种五维腰椎牵引治疗装置控制系统的设计[J]. 生物

医学工程学进展,2022,43(2):76-80.

[10] 李鑫. 相对于西医中医在康复医学的优势[J]. 家庭医药·就医选药,2016 (9):166.

[11] 许明,张泓,谭洁,等. 基于现代康复医学理论体系对中医康复的应用与研究之思考[J]. 湖南中医药大学学报,2017,37(10):1161-1165.

[12] 叶晓勤,季林红,谢雁鸣,等. 康复训练机器人与传统中医康复方法相结合的探讨[J]. 中国康复医学杂志,2010,25(8):781-784.

[13] 赵维超. 按摩机械手机构的设计与研究[D]. 马鞍山:安徽工业大学,2018.

[14] 邱桂春. 常用推拿手法的力学测定及临床意义[D]. 广州:南方医科大学,2005.

[15] 赵立婷. 混联式腰部康复机构结构设计与性能分析[D]. 太原:中北大学,2021.

[16] 张明亮. 用于腰椎间盘突出症的推拿机构设计与研究[D]. 南昌:南昌大学,2020.

[17] 鲁守银,李臣. 中医按摩机器人关键技术研究进展[J]. 山东建筑大学学报,2017,32(1):60-68.

[18] 王逸冉. 中医按摩机器人系统分析与展望[J]. 信息技术与信息化,2012(4):76-79.

[19] 高焕兵,鲁守银,王涛,等. 中医按摩机器人研制与开发[J]. 机器人,2011,33(5):553-562.

[20] 谢俊,张俊,马履中,等. 中医推拿机械臂机构设计及运动仿真[J]. 工程设计学报,2011,18(5):344-348.

[21] Fidan M, Coban M. Design and application of a novel motorized traction device[C]//2015 9th International Conference on Electrical and Electronics Engineering (ELECO). November 26-28, 2015, Bursa, Turkey. IEEE, 2016:1122-1125.

[22] 徐军. 脊柱牵引治疗技术(待续):历史回顾、现状与生理效应[J]. 现代康复,2001,5(18):14-16.

[23] 韩聪,赵耀东,朱玲,等. 基于椎间盘退变生物力学探讨腰椎间盘突出症发病机制[J]. 中医临床研究,2020,12(1):47-50.

[24] 贺鑫,李民,陈立典,等. 一种脊柱牵伸床的研制[J]. 中国医疗设备,2014,29(10):35-37.

[25] 肖爱伟,姜贵云. 腰椎间盘突出症牵引治疗研究进展[J]. 承德医学院学报,2015,32(2):153-155.

[26] 王丽凤. 节流调速系统的工作点分析[J]. 煤矿机械,2007,28(7):66-68.

[27] 马鹏阁,周旭东,吕运朋,等. 基于多嵌入式处理器实现的牵引理疗系统[J]. 微计算机信息,2008,24(17):38-39.

[28] 郑效文,侯莜魁,王毓兴,等. 腰椎间盘后突症的"推拿"适应症与机制探讨[J]. 上海中医药杂志,1981,15(4):21-22.

[29] 徐天成,王雪军,卢东东,等. 智能针灸机器人关键技术及发展趋势[J]. 智能科学与技术学报,2019,1(3):305-310.

［30］张竞心,卢东东,林祺,等.智能针灸机器人研发进展及关键技术分析［J］.中国数字医学,2018,13(10):2-4.

［31］魏江艳,付渊博,刘璐,等.智能针灸机器人的关键技术研究进展［J］.中华中医药杂志,2021,36(2):979-982.

［32］邓斌,马明宇,王江,等.针刺手法量化机器手的设计与分析［J］.传感器与微系统,2018,37(9):57-59.

［33］曹莹瑜,刘嘉森,王少贤,等.医用经皮穿刺机器人自动进针机构设计［J］.北京石油化工学院学报,2012,20(3):40-44.

［34］张竞心,孙琦,林祺,等.数字经络智能针灸机器人的研发思路探讨［J］.中医药导报,2018,24(19):66-68.

［35］刘震,赵壮,林祺,等.基于图论的智能针灸机器人取穴原理研究［J］.世界中医药,2018,13(8):1992-1996.

［36］乐文辉,熊根良.艾灸辅助机器人的运动学分析与仿真［J］.南昌大学学报(工科版),2020,42(1):57-63.

［37］Xu T C, Xia Y B. Guidance for Acupuncture Robot withPotentially Utilizing Medical Robotic Technologies［J］. Evidence-based Complementary and Alternative Medicine:ECAM, 2021, 2021(2):1-11.

［38］衣正尧,王宝成,冯炳星,等.一种智能医用艾灸机器人［P］.中国:CN 112370343 A,2021-02-19.

［39］杨海滨,周星,唐燮聪,等.一种智能艾灸机器人［P］.中国:CN 2175257900,2022-10-04.

［40］何兵兵,刘海英.智能艾灸机器人［P］.中国:CN 112587407 A,2021-08-25.

［41］党丽峰,罗天瑞,施琴.基于视觉定位的按摩机器人穴位跟踪系统设计与研究［J］.农业装备技术,2020,46(4):39-41.

［42］马哲文,于豪光.基于视觉定位的按摩机器人穴位跟踪系统［J］.机器人技术与应用,2010,(6):33-35.

［43］张化凯.基于视觉的中医按摩机器人穴位定位与跟踪系统［D］.济南:山东建筑大学,2012.

［44］张化凯,鲁守银,杜光月.基于模板匹配的穴位定位与跟踪研究［J］.科技通报,2011,27(5):666-670.

［45］朱铭德.针灸机器人的手眼力协调与人机交互探索［D］.上海:上海交通大学,2018.

［46］王志强.激光针灸机器人的治疗规划与柔顺控制方法研究［D］.北京:北京邮电大学,2020.

［47］王聪.激光针灸机器人视觉寻穴方法研究［D］.北京:北京邮电大学,2020.

附录(一)　与本书有关的科研项目

1. 国家自然科学基金,61473193,步态跟随式智能仿生腿动力学与控制方法研究,2015-01—2018-12。

2. 国家自然科学基金,61803265,线驱动柔性外骨骼手功能康复机器人优化及协调控制研究,2019-01—2021-12。

3. 国家自然科学基金,62073224,主被动混驱仿生膝关节假肢人机耦合动力学与协调控制研究,2021-01—2024-12。

4. 国家重点研发计划项目,YFC3601400,失能老人智能照护机器人系统关键技术及产品研发,2023-01—2025-12。

5. 国家科技惠民计划项目课题,2012GS310101,上海市残障人群康复辅助器具技术集成及应用示范,2013-03—2014-12。

6. 国家重点研发计划项目课题,2018YFC2001501,老年运动系统疾病生物力学智能矫治机制与关键技术研究,2018-12—2022-08。

7. 国家重点研发计划项目课题,2018YFB1307303,下肢假肢关节关键部件制造及储能脚板成型工艺,2019-06—2022-05。

8. 国家重点研发项计划项目课题,2020YFC2007902,基于多源生物信息的运动模式智能识别,2020-12—2023-11。

9. 国家重点研发项计划项目课题,2019YFC1711801,基于中医推拿手法机理的智能穿戴式颈、腰椎外骨骼治疗仪研发,2019-12—2021-12。

10. 国家重点研发项计划项目课题,2020YFC2005800,长期卧床患者辅助的多功能智能康复护理床及二便自动护理系统,2020-07—2023-06。

11. 国家重点研发项计划项目课题,2020YFC2007502,智能助行器本体与驱动控制系统研发,2020-12—2023-11。

12. 国家重点研发计划项目课题,2022YFC3601103,虚实融合的多感觉刺激上肢康复机器人系统研发,2020-12—2023-11。

13. 上海市重点科技攻关项目,11441900502,外骨骼式手指功能康复训练器关键技术研究,2011-11—2014-9。

14. 上海市科技支撑项目,12441903400,脑卒中患者用智能交互式上肢康复机器人关键技术研究,2012-09—2015-08。

15. 上海市科技支撑项目,14441904400,穿戴式外骨骼上肢康复机器人样机研制,2014-07—2017-09。

16. 上海市科技支撑项目,15DZ1941902,新型多姿态智能康复训练轮椅关键技术研究,2015 - 07—2018 - 09。

17. 上海市科技支撑项目,15441900800,下肢康复机器人工程样机研制及临床研究,2015 - 07—2018 - 09。

18. 上海市科技支撑项目,16441905000,穿戴式外骨骼助行机器人的工程化样机,2016 - 02—2020 - 01。

19. 上海市科技支撑项目,16441905600,中央驱动式智能上肢康复机器人工程化样机研制,2016 - 07—2019 - 03。

20. 上海市科技支撑项目,16441905100,外骨骼式上肢康复机器人工程样机的研制,2016 - 07—2019 - 09。

21. 上海市科技支撑项目,16441905200,外骨骼上肢康复机器人工程样机研制和临床试验,2016 - 07—2019 - 06。

22. 上海市地方能力建设项目,16060502500,智能交互式上肢康复机器人工程化样机研制与临床测试,2016 - 10—2019 - 09。

23. 上海市科技支撑项目,18441907300,轮椅式下肢康复训练设备工程化样机研发,2018 - 04—2021 - 06。

24. 上海市科技支撑项目,19441902800,新型智能腰椎多维牵引治疗装置实验样机研发,2019 - 04—2022 - 03。

25. 上海市科技支撑项目,20S31905400,新型穿戴式柔性上肢康复治疗系统关键技术及实验样机研发,2020 - 10—2023 - 09。

26. 上海市科技支撑项目,20S31901500,新型穿戴式颈椎多维牵引治疗仪实验样机研发,2020 - 10—2023 - 09。

27. 上海市科技支撑项目,22S31901400,分体式智能康复护理床关键技术及实验样机研发,2022 - 04—2025 - 03。

28. 上海市技术标准项目,19DZ2203600,穿戴式下肢外骨骼康复机器人的安全要求,2019 - 09—2022 - 08。

29. 上海市技术标准项目,20DZ2201700,上肢康复机器人通用安全技术要求,2020 - 12—2023 - 10。

附录(二) 参与本书相关项目的教师和研究生

1. 参与相关项目的教师

石　萍　胡冰山　李素姣

2. 参与相关项目的博士研究生

曹武警　李新伟　刘　飞　许　朋　李　伟　唐心意　焦宗琪　汪晓铭
郑金钰　谢巧莲　胡　杰　李　平　李　慧　胡　杰　吴伟铭　罗胜利

3. 参与相关项目的硕士研究生

简　卓　易金花　顾余辉　李继才　官　龙　张　颖　雷　毅　陈　爽
朱沪生　王振平　王金超　王露露　符方发　张林灵　孙梦真　李　瑨
张　飞　董　琪　吴昆韦　秦佳城　魏小东　霍金月　李文秀　王小海
王　峰　赵伟亮　余　杰　邓露露　魏文韬　张伟胜　吴刘海　黄小海
余　灵　张　鑫　朱玉迪　周　深　赵伟亮　徐银欣　余　灵　孙金悦
杨　洁　邓志鹏　钱　玉　段崇群　陈长龙　秦佳城　郑宏宇　肖艺璇
邓志鹏　何秉泽　魏小东　马锁文　张　祥　王海涛　陈新宇　孟利国
孙啸威　雷洪波　戴　玥　周　琦　张　鑫　何秉泽　朱玉迪　刘晓瑾
许蓉娜　吴志宇　岳一鸣　孔博磊　曾庆鑫　徐天宇　黄荣杰　储　伟
吴伟铭　张哲文　黎林荣　费翠芝　王晴晴